U0179175

表面分析技术

Surface Analysis:
The Principal Techniques

[英] 约翰·C.维克曼（John C. Vickerman） 编
伊恩·S.吉尔摩（Ian S. Gilmore）

陈　建　谢方艳　李展平 译
尹诗衡　龚　力

中山大學出版社
SUN YAT-SEN UNIVERSITY PRESS
·广州·

版权所有 翻印必究

图书在版编目(CIP)数据

表面分析技术/[英]约翰·C.维克曼(John C. Vickerman),[英]伊恩·S.吉尔摩(Ian S. Gilmore)编;陈建,谢方艳,李展平,尹诗衡,龚力译.—广州:中山大学出版社,2020.12

(书名原文：*Surface Analysis：The Principal Techniques*)

ISBN 978 - 7 - 306 - 06689 - 3

Ⅰ.①表… Ⅱ.①约… ②伊… ③陈… ④谢… ⑤李… ⑥尹… ⑦龚…
Ⅲ.①表面分析 Ⅳ.①O655.9

中国版本图书馆 CIP 数据核字(2019)第 190969 号

出 版 人：王天琪
策划编辑：曾育林
责任编辑：曾育林
封面设计：曾　斌
责任校对：梁嘉璐
责任技编：何雅涛
出版发行：中山大学出版社
电　　话：编辑部 020 - 84110771，84113349，84111997，84110779
　　　　　发行部 020 - 84111998，84111981，84111160
地　　址：广州市新港西路 135 号
邮　　编：510275　传　真：020 - 84036565
网　　址：http：//www. zsup. com. cn　E-mail：zdcbs@mail. sysu. edu. cn
印 刷 者：广州市友盛彩印有限公司
规　　格：787mm×1092mm　1/16　34.625 印张　732 千字
版次印次：2020 年 12 月第 1 版　2020 年 12 月第 1 次印刷
定　　价：200.00 元

如发现本书因印装质量影响阅读，请与出版社发行部联系调换

译者简介

陈　建　1969 年 1 月生。中山大学研究员、教授、博士生导师。2001 年获中山大学凝聚态物理博士学位，导师许宁生院士。2002—2003 年在香港中文大学从事博士后研究工作。现任国际标准化委员会 ISO/TC201/SC04 委员、中国物理学会光散射专业委员会秘书长、全国微束分析标准化技术委员会表面化学分析分技术委员会委员、广东省分析测试协会理事、广东省表面分析专业委员会主任委员、广东省石墨烯标准化技术委员会委员以及《光散射学报》和《光谱学与光谱分析》编委。

　　主要研究领域包括纳米与薄膜材料的分子光谱和电子能谱分析以及表面和结构性能研究等。主持过 4 项国家自然科学基金面上项目，作为主持人或参加者已完成十余项国家级或省部级科研项目的结项工作。截至目前，发表 SCI 收录论文 186 篇，被引用超过 4000 次；申请中国发明专利 5 件，获得授权 3 件；作为主要起草人制定国家标准 3 项。曾获国家自然科学奖二等奖（2001 年）、中国分析测试协会科学技术奖（CAIA 奖）一等奖（2016 年）、广东省自然科学奖一等奖（2000 年）和中国分析测试协会"优秀青年工作者"称号（2006 年）。

谢方艳　中山大学高级实验师、硕士生导师。2005 年获中山大学凝聚态物理博士学位，2014—2015 年美国罗切斯特大学访问学者。现任中山大学测试中心表面与结构分析平台主任、广东省表面分析专业委员会秘书长。

　　主要研究领域为表面与界面分析，半导体器件界面电子结构与界面相互作用研究，利用 UPS/XPS 技术进行燃料电池、聚合物太阳电池、钙钛矿太阳电池内在机理的研究等。主持光电子能谱相关国家自然科学基金 2 项，作为主持人或参加者已完成近十项国家级或省部级科研项目的结项工作。截至目前，发表 SCI 收录论文 87 篇，其中，第一作者或通讯作者发表论文 20 篇；作为主要起草人制定国家标准 3 项。曾获得 2016 年度中国分析测试协会科学技术奖（CAIA 奖）一等奖（第三完成人）。

李展平　博士，清华大学分析中心高级工程师。1979—1983年就读于中山大学物理系，获理学学士；1983—1986年就读于清华大学无线电电子学系，获工学硕士；2004—2005年就读于日本东北大学，获博士学位。1986年6月—1991年4月留校任职于清华大学无线电电子学系，任助教、助理研究员。1991年6月—2005年12月赴日本ULVAC–PHI株式会社分析室工作，历任俄歇电子能谱（AES）、X射线光电子能谱（XPS）、二次离子质谱（SIMS）分析实验室主事（专家）。2006年1月被人才引进至清华大学分析中心，任高级工程师至今。

目前，主要利用AES、XPS、SIMS等表面分析技术从事固体材料表面分析、结构表征等研究。已发表学术论文40多篇。

尹诗衡　华南理工大学教授级高级工程师。2012年获华南理工大学材料学博士学位，导师王迎军院士。现任广东省表面分析专业委员会副主任委员、广东省电镜学会理事、广东省分析测试协会团体标准化技术委员会委员、广东省分析测试标准化技术委员会委员和广东省金属学会理化检验专业委员会委员。

主要研究领域为表面电子能谱分析及材料微观结构研究分析等。主持或参与国家级或省部级科研项目8项。发表SCI收录论文28篇；申请中国发明专利7件；作为主要起草人制定国家标准2项、地方标准1项。曾获广东省科技进步三等奖（2008年）、海南省科技进步二等奖（2013年）。

龚　力　中山大学测试中心实验师。长期从事微纳尺度材料的表征分析工作、分析仪器的方法研究和仪器功能拓展。研究方向为利用扫描探针显微镜及光电子能谱仪分析材料表面与界面的结构及性能、结合多种表征手段研究材料的表面物理化学特性及界面能带工程、生物医学材料研究等。

曾参与完成国家自然科学基金2项和广东省自然科学基金1项，参与制定国家标准2项，主持校级教学改革项目2项。作为科研支撑共发表科技论文40多篇，曾获2011年中国高等教学学会实验室管理工作会议优秀论文二等奖、2016年度中国分析测试协会科学技术奖（CAIA奖）一等奖（第六完成人）。

原著者信息

David G. Castner National ESCA & Surface Analysis Center for Biomedical Problems，Departments of Chemical Engineering and Bioengineering，University of Washington，Seattle，WA 98195－1750，USA.

Mark Dowsett Department of Physics，University of Warwick，Coventry，CV4 7AL，UK.

Peter Gardner Manchester Interdisciplinary Biocentre，School of Chemical Engineering and Analytical Science，The University of Manchester，Manchester，M1 7DN，UK.

Ian S. Gilmore Surface and Nanoanalysis，Quality of Life Division，National Physical Laboratory，Teddington，Middlesex，TW11 0LW，UK.

Joanna L. S. Lee Surface and Nanoanalysis，Quality of Life Division，National Physical Laboratory，Teddington，Middlesex，TW11 0LW，UK.

Graham J. Leggett Department of Chemistry，University of Sheffield，Brook Hill，Sheffield S3 7HF，UK.

Christopher A. Lucas Department of Physics，University of Liverpool，Liverpool，L69 3BX，UK.

Hans Jörg Mathieu EPFL，Départment des Matériaux，CH－1015，Lausanne，Switzerland.

David McPhail Department of Materials，Imperial College，Prince Consort Road，London，SW7 2AZ.

Martyn E. Pemble Tyndall National Institute，"Lee Maltings"，Prospect Row，Cork，Ireland.

Buddy D. Ratner Department of Bioengineering，University of Washington，Seattle，WA 98195－1720，USA.

Edmund Taglauer Max－Planck－Institut für Plasmaphysik，EURATOM Association，D－8046，Garching bei München，Germany.

John C. Vickerman Surface Analysis Research Centre，Manchester Interdisciplinary Biocentre，School of Chemical Engineering and Analytical Science，The University of Manchester，Manchester，M1 7DN，UK.

译　序

表面科学是一门新兴的交叉学科，而表面分析技术是该学科的基础。自20世纪初，人们已经认识到理解多相催化反应发生在催化材料表面过程的重要性，但直到20世纪60年代，随着超高真空技术的引入和发展，使用"新"技术，如X射线光电子能谱，甚至使用"老"技术，如1927年出现的低能电子衍射和1936年出现的场发射技术，才促使固体表面的研究水平和研究数量出现了飞速的提升和爆炸性增长。表面是非常有趣的，因为它代表了固态中相当特殊的一种状态。人们清楚地认识到材料表面与体相有着不同的结构特征，具有不同的物理与化学性质。随着固体物理学与结构化学的进一步成熟，材料科学和半导体工业的不断发展，进一步增加了人们研究表面问题的兴趣，同时，许多研究原子级表面的新技术被引入并得到进一步发展。目前，表面分析技术已广泛用于基础科学研究、先进材料研制、高精尖技术、装备制造等领域。

对于那些刚刚进入表面物理或表面化学领域的研究人员而言，似乎觉得表面分析是一种令人眼花缭乱的特殊技术，每项技术通常都用它的首字母缩写或不可发音的首字母串表示。该领域的许多科学文献都是针对特定问题的技术导向研究，很少解释所使用的技术及其优点和局限性（特别是局限性）。在表面科学发展的初期阶段，如果要获得对固体表面完整正确的理解，就需要使用一系列的表面分析技术来解决表面问题。因此，在人们能够理解表面科学领域取得的最新进展，或者选择一种表面分析技术研究特定问题，或者通过其他方法理解一个表面问题的研究结果之前，有必要了解该技术的基本原理。

表面分析或表面科学是一门交叉学科，它涉及物理学、化学、数学、生物学、半导体科学以及材料科学等基础和应用学科，涉及范围广泛，意味着我们不需试图详细讨论每种技术的每一个应用或所有已发表的研究成果。本译著介绍了所有表面分析相关技术的基本原理及其应用。我们试图对每种技术进行评价，虽然这些评价部分可能是主观的，但我们希望这些评价将被视为考虑全面的判断。这些技术的介绍还包括对实验方法的描述，本译著中所选的实例通常来自表面科学前沿工作者的研究内容。

表面分析研究表面和界面以及与表界面有关的宏观和微观过程，从原子分子水平认识表面原子的化学组成、几何排列、运动状态、电子态等性质及其与表面宏观性质的联系。本译著中涉及目前广泛使用的表面分析技术，包括俄歇电子能谱（AES）、化学分析用电子能谱（ESCA）或X射线光电子能谱（XPS）、二次离子质谱（SIMS）、低能离子散射（LEIS）、卢瑟福背散射（RBS）、振动光谱（VS）、低能电子衍射（LEED）、扩展X射线吸收精细结构（EXAFS）、扫描隧道显微镜（STM）和原子力显微镜（AFM）等。

在本译著中，我们将上述信息提供给读者。本译著适用范围广泛，包括高校或科研院所的研究人员，特别是从事表面科学工作的研究人员，其中部分内容同样适合于研究生或高年级本科生。我们真诚希望读者能够了解表面分析相关技术及其实际应用领域，在此基础上深入研究相关表面分析技术的综述文章，了解更多对科研工作有价值的信息。

本译著为英国曼彻斯特大学John C. Vickerman教授与英国国家物理实验室Ian S. Gilmore教授合编的 *Surface Analysis：The Principal Techniques*（2nd ed.）的中文版。感谢两位教授为中文译著的出版撰写了序言。

本译著第1章、第2章、第3章由中山大学谢方艳翻译；第4章、第5章由清华大学李展平翻译；第6章、第7章、第10章由中山大学陈建翻译；第8章和附录1由华南理工大学尹诗衡翻译；第9章和附录2由中山大学龚力翻译。中科院大连化学物理研究所盛世善研究员、武汉大学沈爱国教授、暨南大学谢伟广教授、上海交通大学刘灿华教授、中山大学杨皓博士等在本译著翻译工作中提供了十分有益的帮助和支持，中山大学黎海波、杨慕紫、张晓琪参与文稿的校对工作，在此一并表示深深的感谢！

感谢赛默飞世尔科技（中国）有限公司（Thermo Fisher Scientific）、北京艾飞拓科技有限公司、岛津企业管理（中国）有限公司（Shimadzu）、高德英特（北京）科技有限公司、布鲁克（北京）科技有限公司（Bruker）对本译著的翻译出版给予的大力支持与资助。

由于译者水平有限，译文如有不当之处，恳请读者批评指正。

中山大学

陈建

二〇一九年八月

前　言

在当今世界，表面分析技术在研究、制造和质量控制中的应用极大地促进了高新技术的发展。其应用实例涵盖了纳米技术、生物技术、纳米粒子表征、轻质材料、节能系统和能源储存等各种表面分析技术使用强劲增长的工业部门。多年来，已经研发出大量技术来探测表面的物理性能、化学性能和生物学性能。其中，一些技术已经在基础表面科学和应用表面分析中得到广泛应用，并且已经成为非常强大和流行的分析技术。本书旨在向读者介绍这些领域中使用的主要技术以及用于解释由它们生成的日益复杂的数据的计算方法。书中每章都是由该领域的专家撰写，内容包括每种技术的基本理论和实践及其使用与应用的实例，大多数章节后面有一些思考题，以便使读者加深对本书内容的理解。本书目的是给读者提供简洁全面的基础知识。

第 1 章介绍了"表面"的概念以及在区分材料表面与其余部分成分时具有的挑战。在第 2 章，洛桑高等理工学院的 Hans Jörg Mathieu 教授介绍了可能是最古老且广泛使用的表面分析技术——俄歇电子能谱（AES），该技术在洛桑金属和合金分析中具有广泛而有效的应用。

化学分析用电子能谱（ESCA）或 X 射线光电子能谱（XPS）可能是使用最广泛的表面分析技术，它对于解决基础表面科学和应用分析中的大量问题非常有效。华盛顿州立大学的 Buddy Ratner 和 Dave Castner 教授在聚合物和生物材料分析中非常成功地利用了这项技术，他们在第 3 章介绍了这项技术。

由于数据具有质谱特性，John Vickerman 教授在第 4 章介绍的二次离子质谱（SIMS）是一种非常强大的技术。曼彻斯特的 John Vickerman 小组在分子表面分析的 SIMS 发展做出了贡献，除了将 SIMS 应用于无机材料分析，他们已经证明可以成功地利用 SIMS 研究生物系统的复杂性。

SIMS 还以所谓的动态模式，非常有效和广泛地被用于表征电子材料的元素组成。来自华威大学的 Mark Dowsett 教授和伦敦帝国理工学院的 David McPhail 博士在第 5 章中提供了对该技术的挑战和能力的见解。

低能离子散射（LEIS）和卢瑟福背散射（RBS）是探测表面元素组成和表面结构的有力工具。位于加兴的马克斯普朗克研究所（Max Planck Institute)的 Edmund Taglauer 教授是在第 6 章中这些技术公认的权威。

在化学中,振动光谱学被非常广泛地应用于化合物鉴定和分析。现在光谱学的许多变型可用于研究表面,特别是表面上的分子。科克的廷德尔国家研究所(Tyndall National Institute,Cork)的 Martyn Pemble 教授和曼彻斯特大学的 Peter Gardner 博士参与了几种技术的开发,并将这些技术用于与电子材料生长相关的研究与理解生物过程研究中。他们在第 7 章讨论了这些变体。

在第 8 章,利物浦大学物理系的 Chris Lucas 博士介绍了使用衍射和其他基于干涉的方法分析表面结构的技术。多年来,低能电子衍射(LEED)一直是基础表面科学中的一项重要技术。然而,扩展 X 射线吸收精细结构(EXAFS)和探测局部短程表面结构的相关技术目前已经变得非常有价值,并且被广泛应用于材料表征的许多领域。

扫描探针技术[包括扫描隧道显微镜(STM)和原子力显微镜(AFM)],该技术显著提升了表面研究水平。令人印象深刻的金属表面原子分辨率图像激励了许多表面分析工作者。对生物有机材料能力的扩展已经使我们对这些材料的表面行为有了相当深入的见解。Graham Leggett 教授在谢菲尔德大学利用这些技术研究生物有机表面,他在第 9 章中描述了这些技术的理论及应用。

随着分析技术能力的提高,表征的材料也变得越来越复杂,用计算方法来帮助解释数据的多变量特征已成为许多技术分析过程的重要组成部分。英国国家物理实验室的 Joanna Lee 和 Ian Gilmore 博士在第 10 章中介绍了应用于表面分析的多元数据分析的主要方法。

本书提供两个附录。由于大多数(尽管不是全部)表面分析技术都是在真空设备中进行的,因此,Rod Wilson 博士提供的附录 1 简要地描述了在表面分析中使用的真空技术的主要特点。附录 2 列出了在表面分析中需要使用的主要单位、常数及其转换。

John C. Vickerman

英国 曼彻斯特

Ian S. Gilmore

英国 特丁顿

Surface Analysis-The Principal Techniques
Second Edition, translated to Chinese

Since publication of the second edition in 2009, China has rapidly overtaken Europe and the USA in published output in Surface Analysis (Figure 1). This remarkable growth means that this translation of the book into Chinese is timely and needed. By 2020, China will have an output greater than the combined published output from Europe and the USA.

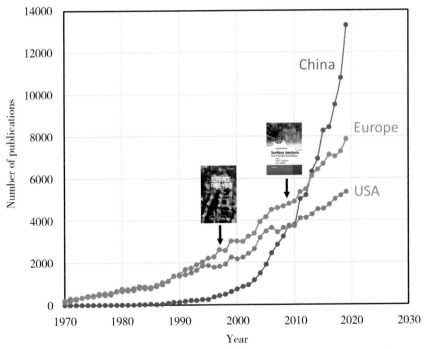

Figure 1 The growth in peer-reviewed published output in surface analysis by region for China, Europe and the USA. Publication dates for the first (1997) and second edition (2009) of Surface Analysis—The Principal Techniques are marked. The last data point is scaled for the partial year this data was captured (November 2019).

Why is the use of Surface Analysis growing so strongly? The answer to this question is that chemical measurement at surfaces and interfaces is of paramount importance to new technologies such as high-capacity batteries and mobile phone technologies (displays, low-power consumption microprocessors). Traditional manufacturing methods are changing with the rise of on-demand methods such as additive manufacturing and digital manufacturing. Surface Analysis techniques are rapidly becoming more powerful allowing evemore complex systems to be studied. For example，studying the mechanism of action of new medicines and the design of next-generation bioelectronics that interface biology with the digital world. The semiconductor industry continues to drive increases in device performance through the use of nanotechnologies，three-dimensional architectures and more exotic materials such as graphene and 2D materials. The dawn of quantum computers and quantum devices will bring new challenges and opportunities for Surface Analysis.

Since 2011 there has been a significant rise in the number of European and USA publications using Surface Analysis in the prestigious Nature and Science journals. We are pleased to see the same trend for China，occurring a few years later in 2015. We believe that China has an important role in advancing innovation in Surface Analysis techniques and their application to create new technologies and we hope that this book can help.

Ian S. Gilmore
Teddington，UK

John C. Vickerman
Manchester，UK

表面分析技术(第二版),著者序(中文)

自 2009 年《表面分析技术(第二版)》出版以来,中国在表面分析研究领域出版发表的论文总量已迅速超过欧洲和美国(图 1)。这种显著的增长意味着将本书翻译成中文成为当务之急。到 2020 年,中国的表面分析研究论文产出将超过欧洲和美国的总和。

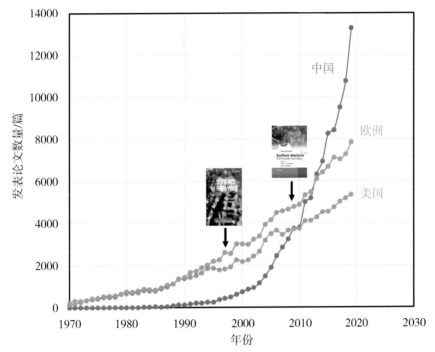

《表面分析技术》的第一版(1997 年)和第二版(2009 年)的出版日期见箭头标记。最后一个数据点由 2019 年 11 月前获得的数据按比例给出。

图 1 中国、欧洲和美国经同行评审已发表论文数量的增长趋势

为什么表面分析技术的增长如此迅猛?答案是表面和界面的化学测量对于诸如大容量电池和移动电话技术(显示器、低功耗微处理器)之类的新技术至关重要。随着增材制造(3D 打印,译者注)和数字制造等按需制造方法的兴起,传统制造方法正在发生变化。表面分析技术正迅速变得越来越强大,可以研究越来越复杂的体系。例如,研究新药的作用机理以及将生物学与数字技术相关联的下一代生物电子学的设计。通过使用纳米技术、三维架构以及更奇特的材料(例如,石墨烯和二维材料),半导体行业

持续推动器件性能的提高。量子计算机和量子设备的兴起将为表面分析带来新的挑战和机遇。

自 2011 年以来，欧洲和美国研究人员使用表面分析技术在《自然》和《科学》杂志上发表的论文数量显著增加。我们很高兴看到中国在 2015 年以后也出现了同样的发展趋势。我们相信，中国将在推动表面分析技术创新及应用表面分析技术革新方面发挥重要作用，希望本书能够对中国的表面分析研究有所帮助。

伊恩·吉尔莫
英国特丁顿

约翰·维克曼
英国曼彻斯特

目 录

第 1 章　引　言

　　材料的表面行为对我们的生活至关重要：通过特殊的表面处理可有效地解决材料腐蚀问题；通过表面涂层或改变表面组成可以改变玻璃的光学性质；通过调控聚合物的表面化学组成，使其在包装时具有粘接性，作为厨具材料时具有不黏性，甚至可通过药物食用植入人体或者替代身体的某些部分；去除内燃机劣质排出物的汽车尾气净化催化剂是表面化学的杰作；工业催化剂对约 90% 的化学工业产量至关重要。因此，无论是汽车车身外壳、生物细胞、组织或植入物、催化剂、固态电子设备，还是发动机中的移动部件，它们都是与环境接触的表面。表面反应性将决定材料在其预期功能中的表现。所以，深入理解我们现代世界使用材料的表面性质和行为是至关重要的，我们需要一些能够分析表面的化学和物理状态，并且明确地将表面与基底进行区分的技术。

1.1　如何定义表面

　　显然，固体的表面性质在很大程度上受材料固态特性的影响，问题是我们如何定义表面？由于表面原子的顶层是与其他相(气体、液体或固体)直接接触的交界面，因此可以将其视为表面。然而，原子或分子顶层的结构和化学性质均受到下层原子或分子的影响。因此，在实际意义上可以说表面是顶部 2~10 个原子或分子层(即 0.5~3 nm)。然而，许多技术将表面膜应用于器件和部件中，实现保护、润滑或改变表面的光学性能等功能。这些膜的厚度一般在 10~100 nm 范围，有时会更厚，但在该范围内也可以认为其属于表面。不过，对于厚度超过 100 nm 的膜层，使用体相固态特性对其进行描述更为合适。因此，我们可以用 3 个范围来考虑表面：顶层表面单层、前十层左右及厚度不大于 100 nm 的表面膜层。为了充分理解固体材料的表面，我们需要一些技术，这些技术不仅可区分表面与固体体相，而且还要能区分这 3 个范围的特性。

1.2　表面有多少个原子

　　人们认识到，表面分析并不只是检测表面原子或分子层，还需将其结构和性质与体相区分开来。当只关注固体表面很少量表面原子时，表面分析手段需要有很高的灵敏度。我们所研究的表面和体相的原子到底有多少呢？以一个边长为 1 cm 的金属立方体为例，1 cm^2 的表面层大约有 10^{15} 个原子，整个立方体中的原子数目大约是 10^{23} 个，于是表面和体相的原子比为 s/b≈10^{-8}×100% = 10^{-6}%。

一般情况下，表面分析技术可以探测 $1 \ mm^2$ 的面积。也就是说，最表面的单原子层上有约 10^{13} 个原子。最表面 10 个原子层中会有 10^{14} 个原子，即 $10^{-10} \ mol$。通过上述简单对比很清楚地表明，相对于传统的化学分析手段，表面研究对象的浓度非常低。更具挑战的是，表面反应中起重要作用的化学物质往往本身含量就很低。因此，对某个添加剂或污染物的分析是在 10^{-3} 或 10^{-6} 的原子浓度，即 10^{10} 或 10^7 个原子，也就是 $10^{-14} \ mol$ 或 $10^{-17} \ mol$，甚至更低。

在有高空间分辨需求的分析中也会出现类似问题。表面化学状态的成像分析会涉及很多技术，比如，需要检查光学涂层或者保护涂层的均匀性，需要分析电子器件上的污染物，需要检测组织或细胞内的药物等。不少技术要求空间分辨率达到 $1 \ \mu m$，而且往往要求更高的分辨率。如果还采用前面提到的估算方法，$1 \ \mu m^2$（$10^{-12} \ m^2$ 或 $10^{-8} \ cm^2$）范围内只有约 10^7 个原子，而若分析对象的原子分数是 10^{-3} 量级，分析的原子数目就只有 10^4 个。近年来，很多技术都与纳米粒子有关，于是分析对象所包含的原子数目就更少，对表面分析手段的要求也更为苛刻。

因此，表面分析对表面分辨率和灵敏度方面均有较高的要求。无论如何，我们的确可以找到一大堆用字母缩写表示的表面分析技术，如 LEED、XPS、AES、SIMS、STM 等，它们大多数是在对单晶表面现象的基础研究中发展起来的。这些基础研究构成了被称为"表面科学"的研究领域，该领域研究旨在从原子和分子层面上理解表面过程的机理。举个例子，如在催化领域，有大量的研究是为了理解表面原子结构、组成成分、电子态等在吸附过程与反应物分子在催化剂表面的反应中所起到的作用。为了简化以及系统地调控相关变量，许多研究关注重要催化剂的金属单晶表面，近年来也有一些无机氧化物被加入研究对象的行列里。在这些研究领域以及其相关领域中发展起来的表面分析技术的基本原理是用电子、光子与离子轰击表面，并探测出射的电子、光子或离子。

1.3 需要的信息

要理解表面的性质和反应活性，就需要了解表面的物理形貌、化学成分、化学结构、原子结构、电子态以及分子结合情况等信息。全面研究表面现象总是需要几种技术。就解决具体问题而言，没有必要涉及所有这些不同的方面；然而，通过将多种技术应用于表面研究可以显著提高对表面的认识。本书并不试图涵盖当今所有的表面分析技术。现有的一项数据表明已有超过 50 种的表面分析技术。本书主要介绍在基础和应用表面分析中具有重大影响的技术（不包含在其他地方有大量介绍的电子显微镜）。根据它们提供的主要信息和所使用的探测/检测粒子，在表 1-1 中列出本书介绍的表面分析技术（首字母缩写），每种技术之后的数字表示描述的章节。

表 1-1　表面分析技术和提供的信息

入射粒子	光子	光子	电子	离子	中子
探测粒子	电子	光子	电子	离子	中子
表面信息					
物理形貌			SEM STM(9)		
化学成分	ESCA/XPS(3)		AES(2)	SIMS(5) ISS(6)	
化学结构	ESCA/XPS(3)	EXAFS(8) IR&SFG(7)	EELS(7)	SIMS(4)	INS(7)
原子结构		EXAFS(8)	LEED RHEED(8)	ISS(6)	
吸附成键		EXAFS(8) IR(7)	EELS(7)	SIMS(4)	INS(7)

注：ESCA/XPS：化学分析用电子能谱/X 射线光电子能谱（electron analysis for chemical analysis/X-ray photoelectron spectroscopy）。特定能量的 X 射线光子轰击表面，电子从原子轨道逸出，通过测量电子的动能和电子的结合能可以确定组成原子。

AES：俄歇电子能谱（Auger electron spectroscopy）。除了使用千电子伏的电子束轰击表面外，与上述过程大致相似。

SIMS：二次离子质谱（secondary ion mass spectrometry）。SIMS 有两种形式，即动态 SIMS 和分子 SIMS。高能（keV）初级离子束轰击表面，使用质谱仪分析出射的二次原子离子和团簇离子。

ISS：离子散射谱（ion scattering spectrometry）。使用离子束轰击表面，离子束被表面的原子散射，通过测量散射角和能量，计算目标样品的组成和表面结构。

IR：红外光谱（infrared spectroscopy）。经典方法的各种变型：使用红外光子辐照样品，激发表面层的振动频率，检测光子能量的损失从而产生谱图。

EELS：电子能量损失谱（electron energy loss spectroscopy）。低能（几电子伏）电子轰击表面，激发振动，检测产生的能量损失，能量损失与激发的振动有关。

INS：非弹性中子散射（inelastic neutron scattering）。中子轰击表面激发振动，从而发生能量损失。INS 在含氢的键中最有效。

SFG：和频振动光谱（sum frequency generation）。双光子辐照样品，光子与界面（固/气或固/液）相互作用，合并成单个光子，产生界面区域的电子或振动信息。

LEED：低能电子衍射（low energy electron diffraction）。低能（几十电子伏）电子束轰击表面，电子被表面结构衍射，从而推断其结构。

RHEED：反射高能电子衍射（reflection high energy electron diffraction）。高能电子束（keV）掠入射到表面上，电子的散射角度与表面原子结构相关。

EXAFS：扩展 X 射线吸收精细结构（extended X-ray absorption fine structure）。对 X 射线辐照样品产生的吸收光谱的精细结构进行分析，获取局部化学和电子结构的信息。

STM：扫描隧道显微镜（scanning tunnelling microscopy）。用一个尖锐的针尖在表面上方非常小的距离扫描导电表面。监测表面和针尖之间的电子电流，产生高空间分辨率的表面物理和电子密度图。

AFM：原子力显微镜（atomic force microscopy），未包含在表 1-1 中。与 STM 类似，但适用于非导电表面。通过监测表面和针尖之间产生的力来生成表面形貌图。

由于电子和离子会被气相中的分子散射，因此大多数表面分析技术需要在真空中进行。虽然原则上以光子为基础的技术可在大气环境中操作，但是有时会发生光子的气相吸收，因此也需要真空操作。真空操作会对一些待研究的表面过程有所限制。比如，研究表面气体或液体界面通常需要使用光子技术或扫描探针技术。经过自 21 世纪之初以来的发展，实现了在大气环境下利用类似于 SIMS（见第 4 章）的质谱方法对表面进行分析。

基于真空的方法可以控制待研究表面的环境影响。为了分析未被任何吸附物污染的表面，必须在超高真空（小于 10^{-9} mmHg）中操作，这是因为在 10^{-6} mmHg 的条件下，表面可在 1 s 内被覆盖上一个单层的吸附物［假设黏附系数（吸附的概率）为 1］。为了以可控的方式监测吸附效应，需控制表面对吸附物的暴露情况或进行其他表面处理。本书的附录 1 能让读者熟悉真空产生的概念和设备需求。

1.4 表面灵敏度

为了得到有效信息，我们需要一种在尽可能接近于 1.2 中讨论的深度范围内获取数据的表面分析技术，这些技术所能达到的检测限即为其表面灵敏度。离子散射谱（ISS）几乎是从最外单层得到所有的信息，有很高的表面灵敏度。化学分析用电子能谱（ESCA）或 X 射线光电子能谱（XPS）对表面的前十层左右进行采样分析，而红外光谱（IR）表面灵敏度不是非常高，其采样深度深入固体内部（反射模式除外）。

通常，分析方法的表面灵敏度取决于所检测的粒子。如前所述，大多数表面分析方法包括一种轰击表面的辐射形式——电子、光子、离子、中子，然后收集产生的出射粒子——电子、光子、离子、中子。虽然扫描隧道显微镜（STM）检测的是电子，但扫描探针方法略有不同（原子力显微镜测量表面与尖锐针尖之间的作用力，见第 9 章）。表面灵敏度取决于能产生信号的待测物质的初始深度。在 XPS 中，轰击表面的 X 射线光子可以深入固体内部，产生可被检测、能量不发生损失的出射电子仅来自表面 1~4 nm 或 8 nm 以内的深度。在固体内更深处产生的电子可能会逃逸，但是在逃逸过程中它们将与其他原子发生碰撞损失能量，因此对分析没有用。ESCA 的表面灵敏度是电子短程有效的结果，这些电子在固体中行进而不发生散射的最短距离为非弹性平均自由程。同样，在二次离子质谱（SIMS）中，用高能离子轰击表面，离子的能量向下深入样品内部 30 nm 或 40 nm。然而，95% 被敲出（溅射）的二次离子来自固体表面的前两层。

某些技术，如红外光谱（IR），虽然表面灵敏度不是非常高，但可通过一些方法应用于表面。例如，使用入射粒子掠入射的 IR 反射方法，能使单晶表面上的吸附物产生振动光谱，该技术表面灵敏度非常高。甚至如 ESCA 这样的表面灵敏方法，通过掠入射的方式辐照表面即可显著提高表面灵敏度。详见第 3 章。

本书中描述的所有技术，检测的总信号来自表面的深度范围。信息深度，通常定义为能得到来自检测信号的指定百分比（经常为 90%，95% 或 99%）的区域距离表面的平均距离(单位为 nm)。有时在 ESCA 中定义为采样深度(为非弹性平均自由程的 3 倍),是 95%的信息深度。显然,检测信号的极小一部分来自固体较深处,绝大多数有用的分析信息来自采样深度范围内。

在分子 SIMS 中,信息深度为产生 95%的二次离子信号的深度。对于大多数材料,信息深度约为 0.6 nm 的两个原子层。不过有时很难确定一个层。例如,产生新光学特性的表面层由与金属或氧化物表面成键的长有机链组成,有机层的密度远低于衬底密度。对这些材料进行 SIMS 研究,结果表明,分析过程中可以除去长度超过 20 nm 的整个分子链。该例中的表面灵敏度与应用于金属和无机化合物表面的概念完全不同。

1.5　辐射效应与表面损伤

为了获取表面信息,需要以某种方式"干扰"表面状态。大多数技术需要使用光子、电子或离子轰击表面,这些粒子将影响待分析表面的化学和物理状态。因此,在分析表面的过程中可能改变表面。有必要了解可能发生影响的程度,否则从表面产生的信息可能不是分析前表面的特征,而是反映受入射辐射损伤的表面。

表 1-2 给出了 1000 eV 粒子的穿透深度及其影响。由表 1-2 可见,离子和电子轰击的大部分能量沉积在表面附近,因此,一般而言,表面损伤程度的变化为光子<电子<离子。于是,人们草率地认为 ESCA/XPS 是低损伤的技术。然而,与 ESCA 的光子轰击相比,在实验过程中 SIMS 离子轰击到表面的输入功率要小得多(表 1-3)。显然,SIMS 是依赖于损伤的现象——离子轰击样品敲出其他离子。没有损伤,SIMS 就无法获得表面信息,然而 SIMS 可在低损伤模式下操作,因此依然可产生有效的表面信息(如第 4 章所述)。在 XPS 中,轰击表面的 X 射线光子穿透并深入固体内部。如果材料容易受损,如聚合物,那么输入功率太高或在光束辐照下的时间过长,样品可能被"烤焦"。对于电子辐射方法,类似的效应更加明显。因此,利用电子轰击相关的技术分析有机材料的表面是非常困难的。

表 1-2　粒子的穿透深度

粒子	能量/eV	深度/Å
光子	1000	10000
电子	1000	20
离子	1000	10

表 1-3　在 SIMS、LEED 和 X 射线光电子能谱实验中,典型的初级粒子通量密度、能量和产生功率的比较

表面技术	初级通量/$(cm^{-2} \cdot s^{-1})$	初级能量/eV	功率/$(W \cdot cm^{-2})$
SIMS	10^{10} 个离子	3000	3×10^{-6}
LEED	10^{15} 个电子	50	5×10^{-3}
XPS	10^{14} 个光子	1400	2×10^{-2}

1.6 数据的复杂性

自本书英文第一版出版以来，表面分析技术的检测能力已经有了很大进步。其中，表面分析技术的许多信息内容已经更新。目前待进行表征的材料的复杂性也有所增加。因此，利用技术还处于初始阶段时的简单分析程序，有时很难对数据进行分析。SIMS 是一个很好的例子，分子 SIMS 中的谱图可能非常复杂，不可能用"观察和比较"方法来识别重要的化学差异，也就是所谓的"好"样品和"坏"样品的差异。当表面分析技术已经开始应用于生物体系时，这类问题变得更严重，因为多种因素可能影响谱图的差异。为了解决这类问题，许多分析人员和研究人员已经转向多变量分析（MVA）的计算方法，试图解析出不同材料或不同处理的谱图之间的关键差异。MVA 方法在第 10 章进行介绍和讨论。

表面分析技术对表面现象的深入理解做出了巨大的贡献。大量的技术领域得益于将表面分析技术应用于研发和质量控制中。由于缺乏对表面分析技术的了解，这些技术往往没有得到更好地应用。希望本书有助于读者进一步加强对表面分析技术的了解，逐渐应用表面分析手段，在基础和应用层面上深入理解表面状态。

没有一种技术能在分析"黑盒子"时像按下一个按钮那样简单地给出问题的答案。在表面分析中应牢记两个通用法则：一是在任何情况下，要了解待研究材料、所需的信息、使用技术的能力和局限性；二是没有一种技术能解释全部现象。

第 2 章　俄歇电子能谱

2.1　引言

俄歇电子能谱(Auger electron spectroscopy，AES)是当今对导电样品进行表面化学分析的最重要工具。该方法基于所谓的"俄歇电子"激发。Pierre Auger 在 1923 年已对 X 射线轰击下由气体电离产生的电子 β 发射进行了描述[1]。该电离过程通常称为俄歇过程，可由电子激发，也可由 P. Auger 所使用的光子进行激发。后一种情况我们称之为光子诱导的俄歇电子能谱。现代俄歇电子能谱(AES)使用典型能量为 3～30 keV 的初级电子，可对纳米和微米范围内的初级电子束进行聚焦和扫描，对物质最外层的原子层进行分析。出射的俄歇电子是电子轰击产生的二次电子谱的一部分，具有可进行元素鉴别的特征能量。俄歇电子能谱实验设备与扫描电子显微镜非常相似，区别在于俄歇电子能谱中的电子不仅用于成像，还用于表面原子的化学鉴别。

俄歇电子主要提供表面 2～10 个原子层元素组成的信息。图 2-1 为各类电子分布的示意图，即电子轰击下的初级电子、背散射电子、俄歇电子以及出射的特征 X 射线。我们发现，在典型的实验条件下，由于物质的电离截面非常小，特征 X 射线具有较大的逃逸深度，这意味着逃逸出物质的概率较高。然而，由于俄歇电子的衰减长度短，能量高达 2000 eV 的俄歇电子仅从前几个单层逃逸的概率很高，因此俄歇电子更适用于表面分析。图 2-1 的第二个重要的细节是：由于电子的散射，分析区域的直径可能大于初级束的直径。

2.2　俄歇过程的原理

在确定俄歇电子的动能之前，让我们快速了解一下量子数及其命名。特定能量状态由 4 个量子数描述，即 n(主量子数)、l(轨道量子数)、s(自旋量子数)和 j(具有 $j = l + s$ 的自旋轨道耦合)。j 的数值总是为正值。因此，给定电子态的能量 $E(nlj)$ 可以由表 2-1 中特定元素的 3 个数值进行描述。

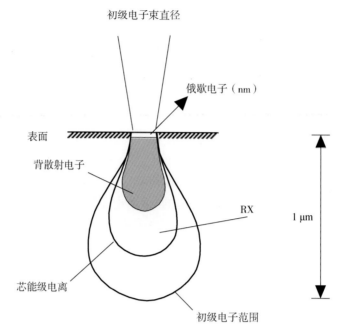

图 2 - 1 初级电子、背散射电子、俄歇电子和 X 射线的分布

注：示意图是约 1 μm 的宽电子束聚焦。此处的电子束与出射的背散射电子面积的直径大致相同。电子束聚焦直径往往在纳米级范围，聚焦程度非常高。详情请参见 Briggs 和 Seah 的图 5 - 31[2]。

表 2 - 1 AES 和 XPS 峰的命名

n	l	j	索引号	AES 标识	XPS 标识
1	0	1/2	1	K	$1s_{1/2}$
2	0	1/2	1	L_1	$2s_{1/2}$
2	1	1/2	2	L_2	$2p_{1/2}$
2	1	3/2	3	L_3	$2p_{3/2}$
3	0	1/2	1	M_1	$3s_{1/2}$
3	1	1/2	2	M_2	$3p_{1/2}$
3	1	3/2	3	M_3	$3p_{3/2}$
3	2	3/2	4	M_4	$3d_{3/2}$
3	2	5/2	5	M_5	$3d_{5/2}$
…	…	…	…	…	…

2.2.1 俄歇峰的动能

图 2 - 2 为俄歇过程的示意图。为了将能量 E_W 的芯能级 W（即 K，L，…）电离，初级束的能量必须足够高。更接近费米能级的能级 E_X 上的电子将填充空的电子空位，电子在能级 W 和 X 之间跃迁，释放出与 $\Delta E = E_W - E_X$ 相对应的能量，随之将能量转移给同一原子能级 E_Y 上的第三个电子。因此，第三个电子的动能等于所涉及

的 3 个电子能级之间的能量差减去样品的功函数 Φ_s。如果仪器和样品托之间有良好的电接触(即样品和仪器的费米能级相同),就可以确定原子序数为 Z 的元素在能级 W、X 和 Y 之间俄歇跃迁的动能:

$$E_{WXY} = E_W(Z) - E_X(Z + \Delta) - E_Y(Z + \Delta) - \Phi_A \qquad (式 2-1)$$

其中,Φ_A 表示仪器的功函数,W、X 和 Y 是涉及俄歇过程的 3 个能级(即 KLL、LMM、MNN,省略标注亚层)。Δ 项(介于 0 和 1 之间)表示初级电子将原子电离后,电子能级向更高结合能发生的偏移。$\Delta = 0.5$ 代表动能估算的合理近似值。仪器检测器的功函数通常为 4 eV。选取表 2-2 中的数值,求得氧 O_{KLL} 跃迁的能量 $E_{KLL} = 512$ eV,如图 2-2 所示。

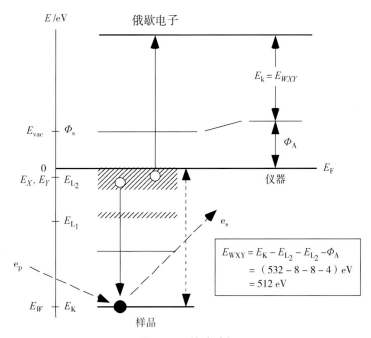

图 2-2　俄歇过程

注:E_F 是费米能级(电子结合能为零的原子能级),而 Φ_s 和 Φ_A 分别是样品和仪器的功函数。

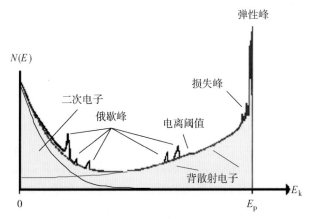

图 2-3　俄歇谱的示意图

表 2-2 一些元素的结合能

Z	元素	1s K	2s L_1	2p$_{1/2}$ L_2	2p$_{3/2}$ L_3	3s M_1	3p$_{1/2}$ M_2	3p$_{3/2}$ M_3	3d$_{3/2}$ M_4	3d$_{5/2}$ M_5
1	H	14								
2	He	25								
3	Li	55								
4	Be	111								
5	B	188		5	5					
6	C	284		6	6					
7	N	399		8	8					
8	O	532	24	8	8					
9	F	686	31	9	9					
10	Ne	867	45	18	18					
11	Na	1072	63	31	31	1				
12	Mg	1305	89	52	52	2				
13	Al	1560	118	74	73	1				
14	Si	1839	149	100	99	8				
15	P	2149	189	136	135	16	10	10		
16	S	2472	229	165	164	16	8	8		
17	Cl	2823	270	202	200	18	7	7		
18	Ar	3202	320	247	245	25	12	12		
19	K	3608	377	297	294	34	18	18		
20	Ca	4038	438	350	347	44	26	26	5	5
21	Sc	4493	500	407	402	54	32	32	7	7
22	Ti	4965	564	461	455	59	34	34	3	3
23	V	5465	628	520	513	66	38	38	2	2
24	Cr	5989	695	584	757	74	43	43	2	2
25	Mn	6539	769	652	641	84	49	49	4	4
26	Fe	7114	846	723	710	95	56	56	6	6
27	Co	7709	926	794	779	101	60	60	3	3
28	Ni	8333	1008	872	855	112	68	68	4	4
29	Cu	8979	1096	951	932	120	74	74	2	2
30	Zn	9659	1194	1044	1021	137	90	90	9	9
31	Ga	10367	1299	1144	1117	160	106	106	20	20
42	Mo	20000	2866	2625	2520	505	410	393	208	205
46	Pd	24350	3630	3330	3173	670	559	531	340	335
48	Ag	25514	3806	3523	3351	718	602	571	373	367
73	Ta[a]	67416	11681	11136	11544	566[a]	464[a]	403[a]	24[a]	22[a]
79	Au[a]	80724	14352	13733	14208	763[a]	643[a]	547[a]	88[a]	84[a]

[a] 分别表示 4s，4p 和 4f 能级。

图 2-3 为俄歇谱的示意图，其中，出射电子数 N 为关于动能 E 的函数。

俄歇峰叠加在二次电子谱图上，弹性峰 E_p 表示施加的初级电子能量。我们进一步观察到电离能级（E_W，E_X 等）弹性峰的特征损失峰拖尾，以及由特征能量损失导致的俄歇峰低动能端拖尾。这些特征损失在扫描电子显微镜中用于定量分析，该方法称为电子能量损失谱（EELS）。在文献中可找到俄歇跃迁的计算，图 2-4 给出了从 Li 开始所有元素的主要俄歇跃迁。由于俄歇跃迁至少需要 3 个电子，因此俄歇电子能谱只能分析 $Z \geqslant 3$ 的元素。表 2-3 给出了主要俄歇跃迁的数值以及 AES 中其他有用的参数。

表 2-3　AES 跃迁和相对灵敏度因子

图例说明：

Z	原子序数
A / ρ* [×10⁻⁶ m³/mol]	原子体积
元素	
S(5)	5 keV 时 AES 相对灵敏度
S(10)	10 keV 时 AES 相对灵敏度
LMM　XE	AES 跃迁的动能/eV
	AES 跃迁

* 原子量 $A \div$ 质量密度 ρ。
** 仅适用于 CMA。

主表（每个元素：原子序数 Z、元素、原子体积 A/ρ^*、S(5)、S(10)、跃迁、动能 KE/eV）：

Z	元素	A/ρ^*	S(5)	S(10)	跃迁	KE/eV
1	H	14.1				
2	He	31.8				
3	Li	13.1	0.160		KLL	43
4	Be	5.0	0.10	0.045	KLL	104
5	B	4.6	0.120	0.055	KLL	179
6	C	5.3	0.14	0.08	KLL	272
7	N	17.3	0.230	0.160	KLL	379
8	O	14	0.400	0.350	KLL	508
9	F	17.1	0.48	0.45	KLL	647
10	Ne	16.8			KLL	805
11	Na	23.7	0.25	0.23	KLL	990
12	Mg	14.0	0.13	0.13	KLL	1186
13	Al	10.0	0.19	0.15	LMM	68
14	Si	12.1	0.28	0.15	LMM	92
15	P	17.0	0.47	0.30	LMM	120
16	S	15.5	0.75	0.57	LMM	152
17	Cl	18.7	1.05	0.69	LMM	181
18	Ar	24.2			LMM	215
19	K	45.3	0.90	0.37	KLL	252
20	Ca	29.9	0.40	0.22	LMM	291
21	Sc	15.0	0.28	0.20	LMM	340
22	Ti	10.6	0.34	0.23	LMM	418
23	V	8.35	0.38	0.29	LMM	473
24	Cr	7.23	0.31	0.28	LMM	529
25	Mn	7.39	0.193	0.160	LMM	589
26	Fe	7.1	0.22	0.15	LMM	703
27	Co	6.7	0.23	0.19	LMM	775
28	Ni	6.6	0.27	0.22	LMM	848
29	Cu	7.1	0.23	0.20	LMM	920
30	Zn	9.2	0.19	0.18	LMM	994
31	Ga	11.8	0.16	0.14	LMM	1070
32	Ge	13.6	0.130	0.125	LMM	1147
33	As	13.1	0.12	0.11	LMM	1228
34	Se	16.5	0.092	0.088	LMM	1315
35	Br	23.5	0.075	0.074	LMM	1376
36	Kr	32.2			MNN	53
37	Rb	55.9	0.052	0.053	LMM	1565
38	Sr	33.7	0.043	0.045	LMM	1649
39	Y	19.8	0.11	0.01	MNN	127
40	Zr	14.1	0.16	0.15	MNN	147
41	Nb	10.8	0.21	0.18	MNN	167
42	Mo	9.4	0.28	0.28	MNN	186
43	Tc					
44	Ru	8.3	0.50	0.37	MNN	273
45	Rh	8.3	0.68	0.47	MNN	302
46	Pd	8.9	0.89	0.60	MNN	330
47	Ag	10.3	0.97	0.67	MNN	356
48	Cd	13.1	0.99	0.68	MNN	376
49	In	15.7	0.97	0.65	MNN	404
50	Sn	16.3	0.90	0.53	MNN	430
51	Sb	18.4	0.65	0.40	MNN	454
52	Te	20.5	0.47	0.28	MNN	483
53	I	25.7	0.34	0.21	MNN	511
54	Xe	42.9	0.24	0.15	MNN	532
55	Cs	70	0.17	0.12	MNN	563
56	Ba	39	0.12	0.08	MNN	584
57	La	22.5	0.88	0.60	MNN	625
72	Hf	13.6	(0.141)		NNN	185
73	Ta	10.9	0.136	0.093	NNN	179
74	W	9.53	0.115	0.079	NNN	179
75	Re	8.85	0.096		NNN	176
76	Os	8.43			NOO	
77	Ir	8.54	0.046		NOO	54
78	Pt	9.10	0.28		NOO	64
79	Au	10.2	0.34	0.21	NOO	69
80	Hg	14.8	0.030		NOO	76
81	Tl	17.2	0.42		NOO	84
82	Pb	18.3	0.40		NOO	94
83	Bi	21.3	0.37		NOO	101
84	Po	22.7				
85	At					
86	Rn					
87	Fr					
88	Ra	45				
89	Ac					

镧系元素：

Z	元素	A/ρ^*	S(5)	S(10)	跃迁	KE/eV
58	Ce	21.0	0.068	0.045	MNN	661
59	Pr	20.8	0.055	0.038	MNN	699
60	Nd	20.6	0.047	0.032	MNN	730
61	Pm					
62	Sm	19.9	0.033	0.026	MNN	814
63	Eu	28.9	0.029	0.025	MNN	858
64	Gd	19.9	0.027	0.024	MNN	895
65	Tb	19.2	0.026	0.025	MNN	1073
66	Dy	19.0	0.027	0.027	MNN	1126
67	Ho	18.7	0.030	0.030	MNN	1175
68	Er	18.4	0.036	0.035	MNN	1393
69	Tm	18.1	0.042	0.040	MNN	1449
70	Yb	16.5	0.051	0.048	MNN	1514
71	Lu	17.8	0.062	0.058	MNN	1573

锕系元素：

Z	元素	A/ρ^*	S	跃迁	KE/eV
90	Th	19.9	0.286	OPP	65
91	Pa	15.0			
92	U	12.5	0.437 (3 keV)	OPP	72

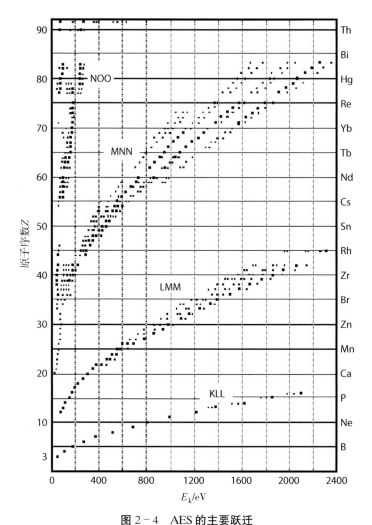

图 2 - 4　AES 的主要跃迁

注：图片源自美国明尼苏达州的 *Physical Electronics*。

2.2.2　电离截面

俄歇跃迁的概率由芯能级 W 的电离概率、涉及俄歇电子或光子出射的退激发过程决定。到达表面具有一定能量 E 的初级电子从样品表面开始电离原子。通过量子力学计算芯能级 W 发生俄歇过程的电离截面 σ_W，可由下式估算：

$$\sigma_W = \text{const} \times \frac{C(E_P/E_W)}{E_W^2} \qquad (式 2 - 2)$$

其中，常数 const 由芯能级 W（即 K，L，M）决定。σ_W 是关于初级能量 E_p 和芯能级 E_W 的函数。图 2 - 5 为实验结果和式 2 - 2 计算的 σ_W，σ_W 是关于 E_p/E_W 比值的函数，电离截面在接近 $E_p/E_W=3$ 时达到最大值。σ_W 的典型绝对值为 $10^{-4}\sim10^{-3}$，这意味着电离之后发生俄歇退激发的概率是万分之一。因此，通过实验证实俄歇电子跃迁叠加在高的二次电子谱上，如图 2-3 所示。

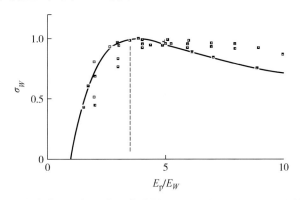

图 2-5　电离截面随初级电子束能量 E_p 和芯能级能量 E_W 比值的变化

2.2.3　俄歇电子和光子出射的比较

图 2-2 为俄歇过程的示意图。在 2.2.2 中，我们了解到芯能级 W 发生电离后，通过将电子填充到能级 W 的空位发生退激发。释放的能量差 $\Delta E = E_W - E_X$ 可转移给相同原子的电子，或释放出具有相同能量的光子（$\Delta E = h\nu$）。同样，量子力学选择定则决定出射的是俄歇电子还是光子。二者的出射概率随原子序数 Z 和所涉及的原子能级类型（K，L，M 等）而变化，截面 $\gamma_{A,K}$ 和 $\gamma_{X,K}$，或 $\gamma_{A,L}$ 和 $\gamma_{X,L}$ 可通过俄歇电子（A）或光子［X 射线（X）］的出射而进行检测，如图 2-6 所示。对于轻元素和 KLL 型跃迁 $\gamma_{A,K}$，俄歇过程的激发概率非常高。然而，对于 LMM 型（$\gamma_{A,L}$）或 MNN 型（$\gamma_{A,M}$，未示出）的跃迁，即使对于重元素也能观察到较高的概率。

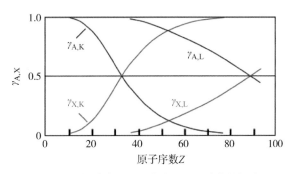

图 2-6　俄歇电子(A)或光子(X)的出射概率

2.2.4　电子背散射

在俄歇电子能谱中，具有 3～30 keV 能量的初级电子到达样品表面。蒙特卡洛（Monte Carlo）计算表明电子可穿透的深度达几微米（与图 2-1 比较）。电子在行进过程中会损失一部分能量，改变方向也会发生背散射，可能产生二次电子、俄歇电子和光子。一些背散射电子如果具有足够的能量，可以反过来产生俄歇电子。这种方式的

背散射电子对总的俄歇电流有所贡献。由于俄歇电子的数量与总俄歇电流成比例，因此可得

$$I_{total} = I_0 + I_M = I_0(1 + r_M) \tag{式 2 - 3a}$$

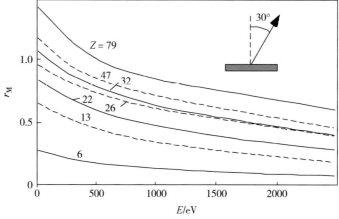

图 2 - 7　电子背散射因子 r_M 为关于动能的函数

注：初级电子能量 5 keV，入射角 $\theta = 30°$（转载自[2]，经 John Wiley&Sons 公司许可）。

图 2 - 7 显示了由原子序数 Z 计算得到的背散射因子 r_M。由图可知，r_M 随着 Z 的增加而变大，也就是说，具有更多自由电子的元素，如金（$Z = 79$），将产生更多的背散射电子。

背散射因子可以通过以下方程进行估算：

$$1 + r_M = 1 + 2.8\left(1 - 0.9\frac{E_W}{E_p}\right)\eta(Z) \tag{式 2 - 3b}$$

其中，E_W 是芯能级的电离能，E_p 是初级束的能量，$\eta(Z)$ 是背散射系数，由以下公式计算得到：

$$\eta(Z) = -0.0254 + 0.16Z - 0.00186Z^2 + 8.3 \times 10^{-7}Z^3 \tag{式 2 - 3c}$$

图 2 - 7 说明在进行俄歇分析时，尤其是对于衬底产生大量背散射电子的超薄膜，r_M 变量的重要性。

2.2.5　逃逸深度

逃逸深度 Λ 由动能为 E_k 的俄歇电子的衰减长度 λ 决定：

$$\Lambda = \lambda\cos\theta \tag{式 2 - 4a}$$

其中，θ 是俄歇电子相对于表面法线的出射角。电子不发生任何碰撞的运动距离为 x 的概率与 $\exp(-x/\Lambda)$ 成比例，95% 的俄歇强度来自表面 3Λ 以内。元素的 λ 可进行以下粗略估算[2]：

$$\lambda = 0.41a^{1.5}E_k^{0.5} \tag{式 2 - 4b}$$

其中，a（单位为 nm）是立方晶体的单层厚度，由以下公式计算得到：

$$\rho N_A a^3 = A \tag{式 2 - 4c}$$

其中，ρ 为密度（单位为 kg/m^3），N_A 是阿伏伽德罗常数（$N_A = 6.023 \times 10^{23}\ mol^{-1}$）、$a$ 的单位为 m，A 是产生俄歇电子的基体分子量（单位为 kg/mol）。表 2-3 给出比值 A/ρ（原子体积）。图 2-8 显示 λ 是动能的函数，当典型动能值高达 2000 eV 时，λ 值的变化范围为 2～20 个单层。金属的单层厚度为 0.2～0.25 nm。由于动能决定逃逸深度，因此可通过测量相同元素不同能量的两个峰得到组分随深度的变化。为了利用俄歇电子能谱和 X 射线光电子能谱测量覆盖膜的厚度，以及对薄标记层进行深度测量，定义了两种方法的有效衰减长度（EAL），结果参见 Powell 和 Jablonski 发表的文章[6]。

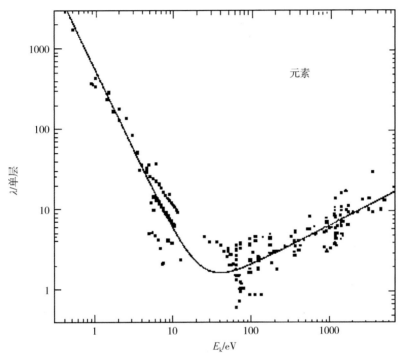

图 2-8　衰减长度 λ 对动能的依赖关系

注：转载自[2]，经 John Wiley & Sons 许可。

2.2.6　化学位移

元素氧化态的变化会造成价带能级的结合能发生位移。因此，每当结合能发生变化时，原则上也会观察到俄歇跃迁的"化学位移"，在 ESCA 中也发现同样的现象。然而，由于俄歇跃迁涉及 3 个能级，通常不能简单地将化学位移与特定能级的位移相对应。钛元素的俄歇峰精细结构如图 2-9 所示，可以让实验者对不同的氧化态进行区分。图 2-10 给出了铝元素不同峰的能级变化示例，图示说明 M-能级电子密度 $\rho(E)$ 的差异。由图 2-10 可知，在金属或氧化物中，Al 原子的分立能级为能带，当从 Al 金属转变为 Al_2O_3 时，E_b 由 14.9 eV 偏移到 18.0 eV。David[3] 给出了一些实例。

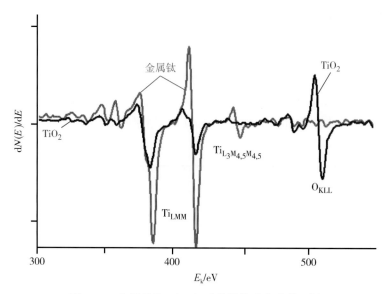

图 2-9　金属钛和 TiO₂ 与动能的俄歇差分谱示例

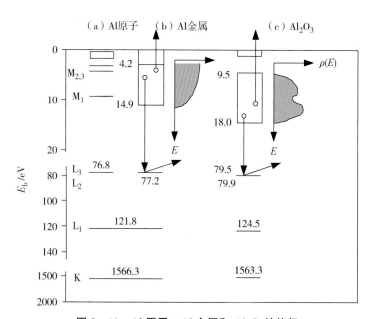

图 2-10　Al 原子、Al 金属和 Al₂O₃ 的能级

2.3　仪器设备

俄歇电子能谱仪的主要组成部分是电子枪和静电能量分析器。二者置于本底压力在 10^{-9} mbar 和 10^{-8} mbar 之间的超高真空腔室中。为了确保表面不被污染，需要超高真空（10^{-9} mbar 或更低的压力），以保证残余气体的吸附每秒低于 10^{-3} 个单层。谱仪的基本部件包括：读取总压力的真空计、控制残余气体的分压分析仪、快速进样室和进行样品清洁或薄膜深度分析的差分抽气离子枪，以及进行成像的二次电子收集器。图 2-11 为筒镜型能量分析器（CMA）的俄歇电子能谱仪的简单示例，在内筒和外筒之间施加可变电压，在动能 E 处产生与被检测电子数量 N 成比例的信号。AES 所用的其他类型分析器如图 2-12 所示的半球型分析器（HPA），常用于 XPS 分析。HPA 通常给出更好的能量分辨率。电子束可以是静态的（静态 AES），也可以是扫描式的［扫描俄歇显微探针（SAM）］。横向分辨率由所使用的电子光学（静电或电磁透镜）决定，在俄歇检测模式下可实现 10 nm 的谱仪横向分辨率。

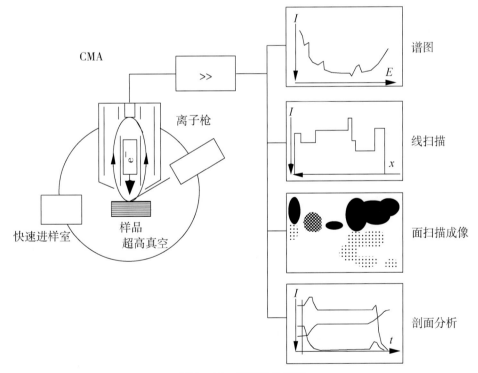

图 2-11　筒镜型分析器

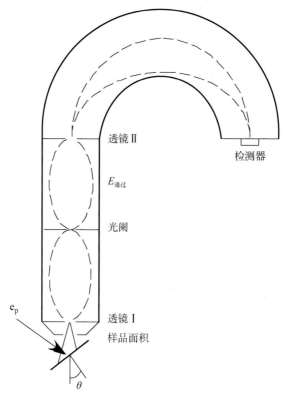

图 2-12　半球型分析器

2.3.1　电子源

现代扫描俄歇系统使用三种类型的电子源：钨灯丝、LaB_6 晶体或场发射枪（FEG），其中，前两者为热电子源。经典的钨灯丝最小电子束直径达 $3\sim5\ \mu m$。只有 LaB_6 或 FEG 源可产生直径不超过 20 nm 的电子束，此时初级电子束能量要增加到 $20\sim30$ keV。在给定初级束流下，最小电子束直径可以通过场发射枪获得（图 2-13），此时需要更好的真空。

热电子和场发射两种类型的电子源基于不同的物理原理。热电子源更常见，利用一定的热能移去热电子源中的电子，该热能能量称为功函数，功函数表示在材料表面释放电子所必须克服的势垒。典型的功函数能量为 $4\sim5$ eV。对于热电子源，通过一定的电流对材料进行加热，获得足够高的温度使电子到达真空。场发射是基于电子的"隧穿"过程，如果在发射极和引出极之间施加足够高的电场，就可能发生电子的"隧穿"过程，这通常需要半径为 $20\sim50$ nm 尖针状的点，同时发射极和引出极之间的距离要足够短（纳米级）。横向分辨率的极限是由聚焦透镜决定的。单纯的静电电子枪可以聚焦到 $0.2\ \mu m$，而电磁聚焦可使 LaB_6 或钨场发射体的束斑尺寸减小到 $0.02\ \mu m$。这些场发射体也用于扫描电子显微镜中。然而，电子束聚焦会造成电子束损伤，尤其是对于导电性差的样品区域。为了避免电子束损伤，应使用大于 $1\ mA\cdot cm^{-2}$ 的电子

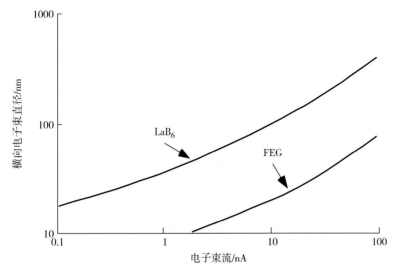

图 2 - 13　电子源[LaB₆和场发射枪 (FEG)]的比较

束流密度(相当于 10 μm 的束斑内 1 nA 的电流)。然而，这些限制条件往往无法实现，特别是在高横向分辨率工作中会导致局部样品发生分解。

　　与热电子源和场发射钨源相比，当束流大于或等于 10 nA 时，LaB_6 源可获得更小的束斑尺寸和更好的信噪比。然而，当电子束流小于 1 nA 时，场发射体可获得更好的横向分辨率。

2.3.2　谱仪

　　如前所述，AES 使用两种类型的分析器：筒镜型分析器(CMA)或半球型分析器(HPA)。CMA(图 2 - 11)具有比 HPA(图 2 - 12)更大的电子传输。传输定义为出射的俄歇电子与检测的俄歇电子的比值。在许多情况下，为了避免阴影效应，扫描电子枪同轴安装在 CMA 中。CMA 是因样品表面上的出射电子束斑经过 CMA 在检测器表面成像而得名的。为了找到分析点并校准分析器，利用从样品表面反射的已知能量的初级电子优化信号强度。

　　在 HPA 中，初级电子与能量分析器不共轴，具有更简单的几何形状，可对出射电子角度进行更好地定义(对比图 2 - 12)。对于 HPA，样品和分析器之间的工作距离通常较大(约 10 mm)，通过在分析器的入口处放置一组静电透镜对可接受的分析区域进行限定。在分析器的圆筒柱形部分，通过光阑限制分析区域，利用第二静电透镜控制电子的通能。通过对第二透镜施加电压降低俄歇电子的动能，使分析器在恒定通能模式下工作。分析器的半球形部分将电子聚焦在检测器平面内，检测器为多个电子倍增器或微通道板的阵列。检测系统直接测量某一动能下的电子数目 $N(E)$。这种分析器可使用以下两种检测模式：

　　(1) ΔE 为常数，即固定分析器传输模式(FAT)，通过控制透镜 Ⅱ 施加恒定的通能(与图 2 - 12 比较)；

（2）$\Delta E/E$ 为常数，即固定相对分辨率（FRR），通过施加恒定的能量比值使 $\Delta E/E$ 不变，其中 ΔE 是给定峰的半峰宽（FWHM），E 是其动能。

电子检测器决定信噪比（对于 Cu_{LMM} 线，信噪比为 800∶1），并且检测限在给定空间分辨率（0.1 μm）和固定的初级束流（10 nA）时降低至单层的 1%。为了获得更好的辐射屏蔽效果，每个分析器都由不锈钢和（或）完全的 μ 金属制成。

2.3.3 采集方式

俄歇电子能谱有以下 4 种工作模式：①点分析；②线扫描；③面扫描成像；④深度剖析。

图 2-14 为钨的点分析典型全谱图，表示检测到的电子数量 $N(E)/E$ 是关于动能的函数（也可比较图 2-3），观察到俄歇电子叠加在大量的二次电子上，已对氧、碳和钨的跃迁进行标记。碳为表面污染物，通常在由大气环境引入到超高真空（UHV）的样品上观察到碳。俄歇峰可在背景扣除后由微分形式表示，即 $dN(E)/dE$。图 2-15 显示了钛的不同化学状态。然而，如上所述，由于在俄歇过程中涉及 3 个能级，因此在 ESCA 中通常更容易识别氧化态。AES 的优点在于束斑尺寸小、对导电样品的测量采集时间更短。

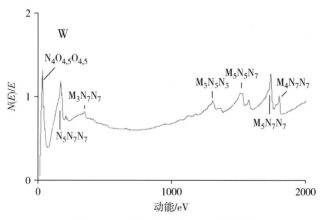

图 2-14　钨的点分析 AES 全谱图

我们已经注意到俄歇电子的逃逸深度仅为几纳米，而许多实际问题需要确定元素随深度的变化情况。现代 AES 系统可进行不同类型的深度分析，如图 2-16 所示。显然，图 2-16 所示的原理也适用于其他方法，如 XPS 或 SIMS。对于几纳米厚的膜层，利用式 2-4a 和图 2-17 所示的方法测量检测到的强度随角度 θ 的变化。如上所述，由于 λ 通常仅为几纳米（见 2.2.5 节），角度分辨分析（ARAES）仅限于对非常浅的深度进行分析。

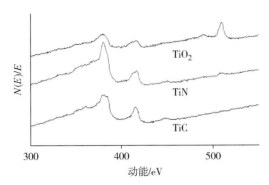

图 2-15 TiO₂，TiN 和 TiC 归一化的 AES 谱图与动能的关系

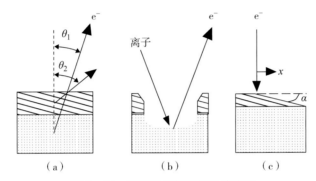

图 2-16 不同类型深度测量的原理

注：(a)3~5 nm 的膜层，通过改变出射角进行无损测量；(b)不超过 200 nm 的膜层，将破坏性溅射刻蚀和 AES 分析相结合；(c)不超过 20 μm 的膜层，在小角度下通过球坑或锥型切片产生弧坑边缘，对弧坑边缘进行线扫描。

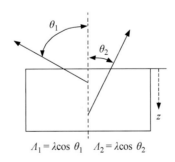

图 2-17 逃逸深度随出射角的变化

俄歇分析与氩离子 Ar^+（或 Kr^+）溅射相结合，通过同时或交替地观察溅射弧坑底部的俄歇信号，可确定厚度达 $0.2 \sim 1$ μm 较厚层的组成。溅射深度剖析将在第 2.5 节进行更详细地讨论。

更厚(即几微米)的膜层应通过其他方法进行分析，即电子微探针分析或(如果要检测轻元素)可通过扫描电子束扫描机械制备的球弧坑或锥型截面进行分析。图 2-18 给出了线扫描模式的实例：一段覆盖 TiN 膜层的不锈钢，如图 2-19 所示。通过不锈钢球对 TiN 膜层进行机械磨蚀制备弧坑，更多详情请参见 ISO 技术报告 ISO/TR 15969(2001)。电子束从左到右扫描经 TiN 膜层，经过弧坑边缘到达基底。根据 ISO/TR 15969(2001)，当 $R \gg D$ 时，通过式 2-5，位移 x 可与膜层厚度 z 相关，R 是抛光过程中使用的球体半径，D 是在表面产生的弧坑直径：

$$z = \frac{D^2/4 - (D/2 - x)^2}{2R} \qquad (式 2-5)$$

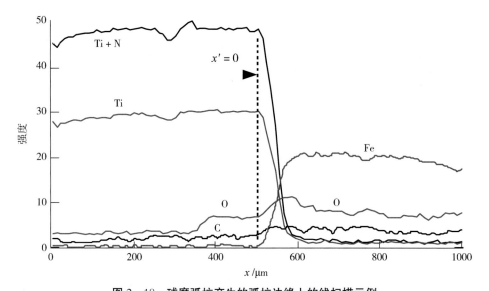

图 2-18　球磨弧坑产生的弧坑边缘上的线扫描示例

注：原子浓度作为电子束位移的函数。弧坑边缘位于约 $x = 500\ \mu m$ 处。

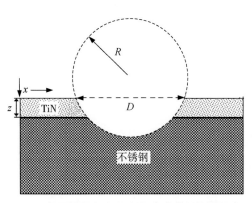

图 2-19　一段覆盖厚度为 z 的 TiN 膜层的不锈钢样品截面

注：垂直箭头表示电子束位移的限制，其中 R 是抛光过程中使用球体的半径，D 是在表面产生的弧坑直径。

扫描俄歇分析的应用实例如图 2-20 所示，是用作超导磁体的 Sn-Nb 多线合金的俄歇分布图。(a)和(b)为高横向分辨率的 SEM 显微图像，(c)和(d)分别为 Sn，Nb 的高横向分辨率扫描俄歇显微图像。

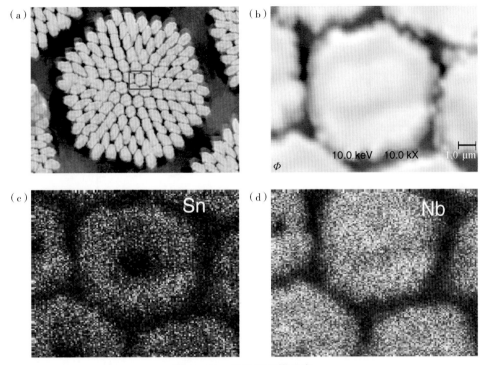

图 2-20　AES 面扫描分布

图 2-20 给出了 Sn 和 Nb 的元素分布。在该模式下，电子束对样品的选定区域进行扫描。通过在元素峰的峰值最大值和最小值处的分析器通能保持不变，可在该区域的每个点测量俄歇强度，显示的图像表示每个像素的峰强度（最大值减去最小值）。

2.3.4　检测限

对于轻元素，俄歇峰的识别通常比重元素更容易，因为较重元素具有较大数量的跃迁，易发生峰的干扰。具有较高动能的峰具有较大的半峰度（FWHM 通常为 3～10 eV），因此峰更有可能相互重叠。元素的灵敏度仅变化一个数量级，其中银是最敏感的元素，钇是最不敏感的元素。检测限由信噪比确定，典型的检测限为：浓度检测限为 0.1%～1% 个单层；（1 μm×1 μm，1 nm 厚的体积）质量检测限是 10^{-16}～10^{-15} g；原子检测限为每平方厘米 10^{12}～10^{13} 个原子。

扫描俄歇分析可以使检测面积减小至微米级以下。然而，如果小面积上的功率过大，精细聚焦的电子束可能会引起组分的变化，因此功率应避免超过 10^4 W/cm²。此外，对于纯铜样品，面分布成像模式下检测限大大降低，如图 2-21 所示。对图进行观察，根据所使用电子源的类型，横向分辨率为 50 nm 的静态测量可提供 0.1 至

0.01 个单层的检测限。如前所述，场发射枪具有更高的亮度，因此具有更好的检测限。然而，由于每像素的采集时间较短，与点分析相比，面分布成像的检测限降低约 100 倍。

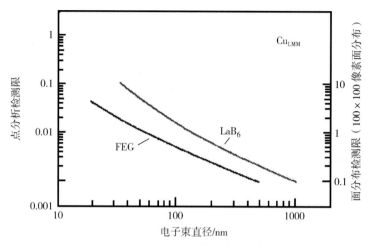

图 2-21　检测限(单层)随横向分辨率变化的函数

注：点分析(左纵坐标)和面分布成像(右纵坐标)AES 最常见使用的电子源，即 LaB₆晶体源或场发射(FEG)。

2.3.5　仪器校准

对于有意义的测量，确保仪器已进行校准是非常重要的。例如，要正确地通过峰能量对化学成分进行识别，需要对能量标尺进行校准。利用灵敏度因子并与其他仪器进行比较提供定量信息，同时强度标尺是线性的，并且还要针对强度响应函数进行修正。强度响应函数(IRF)包括分析器对电子的接受角度、电子的传输效率和检测效率。幸运的是，AES 的基础计量学高度发展，并且 ISO(国际标准组织)已制定了校准程序。一些制造商的软件或 NPL 网站(http：//www. npl. co. uk/server. php? show = ConWebDoc. 606)提供了 IRF 的校准。下面列出了最相关的 ISO 标准。

(1)ISO 17973—中等分辨率的 AES，用于元素分析的能量标尺校准。

(2)ISO 17974—高分辨率的 AES，用于元素和化学态分析的能量标尺校准。

(3)ISO 21270—XPS 和 AES，强度标的线性。

(4)ISO 24236—AES，强度标的重复性和稳定性。

感兴趣的读者可查阅 AES(和 XPS)仪器校准的详细综述 BCR-261T[7]。

2.4　定量分析

元素 A 的俄歇峰强度可与其原子浓度 $c_A(z)$ 相关。假设信号来自厚度为 dz、分析深度为 z 的膜层，相对于表面法线的出射角 θ，可得到俄歇峰的强度 I_A：

$$I_A = g\int_0^\infty c_A(z)\exp\left(-\frac{z}{\lambda\cos\theta}\right)dz \qquad (式 2-6)$$

其中，衰减长度 λ（由表面化学分析 ISO 标准 18115：2001 定义）通过式 2-4a 至式 2-4c 计算得到。更多信息可在 Seah[8] 中获取。参数 g 由下式给出：

$$g = T(E)D(E)I_0\sigma\gamma(1 + r_M) \tag{式 2-7}$$

忽略粗糙度 R 的影响，式中，$c_A(z)$ 为元素 A 的浓度，是深度 z 的函数；λ 为俄歇电子的衰减长度；θ 为相对于表面法线的出射角；$T(E)$ 为传输因子，是俄歇电子动能 E 的函数；$D(E)$ 为电子倍增器的检测效率，是可能随时间而变化的因子；I_0 为初级束流；σ 为俄歇过程的电离截面；γ 为俄歇跃迁的概率（与退激发过程中光子的发射比较）；r_M 为电子背散射因子，与基体 M 相关（见 2.2.4 节）。

假设表面平整，元素 A 在基体 M 中的深度分布是均匀的，计算式 2-6 的积分，得：

$$I_{A,M} = D(E)T(E)I_0\sigma_A\gamma_A(1 + r_{A,M})\lambda_{A,M}c_{A,M} \tag{式 2-8}$$

将式 2-8 应用于二元合金（以图 2-20 为例，A 为 Sn，B 为 Nb）：

$$\frac{I_{A,AB}}{I_{B,AB}} = \frac{\sigma_{A,A}}{\sigma_{B,B}} \cdot \frac{x_A}{x_B} \tag{式 2-9}$$

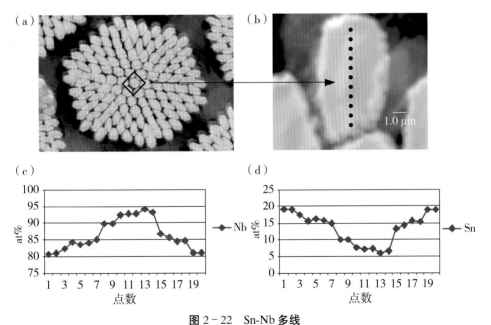

图 2-22　Sn-Nb 多线

注：(a) 为 SEM 显微图像；(b) 为单根线的点分析；(c) 和 (d) 为原子浓度。

通常，元素的电离截面由元素相对灵敏度因子 S 代替。图 2-22 中的结果显示了 Sn-Nb 多线和单根线上的点分析，图 2-22(c) 和 (d) 给出了原子浓度。表 2-4 为线扫描的原子浓度的相应数值。

含 n 个元素的样品成分可由下式进行半定量计算：

$$x_A = \frac{I_A/S_A}{\sum_i^n I_i/S_i} \tag{式 2-10}$$

式中，$I_i (i = A，B，\cdots，n)$是元素峰的强度，S_i是相对灵敏度因子。元素的电离截面已经转换为标准元素灵敏度因子，这些灵敏度因子已对所用分析器的传输函数进行修正。若在 $N(E)$ 直接模式下测量谱图，则使用面积灵敏度因子。在微分成 $dN(E)/dE$ 之后，峰-峰强度与相应的元素峰-峰灵敏度因子一起应用于式 2-10。

表 2-4　单根 Nb-Sn 线 AES 数据的原子浓度(at%)

点	Sn（at%）	Nb（at%）
1	19.3	80.7
2	19.0	81.0
3	17.6	82.4
4	15.7	84.3
5	16.3	83.7
6	15.9	84.1
7	14.9	85.1
8	10.1	89.9
9	10.1	89.9
10	7.6	92.4
11	7.2	92.8
12	7.3	92.7
13	5.9	94.1
14	4.7	95.3
15	13.3	86.7
16	14.3	85.7
17	15.6	84.4
18	15.3	84.7
19	18.9	81.1
20	18.9	81.1

图 2-23 为非均匀氧化的 Fe-Cr-Nb 合金的 $N(E)$ 直接谱和 $dN(E)/dE$ 微分谱。该合金呈现出组分的差异，特别是不同合金晶粒中 Nb 的含量。观察图 2-23，可以发现，不同组成的两种不同晶粒的俄歇图谱存在差异。表 2-4 为 AES 线扫描相对应的数值数据。对于感兴趣的读者，可查看 Seah[9] 的一篇综述，该综述给出了包含基体效应和灵敏度因子更详细的定量方法。

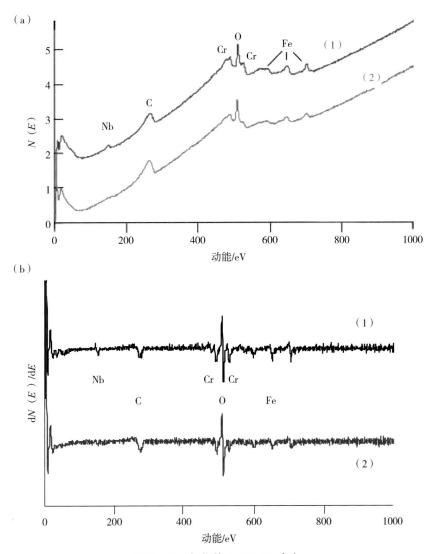

图 2-23　氧化的 Fe-Cr-Nb 合金

注：(a)为 $N(E)$ 直接谱；(b)为 d$N(E)$/dE 微分谱。

2.5　深度剖析

　　数据采集的第四种模式是 AES 与离子束溅射结合，产生超过俄歇电子几纳米逃逸深度限制的深度信息。在样品表面上使用已知能量和电流、矩形扫描的惰性离子束同时或交替地对某一区域进行离子轰击完成溅射。为了避免弧坑效应，必须将离子束与电子束进行对中，应在离子弧坑的中心进行俄歇分析，溅射面积应超过分析面积的 3～10 倍。

2.5.1 薄膜校准标样

深度剖析的目的是将溅射时间转换为深度，并将测量的强度转换为元素浓度，后者可以按第 2.4 节中的描述进行。通常使用金属 Ta 上阳极化制备的 Ta_2O_5 薄膜标样进行深度校准[7]。Ta 上的 Ta_2O_5 典型剖面分析如图 2-24 所示，该图(a)显示了 O 和 Ta 的峰-峰强度，其为 Ar^+ 溅射时间的函数。阳极化膜的厚度通过核反应分析法（NRA）另行校准。这种深度剖析对于膜/衬底界面的薄膜是非常典型的。图 2-24(a)可分成 4 个区域。区域 I，除去样品上的表面污染物（吸附物如 C，CO，C_xH_y）。离子与氧化物相互作用导致择优溅射，即组分发生变化。在此例中，与金属相比优先除

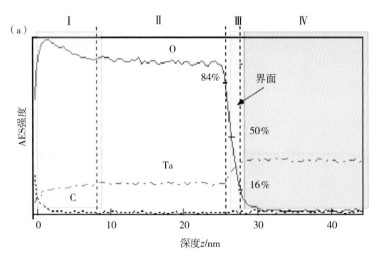

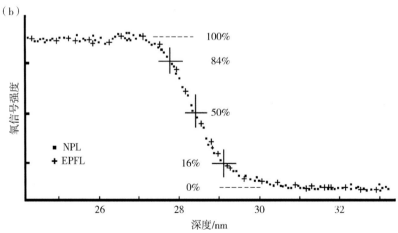

图 2-24 (a)30 nm Ta_2O_5/Ta 薄膜标样的俄歇剖面分析；
(b)30 nm Ta_2O_5/Ta 标样剖析界面的实验室间比对

注：(a)显示氧和金属的俄歇峰强度随溅射时间的变化而变化，区域 III 的厚度为 $\Delta l = v \Delta t_I$，其中 v 是氧化物的溅射速率，t_I 是到达界面中心所需的时间，界面中心定义为稳态区域（II）幅值的 50%。(b)表明在合适条件下可测量界面的精度。测量是在两个实验室进行的（英国 Teddington 的 NPL 和瑞士 Lausanne 的 EPL）。(b)经 Elsevier 许可，转载自[10]。图中横坐标已将溅射时间转换为溅射深度（译者注）。

去氧，实际上溅射会导致氧化物的化学还原。在一定时间后达到稳态(区域Ⅱ)，所需时间取决于溅射材料、结晶度、离子束能量、入射角和离子束电流。区域Ⅱ的组成由溅射样品与所用的离子束和电子束的实验条件决定。在区域Ⅲ，达到了氧化膜和金属衬底之间的界面，其特征在于氧的减少和钽信号的增加。实际上，我们测量得到到达界面的时间，确定薄膜中稳态的幅值，假设薄膜的膜厚已经通过独立测量方法获得，可将溅射时间转换成深度。区域Ⅳ代表基底。在弧坑底部，由于发生溅射离子与表面原子的相互作用，原子不仅从表面移除，还被撞入样品内部，导致界面发生原子混合和界面变宽。更多细节在别处讨论[9]。对于非常薄的薄膜(小于 10 nm)，因为没有达到稳态，区域Ⅰ和区域Ⅱ通常分不开。在这种情况下，几乎不可能确定薄膜的组成、化学计量比与界面宽度。深度分辨率的物理极限为 1～2 nm，这是由离子束能量、离子束剂量以及电子逃逸深度决定的。图 2-24(b)给出了氧化膜和金属衬底界面的例子，进一步强调了在不同的实验室进行 AES 薄膜分析的可重复性。

2.5.2 深度分辨率

界面的分辨率 Δz 定义为达到 100%氧振幅稳态值的 84%和 16%所需的时间宽度，如图 2-24(b)所示。为了方便起见，50%的点用来确定界面位置。图 2-25 显示了各种溅射薄膜的 Δz 与厚度的关系。具体地，给出了在 Ta 上阳极化形成的非晶态 Ta_2O_5 膜的分辨率。对于许多样品，特别是结晶样品，深度分辨率 Δz 随着薄膜厚度 z 的平方根成比例地降低。由于在给定离子束入射角时溅射引起的粗糙度较小，因此非晶薄膜 Ta_2O_5/Ta(+)或 SiO_2/Si 表现出更好的深度分辨率。在分析过程中，通过旋转样品可以减少由初级离子入射角变化引起的粗糙度影响，从而避免溅射过程中形成锥体(更多细节参见 Briggs 和 Seah 文章[2])。其他影响深度分辨率的重要因素是初始粗糙度和分析室中残余气体的含量。

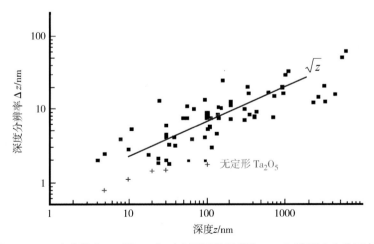

图2-25 深度分辨率 Δz 随 Ta(+)上不同结晶膜和 Ta_2O_5 膜厚度变化而变化

注：转载自[11]，经 John Wiley & Sons 公司许可。

2.5.3 溅射速率

深度剖析是为了确定元素浓度随深度的变化。如前所述，可将式2-10作为一阶近似，计算被测元素的原子浓度。为了将时间轴转换为深度，应用深度 z 和溅射时间 t 之间的一般关系：

$$z(t) = \int_0^\infty v\,\mathrm{d}t \qquad (式\,2-11)$$

其中，元素的溅射速率 v 由下式获得：

$$v = \frac{J\gamma A}{\rho e N_A n} \qquad (式\,2-12)$$

式中，J 为离子流密度（单位为 A/m^2）；γ 为溅射产额，即原子/初级离子；A 为分子量（单位为 kg/mol）；ρ 为密度（单位为 kg/m^3）；e 为电子电荷，等于 1.602×10^{-19} $A\cdot s$；N_A 为阿伏伽德罗常数，等于 6.023×10^{23} mol^{-1}；n 为分子中的原子数，对于 Ta_2O_5 为7。

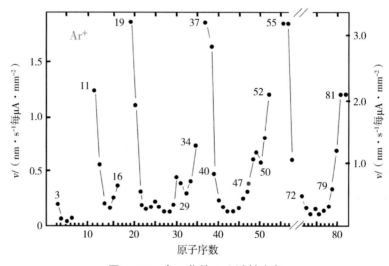

图 2-26 归一化的 Ar⁺ 溅射速率

注：左纵坐标的离子束能量为 1 keV，右纵坐标的 5 keV，原子序数 z 为 3~82 之间的元素。

对于 1 keV 的 Ar⁺ 离子，比值 A/ρ（原子体积）和溅射产额 γ 可分别在表2-3和表2-5中找到。根据离子流密度（$\mu A/mm^2$）归一化的元素产额计算元素溅射速率（nm/s）：

$$\frac{v}{J} = \frac{\gamma A}{100\rho} \qquad (式\,2-13)$$

应用式2-13得到如图2-26所示的 1 keV 和 5 keV Ar⁺ 离子的溅射速率。

表2-5　元素的溅射参数

说明（单元格符号）：

```
原子序数 —— Z        A —— 元素
电离势/eV —— P        S —— 1 keV Ar⁺的溅射产额
电子亲和势/eV —— EA
```

Z	元素	电离势 P/eV	电子亲和势 EA/eV	溅射产额 S
1	H	13.6	0.75	
2	He	24.59		0
3	Li	5.39	0.62	1.47
4	Be	9.32	<0.5	0.9
5	B	8.30	0.28	0.58
6	C	11.26	1.26	
7	N	14.53	0.5	
8	O	13.62	1.46	0.83
9	F	17.42	3.4	1.87
10	Ne	21.56		0
11	Na	5.14	0.55	4.9
12	Mg	7.65	0	3.8
13	Al	5.99	0.44	1.84
14	Si	8.15	1.39	1.47
15	P	10.49	0.75	2.0
16	S	10.36	2.08	
17	Cl	12.97	3.62	
18	Ar	15.76		0
19	K	4.34	0.5	8.2
20	Ca	6.11	<0.5	4.13
21	Sc	6.54	0.19	2.05
22	Ti	6.82	0.08	1.67
23	V	6.74	0.53	1.55
24	Cr	6.77	0.67	2.05
25	Mn	7.44	0	2.88
26	Fe	7.87	0.16	2.0
27	Co	7.86	0.66	1.96
28	Ni	7.64	1.16	2.03
29	Cu	7.73	1.23	2.52
30	Zn	9.39		0
31	Ga	6.0	0.3	3.43
32	Ge	7.9	1.2	2.42
33	As	9.81	0.81	3.1
34	Se	9.75	2.02	
35	Br	11.81	3.36	4.48
36	Kr	14.00		0
37	Rb	4.18	0.49	12.2
38	Sr	5.70		2.4
39	Y	6.38	0.31	2.4
40	Zr	6.84	0.43	1.7
41	Nb	6.88	0.89	1.45
42	Mo	7.10	0.75	1.45
43	Tc	7.28	0.55	1.55
44	Ru	7.37	1.14	1.55
45	Rh	7.46	1.14	1.65
46	Pd	8.34	0.56	1.9
47	Ag	7.58	1.30	2.75
48	Cd	8.99		3.7
49	In	5.79	0.30	4.4
50	Sn	7.34	1.15	4.55
51	Sb	7.34	1.15	3.55
52	Te	9.01	1.97	4.77
53	I	10.45	3.06	
54	Xe	12.13		0
55	Cs	3.89	0.47	15.3
56	Ba	5.39	0.5	6.29
57	La	5.58	0.5	2.63
58	Ce	5.47	<0.5	2.72
59	Pr	5.42	<0.5	3.25
60	Nd	5.49	<0.5	3.55
61	Pm	5.55	<0.5	
62	Sm	5.63	<0.5	5.79
63	Eu	5.67	<0.5	
64	Gd	6.14	<0.5	2.95
65	Tb	5.85	<0.5	3.03
66	Dy	5.93	<0.5	4.1
67	Ho	6.02	<0.5	3.9
68	Er	6.10	<0.5	3.75
69	Tm	6.18	<0.5	
70	Yb	6.25	<0.5	8.1
71	Lu	5.43	<0.5	2.9
72	Hf	7.0	0	2.05
73	Ta	7.89	0.32	2.05
74	W	7.98	0.82	1.65
75	Re	7.88	0.12	1.5
76	Os	8.7	1.12	1.6
77	Ir	9.1	1.57	1.55
78	Pt	9.0	2.13	1.82
79	Au	9.23	2.31	2.17
80	Hg	10.44		0
81	Tl	6.11	0.30	
82	Pb	7.42	0.37	
83	Bi	7.29	0.95	
84	Po	8.42	1.9	
85	At	9.5	2.8	
86	Rn	10.75		0
87	Fr			
88	Ra	5.20		
89	Ac	6.9		
90	Th	7.0		
91	Pa	2.12		
92	U	6.08		2.4

元素和组分的溅射产额 γ 取决于几个参数，如离子束能量 E_{ion} 和入射角 θ。对于 Ta 上的 Ta_2O_5，接下来的两个图表明了这种依赖关系。图 2-27 表明，对于低离子束能量，γ 近似地随 $\log_x E_{ion}$（底数 x 不确定）变化。因此，了解在某一离子束能量 E_1 下的溅射产额可以估计 E_2 的溅射产额。图 2-28 表明，在 $\theta = 0°$ 和 45° 之间的角度，γ 近似以 $1/\cos\theta$ 变化。如图 2-29 所示，初级离子电流随 $\cos\theta$ 变化，因此得出结论：离子溅射速率 ν 与 45° 以下的角度 θ 无关。根据经验，1 keV 的 Ar^+ 溅射时，对于许多元素和化合物而言，每平方厘米几微安的溅射离子电流密度产生的溅射速率为每分钟几埃。

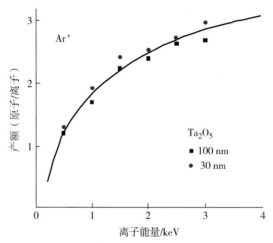

图 2-27　在 AES 深度剖析中，应用的典型溅射能量下 Ta_2O_5 的离子溅射产额

注：转载自[11]，经 John Wiley & Sons 公司许可。

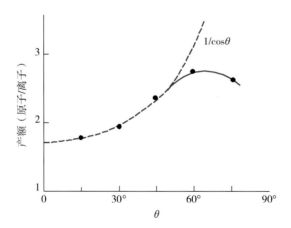

图 2-28　Ta_2O_5 的溅射产额随入射角 θ 的变化

注：θ 相对于表面法线进行定义。转载自[11]，经 John Wiley & Sons 公司许可。

2.5.4　择优溅射

在接下来的章节中，我们将观察到溅射速率和产额随元素的变化而变化。因此，当溅射多元素样品时，由于元素溅射产额的差异，可观察到组成发生变化，这种现象称为择优溅射。持续溅射产生稳态，如图 2-24(a)所示的 Ta 上的 Ta_2O_5。对于二元合金，我们应用式 2-9，使用元素相对灵敏度因子 S，并引入元素溅射产额 κ，得

$$\frac{I_{A,AB}}{I_{B,AB}} = \frac{S_A}{S_B} \cdot \frac{x_A}{x_B} \cdot \frac{\kappa_B}{\kappa_A} \qquad (式\ 2-14)$$

其中，κ_A/κ_B 是 A 和 B 的溅射产额 γ_A 和 γ_B 除以原子密度 $n_M = \rho/M$（M 为 A 或 B 的原子量）的比值：

$$\frac{\kappa_B}{\kappa_A} = \frac{\gamma_A/n_B}{\gamma_A/n_A} \qquad (式\ 2-15)$$

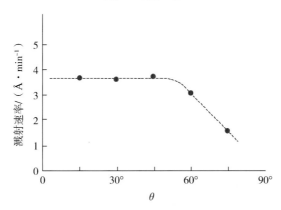

图 2-29　Ta_2O_5/Ta 标样的离子溅射速率 v 为入射角的函数

注：1 keV Ar^+、离子束流密度 4.2 $\mu A/cm^2$，转载自[11]，经 John Wiley & Sons 公司许可。

2.5.5　λ-修正

对于厚度不超过 3Λ（$\Lambda = \lambda\cos\theta$）的薄膜，俄歇电子衰减长度对信号强度的影响非常重要，Λ 与膜厚是同一量级。为了对其影响进行校正，式 2-6 给出的测量强度 $I_A(z)$ 可用 $F_A(z)$ 代替[2]：

$$F_A(z) = I_A(z) - \lambda\cos\theta\frac{dI_A(z)}{dz} \qquad (式\ 2-16)$$

$F_A(z)$ 变换称为 λ-修正。图 2-30 给出了这种变换有效性的实例，表明二元合金 Fe-Cr 在氧化膜表面的下方富集铬，没有 λ-修正几乎观察不到铬的富集。此外，铁的分布完全不同。

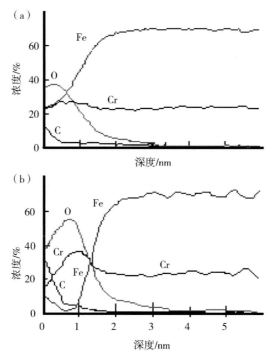

图 2-30 应用于 Fe-Cr 合金上氧化层的 λ-修正

2.5.6 AES 剖析中的化学位移

元素 A 的化学位移定义为：氧化态发生变化后该峰的动能或结合能的位移。在 AES 中也观察到这种位移，但由于俄歇过程中不同的电子能级发生相互作用，位移不如 ESCA 那么明显。在 AES 剖析中可观察到随深度或在溅射期间由氧化态变化引起的位移，尤其是对于氧化物的深度剖析。然而，因为只给出由 3 个电子能级相互作用产生的俄歇峰总强度，所以通常用于 AES 剖析的元素强度图并不能直接识别这种峰位移（与图 2-2 比较）。作为 AES 化学位移的实例，Al_{LMM} 峰的变化过程如图 2-31 所示，表示为自然氧化物 Al_2O_3（Al-ox）和 Al 金属（Al-met）的微分峰，我们观察到从金属到氧化物的位移约为 15 eV。此外，在比较金属和氧化物时，峰的形状和强度随能带电子密度的变化而变化，如图 2-10 所示。对于 AES 深度剖析数据（将峰强度绘制为深度的函数），必须考虑并修正 Al_{LMM} 峰这样的化学位移，以避免对数据的曲解。如果在剖析过程中观察到给定峰形状发生变化，标准元素灵敏度因子将会失效。为了避免高达 50% 的定量误差，必须对不同的氧化态进行峰分离，重新定义能量窗口和采用去卷积程序。最新的 AES 设备的大多数软件都提供这样的程序，然而并不能对原始数据进行自动定量。

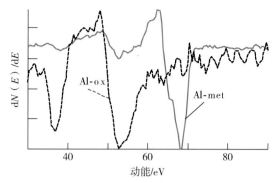

图 2 - 31　Al₂O₃(Al-ox)和 Al 金属(Al-met)的俄歇 Al$_{LMM}$峰化学位移示例
注：氧化物和金属的微分谱以任意单位表示峰强度。

2.6　结论

AES 定性分析是通过测量导电样品上给定元素的俄歇电子跃迁特定的特征动能电子能量，检测除 H 和 He 以外所有元素的元素分析技术。特征俄歇电子的数量可以通过实验确定的元素灵敏度因子对数据进行定量，由于基体效应的影响和氧化态对峰形的影响，一般产生 10%～50%的误差。点分析的检测限为单层的 0.1%～1%，对应于每平方厘米 10^{12}～10^{13} 个粒子。线扫描或元素面分布成像的检测限可能会提高，取决于数据采集时间。空间俄歇分辨率取决于初级电子束的聚焦和待分析基体上的电子背散射。现代扫描俄歇显微探针仪的指标高达 10 nm。

对于动能低于 2 keV 的典型俄歇跃迁，大多数元素的逃逸深度和电子衰减长度为 1～3 nm。最先进的仪器使用能量高达 30 keV 的聚焦初级电子束，二次电子空间分辨率为 20 nm。

通过将 AES 与离子束溅射相结合，可获得 0.1～1 μm 深度、1～20 nm 分辨率的深度信息。尽管离子束溅射可能改变分析层的组成，溅射剖析仍然是 AES 重要的应用之一，因为它可以到达内部界面，并可以识别成分随深度的相对变化。由于缺乏可测量的氧化态灵敏度因子或精确定义的溅射产率，深度剖析的定量往往受到限制。通常使用 Ta 上已知厚度的 Ta₂O₅薄膜标样对溅射条件进行校准。

AES 的应用领域涉及材料科学、物理和化学的所有领域，即纳米技术、纳米粒子化学分析、薄膜表面的制备及微电子、半导体和超导体中的薄膜、腐蚀与电化学和催化、冶金和摩擦学。

参考文献

[1] AUGER P. Sur l'effet photoélectrique composé[J]. Journal de physique et le radium，1925，6(6)：205-208.
[2] BRIGGS D，SEAH M P. Practical surface analysis by Auger and X-ray photoe-

lectron spectroscopy［M］. 2nd ed. Chichester，UK：John Wiley & Sons Ltd，1990.

［3］DAVID D. Méthodes usuelles de caractérisation des surfaces［M］. Paris：Eyrolles，1992.

［4］EBERHART J P. Analyse structural et chimique des matériaux［M］. Paris：Dunod，1989.

［5］BRIGGS D，GRANT J T. Surface analysis by Auger and X-ray photoelectron spectroscopy［M］. Trowbridge，UK：Cromwell Press，2003.

［6］POWELL C J，JABLONSKI A. Electron effective attenuation lengths for applications in Auger electron spectroscopy and X-ray photoelectron spectroscopy ［J］. Surface and interface analysis，2002，33(3)：211-229；Evaluation of calculated and measured electron inelastic mean free paths near solid surfaces［J］. Journal of physical and chemical reference data，1999，28(1)：19-62.

［7］BCR reference material，BCR-261T，c/o IRMM，Retieseweg，B-2440 Geel，Belgium.

［8］BRIGGS D，GRANT J T. Surface analysis by Auger and X-ray photoelectron spectroscopy［M］. Chichester，UK：IM Publications and Surface Spectra Ltd，2003：167.

［9］BRIGGS D，GRANT J T. Surface analysis by Auger and X-ray photoelectron spectroscopy［M］. Chichester，UK：IM Publications and Surface Spectra Ltd，2003：345.

［10］SEAH M P，MATHIEU H J，HUNT C P. The ultra-high resolution depth profiling reference material-Ta_2O_5 anodically grown on Ta［J］. Surface science，1984，139(2-3)：549-557.

［11］HUNT C P，SEAH M P. Characterization of a high depth-resolution tantalum pentoxide sputter profiling reference material［J］. Surface and interface analysis，1983，5(5)：199-209.

思考题

1. AES 可以检测哪些元素？为什么不可能检测 H？

2. 你能想象使用 X 射线源激发俄歇电子吗？

3. 俄歇谱中是否有化学信息？

4. 绝缘薄膜氧化物，如 SiO_2 或 Ta_2O_5，可使用 AES 检测，怎么解决荷电问题？

5. AES 的灵敏度极限是多少（单层的百分比或 kg/m^2）？

6. 使用式 2-4a 至式 2-4c，计算在 179 eV 处 Ta 的 NNN 峰的 AES 逃逸深度，逃逸深度是出射角 $\theta = 90°$ 时的函数。

7. 能否将 AES 和电子显微镜联合使用？讨论优缺点。

8. 解释为什么样品的功函数对检测峰的动能没有任何影响。

9. 讨论使用 $N(E)$ 和 $\mathrm{d}N(E)/\mathrm{d}E$ 的 AES 数据的优缺点。

10. 你能想象使用 CMA 分析器进行角度分辨的测试(飞离角的变化)吗?

第 3 章   化学分析用电子能谱

在当代所有表面分析方法中，使用最广泛的是化学分析用电子能谱(ESCA)。ESCA 也称为 X 射线光电子能谱(XPS)，两个缩略语可以互换使用。由于所含信息丰富，适用于各类样品的灵活性，以及坚实的理论基础，表面分析技术 ESCA 得到广泛使用。为了对 ESCA 有一个全面的认识，本章将介绍 ESCA 方法并对其理论、仪器、谱图解析和应用进行描述。关于 ESCA 有许多综述，读者可从中进一步了解 ESCA 有关的理论和应用[1-15]。为了使那些对 ESCA 方法知之甚少或没有正式了解的读者可以从中受益，本章将让读者了解这种当代表面分析方法的能力和局限性，还将介绍和讨论 ESCA 相关的术语，从而帮助读者消化专业文献。

3.1   概述

由于测量的是电子，故 ESCA 被归属为电子能谱分析方法。其他重要的电子能谱包括俄歇电子能谱(AES，见第 2 章)和高分辨电子能量损失谱(HREELS，见第 7 章)。

3.1.1   基本 ESCA 实验

基本的 ESCA 实验如图 3-1 所示，将待分析表面置于真空环境中，然后用光子照射，ESCA 光源能量处于 X 射线能量范围内。在光子能量直接转移给芯能级电子后，被辐照原子发射出电子(光电子)。从表面附近的原子出射的光电子可以逃逸进入真空腔室中，根据能量进行分离并计数。光电子的能量与它们初始的原子和分子环境有关，出射的电子数量与样品中原子的浓度有关。

3.1.2   光电效应和 ESCA 的历史

光电效应的发现、解释和 ESCA 方法的发展与 20 世纪初期发生的物理学革命息息相关。这场革命从基于观察力学的经典物理学发展到量子物理学，其影响在原子尺度上最为明显。我们将简要回顾一些发生在 19 世纪 80 年代至 20 世纪下半叶对 ESCA 发展至关重要的历程[16-18]。

19 世纪 80 年代，赫兹(Hertz)发现电气系统中的金属触点在暴露于光照时，表现出增强的火花放电能力。哈尔瓦克(Hallwachs)在 1888 年观察到暴露于紫外光(UV)、带负电的锌板会失去电荷，但带正电的锌板不受影响。1899 年，J. J. 汤普森(Thompson)发现锌板暴露在光线下发射出亚原子粒子(电子)。1905 年，爱因斯坦(Einstein)利用普朗克(Plank)在 1900 年提出的能量量子化概念，正确解释了所有这

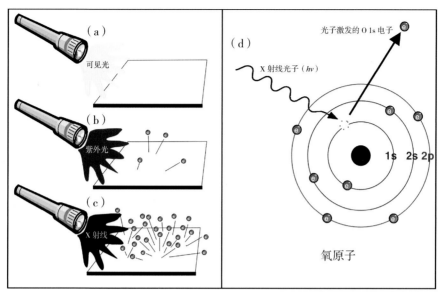

图 3-1　ESCA 实验

注：（a）—（c）为 ESCA 实验过程。当光源能量处于 X 射线能量范围内时，足够高能量的光子束照射表面，使其发射电子。(d)X 射线光子将能量转移给芯能级电子，电子具有足够的能量离开原子。

些观察——光子将能量直接转移给原子中的电子，使电子出射而没有能量损失。第 3.2 节将阐明该过程。普朗克因对能量量子化概念的贡献于 1918 年获得诺贝尔奖，爱因斯坦由于解释了光电效应于 1921 年获得诺贝尔奖。1913 年，普朗克在推荐爱因斯坦提名普鲁士科学院院士时正确地评价了这些革命性的进展。普朗克评价爱因斯坦："有时在他的推测中可能错过了目标，例如他的光量子假设，但是我们不应该过分地批评他。"当然，历史继续支持普朗克和爱因斯坦的观点，而这些观点构成了理解 ESCA 的理论基础。

　　ESCA 作为一种分析方法，可以通过如下事例更直截了当地介绍其历史。1914 年，罗宾逊（Robinson）和罗林森（Rawlinson）研究了 X 射线辐照金的光电发射，并使用显影技术检测，观测到所产生电子的能量分布。尽管受到真空系统差和 X 射线源不均匀的限制，但仍然得到了可识别的金光电子能谱。1951 年，Steinhardt 和 Serfass 首次将光电发射用作分析工具。在 20 世纪五六十年代，Kai Siegbahn（1924 年诺贝尔奖得主 Manne Siegbahn 的儿子）发展了 ESCA 的仪器和理论，为我们提供了今天所用的方法。Siegbahn 还创造了"化学分析用电子能谱"一词，后来由他的团队更改为"应用于化学的电子能谱"。Kai Siegbahn 因对 ESCA 的贡献于 1981 年获得了诺贝尔物理学奖。

3.1.3　ESCA 提供的信息

　　ESCA 是一种信息丰富的方法（表 3-1），提供表面存在的所有元素的定性和定量信息（H 和 He 除外）。该方法更复杂的应用是产生关于表面的化学、电子结构、组装和形貌的大量详细信息。因此，ESCA 可被视为最强大的分析工具之一。本文将详细阐述表 3-1 中列出的 ESCA 分析能力。

表 3-1　ESCA 实验数据给出的信息

在表面的最外层 10 nm，ESCA 可提供的信息
原子浓度大于 0.1% 所有元素的识别（H 和 He 除外）
元素表面近似组成的半定量计算（误差范围为 −10%～+10%）
有关分子环境的信息（氧化态、共价键原子等）
来自振激($\pi^* \to \pi$)跃迁的有关芳香或不饱和结构或顺磁物质的信息
利用衍生反应鉴别有机基团
利用角度分辨 ESCA 研究和具有不同逃逸深度的光电子进行样品深度 10 nm 内的非破坏性元素深度剖析和表面均匀性评估
利用离子刻蚀样品内部几百纳米的破坏性元素深度剖析
表面组成的横向变化（实验室仪器的空间分辨率低至 5 μm，基于加速器的仪器空间分辨率低至 40 nm）
利用价带谱和成键轨道的识别对材料进行"指纹识别"
水合（冷冻）表面研究

3.2　X 射线与物质的相互作用、光电效应和固体的光电发射

理解光电效应和光电发射对了解表面分析方法 ESCA 至关重要。当光子撞击原子时，可能会发生 3 种情况：①光子可以没有相互作用通过；②光子可以被原子轨道上的电子散射，导致部分能量损失；③光子可以与原子轨道上的电子相互作用，并将光子能量全部转移给电子，导致原子中的电子发射出去。第一种情况下不发生相互作用，因此与本讨论不相关。第二种情况被称为"康普顿散射"（Compton scattering），可能在高能量过程中是重要的。第三个过程准确地描述了作为 ESCA 基础的光电发射过程，光子能量全部转移给电子是光电发射的基本要素。

让我们更详细地研究与光电效应相关的 4 个实验现象。首先，除非激发频率大于或等于每个元素的特征阈值，否则无论光照强度如何都不会从原子中激发出电子。因此，若激发光子的频率（能量）太低，则观察不到光电发射。随着光子能量逐渐增加，当达到某个值时，我们将开始观察到原子中电子的光电发射（图 3-1）。其次，一旦超过阈值频率，出射的电子数量将与光照强度成比例（即一旦使用足够能量的光子辐照样品激发电子出射，辐照样品的光子越多产生的光电子越多）。再次，出射电子的动能和激发光子的频率成线性比例，如果我们使用能量比阈值更高的光子，超过阈值的多余光子能量将转移给出射电子。最后，从激发到出射的光电发射过程极快（10^{-16}

s)。该过程的物理基础可以用爱因斯坦方程进行描述，简单地表述为

$$E_B = h\nu - E_k \qquad (\text{式} 3-1)$$

其中，E_B 是原子中电子的结合能(是原子类型和周围环境的函数)，$h\nu$ 是 X 射线源的能量(已知值)，E_k 是由 ESCA 谱仪测量的出射电子动能。因此，从 $h\nu$(已知值)和 E_k(测量值)很容易地得到 E_B，E_B 可提供发生光电发射原子的有用信息。结合能通常以 eV 为单位($1\ eV = 1.6 \times 10^{-19}\ J$)。更详细的光电发射过程描述可以在别处找到[19-20]。

我们对原子中电子结合能的概念进行详细阐述。带负电荷的电子将通过带正电荷的原子核与原子结合，电子越靠近原子核，可以认为结合越紧密。结合能将随原子类型(即核电荷的变化)以及与该原子结合的其他原子(结合原子会改变该原子的电子分布)的增加而变化。给定元素的不同同位素在原子核中具有不同数量的中子，但核电荷相同，同位素的变化不会明显影响结合能。诸如与结晶或氢键有关的原子间弱相互作用不改变电子分布，从而不足以改变测量的结合能。因此，在 ESCA 中提供化学信息的结合能变化与原子之间的共价键或离子键有关，这些结合能的变化称为结合能位移或化学位移，将在第 3.3 节阐述。

对于气体，给定轨道电子的结合能与该电子的电离能或第一电离势相同。在固体中，受到表面的影响，从表面除去电子必须考虑额外的能量。这种额外的能量称为功函数，将在第 3.3 节中讨论。

X 射线辐照固体也可能引起俄歇电子的发射(图 3-2)，在第 2 章中详细讨论的俄歇电子在许多方面与本章主要涉及的光电子有所不同，俄歇电子的特征是其能量与辐照能量无关。根据式 3-1，光电子的能量与辐照能量成正比。

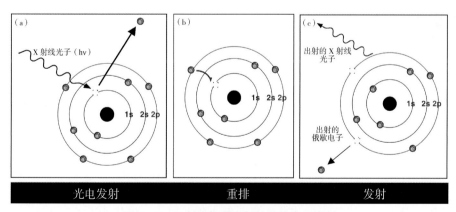

光电发射	重排	发射

图 3-2　X 射线辐照引起的俄歇电子发射

注：(a)X 射线光子将能量转移给芯能级电子，导致从 n-电子初态的光电发射。(b)现处于($n-1$)-电子态的原子，可通过将电子从较高能级退到空的空位进行重排。(c)由于(b)中的电子降到较低的能态，原子可以通过从较高能级出射电子释放多余的能量。这个出射的电子称为俄歇电子。原子也可以通过发射 X 射线光子释放能量，这个过程称为 X 射线荧光。

光电发射的许多基本物理学概念以及其他表面分析方法的背景资料也可使用固体

物理学的术语表述，在文献[21]中可找到这些术语的出色"翻译"。

3.3　结合能和化学位移

第 3.2 节介绍了电子结合能的基本概念及其与入射 X 射线能量和出射光电子的关系。本节将更详细地阐述这一关系，尤其是重点强调影响 E_B 的量值，以及如何利用测量的 E_B 对材料进行表征。

3.3.1　Koopmans 定理

出射光电子的 E_B 简单地说是 $(n-1)$ - 电子终态和 n - 电子初态之间的能量差（图 3 - 2），写作

$$E_B = E_f(n-1) - E_i(n) \qquad (式 3-2)$$

式中：$E_f(n-1)$ 是终态能量，$E_i(n)$ 是初态能量。若在光电发射过程中原子或材料中没有发生其他电子的重排，则观察到的 E_B 只是出射光电子的负轨道能量 $-\varepsilon_k$。这种近似来自 Koopmans 定理[22]，写为

$$E_B \approx -\varepsilon_k \qquad (式 3-3)$$

可使用 Hartree-Fock 方法计算 ε_k 的值，ε_k 值通常在 E_B 实际值 $\pm(10\sim30)\mathrm{eV}$ 的范围内。E_B 和 $-\varepsilon_k$ 之间的不一致是因为 Koopmans 定理和 Hartree-Fock 计算方法没有完整地计算对 E_B 有贡献的量值，特别是其他电子在光电发射过程中保持"冻结"的假设是无效的。在光电子的发射过程中，样品中的其他电子为了屏蔽或最小化电离原子的能量，将通过重排来响应芯空位的产生。这种由电子重排引起的能量减少称为弛豫能。包含芯空位的原子（原子弛豫）和周围原子（原子外弛豫）上的电子都会发生弛豫。弛豫是一种终态效应，将在本节稍后进行更详细地描述。除了弛豫，Koopmans/Hartree-Fock 方法忽略了诸如电子相关性和相对论效应的量。因此，对 E_B 的更完整的描述由下式给出：

$$E_B = -\varepsilon_k - E_r(k) - \delta\varepsilon_{corr} - \delta\varepsilon_{rel} \qquad (式 3-4)$$

其中，$E_r(k)$ 是弛豫能，$\delta\varepsilon_{corr}$ 和 $\delta\varepsilon_{rel}$ 是微分相关与相对论能量的修正。相关性和相对论项一般很小，通常可以忽略不计。

3.3.2　初态效应

由式 3-2 可知，初态和终态效应对观察到的 E_B 有贡献。初态是在光电发射过程之前的原子基态。如果原子的初态能量发生变化，例如，与其他原子形成化学键，那么该原子中电子的 E_B 将会变化。E_B 的变化 ΔE_B 称为化学位移。在一级近似下，元素的所有芯能级 E_B 将发生相同的化学位移。例如，若硅原子与氯原子结合，即 Si—Cl 键，则 Si 2p 和 Si 2s 的 Si—Cl 峰相对于每个峰的 Si^0 态位置的化学位移将是相似的。

通常认为初态效应是产生化学位移的主要原因，因此随着元素的形式氧化态增加，从该元素出射光电子的 E_B 将增大。假设终态效应（如弛豫）对于不同的氧化态具

有相似的大小。对于大多数样品而言，通常可以只用初态效应来解释 ΔE_B：

$$\Delta E_B = -\Delta \varepsilon_k \qquad\qquad (\text{式 } 3-5)$$

Siegbahn 及其同事的经典工作给出了元素的初态与 ΔE_B 之间相关性的几个例子[8]。例如，如图 3-3(a)所示，他们观察到，随着硫的形式氧化态从 -2 价(Na_2S)增加到 +6 价(Na_2SO_4)，S 1s 轨道的 E_B 增加近 8 eV。表 3-2 和表 3-3 列出了聚合物中的官能团的典型 C 1s 和 O 1s 的 E_B 值。Beamson 和 Briggs 给出了聚合物官能团 E_B 值更完整的列表[23]，观察到 C 1s E_B 随着与碳键合的氧原子数量的增加而单调增加[C—C<C—O<C=O<O—C=O<O—(C=O)—O]，氧比碳的电负性更大，会使电子远离碳原子。这与初态效应一致，即，随着与碳键合的氧原子数量的增加，碳变得带正电越多，导致 C 1s 的 E_B 增大。

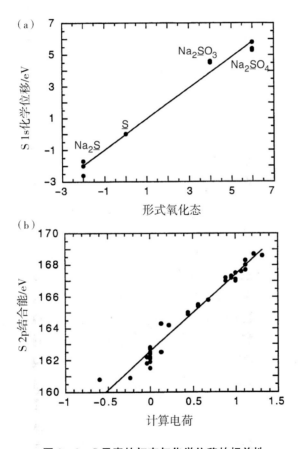

图 3-3　S 元素的初态与化学位移的相关性

注：(a)几种含硫无机物的 S 1s 化学位移与形式氧化态的关系；(b)几种含硫无机物和有机硫物质的 S 2p 结合能与计算电荷的关系。数据来自 Siegbahn 等的结果[8]。

表 3-2　有机样品的典型 C 1s结合能[a]

官能团	化学式	结合能/eV
碳氢化合物	C—H，C—C	285.0
胺	C—N	286.0
醇、醚	C—O—H，C—O—C	286.5
Cl 与 C 结合	C—Cl	286.5
F 与 C 结合	C—F	287.8
羰基	C＝O	288.0
酰胺	N—C＝O	288.2
酸、酯	O—C＝O	289.0
碳酰胺	N—C(＝O)—N	289.0
氨基甲酸盐(氨基甲酸乙酯)	O—C(＝O)—N	289.6
碳酸盐	O—C(＝O)—O	290.3
2 个 F 与 C 结合	—CH₂CF₂—	290.6
PTFE 中的碳	—CF₂CF₂—	292.0
3 个 F 与 C 结合	—CF₃	293~294

[a]观察到的结合能取决于官能团所处的特定环境。大多数范围是 ±0.2 eV，但某些样品(例如，碳氟化合物样品)可更大。

表 3-3　有机样品的典型 O 1s结合能[a]

官能团	化学式	结合能/eV
羰基	C＝O，O—C＝O	532.2
醇、醚	C—O—H，C—O—C	532.8
酯	C—O—C＝O	533.7

[a]观察到的结合能取决于官能团所处的特定环境。大多数范围是 ±0.2 eV。

必须注意，不能仅使用初态效应来解释化学位移。有一些例子表明终态效应可以显著改变形式氧化态和 ΔE_B 之间的关系。化学环境的变化导致原子的电子分布和电子密度的变化也对 ΔE_B 有贡献，这些量不一定与形式氧化态有直接关系。例如，只有当化学键完全是离子键(没有共价特征)时，才能获得形式氧化态表示的全部电荷。离子/共价特性的程度可随化学环境而变化。因此，最好将 ΔE_B 和原子上的电荷相关联，而不是与形式氧化态相关联。Siegbahn 及其同事已经证实了含硫无机物和有机硫物质产生一致的相关性。图 3-3(b)显示了观察到的 S 2p的 E_B 与硫原子上计算的电荷具有线性关系。

为化学位移提供物理基础的一种方法是电荷势模型[8]。该模型将观察到的 E_B 与参考能量 E_B^0、原子 i 上的电荷 q_i 和在距离 r_{ij} 处的周围原子 j 上的电荷 q_j，以及常数 k 相关联：

$$E_B = E_B^0 + kq_i + \sum_{j \neq i}(q_j/r_{ij}) \qquad (式 3-6)$$

通常，参考态被认为是中性原子的 E_B。显然，当原子上的正电荷通过化学键的形成而增加时，E_B 将增大。式 3-6 右侧的最后一项通常被称为马德隆（Madelung）势，因为它与晶体的晶格势 $V_i = \sum (q_j / r_{ij})$ 相似。该项表示这样一个事实：通过形成化学键移去或添加的电荷 q_i 没有被移到无穷远，而是被移到周围的原子上。因此，式 3-6 右侧的第二项和第三项符号相反。使用式 3-6，态 1 和态 2 之间的化学位移可写为

$$\Delta E_B = k[q_i(2) - q_i(1)] + V_i(2) - V_i(1) = k\Delta q_i + \Delta V_i \quad （式 3-7）$$

其中，ΔV_i 表示周围原子的电势变化。

3.3.3 终态效应

如第 3.3.1 节所述，弛豫效应可对测量的 E_B 产生显著影响，在所有情况下，在光电发射过程中发生的电子重排会导致 E_B 降低。当原子化学环境发生变化时，如果弛豫能量的大小发生显著变化，那么基于初态预计的 E_B 排序会发生改变。例如，Co $2p_{3/2}$ 的 E_B 值的排序是 Co^0（778.2 eV）< Co^{3+}（779.6 eV）< Co^{2+}（780.5 eV）[24]。此外，Cu^0 和 Cu^{1+} $2p_{3/2}$ 的 E_B 值都是 932.5 eV（$\Delta E_B = 0$）[25]。因此，对于 Co 和 Cu 体系，终态效应会引起由初态预计的 E_B 值与氧化态排序的偏差。如图 3-4(a) 所示的 ESCA Cu 2p 谱图显示了金属 Cu（Cu^0）和 Cu_2O（Cu^{1+}）的 E_B 相近。

弛豫能的贡献来自包含芯空位的原子（原子弛豫）及其周围原子（原子外弛豫）。大多数原子弛豫是由外壳层电子的重排引起的，外层电子具有比出射光电子更小的 E_B。相比之下，内壳层电子（E_B 大于出射的光电子）对原子弛豫能仅有很小的贡献，通常可以忽略不计。原子外弛豫能的形式取决于待测材料。对于诸如金属的导电样品，价带电子可以从一个原子移动到另一个原子来屏蔽芯空位。对于离子键合的固体，如碱金属卤化物，电子不能自由地从一个原子移动到下一个原子，然而，这些材料中的电子由于芯空位的存在而发生极化。离子材料中，由原子外弛豫产生的 E_B 降低幅度小于金属样品中的原子外弛豫。

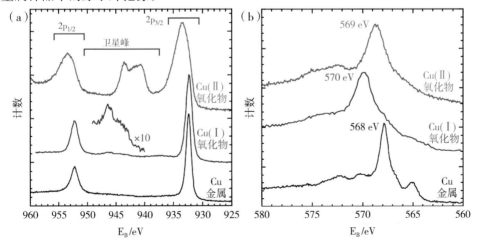

图 3-4 Cu 2p 光电子能谱和 Cu LVV 俄歇谱

(a) 金属 Cu（Cu^0）、Cu_2O（Cu^{1+}）和 CuO（Cu^{2+}）的铜 2p 光电子能谱；(b) 金属 Cu（Cu^0）、Cu_2O（Cu^{1+}）和 CuO（Cu^{2+}）的 X 射线激发的铜俄歇 LVV 谱

其他类型的终态效应，如多重分裂和振激卫星峰，可对 E_B 有贡献。多重分裂来自芯空位与外壳层轨道未成对电子的相互作用；振激卫星峰由于将价电子激发到未占据的轨道(如 $\pi \to \pi^*$ 跃迁)，使出射光电子失去部分动能而产生。这些特征及其在 ESCA 谱图中的存在将于 3.6 节中描述。终态效应的详细讨论在别处给出[26]。

3.3.4 结合能参考基准

从前面的章节可以看出，准确测量 E_B 可提供样品的电子结构信息。如 3.2 节所述，E_B 通过测量出射光电子的动能 E_k 来确定。为了正确地测量光电子的动能 E_k，需要一台已准确校准的 ESCA 谱仪。为了准确测量不同类型样品的光电子动能 E_k(以及 E_B)，接下来将描述如何设置 ESCA 谱仪。

导电样品如金属，通常通过将样品和谱仪都接地，实现与谱仪的电接触，这样使样品和谱仪的费米能级(E_F，最高占据轨道)处于相同的能级。然后，测量光电子的动能 E_k，如图 3-5 所示。从图 3-5 可以看出，E_k 和 E_B 的总和不完全等于 X 射线能量，如爱因斯坦方程所示，区别在于谱仪的功函数(Φ_{sp})。功函数 Φ 与 E_F 和真空能级 E_{vac} 有关：

$$\Phi = E_F - E_{vac} \qquad\qquad (式 3-8)$$

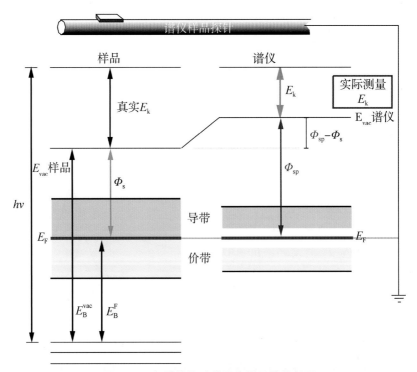

图 3-5　与谱仪接地的导电样品的能级图

注：样品和谱仪的费米能级对齐($E_F^s = E_F^{sp}$)，即 E_B 以 E_F 为基准测量的。E_B 与样品的功函数 Φ_s 无关，但取决于谱仪的功函数 Φ_{sp}。

因此，Φ 是将电子从最高占据能级发射到真空中所需的最小能量。爱因斯坦方程现在变为

$$E_B^F = h\nu - E_k - \Phi_{sp} \qquad (式3-9)$$

为了确定 E_B^F 必须测量 E_k 和 Φ_{sp}。E_B 的上标"F"表示参考 E_F 的 E_B。对于导电样品，谱仪的功函数 Φ_{sp} 是重要的（参见图 3-5），可通过在谱仪中放置洁净的 Au 标样并调整仪器设置直到获得公认的 Au 和 E_B 值（如 $E_F = 0$ eV，$4f_{7/2} = 83.96$ eV）对仪器进行校准。然后，通过将样品的两条间隔很宽的谱线（如清洁 Cu 的 3s 和 $2p_{3/2}$ 峰）之间的能量差调整到它们的已知值来校准 E_B 标尺的线性。操作者在两个校准程序之间连续迭代，直到它们收敛到可接受的值。校准程序的更多细节已在其他地方描述[27-32]。ISO 标准 15472：2001 中给出了详细的程序。只要谱仪保持超高真空（UHV）环境，谱仪的能量标尺一旦校准好，便假定保持不变。如果谱仪的压力升高到 UHV 范围以上，特别是当暴露于反应气体时，不同的物质可吸附在分析器中的部件上，将改变 Φ_{sp} 并需要重新校准。定期（即每天或每周）检查仪器标尺是一个好的习惯。

3.3.5　绝缘体的电荷补偿

当样品的电导率高于光电子的发射电流时，测量 E_B 时选择上述程序。然而，一些材料导电性不够好，或不能与 ESCA 谱仪实现良好的电接触，这些样品需要额外的电子源来补偿由光电子发射而产生的正电荷。理想情况下，通过使用低能（小于 20 eV）电子的单能量源实现电荷补偿。当补偿电子的唯一来源是单能量的低能电子时，样品的真空能级将与电子的能量达到电平衡（图 3-6）。因此，绝缘样品测量的 E_B 值取决于样品功函数（Φ_s）和中和电子的能量 Φ_e：

$$E_B^{vac} = E_B^F + \Phi_s = h\nu - E_k + \Phi_e \qquad (式3-10)$$

因此，对于绝缘体，E_B 参考 E_{vac} 和 Φ_s，很难测量与谱仪没有电接触样品的绝对 E_B 值。在这些条件下最好使用内标。对于聚合物和有机样品，碳氢化合物组分（C—C/C—H）的 C 1s 峰通常设定为 285.0 eV。对于负载型催化剂，通常使用氧化物载体的主峰（Si 2p，Al 2p 等）作为内标。通过使用 E_B 标尺的内标可以准确测量样品中的其他 E_B 值。

为了获得最窄宽度的光电子峰，中和电子的能量通常是可变的，将整个样品电接地或完全绝缘非常重要。样品与谱仪部分电接触可导致差分荷电，这将产生畸变的峰形并在极端条件下产生新的峰。为了对样品进行正确分析，必须避免这些实验假象。分析者必须了解样品的电学性质以及它们是如何影响 ESCA 实验的。例如，通常可在样品接地的情况下分析具有薄（约 5 nm 或更小）绝缘覆盖层的导电金属衬底。然而，如果绝缘覆盖层变得太厚（约 10 nm 或更大），则可能发生差分荷电。因此，必须将整个样品与谱仪电绝缘，这样才能进行正确分析。对于电性能随样品位置变化而发生改变的样品，可以精心设计实验来获得关于样品的电性能和空间特性的进一步信息[34-37]。

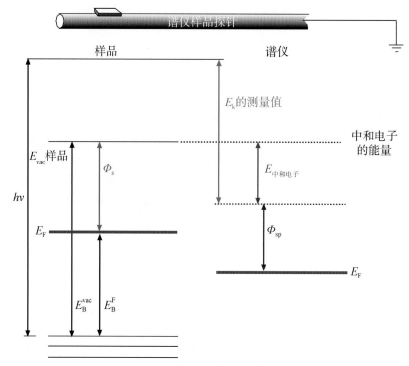

图 3-6　与谱仪电绝缘样品的能级图

注：样品的真空能级 E_{vac}^s 与电荷中和电子的能量（Φ_e）对齐，因此 E_B 是相对于 Φ_s 为基准。测量的 E_B 与样品功函数 Φ_s 有关。

3.3.6　峰宽

给定光电子峰观察到的宽度由芯空位的寿命、仪器分辨率和卫星特征确定。由芯空位寿命引起的峰宽可以从海森堡（Heisenberg）不确定关系计算：

$$\Gamma = h/\tau \qquad (式3-11)$$

其中，Γ 是本征峰宽（单位为 eV），h 是普朗克（Planck）常量（单位为 eV·s），τ 是芯空位寿命（单位为 s）。对于 C 1s轨道，Γ 约为 0.1 eV。对于给定元素，通常内壳层轨道的 Γ 值大于外壳层轨道，这是因为内壳层芯空位可被外壳层电子填充。因此，轨道越深，芯空位寿命越短，本征峰宽越大。例如，Au 的本征峰宽按 4f < 4d < 4p < 4s 的顺序增大，即 E_B 增大的次序。同样，给定轨道（如 1s）的 Γ 值随着元素原子序数的增加而增大，这是因为价电子密度（亦即填充芯空位的概率）随着原子序数的增加而增大。由芯空位寿命形成的谱线形状是洛伦兹（Lorenzian）线形。

使光电子峰宽化的仪器因素包括入射 X 射线的能量展宽和分析器分辨率。对于绝缘材料，中和电子的能量展宽和表面电势产生的能量展宽可能会产生额外的峰展宽[38]。通常假设仪器对光电子峰的贡献具有高斯（Gaussian）线形，本征和仪器影响对峰宽的贡献由一级近似给出：

$$FWHM_{tot} = (FWHM_n^2 + FWHM_x^2 + FWHM_a^2 + FWHM_{ch}^2)^{1/2} \quad (式3-12)$$

其中，FWHM$_{tot}$是峰的总半高宽，FWHM$_n$、FWHM$_x$、FWHM$_a$、FWHM$_{ch}$分别表示芯空位寿命(n)、X 射线源(x)、分析器(a)和荷电贡献(ch)的半峰宽。

第三个对峰宽有贡献的是卫星特征，可来自诸如振动展宽、多重分裂和振激卫星等。这些特征通常具有不对称线形并且由它们的 E_B 决定，可能可以从主光电子峰进行解析。例如，金属样品在 E_F 以上具有未填充电子能级的连续带(导带)。光电子离开样品后，将转移一部分动能 E_k 去激发价带电子进入导带。由于该过程具有连续的能量范围，因此在金属样品中观察到在光电子峰的高 E_B(低 E_k)侧的不对称拖尾，峰的不对称程度取决于 E_F 附近的态密度[28]。其他卫星特征将在第 3.6 节中进行讨论。此外，更多细节已在别处发表[39]。

3.3.7　峰拟合

为了尽可能地从 ESCA 谱图中提取信息，必须确定给定轨道(如 C 1s 轨道)每个子峰的面积和 E_B。通常，子峰之间的间距与观察到的峰宽(约为 1 eV)相近。因此，在实验谱图中很少有可以完全分离出来的单独的子峰，这需要使用峰拟合程序来解析理想的峰参数。在这些程序中，使用的参数包括本底、峰形(高斯、洛伦兹、不对称，或其混合峰形)、峰位、峰高和峰宽。Shirley 开发了用于本底建模(非弹性散射)的最常用方法[40]。设置本底后，根据以前实验获得的合理值给出每个峰参数的初始值，然后使用最小二乘拟合程序迭代到最终值[41]。因为许多量是相关的，所以在进行峰拟合时必须谨慎，可能导致拟合算法不稳定或产生不唯一的结果。对于包含严重峰重叠的谱图，峰拟合得到的结果可能取决于所选择的初始参数(算法可收敛到局部最小值而不是全局最小值)。实验者必须确保峰拟合程序获得的结果与其他手段获得的信息一致，如第 3.6 节所述。拟合最好从准确的初始峰参数开始。此外，在初始曲线拟合迭代时，可以使用其他的独立信息来限制峰参数，例如，峰位置、峰宽度和峰面积等参数。现代 ESCA 仪器可产生窄峰宽的谱图，可获得更精确和更详细的峰拟合，并且更快收敛的峰拟合算法。一旦算法接近收敛，可删除或放宽峰拟合约束条件。例如，可使用合适的纯标准样品来设定峰位。若仪器分辨率决定峰宽度，则可以使用 100%的高斯峰形。在这些条件下，给定谱图中的所有峰应具有相近的宽度。随着仪器分辨率的提高，必须使用高斯-洛伦兹-非对称拖尾的混合线形。对于非导电聚合物样品，当 C 1s峰宽小于 1 eV 时，需要使用高斯-洛伦兹混合线形。对于金属样品的窄峰，还应包括一些不对称拖尾。在第 3.6 节中讨论了聚氨酯 C 1s谱图的峰拟合结果，该示例显示如何将由峰拟合确定的不同官能团浓度和 E_B 值与全谱扫描和其他高分辨率扫描的信息相关联。

通过谨慎的峰拟合，可从 ESCA 谱图提取详细的信息[42-45]。例如，传统上分解成 3 个峰分量的聚 2-氯乙基甲基丙烯酸酯的 C 1s谱图，使用高分辨谱仪显然可以将该峰包络准确地拟合成 5 个峰[45]。高分辨仪器甚至可以获得让 ESCA 峰变宽的振动分量[28,46]。

3.4 非弹性平均自由程和采样深度

如图 3-7 所示，X 射线可以容易地穿透固体，而电子表现出明显较小的穿透能力。事实上，1 keV(ESCA 激发源典型能量的数量级)的 X 射线可以穿透 1000 nm 甚至更厚的物质，而该能量的电子仅穿透约 10 nm 的深度。由于这种差异，仅测量出射电子的 ESCA 从而具有表面灵敏性。X 射线从最表面区域下方激发的出射电子不能穿透足够远的距离，无法逃逸出样品并到达检测器。

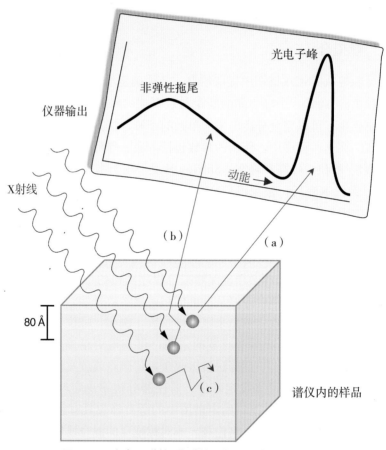

图 3-7 光电子弹性/非弹性散射对光电子峰的贡献

注：X 射线可以穿透样品很深，并激发整个样品的电子发射。(a)只有无能量损失并从表面区域出射的电子才对光电子峰有贡献。(b)由于非弹性相互作用而损失一些能量并从表面区域出射的电子对散射本底有贡献。(c)在样品深处出射的电子由于非弹性碰撞失去所有的动能，不会发射出去。

在 ESCA 实验中，我们只关注没有任何能量损失的出射光电子的强度(即出射电子的总数)，如果电子发生能量损失但仍有足够的能量从表面逃逸，它将对本底信号有贡献，但不会影响光电子峰(图 3-7)。因此，ESCA 采样深度是指在固体中电子可以运动而不损失能量的特征平均长度。比尔定律[图 3-8(a)]描述了在物质中运动而不发生能量损失的光电子数量的减少，其中电子穿过物质的每个单位厚度将吸收相同的能量。在这个方程中，非弹性平均自由程（IMFP）项 λ 是 63% 的电子损失能量的物质厚度。表 3-4 列出了 ESCA 中一系列其他常用术语的定义，用于描述与物质中传输相关的弹性电子强度的降低。

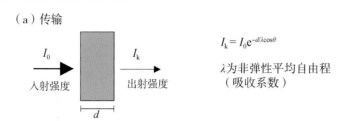

（a）传输

$$I_k = I_0 e^{-d/\lambda\cos\theta}$$

λ 为非弹性平均自由程（吸收系数）

（b）出射

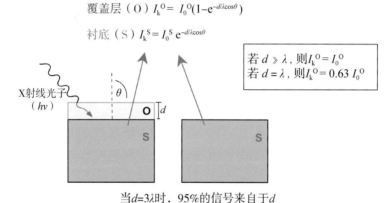

覆盖层（O） $I_k^O = I_0^O(1 - e^{-d/\lambda\cos\theta})$

衬底（S） $I_k^S = I_0^S e^{-d/\lambda\cos\theta}$

若 $d \gg \lambda$，则 $I_k^O = I_0^O$
若 $d = \lambda$，则 $I_k^O = 0.63 I_0^O$

当 $d = 3\lambda$ 时，95% 的信号来自于 d

图 3-8 比尔定律与光电子出射强度

注：(a)对于在样品中传输的电子，分子吸收的比尔定律解释了在样品中运动不发生能量损失电子的总强度损失。(b)对于厚样品的电子出射，修订的比尔定律可以解释覆盖层或被覆盖层覆盖的衬底的光电子出射强度。

表 3-4 材料中电子传输的定义[a]

术语	定 义
IMFP(λ)	非弹性平均自由程。给定能量的电子在连续非弹性碰撞之间运动的平均距离
ED	平均逃逸深度。垂直于表面的光电子逃逸的平均深度
AT	衰减长度。与 X 射线或电子束平行的分数表达式 $\Delta x/l$ 中的量 l，当 Δx 接近于 0 时，X 射线或电子束穿过衬底无限薄的薄层 Δx 而被消除（Δx 为沿着束的方向）
ID	信息深度。垂直于表面获得有用信息的最大深度
采样深度	大小为 3λ，信息深度中检测到的电子的比例为 95%

[a] 来自 ISO 18115：2001 和 Powell[47] 的定义。

如图 3-8(a)所示，比尔定律方程适用于穿过样品厚度为 d 的电子传输。在 ES-

CA 中,通常检测到从比电子逃逸深度厚许多倍的固体中逃逸的电子(图 3-7)。由于在电子通量明显衰减的厚度范围内 X 射线通量基本上不会减少,因此 X 射线可以被视为激发整个样品的光电发射,然后把样品看作电子源(I_0)。如果用薄的覆盖层覆盖住这个电子源,来自该源(样品)的电子通量将如何衰减?这种情况和描述它的方程如图 3-8(b)所示。图 3-8(b)中的方程可用于定性和定量描述许多常见样品类型的光电子出射强度,这些方程将应用于 3.9 节中的深度剖析。

物质中电子的非弹性平均自由程 IMFP 的实际值是电子能量和样品中电子运动特性的函数。在 ESCA 最感兴趣的电子动能范围内,IMFP 随着电子动能 E_k 的增大而增加。E_k^n 描述了 IMFP 对 E_k 的依赖关系,其中 n 估计为 $0.54 \sim 0.81$(经常使用的是 0.7)[47-48]。Seah 和 Dench[49] 建立了关于 IMFP 与电子能量、样品材料类型的方程:

$$\text{IMFP(元素)} = \lambda = 538E_k^{-2} + 0.41(aE_k)^{0.5} \qquad \text{(式 3-13)}$$

$$\text{IMFP(无机物)} = \lambda = 2170E_k^{-2} + 0.72(aE_k)^{0.5} \qquad \text{(式 3-14)}$$

$$\text{IMFP(有机物)} = \lambda_d = 49E_k^{-2} + 0.11E_k^{0.5} \qquad \text{(式 3-15)}$$

其中:λ 以单层为单位;a 为单层厚度(单位为 nm);λ_d 的单位为 mg·m^{-2};E_k 为电子动能(单位为 eV)。

这些方程是根据大量研究人员的数据进行经验推导的。它们为合理地拟合实验数据提供了有用的指导。然而,从 ESCA 技术的最早期开始,材料中 IMFP 的精确值已经引起了相当大的争议[47-48,50-55]。在 ESCA 中,感兴趣光电子的 IMFP 在 $1 \sim 4$ nm 的范围内是合理的,实际的 IMFP 值将由被分析材料的密度、组成和结构决定。虽然无法得到精确的数值,但是可以对采样深度进行合理的估算,可在大多数计算中使用上述方程计算的数值。如表 3-4 中所定义的采样深度是 IMFP 的 3 倍(即产生 95% 光电子的深度)。

3.5 定量

如前面章节所述,材料完整的 ESCA 谱图包含材料最表面 10 nm 内存在的各种元素(H 和 He 除外)的相关峰,这些峰的面积与每种元素的含量有关。因此,通过测量峰面积并对其仪器因子进行适当的校正,可以确定检测到的每个元素的百分比。通常用于计算的方程是

$$I_{ij} = KT(E_k)L_{ij}(\gamma)\sigma_{ij}\int n_i(z)e^{-z/\lambda(E_k)\cos\theta}dz \qquad \text{(式 3-16)}$$

其中,I_{ij} 是元素 i 的峰 j 的面积,K 是仪器常数,$T(E_k)$ 是分析器的传输函数,$L_{ij}(\gamma)$ 是元素 i 的轨道 j 的角度不对称因子,σ_{ij} 是元素 i 的峰 j 的光电离截面,$n_i(z)$ 是在表面下方距离 z 处的元素 i 的浓度,$\lambda(E_k)$ 是非弹性平均自由程长度,θ 是相对于表面法线测量的光电子飞离角。式 3-16 假设样品是无定形的,如果样品是单晶,那么出射光电子的衍射会导致峰强度偏离式 3-16 所预测的值[56-57]。通过使用大的立体角(大于 20°)接收透镜以及无定形或多晶样品,可以忽略这些衍射效应。

很少对式 3-16 中的所有量进行求值，通常计算的是元素比(如 C/O 原子比)或百分比(如碳原子百分比)，因此，只需要确定式 3-16 中量的相对关系，而不是绝对值。

仪器常数 K，包含诸如 X 射线通量、辐照样品的面积和分析器接受光电子的立体角等物理量。假设进行定量时 ESCA 谱图的获取不随时间周期和实验条件而变化，当计算元素比值或原子百分比，仪器常数作为一个常量将相互抵消。角度不对称因子 $L_{ij}(\gamma)$ 代表出射光电子的轨道类型和入射的 X 射线与出射光电子之间的角度 γ，可以计算特定峰的 $L_{ij}(\gamma)$ 值[58]。若仅使用 s 轨道进行定量，则所有峰的 $L_{ij}(\gamma)$ 相同，从而相互抵消。聚合物样品经常遇到这种情况，因为 ESCA 检测的是有机聚合物中许多元素(C、N、O 和 F)的 1s 轨道。即使对于使用不同类型的轨道进行定量的样品，$L_{ij}(\gamma)$ 的变化通常也很小，对于固体而言通常忽略不计。然而，最好使用相同对称性的轨道来计算元素比或原子百分比。

分析器的传输函数包括收集透镜、能量分析器和检测器的效率。大多数 ESCA 仪器以恒定通能模式工作，意味着无论出射电子的初始动能 E_k 如何，它们将以恒定的能量通过能量分析器，这需要收集透镜将入射电子的 E_k 降低到通过能量。在这种情况下，传输函数随光电子 E_k 的唯一变化是透镜系统的延迟。传输函数可以通过实验确定，并且通常具有 E_k^n 的形式。大多数制造商提供有关仪器传输函数的信息，发表的数据也可用于许多仪器[59-61]。

光电离截面 σ_{ij} 是入射 X 射线从元素 i 第 j 个轨道产生光电子的概率，σ_{ij} 值通常取自 Scofield 的计算值[62]，Scofield 电离截面的选择值列于表 3-5，也可使用经验确定的电离截面[63-64]。IMFP、$\lambda(E_k)$ 已在第 3.4 节中讨论过。定量分析中通常使用由 Seah 和 Dench[49] 发表的方程(式 3-13 至式 3-15)的计算值，这些方程表明 λ 由样品类型(元素、无机物或有机物)和光电子的 E_k 决定。为了获得良好的定量结果，必须适当考虑这两个量。$\cos\theta$ 项表示当样品表面法线远离接收透镜的轴线时采样深度减小，这在第 3.4 节、第 3.9 节和图 3-19 中进行了详细的描述。

3.5.1　定量方法

式 3-16 中元素 i 的浓度 n_i 是未知量，该方程中的所有其他项可进行测量(如 I_{ij})或计算(如 σ_{ij})，因此式 3-16 可对 n_i 求解。一旦知道 ESCA 谱图中存在的每个元素的 n_i，原子百分比可以计算为

$$C_i = (n_i / \sum n_i) \times 100\% \qquad (式 3-17)$$

其中，C_i 是元素 i 的原子百分比，也可以计算原子比值(n_i/n_k)。为了从式 3-16 中去除积分，一般假设在 ESCA 采样深度内元素浓度是均匀的，然后可将式 3-16 进行积分，得

$$I_{ij} = KT(E_k)L_{ij}(\gamma)\sigma_{ij}n_i\lambda(E_k)\cos\theta \qquad (式 3-18)$$

当 n_i 相对于 z 不均匀时，需要第 3.9 节中描述的深度剖析实验来确定 $n_i(z)$ 的形式。

表 3-5 从文献[62] 中选择的光电子结合能(eV)和 Scofield 光电离截面

元素	1s	2s	2p$_{1/2}$	2p$_{3/2}$	3s	3p$_{1/2}$	3p$_{3/2}$	3d$_{3/2}$	3d$_{5/2}$	4s	4p$_{1/2}$	4p$_{3/2}$	4d$_{3/2}$	4d$_{5/2}$	4f$_{5/2}$	4f$_{7/2}$
C	284 [1.00]															
N	399 [1.80]															
O	532 [2.93]	24 [0.141]														
F	686 [4.43]	31 [0.210]														
Al		118 [0.753]	73 [0.181]	73 [0.356]												
Si		149 [0.955]	100 [0.276]	99 [0.541]												
P		189 [1.18]	136 [0.430]	135 [0.789]	16 [0.112]											
S		229 [1.43]	165 [0.567]	164 [1.11]	16 [0.147]											
Ti		564 [3.24]	461 [2.69]	455 [5.22]	59 [0.473]	34 [0.276]	34 [0.537]									
Cu		1096 [5.46]	951 [8.66]	932 [16.73]	120 [0.957]	74 [0.848]	74 [1.63]									
Ag					717 [2.93]	602 [4.03]	571 [8.06]	373 [7.38]	367 [10.66]	95 [0.644]	62 [0.700]	56 [1.36]				
I					1072 [3.53]	931 [5.06]	875 [10.62]	631 [13.77]	620 [19.87]	186 [0.959]	123 [1.11]	123 [2.23]	50 [1.69]	50 [2.44]		
Au										759 [1.92]	644 [2.14]	546 [5.89]	352 [8.06]	334 [11.74]	87 [7.54]	84 [9.58]

[a]括号中列出了光电离截面。
经 John Wiley & Sons 公司许可。

3.5.2　定量标准

标准样品可用于评估上述定量方程的有效性。标准样品的 4 个准则是：应具有已知的组成，深度均匀，相对稳定，并且没有污染物。满足这些标准的两种聚合物样品是聚四氟乙烯(PTFE)和聚乙二醇(PEG)。

PTFE 仅由 CF_2 单元链组成，F/C 原子比为 2.0，已知该聚合物不具有反应性且表面能低，因此制备洁净的 PTFE 表面相对容易。通过 ESCA 谱图可以容易地确定是否发生氧化或有无污染。因为 PTFE 中仅存在 F 和 C，所以 ESCA 检测到 O 说明表面发生氧化或表面有污染物。同样，除了在 292 eV 的 CF_2 峰之外的任何 C 1s 峰都表示存在表面污染物。最常见的污染物是吸附的碳氢化合物，其 C 1s 峰在 285 eV 处(图 3-9)，即使少量的碳氢化合物污染也可以很容易地检测到。如图 3-9 所示，污染碳的原子百分比约为 0.3%。如果 PTFE 样品表现出严重的碳氢化合物污染，通常在丙酮中超声处理，然后用甲醇除去污染物。表 3-6 为使用式 3-18 得到的洁净 PTFE 样品的结果，实验值和化学计量值之间具有极好的一致性，证实可使用上述公式进行定量。然而，含卤素聚合物(如 PTFE)长时间暴露于 X 射线下，尤其是非单色化 X 射线辐照，会发生降解。因此，一般建议使用具有最小曝光时间的单色化 X 射线对有机和生物样品进行分析。

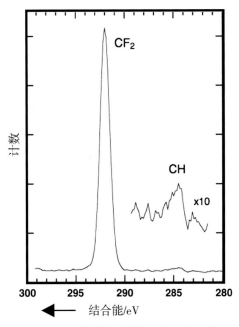

图 3-9　聚四氟乙烯的 ESCA C 1s 谱

注：292 eV 处的峰对应于该样品中存在的 CF_2 基团，285 eV 处的弱峰对应于样品表面上存在少量(原子百分比约为 0.3%)的碳氢化合物污染。

与 PTFE 一样，PEG 也是标准材料的理想选择。PEG 的分子式为 HO—(CH_2—

CH$_2$—O)$_n$—H，因此只有 C 和 O 存在，C/O 原子比为 2.0。PEG 的 C 1s谱图应该在 286.5 eV(C—O)处只有一个峰，因此可以容易地检测到是否存在碳氢化合物污染（E_B = 285 eV）。表 3-7 所列 PEG 的结果和 PTFE 一样，表现出实验值和化学计量值之间极好的一致性，这进一步证实可使用式 3-18 进行定量实验。

表 3-6　聚四氟乙烯的定量结果[a]

F 原子百分比	(67.1±0.4)%
C 原子百分比	(32.9±0.5)%
F/C 原子比	2.04±0.04

[a]样品数为 22。

表 3-7　聚乙二醇的定量结果[a]

O 原子百分比	(33.8±0.4)%
C 原子百分比	(66.2±0.4)%
C/O 原子比	1.96±0.03

[a]样品数为 12。

表 3-8　聚氨酯样品的定量结果

元素	轨道	E_k/eV	σ	峰面积/(计数×eV)	原子百分比/%
C	1s	1200	1.00	26557	76.9
N	1s	1085	1.80	4478	7.7
O	1s	955	2.93	13222	15.4

表 3-9　聚氨酯样品的定量结果[a]

元素	原子百分比/%	
	ESCA	计量比
C	76.6±1.0	76.0
N	7.9±0.5	8.0
O	15.5±0.8	16.0

[a]样品数为 8。

3.5.3　定量实例

表 3-8 和表 3-9 列出的聚氨酯样品的结果提供了聚合物材料定量分析准确性的另一实例，关于该聚氨酯的 ESCA 谱图特征的结构与识别的更多信息参见第 3.6 节。在定量实验中仅检测到 C、N 和 O，并使用 1s 峰面积进行定量，因此 $L_{ij}(\gamma)$ 可认为

是常数。在表面科学仪器 X-探针谱仪上获得的谱图具有以下特征：在检测到的光电子动能的范围内，$T(E_k)$ 是不变的，$\lambda(E_k)$ 随 $E_k^{0.7}$ 变化，$h\nu = 1487$ eV，$\theta = 55°$。在这些条件下，合并式 3-17 和式 3-18 可得

$$C_i = (I_{ij}/\sigma_{ij}E_k^{0.7})/\sum(I_{ij}/\sigma_{ij}E_k^{0.7}) \qquad (式 3-19)$$

表 3-8 给出了用于分析聚氨酯样品的 I_{ij}、E_k、σ_{ij} 和 C_i 的数值，表 3-9 汇总了该材料 8 次不同的分析结果与计算值的标准偏差，还列出了聚氨酯化学计量组成，结果显示出良好的重现性和准确性。随着元素的原子百分比向 ESCA 检测限（原子百分比约为 0.1%）降低，相对标准偏差将显著增加，检测限附近的标准偏差通常与原子百分比的大小相同。根据表 3-9 中的结果，聚氨酯样品具有相近的表面和本体组成。但情况并非总是如此，第 3.9 节给出了表面组成相对于本体变化的例子。除第 3.9 节中的例子外，在样品表面也经常检测到污染物的存在，样品的氧化、碳氢化合物和硅氧烷的吸附是常见的污染过程。考虑到基体效应和灵敏度因子的更详细的定量讨论已在别处发表[65]。

3.6　谱图特征

对 ESCA 谱图的理解和分析需要重视观察到的谱图特征。通常，ESCA 分析首先进行宽扫描或全谱扫描（通常扫描范围为 1100 eV），然后针对宽扫描谱图中的特定特征查看较小范围（可能 20 eV）的更多细节。图 3-10 所示为典型的宽扫描谱图，如第 3.3 节所述进行能量校正以补偿样品荷电。在宽扫描谱中观察到特定特征的高分辨谱如图 3-11 所示。首先来看宽扫描谱图。

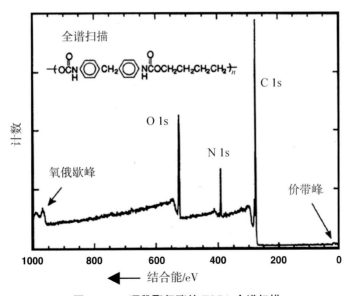

图 3-10　硬段聚氨酯的 ESCA 全谱扫描

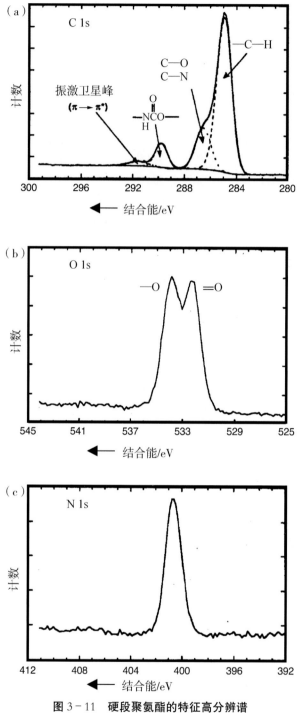

图 3-11　硬段聚氨酯的特征高分辨谱

注：(a)C 1s谱(分解成组分峰)；(b)O 1s谱；(c)N 1s谱。

以合成聚合物聚氨酯(图 3-10)的宽扫描谱图(图中做了标注)为例，该图也包含该聚合物的化学结构。首先，x 轴通常标记为"结合能"，由爱因斯坦方程我们也可以使用动能 E_k 绘图。如第 3.3 节所述，出射光电子的 E_k 是精确测量的值。结合能是根据 E_k、X 射线光子的能量、表面的功函数以及表面上的电荷积累引起的校正项计算得到的值。然而，在 ESCA 仪器进行适当校准时，E_k 和结合能之间存在相反的线性关系。由于结合能对表面的化学和结构有用，因此最常见的是以结合能绘制 ESCA 谱。通常 x 轴上的结合能值从左向右减小（即 E_k 从左向右增加）。y 轴通常是"强度"或"计数"。ESCA 数据的形式通常是线性而不是对数关系。

接下来，我们可以观察本底。通常，本底的计数首先突然增加，然后在高于光电子峰之后随着结合能的增加（动能减少）而缓慢下降，这是非弹性散射，如图 3-7 所示。在每次光电发射之后，存在与光电子相关的累积本底信号，这些光电子由于固体中的非弹性碰撞而损失能量，但仍具有足够的能量克服功函数逃逸出表面。随着 E_B 增加，非弹性散射本底强度的大小和依赖关系将取决于样品的组成和结构以及待分析的光电子峰[66]。因为碰撞减小的光电子动能 E_k 不具有离散能量，所以从光电子峰 E_k 到零 E_k 的范围内非弹性本底电子具有连续的能量。

在图 3-10 中，我们观察到明显高于本底信号的两类峰，存在与芯能级光电离现象相关的光电子峰和 X 射线激发的俄歇电子发射峰。如果已经进行了结合能校正，就可以使用结合能数值的列表，通过结合能位置可容易地识别峰[2,67]。当峰的识别不确定时，有必要寻找同一元素的其他光电子谱线。例如，铱（由铝阳极 X 射线源辐照）应在 690 eV（4s），577 eV（$4p_{1/2}$），495 eV（$4p_{3/2}$），312 eV（$4d_{3/2}$），295 eV（$4d_{5/2}$），63 eV（$4f_{5/2}$）和 60 eV（$4f_{7/2}$）具有相当强的出射峰，后 5 条线特别强。如果在谱图中没有观察到这一系列的所有谱线（特别是最强的谱线），那么铱可能不存在。表 3-5 包含 AlKα 辐照（1487 eV）产生的几条光电子谱线的结合能。

俄歇线通常也列在光电子峰列表中，金属 Cu（Cu^0），Cu_2O（Cu^{1+}）和 CuO（Cu^{2+}）的 X 射线激发的俄歇线实例如图 3-4(b) 所示。通过改变 X 射线源（例如，使用 MgKα 源而不是 AlKα 源）可以容易地区分俄歇线与光电子谱线，所有俄歇线的动能将保持不变，而光电子谱线的动能差值为两个 X 射线源之间的能量差。俄歇峰可以结合光电子峰，使用修正的俄歇参数区分不同的可能存在的化学物质[68]：

$$\alpha' = E_B + E_k \qquad\qquad (\text{式 } 3-20)$$

式中，E_B 是最强的光电子峰的结合能，E_k 是俄歇峰跃迁的动能。

对于宽扫描谱图，要讨论的是在低结合能处观察到的终态特征：在 0～30 eV 之间的低强度特征是价（外壳层）电子的光电发射。通常这些谱图特征的解释比芯能级谱线更复杂，价带谱已在文献中进行解释[69]，将在第 3.12 节进一步讨论。

在高分辨 ESCA 谱图中可以观察到更多的细节，图 3-11(a) 为图 3-10 的聚氨酯样品的高分辨 C 1s 谱。从峰形看，该谱由多个子峰组成，根据与碳结合的原子和基团的化学位移对图中的子峰进行识别（见 3.3 节），将峰分解成子峰的方法和原理已进行阐述[1,28]。

除了主要的碳官能团的峰以外，在离最低结合能（碳氢化合物）峰的 6.6 eV 处还有一个要引起注意的特征峰，该峰称为振激卫星峰，表示从占据能级（例如 π 能级）到未占据的较高能级（例如 π^* 能级）激发价电子而失去能量的光电子。具有芳香结构、不饱和键或过渡金属离子体系的振激峰（由于从主光电子峰损失强度，也称为"损失峰"）最为明显。Cu_2O 和 CuO 振激卫星峰的例子如图 3-4(a)所示。与在非弹性散射拖尾中能量降低的连续峰不同，振激峰具有分立的能量（结合能比含芳香族分子 C 1s 谱的主峰高约 6.6 eV），这是因为该能量损失相当于特定量子化的能量跃迁（即 $\pi \rightarrow \pi^*$ 跃迁）。若离开的光电子将足够的能量转移给价电子，使其电离到连续体中，则光电发射的损失峰称为振离峰。光电子峰的振离卫星峰具有很宽范围的可能能量（当然，动能 E_k 始终比光电子峰的更低），这种能量宽化的特征通常隐藏在本底信号中，一般无法检测，不用于分析中。

通过研究其他高分辨谱图[图 3-11(b)和图 3.11(c)]可获得有关聚合物的更多信息。在谱图上对感兴趣的特征进行了标注，定量信息来自图 3-11(a)至图 3-11(c)中峰面积之比。

一般来说，正确使用 ESCA 要充分利用谱图中可用的所有信息。因此，分析并不只是为了获取宽扫描谱图，更是为了提取最大信息，研究宽扫描谱中所含有的每个特征高分辨谱。完整数据集的信息应当是相互佐证的，而不是相互矛盾的。例如，当在有机聚合物的宽扫描谱中观察到大量氧时，应当在高分辨 C 1s 谱中发现与氧相结合碳的相关子峰。此外，O 1s 谱中的子峰也应具有合适的碳-氧官能团的结合能。当发现不一致时，需要进行进一步地分析并重新获取数据。在理论上和实验上对 ESCA 谱图的理解已非常充分，对于相互矛盾的证据应该会有一个合理的解释。例如，表面荷电是否会在谱图中引入一些假象？如果是这样，在重新获取数据时通常要进行荷电补偿来解决这些问题。

在无机物体系中必须理解观察到的许多其他谱图特征，包括自旋轨道双峰、多重分裂和等离子体损失。下面将对它们进行阐述。

在图 3-12 中，示意性地给出了 3p 轨道中的一对电子的初态和终态（光电发射之后）。请注意，可能有两个能量相等的终态：自旋向上或自旋向下。如果开壳层具有能量相同（轨道简并性）的两个态（量子数 $l > 0$，即 p，d 或 f 轨道）电子的自旋（向上或向下）与其轨道角动量的磁相互作用，就可能导致简并态分裂成两个分量，这称为自旋轨道耦合或 j-j 耦合（量子数 $j = l + s$）。图 3-12 也给出了常见的自旋-轨道对，它们各自的简并度比值 $2j + 1$ 决定了分量的强度。图 3-13 为金 4f 光电发射峰的 $f_{5/2}$ 和 $f_{7/2}$ 分量，金的总 4f 光电子强度（两个自旋轨道峰的总和）用于定量。在给定原子内双重分离的趋势是 p > d > f。

被称为多重或静电分裂的相关现象来自某些过渡金属离子（例如 Mn^{2+}，Cr^{2+}，Cr^{3+}，Fe^{3+}）的 s 轨道光电发射，该光电子峰分裂成双峰的要求是，价壳层中有未配对的轨道。当 p 能级和 d 能级上发生多重分裂时，可在过渡金属离子和稀土离子中观察到复杂的峰分裂，关于这种分裂的更多细节可在别处找到[26,28]。

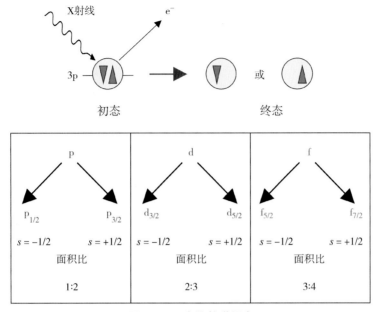

图 3 - 12　自旋轨道耦合

注：从 3p 轨道亚壳层发射电子后，余下的电子可以具有自旋向上或自旋向下的态。这些电子和轨道角动量之间的磁相互作用可能导致自旋轨道耦合。

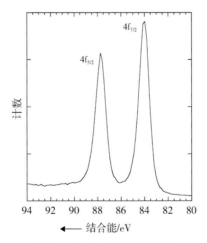

图 3 - 13　金 4f 光电子谱线

注：自旋轨道耦合导致金 4f 光电子谱线分裂成两个子峰

　　与局域在每个原子上的电子不同，金属中的导电电子被比作"海"或连续体，这种电子连续体的特征集体振动称为等离子体振动。在某些情况下，出射的光电子可与等离子体振动耦合，导致特征的周期性能量损失。图 3 - 14 为铝的 2s 光电子峰的等离子体损失系列峰的实例。

　　已对 ESCA 谱中观察到的最常见特征做了简要概述，上述特征与所使用仪器的类型无关。与仪器类型相关的特征是 X 射线卫星峰。非单色化 X 射线源（见第 3.7

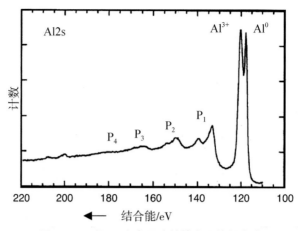

图 3 - 14　铝 2s 光电子峰的等离子体损失峰

节)具有多条激发样品的 X 射线，由式 3 - 1 可知，每条 X 射线会产生不同的光电子能量。低强度的 X 射线，特别是 $K_{\alpha3,4}$，将产生比主光电子峰动能 E_k 高约 10 eV 的低强度光电子峰，在第 3.7 节描述的单色化 X 射线源中没有观察到这些 X 射线卫星峰。

表 3 - 10 总结了 ESCA 谱中所有重要特征，这些特征对于理解采集的谱图、丰富 ESCA 实验的信息内容非常重要。

表 3 - 10　ESCA 谱中观察到的特征

1. 光电子峰
- 窄的
- 几乎对称的
- 化学位移
- 包含振动精细结构

2. X 射线卫星峰
- 使用单色光源时观察不到
- 始终与光电子峰具有相同的能量位移

3. 振激卫星峰和振离卫星峰[a]

4. 光子激发的俄歇线

5. 非弹性散射本底[a]

6. 价带特征

7. 自旋 - 轨道耦合

8. 多重分裂

9. 等离子损失峰[a]

[a] 损失过程。

3.7　仪器

为了激发光电发射和测量低通量电子，ESCA 实验需要复杂的仪器。现代 ESCA 仪器的示意图如图 3 - 15 所示。构成 ESCA 仪器的主要部件有真空系统、X 射线源、电子能量分析器和数据系统。

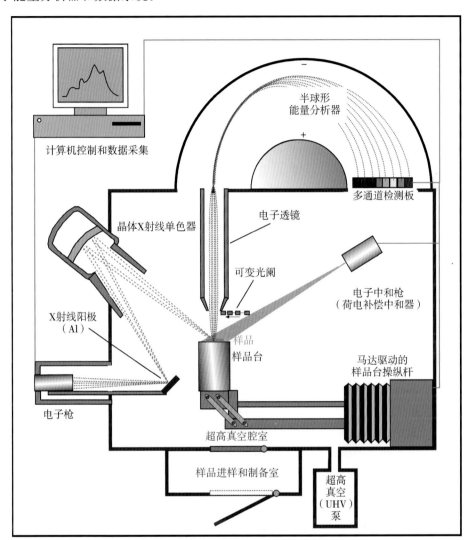

图 3 - 15　使用单色化 X 射线源的 ESCA 谱仪示意图
注：现代谱仪的关键部件已做标识。

3.7.1　ESCA 实验的真空系统

本书附录中详细介绍了真空系统，因此这里仅描述与 ESCA 相关的真空系统部分。ESCA 仪器的核心是分析样品的主真空腔室（分析室）。ESCA 实验必须在真空下进行，原因有三：第一，出射光电子必须逃逸出样品，通过分析器进入检测器，而不与气相分子发生碰撞。第二，某些部件，如 X 射线源，为了保持正常运行需要真空条件。第三，在 ESCA 实验过程中，所研究的样品表面组成不能发生改变。仅仅是中真空($10^{-7} \sim 10^{-6}$ Torr，1 Torr = 133 Pa)就能满足前两项要求。为避免样品污染，需要更严苛的真空条件。实际所需的真空取决于样品的反应性(例如，金属 Na 需要比 PTFE 更好的真空)。对于大多数应用，10^{-10} Torr 的真空是足够的。对于聚合物材料的研究，一般在 10^{-9} Torr 的真空下即可获得好结果。

通常，样品通过快速进样室或制备室被引入分析真空室中。最简单的快速进样室是小容积的腔室，与分析室隔离后充气至大气压力。将一个或多个样品放置在快速进样室中，然后抽真空(通常使用涡轮分子泵)。样品抽真空后，被转移至分析室。根据真空要求和样品的类型，抽真空过程可以短至几分钟，也可以长达几个小时。在许多情况下，在样品进入分析室之前需要进行更复杂的样品处理。对于这些情况，可以使用带有离子枪、沉积源、样品加热和冷却、样品断裂、气体引入装置等 UHV 环境的定制腔室，这些样品制备室的结构由它们的用途决定。关于样品制备和处理的更多细节另行描述[70]。

将样品放于分析室后必须正确定位才能进行分析，通过使用样品架或样品操控杆完成定位。样品操控杆通常具有在 3 个方向移动样品，并在一个或两个方向旋转样品的能力，大多数样品操控杆也可进行温度控制。对于用于多样品分析的谱仪，由计算机控制平移和旋转操作，因此无人值守操作仪器是可能的。通过将不同的样品安装技术与样品操控杆功能相结合，和(或)添加其他组件，如离子枪，可以完成一系列不同的 ESCA 实验(变温、变角、多样品分析、破坏性深度剖析等)。

3.7.2 X 射线源

用于 ESCA 实验的 X 射线通常是由高能(约 10 keV)电子束撞击到靶上而产生的，靶材或阳极的原子产生芯空位，进而发射出荧光 X 射线和电子(参见第 3.2 节和图3-2)，ESCA 实验中使用的是荧光 X 射线。常用的阳极及其特征发射线的能量列于表3-11中。使用的是荧光 X 射线而不是本底发射(轫致辐射)，这是由于荧光线的强度比本底发射高几个数量级。因此，每个阳极的 X 射线发射能量是固定的。多阳极配置可提供两个或多个 X 射线能量，大多数谱仪只使用一个或两个阳极，Al/Mg 双阳极是最常见的非单色化源，Al 是最常见的单色化源。由于大部分的入射电子的能量转换为热能，因此阳极通常需要水冷却，这样阳极可以在更高功率负载下运行，而不发生显著降解(例如，熔化)。

表 3-11　常用 ESCA 阳极材料的特征能量和线宽

阳极材料	发射线	能量/eV	宽度/eV
Mg	Kα	1253.6	0.7
Al	Kα	1486.6	0.85

续表 3-11

阳极材料	发射线	能量/eV	宽度/eV
Si	Kα	1739.5	1.0
Zr	Lα	2042.4	1.7
Ag	Lα	2984	2.6
Ti	Kα	4510	2.0
Cr	Kα	5415	2.1

　　阳极发射的 X 射线可直接撞击样品，尽管提供了高的 X 射线通量，但有几个缺点：第一，X 射线源的能量分辨率由荧光线的自然线宽（通常为 1~2 eV）决定。第二，来自较弱（卫星）X 射线荧光线也将撞击样品，导致在 ESCA 谱中出现卫星峰。第三，高能电子、轫致辐射和热辐射撞击样品，可能导致样品发生降解。通过在 X 射线源和样品之间放置薄的、相对 X 射线透明的箔，可以最大限度地减少电子和轫致辐射的通量，箔的存在还将尽可能降低 X 射线源对样品的污染。对于 Al/Mg 双阳极，通常使用约 2 μm 厚的 Al 箔。产生单一能量的最佳方法是使用 X 射线单色器，最流行的单色化源是将 Al 阳极与一个或多个石英晶体组合。石英中 $10\bar{1}0$ 面的晶格间距为 0.425 nm，对于 AlKα 的波长（0.83 nm）是适合的。在角度为 78°时这些波长满足布拉格关系（$n\lambda = 2d\sin\theta$）。单色化 X 射线源的几何结构如图 3-15 所示，石英单色器晶体和薄 Al 箔将源与样品隔离开，可防止电子、轫致辐射、卫星 X 射线和热辐射撞击样品，还能使撞击样品的 X 射线的能量展宽变窄。单色器的缺点是到达样品的 X 射线强度较低、成本较高，可通过使用高效的收集透镜、能量分析器和多通道检测器系统来弥补样品上 X 射线通量的减少。20 世纪 70 年代早期已成功地将这种单色化仪器商业化[71]，20 世纪 80 年代中期其他制造商也采用这种方法，单色化的 ESCA 仪器现在已经广泛使用。

　　X 射线源辐照的样品面积由源的几何形状和激发 X 射线发射的电子枪类型决定，大多数非单色化源辐照束斑的直径为几厘米。相比之下，单色化源辐照面积的直径通常为几毫米或更小。使用聚焦电子枪和石英晶体作为单色器和聚焦元件，可实现直径小于 50 μm 的束斑尺寸[72-73]。

　　上述关于 X 射线源的讨论是针对单独实验室进行实验的常规仪器，近年来可供使用的同步辐射源增多，为 ESCA 实验开辟了另一条途径，同步加速器提供高度准直、高极化的宽谱带强辐射（红外到硬 X 射线）。当使用合适的单色器时，同步辐射为光电发射实验提供可调谐高强度聚焦 X 射线源。使用波带片可获得束斑尺寸小于 150 nm 的 X 射线[74]。通常，聚焦到小区域高通量的 X 射线会导致有机和生物样品的显著降解，若不采取措施降低 X 射线的辉度（每单位面积的 X 射线），则可能在几秒钟内发生这些样品的完全降解。然而，同步加速器设备的数量远远少于单机 ESCA 仪器的数量，通常需要研究人员长途跋涉，才能在同步加速器设备进行实验。对同步加速器设备、仪器及其功能的进一步讨论已在其他地方另行介绍[75-81]。

3.7.3 分析器

分析器系统由三部分组成：收集透镜、能量分析器和检测器。在大多数现代 ES-CA 谱仪上透镜系统可从大于 20° 的立体角收集光电子。收集的立体角越大，每入射 X 射线收集到的光电子数越高，这通常是有利的。高效的透镜系统可以部分抵消使用单色化和聚焦 X 射线源时遇到的信号强度降低。增大收集角，对于暴露在 X 射线下会降解的样品尤其重要，这是因为检测系统在样品损坏之前可以收集的数据越多（例如，每 X 射线收集的光电子越多）。而对于非破坏性的深度剖析，大的接收角度是不利的。根据定义，大的接收角包含宽范围的光电子飞离角，这降低了在变角实验中可获得的深度分辨率。为了提高深度分辨率，在分析器透镜的入口放置光阑[82]。最近已经发展了一种替代方法，使用二维检测器同时收集所有光电子飞离角的数据[83]。

除了收集光电子之外，大多数谱仪的透镜系统还将其动能 E_k 降低到能量分析器的通能，通过在不同透镜元件上施加适当的电压，获取整个 ESCA 谱图，所使用的范围和减速比取决于能量分析器的通能和待测的谱图范围[28]。透镜系统还将分析区域投影到距离能量分析器的入口一定距离处，从而可以对样品进行定位，以便 X 射线源和真空系统中的其他部件更容易地接近样品。

用于 ESCA 实验最常见的能量分析器类型是静电半球形分析器，它由两个半径为 R_1 和 R_2 的同心半球组成。在半球上施加 ΔV 的电位，相对于中心线处的电位使外半球为负，内半球为正，$R_0 = (R_1 + R_2)/2$，中心线电位称为通能。如前所述，大多数 ESCA 实验使用恒定的通能，由于分析器分辨率定义为 $\Delta E/E$，因此对于所有的光电子峰保持不变的绝对分辨率 ΔE，其中 E 是电子通过分析器时的能量。对于给定的分析器该比值是常数，所以若 E 是固定的（恒定通能），则 ΔE 将不变。这种关系表明通能越低，ΔE 越小。然而，在较小的通能下，信号强度也将降低。通常使用 5~25 eV 的通能获取高分辨的 ESCA 谱，而采用 100~200 eV 的通能获取全谱。

半球形分析器归类为色散分析器，即电子被静电场偏转。在一定能量范围内，电子可成功地由分析器的入口行进至出口，而不与其中任一半球碰撞，电子能量范围的大小由诸如通能、入口狭缝的尺寸以及电子进入分析器的角度决定。在现代商业的分析器中，这个范围约是通能的 10%。有关半球形分析器的更多信息已在其他地方发表[28]。

电子一旦通过能量分析器就进行计数，由于电子以一定范围的能量到达分析器出口，因此最有效的检测手段是使用多通道阵列，对每个能量下离开分析器的电子数进行计数。一种实现方法是使用通道板放大电子电流，并使用阻尼条阳极来监测电子的位置，即监测电子的能量。略逊一筹的方法是在分析器出口处放置狭缝，只让具有较窄能量范围的电子撞击检测器。在这种情况下，使用诸如倍增器的装置来测量电子数，与使用 N 个通道的多通道检测方法相比，单通道检测方法需要多花 $N^{1/2}$ 倍的时间才能获取相同的谱图。

ESCA 实验的一些分析器系统通过透镜和能量分析器在传输过程中保持出射光电子的空间关系，意味着光电子撞击检测器的位置与从样品的出射位置相关，因此可使用位敏检测器对样品进行成像。根据分析器系统的设计方式，可在一个或两个横向方向进行空间成像，利用成像检测器已经实现了小于 $10\ \mu m$ 的空间分辨率[84-87]。

ESCA 透镜和分析器系统工作的示意图如图 3-16 所示，在这两个图中，分析器的通能设置为在减速后以 50 eV 的动能 E_k 传输，到达检测器。图 3-16(a) 中的透镜系统设置为仅允许 E_k 大于 100 eV 的光电子进入分析器并进行减速，若 150 eV 的光电子进入透镜，则被减速到 50 eV 的 E_k 通过分析器并撞击检测器。E_k 远大于 150 eV 的光电子将通过减速透镜并撞击分析器的外半球，这是由于减速后其 E_k 仍然大于 50 eV 的通能。同样，因为在透镜中减速后 E_k 小于 50 eV 的通能，所以 E_k 小于 150 eV 但仍大于 100 eV 的光电子将通过透镜并撞击分析器的内半球。在图 3-16(b) 中，透镜设置已改变，现在只有 E_k 大于 120 eV 的光电子才能进入分析器并减速，150 eV 的光电子仍将通过透镜并被减速，然而在减速后，其 E_k 将远低于 50 eV 并撞击内半球。在图 3-16(b) 中，为了使光电子可以通过分析器，初始 E_k 为 170 eV 的光电子将通过透镜并被减速到 50 eV。但是，较高能量的光电子（如 190 eV）在减速后仍然具有大于 50 eV 的 E_k 将通过透镜并撞击外半球。

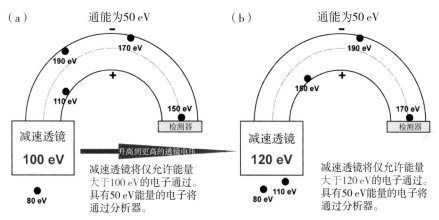

图 3-16　ESCA 减速透镜和半球分析器的示意图

注：(a) 透镜设置可使 E_k 大于 100 eV 的光电子通过透镜并被减速 100 eV，同时分析器设置为允许具有 50 eV（在透镜中减速之后）的电子通过分析器并撞击检测器。初始 E_k 大于或小于 150 eV（在透镜中减速后为 50 eV）的光电子将分别撞击外半球或内半球。(b) 透镜升高到更高的电压，因此 E_k 大于 120 eV 的光电子将通过透镜并被减速，而分析器仍然设置为允许在透镜中减速后具有 50 eV 的电子通过分析器并撞击检测器。现在初始 E_k 大于或小于 170 eV（在透镜中减速后为 50 eV）的光电子将分别撞击外半球或内半球。请注意，对于多通道检测器，与半球分析器的色散性质一致的电子能谱将影响检测器。还要注意，所有电子都根据其初始 E_k 而不是通过减速透镜后的 E_k 进行标记。

3.7.4　数据系统

现代计算机为控制仪器操作和进行数据分析提供了强大的手段。实际上，最先进的 ESCA 谱仪在计算机控制下进行各方面的操作，计算机可以控制和监控大多数附件、组件和真空系统的状态(离子枪、电子枪、阀门、压力等)，计算机控制分析器功能(通能、扫描速率、E_B 范围等)的电源，与样品定位系统的计算机控制一起，可进行无人值守的多样品运行。由于每个样品可能需要几种不同类型的扫描，因此需要预先选定样品位置、存储所需的扫描参数，然后可能需要几个小时去自动完成这些指令。

现代计算机具有多任务处理功能，可同时进行数据采集和数据分析，当前的软件程序包含强大的数据分析能力，可在几秒内拟合复杂的峰形。全谱扫描的自动寻峰、识别和定量也可在几秒内完成，用于数据缩放、平滑、绘图、传输和变换的众多选项随时可用，还可生成图像、X-Y 分布图和深度剖析图。一些软件程序甚至包括数学分析软件包(多变量统计、模式识别等)，其他软件程序可将 ESCA 数据直接传输到文字处理软件包中。一般来说，随着计算机系统的速度和能力的提升，ESCA 数据采集和分析的能力也随之增强。近年来，ESCA 软件和硬件方面的改进大大增加了一天中可运行的样品数量。

3.7.5 附件

可以添加到 ESCA 谱仪中的附件类型几乎是无限的，常见的附件包括离子枪、电子枪、气体引入装置、四极杆质谱仪，为特定系统选择的附件取决于该系统计划开展的应用。在许多情况下，ESCA 仪器仅是多功能表面分析系统的一部分，该系统具有安装在同一真空腔室内的一种或多种附加技术(俄歇、离子散射、SIMS、LEED、EELS 等)，在某些情况下 ESCA 分析仪具有几种不同的技术(俄歇、离子散射等)。对于单色化 ESCA 系统，最重要的附件是确保绝缘材料获得高质量谱图所必需的低能电子中和枪(见 3.3.5 节)。

3.8 谱图质量

像其他光谱技术一样，评估谱图质量最重要的特性是信噪比(S/N)和分辨率。通常，制造商已经公布了它们的 ESCA 谱仪的计数率，这不是一个特别有用的指标。更重要的是如何使谱图无噪声，这决定了获取高质量谱图所需的计数时间。具体而言，在给定能量分辨率下达到给定信噪比(S/N)所需的时间长度是重要的标准，分辨率增加，信噪比随之下降。有几种评估 S/N 的方法。一种方便的方法是如图 3-17 所示的峰-峰信噪比，在已知时间段内获取包含光电子峰的谱图，然后记录具有最高和最低计数数量的通道，这两个通道(16738 和 48)之间的差异是峰-峰信号。除了将扫描窗口移动到低于光电子峰的范围，还可以通过使用相同的扫描参数(相同的采集时间、数据点数、步长、通能、X 射线设置等)来确定峰-峰噪声。峰-峰噪声与峰-峰信号一样，是具有最高和最低计数(67 和 38)通道之间的差异。简单地说，峰-峰信噪比是峰-峰信号与峰-峰噪声的比值(16690/29 = 575)，能量分辨率可通过测量峰的 FWHM 来确定。因此，对于图 3 - 17 中的石墨样品，确定扫描时间为 3 分钟，产生的能量分辨率为 0.65 eV、信噪比为 575 的峰。可通过增加扫描时间或降低能量分辨率提高谱图的信噪比，对于设计合适的谱仪，信噪比将随着 $t^{1/2}$ 增加而增加，其中 t 为扫描时间。

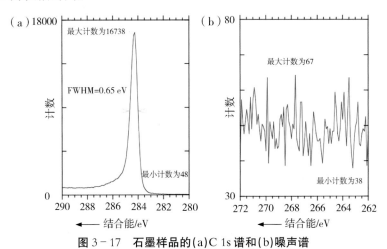

图 3 - 17　石墨样品的(a)C 1s 谱和(b)噪声谱

注：使用相同的扫描参数(时间、步长、窗口、通能等)采集每个区域的数据。在 3 分钟扫描后获得的这些数据具有 0.65 eV 的能量分辨率和 575 的峰－峰信噪比。

3.9　深度剖析

尽管 ESCA 似乎能提供高度表面局域化区域的信息，但事实上，表面区域具有有限的厚度并且组分通常存在垂直梯度。若 ESCA 的采样深度估计为 10 nm 并且原子尺寸为 0.3 nm，则表面区域约由 30 个原子层组成，这些层中的每一层可能具有不同的组成。获得的 ESCA 谱将是所有层信息的卷积，如图 3 - 18 所示。深度剖析方法是从 ESCA 信号去卷积，得到组分随深度的变化。3 个采样深度值得关注：0~10 nm (使用常规 X 射线源的 ESCA 采样深度)，0~20 nm(使用特殊 X 射线源的 ESCA 采样深度)和 0~1000 nm(使用破坏性深度剖析方法)。下面将分别描述这些深度。

使用角度依赖的 ESCA 实验获取的数据将表面最外层约 10 nm 的信息转换为深度剖析。X 射线源和分析器保持在固定位置，随着相对于分析器入口的样品角度增加，光电子来自越接近表面的局部区域(图 3 - 19)，若从相对于表面法线 0°、50°和 80°的光电子飞离角采集数据，则可获得包含不同深度成分信息的 3 组 ESCA 数据。组分与飞离角关系的曲线形状可定性地揭示表面的组成结构(图 3 - 20)。在从"角度与组成"图转换为"表面深度与组成"图时，有必要对数据集进行去卷积处理，去卷积所基于的数学函数是图 3 - 8 给出的方程式，已经发表了许多进行这种去卷积的算法[88-94]。表 3 - 12 包含了含氟聚氨酯流延膜样品的 5 个电子飞离角得到的 ESCA 数据集[92]，图 3 - 21 显示了使用 Tyler 等人提出的算法对该数据集的去卷积[92]，很明显，表面的氟和氮减少(硬段组分)。为了从与角度相关的 ESCA 数据得到精确和有

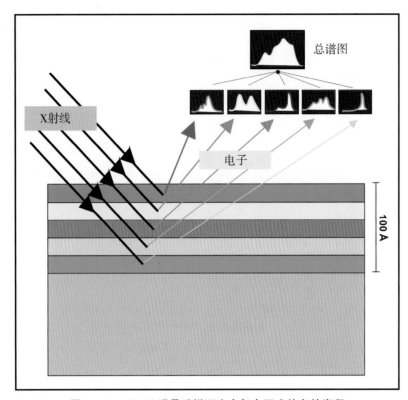

图 3 - 18 ESCA 谱是采样深度内每个深度信息的卷积

注：在该模型材料中，每个着色层表示不同组成的材料。覆盖层会降低从较深层出射的光电子强度，因此衬底对最终谱图的贡献较低。

意义的深度剖析，我们假设所研究的表面和界面是分子级平整的，并且覆盖层的厚度均匀。实际上，可允许表面不规则（即"平缓起伏的丘陵"）的纵横比（长度与高度）为 10∶1[95]，其他假设也适用于解释角度相关的 ESCA 数据[92-93,95]。

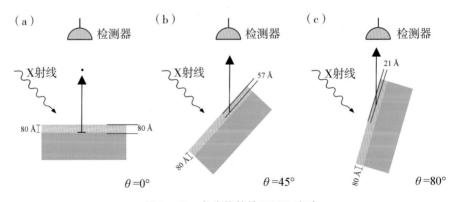

图 3 - 19 角度依赖的 ESCA 实验

注：将 X 射线源和检测器保持在固定位置，当样品旋转时，有效采样深度以 $\cos\theta$ 为因子减小。对于所有飞离角，出射的光电子在物质中行进 80 Å（采样深度），样品角度 θ 定义为相对于表面法线的角度。

表 3-12　含氟聚醚氨酯的角度依赖 ESCA 数据(归一化信号强度)[a]

角度	C	O	N	F
0°	5456	1267	189	236
39°	4341	979	118	157
55°	3498	822	103	126
68°	2736	642	68	70
80°	1706	395	34	39

[a]数据取自 Tyler 等[92]。

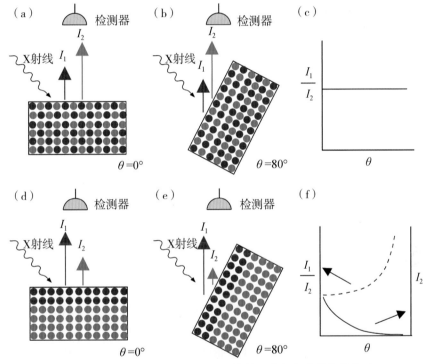

图 3-20　样品的形貌影响 ESCA 信号强度与角度的依赖关系

注：(a)对于具有均匀分布原子的样品，注意蓝色原子和红色原子的光电发射总强度的比值。(b)如(a)所述的比值在任何样品角度保持不变。(c)由于强度比不随样品角度而变化，因此对于深度均匀的样品，光电发射强度的比值(或原子百分比)与样品角度的曲线斜率为零。(d)在蓝色原子的衬底上用红色原子覆盖层表示样品。(e)当该样品旋转时，光电发射信号将来自更接近最外表面的区域，因此相对于蓝色原子的强度，红色原子的信号强度将随着角度增加而增加。(f)红色原子光电发射强度与蓝色原子光电发射强度之间的比值随采样角度呈指数增长。随着样品角度的增大，蓝色原子的光电发射强度将下降。

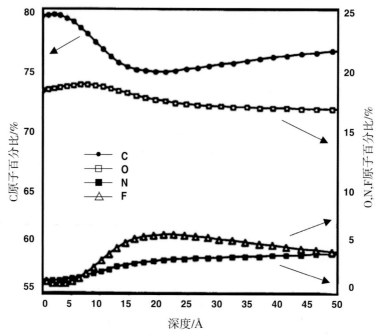

图 3－21　使用正则化方法[92]估算的含氟聚氨酯的深度剖析

注：对表 3－12 中的角度依赖数据集进行去卷积（经 John Wiley & Sons，Ltd. 许可[92]）。

光电子峰面积与高于峰结合能的非弹性本底强度的比值也可提供关于该元素的深度分布信息。例如，若碳衬底上覆盖有几纳米厚的金层，则 Au 4f 的本底会先略微上升然后逐渐减小，直到达到下一个光电子峰值。相反，如果金衬底上覆盖几纳米厚的碳层，则 Au 4f 峰值强度降低，而 Au 4f 的本底随着 E_B 增大而持续增加。Au 4f 峰强度的减小程度和本底强度的增加速率取决于碳覆盖层的厚度和结构。碳覆盖层越厚，Au 4f 峰强度越小，并且非弹性本底的强度越高（即碳覆盖层越厚，来自金基底的光电子发生非弹性碰撞的可能性越高）。Tougaard 已经描述了如何使用这些信息进行深度剖析的详细细节[96]。

使用不同能量的 X 射线源也可进行非破坏性的 ESCA 深度分析。根据式 3－1，更高能量的 X 射线源将释放具有更高动能的光电子，这些更高能量的光电子具有更大的 IMFP，因此增大了采样深度。使用 AlKα(1487 eV)、AgLα(2984 eV)和 CrKα(5415 eV)X 射线源产生同一样品的 ESCA 谱，并使用由 Seah 和 Dench[49]提出的式3－12，C 1s电子采样深度分别估计为 10.8 nm、16.2 nm 和 22.4 nm，因此获得深度剖析所需的信息。

通过离子刻蚀表面得到深入样品的深度剖析达 1 μm 或以上的深度，然后使用 ESCA 以规律的时间间隔分析刻蚀凹坑的底部。通常使用单原子离子（如 Ar^+ 或 Cs^+）进行破坏性深度分析，这些离子源为样品提供有用的信息，如掺杂硼和其他掺杂剂的硅晶片[97]。然而，对于有机和生物材料，单原子离子束的破坏作用会导致丢失样品的结构信息。此外，离子束可引起凹坑底部的原子干扰和撞击，从而降低分析的准确性——刻蚀时间越长(凹坑越深),深度剖析的准确性越差。近期已有文章表明,通过使用 C_{60} 团簇离子束溅射,可获得一些有机材料的破坏性 ESCA 深度剖析[98]。第 4 章将提供关于 C_{60} 离子源用于刻蚀有机和生物样品的用途和优势的进一步讨论。

3.10　*X－Y* 分布和成像

在 20 世纪 90 年代,商业化 ESCA 系统的空间分辨率有了明显的提高。一直以来,ESCA 获得的空间分辨率比用俄歇电子能谱和 SIMS 等其他表面分析技术实现的空间分辨率要差,这是因为 X 射线束比电子或离子束更难聚焦。然而,提高 ESCA 的空间分辨率获益颇多。好处之一是提高了束斑分析的能力。随着微电子芯片和生物微阵列的特征变小,需要提高空间分辨率。同样,表面缺陷的分析需要好的空间分辨率。另一个好处是提高了构建样品图像的能力,通过利用 ESCA 的化学特异性,可获得表面的元素和官能团分布图。

如第 3.7 节所述,在单机 ESCA 谱仪中有两种获得空间分辨率的方法。第一种方法是微探针模式,将 X 射线在样品上聚焦成小束斑[72-73]。目前,在微探针模式下获得的最佳空间分辨率小于 10 μm。第二种方法是显微镜模式,使用位敏检测器,通过描述样品出射光电子的位置分布对表面进行成像[84-87]。目前用显微镜模式获得的最佳空间分辨率也小于 10 μm,显微镜模式的优点是不需要聚焦的 X 射线源。但是,在微探针模式中使用聚焦 X 射线具有诸多优点。首先,只辐照分析区域,这对容易发生 X 射线降解的样品很重要。使用大束斑成像检测器系统,部分样品会在被分析之前降解。然而,聚焦的 X 射线源每单位面积通常具有更高的 X 射线通量,导致更大的损伤,以及更难进行电绝缘样品的荷电中和。其次,通过聚焦的 X 射线进行束斑分析通常更直接。用显微镜校准 X 射线位置后,需要将样品移至合适的位置才开始分析。然而,使用显微镜模式更容易获取大面积的高空间分辨图像。

对于许多应用来说,要求 1 μm 或更好的空间分辨率,这需要进一步提高现有 ESCA 系统可获得的空间分辨率。如前所述,基于同步加速器的技术可提供高空间分辨率的 ESCA 数据。一种方法是使用超导 ESCA 分析仪,将样品置于超导磁体中,然后用 X 射线辐照[99],出射的光电子在离开样品时遵循磁力线,将位敏检测器放置在磁体外部以获得放大的图像,利用该系统已经获得了几微米的空间分辨率。在一些同步加速器设备中,光电子显微镜使用波带片可得到小于 100 nm 的 X 射线束斑尺寸[100]。该领域的进展已有若干综述文章[74,80-81,101]。

图 3-22 为商业化实验室 ESCA 谱仪获得空间分辨率的例子。该样品是使用标准光刻法制备的硅晶片衬底上的图案化聚合物膜(由 15 μm 硅线隔开的 10 μm 光刻胶线),样品制备的细节已另行描述[102]。

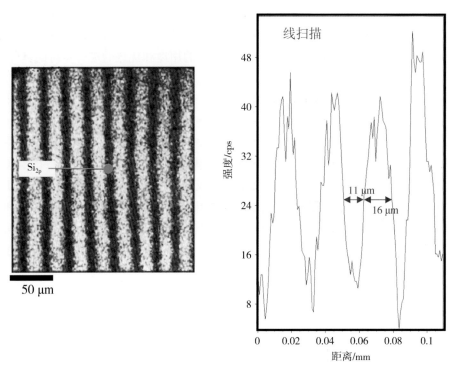

图 3 - 22   图案化样品的 Si 2p图像(峰 - 本底)

注：Si 2p图像的线扫描，15 μm 硅线隔开的 10 μm 光刻胶线(左图)，右图显示光刻胶和硅线的 FWHM 宽度分别为 11 μm 和 16 μm。该图像由 Kratos AxisUltra DLD ESCA 系统获取。

3. 11   化学衍生法

利用与特定官能团相关的 ESCA 结合能位移经常不能精确识别特定的基团，例如，醚碳(C—O—C)和羟基碳(C—OH)都观察到了 286.5 eV 的 E_B值，根据结合能位移不是很容易区分羧酸和酯环境中的碳，还有许多其他仅利用它们的结合能难以识别官能团的例子。为了辅助准确识别化学基团，可进行仅针对感兴趣官能团的化学反应。该反应通过改变其结合能位置，或通过在反应前加入样品中不存在的标签原子，唯一性地鉴别 ESCA 谱中的官能团，如图 3 - 23 所示。为达此目的，已经发展了许多衍生化反应[1,103 - 106]，表 3 - 13 列举了一些常见的衍生化反应。为了确保可以放心地使用衍生化反应，必须进行许多对照研究。关于衍生化研究必须解决的问题，请参见表3 - 14。在进行合适的对照研究后，可使用衍生化反应加强对复杂表面化学的理解[107 - 111]。

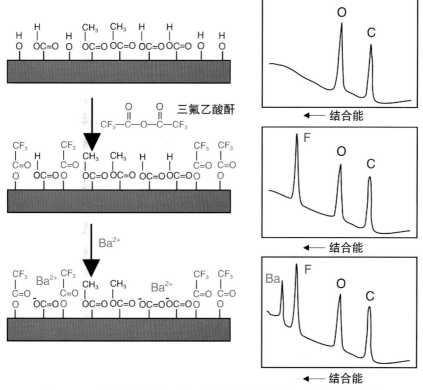

图 3 - 23　含有许多羟基、羧酸和羧酸酯基团的表面衍生反应示例

注：明确识别这些不同的基团并定量它们的表面浓度，对于 ESCA 具有挑战性，衍生化反应可用于区分不同的化学物质。如果表面与三氟乙酸酐反应，只有羟基能结合 F，ESCA 谱中 F 峰的强度将与反应的羟基数成正比。类似地，羧酸基团可以结合钡离子，酯基不会与这两种化学物质反应。

表 3 - 13　4 种表面化学衍生反应

基　团	反　应
羟基	$-OH + (CF_3CO)_2O \rightarrow -OCOCF_3$ 三氟乙酸酐
羰基	$-\overset{\mid}{C}=O + NH_2NH_2 \rightarrow -\overset{\mid}{C}=NNH_2$ 肼
羧酸	$-COOH + CF_3CH_2OH \xrightarrow[\text{碳二亚胺}]{C_6H_5N} -CO_2CH_2CF_3$ 三氟乙醇
不饱和键	$-CH=CH- + Br_2 \rightarrow -CHBr-CHBr-$

表 3-14　衍生化反应研究的关注点

- 反应是否符合化学计量比
- 反应是否已完全完成(动力学)
- 衍生化试剂是否与样品中的其他官能团发生交叉反应
- 标记原子在样品中应该是唯一的,并且具有高的光电发射截面
- 形成的衍生物必须在真空中稳定
- 即使暴露于 X 射线和电子通量时,所形成的衍生物也不随时间而变化
- 不希望发生表面重排,表面重排会导致标记原子从界面迁移
- 衍生试剂不应从样品中提取出组分

3.12　价带

大多数 ESCA 实验关注芯能级峰。如本章前面部分所述,芯能级谱由相对尖锐的强峰组成,可用于鉴别样品表面原子的氧化态、分子官能团、浓度等。定量分析假设每个芯能级都具有不随样品基体或成键情况而改变的特定光电离横截面,这是芯能级电子不直接涉及成键和分子相互作用的很好的假设,使 ESCA 可进行定量分析。这个假设对于价带分析是无效的,价电子直接参与成键和分子相互作用,因此,价带峰的强度和能量取决于它们的键合环境,大多数材料价带谱的定量解释需要进行完整的分子轨道计算。对于多组分材料或每个结构单元含有大量原子的材料(例如,聚合物),需要计算机计算完整的分子轨道[112-113]。

由于价带可提供从典型芯能级分析中无法获得的电子结构信息,因此价带分析是值得研究的。此外,有时可从价带谱中提取有用的结构信息。尽管有这些好处,但典型的 ESCA 通常不分析价带谱,原因之一是价带峰的 ESCA 电离截面远低于芯能级电离截面,这意味着必须使用较长的分析时间(较老的仪器长达几个小时)获取具有良好信号-噪声特性的价带谱,这可能在分析过程中导致有机样品发生降解。

虽然聚合物价带研究并不多,但它们表现出了价带分析的能力。早期研究表明,将最大限度降低样品降解的单色化 X 射线源和有助于解释数据的理论计算相结合,可更好地理解聚合物的表面结构[69]。小分子模型也可以很好地解释价带谱,例如,含芳香族聚合物的聚乙烯和苯的直链烷烃(聚苯基、聚苯乙烯等)[69]。在对具有相同元素组成和芯能级谱的聚合物研究中,发现价带对聚合物结构非常敏感,根据价带谱可很容易地区分这些聚合物。例如,聚环氧丙烷和聚乙烯基甲基醚都具有 C_3H_6O 单体单元,但表现出不同的价带谱[69]。纯烃组分中的异构效应也可用价带谱进行区分,包括具有 C_5H_{10} 单体重复单元[69]的聚 3-甲基-1-丁烯和聚 1-戊烯,甲基取代聚苯乙烯[114]和正、异、叔丁基侧链(C_4H_9 单元)的甲基丙烯酸酯[115-116]等实例。单体单元

的头对头与头对尾连接的进一步细节和单体单元的立构规整度也可用价带谱进行区分[69]。随着仪器性能的提高，获取价带谱的采集时间已大大缩短。包含大量聚合物价带谱的手册已经出版[23]。

与聚合物材料相比，金属和半导体材料的价带谱使用更广泛[117-119]，这可能基于几个原因。首先，实验用的金属和半导体样品更容易进行研究，因为它们比有机材料更不容易发生降解和荷电问题。其次，易于得到各种金属和半导体的单晶样品，可通过角分辨的光电发射实验对价带电子结构进行详细的研究[119]。为了克服 ESCA 价带实验中低电离截面的限制，许多实验者使用同步加速器辐射作为入射光源[120-122]，由于光电离截面取决于激发源的能量，通过使用同步加速器可调节入射光子能量，使特定的价带峰最大，因此联合使用可调谐 X 射线源、单晶样品和角分辨分析，为获得有关材料的电子结构(功函数、带隙能量、能带色散、能带弯曲等)详细信息提供了行之有效的方法。价带实验也可用于研究金属团簇的电子结构随团簇尺寸的变化[123-124]和金属合金中的电子相互作用[125]。

3.13　展望

新仪器、新技术的发展和强大的数据分析继续扩展了 ESCA 进行表面分析的实用性。仪器的进展主要有两个：一是开发高效的单色化 X 射线源和检测器(最早于 20 世纪 70 年代初引入，但直到 20 世纪 80 年代末才广泛使用)，二是在 20 世纪 90 年代引入成像仪器。现代实验室 ESCA 系统通常提供各种样品的高能量分辨率谱图(例如，C 1s 峰宽小于 1 eV)和高空间分辨率(小于 10 μm)的结果。通过使用同步加速器辐射设备，可获得更高的能量和空间分辨率的性能。尽管过去 10 年 ESCA 仪器的谱图和成像性能仅有很小的改善，但还是有一些其他发展进一步扩展了 ESCA 技术，这些进展包括应用多变量分析方法增强 ESCA 成像获得的信息[126]和来自 SIMS 领域的 C_{60} 溅射用于聚合物的 ESCA 深度剖析实验[98]。可能对 ESCA 技术产生重大影响的未来进展将是开发台式激光器。激光器实际上相当大，现正接近于软 X 射线范围进行操作的能力，这些源将提供高度单色化、高强度极化的聚焦 X 射线，这些源的出现将彻底改变 ESCA。

通过在科学网(Web of Science)上检索摘要或关键字中列出的 ESCA/XPS 发表论文的数量，可证明 ESCA 使用的持续增长，检索使用 ESCA、electron spectroscopy for chemical analysis(化学分析电子光谱)、XPS 和 X-ray photoelectron spectroscopy (X 射线光电子能谱)的主题词。为了比较，对于 SIMS[主题词 SIMS、ToF-SIMS 和 secondary ion mass spectrometry(二次离子质谱)]和 AES[主题词 AES 和 Auger electron spectroscopy(俄歇电子能谱)]进行了相似的主题搜索。从 1991 年到 2006 年使用 ESCA 的发表论文数量几乎翻了 3 倍(数量从约 1800 增加到约 4900)，在此期间，每年有超过 200 篇发表论文稳定地增长。相比之下，SIMS 和 AES 发表文章的增加在同一时期明显更少(SIMS 和 AES 每年分别增加约 20 篇和约 10 篇发表论文）。虽然 1991 年 ESCA 发表论文的数量高于 SIMS 和 AES 的发表论文数（ESCA 约为 1800 篇，SIMS 约为 700 篇，AES 约为 1100 篇），但 2006 年差距明显增大（ESCA 约为 4900 篇，而 SIMS 约为 1050 篇和 AES 约为 1200 篇）。这些数字为 ESCA 是主要的、最广泛使用的表面分析技术提供了强有力的支撑。ESCA 可用于确定各种样品的元素表面组成，现在广泛使用计算机控制仪器操作、数据采集和数据分析，可直接从多个样品快速地获得表面元素组成。这些进展使更广泛的人员可操作使用 ESCA 仪器，而不仅仅是训练有素的 ESCA 研究人员，这也使公司分析实验室可广泛使用 ESCA 仪器。开发 ESCA 仪器专家系统有利于继续扩大 ESCA 的使用与应用[127]。这些进展的缺点是许多研究倾向于仅使用 ESCA 确定样品的表面元素组成，而忽略了可以用 ESCA 获得的其他详细信息。因此，尽管所有迹象表明 ESCA 的使用在不断扩大，但仍然有很大机会通过使用该技术的所有功能，进一步提升 ESCA 研究的影响力。

3.14　结论

自 20 世纪 60 年代末以来，ESCA 技术实现了商业化，40 多年来，它已经从物理学家的实验转变为拥有数千篇已发表论文、实用且用途广泛的表面分析工具。ESCA 的优点是使用简单、样品处理灵活和信息量大。随着对材料科学、生物技术和表面现象的研究兴趣越来越高，再加上 ESCA 技术和仪器设备的进步，在可预见的未来，ESCA 很可能仍然是主要的表面分析技术。当与其他表面分析方法结合使用时，ESCA 将在对表面的化学、形貌和反应性的深入理解方面发挥关键作用。

致谢

在修订和更新本章时，作者感谢 National ESCA and Surface Analysis Center for Biomedical Problems（NIH 基金 EE - 002027）和 University of Washington Engineered Biomaterials Program（NSF EEC - 9529161）的支持。在撰写本章的初稿以及描述其中的一些实验时，获得 NIH 基金 RR01296 和 HL25951 的支持。感谢用于本文中 Deborah Leach-Scampavia 采集的一些 ESCA 数据，图3 - 22中的 ESCA 数据是在英国曼彻斯特的 Kratos Analytical 仪器上获得的。

参考文献

[1] ANDRADE J D. X-ray photoelectron spectroscopy（XPS）[M] // ANDRADE J D. Surface and interfacial aspects of biomedical polymers. New York：Plenum Press，1985：105-195.

[2] CARLSON T A. Photoelectron and Auger spectroscopy[M]. New York：Plenum Press，1975.

[3] CLARK D T. Some experimental and theoretical aspects of structure，bonding

and reactivity of organic and polymeric systems as revealed by ESCA[J]. Physica scripta, 1977, 16(5-6): 307-328.

[4] DILKS A. X-ray photoelectron spectroscopy for the investigation of polymeric materials[M]// BAKER A D, BRUNDLE C R. Electron spectroscopy: Theory, techniques and applications. London: Academic Press, 1981: 277-359.

[5] GHOSH P K. Introduction to photoelectron spectroscopy[M]. New York: John Wiley & Sons Inc. , 1983.

[6] RATNER B D, MCELROY B J. Electron spectroscopy for chemical analysis: applications in the biomedical sciences[M]// GENDREAU R M. Spectroscopy in the biomedical sciences. Boca Raton: CRC Press, 1986: 107-140.

[7] SIEGBAHN K. Electron-spectroscopy for atoms, molecules, and condensed matter[J]. Science, 1982, 217(4555): 111-121.

[8] SIEGBAHN K, NORDLING C, FAHLMAN A, et al. ESCA: Atomic, molecular and solid state structure studied by means of electron spectroscopy[J]. Nova acta regiae societatis scientiarum upsaliensis, Series IV, 1967, 20: 5-282.

[9] SWINGLE R S, RIGGS W M. ESCA[J]. CRC critical reviews in analytical chemistry, 1975, 5: 267-321.

[10] BARR T L. Advances in the application of X-Ray photoelectron spectroscopy (ESCA) Part I. Foundation and established methods[J]. Critical reviews in analytical chemistry, 1991, 22(1-2): 567-635.

[11] PIJPERS A P, MEIER R J. Core level photoelectron spectroscopy for polymer and catalyst characterisation[J]. Chemical society reviews, 1999, 28(4): 233-238.

[12] CASTNER D G, RATNER B D. Biomedical surface science: Foundations to frontiers[J]. Surface science, 2002, 500(1-3): 28-60.

[13] MCARTHUR S L. Applications of XPS in bioengineering[J]. Surface and interface analysis, 2006, 38(11): 1380-1385.

[14] RATNER B D, CASTNER D G. Advances in XPS instrumentation and methodology: Instrument evaluation and new techniques with special reference to biomedical studies [J]. Colloids and surfaces B: Biointerfaces, 1994, 2: 333-346.

[15] TURNER N H, SCHREIFELS J A. Surface analysis: X-ray photoelectron spectroscopy and Auger electron spectroscopy[J]. Analytical chemistry, 1996, 68(12): 309-332.

[16] KLEIN M J. The beginnings of the quantum theory[M]// WEINER C. History of twentieth century physics. New York: Academic Press, 1977: 1-39.

[17] PAIS A. Inward bound[M]. Oxford: Oxford Press, 1986.

[18] SEGRE E. From X-rays to quarks[M]. San Francisco: W. H. Freeman and Company, 1980.

[19] BERKOWITZ J. Photoabsorption, photoionization, and photoelectron spectroscopy[M]. New York: Academic Press, 1979.

[20] FELDMAN L C, MAYER J W. Fundamentals of surface and thin film analysis [M]. New York: North Holland, 1986.

[21] HOFFMAN R. Solids and surfaces. A chemist's view of bonding in extended structures, Volume 1[M]. New York: VCH Publishers, 1988.

[22] KOOPMANS T. Über die zuordnung von wellenfunktionen und eigenwerten zu den einzelnen elektronen eines atoms[J]. Physica, 1934, 1(1-6): 104-113.

[23] BEAMSON G, BRIGGS D. High resolution XPS of organic polymers[M]. Chichester, UK: John Wiley & Sons Ltd, 1992.

[24] BRUNDLE C R, CHUANG T J, RICE D W. X-ray photoemission study of the interaction of oxygen and air with clean cobaltsurfaces[J]. Surface science, 1976, 60(2): 286-300.

[25] MCINTYRE N S, COOK M G. X-ray photoelectron studies on some oxides and hydroxides of cobalt, nickel, and copper[J]. Analytical chemistry, 1975, 47(13): 2208-2213.

[26] SHIRLEY D A. Many-electron and final-state effects: Beyond the one-electron picture[M] // CARDONA M, LEY L. Photoemission in solids. Berlin: Springer-Verlag, 1978: 165-195.

[27] ANTHONY M T, SEAH M P. XPS: Energy calibration of electron spectrometers. 1. An absolute, traceable energy calibration and the provision of atomic reference line energies[J]. Surface and interface analysis, 1984, 6(3): 95-106.

[28] BRIGGS D, SEAH M P. Practical surface analysis[M]. Chichester, UK: John Wiley & Sons Ltd, 1990.

[29] SEAH M P. Post-1989 calibration energies for X-ray photoelectron spectrometers and the 1990 Josephson constant[J]. Surface and interface analysis, 1989, 14(8): 488-488.

[30] SEAH M P, GILMORE I S, SPENCER S J. Measurement of data for and the development of an ISO standard for the energy calibration of X-ray photoelectron spectrometers[J]. Applied surface science, 1999, 144: 178-182.

[31] SEAH M P, GILMORE I S AND SPENCER S J. XPS: Binding energy calibration of electron spectrometers 4—Assessment of effects for different X-ray sources, analyser resolutions, angles of emission and overall uncertainties[J].

Surface and interface analysis, 1998, 26: 617-641.

[32] SEAH M P. Instrument calibration for AES and XPS[M] // BRIGGS D, GRANT J T. Surface analysis by Auger and X-Ray photoelectron spectroscopy. Chichester, UK: IM Publications and Surface Spectra Ltd, 2003: 167-189.

[33] LEWIS R T, KELLY M A. Binding-energy reference in X-ray photoelectron spectroscopy of insulators[J]. Journal of electron spectroscopy and related phenomena, 1980, 20(1): 105-115.

[34] DUBEY M, GOUZMAN I, BERNASEK S L, et al. Characterization of self-assembled organic films using differential charging in X-ray photoelectron spectroscopy[J]. Langmuir, 2006, 22(10): 4649-4653.

[35] HAVERCROFT N J, SHERWOOD P M A. Use of differential surface charging to separate chemical differences in X-ray photoelectron spectroscopy[J]. Surface and interface analysis, 2000, 29(3): 232-240.

[36] COHEN H. Chemically resolved electrical measurements using X-ray photoelectron spectroscopy[J]. Applied physics letters, 2004, 85(7): 1271-1273.

[37] SUZER S. Differential charging in X-ray photoelectron spectroscopy: A nuisance or a useful tool? [J]. Analytical chemistry, 2003, 75(24): 7026-7029.

[38] BRYSON C E. Surface potential control in XPS[J]. Surface science, 1987, 189: 50-58.

[39] CARDONA M, LEY L. Photoemission in solids[M]. Berlin: Springer-Verlag, 1978.

[40] SHIRLEY D A. High-resolution X-ray photoemission spectrum of the valence bands of gold[J]. Physical review B, 1972, 5(12): 4709-4714.

[41] LECLERC G, PIREAUX J J. The use of least squares for XPS peak parameters estimation. Part 1. Myths and realities[J]. Journal of electron spectroscopy and related phenomena, 1995, 71(2): 141-164.

[42] BEAMSON G, BUNN A, BRIGGS D. High-resolution monochromated XPS of poly (methyl methacrylate) thin films on a conducting substrate[J]. Surface and interface analysis, 1991, 17(2): 105-115.

[43] MEIER R J, PIJPERS A P. Oxygen-induced next-nearest neighbor effects on the C 1s-levels in polymer XPS-spectra[J]. Theoretica chimica acta, 1989, 75 (4): 261-270.

[44] PIJPERS A P, DONNERS W A B. Quantitative determination of the surface composition of acrylate copolymer latex films by XPS (ESCA)[J]. Journal of polymer science: Polymer chemistry edition, 1985, 23(2): 453-462.

[45] RATNER B D. The surface characterization of biomedical materials: How

finely can we resolve surface structure? [M]// RATNER B D. Surface characterization of biomaterials. Amsterdam: Elsevier, 1988: 13-36.

[46] GELIUS U, SVENSSON S, SIEGBAHN H, et al. Vibrational and lifetime line broadenings in ESCA[J]. Chemical physics letters, 1974, 28(1): 1-7.

[47] POWELL C J. The quest for universal curves to describe the surface sensitivity of electron spectroscopies[J]. Journal of electron spectroscopy and related phenomena, 1988, 47: 197-214.

[48] JABLONSKI A, TANUMA S, POWELL C J. New universal expression for the electron stopping power for energies between 200 eV and 30 keV[J]. Surface and interface analysis, 2006, 38(2): 76-83.

[49] SEAH M P, DENCH W A. Quantitative electron spectroscopy of surfaces: A standard data base for electron inelastic mean free paths in solids[J]. Surface and interface analysis, 1979, 1(1): 2-11.

[50] BRUNDLE C R, HOPSTER H, SWALEN J D. Electron mean-free path-lengths through monolayers of cadmium arachidate[J]. Journal of chemical physics, 1979, 70(11): 5190-5196.

[51] CADMAN P, EVANS S, GOSSEDGE G, et al. Electron inelastic mean free paths on polymers: Comments on the arguments of Clark and Thomas[J]. Journal of polymer science: Polymer letters edition, 1978, 16(9): 461-464.

[52] CLARK D T, THOMAS H R, SHUTTLEWORTH D. Electron mean free paths in polymers: A critique of the current state of theart[J]. Journal of polymer science: Polymer letters edition, 1978, 16(9): 465-471.

[53] ROBERTS R F, ALLARA D L, PRYDE C A, et al. Mean free path for inelastic scattering of 1.2 keV electrons in thin poly (methylmethacrylate) films [J]. Surface and interface analysis, 1980, 2(1): 5-10.

[54] WAGNER C D, DAVIS L E, RIGGS W M. The energy dependence of the electron mean free path[J]. Surface and interface analysis, 1980, 2(2): 53-55.

[55] JABLONSKI A, POWELL C J. Electron effective attenuation lengths in electron spectroscopies[J]. Journal of alloys and compounds, 2004, 362 (1-2): 26-32.

[56] EGELHOFF JR W F. X-Ray photoelectron and Auger electron forward scattering: A new tool for surface crystallography[J]. Critical reviews in solid state and material sciences, 1990, 16(3): 213-235.

[57] FADLEY C S, VAN HOVE M A, HUSSAIN Z, et al. Photoelectron diffraction: new dimensions in space, time, and spin[J]. Journal of electron spectroscopy and related phenomena, 1995, 75: 273-297.

［58］REILMAN R F，MSEZANE A，MANSON S T. Relative intensities in photoelectron spectroscopy of atoms and molecules［J］. Journal of electron spectroscopy and related phenomena，1976，8(5)：389-394.

［59］SEAH M P，ANTHONY M T. Quantitative XPS：The calibration of spectrometer intensity-energy response functions. 1—The establishment of reference procedures and instrument behaviour［J］. Surface and interface analysis，1984，6(5)：230-241.

［60］SEAH M P，JONES M E，ANTHONY M T. Quantitative XPS：The calibration of spectrometer intensity-energy response functions. 2—Results of interlaboratory measurements for commercial instruments［J］. Surface and interface analysis，1984，6(5)：242-254.

［61］SEAH M P. A system for the intensity calibration of electron spectrometers ［J］. Journal of electron spectroscopy and related phenomena，1995，71(3)：191-204.

［62］SCOFIELD J H. Hartree-Slater subshell photoionization cross-sections at 1254 and 1487 eV［J］. Journal of electron spectroscopy and related phenomena，1976，8(2)：129-137.

［63］WAGNER C D，DAVIS L E，ZELLER M V，et al. Empirical atomic sensitivity factors for quantitative analysis by electron spectroscopy for chemical analysis［J］. Surface and interface analysis，1981，3(5)：211-225.

［64］SEAH M P，GILMORE I S，SPENCER S J. Consistent，combined quantitative Auger electron spectroscopy and X-ray photoelectron spectroscopy digital databases：Convergence of theory and experiment［J］. Journal of vacuum science & technology A：Vacuum，surfaces，and films，2000，18(4)：1083-1088.

［65］SEAH M P. Quantification in AES and XPS［M］// BRIGGS D，GRANT J T. Surface analysis by Auger and X-ray photoelectron spectroscopy. Chichester，UK：IM Publications and Surface Spectra Ltd，2003：345-375.

［66］TOUGAARD S. Quantitative X-ray photoelectron spectroscopy：Simple algorithm to determine the amount of atoms in the outermost few nanometers［J］. Journal of vacuum science & technology A：Vacuum，surfaces，and films，2003，21(4)：1081-1086.

［67］WAGNER C D，RIGGS W M，DAVIS L E，et al. Handbook of X-ray photoelectron spectroscopy［M］. Eden Prairie，MN：Perkin-Elmer Corporation，1979.

［68］WAGNER C D，JOSHI A. The Auger parameter，its utility and advantages：A review［J］. Journal of electron spectroscopy and related phenomena，1988，47：283-313.

[69] PIREAUX J J, RIGA J, CAUDANO R, et al. Electronic structure of poly-mers. ACS symposium series[M]. Washington, D C: American Chemical Society, 1981: 169-201.

[70] CASTNER D G. Chemical modification of surfaces[M]// CZANDERNA A W, POWELL C J, MADEY T E. Specimen handling, beam effects and depth profiling. New York: Plenum Press, 1998: 209-238.

[71] KELLY M A, TYLER C E. A second-generation ESC Aspectrometer[J]. Hewlett-Packard journal, 1973, 24(7): 2-14.

[72] CHANEY R L. Recent developments in spatially resolved ESCA[J]. Surface and interface analysis, 1987, 10(1): 36-47.

[73] BAER D R, ENGELHARD M H. Approach for determining area selectivity in small-area XPS analysis[J]. Surface and interface analysis, 2000, 29(11): 766-772.

[74] ESCHER M, WEBER N, MERKEL M, et al. Nano ESCA: imaging UPS and XPS with high energy resolution[J]. Journal of electron spectroscopy and related phenomena, 2005, 144: 1179-1182.

[75] KING D A. Looking at solid surfaces with a bright light[J]. Chemistry in Britoin, 1986, 22(9): 819-822.

[76] MARGARITONDO G, FRANCIOSI A. Synchrotron radiation photoemission spectroscopy of semiconductor surfaces and interfaces[J]. Annual review of materials science, 1984, 14(1): 67-93.

[77] SCHUCHMAN J C. Vacuum systems for synchrotron light sources[J]. MRS Bulletin, 1990, 15(7): 35-41.

[78] WINICK H, DONIACH S. Synchrotron radiation research[M]. New York: Plenum Press, 1980.

[79] KINOSHITA T. Application and future of photoelectron spectromicroscopy [J]. Journal of electron spectroscopy and related phenomena, 2002, 124(2-3): 175-194.

[80] ADE H, KILCOYNE A L D, TYLISZCZAK T, et al. Scanning transmission X-ray microscopy at a bending magnet beamline at the Advanced Light Source [C]//Journal de Physique IV (Proceedings). EDP sciences, 2003, 104: 3-8.

[81] BLUHM H, ANDERSSON K, ARAKI T, et al. Soft X-ray microscopy and spectroscopy at the molecular environmental science beamline at the Advanced Light Source[J]. Journal of electron spectroscopy and related phenomena, 2006, 150(2-3): 86-104.

[82] TYLER B J, CASTNER D G, RATNER B D. Determining depth profiles

from angle dependent X-ray photoelectron spectroscopy: The effects of analyzer lens aperture size and geometry[J]. Journal of vacuum science & technology A: Vacuum, surfaces, and films, 1989, 7(3): 1646-1654.

[83] MACK P, WHITE R G, WOLSTENHOLME J, et al. The use of angle resolved XPS to measure the fractional coverage of high-k dielectric materials on silicon and silicon dioxide surfaces[J]. Applied surface science, 2006, 252 (23): 8270-8276.

[84] COXON P, KRIZEK J, HUMPHERSON M, et al. Escascope-a new imaging photoelectron spectrometer[J]. Journal of electron spectroscopy and related phenomena, 1990, 52: 821-836.

[85] DRUMMOND I W, STREET F J, OGDEN L P, et al. Axis: An imaging X-ray photoelectron spectrometer[J]. Scanning, 1991, 13(2): 149-163.

[86] VOHRER U, BLOMFIELD C, PAGE S, et al. Quantitative XPS imaging—new possibilities with the delay-line detector[J]. Applied surface science, 2005, 252(1): 61-65.

[87] WALTON J, FAIRLEY N. Characterisation of the Kratos Axis Ultra with spherical mirror analyser for XPS imaging[J]. Surface and interface analysis, 2006, 38(8): 1230-1235.

[88] BASCHENKO O A, NEFEDOV V I. Depth profiling of elements in surface layers of solids based on angular resolved X-ray photoelectron spectroscopy [J]. Journal of electron spectroscopy and related phenomena, 1990, 53(1-2): 1-18.

[89] BUSSING T D, HOLLOWAY P H. Deconvolution of concentration depth profiles from angle resolved X-ray photoelectron spectroscopy data[J]. Journal of vacuum science & technology A: Vacuum, surfaces, and films, 1985, 3 (5): 1973-1981.

[90] IWASAKI H, NISHITANI R, NAKAMURA S. Determination of depth profiles by angular dependent X-ray photoelectron spectra[J]. Japanese journal of applied physics, 1978, 17(9): 1519-1523.

[91] PAYNTER R W. Modification of the Beer-Lambert equation for application to concentration gradients[J]. Surface and interface analysis, 1981, 3(4): 186-187.

[92] TYLER B J, CASTNER D G, RATNER B D. Regularization: A stable and accurate method for generating depth profiles from angle-dependent XPS data [J]. Surface and interface analysis, 1989, 14(8): 443-450.

[93] YIH R S, RATNER B D. A comparison of two angular dependent ESCA algo-

rithms useful for constructing depth profiles of surfaces[J]. Journal of electron spectroscopy and related phenomena, 1987, 43(1): 61-82.

[94] CUMPSON P J. Angle-resolved XPS and AES: Depth-resolution limits and a general comparison of properties of depth-profile reconstruction methods[J]. Journal of electron spectroscopy and related phenomena, 1995, 73(1): 25-52.

[95] FADLEY C S. Solid state and surface analysis by means of angular-dependent X-ray photoelectron spectroscopy[J]. Progress in solid state chemistry, 1976, 11: 265-343.

[96] HANSEN H S, TOUGAARD S. Separation of spectral components and depth profiling through inelastic background analysis of XPS spectra with overlapping peaks[J]. Surface and interface analysis, 1991, 17(8): 593-607.

[97] OSWALD S, FÄHLER S, BAUNACK S. XPS and AES investigations of hard magnetic Nd-Fe-B films[J]. Applied surface science, 2005, 252(1): 218-222.

[98] SANADA N, YAMAMOTO A, OIWA R, et al. Extremely low sputtering degradation of polytetrafluoroethylene by C_{60} ion beam applied in XPS analysis [J]. Surface and interface analysis, 2004, 36(3): 280-282.

[99] KING P L, BROWNING R, PIANETTA P, et al. Image processing of multispectral X-ray photoelectron spectroscopy images[J]. Journal of vacuum science & technology A: Vacuum, surfaces, and films, 1989, 7(6): 3301-3304.

[100] LOCATELLI A, ABALLE L, MENTES T O, et al. Photoemission electron microscopy with chemical sensitivity: SPELEEM methods and applications [J]. Surface and interface analysis, 2006, 38(12-13): 1554-1557.

[101] TONNER B P. Photoemission spectromicroscopy of surfaces in materials science[J]. Synchrotron radiation news, 1991, 4(2): 27-32.

[102] WICKES B T, KIM Y, CASTNER D G. Denoising and multivariate analysis of time-of-flight SIMS images[J]. Surface and interface analysis, 2003, 35 (8): 640-648.

[103] BATICH C D. Chemical derivatization and surface analysis[J]. Applied surface science, 1988, 32(1-2): 57-73.

[104] POVSTUGAR V I, MIKHAILOVA S S, SHAKOV A A. Chemical derivatization techniques in the determination of functional groups by X-ray photoelectron spectroscopy [J]. Journal of analytical chemistry, 2000, 55 (5): 405-416.

[105] KIM J, JUNG D, PARK Y, et al. Quantitative analysis of surface amine groups on plasma-polymerized ethylenediamine films using UV-visible spectroscopy compared to chemical derivatization with FT-IR spectroscopy, XPS

and ToF-SIMS[J]. Applied surface science，2007，253(9)：4112-4118.

[106] PAN S，CASTNER D G，RATNER B D. Multitechnique surface characterization of derivatization efficiencies for hydroxyl-terminated self-assembled monolayers[J]. Langmuir，1998，14(13)：3545-3550.

[107] BRIGGS D，KENDALL C R. Derivatization of discharge-treated LDPE：An extension of XPS analysis and a probe of specific interactions in adhesion[J]. International journal of adhesion and adhesives，1982，2(1)：13-17.

[108] CHILKOTI A，RATNER B D，BRIGGS D. Plasma-deposited polymeric films prepared from carbonyl-containing volatile precursors：XPS chemical derivatization and static SIMS surface characterization[J]. Chemistry of materials，1991，3(1)：51-61.

[109] CHILKOTI A，RATNER B D. An X-ray photoelectron spectroscopic investigation of the selectivity of hydroxyl derivatization reactions[J]. Surface and interface analysis，1991，17(8)：567-574.

[110] ADDEN N，GAMBLE L J，CASTNER D G，et al. Synthesis and characterization of biocompatible polymer interlayers on titanium implant materials [J]. Biomacromolecules，2006，7(9)：2552-2559.

[111] HOLLÄNDER A. Labelling techniques for the chemical analysis of polymer surfaces[J]. Surface and interface analysis，2004，36(8)：1023-1026.

[112] ANDRÉ J M，DELHALLE J，PIREAUX J J. Band structure calculations and their relations to photoelectron spectroscopy[C] // ACS Symposium Series. Washington，DC：American Chemical Society，1981，162：151-168.

[113] BOULANGER P，PIREAUX J J，VERBIST J J，et al. X-Ray photoelectron spectroscopy characterization of amorphous and crystalline poly (tetrahydrofuran)：Experimental and theoretical study[J]. Polymer，1994，35 (24)：5185-5193.

[114] CHILKOTI A，CASTNER D G，RATNER B D. Static secondary ion mass spectrometry and X-ray photoelectron spectroscopy of deuterium-and methyl-substituted polystyrene[J]. Applied spectroscopy，1991，45(2)：209-217.

[115] CASTNER D G，RATNER B D. Surface characterization of butyl methacrylate polymers by XPS and static SIMS[J]. Surface and interface analysis，1990，15(8)：479-486.

[116] CLARK D T，THOMAS H R. Applications of ESCA to polymer chemistry. XI. Core and valence energy levels of a series ofpolymethacrylates[J]. Journal of polymer science：Polymer chemistry edition，1976，14(7)：1701-1713.

[117] FADLEY C S. Elastic and inelastic scattering in core and valence emission

from solids: Some new directions[C]//AIP Conference Proceedings. AIP, 1990, 215(1): 796-816.

[118] HÜFNER S. Photoelectron spectroscopy: Principles andapplications[M]. Berlin: Springer-Verlag, 1995.

[119] SMITH K E, KEVAN S D. The electronic structure of solids studied using angle resolved photoemission spectroscopy[J]. Progress in solid state chemistry, 1991, 21(2): 49-131.

[120] NILSSON P O. Photoelectron spectroscopy by synchrotron radiation[J]. Acta physica polonica series A, 1992, 82: 201-219.

[121] OLSON C G, LYNCH D W. An optimized undulator beamline for high-resolution photoemission valence band spectroscopy[J]. Nuclear instruments and methods in physics research section A: Accelerators, spectrometers, detectors and associated equipment, 1994, 347(1-3): 278-281.

[122] FLEMING L, FULTON C C, LUCOVSKY G, et al. Local bonding analysis of the valence and conduction band features of TiO_2[J]. Journal of applied physics, 2007, 102(3): 033707.

[123] EBERHARDT W, FAYET P, COX D M, et al. Photoemission from mass-selected monodispersed Pt clusters[J]. Physical review letters, 1990, 64(7): 780-784.

[124] BITTENCOURT C, FELTEN A, DOUHARD B, et al. Photoemission studies of gold clusters thermally evaporated on multiwall carbon nanotubes[J]. Chemical physics, 2006, 328(1-3): 385-391.

[125] BLYTH R I R, ANDREWS A B, ARKO A J, et al. Valence-band photoemission and Auger-line-shape study of $Au_x Pd_{1-x}$[J]. Physical review B, 1994, 49(23): 16149-16155.

[126] WALTON J, FAIRLEY N. Noise reduction in X-ray photoelectron spectromicroscopy by a singular value decomposition sorting procedure[J]. Journal of electron spectroscopy and related phenomena, 2005, 148(1): 29-40.

[127] CASTLE J E. Module to guide the expert use of X-ray photoelectron spectroscopy by corrosion scientists[J]. Journal of vacuum science & technology A: Vacuum, surfaces, and films, 2007, 25(1): 1-27.

⚗ 思考题

1. 以下列出了聚丙烯酰胺、聚脲和聚氨酯样品的高分辨 ESCA 谱图中羰基 C 1s 和 O 1s子峰观察到的 E_B 值，还给出了在每个样品中与羰基结合的原子，所有 E_B 值已经以聚合物的碳氢化合物 C 1s峰 285.0 eV 进行校正。根据这些官能团的不同结构，解释不同官能团对应的 C 1s 和 O 1s 的 E_B 值，确保给出 C 1s 和 O 1s 都一致的解释。

样品	官能团	E_B/eV	
		C 1s	O 1s
聚丙烯酰胺	$\begin{matrix} & NH_2 \\ & \vert \\ -CH- & C=O \end{matrix}$	288.2	531.4
聚脲	$\begin{matrix} O \\ \parallel \\ -NH-C-NH- \end{matrix}$	289.2	531.7
聚氨酯	$\begin{matrix} O \\ \parallel \\ -O-C-NH- \end{matrix}$	289.6	532.2

2. 一种材料的 ESCA 全谱扫描检测到碳、氮和氧的存在，该材料的高分辨 C 1s、N 1s 和 O 1s 扫描谱图显示分别存在 2 个、1 个和 1 个子峰。假设传输函数不随 E_k 变化，λ 随 $E_k^{0.7}$ 而变化，使用 AlKα X 射线源，利用下面提供的数据计算该样品中每个组分的百分比，并给出这个样品的化学结构，为子峰提供一致的官能团归属。注意：ESCA 不能检测氢。通过以碳氢化合物 C 1s 峰 285.0 eV 为参考，校正样品荷电的 E_B 值。

峰	E_B/eV	面积
C 1s	285.8	4000
C 1s	288.9	2000
N 1s	400.6	3355
O 1s	532.2	4995

3. 一种材料的 ESCA 全谱扫描只检测到碳和氧，该材料的高分辨 C 1s 和 O 1s 扫描谱图显示，分别存在 4 个和 3 个子峰。假设传输函数不随 E_k 变化，λ 随 $E_k^{0.7}$ 而变化，使用 AlKα X 射线源，利用下面提供的数据计算 C/O 原子比和该样品中存在的每个组分的百分比，并给出这个样品的化学结构，为子峰提供一致的官能团归属。E_B 值已经对样品的荷电进行了校正。

峰	E_B/eV	面积
C 1s	285.0	1925
C 1s	286.6	675
C 1s	289.0	675
C 1s	291.6	100
O 1s	532.1	1600
O 1s	533.7	1685
O 1s	538.7	85

4. 人们对巴克敏斯特富勒烯(buckminsterfullerene)的特殊性能非常感兴趣。巴克敏斯特富勒烯由排列成二十面体(足球状)的 60 个碳原子组成,二十面体"球"的直径为 0.71 nm。在分子光滑、无污染的金衬底上有 3 个紧密堆积层,1 个紧密堆积层和部分单层(覆盖 70% 的表面积)的"巴克球"的情况,该样品由 ESCA 检测。作为光电子(样品)飞离角(θ)(注意:在该示例中 θ 是相对于样品的法线进行测量)的函数,给出相对于金的光电发射信号强度(I)的粗略示意图。由于二十面体堆积比球体更加紧密,因此可假设巴克敏斯特富勒烯分子能看作边长为 0.71 nm 的固体立方体。草绘的图应大致代表信号强度变化的预期特征,而不需要精确的 x 轴或 y 轴数字,需要得到的是函数关系。y 轴上应有两个数字:100% 信号(相对于清洁金)和 0% 信号(无金信号)。x 轴上应该有 $0°$ 和 $80°$。

5. 将分子级平滑的聚四氟乙烯(Teflon)$[-(CF_2CF_2)_n-]$覆盖层沉积在分子级平滑无污染的铂表面上。利用 ESCA(相对于表面法线的样品分析角度在括号中规定)研究这种类型的样品,按照铂的相对信号递减的顺序排列以下情况:7.0 nm Teflon 覆盖层和 AlKα X 射线源($0°$);0.5 nm Teflon 覆盖层和 AlKα X 射线源($0°$);0.5 nm Teflon 覆盖层和 AgLα X 射线源($0°$);7.0 nm Teflon 覆层和 AlKα X 射线源($80°$);0.5 nm Teflon 覆盖层和 TiKα X 射线源($0°$)。

6. 富含羟基的聚合物表面用气相试剂将—OH 基团转化为—OCF$_3$ 基团进行衍生化,在具有非单色化 MgKα X 射线源的 ESCA 仪器中研究样品,观察到氟的相对信号随分析时间的增加而减少。提出可能发生这种情况的 3 种原因,建议使用 2 种仪器方案使该衍生化分析可用于分析比较样品与—OH 含量有关。

第4章　SIMS 的分子表面质谱

4.1　引言

二次离子质谱(SIMS)是一种检测带电粒子的质谱分析方法。当带有能量的一次粒子如电子、离子、中性粒子或光子轰击某一物体表面(常为固体表面)时，就会发射带电粒子。这些被发射出的粒子，或称为二次粒子，可能是电子、中性粒子、原子、分子或原子离子和团簇离子。绝大部分发射出来的粒子是中性的，但只有二次离子能被质谱检测和分析。该过程提供了样品表面的质谱，实现表面或固体的详细化学分析。

初看之下，这一过程从概念上看来很简单。图 4-1 形象化地表示出这一过程。总的来说，当一束高能(能量通常在 10~40 keV 之间)的离子束或中性粒子束轰击表面时，通过钢球模型的碰撞过程，这些粒子的能量会传递给固体中的原子。联级式碰撞会发生在固体中的原子之间，部分碰撞返回到表面，导致发射出原子或原子簇。部分原子或原子簇在离开表面的过程中会发生电离。低能量二次粒子发射点距一次撞击点较远(最远可达 10 nm)，最终碰撞导致二次粒子的低能量发射(约 20 eV)。超过 95%的二次粒子来源于固体最上面两层。因此，表层的"软"离子化质谱检测成为可能。

尽管二次离子从表面发射现象已在约 100 年前被发现[1]，但直到 20 世纪 70 年代末，表面质谱技术的能力才得到发展。到 20 世纪 80 年代初，SIMS 最广泛的应用是利用其破坏性的能力来对材料的元素做深度分析。这种技术被称为动态 SIMS(见第 5 章)。动态 SIMS 的广泛应用遍及半导体工业。这种技术对于半导体材料中超低水平的电荷载流子的化学鉴定和表征器件的层状结构具有特殊的能力。事实上，SIMS 仪器在 20 世纪 50 年代和 60 年代早期首次出现后(Herzog[2]，Leibl[3]，Castang and Slodzian[4])。接下来的 20 年里，在半导体工业的推动下，得到发展迅猛。虽然非常重要，但这种 SIMS 的变体不能称为表面质谱技术。

基于 Benninghoven 和他团队在明斯特的工作成果[5]，作为在表面科学研究中具有重要潜力的技术，静态 SIMS 出现于 20 世纪 60 年代末和 70 年代初。SIMS 从根本上来说是破坏性检测，明斯特的团队证明了使用很低的一次粒子通量密度(小于 1 nA·cm^{-2})能够在一个相对于表层寿命来说是非常短的时间尺度里产生质谱数据。这样产生的信息能够表征表层化学信息，因为表面在分析过程中没有一个点在统计上被一次粒子撞击多于一次。表面从本质上来说可以认为是静态的。显然，很低的一次粒子通量密度导致很低的二次粒子产额，这就要求检测仪器要有高的检测灵敏度。这些实验条件能被使用归因于单粒子检测设备的发展。Benninghoven 和他的团队在金

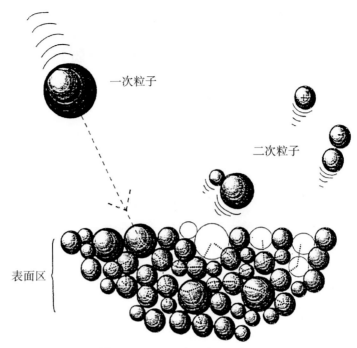

图 4-1　SIMS 过程原理示意图

注：经 N. Lockyer，*Ph. D. Thesis*，University of Manchester Institute of Science and Technology，1996.

属初始氧化的一系列研究中首次阐述了静态 SIMS 的表面分析能力[6]。从那时起，来自广大范围的化学的大量证据，从模拟单晶吸附物体系[7]到立足于材料的复杂聚合物，充分显示了在静态分析条件下静态 SIMS 谱图和表面化学间的相互关系。氟哌啶醇药物薄膜表面的部分正离子谱图很好地说明了这一点（图 4-2）。该谱图对该药物是特有的并具有化学确定性。

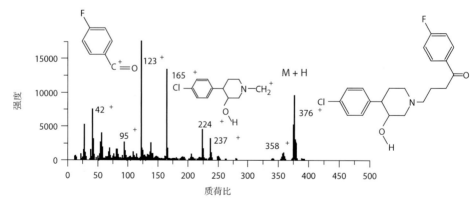

图 4-2　氟哌啶醇正离子谱

注：氟哌啶醇是一种神经松弛药物，用于治疗精神障碍、亢奋、激动等。Au^+ 的一次离子束的通量约为每平方厘米 10^{10} 个离子。

进入 21 世纪后的发展是使用团簇离子(Au_n^+，Bi_n^+，SF_5^+，C_{60}^+)代替那时一直在用的原子离子(Ar^+，Ga^+，Cs^+ 等)，将团簇离子作为一次离子。正如我们将会看到的，分子材料上的这些团簇离子有更高的二次离子产额，从而显著提高了该技术的灵敏度。然而，更大的团簇离子－SF_5^+，特别是 C_{60}^+，在许多材料里似乎能使由碰撞引发的化学损伤大幅度减小，于是这些材料的静态分析要求可放宽甚至不受约束。因此，理论上表面的 100% 都能够用来分析，极大地增加了潜在信号水平和检出限。这种 SIMS 的变体现在也许应当称为分子 SIMS。

4.2　基本概念

4.2.1　基本公式

更多关于溅射和二次离子发射的介绍可见于别处[8-11]。SIMS 关注二次离子的分析。离子化过程发生在或接近于发生在粒子表面发射时刻，它包含了基质参与电子过程。这意味着二次离子产额强烈受到要分析材料电子状态的影响(这种现象被称为基质效应)，导致了定量分析的复杂性。基本的 SIMS 公式为

$$I_s^m = I_p y_m \alpha^\pm \theta_m \eta \qquad (式 4-1)$$

其中，I_s^m 是物种 m 的二次离子流，I_p 是一次粒子通量，y_m 是溅射产额，α^+ 是电离成正离子或负离子的概率，θ_m 是 m 在表面层的分数(百分比)浓度，η 是分析系统的传送率。

4.2.2　溅射

y_m 和 $\alpha^\pm$ 是两个基础参数，y_m 是单个一次粒子对物种 m 的溅射粒子产额，包括中性的和电离的。它随着一次粒子质量、电荷数和能量的增加而增加，尽管是非线性的[4]。图 4-3 显示了铝的不同 y 值。轰击材料的结晶度和形貌也会影响产额。溅射发生的临界条件是一次粒子能量 20～40 eV，y 在能量为 5～50 keV 时趋近于最大。超过这个能量产额逐渐下降，这是因为一次粒子穿入固体更深，返回到表面区域里的能量更少。对于不定型和多晶材料，溅射产额随着相对于表面法线的入射角增加而单调增加，在 60°～80°时达到最大值。被溅射出材料的角分布趋向于围绕一次束反射角的余弦分布。通常来说，一次撞击粒子的质量越大，越靠近表面的能量会被储存，因此产率越大。对于一定的轰击能量，整个周期表中元素溅射产额的变化在 3～5 倍之间。

溅射是一个破坏的过程，因此对于共价有机材料来说更难测量溅射速率。虽然能测量碳元素的产额，但在静态 SIMS 中，我们更关注用这一技术来进行化学结构的探测和测量。有机材料的溅射导致了元素、结构上的碎片和分子物种的去除。这些来自表面任何实际存在物的损失将破坏被去除区域内的化学结构。如果材料是由分子组成的，那么任何被撞击的分子都会被有效地破坏，无论是整个分子还是分子的一小块，都会被去除。如果材料是聚合物，那么被撞击单元单体的部分会被破坏。因此，用消

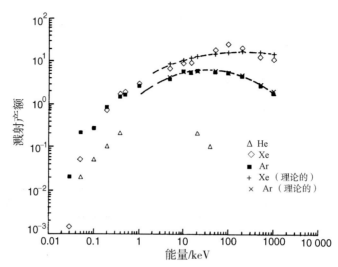

图 4-3　铝元素实验溅射产额与不同一次离子的能量函数关系

失横截面 σ 的概念来取代溅射速率更为有用。当研究不同化学基底上的单分子层时，信号的损失可能来源于完整分子的去除，也可能来源于轰击造成的化学损伤。当我们研究的材料是多层，并有大量的补给分子时，SIMS 谱图中结构上重要的物种随轰击时间的损失可以当作损伤逐渐积累的一种量度，我们称之为损伤截面。显然，这种测量方法与溅射产额的测量方法相反，溅射产额的测量是收集从表面去除的材料。消失截面 σ 与二次离子强度的关系为

$$I_m = I_0 \exp(-\sigma I_p) \qquad (式 4-2)$$

在金属基底上，Benninghoven 等得到了氨基酸和其他小分子的消失截面值为 5 $\times 10^{-14}$ cm^{-2}[12]。聚合物会有特征碎片离子的信号衰减。通常观察到的碎片越大，损伤速率越大。然而，由于去除聚合物骨架需要多于一个切断点，因此，在这些碎片强度开始衰减之前经常会有一个增加[13]。消失截面是从实验上测得的参数，被认为是一个入射粒子的平均面积，被分析的特有物种的发射应不包括在它里面；10^{-14} cm^2 接近被检测碎片的尺寸。消失截面可能与损伤截面有关，这取决于研究中材料的确切形态。图 4-4 展示了 15 keV Au$^+$ 轰击厚层胆固醇下所确定的消失截面。

对元素溅射而言，有机材料的二次离子产额和损伤截面积随着一次粒子质量和能量以及相对于法线的入射角度的增加而增加[14]，同时也能观察到高质量碎片和分子物种的相对产额的增加[15]。

像前面已提到过的，近几年里多原子团簇一次离子，如 SF$_5^+$，Au$_n^+$，Bi$_n^+$，C$_{60}^+$，受到越来越多的重视。已证明这些离子能显著地释放更高的离子产额，特别是高质量数物种[16]（见 4.5.2 节）。许多证据表明该产额增加是由于溅射产额的大幅度增加。表 4-1 列出了 Au$_n^+$ 和 C$_{60}^+$ 轰击下的冰上的水分子溅射产额的对比[17]。产额从原子弹珠 Au$^+$ 到团簇离子间急剧增加。团簇在撞击表面时破碎，投射能量被分配给所有原

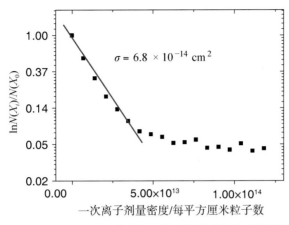

图 4 - 4　15 keV Au⁺ 轰击厚层胆固醇下的消失截面曲线

子（因此，每个来自 20 keV C_{60}^+ 的原子将有 666 eV 的能量），因此它们更少穿透材料，产生的化学损伤更小。此外，溅射速率很高，使任何化学损伤都会在后续的撞击中得到消除，于是表面上的损伤横断面大幅度减小，去除了许多材料对静态极限的要求。图4-5对比了 Au⁺ 和 C_{60}^+ 轰击下硅片上胆固醇膜上分子离子信号的损失。在金轰击下能见到快速和几乎完全的损失，但对于用 C_{60}^+ 轰击，在初期变化之后会达到一个信号平台区直到所有材料从表面移除。（译者注）

表 4 - 1　20 keV Au_n^+ 和 C_{60}^+ 轰击下的冰上的水分子溅射产额比较

	Au⁺	Au_2^+	Au_3^+	C_{60}^+
溅射除去的 H_2O 当量数量	100	575	1190	2510

　　从固体表面发射的原子、分子和分子碎片具有一定的动能。动能分布受一次离子能量、入射角度和原子性质的直接影响，原子的性质决定了材料中的碰撞联级的本质。然而，更直接的影响可能是表面粒子的结合、需要断键的数量和发射粒子内能储存的程度。金属上一个原子的二次离子动能分布通常很广，是碰撞引起的溅射[图 4-6(a)]，反之，团簇离子非常狭窄，因为它们能通过碎片化和储存在震动和旋转中消耗能量[图 4-6(b)]。有机材料的大分子物种的动能分布通常很狭窄。如果这种物质在离开表面的过程中破碎，产生的碎片将会在分布中显示出一个负的拖尾[图 4-6(c)]。因此，动能分布能揭示很大一部分发射过程的机理。

4.2.3　离子化

　　从无机材料上的二次离子形成通常受到脱离物物种和表面间的电子交换过程的强

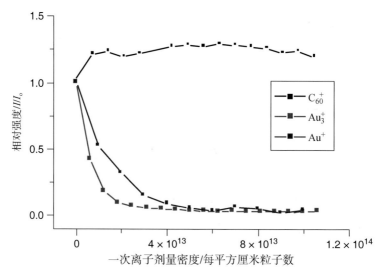

图 4-5   厚胆固醇膜上 $(M-H)^+$ 相对强度变化与 20 keV Au^+ , Au_3^+ and C_{60}^+ 轰击下离子剂量的关系 ($m/z = 385$)

烈影响。因此,表面的电子状态是至关重要的。整个周期表元素的二次离子产额可变化好几个数量级,如图 4-7 所示,并且非常依赖于表面的化学状态。某些特定元素的离子产额会发生急剧变化,例如,金属和它的氧化物,见表 4-2。氧化对元素离子产额的改变程度不同,当需要绝对定量数据时,由此引起的问题变得很复杂。

有机材料上的二次离子形成通过许多机制发生,出射一个电子形成奇电子离子 M^+ ;极性分子会经历酸碱反应形成 $(M+H)^+$ 或 $(M-H)^{\pm}$ 离子;中性分子的阳离子化或阴离子化都可能发生。这个过程主要和分子的种类有关,然而低质量碎片在化学结构检测中也提供了重要信息。这些分子的离子化可能通过碰撞引发的机理发生,是在材料中直接与一次离子或带能的反冲击原子的相互作用所导致的。离子化过程的精确位置还是未知的,但很可能发生在表面内或表面上的发射位置。基质效应确实影响有机材料的二次离子产额,一些情况下影响非常严重(见 4.4.4 节)。共聚物的离子产额对成分是灵敏的。显然,当基质里有合适的阳离子(Ag,K,H)时,更易于发生阳离子化。

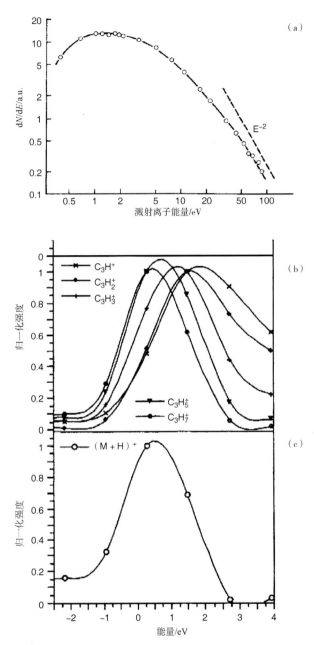

图 4-6　多晶金上 16 keV Ar⁺ 轰击下溅射金原子的能量分布

注：摘自 *J. Nucl. Mater*，76/77，136 Copyright（1978），Elsevier；（b）和（c）在金上的二十三烯酸层（C₂₂ H₄₃ \，COOH）溅射正离子物种的动能分布（来源 *Nucl. Instrum. Meth. Phys. Res. B* 115，246 Copyright（1996），Elsevier. 转载许可来源 *ToF-SIMS：Surface Analysis by Mass Spectrometry*，John Vickerman and David Briggs（Eds），Chapter 1. Copyright 2003，Surface Spectra and IM Publications.

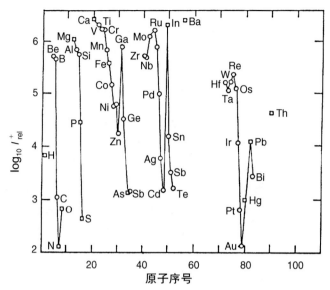

图 4-7　正离子产额变化与原子序号的关系

注：1 nA 13.5 keV O⁻ 轰击：○，元素；□，化合物。转载自 H. A. Storms, K. F. Brown, and J. D. Stein，*Anal. Chem.*，49，2023（1977）. Copyright（1977）American Chemical Society。

表 4-2　出自清洁和氧化金属表面的二次离子产额

金属	清洁金属 M^+ 产额	氧化金属 M^+ 产额
Mg	0.01	0.9
Al	0.007	0.7
Si	0.0084	0.58
Ti	0.0013	0.4
V	0.001	0.3
Cr	0.0012	1.2
Mn	0.0006	0.3
Fe	0.0015	0.35
Ni	0.0006	0.045
Cu	0.0003	0.007
Ge	0.0044	0.02
Sr	0.0002	0.16
Nb	0.0006	0.05
Mo	0.00065	0.4
Ba	0.0002	0.03
Ta	0.00007	0.02
W	0.00009	0.035

4.2.4　静态极限和深度剖析

在原子的一次离子分析中，我们发现在所谓的静态条件下操作是必要的，这是为了在分析实验的时间尺度内保持表层的完整性。这意味着在分析过程中使用了非常低的一次离子束剂量。据估计，每个一次粒子和表面碰撞会干扰到 10 nm^2 的面积，因此可能只需要每平方厘米 10^{13} 个离子的撞击来影响表面上的所有原子。我们已经发现有机材料的损伤横断面大约为 5×10^{-14} cm^2。如果将这个值代入式 4 - 2，在每平方厘米 10^{13} 个离子的一次离子剂量下会有近 50% 的信号强度损失。习惯上把每平方厘米 10^{13} 个离子认为是静态极限。然而，计算结果明确表明，每平方厘米不超过 10^{12} 个离子这个值会更为安全。

通过计算样品表面最顶部原子层寿命 t_m 和一次束流通量的关系，能理解动态条件和静态条件的区别：

$$t_m = \frac{10^{15}}{I_p} \times \frac{Ae}{y} \qquad\qquad (式 4 - 3)$$

其中，A 是表面面积（表层原子密度为每平方厘米 10^{15} 个原子），以 cm^2 为单位，它受到安培数 I_p 的一次束轰击，e 是一个电子电量，溅射产额是 y（对于原子的一次离子来说，通常在 1 到 10 之间）。一次束电流用安培数测量（1 安培等同于每秒 6.2×10^{18} 个带电粒子）。利用该公式，假定溅射产额为 1，可以整合到表 4 - 3。

表 4 - 3　表面单层寿命与一次束通量密度关系

$I_p/(\text{A} \cdot \text{cm}^{-2})$	t_m/s
10^{-5}	16
10^{-7}	1 600
10^{-9}	1.6×10^5
10^{-11}	1.6×10^7

若分析要求假定为 20 min（1200 s），则只有当原子的一次束电流约为 1 nA · cm^2 或更少时才能更安全地得到静态条件。对于动态 SIMS，要求高元素灵敏度和快速刻蚀速率，因此较高的一次通量密度，如 1 μA · cm^{-2} 或更大，是合适的（见第 5 章）。主要关心的是完成深度剖析所需的时间。

我们已经看到多原子团簇离子束的表现多少有所不同。重金属团簇束（Au$_n^+$ 和 Bi$_n^+$）相较于它们的原子离子有较高的溅射产额，可提高 $100 \sim 1000$ 倍；但是它们的损伤横断面是相当的。用静态条件限制这些离子进行分析，使用的总离子剂量不应超过每平方厘米 10^{13} 个离子。然而，对于 SF$_5^+$ 和 C$_{60}^+$ 这些离子，被损伤材料的区域接近于表面，并且差不多包含在材料被溅射出去的体积里。这样的一个结果使许多多层的有机或生物有机材料的表现损伤横断面远小于 10^{-14} cm^2。对于这些材料来说，可忽略静态限制，因为有化学特征的二次离子能持续发射直到所有的材料被移除。这种现象意味着能够实施随深度变化的分子分析(称为深度剖析)。在分析多相合成体系和生物体系时，这项能力是非常有价值的。但是，对于原子一次离子是无法实现的，因为在最顶层单层被移除前它们已经破坏了下层的化学结构。这种类型的分析案例会在后续讨论。

4.2.5 表面带电

许多需要进行表面分析的重要技术的材料是绝缘的。当一个绝缘材料被一次正离子束撞击时，由于正电荷的进入和发射二次电子，表面的电位会升高。电位在几分钟内会急剧升高到几百伏，以至于发射出的正离子的动能升高，超出分析器的接收窗口[18]，结果导致了 SIMS 谱图的损失。对于这一问题，正离子四级杆 SIMS 采用中性原子束(快原子轰击)来解决[19]。ToF-SIMS 中脉冲化一次束的需求使这种方法更难被应用，如今有两种相连的方法来解决这个问题。第一种广泛应用的方法是用相对低能的电子束照射样品表面。这个原理是电子将会被吸引到表面正电荷区域，因此表面电位回归到中性。这一方法通常在正离子 SIMS 中表现很好，然而对于负离子，检测必须使表面电位为负来使负离子从表面释放。这要求更高通量的电子，通常是(一次)离子通量的 10 倍。这一平衡有时很难达到，特别是对于那些粗糙或者小尺寸的材料，例如，纤维或颗粒。这种方法的缺点之一是电子轰击也会导致样品损伤和电子诱导的离子发射，有结果表明，若要避免电子引发的损伤，则入射电子的剂量需要控制在每平方米 6.3×10^{18} 个电子以下[20]。另一种可替代或者相连解决办法是放置一个和样品紧密电接触的网格，或者在银上将材料沉积成一薄膜。一些工作者特别提倡在特殊处理过的银箔上支撑薄的不完整的聚合物膜。因为膜很薄，几乎不发生带电，这就使在获取 SIMS 谱图时无须电荷中和，避免了电子束引发的可能的损伤效应。然而，银支撑的方法通常使图显示出明显的阳离子化。这种现象有益处还是无益处，由分析要求决定。

4.3 实验要求

SIMS 实验的基本结构排布如图 4-8 所示，有 3 个主要部分：一次离子源、质谱计和离子光学系统。由于二次离子发射时具有的动能有一个范围，因此离子光学系统能选择动能特定范围中的离子与质量分析器的能力相匹配。

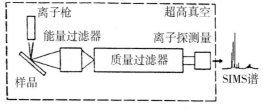

图 4-8 SIMS 仪器示意图

注：转载自 J. C. Vickerman, *Chem. Brit.* 969 (1987)。

4.3.1　一次束

已经用在 SIMS 中一次束源的设计根据一次束的产生机理可被分为 4 个基本类型：电子轰击、等离子体、表面电离、场电离。每种源的类型在空间分辨率、使用方便性和速度、灵敏度、应对绝缘材料、一次束导致的损伤等方面提供了不同的性能表现，所有种类都成功实现了飞行时间(ToF)质谱系统所需的脉冲化。

大多数种类的离子束源的基本组成是源区域/抽取区、聚焦和准直区、纯化一次束的质量(维恩)过滤器、为带有飞行时间质量分析器系统所用的脉冲机制、消像散/聚焦透镜，最后是扫描杆，如图 4-9 所示。一次束的操作模式很大程度上决定了 SIMS 可得信息的种类。在静态和动态 SIMS 中，通常在表面感兴趣区域上扫描一次离子束(图 4-9)。对于静态(扫描)SIMS 来说，通过匹配分析面积和分析器的光学采集视野，保证灵敏度被优化。在动态 SIMS 中扫描范围大小界定了溅射坑边界。用能预先设定检测确切分子的质谱仪扫描 SIMS 同样可以提供在感兴趣面积上的二次离子成像分布。拥有这项能力的设备称为扫描的 SIMS 微探针，利用计算机图像存储和色码图形系统，可能生成表面元素和分子的色码图形。

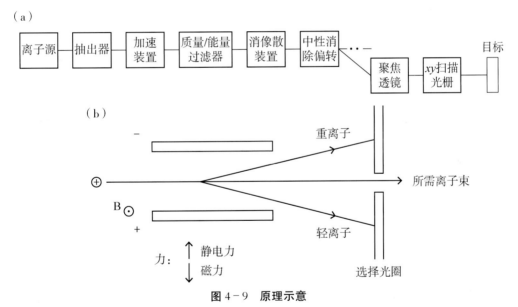

图 4-9　原理示意

注：（a）扫描、聚焦离子枪的主要部分，来源[7]许可。（b）用于质量选择离子束的维恩过滤器的工作原理：平衡条件为 $m/z = 2V(B/E)^2$。转载自 *Secondary Ion Mass Spectrometry - Principles and Applications*，Oxford University Press（1989）。

一种同样能得到表面元素分布的成像技术是用非扫描的一次离子束和具备离子光学装置的质谱，该离子光学装置能在质量分析的过程中保留离子的定位信息。这种成像模式被称为离子显微术，离子成像能直接显示在荧光屏上或在位置敏感的检测器上被记录以便后续计算机的储存和处理[21]。

接下来的部分是一些更流行的一次束源的基本方面的综述。决定性参数是一次束的亮度和能量分散，以及设备的稳定性和可靠性。

(1)**电子轰击**。这些离子源的原理是使用高电流密度的电子来电离一次束气体，通常是氩气和氙气。(离子)源装置有许多类型。对于惰性源气体，通常是使用电子的热阴极源(通常为钨或者铱，并进行一些处理来提高它们的电子发射)。电子被加速到阳极，给它们提供必需的能量来电离源气体(图4-10)。通过使用静电或磁场来增加运动电子的轨迹长度，从而增加气体相互作用的截面(也因此提高离子化产额)。离子束从离子源提取、加速和聚焦，在样品表面形成离子束，能量在2～40 keV之间。

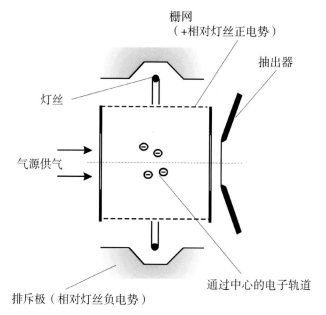

图4-10　电子轰击源的原理示意

注：转载自R. Hill in *ToF-SIMS：Surface Analysis by Mass Spectrometry*，John Vickerman and David Briggs (Eds)，Chapter 4. 版权2003，Surface Spectra and IM Publications。

电荷交换能产生一个中性束。例如，在离子束系统中让氩离子束通过一个内室(多数情况下是使用维恩过滤器区域)，该内室含一定压力的氩气(10^4 mbar)[22]。一部分(10%～30%)通过从在室内随机运动的原子中捕获电子来失去电荷。尽管这些离子已经失去电荷，但它们仍保持速度和方向，形成快原子束。残余的离子束随后被偏离开。

大多数电子轰击源是通用的，易于使用和相对可靠。它们仅提供了中等亮度(这是一个来自离子源的可得电流密度的量度)，约10^5 A·m^{-2}·sr^{-1}。在过去，它们在静态SIMS工作中最常用的是在大面积上(几平方毫米)的散焦。然而，具备更高效、更高能的离子柱如今被用于团簇离子束系统，如SF_5^+或C_{60}^+(图4-11)；在微聚焦束中，在样品(靶)上能得到皮安量级的电流。

(2)**等离子体**。双等离子体，射频(RF)和中空阴极源都是这个标题下的分类。一

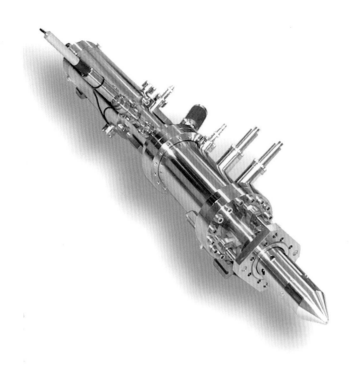

图 4-11　40 keV C$_{60}^+$ Ionoptika Ltd **离子柱**

注：转载自 Ionoptika Ltd。

个简单电子轰击源的输出可能会受限于由空间电荷效应产生的电子密度。若源气体压力增加，则离子和中性子减少在电子间的排斥，会维持一个高得多的电子密度，产生更高的离子束电流。等离子体在这样的条件下形成。离子源会有一个通道孔，通过通道孔离子被提取形成离子束。电子来源可能是热灯丝，电子也可通过维持放电的正离子轰击阴极而产生。活性气体，如氧气，能用冷阴极放电方式来电离。电场和磁场可用于聚集放电来增加输出。这种方法的离子化效率增加体现在用这种类型的源可得到更高的束亮度，范围在 $10^4 \sim 10^7$ A·m^{-2}·sr^{-1}。然而，得到这样的结果部分是以降低可靠性为代价的，因为激烈的发射过程趋向于通过离子刻蚀逐渐损坏（离子）源组件。更高的亮度使这种类型的源更适用于动态 SIMS（微安级进入，约为 50 μm）和微聚焦扫描分析（纳安级进入，不超过 5 μm）。

　　和惰性气体一起，这类型源用于氧气（O$_2^+$）一次离子轰击，用它改善正电性物种的检测灵敏度，因此成为许多半导体深度剖析应用选取的一次离子源（见第 5 章）。

　　(3) 表面离子化。当使用正电性一次束时，对负电性物种的灵敏度会增强。碱金属离子源的可用性因此受到深度剖析 SIMS 分析者的青睐，这也是由表面离子化源提供的。在这种情况下，通过加热一个在真空条件的吸附层来热刺激离子发射。例如，吸附层是在一种高逸出功金属（例如，铱）表面上的铯，铯吸附层的电离势和表面的逸出功使电子能从吸附层自由运动到基质（衬底），在温和的热激发下，能发射很低并且均匀能量分散的离子。

源亮度取决于发射面积的尺寸，可超过 10^6 $A \cdot m^{-2} \cdot sr^{-1}$。该种源金属存在要非常谨慎处理和操作上有各种要求的缺点。然而，它们在样品负电性离子产额上提供的好处，使其几乎在所有用于半导体深度剖析的 SIMS 设备中都可被配置或重新配置。铯离子源已经被成功应用在 ToF-SIMS 分析中，它们在相应的低离子剂量条件下可产生有鉴别意义的正二次离子。

(4)场离子化源。这种源工作基于这样的原理：除去位于接近一个超高局部电场的源原子的电子。使用半径小于 1 μm 的极细尖端，源能量（电位）为 10～40 kV。基于场致电离的气体源目前为止还是不能为 SIMS 工作提供足够的束流，然而，与其极相似的液态金属离子源被广泛使用。在后者（电流体离子源）中，液态金属（代表有镓、铟、金或铋）的薄"外皮"被允许在一个高提取场区域内从一个极细的钨尖端上流过，如图 4-12 所示。有一个使表皮指向出口环的形变效应，在探针尖端建立起一个液态金属的（泰勒的）圆锥和（等离子体）球结构。金属的一次离子从等离子球上被拉走。

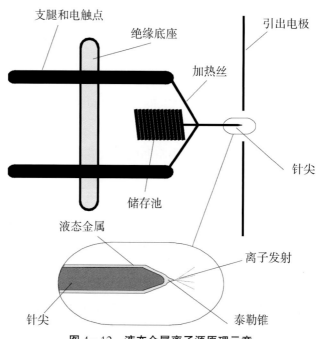

图 4-12　液态金属离子源原理示意

注：取出区域的特写。转载自 R. Hill in *ToF-SIMS*：*Surface Analysis by Mass Spectrometry*. John Vickerman and David Briggs（Eds），Chapter 4. Copyright 2003，Surface Spectra and IM Publications。

用于表面质谱的有最高亮度的源（约为 10^{10} $A \cdot m^{-2} \cdot sr^{-1}$），选择像这样的源用于高空间分辨的工作。最常用的液态金属离子源基于金属镓，这种源依赖于来自钨尖端的场致电离的 Ga^+，可产生极亮的和可聚焦的束。在世纪交替之际，基于金和铋的液态金属离子束得到商业化的发展。这些金属产生相当高的团簇离子产额，如 Au_3^+，Bi_3^+，Bi_5^+ 等（见 Wucher 综述[16]）。如上文所说，这样的离子实现了更高质量数二次离子产额的增加，这对有机和生物体系的分析极具吸引力。已实现低至 50～

200 nm 范围的空间分辨。然而，这样很难维持静态条件和在这些空间上得到足够的分析信号(见 4.5.2 节)。

飞行时间质谱需要脉冲离子束。好的质量分辨率要求短脉冲。通过引入偏转选择屏蔽板使液态金属离子束系统适合脉冲。偏转选择屏蔽板是让离子束快速扫过一个缝隙。通过适当设计偏转板和透镜，就有可能无颤动地屏蔽(离子)束。这可能对拥有一个尖锐源的液态金属离子束是很有效的；然而，对于气体束(源)，它是有问题的，因为快速的束移动可使得到的最小束径变差。为了得到用于高质量分辨的短脉冲，束压缩是常用的手段。离子初始的脉冲宽度是 20~50 ns，这个脉冲宽度被"压缩"，是指用加速区域在表面处产生时间聚焦脉冲，通常少于 1 ns。不幸的是，这个过程在离子中引入了能量分散和在透镜中引入了色像差，导致了在样品上束大小变差。因此，高空间分辨和高质量分辨不能并存。

4.3.2　质量分析器

不同的 SIMS 模式对质量分析器有不同的要求。在需要静态条件的地方，在每个表面损伤单位上最大限度地获取的信息水平是有必要的。为了提高来自表面的二次离子总产额，分析和检测系统应当尽可能地提高效率。在动态 SIMS 中，可能对于特定的元素离子，通常要求有最高的灵敏度。表面结构的保存不重要。在扫描和成像 SIMS 中，被研究的是表面化学信息的空间分布，要求和静态 SIMS 相同。如果使用多原子团簇束，静态要求就会被解除，更多动态条件能被接受。

3 种应用最广的分析器是四级射频(RF)质量过滤器、扇形磁场和飞行时间设备。四极分析器被广泛应用在静态 SIMS 早期工作中，因为它的小尺寸，易于并入 UHV 系统。在静态 SIMS 中使用这种分析器能得到大量有用信息，它还是一个低传输(率)装置(少于 1%)。此外，它是一个扫描设备，只允许按次序的离子传输，所有其他的离子都会被舍弃，因此信息损失会很高。近年来，ToF 分析器已用于静态 SIMS 中，因为它们的高传送率，且它们是准平行探测器——它们不是扫描仪器，收集到的是所有产生的离子。因此，它们比四极设备灵敏近 10^4 倍。从历史上看，扇形磁场分析器用于动态 SIMS，因为它的高传送率(10%~50%)、高占空比和高质量分辨。尽管它通常是扫描设备，但因为用连续的高通量一次束，要求检测离子种类仅有几种，所以传统上比 ToF 设备更受欢迎。

(1)扇形磁场(磁扇形分析器)。这种类型的质量分析器是最先被用于传统质谱的，操作原理已被充分理解。用高提取电压，约 4 kV，从样品上提取离子。带电粒子在穿越磁场时，会受到正交于磁力线和其初始行进轴线方向的场作用力，这样它就拥有一个圆周轨迹。粒子受力的大小的影响，因而轨迹的半径和它的速度相关，因此，由于在进入磁场前所有离子被加速到固定的能量，故根据它们的质量很容易被区分。对于穿过磁场 B、加速电压为 U、质荷比为 m/z 的离子，它的(运动轨迹的)曲率半径 R，由下式给出：

$$R = \frac{1}{B}\left(\frac{2mU}{z}\right)^{\frac{1}{2}} \qquad \text{(式 4 - 4)}$$

相邻质量分散，也就是质量分辨，与使用的磁体半径成正比，随着质量增加降低。二次离子的发射有一定的动能分布。元素离子通常拥有宽分布（达到约 100 eV），最高点在 10～20 eV，而多原子或分子离子分布的最高点在 1～5 eV 之间，只有几十电子伏的宽度。宽能量散布会降低质量分辨。双扇型设备并用了一个静电扇形区，常用来解决这种分辨率降低效应。静电扇形区容许小能带（范围）的离子被选择和聚焦在磁的入射狭缝上，用于分析。通过扫描电磁体的场强度，散布的离子通常会被扫描并通过一个磁铁的出口狭缝。在动态 SIMS 实验中，只需进行几个特定元素的深度剖析，使用电磁体能够在质量数之间实现快速切换（见第 5 章）。

这种形式的质谱在表面分析中有一个吸引人的特质，即在贯穿整个分析过程中能使二次离子的位置感信息得以保存，于是能实时将二次离子图像投射在荧光屏上或者通过位置灵敏探测器直接存入在计算机软件中。因此，这种设备能用作离子显微镜。用大直径的静态束照射样品，能在观察屏上观察到发射的二次离子的空间分布，空间分辨在 1～5 μm 范围内[21]。

更常见的深度剖析是在微探针模式下实施的。用直径 1～10 μm 的高聚焦离子束扫描样品表面，刻蚀出一个边缘和底部均均匀的溅射坑。采集从溅射坑底部的中心区域发射的二次离子。

尽管有许多优异的特性，但扇形磁质谱并不是理想的。它们可能是大型、笨重的设备，对真正超高真空的形成造成巨大困难。这是因为这些设备不能被轻易地烘烤来解吸附室壁上的气体而不严重地（不可逆地）改变磁体的磁性质。尽管传输率受到影响，但非超高真空的条件最严重的结果是在样品区域中，来自本底气体的干扰效应影响了基质中残余的气体元素的检出限，例如，硅中的碳。为了最小化这一问题，引进具有可伸缩磁体的仪器，这样能对系统实现烘烤。另一种设计是通过使用低温泵在样品区域内引入非常高的抽速来减小局部压力。

(2)四极质量分析器。四极质谱仪被如此称呼是因为它利用了 DC 和射电频率（RF）电场的联用，应用于 4 个平行杆，目的是根据它们的质荷比来分离离子。由一个恒定 DC（U）成分加上一个振荡 RF 成分[$V\cos(\omega t)$]构成的电位加在一对杆上，两个等量的但极性相反的电压作用于另一对杆上。场的快速周期性切换将大部分离子送入振幅递增的不稳定振荡，直到它们撞到杆而不再被传输，而特定质荷比 m/z 的离子沿着振幅有限的稳定振荡轨迹被传输到检测器（图 4 - 13）。通过增加 DC 和 AC 场的强度，同时保持它们之间的恒定比例，逐渐增加离子的质荷比来满足这种共振条件。这种设备的质量分辨和传输是通过一个复杂的方程组相关联的。离子轨迹是两个无量纲参数的函数：

$$a = (8U/r_0^2\omega^2)(z/m), q = (4V/r_0^2\omega^2)(z/m) \qquad \text{(式 4 - 5)}$$

感兴趣的读者可从文献[23]得到更详细的介绍。

实际上可以调整四极质量分析器的二次离子传输效率，使贯穿整个质量范围的

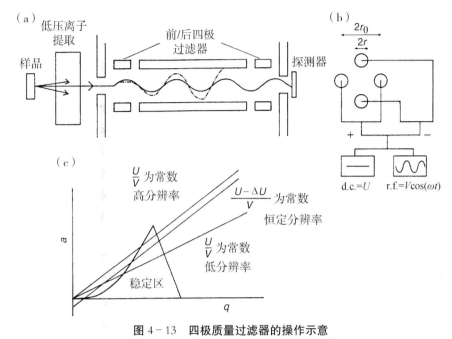

图 4 - 13　四极质量过滤器的操作示意

注：（a）纵向横断面，显示稳定和非稳定轨迹；（b）径向横断面，显示外加电压；（c）离子轨迹稳定性图解，离子轨迹是两个无量纲参数 a 和 q 的函数。转载自[7] 和 *Secondary Ion Mass Spectrometry - Principles and Applications*，Oxford University Press（1989）。

（质量）分辨 $m/\Delta m$ 是恒定的。传输率通常随着分子量增加按约 m^{-1} 而下降。在四极杆的出口和入口，散射场效应会导致离子轨道偏离，降低仪器性能。通过同轴安装前过滤四极杆和后过滤四极杆小型装置，把按比例的 RF 场加到它们上面，这些问题就能得到解决。

　　这是一种传统的设备，广泛用于 SIMS 和其他表面分析应用，因为电子设备能容易地分离和更换而不至于性能降低，这有利于仪器的烘烤。同样的设备在静态和动态 SIMS 下都能使用。在静态 SIMS 中，它通常在很低的二次离子提取场（10～100 eV）中操作。对于动态 SIMS，高场（大于 1000 eV）被用于提高传输率（见第 5 章）。四极杆通常适合与附属于设备"前端"的电离丝搭配，使残余气体分析能够实现。这特别方便于真空系统中背景气体的监测，也被利用在类似于热解吸附研究（TPD）的表面科学和表面吸附研究中，如 Sakakini 等人的研究工作[24]。

　　（3）**飞行时间质谱仪**。飞行时间质谱是应用在 SIMS 中概念上最简单的质量分离方法。在飞行时间分析中，脉冲的二次离子被加速到一定的电位（2～8 keV），这样所有的离子拥有几乎相同的动能；在击打探测器之前，允许它们漂移通过一个（场的）自由空间[25]。按照相同动能较大质量的离子通过"飞行管"较慢，因此测到的质荷比为 m/z，加速电压为 U，沿着飞行路径长度 L，离子的飞行时间 t，提供了一种简单的质量分析方法：

$$t = L\left(\frac{m}{2zU}\right)^{\frac{1}{2}} \qquad\qquad (式4-6)$$

要获取数据，基本的实验要求是精确脉冲一次离子源，高精确的计算机计时器，漂移管和相当强大的计算能力。通过电子测量得到所有到探测器离子的飞行时间，它与离子的质量数有关。这样，所有离子的质谱能从飞行时间谱产生。质量分辨极大地取决于生成的二次离子脉冲的脉冲长度，脉冲长度应该很短并得到精确确定。相应地，这是取决于一次束的脉冲长度，通常达到纳秒量级(见4.3.1节)。

二次离子的能量分布(20～100 eV)同样也会影响质量分辨。起初的能量分散会导致相同质量数的离子以略微不同的速度进入漂移管，从而导致最终谱图上质量分辨的降低。这通常通过在飞行管中的一个能量分析器来弥补。最常用的设备是离子镜，它由一系列精细的分隔环组成，在分隔环上施加递增的减速电场。能量较大的离子在被反射前会穿入透离子镜更深，同时能量较小的离子会取稍短的路径。经过正确的调整后，所有质量相同的离子会同时到达探测器，尽管它们在离开样品表面时具有小的能量分散。

通常检测是用微通道板探测器进行单粒子计数。这是一种表面含有众多微通道电子倍增器的平板设备(直径 10～100 μm，长度为直径的 40～100 倍)。通道内表面是铅或者玻璃的基质，在受到二次离子撞击时产生大量电子流。在通常的 V 型布置下，放置的两个板，它们的通道相互成一个角度：$0°/15°$ 或者 $8°/8°$ 是通常的布置，得到高输出增益和抑制离子反馈。

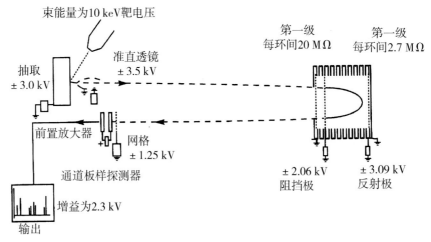

图 4 - 14   ToF-SIMS 仪器原理示意

注：转载自 J. C. Vickerman, *Analyst*, 119, 513 - 523 (1994)。

在一些情况下，最重的离子行进太慢以至于不能记录在检测器上的撞击，这已经通过引入一个紧随检测前的加速电场来解决。

ToF-SIMS 体系的传输率通常在 10%～15% 之间，但更大的优势在于分析器是非扫描设备，因为这种方法不会舍弃任何离子。图 4 - 14 为 ToF-SIMS 系统主要特征的原理概要图。

　　尽管在 ToF-SIMS 分析中带电粒子的输入远小于连续束分析器，但在分析绝缘体时样品的带电问题仍然存在。通过在每次一次束脉冲之间把脉冲电子入射到样品表面，使这个问题得以成功解决。

　　ToF 分析器在分析有机材料时还有进一步的好处。被分析的有机材料越复杂，要求的质量分析范围越宽，质谱重叠的可能性会导致破译时的严重问题。而四极分析器受限于它约 1000 u 的质量范围和单位质量分辨，ToF 设备当前能提供质量分辨率 $m/\Delta m$ 在 5000～20000 内，理论上无限制的质量范围（通常在实用上是约 10000 u）。表 4 - 4 总结了各种质量分析器的性能。

表 4 - 4　用于 SIMS 的质量分析器比较

类型	分辨率	质量范围	透过率	质量探测	相对灵敏度
四极	$10^2\sim10^3$	小于 10^3	0.01～0.1	按顺序	1
磁扇型	10^4	小于 10^4	0.1～0.5	按顺序	10
飞行时间	大于 10^3	$10^3\sim10^4$	0.5～1.0	平行	10^4

　　ToF-SIMS 的灵敏度优势表明，扫描或成像 ToF-SIMS 原则上能实现亚微米分子离子成像。然而，决定性的参数现在变为每个像素上的二次离子产额，并且实际的空间分辨是受限于每个像素区域的分子数量和研究中材料的分子二次离子产额（见 4.5.2 节）。在 SIMS 过程中，这样的产额不超过 10^{-4}。提高产额仅有的方式，也是提高最终空间分辨的方法，只有增强溅射流中大量中性分子的离子化（见 4.6 节）。

　　同时，ToF 仪器在表面质谱的分析中具有重大优势，直到最近它们才不被选作动态 SIMS。受第二个离子源剥蚀后进行静态 SIMS 分析是可能的，但因为 ToF 仪器使用一个占空比（即束开启的时间除以关闭的时间）约 10^{-4} 的脉冲分析束，当进行微米级别的深度剖析时这就是一个耗时的过程。在深度剖析中，通常假定检测 6 个元素，在收集全谱上没有明显优势。然而，对分析浅注入的要求不断发展，使 ToF-SIMS 设备很有吸引力（见第 5 章）。

　　随着团簇一次离子束的广泛使用，特别是多原子离子，如 C_{60}^+，突显出简单反射 ToF-SIMS 构造的一些缺点。最为明显的是要求使用一个极短的脉冲一次束来获得好的质量分辨。较低的占空比大大地增加了采集时间。较大的化学成像需要花费好几个小时来获得。脉冲离子束，如果是高聚焦的，会有很低的束电流。这也会增加采集时间来产生足够的离子信号。脉冲离子束的行为不可避免地使最小束斑尺寸和最终可得到的空间分辨率变差。当用如 C_{60}^+ 这样的离子束时，这些问题会更为严重。由于这些离子由电子轰击产生，因此相比于一个双等离子管离子源，或液态金属场发射源这些离子源的"亮度"是受限制的。一个精细的探针能通过使用缩倍光学器件制造，但是因为缩倍，探针电流会下降。通常，短脉冲会随后被压缩形成亚纳秒脉冲，但是这会进一步牺牲空间分辨，作为提高质谱仪质量分辨的代价。C_{60}^+ 离子的低速度，甚至被加速到号称的 40 keV，以及 ^{13}C 同位素的存在意味着形成的最短脉冲会持续几十纳秒，并且压缩过程会破坏通过牺牲离子电流而获得空间分辨。

像 SF_5^+ 和 C_{60}^+ 的离子束的性能要求一种不同概念的质谱来实现。我们已经看到，对于很多材料，静态限制是不需要的，原理上分子深度剖析是可能的。如果能使用连续的束，上述大部分缺点能被消除。基于为 MALDI 开发的正交 ToF 原理的质谱仪如今被探索用于团簇轰击的 SIMS。这些质谱仪有一个增加的优点，就是它们能实现串联 MS-MS 实验，能够对未知化合物实行更有效的鉴定。图 4-15 展示了一种形式的正交 ToF 构造的示意。

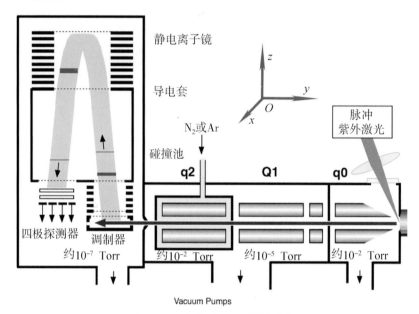

图 4-15　串联 QqToF 质谱示意

注：来源 A. V. Loboda A. N. Krutchinsky, M. Bromirski, W. Ens and K. G. Standing, *Rapid Commun. Mass Spectrom.*, 14, 1047 (2000), 转载自 John Wiley & Sons, Ltd.

通过离子撞击(或 MALDI 中的光子撞击)，一个连续(或非常长的脉冲)离子束的离子从样品被发射出去。样品和光学入口之间可能会有一个抽取场，或在一些情况下是高气体压力，起到碰撞冷却和将离子扫描入质谱仪的作用。这些离子进入一个仅有 RF 的并含有约 10^{-2} Torr 气体的四极。当 MS-MS 研究即将开展时，这将离子束对准聚焦进到第二、四极杆，该四极杆作为质量选择器在 RF 或在 RF 和 DC 方式下工作。离子束随后进入一个作为碰撞反应室的四极杆或小室。最终，离子进入压缩或推出区域，在这里，短促的离子小包带着几电子伏的能量被正交地注入 ToFMS，用于分析。我们清楚地知道 100% 的占空比是不可能的，因为在分析一小包的离子时，一些离子会损失；然而，通过使用压缩技术将特定质量范围的离子储存在第三、四极中是可能的，如此就能在特定的质量范围内得到接近 100% 的占空比。对于 MS-MS 研究，感兴趣离子由四极 2 选取，带有几十电子伏的受氮气或氩气碰撞的气体在四极 3 激活，要分析的生成的碎片垂直注入 ToFMS[26]。

在这种结构上的一种变体是使用线性压缩器，如图 4－16 所示。这种质谱仪收集二次离子一段时间，如 100 ms，在收集下一组离子的同时，接着对这些收集的离子进行质量分析。这是通过收集二次离子和在碰撞冷却四极后将离子在低速下引入线性压缩器单元来实现的。如果它们的动能是几十电子伏，分子质量为 500 u 的离子会高效地填满长度为 300 mm 的线性压缩单元。接下来，压缩器会通过突然施加一个千伏每厘米级加速场来点火。在压缩器单元里的带电粒子被快速顺流发射，并且该电场被关闭以便在压缩器里重新开始填充二次离子。如果发射电场刚好是正确的形状，被喷射带电粒子串就从压缩器里被带到时间焦点顺流，在中途的时间焦点平面上，质荷比递增的离子束群随时间流逝会被观察到。一个在中途的时间焦平面上给定质荷比的离子串会有宽范围的动能分布。高能离子来源于压缩器的最远点，并且他们处在赶超来源于附近的较低能量离子的过程中。这些高色度离子的集合接下来允许进入一个调和场反射器。这种反射设备具备这样的性能，即飞进和飞出反射器的飞行时间只取决于质荷比，而不是能量。这样，一组能量散布约 5 ns 的离子会在通过反射器后被检测到，它们有相同的时间分散但飞行时间长得多。这使高分辨质谱分析得以实现。

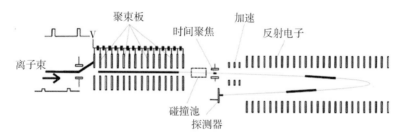

图 4－16　配合飞行时间分析线性压缩器与原理

在中途的时间聚焦平面中配置一个定时的离子门，这种中途的时间焦点也可被用于 MS-MS。安置这个门用于仅允许一个先导的质荷比串进入下一个阶段。在这一阶段上注入一碰撞气体的脉冲会导致碎片化，产生的离子能被 ToF 分析器分析。

在这两种类型的 ToF 质谱仪中，质谱的优劣不取决于一次离子束的性能，并能开拓整个质谱仪的功能。类似地，因为离子束能在很长和连续的模式下工作，所以离子束完整的空间分辨能力能被利用。当然，实际上一次离子束在连续或很长脉冲模式下操作意味着样品可能会被很快地消耗。一方面，这意味着快速数据获取是可能的，但这也会对传递的大量数据的处理带来挑战，特别是在成像模式下；另一方面，当需要观察静态条件时，会迅速接近静态极限，需要特别谨慎地优化相应的操作参数。

4.4　二次离子形成

4.4.1　引言

要完全理解来自有机物的二次离子形成的机理仍有一段很远的距离。一系列的实验从不同方向来研究这一过程。一些最早的研究，旨在理解谱图和化学结构间的相互关系，探究了一氧化碳和一些简单烃类在金属表面上的吸附作用。Vickerman 团队阐述了静态 SIMS 能够区分来自 CO 的解离吸附的分子。在温度 300 K 下在钨上观察到解离吸附，它能通过 M_xC^+ 或 M_xO^+ 来表征；然而，在温度 100～300 K 下，能观察到在 Cu，Pd，Ni 和 Ru 上的分子的吸附，并能用 M_xCO^+ 离子区分出来[7]。图 4-17 为很早以前 300 K 的铁上吸附 CO 所观察到的质谱图。CO 在这个温度的两种模式下都能被吸附，谱图显示了这两种类型的离子。没有数据作为证据显示当使用低的一次通量时，静态 SIMS 过程改变或破坏了表面状态。数据和来自其他技术的已知结果完全符合。随后的研究表明了 M_xCO^+（x 为 1～3）离子的相对强度明确了吸附物结构，无论线性、桥接或三重桥接到金属表面原子。更进一步证明使用离子比例 $\sum(M_xCO^+/M_x^+)$ 能定量地监测不同吸附物状态的相对表面浓度，并且这些测量可用于确定作为表面覆盖度函数的吸附焓[7]。这种方法最终扩展到监测表面反应和更复杂的有机分子[27]。

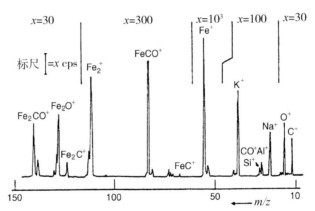

图 4-17   清洁的铁箔暴露于 10^8 Torr 的一氧化碳之后的静态 SIMS 质谱

注：转载自 J. Chem Soc.，Faraday Trans. 1，71，40（1976）。

Benninghoven 等人研究了有机分子在金属基底上的溅射[28]。Briggs 从损伤研究的角度研究了聚合物溅射的特点[29]。Leggett 和 Vickerman 使用 MS-MS 技术探测聚合物形成碎片的机制[30]。Delcorte 和 Bertrand 研究了从分子和聚合物材料发射的离子的动能分布[31]。用这些方法都得到了 SIMS 谱图确实能反映表面化学结构的结论。进一步，已经出现了对包括有机表面溅射在内的全部过程的定性理解。若有机物是支撑在金属基底上的薄膜，则在靠近一次离子撞击点附近发生高能量事件，导致原子物种的发射和有机主链的碎片化。这之后将是金属基底中的级联碰撞，由一次粒子初始沉积的能量随着反冲原子的连续碰撞而指数地下降，将所递减的能量转移到吸附分子，使一些以具有显著内部能量和碎片形式解吸，而其他分子则以不碎裂的方式解吸[32]。这个由 Benninghoven 等人正式提出的模型的一般概念几乎对任何形式的材料都有效。均质元素基底中设想的碰撞级联类型可能不会传递能量。在具有定向键的共价分子固体的情况下，能量将通过振动传递。因此，在聚合物材料中，可以设想会出现从撞击点扩散能量的过程，如图 4-18 所示[33]。一次粒子在聚合物链中诱导物理断裂，产生大分子基团或离子。一次离子能量转化为在分子键内的振动能量。当能量消散到聚合物的振动模式中时，聚合物从碎裂点解开并且随后发射更大的较低能量碎片。内部激发通过化学确定途径导致碎裂。原子种类和小的非特征性有机碎片则被认为直接从一次离子撞击点发射。

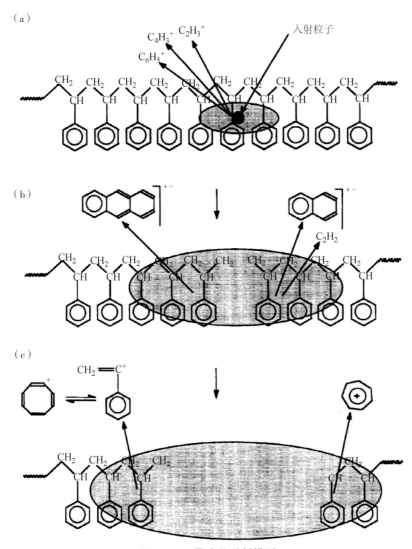

图 4 - 18　聚合物溅射模型

注：(a)初始碰撞区域内强烈碎片化；(b)在指纹区内开链产生大碎片；(c) 在单体区域简单的低能量碎片化。
转载自 The Static SIMS Library，Surface Spectra Ltd，Manchester，1998。

　　SIMS 中的离子形成是复杂的现象。简单地说，该过程可以分为两个部分：原子和多原子团簇被解吸的动力学过程以及这些溅射粒子的一部分变得带电的电离过程。显然，电子因素贯穿整个解吸事件。虽然大量的理论工作已经进入理解该过程的阶段，但是在我们有一个全面充分解释实验观察的理论之前还有一些路要走。下面我们将简要介绍一些迄今为止的主要方法。由于我们主要关注分子分析，因此我们仅考虑寻求解释分子离子和碎片发射的看法。

4.4.2　溅射模型

对单组分固体溅射来说，最简单的方法是把原子看作刚球，它服从牛顿力学。西格蒙德(Sigmund)的线性级联理论[34]是迄今为止最成功的溅射过程的模型。他的模型假设在小粒子流和粒子流密度的粒子轰击下溅射会发生。这排除了有大量的加热和靶标损伤的情况，并且是接近静态 SIMS 的标准。不过，他将溅射事件分为撞出溅射和电子激发溅射。在他的理论里，他忽视了电子激发溅射。这个近似对于高能量的一次粒子来说很可能是非常有效的，但在典型地用于分子 SIMS 的低能量(几千电子伏)区域内，入射粒子和靶原子之间的电子相互作用可能不是可忽略的，并且钢球模型或许是不适宜的。该理论的发展建立在弹性点粒子之间碰撞的基础上。特别地，预测成功出现在线性级联的看法里。在这个过程中，入射粒子能量转移到目标原子上，从而在大约 30 Å 的固体表面内启动一系列的原子之间的级联碰撞。这些碰撞使粒子回到表面，导致发射(图 4-1)。当应用于中高能量粒子轰击单一组分的材料时，依赖产额对一次粒子质量和能量的依存性方面的数据与实验结果拟合得相当好(图 4-3)。然而，在较低能量下，碰撞能量可能在比质点碰撞截面里预期的更大距离里交换，并且在复杂多组分的材料(如聚合物)里能量的输运不是各向同性而是高度定向的。

尽管西格蒙德的理论给出了这些基本问题的重要基本模型，但为了理解来自复杂材料的溅射过程，仍需要不同的途径。在这方面，已发现各种分子动力学(MD)模拟(尤其是那些由 Garrison 和 Winograd 提供的模拟)在理解低一次束流密度下出现在无机材料静态 SIMS 研究中的过程是非常有用的[35]。选择一组几百到几千个原子来模拟在一个表平面上具有特定原子质量、位置和速度初始条件的晶体。设计原子相互作用势函数来解释晶体的键合。然后，样品受到许多特定质量、速度和入射角度的一次粒子的轰击。哈密顿运动方程在一系列迭代步骤中求解，并且靶原子的运动被定作是从最初碰撞开始的时间函数。相互作用会影响模拟的准确性。它不仅决定级联碰撞体积内原子的运动，在当多原子种类出射时还影响出射原子间的任意结合相互作用的性质。嵌入原子势能法(EAM)非常有效。假定金属中的总电子密度可以近似等于来自各个原子的贡献的线性叠加。因此，任何原子附近的电子密度是该原子贡献的电子密度加上周围原子贡献的电子密度。原子可以说是嵌入这个恒定的背景电子密度之中。例如，在研究从 Rh(111)解吸 Rh 原子时，理论能量分布和实验能量分布之间已得到非常吻合的结果[36]。类似地，相对于原子的银二聚物从银表面的溅射产额以及它们的能量分布在理论和实验之间也给出了很好的一致性[37]。

但是在静态或分子 SIMS 分析中，我们经常对有机薄膜的溅射感兴趣。为这些各项异性的多元素材料建立模型是个挑战。在 Garrison 和其同事的早期研究中，模拟了在 Pt(111)表面溅射有机层[38]。第一项研究是在 0.25 个单层和 0.5 个单层覆盖度下的 $p(2\times2)$ 次乙基 C_2H_3。随后的研究涉及 C_5H_9 的吸附[39]。需要多体势能函数来考虑靶的 3 种成分之间的相互作用。随着碰撞的发展，有必要通过哈密顿运动方程的积分，跟踪基底原子之间、基底与吸附物原子之间以及各个吸附原子之间的反应。Pt(111)微晶由排列成 7 行的 1500～2300 个 Pt 原子构成，C_2H_3 分子位于三重对称位置。EAM 已被用于模拟 Pt 微晶。C—C，C—H 和 H—H 引人注目的相互作用可通过 Brenner 开发的活性势能函数来很好地描述[40]。添加一个 Moliere 排斥势能改善排斥相互作用。在 Pt—C 复合物溅射过程中，Pt 和 C 之间可能发生的多体相互作用难以用现有的相互作用势进行建模。已采用 Brenner 的烃势和 Pt—C 及 Pt—H Lennard-Jones 配对势的组合。使用这种方法可获得 500 eV Ar 轰击后溅射产额的质谱，然而这是一个不考虑电离或稳定性的粒子产出频率的表象。这对表面质谱理论是一个令人鼓舞的开始[图 4-19(a)]。最常见的发射机制是单个 C_2H_3 吸附物的碎片化。发射的主要颗粒是 H 和 CH_3，伴随有显著的 Pt 和 C_2H_3 产额。图 4-19(b)显示了形成 CH_3 的更常见机制之一。在进入碰撞事件后约 50 fs，第二层 Pt 原子与第一层 Pt 原子碰撞使其向外移动。85 fs，当它试图离开表面时，它与 C_2H_3 吸附物相碰撞，在 125 fs 时导致 C—C 键断裂并释放出 CH_3 基团；经过 200 fs 也观察到 Pt 原子和完整的 C_2H_3 的发射。该吸附物被限制在受到来自下面撞击的第一层 Pt 里。第一层 Pt 的动量定向远离被吸附物，因此 C_2H_3 完整从表面滚落，不是碎片。其他碎片通过类似的过程形成。若出现的物种具有显著的内部能量，则观察到单分子碎片。其他物种，如 H_2，CH_4 和 HCCH 也被观察到，除 H_2 相对较小的比例外。模拟结果表明，这是由新出现的颗粒与仍然吸附在表面的吸附物或其他新出现的碎片之间的反应引起的。

　　一个更复杂的例子是在金上溅射自组装的烷基硫醇盐单层[41]。使用这种方法可获得 500 eV 轰击后溅射产率的质谱图，虽然这仍然没有考虑离子化，但与实验获得的非常相似。通过考察 MD 发射序列，有可能获得有关二次粒子形成的可能机制的见解。很明显，完整分子的发射是作为下方出现级联碰撞的结果，有时与基底原子相连(图 4-20)。实验和 MD 模型都表明，经常有拥有足够内部能量大物种发射以至于导致在表面上单分子碎片化[42]。然而，由于一次粒子与表面分子的直接碰撞，同样会形成较小的碎片，因此实验谱图的产生可以合理化。

　　但是，这些示例并未使用接近于实际使用的一次离子束能量来处理相对较大有机分子的较厚有机层。这种模拟极大地依赖于多个相互作用势和所要的计算时间。为了接近这些实际体系，Delcorte 和 Garrison 开始通过用 5 keV Ar 轰击银上的苯乙烯四聚体进行建模[43]。这些研究表明，从表面发射的大的四聚体需要通过从该分子下面撞击的多数级联碰撞的协同作用。对在银上面的聚苯乙烯十六烷胺的研究进一步强调了集合作用的要求(图 4-21)。所涉及的轨迹分析表明，有一些高功能/高产额的轨

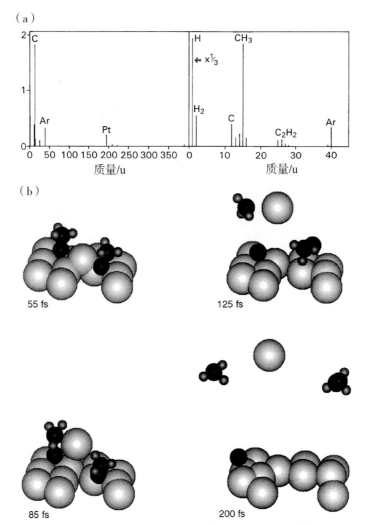

图 4 - 19　(a)在 Pr(111)上吸附的 C_2H_3 膜的溅射粒子的计算质量分布；

(b)CH_3 更常见的机制之一

注：转载自 Langmuir，11，1220(1995)[38] 的许可。版权所有 1995，美国化学学会。

迹，提供了大部分高质量产额。

　　这种模型已扩展到体相聚苯乙烯。虽然体系不同，但聚苯乙烯分子是广泛的"软"结构的一部分，该建模表明其基本机械特征仍然保留，即去除大分子单元所要求的集合作用和这些大的低聚物的发射都归因于高功能/高产额的轨迹[44]。

　　团簇一次离子作为分子 SIMS 有用的一次离子的出现激发了一些关于它们引发溅射机制的非常有益的 MD 研究。水冰(和有机衬底)上的 15 keV 的 Au_3 和 C_{60} 碰撞比较反应效应的研究表明 Au_3 碎片撞击表面并产生有效的坑，但因每个 Au 原子有 5 keV 的能量，它们释放能量及分子损伤均深入冰层结构中[45]。虽然 C_{60} 同样在撞击的飞秒量级的时间里碎裂，产生大的浅坑，导致大量的集合作用，并溅射出大量的分

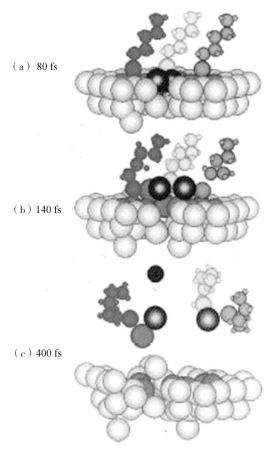

（a）80 fs

（b）140 fs

（c）400 fs

图 4 - 20 用于从金表面上的 3 个位点溅射发射完整烷烃硫醇盐分子的两种 MD 机制

注：一个导致 AuM_2 物种的发射，另一个导致 Au_2M 物种的发射。在实验的负离子质谱中两者都可以看到显著的差额。转载自 J·Phys. Chem. B, 103, 3195(1999)[41]。版权 1999, 美国化学学会。

子，但是几乎所有的能量在靠近表面处释放（每个 C 仅有 250 eV），且没有一个是在比坑更深下面产生的（图 4 - 22）。这一建模对 C_{60} 给出大分子的高产额，此模型提供了有用的见解：为什么 C_{60} 能提供较高产率的较大分子，并且对于许多材料而言，其轰击导致的化学损伤大大降低了？高度的集合作用也有助于从表面去除大分子。由于次表面造成的损害很小，因此后续的碰撞揭开相对未损伤的材料。在 Au_3 离子的情况下，由于高能粒子已导致次表层的化学损伤，因此，后续的碰撞揭开的是损伤的材料，这大大降低了化学意义上非常重要的二级离子产额。

这些计算接近真实有机和生物有机体系分析中发现的化学类型。它们得出的结果为分子发射机制提供了非常有用的见解。然而，电离的整个问题尚未得到解决。

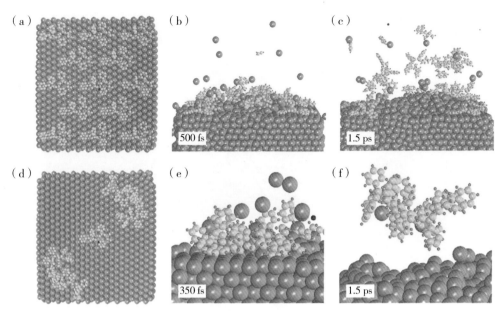

图 4-21　在 5 keV Ar 撞击下从银衬底发射的聚苯乙烯十六聚体

注：转载自参考文献[43]，Delcorte 和 B. J. Garrison，Nucl. Instrum. Meth. B 180，37. Copyright 2001，Elsevier。

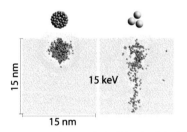

图 4-22　15 keV C_{60} 和 Au_3 轰击纯无定形水冰的时间快照

注：灰色和黄色球分别代表在 0.5 ps 时在通过底部中心 2 nm 切片内的完整的水分子和入射原子。橙色、绿色和蓝色球体代表放回到初始位置的和在 0.5 ps 时覆盖在基底上的水碎片物种。转载自 K. E. Ryan，I. A. Wojciechowski 和 B. J. Garrison，J. Phys. Chem. C 111，12822 (2007)[45b]。美国化学学会 2007 年版权所有。

4.4.3　离子化

处于离子化状态的溅射粒子的比例实际上非常小。在大多数情况下，超过 99% 的溅射产额是中性的。溅射粒子是否作为离子从表面逸出取决于通过近表面区域时的电离和去激发的相对概率，因此离子的产额高度依赖于基体的电子的或化学的性质（所谓的基体效应）。对于金属，在溅射粒子穿过近表面区域所需的 10^{-13} s 期间内，快速的电子跃迁（$10^{14} \sim 10^{16}$ s^{-1}）使去激发变成高概率。离子从金属逸出的概率 P_a 可以近似为

$$P_a \approx 2/\pi \cdot \exp\left[-\pi(\varepsilon_a - \varepsilon_F)/h\gamma^{N'} v_1\right] \qquad (\text{式 4-7})$$

其中，ε_a 和 ε_F 是电离状态的能量和费米能级，v_1 是出射原子的速度，γN^{-1} 是能级宽度减小到体相值的 1/2.781 时所跨越的距离。

然而，发展对来自吸附物和有机材料的二次离子发射的理解需要我们考虑分子共价键合的类型，以及要考虑电离可以在发射时发生，也可通过随后的振动激发的分子单元的碎片化而发生。

虽然在使用分子动力学以推进我们对溅射过程的理解方面已经取得了相当大的进展，但是由于该现象的复杂性，在发展对伴随电离过程的理论理解方面几乎没有实际进展。早期开发的两种定性模型仍然有助于描述对从无机和有机分子系统中溅射物种的电离有贡献的可能因素。下面简要描述它们。

(1)初期离子分子模型。Benninghoven 和 Plog 的一些早期工作提出了所谓的化合价模型，如果假设氧阴离子保持其电荷为 - 2，其预测来自无机氧化物的簇（MO_x^+ 和 MO_y^-）的产额分布将取决于阳离子的化合价[46]。经验上这种方法已经取得了一些成功，然而，仍高度怀疑在溅射之前无机氧化物可以当作是纯离子固体。Sanderson 证明无机氧化物具有大程度的共价性，并且每个离子上的实际部分电荷是名义上离子电荷的一小部分[47]。此外，当在溅射期间键断裂时，电荷被保存是极不可能的。不考虑氧上电荷的改进的化合价模型考虑到这一点，并且证明静态 SIMS 数据确实提出了偏离纯离子值的在阳离子和阴离子上的部分电荷[48]。

Gerhard 和 Plog 将这些想法进一步发展成早期离子分子模型[49]。这表明在表面区域发生的快速电子跃迁率将在它们能逃逸之前中和任何离子。二次离子被认为是由距离表面一定距离被溅射的中性分子的离解的结果。在该模型的术语中，离子是通过新生离子分子(中性分子)的非绝热解离形成的。对于无机氧化物，大多数中性分子源自离子对(例如 MeO)的直接发射，并在离开表面后保持其分子特性。只有少数分子具有足够的内能解离成它们的组分。解离被认为发生在距表面一定距离处，电子的影响将会更小。用于解释来自离子材料的发射的断键模型考虑体系固体 Me^+，而新生离子分子考虑体系 $Me_xO_y^0$。显然，虽然新生离子分子的发射和断裂是引人注目的主要过程，而作为一级近似可能会提供有用的结果，但如果全盘接受，可能会在细节处产生误导。

(2)解吸电离模型。这要归功于 Cooks 和 Busch 引入振动激发可能对理解团簇或分子离子从有机材料发射很重要这一概念[50]。这个模型还强调了解吸和电离过程可以分开考虑，然而我们了解初始激发过程，只要涉及分子，能量就转换为热或振动运动。多种离子发射过程是可能的。一些预先形成的离子可以被直接发射。这些是在轰击之前作为离子在材料内部存在的物种并且不出现电离步骤。它表明了虽然中性分子以高产率被脱附，但是要被检测到必须经电离过程，例如阳离子化。为了产生其他离子，该模型表明解吸附后有两种类型的化学反应：一是在边缘或顶表面层中，可发生快速离子、分子反应或电子电离；二是在自由真空中，可发生单分子解离，其由产生碎片离子的母离子的内能控制。

根据这些想法，解吸事件具有相对低的能量。当考虑分子固体时，线性级联思路并不完全合适。考虑能量被转移到分子的振动模式，从而导致碎裂和电离是更有帮助的。这与分子 SIMS 是相对软电离现象的观察一致：对于许多材料，存在相对较少的低质量碎裂并观察到大量的分子离子。

4.4.4　基体效应对有机材料分析的影响

影响所有解吸质谱测量的复杂化是基体效应对离子形成的抑制和增强。正如我们已经看到的，电离取决于溅射期间的电子或质子传递。解吸物种捕获或失去电子或质子的相对能力可抑制或增强电离，使在极端情况下即使存在特定化学物质，表征其的离子也会被系统中存在的其他化学物质完全抑制。

如前所述，在 SIMS 内，基体效应已周知多年，给定元素的电离概率的变化极大地取决于其最接近环境的组成（见 4.2.3 节）。电离概率依赖于化学环境的概念通过解吸 MS 技术、快速原子轰击（FAB）和 MALDI 事实上已经被拓展，这里是把待分析物混合到过量的合适基质中。在 FAB 的情况下，这通常是像甘油那样的液体，在 MALDI 中，分析物通常与过量的有机酸分子共结晶到靶板上。虽然 MALDI 主要用于分析孤立的物种，但是用它的 MS 和 MS 成像已成为一个迅速扩大的应用。然而，为了获得准确的结果，对基质到样品表面的应用必须非常小心。对于 SIMS 分析团簇离子源的主要益处是它们增强二次离子产额，而不需要对表面进行化学改性，这不像这里提到的其他技术。然而，当以未改变的状态分析样品时，基质效应可能是重要的，因为一种化合物可强烈影响另一种与它同局域的化合物的检测。因此，对于有机分子的基体效应的理解，正确地解析所获得的结果是必要的。下面显示的示例强调了对这一效应以及它在分析中可能变得至关重要情形有一些了解的重要性。在将药物掺入大鼠脑的研究过程中，包括将药物氟哌啶醇喷洒在脑切片的表面上的控制研究，以检查来自脑的不同区域的信号响应[51]。切片暴露不同的结构域——白质和灰质，药物均匀地沉积在两个区域上。图 4-23 显示了使用 C_{60} 一次离子获得的 3 个 ToF-SIMS 图像。

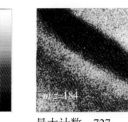  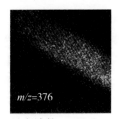

最大计数：727　　　　最大计数：1247　　　　最大计数：232

图 4-23　使用 C_{60} 一次离子获得的 ToF-SIMS 图像

注：旋转喷射到与组织的化学区域有关的脑切片上的药物氟哌啶醇的分子信号（$m/z=376$ 处的 $[M+H]^+$ 信号）的分布显示来自胆固醇（$m/z=369$）和磷脂酰胆碱（$m/z=184$）的信号用来指示组织表面内的不同化学结构域。分析面积为 $800~\mu m \times 800~\mu m$，剂量为每平方厘米 8×10^{10} 个离子。转载自 E. A. Jones, N. P. Lockyer and J. C. Vickerman, Int. J. Mass Spectrom., 260，146（2007）[51]。版权所有 Copyright 2007, Elsevier。

图 4-23 显示了跨越组织的两个不同区域的药物$[M+H]^+$信号($m/z=376$)的分布。来自在灰质中占优势的磷脂酰胆碱脂质的信号由 PC 头基($m/z=184$)指示，而白质的定位由胆固醇($m/z=369$)的峰表征。虽然药物物种覆盖了图像中可见的整个区域，但是分子信号仅从富含胆固醇的区域里检测到。该模型体系证明了跨诸如脑组织切片的双区域体系可以遇到的抑制或增强效应带来的严重结果。在没有所讨论体系的先前知识的情况下，容易假设 $m/z=376$ 处的质谱峰与胆固醇一起连接到白质的成分。

这种信号增强和抑制发生的精确机制尚未完全理解，但是对依赖于形成 M + H 或 M - H 离子的用于检测的有机离子，清楚的是在发射前样品中或者在溅射过程中的质子转移过程。Zenobi 等人已经表明，在 MALDI 方法中，M + H 离子的竞争性形成发生在分析物和基质的解吸羽流中，并且建立了准平衡，即各种分子和离子的相对气相碱度强烈影响哪些离子被检测到以及哪些离子被抑制[52]。然而，在 SIMS 过程中，甚至在诸如 C_{60}^+ 的簇射束的轰击下，溅射流的密度比在激光辐射下密度小几个数量级。准平衡等离子体似乎不可能。但对气相碱度已知的模型化合物的一系列混合物的研究已经表明，基质抑制和增强可以根据质子转移的驱动力来理解，并且可以与所涉及的分子的气相碱度相关[53]。通过将 2，4，6-三羟基苯乙酮（THAP）与 DNA 碱基胞嘧啶和胸腺嘧啶的其中一个，或者与结构相似的巴比妥酸（BA）混合形成体系（图 4-24）。

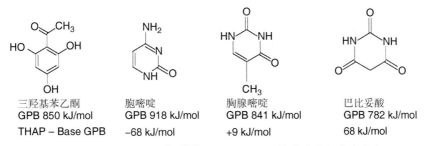

图 4-24　2，4，6-三羟基苯乙酮、DNA 碱基胞嘧啶和胸腺嘧啶以及结构相似的巴比妥酸的结构和气相碱度

该体系使用 Au^+ 一次离子进行了研究。图 4-24 显示了所研究的分子的化学结构和它们的气相碱度（GPB）。如图 4-25 所示的谱图显示，在胞嘧啶具有比 THAP 显著更高的气相碱度的情况下，对于胞嘧啶，能观察到 M + H 离子，但对于 THAP，没有观察到 M + H 离子；对于胞嘧啶，看不到负 M - H 离子，而对于 THA，却能观察到。另外，当混合物由 THAP 和巴比妥酸组成，其中 THAP 具有比 BA 更大的 GPB 时，对于 THAP，能看到阳性 M + H 离子，但对于 BA，看不到阳性 M + H 离子；对于 BA，可看到阴离子模式 M - H，但对于 THAP，它仅仅是以非常小的峰出现。在 THAP 和硫胺素的混合物中，GPBs 非常接近，两种组分都可以看到 M + H 和 M - H 离子。明确的结论是，当溅射事件发生时，存在质子迁移，并且质子倾向于被具有最高相对碱度的物种带走。

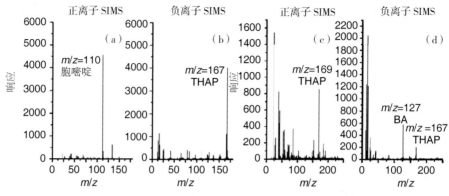

图 4－25　THAP 和胞嘧啶、巴比妥酸混合物的质谱图像

注：(a)和(b)为 THAP 和胞嘧啶的 1∶1 混合物，表明混合物内分子的气相碱性决定检测准分子离子的离子极性。(c)和(d)为 THAP 与巴比妥酸的 1∶1 混合物，表明通过将 THAP 分子与具有较低气相碱度的化合物混合，在先前实施例中抑制的[M＋H]⁺ 离子可变成有利的离子。转载自 E. A. Jones，N. P. Lockyer，J. Kordys and J. C. Vickerman，J. Am. Soc. Mass Spectrom. 18，1559 (2007)[53]。版权所有 2007，Elsevier。

该观察提供了对脑组织中氟哌啶醇药物 M＋H 离子的抑制的解释。一方面，磷脂头基离子形成需要质子并且必须具有高碱性，因此必须抑制氟哌啶醇 M＋H 离子的形成；另一方面，胆固醇是质子供体，并且在白质区域中氟哌啶醇 M＋H 离子的形成增强。

基体效应可能对分析和分析图像的有效性产生严重影响。虽然当体系中仅存在几种成分并且甚至可以知道一些或全部成分的 GPBs 时，可以将其理解并考虑到分析中，但是真实体系的分析是不同的事情，并且信号的不存在可能不表明没有相应的化合物。已提出可以通过提供非常低的 GPB 的基体来改善基体效应，使系统中的大多数其他分子将能够从其中提取质子以形成 M＋H 离子。实际上，在上述实验中，若将具有最低 GPB 的 BA 加入 THAP 与胞嘧啶混合物中，则恢复 THAP 的 M＋H 离子。水是具有更低的 GPB，为 650 kJ·mol⁻¹。它具有作为生物体系中的主要成分的优点。有一些证据表明，来自水基质的 M＋H 离子的产额确实明显更高[54]，但是利用它来降低生物体系中的基体效应的可能性尚未证实。

4.5　分析模式

4.5.1　谱图分析

就存在有什么而言，作为表面质谱法的 SIMS 分析的最广泛应用模式是使用所获得的质谱来表征表面的化学性质。使用这种技术，有关经过一些过程或处理后表面如何变化的问题显然是分析人员希望回答的问题。类似地，确定由产品或生物体系的不同行为引起的表面化学差异的能力同样是一种希望的能力。通过研究来自感兴趣样品的 SIMS 谱图应对这一分析需求的能力已在许多重要的分析应用中得到证明。

通常，在质谱模式下，用最少的样品预处理，进而对感兴趣的样品进行分析。分析可以在斑点模式下进行，其中离子束散焦到覆盖大部分从分析仪提取离子的区域。若样品是电绝缘体，则可能需要使用散焦低能电子束的电荷补偿。若使用单原子一次束，则使用低于静态极限的一次离子剂量采集质谱，对于有机样品，剂量应当小于每平方厘米 10^{12} 个一次离子。针对斑点模式的另一种方法是在样品的精确区域（例如 $300\ \mu m \times 300\ \mu m$）上（光栅）扫描聚焦离子束。剂量要求是相同的。然后，对所获得的质谱进行分析和解释。在样品仅具有几个组分的情况下，使用像 Briggs[55] 那样的参考文献中概述的对质谱分析一般方法解释谱图相对容易。然而，对于许多生物样品，质谱将非常复杂，并且所有组分的质谱解释可能是非常困难的。在这种情况下，可能需要串联质谱法，MS-MS，和计算机辅助多变量分析（参见第 10 章）。

　　静态和分子 SIMS 表征复杂化学体系的能力已广泛应用于许多材料领域——从合成聚合物、催化剂和光电子学到生物材料、生物组织和细胞研究。有很多综述[56]。在下面的章节中，3 个例子说明了应用范围。

　　(1)**技术催化剂的表征**。基质效应和不均匀的样品带电严重阻碍了 SIMS 对技术催化剂的定量分析。虽然在这一领域完全定量几乎是不可能的，但对定性的 SIMS 数据的解释仍然是提供唯一可能性的基础。分子簇离子可能对有关催化剂中存在的化合物是特别有益的。Oakes 和 Vickerman 对汽车废气或三元催化剂的 ToF-SIMS 研究[57]说明了 SIMS 提供的信息类型。

　　三元催化剂是由堇青石制成的陶瓷整体，用作结构支撑，其被以氧化铝和二氧化铈为主要成分的多孔涂层覆盖，有少量的铂和铑沉积于涂层上。铂有效地将 CO 和未燃烧的烃氧化为 CO_2 和 H_2O，而铑通过 CO，H_2 和烃将 NO 催化还原成 N_2。在其活性寿命期间，催化剂可以容易地让汽车行进 2×10^5 km，在此期间，诸如铅、硫和磷的毒物积聚在表面上。此外，催化剂可能由于热和机械损伤而劣化。

　　图 4-26 显示了使用中的三元催化剂的正和负 ToF-SIMS 质谱。人们容易识别来自氧化铝-二氧化铈载体涂层和来自污染物（源自润滑剂和燃料添加剂）的贡献，这些污染物显然以硫酸铅和磷酸钙的形式存在。此外，由于发动机部件的磨损，存在诸如 Fe，Cu 和 Zn 的元素。注意，来自贵金属的二次离子不是显而易见的，因为它们在很大程度上被污染层覆盖。来自新鲜催化剂的类似质谱直接显示出有铝、铈及它与氧、氯的一些结合物，铑和铑-氧团簇。有趣的是，在含有一个铈的团簇中仅观察到铈，而 CeO_2 参考化合物发射的团簇直至 $Ce_2O_3^+$ 和 $Ce_2O_5^-$，表明载体涂层中的铈离子通过氧化铝高度分散，并且肯定不以 CeO_2 的形式存在。铑，分子质量为 103 u，在 SIMS 光谱中与几个二次团簇离子重叠。ToF-SIMS 仪器的高分辨率在这里很有用，如图 4-27 所示。

　　当使用氩一次束时，铂在 SIMS 中不容易检测到。铯枪为贵金属的检测提供了替代方案。实验沉积的铯层可改变表面的静电状态并且有利于负离子的发射，于是能检测到一系列铂离子，包括 Pt^-，PtO^-，$PtCl^-$ 和 $Pt(OH)_3^-$，以及与烃碎片组合的离子，所有这些都显示出铂的同位素分布模式特征。

　　除了如图 4-26 和图 4-27 所示的静态 SIMS 质谱外，还测量了汽车行进不同距

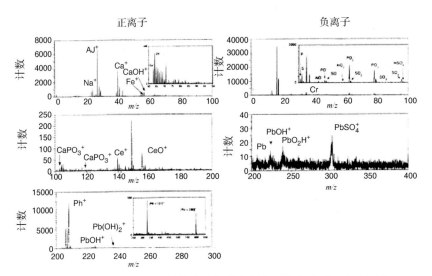

图 4-26　100000 km 后的汽车排气催化剂的正和负 ToF-SIMS 质谱

注：转载自 Oakes 和 Vickerman[57]。

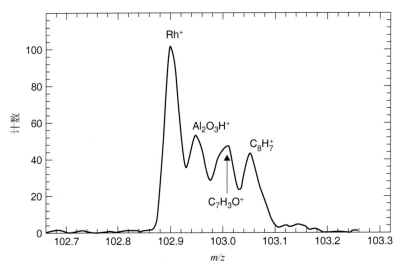

图 4-27　新鲜汽车排气催化剂铑质量区的高分辨率 ToF-SIMS 质谱

注：改编自 Oakes 和 Vickerman[57]。

离的催化剂的深度分布。基本上，这些深度剖面显示毒物沉积在表面上，并且诸如铅、硫和锌的毒物比磷进一步渗透进入材料。成像 SIMS 已被用于可观察在载体涂层上的有毒物质的分布，使研究完全展示了 ToF-SIMS 在催化剂表征中的能力。

　　(2)黏合体系的表面分析。几年前在黏合剂体系上的研究是静态 SIMS 在复杂材料的表面表征中应用的良好例证。黏合剂和有机涂层的表面和界面化学可以对它们的性质和性能具有主要影响。虽然 XPS 和 AES 已经广泛用于黏附研究，但是这些技术固有的缺乏提供分子信息水平的特征，对于全面了解其界面化学至关重要。在本研究中，使用 ToF-SIMS 研究了 4 种环氧化物[58]。它们是 Epikotes 828，1001，1007 和

1009。Epikote 828 在黏合剂配方中经常用到，而 Epikote 1001，1007 和 1009 用在漆、涂料和热固性试剂。Epikote 树脂是基于双酚 A 环氧化物结构的二缩水甘油醚（图 4-28）。

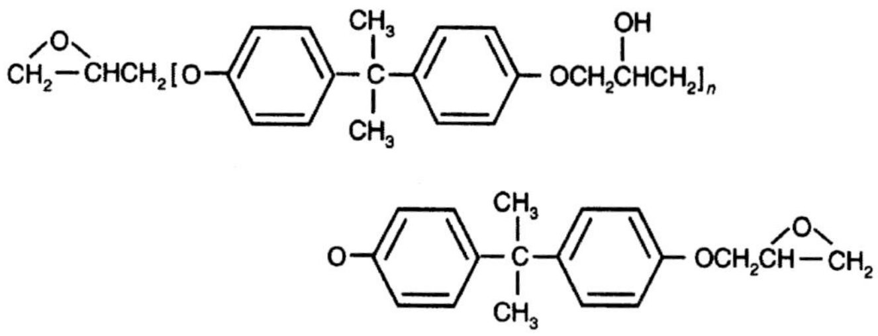

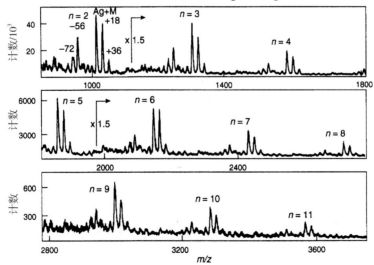

Resin	Mean molecular mass	n distribution
Epikote 828	450	mainly n = 0
Epikote 1001	880	centred n = 3
Epikote 1007	2870	centred n = 10
Epikote 1009	4000	centred n = 14

图 4-28　Epikote 样品的一般结构

注：图中列出了它们的平均分子量和 n 的中心值。经 the Royal Society of Chemistry from J. C. Vickerman，Analyst，119，513-523（1994）许可复制。

进行了两组研究。首先，银阳离子化，用于获得有关低聚物分布和聚合物组成的详细信息。在这些实验中，Epikote 的薄层从丁-2-酮溶液沉积在银上。在另一组实验中，为了获得与真实黏合剂和涂层体系研究的相关数据，将厚膜放置在铝箔上。

Epikote 1007 样品的部分银阳离子化质谱如图 4-29 所示。在对应于二环氧化物封端的二缩水甘油基聚醚的单个单体单元的质量间隔，即 $m/z = 282$，能看到从 $n = 2$ 至 $n = 11$ 归因于低聚物加上的两种银同位素 ^{107}Ag 和 ^{109}Ag 的离子。由于质谱的质量范

图 4-29　沉积在银基底上的 Epikote 1007 的质谱

注：经 Treverton 等人[58]许可转载。版权所有（1993）John Wiley & Sons，Ltd。

围宽，因此不能看到由两种同位素造成的分裂峰。每个银阳离子峰在高出 $m/z = 18$ 处都伴随有信号。这与通过两个末端环氧基之一的水解形成环氧化乙二醇低聚物的存在相符。在低于 $m/z = 56$ 处的信号可能对应于存在丙醇衍生物。与 Epikotes 828 和 1001 相反，在 Epikotes 1007 和 1009 样品中，环氧化乙二醇封端的低聚物信号相对于正常的二环氧化物封端的物种的信号更高。此外，1007 和 1009 树脂显示其他突出的银阳离子化物质，其 m/z 值比正常的二环氧化物谱峰的高 36、低 56 和低 72。这些额外的信号分别对应于二甘醇、苯酚和苯基封端的低聚物的存在。因此，可以看出，存在有关聚合物详细化学状态的大量信息。银负载样品的制备意味着这些分析可能不反映树脂的实际表面状态，但能定性反映出树脂混合物的组成。

来自厚膜的正离子质谱通常不产生高于 $n = 2$ 低聚物的信号。对于 Epikote 828，观察到来自 $n = 1$ 和 $n = 2$ 低聚体的碎片。在负离子质谱的较高质量区域中，可以鉴定来自 $n = 1$ 和 $n = 2$ 的低聚物的片段。然而，最有用的信号是可以归因于末端环氧化物或双酚 A 组分的单体碎片。图 4-30 显示了样品 Epikote 1001，1007 和 1009 的部分正离子质谱。在 m/z 为 191，252 和 269 处的离子可以归属为含有末端环氧化物基团的碎片（方案 4.1）。

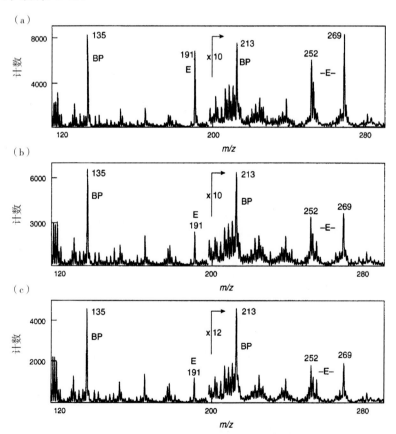

图 4-30　Epikote 记录的正离子 ToF-SIMS 质谱的一部分（m/z 为 115～290）

注：(a)1001，(b)1007，(c)1009；BP 指双酚 A 组分，E 指环氧端基。经 Treverton 等人许可转载[58]。版权所有(1993)John Wiley & Sons，Ltd。

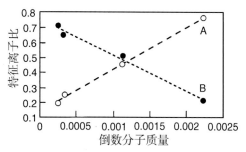

方案 4.1

方案 4.2

此外，双酚 A 成分的特征诊断是在 $m/z = 135$ 和 213 处观察到的对应于方案 4.2 中所示的结构的正离子信号。在负离子质谱中，可以进行类似的指认。

这些质谱清楚地显示出分子质量的变化。一方面，对末端环氧化物基团具有特性的信号的相对强度具有显著的影响；另一方面，与表征双酚 A 基团的那些信号进行比较，随着聚合物的分子量增加，环氧化物端基对双酚 A 成分的比例会下降。作为平均分子量倒数的函数的成分峰值比的图像显示环氧化物比率的直线下降和双酚 A 的直线增加（图 4-31）。在 ToF-SIMS 质谱数据和 Epikote 树脂的组成之间存在明确的定量关系。

图 4-31　峰面积比 191（环氧化物）/［191（环氧化物）+ 135（双酚 A）］
和 213（双酚 A）/［269（环氧化物）+ 213（双酚 A）］，Epikote 树脂

注：A 为环氧化物比率，B 为双酚 A 比率。经 the Royal Society of Chemistry from J. C. Vickerman, Analyst，119，513-523 (1994)许可复制。

这项研究演示了在复杂有机体系表面的静态 SIMS 研究中容易得到的一些信息。正离子质谱显示较高分子量树脂会出现一系列的乙二醇和苯酚封端的低聚物。从较厚

膜的质谱获得的专门诊断末端环氧化物和双酚 A 的二次离子阵列已经显示与末端环氧化物和双酚 A 基团的浓度定量相关。后一种观察结果在探测固化黏合剂中交联的效果方面是有用的。分子的双酚 A 部分相对不受交联的影响。因此，与该基团相关的大多数质谱特征应当继续被观察到，而由于分子其余部分的变化相联系的新特征能被期待。完全交联的黏合剂的初步研究表明在谱图中观察到双酚 A 碎片。在固化环氧漆体系的 ToF-SIMS 质谱中也观察到双酚 A 碎片[59]。

(3)**复杂生物体系的分析**。使用 SIMS 对复杂生物体系(如细菌)的分析似乎是一个有吸引力的应用。人们希望能辨别细胞表面的化学状态的差异以及辨别可能进入细胞内部的深度分布。可以认为，基于通过质谱法检测的化学差异来区分不同的细菌是可能的。然而，这些体系是多组分的，并且质谱变得非常复杂。一个很好的例子是引起成年妇女尿道感染(UTI)的各种细菌。这在一般医疗业务中是一个相当大的问题，导致平均每年每 1000 妇女中就有近 63.5 人就诊的就诊率。由于这种高的细菌事件发生率(每毫升尿液高于 10^5 个生物体的计数)，在治疗之前需要鉴别致病因子的需求在增加。通常与 UTI 相关的细菌包括大肠杆菌(在超过 50% 的病例中)和可以耐受抗生素的克雷伯菌属。此外，涉及其他肠杆菌科，包括奇异变形杆菌和弗氏柠檬酸杆菌，而革兰氏阳性肠球菌属也常常导致感染(10% 的病例)。这项研究用 C_{60} 一次离子束的 ToF-SIMS 对以前通过常规生化测试鉴定 19 个菌株的 UTI 细菌进行了调查研究[60]。分离物由大肠杆菌(5 个编码为"Eco"的分离株)，克雷伯氏菌(Klebsiella oxytoca，一个分离株编码"Kox")、肺炎克雷伯菌(3 个分离株编码"Kp")、弗氏梭菌(两个分离株编码"cf")、肠球菌属 (4 个编码"Ent"的分离株)和奇异变形杆菌(4 个分离株编码"Pm")构成。4 个分离株的 ToF-SIMS 质谱如图 4-32 所示。

各个菌株产生包含许多共同离子的质谱。通过视觉检查质谱来识别单个样品将是极其困难的，因为分开是基于这些共同峰的数目的相对强度的变化。因此，不可能基于"盯着和比较"方法来区分这些细菌的未知样品。若我们要在根据 ToF-SIMS 质谱识别这些细菌之间的差异方面取得成功，则需要第 10 章中描述的多变量分析方法。

通过主成分-判别函数分析(PC-DFA)的聚类分析法进行这些数据的分析。使用 PC-DFA 多变量算法寻求数据中的簇，以便基于它们在二维或三维 PC-DFA 排序空间中的感知接近度将对象分组。聚类分析的初始步骤涉及通过主成分分析(PCA)减少数据的维数。PCA 是著名的用于降低多变量数据的维度同时保留大部分变化的技术。前两个主要成分得分的图表示数据中自然方差的最佳二维表示。判别函数分析(DFA)然后基于保留的主成分和从生物学重复获得的质谱的先验知识在组之间进行区分。在 PCA 步骤之后，没有观察到数据的显著聚类，并且对负载曲线的检查表明质谱之间的大部分变化与主导质谱的 Na^+ 和 K^+ 信号的强度的变化相关。然而，DFA 的后续应用产生了显示包含大量较高质量有机片段的负载，DFA 的后续应用也伴随着来自 Na^+ 和 K^+ 的相对小的影响。实施对整个数据集的 PC-DFA，其中在 DFA 中使用表示单个菌株的分类，分类图如图 4-33 所示。

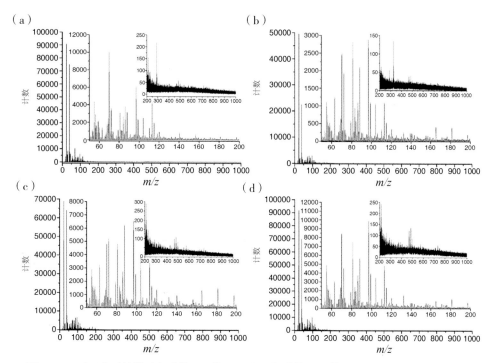

图 4 - 32　(a)弗氏柠檬酸杆菌[cf102]，(b)大肠杆菌[Eco13]，(c)肠球菌属[Ent93]和
(d)产酸克雷伯菌[Kox105]的 ToF-SIMS 质谱

注：经 J. S. Fletcher，A. Henderson，R. M. Jarvis，N. P. Lockyer，J. C. Vickerman and R. Goodacre，Appl. Surf. Science 252，6869（2006）[60]许可复制。版权所有 Copyright 2006，Elsevier。

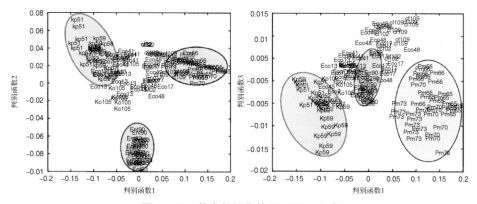

图 4 - 33　整个数据集的 PC-DFA 分类

注：为了清楚起见，与主簇分离的 3 种物种已经突出显示：肠球菌属(红色)；奇异变形杆菌(蓝色)；肺炎克雷伯菌(绿色)。经 J. S. Fletcher，A. Henderson，R. M. Jarvis，N. P. Lockyer，J. C. Vickerman and R. Goodacre，Appl. Surf. Science 252，6869（2006）[60]许可复制。版权所有 2006，Elsevier。

　　PC-DFA 采用 3 个主成分。虽然单个菌株的清楚分离是不明显的，但是分离株物在物种水平上与肠球菌分离株聚集在一起，形成与组的其余部分充分分离的簇。预期可从其他细菌中回收肠球菌属，因为这是本研究中唯一一种革兰氏阳性细菌。因此，与革兰氏阴性肠杆菌相比，这些细菌具有明显不同的细胞膜，并含有厚的肽聚糖外层。奇异变形杆菌的分离株也聚集成一个很明确的群组，这个结果也可以通过这些微生物的表型来解释。奇异变形杆菌细胞壁含有富含多糖的胶囊层，这个胶囊层包含也存在于肽聚糖中的 N－乙酰基－D－葡糖胺。因为 SIMS 分析预期仅探测细菌样品的外表面，所以可以这样理解：生物学差异将对质谱具有强烈影响，并且因此在该多变量分析中观察到聚簇。为了进一步分析，从数据集中去除所有革兰氏阳性肠球菌分离物，重复 PC-DFA，并且使用 3 个主要成分来产生 PC-DFA 模型。所得到的分类图（图 4－34）显示了剩余分离株的大量聚类。观察到的聚类不再处于物种水平，而是显示出良好的菌株水平分离。

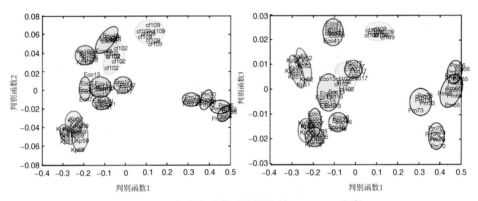

图 4－34　移除肠球菌后数据集的 PC-DFA 分类

注：环已经放置在个体菌株周围作为视觉辅助。相同颜色的环指示属于相同物种的菌株：大肠杆菌(红色)，弗氏柠檬酸杆菌(黄色)，奇异变形杆菌(蓝色)，肺炎克雷伯氏菌(蓝色)，氧化催产素(粉红色)。经 J. S. Fletcher，A. Henderson，R. M. Jarvis，N. P. Lockyer，J. C. Vickerman and R. Goodacre，Appl. Surf. Science 252，6869 (2006)[60] 许可转载。版权所有 2006，Elsevier。

如在整个数据集的分析中所见，奇异变形杆菌分离株与主群组分离，可观察到清晰的菌株水平上的分离。Pm70 和 Pm73 菌株被清楚地分离，尽管 Pm65 和 Pm66 菌株有小重叠。上述结果清楚地显示 ToF-SIMS 质谱是信息丰富的，并且使用这种多变量分析方法，其中的化学数据允许把这些 UTI 分离物分类至物种水平。下一个阶段是评估 PC-DFA 到 ToF-SIMS 质谱的应用是否可以提供细菌的菌株水平辨别。为该运用选择了单个物种的数据子集。选择大肠杆菌的质谱，因为该群组含有最高数量的单个分离物($n=5$)。随机选择每个菌株的 3 个质谱并从组中移出，对剩余的"训练集"执行 PC-DFA 以生成如前所述的模型。然后将排除的"测试"数据投影到模型中（首先进入 PCA 空间，然后将结果主成分投影到 DFA 空间中），得到的分类图如图4－35 所示，其中训练集标记为红色，投影测试数据显示为蓝色。和以前的分析一样，为了一致性，DFA 模型使用了 3 个主成分。图 4－35 清楚地显示，对于 5 个分离株中的每一个，测试数据恢复得非常接近它们的相应训练数据，清楚地显示 ToF-SIMS 确实提供了对于亚种鉴别的质谱灵敏度和再现性。原理上，载荷图提供了明确的质谱峰，从这些应该有可能区分一种细菌菌株与另一种细菌菌株的化学性质。然而，这些加载图仍然是相当复杂并且要进行下一步高水平的质谱测定方法。需要新一代的具有高质量精度和 MS-MS 能力的质谱仪来实现这一可能性。

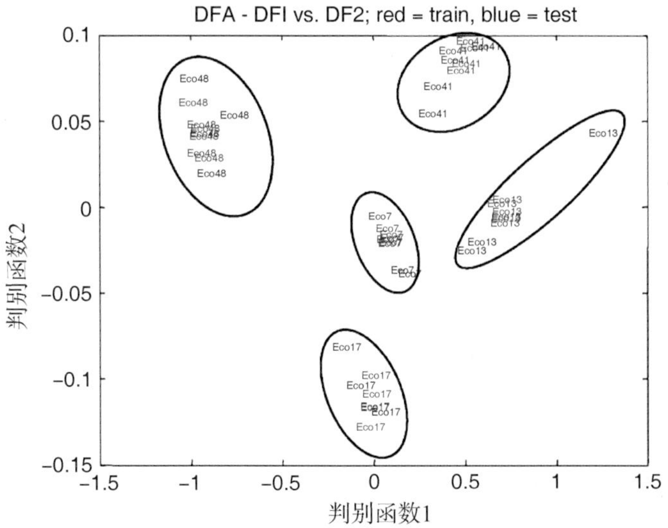

图 4 - 35　5 种大肠杆菌的 PC-DFA 分类

注：训练数据用红色标记，投影的测试数据用蓝色标记。3 个主成分用于生成 DFA 模型。经 J. S. Fletcher，A. Henderson，R. M. Jarvis，N. P. Lockyer，J. C. Vickerman and R. Goodacre，Appl. Surf. Science 252，6869 (2006)[60]许可转载。版权所有 2006，Elsevier。

4.5.2　SIMS 成像或扫描 SIMS

原理上，将一个质量分析器系统与液体金属离子源组合就能够进行具有高空间分辨的表面分析。确实存在用非常大的附加的完全化学敏感性的设备产生扫描电子显微镜类型图像的可能。当在微探针模式中操作时，原理上可以获得最高的空间分辨。

如前所述，液体金属离子束系统在样品上可以使用直径下降到 50 nm 的光束，虽然更常见的范围为 200 nm～1 μm。离子束在感兴趣的表面上数字扫描（光栅化），使在图像中存在像素，例如 256×256 个。在每个像素点，可以收集单个 m/z，几个指定 m/z 或整个质谱的离子，这取决于所需的细节和分析器与数据系统的精密程度。然后可以产生感兴趣区域的元素或化学状态图像。

图 4 - 36 说明了 SIMS 成像的基本功能。它们是单个冷冻水合酵母细胞的图像[61]。其已被冻裂，可以看出被水冰包围。通过头基离子 $m/z=184$ 和来自二棕榈酰磷脂酰胆碱（DPPC）的分子离子 $m/z=734$ 检测细胞的脂质含量。细胞内的高钾浓度是活细胞的特征。虽然相当简单的分析，但这个例子显示了 ToF-SIMS 提供生物，甚至许多其他复杂材料的化学成像的潜力。具有良好空间分辨的复杂化学分析是可能的。

到目前为止，已经有两种生物成像方法。一种方法使用图 4 - 36 所述的方法，使用低于静态极限的 ToF-SIMS 仪器。目的是在没有任何先前对样品的详细了解的所谓的发现模式下，获得的生物体系的生物化学的分子质谱。另一种方法是采用动态 SIMS 方法。在该方法中，使样品中的一些特定化学物质用元素同位素标记，然后分

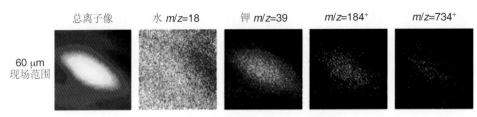

总离子像　　水 m/z=18　　钾 m/z=39　　m/z=184⁺　　m/z=734⁺

60 μm
现场范围

图 4 - 36　冰冻假丝酵母的冻结单细胞

析探测元素或小团簇离子，以鉴定特定标记化学物质的位置和定量。在这种操作模式中，分析需要破坏分子的化学构成，以检测可以与所研究的化学相关的标记的碎片。结合高空间分辨率高灵敏度是可能的。

(3)**小鼠耳蜗毛发细胞的动态 SIMS 研究**。图 4 - 37 显示了这种方法在老鼠的耳蜗毛发结构中的蛋白质再生成像的应用。给小鼠喂食了^{15}N－L－亮氨酸。作为该进食的结果产生的蛋白质的存在可通过^{12}C^{15}N^{-}碎片离子检测。这是相对于^{12}C^{14}N^{-}的成像，以鉴定再生蛋白的位置。使用铯一次离子束的空间分辨为 30 nm 量级。磁性扇形质谱仪已在使用。该技术已经被命名为多重同位素成像质谱(MIMS)。有一篇优秀的评论对这一技术做了一个完整的介绍[62]。

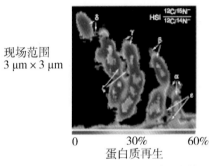

现场范围
3 μm × 3 μm

0　　　　30%　　　60%
蛋白质再生

图 4 - 37　小鼠耳蜗结构中蛋白质再生的研究

注：在^{15}N－L－亮氨酸进食 9 天后，小鼠耳蜗毛发细胞的定量 MIMS 图像。经 BioMed Central from C. Lechene, F. Hillion, G. McMahon, D. Benson, A. M. Kleinfeld, J. P. Kampf, D. Distel, Y. Luyten, J. Bonventre, D. Hentschel, K. M. Park, S. Ito, M. Schwartz, G. Benichou and G. Slodzian, J. Biol. 5, 20 (2006)[62]许可转载。

应当强调的是，该方法要求所研究的化学性质是已知的，以便可以进行适当的标记。

(4)**对四膜虫原生动物交配的研究**。本章的重点是通过分子和相关碎片离子的质谱检测分析未知化学组成。一个很好地说明成像 SIMS 解决生物学问题的例子是四膜虫原生动物交配期间连接区域脂质含量的研究[63]。交配涉及在大约 8 mm 膜连接区域里形成许多融合细孔。可以认为整个连接区域可以具有与细胞体不同的脂质组成。将融合的细胞捕获到用一块硅片覆盖的硅晶片上，并在液氮冷却的丙烷中快速冷冻。这种快速冷冻确保水形成无定形冰，使细胞结构不会被冰晶破裂。冷冻细胞快速转移到谱仪的冷却样品台(小于 150 K)上，并且撤走顶部的那块硅片，使破碎冷冻细胞集和靶细胞暴露出来。在样品仍然冷冻时进行 ToF-SIMS 分析。图 4 - 38 显示了所涉及的过程。

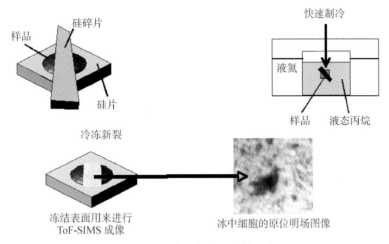

图 4 - 38　冻干样品操作的示意

注：经由 N. Winograd 的许可复制。

　　融合细胞的分析表明，$m/z=69$ 在贯穿两个细胞和融合区内是均匀的。该离子对细胞中的所有脂质是常见的，并且可以代表总脂质含量。然而，来自磷酸胆碱头基团的 $m/z=184$ 在融合区域中耗尽（图 4 - 39）。

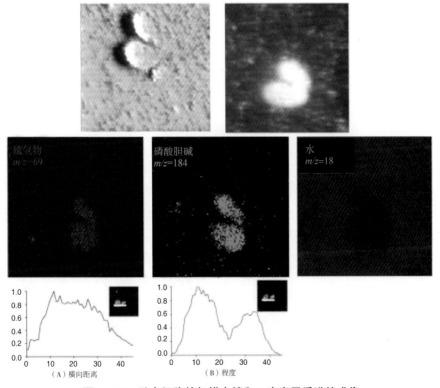

图 4 - 39　融合细胞的扫描电镜和二次离子质谱的成像

注：第一行：扫描电镜图和明视野成像。第二行：质荷比为 $m/z=69$ 的分子 SIMS 成像；质荷比为 $m/z=184$ 的分子 SIMS 成像；质荷比为 $m/z=18$ 的水分子成像。第三行：(A)融合区域内 $m/z=69$ 强度的行扫描；(B)融合区域内 $m/z=184$ 强度的行扫描。经由 S. G. Ostrowski, C. T. Van Bell, N. Winograd 和 A. G. Ewing 的许可重制，*Science*，305，71 (2004)[63]，版权(2004)归属于美国科学促进会。

与融合区相比，细胞体的 APCA 分析表明，2 - 氨基磷脂的 $m/z = 126$ 头基离子特征把细胞体从融合区区分出来。它存在于细胞体和融合区域中。共轭连接包含升高量的 2 - AEP。这种脂质是圆锥形的，并形成融合区域所需的弯曲结构，而 PC 是圆柱形的并且仅形成平面，仅在细胞体中发现。

(5)**突破静态极限 SIMS 成像**。虽然在高空间分辨下的表面分析是一个有吸引力的命题，但随着放大倍数的增加，获得具有足够动态范围分子离子或碎片信号并且仍然保持静态条件的图像变得越来越困难。SIMS 是一项具有破坏性的技术，放大倍数增加之后，一个像素区域内的原子或分子数目会减少(表 4 - 5)。

表 4 - 5　每个像素点内分子和原子的数目估值

成像面积 /μm	像素尺寸	像素面积 /cm^2	分子数 /像素	原子数 /像素
100	10 μm×10 μm	10^{-6}	$4×10^8$	$2.5×10^9$
10	1 μm×1 μm	10^{-8}	$4×10^6$	$2.5×10^7$
5	500 nm×500 nm	$2.5×10^{-9}$	$1×10^6$	$6.25×10^6$
1	100 nm×100 nm	$1×10^{-10}$	40000	$2.5×10^5$
0.2	200 Å×200 Å	$4×10^{-12}$	1600	10000

这会引发一个严重的问题，在一个 500 nm×500 nm 的像素区域内有将近 $1×10^6$ 个分子，但由于静态限制，不到 1% 的表面化学成分将会被移除，因此能够分析到的最大分子数目是 10^4；而形成 $a^{+/-}$ 型的离子化概率通常都会小于 10^{-3}，如果是高质量的离子，这概率就会更低了，因此每个像素区域能够做表面分析的离子不到 10 个。由于每个像素内至少需要 100 个离子才能形成一个有用的谱图，因此在该空间分辨率下的成像分析就没有多大的前景了。应该清楚的是，二次离子的产额显著地提高后，高空间分辨率下的化学态分析(小于 1 μm 像素大小)就有实在的希望。只有在静态限制被移除和(或)离子化概率增加的情况下，其产额才会上升。静态限制的移除可能会将二次离子的产生量提高两个量级，并且因为大约 99% 从表面溅射的粒子是中性的，所以如果能够设计出一些有效的方法将这些中性粒子大部分离子化，那灵敏度就会大大地提高。

从第 4.3 节的内容来看，由液态金属源(比如金或铋)生成的团簇离子，Au_3^+、Bi_3^+ 和 Bi_5^+，因为溅射量的上升而传递的二次离子量渐增。图 4 - 40 比较了 Au^+、Au_3^+ 和 C_{60}^+ 上聚对苯二甲酸乙二酯(PET)轰击产生的分子离子和碎片离子的产额[64]。这些增加往往偏向高质量离子。液态金属离子束相对容易聚焦。

通常能得到直径为 100 nm 的 Au^{3+} 或 Bi^{3+} 的离子束，这样就有希望改进有效像素尺寸的最小值。然而，这些金属团簇包含了相对较少的重金属原子。像在 4.4.2 里讨论的那样，在与表面碰撞时，20 keV 或 25 keV 的能量仅在 3～5 个原子间分配。在进行过程中，每个原子将会有 5～8 keV 深入穿透材料然后产生化学损毁的能量。

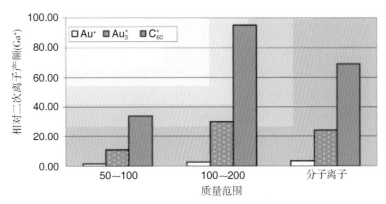

图 4-40　10 keV 的 Au^+、Au_3^+ 和 C_{60}^+ 轰击大块聚苯二甲酸乙二酯(PET)后阳离子产额的比较

注：经由 D. Weibel、S. Wong、N. Lockyer、P. Blenkinsopp、R. Hill 和 J C. Vickerman 的许可复制，Anal. Chem. 75，1754 (2003)[64]。版权(2003)归属于美国化学学会。

测量显示损坏区域的截面与原子的一次离子非常相似，因此静态极限就必须应用这些原子来决定。虽然二次离子的产额较高，因此效率就稍高一些，但是从一个 500 nm × 500 nm 像素区域内要用到的有效离子数目增长却不到 10 倍，这在表 4-6 中有说明。对于胆固醇膜，用 Au^+、Au_3^+ 和 C_{60}^+ 损坏的截面确定一个 500 nm×500 nm 像素区域内有用离子的效率和数目已经被计算出来。可以看出，金属团簇离子能够改善一些东西，但还不够。不过金属团簇离子还是在一些令人关注的成像研究中有所使用。对于很多有机体系来说，多原子团簇(如 C_{60}^+ 和 SF_5^+)能够在静态极限外工作并获得显著的离子产额。像在表 4-6 中显示的那样，原理上 C_{60}^+ 应该能够提供小于 100 nm×100 nm 的像素区域的有效图像[51]，这是因为损坏截面如此低，使静态极限不适用并且离子束能够很好地在第一个单层外采样，基本上能将一个完整的立方体(有时也称为体元)作为它的采样本。若有大量的样本，则对于已经建立的分析来说，能获得信号直到它有足够的信噪比为止。

表 4-6　20 keV 的 Au^+、Au_3^+ 和 C_{60}^+ 轰击一块厚胆固醇膜后离子产额、
损坏截面大小、最终离子形成效率的比较

二次离子/ 一次离子	$\gamma(m/z=385)$	损坏载面 σ/cm^2	效率 E/cm^2	$(500\ nm)^2$ 像素中 $m/z=385$ 的离子数	成像 可能
Au^+	5.5×10^{-6}	4.5×10^{-14}	1.2×10^8	0.3	×
Au_3^+	6.5×10^{-5}	7.3×10^{-14}	9.0×10^8	2.3	??
C_{60}^+	4.8×10^{-4}	3.9×10^{-16}	1.2×10^{12}	3×10^3	√

在这些条件下，一个二维的成像就能比在表面一层获得更多的采样——能够进入样品中进行多层采样，甚至是采尽整个样品。这些层会累加成一张信噪比更强的最终图像。但是，这种方法对于传统的 ToF-SIMS 也有缺点，因为离子束被脉冲化，所以获得每平方厘米 $10^{13} \sim 10^{14}$ 个离子剂量的质谱会耗费非常多的时间，变得不实用甚至无效。因此，要得到在高剂量采谱的可能的好处就需要用到一次直流束和一台"正交" ToF 或者压缩型仪器（见 4.3.2 节）。这是一个快速发展的领域，早期用到这种方法的例子在图 4-41 中可见。用聚焦的 C_{60} 直流束得到的脸颊细胞的压缩型 ToF 成像。获得图像时总的一次离子的剂量达到了 5×10^{13}。在此之前的每个像素点内获得的信号在 1 和最好时的 100 之间，这种情况下每个像素点可得到几千个二次离子，因为在使用直流束的时候空间和质量分辨不能相互妥协。虽然这些都是早期的实验结果，但是它们说明了细胞的核可用 m/z 为 81 和 102.8 离子清晰地分辨出来，而细胞膜的分辨则需要用 m/z 为 127.8 和 184 的离子。

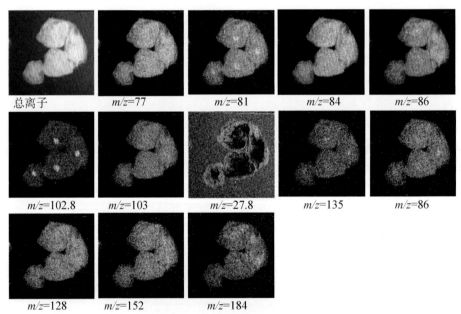

图 4-41　在 Ionoptika J105 成像质谱仪中用 40 keV C_{60} 直流一次
离子束得到的脸颊细胞特定质量成像图

注：在每平方厘米 10^{13} 个离子预蚀刻之后，总 C_{60} 的通量是每平方厘米 5×10^{13} 个离子；视野大小是 160 $\mu m \times$ 160 μm。

4.5.3　深度剖析和三维成像

突破静态极限的分析和成像的能力开启了分子的深度剖析和三维成像的可能性。这两个性能长期以来对动态 SIMS 都是有效的（见第 5 章）。后文将会对仪器和材料影响深度剖析质量的问题进行概述。这些问题与分子的深度剖析相关。实验的流程与动态 SIMS 几乎是相同的，都是聚焦的直流离子束在即将分析的样品表面扫描（栅格化出)确定的矩形区域。目的是在表面下精准地向下溅射刻蚀出几纳米至几微米的溅射坑。离子束在表面的位置由数字电子设备控制。当离子束跨过表面时，二次离子产生并且由质量分析器收集。通常离子束的能量范围为 $1\sim20$ keV，束流量通常在 nA cm^{-2} 范围。离子束的聚焦依赖于束流量，直径范围从亚微米到几十微米(束流越小，离子束可能的最小直径就越小)，离子束会在 $10\ \mu m\times10\ \mu m$ 至 $100\ \mu m\times100\ \mu m$ 的范围内扫描(栅格化)。为了实现深度剖析，两个主要的参数在使用仪器和实验的过程中会被优化。第一是要分析的化学物质(元素或者分子)的浓度灵敏度的动态范围，第二是深度分辨。动态 SIMS 的主要应用是分析硅片或类似材料上的电子器件。和可能遇到的化学或者生物其他领域的样品比较，它们是完美的，因为通常它们几何上很平整。这是值得庆幸的，因为作为深度函数的精确的元素组成是必需的。可达到的动态范围与实验程序息息相关。通常在比蚀刻区域更小的区域里收集离子用于分析。这是因为即使在平坦样品理想情况下，当形成溅射坑时，离子将会从坑的边缘和底部发射。为了消除不是来自坑底的离子被收集，两种仪器程序会被用到。首先，一个透镜会并入采集光学组件，切断观察视野，仅让坑底能被观测到。这就是所谓的光学门，有助于减少坑边缘离子的采集。为了进一步改善这一问题，同样可添加一个电子门。在一次离子束不是位于溅射坑中心一个较小区域的情况下，关闭检测系统。这样离子就只能在该门规定的区域内被检测到，更详细的描述参阅第 5 章。

深度分辨是对于有关测得的浓度的深度我们能够测量的精确程度。如图4-42所示，材料中真实的浓度是突变的，实际测量的变化将会或大或小地偏离它。深度分辨是从测量的强度-溅射时间曲线或者浓度-深度曲线上定义的，表示为 Δt 或者 Δz，就是对应于浓度或者强度为 84.13% 和 15.87% 的时间差或深度差。它衡量实验中能够测量突变界面的程度。影响深度分辨的参数如下：一是仪器的影响，尤其是离子束的质量；二是样品成分的溅射速度；三是分析材料的表面形貌；四是作为离子轰击过程后的辐射诱导效应。

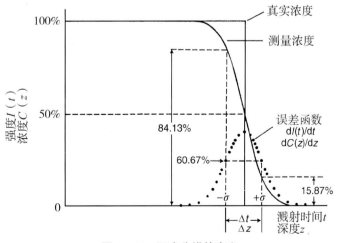

图 4-42　深度分辨的定义

在深度分辨中最重要的仪器影响是在分析区域的离子束均一性。离子束强度的峰形并没有平顶，通常近似高斯分布，因此在扫描通过表面时，离子束中心部分比边缘部分溅射更多，束边缘在每个像素点上将重叠。依赖于束峰宽 d 和两个相邻像素点距离 D 的比值，微观粗糙在坑底会发展。清楚的是，这将显著降低深度剖面的深度分辨。一个方形的束轮廓可以通过切削边缘一个光圈获得，然后通过优化 d/Δ 值，该效应能被最小化。溅射速率对深度分辨影响可能起因于样品不同的溅射速率显著不同。显然，离子束获得的溅射坑的深度将依赖于所用离子束溅射该样品的速率。假如样品是多重成分的，通常像在材料化学或者生物学的情形，不同的成分可能会以很大差别的速率溅射。显然，深度分辨会打折扣。这也是被允许发生的困难局面。幸运的是相近质量的有机分子拥有相近的溅射速率，这样虽然建立在轻微掺杂的单成分电子材料中精确深度剖析曲线不能得到，但是有用的定性的深度剖析曲线还是可以获得的。

初始的表面形貌对深度分辨有着非常重要的影响。如果要分析的材料的表面开始就不是平的，它将不可能被刻蚀出一个很好的溅射坑，并且不能得到好的深度分辨。一开始样品表面越粗糙，情况就会越复杂。有些材料在蚀刻时会产生粗糙结构。锥形体和柱形体会在无机材料中因不同类型的优先蚀刻过程而形成。这可能是由化学上或离子束对材料表面的角度所决定的。显然，这种结构的发展对深度分辨有最终的影响。在动态 SIMS 中，一个在多种情况下围绕这个问题的有效的方法就是在样品进行深度剖析的时候旋转样品[65]。

离子轰击过程本身可以引起的变化被称为辐射效应。当一个高能离子在溅射过程中与材料的原子碰撞时，一些溅射坑底部的原子可以移动到材料的更深处，而有一些则向上反冲，因此会发生轰击诱导混合。这种效应发生的深度与一次离子的范围类似，对于 2 keV 的离子束，大约是 7 nm。

所有这些问题对决定如何有效地定量或定性感知从化学和生物体系获得的深度剖析有着重要的意义。显然，生物细胞和组织一开始是相当粗糙的：它们是多组分的，因此不能指望有高的深度分辨。然而，通过与其他深度敏感技术，如 AFM 或椭圆偏光法，交叉参照剖析过程，能够得到关于化学成分随深度变化的有用信息。深度剖析和三维成像应用的例子在下面描述。

(6)多层结构的深度剖析。模拟的多层结构是用 Langmuir-Blodgett 方法生长得到的。这些层由多层的二肉豆蔻酰磷脂酸（DMPA）和花生四烯酸（AA）构成。构造的多种体系是拥有由每种成分都有多层的模块构筑的不同厚度的薄膜[66]。图 4-43 展示的是由 AA 和 DMPA 的钡盐交替膜构成的例子。每片膜的厚度等同于沉积在基底上单层膜厚度乘以层的数目。AA 和 DMPA 的单层厚度分别是 2.7 nm 和 2.2 nm，是用椭圆偏光法测量出来的。用 40 keV C_{60} 的离子束进行膜的深度剖析，而剖析的最后溅射坑的深度用原子力显微镜（AFM）来测定。图 4-43 展示了让样品在液氮温度下得到的深度剖析，m/z 为 28（Si^+）和 112（Si_4^+）的离子用于追踪基底硅的信号，$m/z = 463$ 用于 AA，$m/z = 525$ 用于 DMPA 的信号。深度分辨的计算方法与上面的一致。可以看出它落在 15～18 nm 之间。值得注意的是，当在室温下进行实验时，深度分辨范围从第一个界面的 18 nm 到在第 4 个界面处的 30 nm。表面形貌有大约 20 nm 的粗糙度，而在深度剖析后没有明显劣化。这些膜易受由分子混合引起的一些辐射效应的影响。温度似乎有影响的事实表明这些膜可能受到热诱导混合。计算机模拟 40 keV C$_{60}$ 溅射显示能期待的最佳深度分辨大约是 4.2 nm。离子束的入射角也会影响形貌。这些是早期的实验结果，虽然有关的分子深度剖析还有很多要学习，但是至少对于一些分子体系来说，目前它是一项可行的研究。

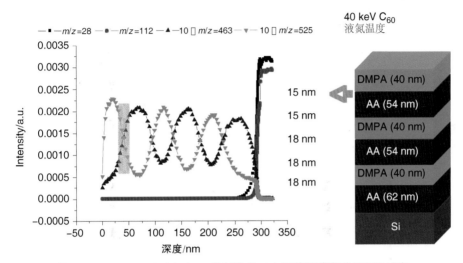

图 4-43　Langmuir-Blodgett 法制作的二肉豆蔻酰磷脂酸(DMPA)和
花生四烯酸(AA)钡盐多层膜的 C$_{60}$ 的深度剖析

注：经 L. Zheng, A. Wucher 和 N. Winograd 许可重制，Am. Soc. Mass Spec.，19，96-102 (2008)[66]。版权(2008)归属于 Elsevier。

(7)生物细胞的深度剖析和三维成像。分子化学的深度剖析能力自然而然地开启了三维成像分析的可能性。有可能实现生物样品的三维成像是令人激动的，因为尽管有很多光学技术允许对生物体系内部三维成像，但在大部分的情况下，人们要知道待寻找的是什么，才能用活性标记标分子以使其可被检测到。原理上质谱仪不需要这样做，并可探究化学成分的空间分布而不改变体系的化学成分。第一个被报道的用 C$_{60}$ 深度剖析的细胞体系是大的蛙卵，即非洲爪蟾的卵母细胞[67]。之后相似的研究是针对正常大鼠肾脏细胞的[68]。蛙卵的直径有 1 mm，尽管在样品台上易于操控，但之前的表面形貌效应会影响数据的生成。然而，作为一个概念的证明，它是成功的。它说明了在移除超过 175 μm 的细胞部分后，仍然能够检测到分子的信息，并且细胞化学物质的空间分布也是可以描述的。图 4-44 是深度剖析前后的非洲爪蟾卵母细胞，包括用于生成该数据的正负离子谱图。

这个研究用的是常见的脉冲离子束 ToF-SIMS 系统，结果要用很多天来溅射蚀刻和分析。每平方厘米的离子剂量是 10^{16}。在分析中用到的谱图特征峰是 m/z 为 540～700 的各组质谱峰。主要是失去头基(PC head group)的卵磷脂类,例如 $m/z=$

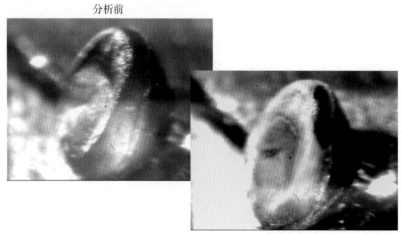

分析前

深度解剖后

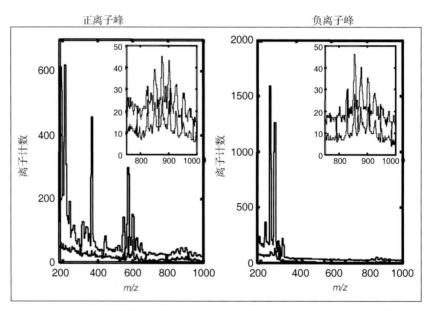

正离子峰

负离子峰

图 4 - 44　非洲爪蟾卵母细胞在 $40\ keV\ C_{60}^{+}$ 离子束深度剖析前后的光学图像
（包括生成图像数据的正负离子谱）

注：经 J. S. Fletcher，N. P. Lockyer，S. Vaidyanathan 和 S. Vaidyanathan 许可重制。版权（2007）归属于美国化学学会。

$548 = PC\ 16:0 - 16:1\ [(M - Head\ Group) + H]^{+}$；$m/z = 574 = PC\ 16:0 - 18:2[(M - Head\ Group) + H]^{+}$；$m/z = 576 = PC\ 16:0 - 18:1[(M - Head\ Group) + H]^{+}$。这些分子与脂质萃取液的分析结果中 3 种含量最丰富的脂质相符合。同样，在 m/z 为 800～1000 之间也有相似的一组峰。$m/z = 369$ 处的强峰则是胆固醇（cholesterol $[M + H-H_2O]^{+}$）。其次，脂肪酸的阴离子峰是 m/z 为 255，279 和 281（成分分别是 C16:0，C18:2 和 C18:1）。通过生成特定质荷比或一定质荷比范围内的一叠二维图像，放在一起就有可能构成如图 4 - 45 中左边的三维图像，而右边的图则是分析的卵

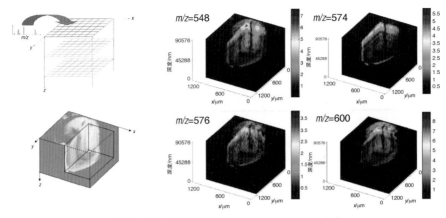

图 4 - 45　部分非洲爪蟾卵母细胞的三维成像

注：左边的图是二维图的累积，以此形成一个三维的图像。右边的图则展示了卵母细胞截面的 4 种不同种类脂质的分布。由 J. S. Fletcher，N. P. Lockye，S. Vaidyanathan 和 J. C. Vickerman 的许可重制，Anal. Chem.，79，2199（2007）[67]。版权（2007）归属于美国化学学会。

母细胞中 4 种脂质分子的空间分布。

三维图像虽然可用于提供化学分布图像，但在提供信号相对强度和希望浓度的概念时并不总是很有用。有助于考察相对强度的一种方法是等值面技术，等值面是用于强调强度高于某特定阈值的像素的区域。通过选取高阈值，高强度的区域能够被清晰地可视化；低阈值，仅仅排除噪音，能够用于整个样品可视化。如图 4 - 46 所示的等值面平面图是关于脂质头基 $m/z=184$ 的，其阈值低，因此整个细胞都能看见，而在 $m/z=369$ 处是中等阈值的胆固醇质谱峰，以及在 m/z 为 540～600 处有高阈值的缺少头基的脂质质谱峰，表明它们在外膜中含量很高。

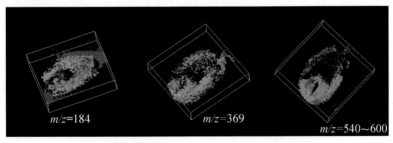

图 4 - 46　卵母细胞 C_{60} 深度剖析的等值面再现

(8)三维成像的形貌校正。很明显，试图只使用从形貌丰富的体系（如生物细胞）获得的二维图像数据构建真正的三维图像是困难的。解决这个问题的一种方法是把 SIMS 分析与测量形态特征的技术（如 AFM）相结合。图 4 - 47 展示了在脸颊细胞上的这一方法。在 SIMS 系统里分析之前，先用 AFM 测量细胞形貌[图 4 - 47(a)]。然后用 SIMS 分析细胞并生成二次离子图像[图 4 - 47(b)]。旋转这张图与 AFM 图像一致[图 4 - 47(c)]，重叠在它上面形成图 4 - 47(d)和图 4 - 47(e)。图 4 - 47(e)展示了沿着 x 轴、y 轴和 z 轴变化的形貌，二次离子强度用灰度表示。在这种情况下，z 轴方向上的数据由 AFM 提供。若细胞能够被 SIMS 化学剖析成像，则 z 轴方向堆叠的图像可以用最初的 AFM 图像进行偏置。理想情况下应是在剖析的过程中进行 AFM 的深度测量，但这样样品就得在剖析的过程中拿出来，不实际。然而，在分析进行的过程中可以考虑用一些深度的光学测量方法。

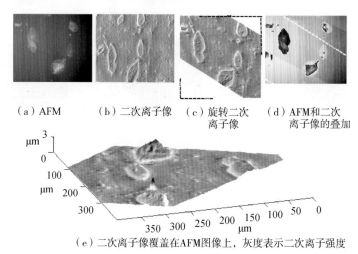

（a）AFM　　　（b）二次离子像　　（c）旋转二次　　（d）AFM和二次
　　　　　　　　　　　　　　　　　　离子像　　　　　离子像的叠加

（e）二次离子像覆盖在AFM图像上，灰度表示二次离子强度

图 4-47　结合 AFM 测量以校正形貌并提供 z 尺度测量的脸颊细胞 C_{60} 三维二次离子成像

(9)**组织的深度剖析**。组织的深度剖析有与细胞分析所遇到的相同的挑战。在生物学中，组织通常能在低温中保存一段时间，然后在分析之前冻干。SIMS 在这个领域内的应用还在发展中。不过清楚的是在 4.4.4 节中提到的基体效应会是一个问题。有证据表明除非样品保持低温，否则组织中的组分(如胆固醇)可能会丢失。组织含有盐类，这些盐类能干扰 SIMS 深度剖析。在接下来的例子中，在大鼠脑切片中的白质和灰质界面进行了深度剖析，以便看两个区域内的组成差异能否被监测到[69]。第一次尝试没有成功是因为在剖析的过程中，脂质、胆固醇和氨基酸的信号很快就消失，随后被在谱图中占主要的 Na 和 K 相关的质谱峰所取代。生物学体系的质谱分析研究常常被盐的存在所干扰。用甲酸铵清洗组织样品是已知的能够去除生物材料中盐分的一种处理方法。获得的数据如图 4-48 所示。图 4-48 上部的图形包含了从整个样品获得的数据，图 4-48(a)表示来自 $m/z=44$(丙氨酸离子)和 $m/z=70$(脯氨酸)的信号在贯穿样品中是稳定的，不像 m/z 为 369 和 385 处快速降低的胆固醇离子信号[图 4-48(b)]；在深度剖析的结尾，当蚀刻恰好穿透脑组织时，两幅图形里来自钢质基底 $m/z=56$ 的信号都上升。$m/z=184$ 离子(胆碱磷酸头基离子)行为中出现两种不同的态势。这能够被三维成像实验支持，该实验展示穿越白质和灰质界面区域深度剖析的前 70 层(图 4-48)。在图 4-48(c)中，用 AFM 分析溅射组织区域，由此测得溅射坑的深度，显示为 4 μm。在 4-48(d)中 $m/z=369$ 处的胆固醇信号只限制在白质中的上面几层，而在图 4-48(e)中，$m/z=184$ 离子在灰质中开始时强度较大但之后就下降并消失，同时它在白质中强烈上升。来自亚胺离子的信号[图 4-48(f)]

只在灰质中检测到，并且在最初的几层移除后呈现上升。

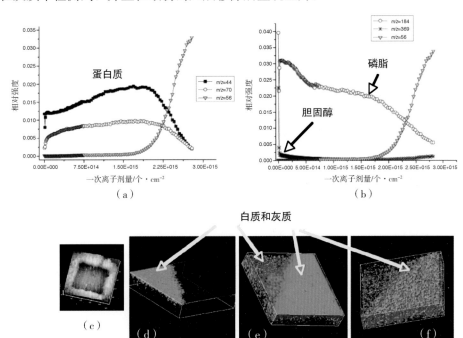

图 4-48　大鼠脑组织的白质和灰质分界面的 40 keV C$_{60}^+$ 深度剖析

注：经 E. A. Jones，N. P. Lockyer 和 J. C. Vickerman 许可重制，Anal. Chem. 80, 2125 (2008)[69]，版权(2008)归属于美国化学学会。

　　令人好奇的是胆固醇浓度从表面如此快速地下降。有个关切点是在室温的真空条件下胆固醇会扩散甚至能完全从组织中脱离出来。这样的效应能够影响生物学样品内所有相对低分子量的化学物质。在 -120 ℃条件下，相似的组织样品的深度剖析研究表明，胆固醇的浓度不随深度的变化而变化，这证实了需要在低温条件下分析生物样品。然而，用传统的 ToF-SIMS 仪器进行如图 4-48 所示这种类型的深度剖析成像研究费时要超过两天，因此不能用于低温的研究。

　　(10)分子生物的 SIMS 分析。比较清楚的是用多原子的一次离子(如 C$_{60}$)甚至更大的离子，能够使 SIMS 的生物分析的前景是光明的。开拓像这样的离子束能力要求质谱仪能配备直流束和提供现代质谱仪的所有功能，特别是串联质谱分析功能。图 4-49 显示了良性前列腺增生细胞三维分析的一些早期结果，运用了直流 C$_{60}$ 离子束和有压缩功能的 ToF-SIMS 仪器。图 4-49 展示了一系列关于 $m/z=184$ 的离子的图像，每一幅图代表在每平方厘米 2×10^{13} 个离子的剂量后的信号累积。与先前的"先蚀刻，再分析"的方法相比，该方法会浪费所有在蚀刻期间潜在的可用信号。在目前的分析里，所有在溅射蚀刻过程里产生的信号都被采集。

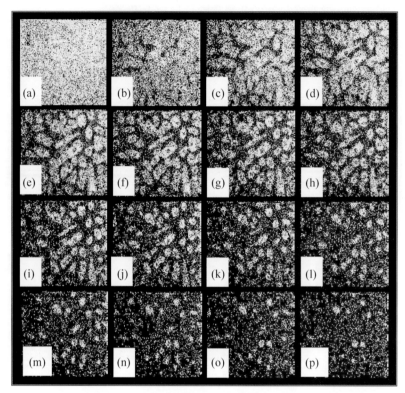

图 4-49　直流 C_{60} 离子束溅射的良性前列腺肥大细胞的三维成像分析

　　图 4-49 显示了用对数强度标表示的 $m/z = 184$ 贯穿细胞样品的信号变化。图 4-49(a) 至图 4-49(p) 是用 C_{60}^+ (40 kV) 采集的，每张图像累积了每平方厘米 2×10^{13} 个离子的剂量。视野范围是 $200 ~\mu m \times 200 ~\mu m$。上层的膜被移除[图 4-49(a) 至图 4-49(e)]，核所在的低信号区域变得可见[图 4-49(f) 至图 4-49(j)]，然后下层的膜也被移除[图 4-49(k) 至图 4-49(p)]。在图 4-50 中，来自一种能代表蛋白质的氨基酸的组氨酸 $m/z = 110$ 信号和代表细胞膜主要成分磷脂的 $m/z = 184$ 信号。细胞在贴附在银箔上并且在最后一个非常明显的诡异信号显示了在溅射的过程中银能受到细胞的保护。此外，在细胞中心信号 $m/z = 184$ 缺乏的地方就是明显的核区域。

　　这些结果说明了运用 SIMS 在生物体系或者其他化学成分复杂体系进行质谱成像的前景是令人期待的。期待该领域在未来的几年后有快速的发展。

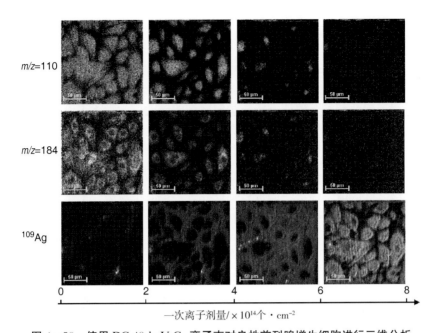

图 4-50　使用 DC 40 keV C$_{60}$离子束对良性前列腺增生细胞进行三维分析

注：每个图像是蚀刻期间的累积信号。m/z=110 信号来自组氨酸（一种表示蛋白质存在的氨基酸），以及来自细胞膜的磷脂的 m/z=184 信号。这些细胞是贴附在银箔上的。

4.6　溅射中性粒子的离子化

在溅射过程中发射的粒子中，超过 95% 是中性的。因此，SIMS 实验忽略了产生的绝大部分信息。如果这能利用起来，就可增加灵敏度和进一步增加涉及材料表面信息的种类。获取中性成分还有一个潜在引人注意之处，就是 SIMS 的定量受到基底效应的困扰。这是因为粒子发射和离子化过程"同时"发生。如果我们能减弱发射过程中的离子化，离子化就会在中性粒子从表面脱离后发生，离子的产额将不依赖于基底，定量将会更容易。

溅射中性粒子的质谱法（SNMS）的原理是抑制溅射的二次离子成分，然后在距固体表面上面一段距离处后电离溅射中性粒子。从 20 世纪 80 年代起，人们尝试了许多不同的方法。虽然有生产商品仪器，但这项技术没有被广泛应用。目标是定量更简单、灵敏度更高以及扩充信息。

实验中的后电离能够通过电子或者光子轰击完成。一种可能的"化学电离"的类型也在开发中，就是铯原子撞击产生 MCs$^+$ 离子，该离子呈现出更少地受到基底效应的影响[70]。电子的后电离子最初是从动态 SIMS 条件下对元素的分析中发展而来的[71-72]。这不是本章的重点，因此我们就不再进一步考虑它。和 ToF-SIMS 仪器配在一起的光电离是为了克服基底效应同时也为了提高离子产额而发展起来的。尽管商业化的仪器在 20 世纪 90 年代已经推出，但技术的复杂性及其限制阻碍了它的发展。

不过在一些研究实验室里仍然用这种方法来探究溅射实验中离子形成的基本原理。因此我们将简要地说明光电离。

4.6.1 光子诱导后电离

对后电离最简洁和最有效的方法就是用脉冲的高能激光光子去电离离开表面的中性粒子。在这种操作模式下，ToF-MS 就必须用来做质量分析。图 4-51 展示了基本的排布。有两种基本的机制，基于它们，光子能够电离中性粒子。第一种是共振多光子电离（REPI），是选取一个或者更多的光子波长来匹配位于要探测元素或物种的基态和真空能级之间的电子能级的能量差。这样，一个电子被激发攀爬能级梯子直到电离。第二个是非共振多光子电离（NRMPI），用很高功率的激光，通常是紫外激光，激发电子从基态经过虚拟能级直至电离。

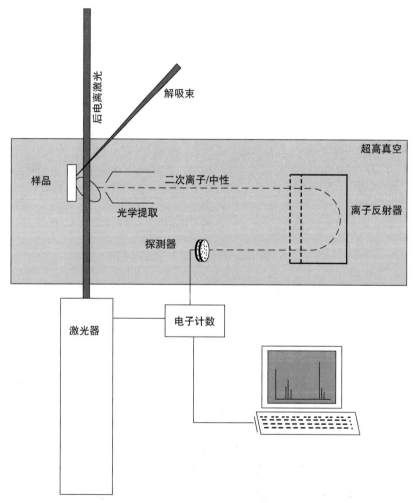

图 4-51 ToF-SIMS 系统的激光后电离的原理示意

注：在各种电极上加上不同的电压以便让后电离的离子被传输到检测器上。转载自 N. Lockyer Ph. D 的论文，曼彻斯特大学，科学与技术学院，1996。

(11)共振多光子电离导致溅射中性粒子电离。这种方法将激光光子调整到原子或感兴趣物质的能级。例如，想要分析铟元素，就要查阅铟的能级图，如图4-52所示，我们发现可以用两个 410.2 nm 的光子或者一个 303.9 nm 光子跟随着另一个 607.9 nm 的光子将铟电离。显然，前者的配置会更方便，因为只需要一个激光波长。这个例子强调了 REMPI 是针对特定元素或特定物种的。要确保正确的光子可用，必须要事先知道哪些元素需要分析。有些元素需要 3~5 个光子。REMPI-SNMS 具有高效率这一大优势。在电离数量上，中性粒子的电离概率可以接近 100%。为了获得这一灵敏度水准，激光光子领域和中性粒子的溅射羽流之间的重叠是至关重要的。在离子束脉冲之后施以大约 1 µs 的激光脉冲，给予中性粒子从表面飞行到激光束区域的时间。影响激光区域和溅射羽流的重叠因素是一次离子束的脉冲宽度、溅射中性粒子的能量、中性粒子的空间分布、激光光子的节奏和激光光束的直径。如果所有这些因素能够调整好，可以有非常高的灵敏度[73]。图 4-53 展示了硅片上 ^{56}Fe 的分析。在 ^{56}Fe 和 ^{56}Si$_2$ 之间有一个难点，即质量干扰，使 SIMS 的应用也产生困难。利用 REMPI 能够对 ^{56}Fe 进行选择性电离，能实现下至 2×10^{-12} 的深度剖析[74]。

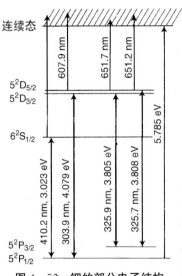

图 4-52　铟的部分电子结构

注：转载自 F. M. Kimock, J. P. Baxter, D. L. Pappas, P. H. Kobrin 和 N. Winograd, Anal Chem., 56, 2782 (1984)[72]。版权(1984)属于美国化学学会。

可实现高灵敏度意味着可以使用静态条件下的离子轰击。对复杂的有机和无机材料进行分析也是可能的。然而，因为许多有机物振动能级是与每个电子态相关联的，共振要求也有不是很严格的时候，尽管如此，要电离物种的电子吸收特征的一些知识是需要的。未知的分析不太需要特定的电离过程。

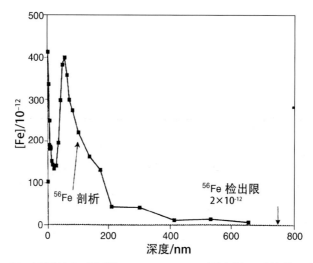

图4-53 用溅射Fe原子的REMPI-SNMS对注入^{56}Fe硅片的深度剖析

注：转载自C. E. Young，M. J. Pellin，W. F. Calaway，B. Jorgenson，E. L. Schweitzer和.M. Gruen，Nucl. Nucl. Instrum. Meth. Phys. Res.，B27，119 (1987)[73]，版权(1987)归属于Elsevier。

(12)用非共振的多光子电离技术诱导的溅射中性粒子电离。非共振的多光子电离并不是针对特定物种的，通过虚拟能级就能发生电离。在虚拟电子能级上，电子的寿命很短，这样本质上是光子到达速率足够高以至于在电子返回到基态之前就把电子提升到真空能级。因此，这个过程效率并非很高，高功率密度就是必需的：需要$10^9 \sim 10^{10}$ W·cm^{-2}，与REMPI的约10^7 W·cm^{-2}成鲜明对比。通常用到的是紫外光子，例如来自ArF或KrF准分子的193 nm或248 nm，又或来自Nd-YAG四倍频率的266 nm。使用ToF-MS分析器对未知样品的元素进行分析，这一技术是非常有效的。虽然灵敏度不及REMPI那样高，但非常接近。图4-54为用NRMPI得到的标准钢

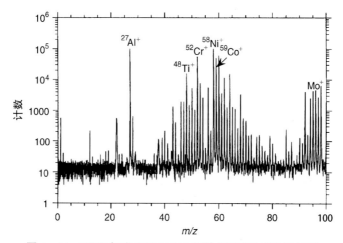

图4-54 NIST标准SRM 1243钢的NRMPI-SNMS质谱

注：转载自E. Scrivenor，R. Wilson和J. C. Vickerman，Surf. Interface Anal.，23，623 (1995)[75]. 版权(1995)属于John Wiley & Sons，Ltd。

的质谱图[75]。通过这样的材料，可以得到相对灵敏度因子(RSFs)的表，用于使用该仪器对未知物质的分析。在整个元素周期表内，RSFs 的变化范围不到一个数量级，可以获得在低至 $10^{-12} \sim 10^{-6}$ 范围内的灵敏度。这项技术让定量更容易，对所有元素来说拥有比较均匀的灵敏度，并且与 SIMS 相比，对很多元素来说有更高的灵敏度。

　　用 NRMPI-SNMS 进行静态分析显然是可行的。这就为有机和无机材料的表面化学结构分析提供了更高的灵敏度。尽管用 CO_2 激光从玻璃基底解吸，然后用 UV-MPI 电离的大量有机化合物的研究在产生分子离子方面已很成功，但是在溅射 PMMA 后电离方面的早期研究没有被推崇[76]。该质谱只显示了碳的碎片[图 4-55(a)]。如果降低功率的等级，就不会有明显的离子产生。观察到这一现象是由于大量能量不够电离出射团簇的光子，使出射团簇受激，但是在它吸收另外一个光子导致被电离之前，这些团簇可增加振动能，使分子散开。这个问题有两种解决方案。第一个是使用产生足够能量的 VUV 光子，以便只用一个光子就能电离大多数分子和团簇。第二个就是使用飞秒级光子，以便光子的能量可比分子振动更快速地输入，这样电离会在分子有机会发生碎片化前产生。Becker 和其同事[76]证明了第一种方法是可行的。他们用三倍频氙-氩气混合物内产生的 455 nm Nd-YAG 辐射，生成 118 nm 辐射[图 4-55(b)]。虽然这种三倍频过程是低效率的(约 10^{-4})，但是拥有 20 mJ 的输入脉冲，能得到包含 1.3×10^{12} 个光子的 10 ns 脉冲辐射。这就足以产生良好的 PMMA 质谱[图 4-55(c)]。该质谱与 SIMS 的质谱有所不同。虽说 m/z 为 59 和 69 是 SIMS 中的强峰，但是归因于单体离子的 $m/z = 100$ 的质谱峰在 SIMS 中不出现。它的灵敏度至少与 SIMS 等同，并且有增强的数据。这项技术在激光电离表面分析(SALI)下实现商业化。与 REMPI 一样，其灵敏度非常依赖于激光束和溅射羽流的相互作用效率。此外，因为所用激光重复率很低，所以数据采集就比较慢。虽然这项技术有着巨大潜力，但在商业上不是很成功。在该领域的进一步研究尚未展开。

　　光子后电离有一个比较吸引人的地方，就是大大提高分子物种分析的灵敏度，从而使成像模式下的高分辨分析在接近于静态的条件下成为可能。SIMS 中离子产率很低，理论上有可能增加至少 100 倍，也许是 1000 倍。由于在成像中实验要访问表面上的 256×256 个点，因此，如果要在合理的时间内获取图像，还需要高的激光重复率。基于钛蓝宝石技术的飞秒级激光具有千赫兹重复率的优点，因此它们具有将能量快速注入分子物种的能力，它们似乎是分子物种光子诱导后电离激光的候选。早期数据让人非常振奋。与纳秒级光子相比，飞秒级光子确实能够导致更高的电离效率和更少的碎片化[77-78]。图 4-56 为苯并芘在 SIMS 中以及通过光子后电离被溅射的质谱。只有用光子后电离的 $m/z = 252$ 分子离子信号是清晰明显的。但是，与飞秒级辐射相比，当使用纳秒级辐射时，会产生多得多的碎片，在飞秒级下离子产额也高得多。

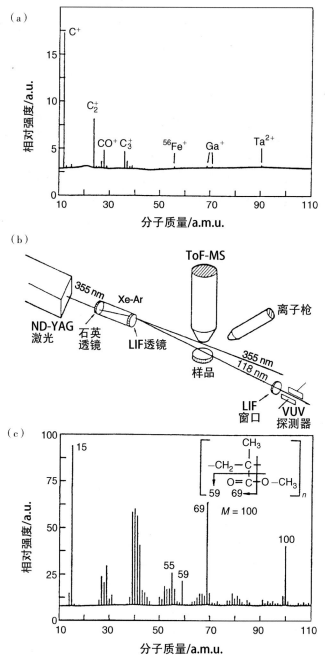

图 4-55　(a)用多光子电离(258 nm，1×10^7 W·cm⁻²)Ar⁺溅射得到的 PMMA 激光后电离的质谱图，谱图是 1000 个脉冲获得的；(b)用 VUV(180 nm)辐射电离的光子诱导后电离的配置示意图；(c)用脉冲的 Ar⁺溅射的单光子电离(118 nm，3×10^3 W·cm⁻²)的 PMMA 质谱图，谱图是 1000 个脉冲获得的

注：转载自 U. Schühle, J. B. Pallix 和 C. H. Becker, J. Am. Chem. Soc.，110，2323 (1988)[76]，版权(1998)归于美国化学协会。

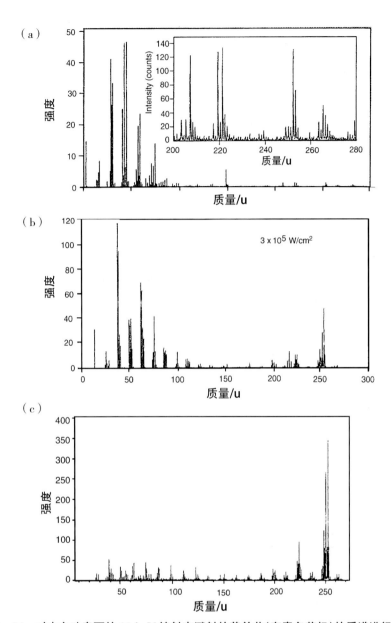

图 4 - 56　对来自硅表面的 25 keV 镓射束溅射的苯并芘(有毒多芳烃)的质谱进行比较

注：(a)SIMS 质谱；(b)280 nm 的 SNMS，纳秒级光子；(c)266 nm 的 SNMS，250 飞秒光子(1.5×10¹² W·cm⁻²)。转载自 C. L. Brummel, K. F. Willey, J. C. Vickerman 和 N. Winograd, Int. J. Mass Spectrom. Ion Phys.，143，257（1995）[77]。Copyright (1995)属于 Elsevier。

4.6.2　光子后电离和 SIMS

当应用于有机分子体系时，所有的光子电离法在最好的情况下也能产生自由基阳离子。这些离子与通过正常溅射产生的离子是不同的。通常是 M±H 离子。期望光子后电离产生更高产额的分子离子，或者产额不依赖于化学物质可能是不现实的。虽然有机分子有与电子能级相关联的间隔很近的振动能级，这意味着光子波长不是关键的，但是除了在 VUV 之外，待检测分子的化学性质在确定所用的严密的实验条件时是很重要的。因此，光子后电离对于相当有限的分子确实是成功的，但它却难以用作"探索"发现质谱法的一部分，因为不知道将会在呈现的分析物里发现什么。然而，已有一些有用的特定问题，并且能看到在未来还是很有潜力的。如图 4 - 57 所示的一个例子，基质效应可以阻碍组织样品中二次离子的形成。在组织中发现的 DPPC 是非常强的质子受体，使其能够抑制组织中药物分子形成 M + H 离子。在组织中发现的胆固醇更多是质子供体，能增强许多药物分子 M + H 离子的形成。这样，就出现药物好像是位于富含胆固醇的组织(如脑组织的白质)内，而在富含 DPPC 的那些部分组织(如脑组织的灰质)内缺乏的现象，即使它可能是均匀分布。为了观察使用后电离是否可以克服这种效应，制备了一个由药物阿托品以及胆固醇或 DPPC 1 : 1 混合物组成的模型样品。使用 C_{60}^+ SIMS，以常规方式分析样品，同时也用 Nd-YAG 激光器的 5 mJ，266 nm 激光脉冲实施溅射中性粒子的激光后电离分析样品。图 4 - 57 所示的结果已经清楚地显示出在 SIMS 实验中与阿托品相关的峰的强度差异，在两个脂质基质之间 $m/z = 290$ 处的 $[M + H]^+$ 和主要碎片 $m/z = 124$ 的强度有一个数量级的不同。当使用激光后电离分析相同样品时，来自药物最丰富的代表性离子是在 $m/z = 124$ 处的碎片峰，当然，$[M + H]^+$ 离子不是由激光后电离产生的。当这一质谱峰的强度在两个样品之间进行比较时，它们的差别在实验误差范围内是可忽略的。这表明在两个样品的表面存在相同量的药物分子，并且溅射到真空中的数量也是相同的。然而，样品本身的性质对于以带电状态进入真空的分子的百分比有很大的影响。

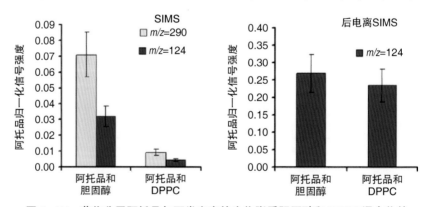

图 4 - 57 药物分子阿托品与两类丰富的生物脂质胆固醇和 DPPC 混合物的 SIMS 分析以及光子后电离的 SIMS 分析

注：转载自 E. A. Jones，N. P. Lockyer 和 J. C. Vickerman，Int. J. Mass Spectrom.，260，146 (2007)[51]，版权(2007)属于 Elsevier。

使用 SPI-VUV 后电离另一个更深入的实例已成功用于激光解吸，其似乎也适用于离子解吸。芳香族标记可以用来降低生物分子的电离电位，使它们落在唯一商业化的高强度 VUV 源——F_2 激光发出光子的能量范围内，该 F_2 激光发出 157 nm 或

7.87 eV 的光子。大多数生物分子具有高于此能量的 IP，但用芳香族分子标记后，通常会将 IP 降低到 7.87 eV 以下，从而可以利用该激光进行后电离。Hanley 及其同事将氮激光解吸与芳香族标记以及 F_2 激光后电离相结合，以检测肽和其他生物分子[79]。他们所说的标记生物分子分析物"7.87 eV SPI"的优点是仅仅只有那些 IP 低于光子能量的物种才能被选取电离，由此降低质谱中的背景和干扰的质谱峰。质谱中化学噪声的减少，加上目标分析物的标记，改善了识别目标物的能力。此外，虽然它不是一种"探索类"的技术，但是在有可能明确说明感兴趣的分子以及它们在原位容易进行化学标记的情形下，这项技术是非常值得推崇的。有一个好的说明性例子，就是在生物膜上的细菌里面的信号肽的检测和成像[80]。在涉及群体感应的过程中，细菌个体通过信号分子在生物膜内进行通信。革兰氏阳性和革兰氏阴性细菌通过群体感应来调节孢子形成、生物膜形成和其他发育过程。在革兰氏阳性细菌生物膜内的外部细胞表面上发现表现象群体感应物种的小肽。为了了解有助于制定控制生物膜引起的健康问题的对策的感应群体物种的辨别、分布和活性，作者展示了一种信号五肽，在枯草芽孢杆菌中的 ERGMT，能用蒽或喹诺酮标记并用 7.87 eV 的 LDPI-MS 检测和成像。这种肽不容易直接用 MALDI-MS 检测到，因此可以展望芳香族标记与激光或离子解吸相结合应对离子形成困难的情形。

到目前为止，SNMS 的主要关心是元素的定量，并且似乎基质效应也大大减少。但是基体效应并没有完全消除，因为溅射产额对表面键的强度和发射角的分布很敏感，所以从基质到基质之间会有些变化，但是可能仅仅差 2 倍或 3 倍。精确的定量化可能会受到其他两个参数的干扰。其一，如果二次离子发射量高(对于碱金属而言)，中性粒子的产额将显著降低，并将影响后电离产额。其二，大量的原子团簇(就在像银等金属上可能发生的一样)可能影响元素的产额。虽然有这些限制，但电子束的 SNMS 正被世界范围内的许多工业问题所利用，用于元素分析。激光 - SNMS 的元素分析还远未广泛使用。除了在一两个专业的合约实验室内，设备的成本和复杂性阻碍了它的应用。在研发实验室里，激光后电离对复杂化学的分析仍然非常多。虽然它不太可能成为"探索"表面分析技术手段的一部分，但是很清楚的是，在可以确定目标分析物的情况下，利用它有极大的好处。虽然潜力是巨大的，但是需要付出很大的努力去实现。

4.7　环境解吸质谱法

大多数经典的表面分析方法都是在真空系统中进行的。当涉及检测离子或电子的情况时，实质上是必须要确保这些粒子在到达检测器的途中不会丢失或改变。真空同样被认为能保持要研究的表面免受污染。当然，真空也可以把重要的弱结合组分在被检测之前被除去，由此干扰分析。就像看到的，已经开发出用于生物体系的低温方法尝试保持样品的天然状态。21 世纪初期，出现了一组类似于 SIMS 的新技术，能够在周围环境条件下从表面获得解吸质谱。虽然质谱仪及其检测器仍然需要处于真空系统中，但是解吸和离子形成过程可以在大气压下进行。已经证明，离子可以通过电喷雾射流、通过各种类型的等离子体放电和激光光子从表面解吸，然后夹带在电喷雾射流中[81]，如图 4-58 所示，这样形成的离子就被收集在离子转移管中，然后像传统的电喷雾质谱法做的那样加热把离子分离出来。离子通过一个小孔，小孔提供了大气压与质谱仪真空之间的界面。当离子进一步进入谱仪时，气压就开始降低直到真空度足以进行有效的质量分析。各种撇渣板、光学聚焦元件和四极杆可以用来调控离子束。用 ToF、四极或离子阱质谱仪则可以分析离子。离子形成的各种模式全都呈现为相对较弱的电离过程。虽然解吸和离子形成的机理仍是研究和讨论的主题，但是从日常表面直接提供分析有用数据的突显的能力已引起很大的振奋。显示其检测药物、爆炸物以及隐藏的疾病生物标志物能力的示范研究已经使研究兴趣迅速增加。我们已经注意到，和 MALDI 一样，SIMS 中的离子形成概率小于 10^{-4}。这些技术有非常有效的静电离子收集系统来优化从样品表面到质谱仪的离子传输。对于 ToF-SIMS 仪器，已经被测量有高达 50% 的传输率。环境压力型的仪器，通过将入口放置在羽流里的毛细管处和收集气流带入毛细管的离子，从解吸羽流中收集离子。这难以设想传输效率能非常高，并且又要求有飞摩尔量级分子的检测能力。

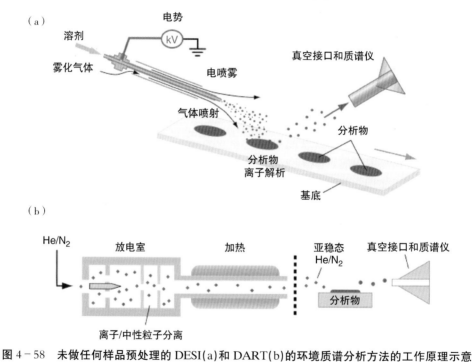

图 4-58　未做任何样品预处理的 DESI(a)和 DART(b)的环境质谱分析方法的工作原理示意

注：转载自于 R. G. Cooks, Z. Ouyang, Z. Takats 和 J. M. Wiseman, Science 311, 1566 (2006)[81]，版权(2006)归属于美国科学进步协会。

最广泛应用的技术是在 Cooks 实验室开发的解吸电喷雾电离质谱法(DESI)[81]。在这种装置里，通常由水和甲醇组成的电喷雾射流里产生的带电液滴和离子被引导到分析物的表面。表面化合物作为夹带在液滴中离子或裸露离子被取出。绝大多数被取出的物质可能不带电。界面毛细管周围的压力差将离子和气体吸入质谱仪中，再进行离子分析。喷雾冲击的角度和收集毛细管的位置在确定总体检测能力方面同样是重要的。解吸过程的效率取决于分子与表面的结合强度。改变喷雾的组成可以促进解吸和电离过程。可以看出，整个过程非常轻柔，这一点从显示非常少的碎片的质谱上得到反映。检测到的主要是分子离子。分析需要准确的质量测量和应用串联 MS-MS 的方法。可能涉及电离的多种机制，包含通过电喷雾离子化（ESI）产生气相离子的化学溅射，或者电晕放电，随后在这些初始离子和表面样品分子之间进行电荷转移。气相离子－分子反应的发生也与液滴飞溅或提取机制一起被考虑，这是目前最受认可的模型。这受多个电荷溶剂液滴的影响，溶液从表面溶解样品分子，产生形成携带样品分子的二次带电液滴，并导致与电喷雾离子化相似的离子形成机理。

　　从 DESI 已获得了一些令人印象非常深刻的成果，并且它是一项非常值得开发的技术。因为它可以在没有任何样品前期处理的情况下用于取证调查的应用，用于安检场所，例如机场行李检查，用于药物检测和疾病诊断，这是有希望它做出真正贡献的主要领域。图 4-59 显示了从纸上的干尿斑（2 mL 的尿液）获得的质谱，展示了该混合物的复杂性质。次要成分可以通过利用 MS-MS 质谱鉴定，例如，分离出 $m/z = 214$ 的离子并测出它的产物质谱，就能鉴定它为天冬氨酰－4－磷酸。已经表明，所示类型的实验能以每秒 1 个离子的速率进行。除了把它沉积在表面上外，生物流体没有任何要预先准备的。虽然电喷雾射流不具有在 SIMS 中使用的离子束的空间能力，不过空间分辨分析可以有效地进行。DESI 成像最简单的方法就是使用溶剂微滴的微探针束并扫描表面。

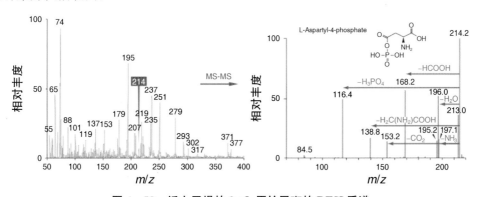

图 4-59　纸上干燥的 2 μL 原始尿斑的 DESI 质谱

注：用含有 1％乙酸的 1∶1 甲醇喷雾。产物离子的 MS-MS 质谱鉴定了一个次要组分，$m/z = 214$ 为天冬氨酰－4－磷酸。转载自 R. G. Cooks, Z. Ouyang, Z. Takats 和 J. M. Wiseman, Science 311, 1566 (2006)[81]，版权(2006)归属于美国科学促进协会。

DESI 的组织成像仅能显示适度的空间分辨(斑点大小为 0.5~1.0 mm),但它摆脱了 SIMS 成像要求的高真空的限制和样品制备的限制,这是 MALDI 成像的要求。如图 4-60 所示,通过对横跨人类肝脏组织的非肿瘤和肿瘤部位之间界面扫描 DESI 束实施分析,揭示了两者化合物的分布差异,其中与非肿瘤部位相比,肿瘤部位中的磷脂水平有所升高。

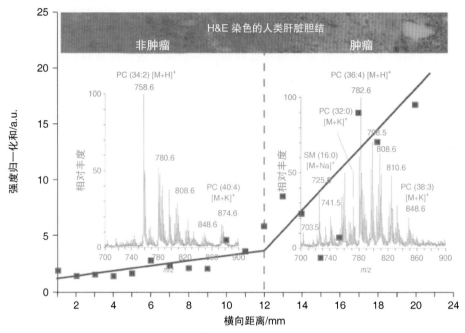

图 4-60　正离子模式的用 DESI 进行人肝腺癌直接的组织剖析

注:将组织切片并未处理,并按 1:1 甲醇和含有 0.1%氢氧化铵的水混合进行喷雾。再现允许,来自 R. G. 的许可 Cooks, Z. Ouyang, Z. Takats 和 J. M. Wiseman, Science 311, 1566(2006)[81]。版权所有 2006, 美国科学促进会。

DESI 可以被认为是 SIMS 的大气版本。然而,两者从表面取出分子的机制稍微不同,DESI 有着较小能量的并且可能更依赖于化学因素,例如分析物在喷雾液体中的溶解度或碱度[82]。与 SIMS 不同,DESI 可用于检测蛋白质,甚至据称可以对它们进行测序。基质效应类型问题将影响离子形成,因此它在数据解释中是需要考虑的因素。例如,在上文展示的组织分析中,要在质谱中显示组织中的所有化合物是不可能的,尽管肿瘤区域内磷脂含量升高可能是有重大意义的,但它可能并不反映由癌症所导致的所有化学变化。正如我们所看到的,这是所有解吸质谱法的共同问题。在 DESI 的情形里,为了试图确保检测更多化合物,可以通过改变喷雾液体的组成以提供一种化学电离类型来影响和增强电离。

如上所述,有许多方法采用的是离子体放电。一种广泛应用的是实时直接分析 (direcf analysins in realtime,DART)。如图 4-58 所示,向具有高电离能的气体 (通常为氮或氦)施加一电压以形成激发态原子和离子的等离子体,然后这些等离子体从样品表面解吸低分子量分子。可以看出,DART 非常适用于气相样品的分析。离子形成的机理会被认为与 DESI 有些不同。现已提出是 Penning 电离，即样品的电离是通过大于样品电离能的激发原子或分子的能量转移所产生的。已经观察到，当使用氦气作为气体时，该机理涉及电离的水团簇的形成，随后是质子转移反应。尽管碎裂程度有时高于 DESI[83]，但获得的质谱是类似的。在实践中，由于难以实际观察等离子体放电，因此如何获得用于从固体样品取样的最佳配置是更具挑战性的。

另一种变体是电喷雾增强激光解吸质谱(ELDI)[84]。使用脉冲氮激光从分析物表面解吸材料，将电喷雾射流穿过解吸羽流引向质谱仪的大气毛细管入口。已证明这种方法能够分析小蛋白质，而不需要应用基质。虽然激光不产生任何离子，但 ESI 源和激光一起却能产生良好的质谱。

将质谱的所有化学表征分析能力应用于环境大气中的材料分析是一个巨大的进步，并且这些技术有可能在现代世界中具有众多应用。一个很大的优点是这些技术与传统上用于分析化学的各种质谱仪直接兼容。因此，这可以使表面化学分析非常方便。然而，在环境中的分析会带来它自己的特殊挑战。通常难以确保杂散污染物在真空中进行分析时不干扰分析结果的质量，在分析的气氛和环境无法控制时，这将是一个更大的挑战。

本章介绍的所有表面质谱分析方法都有它们自己特殊的能力和挑战。从我们的调查中还可以看出，它们的能力全都在不断发展。没有一个解吸质谱法的变体能够解决所有问题。研究者或分析者需要考虑要获取的数据，以便指定可能为所提出的问题提供最有用答案的实验方法。

参考文献

[1] THOMSON J J. XXVI. Rays of positive electricity[J]. Philosophical magazine，1910，20：225-249.

[2] HERZOG R F K，VIEHBÖCK F P. Ion source for mass spectrography[J]. Physical review，1949，76(6)：855.

[3] LIEBL H J，HERZOG R F K. Sputtering ion source for solids[J]. Journal of applied physics，1963，34(9)：2893-2896.

[4] CASTAING R，SLODZIAN G. Optique corpusculaire-premiers essais de micro-analyse par émission ionique secondaire [J]. Journal of microscopy，1962，1：395-399.

[5] BENNINGHOVEN A. Dieanalyse monomolekularer Festkörperober-flächenschichten mit Hilfe der Sekundärionenemission[J]. Zeitschrift für physik a hadrons and nuclei，1970，230(5)：403-417.

[6] (a)MÜLLER A，BENNINGHOVEN A. Investigation of surface reactions by the static method of secondary ion mass spectrometry：III. The oxidation of vanadium，niobium and tantalum in the monolayer range[J]. Surface science，1973，39(2)：427-436；(b) MÜLLER A，BENNINGHOVEN A. Investigation

of surface reactions by the static method of secondary ion mass spectrometry: V. The oxidation of titanium, nickel, and copper in the monolayer range[J]. Surface science, 1974, 41(2): 493-503; (c) VICKERMAN J C, BRIGGS D. ToF-SIMS: Surface analysis by mass spectrometry[M]. Chichester, UK: SurfaceSpectra and IM Publications, 2003: Chapter 2.

[7] BARBER M, VICKERMAN J C, WOLSTENHOLME J. Adsorption and surface reactivity of metals by secondary ion mass spectrometry. Part 1.—Adsorption of carbon monoxide on nickel andcopper[J]. Journal of the chemical society, Faraday transactions 1: Physical chemistry in condensed phases, 1976, 72: 40-50 and subsequent papers reviewed in VICKERMAN J C. Static SIMS—A technique for surface chemical characterisation in basic and applied surface science[J]. Surface science, 1987, 189: 7-14.

[8] VICKERMAN J C, BROWN A, REED N M. Secondary ion mass spectrometry: Principles and applications[M]. Oxford: Oxford University Press, 1989.

[9] (a) BEHRISCH R. Sputtering by particle bombardment, I. Springer series topics in applied physics 47[Z]. Berlin: Springer-Verlag, 1981; (b) BEHRISCH R. Sputtering by particle bombardment, II. Springer series topics in applied physics 52[Z]. Berlin, Heidelberg: Springer-Verlag, 1983; (c) BEHRISCH R, WITTMAACK K. Sputtering by particle bombardment, III. Springer series topics in applied physics 64[Z]. Berlin: Springer-Verlag, 1991.

[10] BENNINGHOVEN A, RÜDENAUER F, WERNER H W. Secondary ion mass spectrometry[M]. Chichester, UK: John Wiley & Sons Ltd, 1987.

[11] VICKERMAN J C, BRIGGS D. ToF-SIMS: Surface analysis by mass spectrometry[M]. Chichester, UK: SurfaceSpectra and IM Publications, 2003.

[12] SICHTERMANN W, BENNINGHOVEN A. Secondary ion formation from amino acids by proton and cation transfer[J]. International journal of mass spectrometry and ion physics, 1981, 40(2): 177-184.

[13] GILMORE I S, SEAH M P. Static SIMS: A study of damage usingpolymers [J]. Surface and interface analysis, 1996, 24(11): 746-762.

[14] GALERA R, BLAIS J C, BOLBACH G. Molecular sputtering and damage induced by kiloelectron ions in organic monolayer-metal systems[J]. International journal of mass spectrometry and ion processes, 1991, 107(3): 531-543.

[15] BRIGGS D, HEARN M J. Analysis of polymer surfaces by SIMS. Part 5. The effects of primary ion mass and energy on secondary ion relative intensities [J]. International journal of mass spectrometry and ion processes, 1985, 67 (1): 47-56.

[16] WUCHER A. Molecular secondary ion formation under cluster bombardment:

A fundamental review [J]. Applied surface science, 2006, 252 (19): 6482-6489.

[17] SZAKAL C, KOZOLE J, RUSSO JR M F, et al. Surface sensitivity in cluster-ion-induced sputtering[J]. Physical review letters, 2006, 96(21): 216104.

[18] (a)BENNINGHOVEN A, EVANS C A, MCKEEGAN K D, et al. Proceedings of the 7th International Congress on SIMS[C]. Chichester, UK: John Wiley & Sons Ltd, 1990: 809; (b) BROWN A, VICKERMAN J C. A comparison of positive and negative ion static SIMS spectra of polymer surfaces [J]. Surface and interface analysis, 1986, 8(2): 75-81.

[19] SURMAN D J, VAN DEN BERG J A, VICKERMAN J C. Fast atom bombardment mass spectrometry for applied surface analysis[J]. Surface and interface analysis, 1982, 4(4): 160-167.

[20] VICKERMANJ C, BRIGGS D. ToF-SIMS: Surface analysis by mass spectrometry[M]. Chichester, UK: SurfaceSpectra and IM Publications, 2003: Chapter 10.

[21] LUXEMBOURG S L, MIZE T H, MCDONNELL L A, et al. High-spatial resolution mass spectrometric imaging of peptide and protein distributions on a surface[J]. Analytical chemistry, 2004, 76(18): 5339-5344.

[22] BROWN A, VAN DEN BERG J A, VICKERMAN J C. A comparison of atom and ion induced SSIMS—Evidence for a charge induced damage effect in insulator materials[J]. Spectrochimica acta part B: Atomic spectroscopy, 1985, 40(5-6): 871-877.

[23] WITTMAACK K. Successful operation of a scanning ion microscope with quadrupole massfilter [J]. Review of scientific instruments, 1976, 47 (1): 157-158.

[24] SAKAKINI B, SWIFT A J, VICKERMAN J C, et al. A comparison of the effects of Cu and Au on the surface reactivity of Ru (0001)[J]. Journal of the chemical society, Faraday transactions 1: Physical chemistry in condensed phases, 1987, 83(7): 1975-2000.

[25] (a)TANG X, BEAVIS R, ENS W, et al. A secondary ion time-of-flight mass spectrometer with an ion mirror[J]. International journal of mass spectrometry and ion processes, 1988, 85(1): 43-67; (b) NIEHUIS E, HELLER T, FELD H, et al. Design and performance of a reflectron based time-of-flight secondary ion mass spectrometer with electrodynamic primary ion mass separation[J]. Journal of vacuum science & technology A: Vacuum, surfaces, and films, 1987, 5(4): 1243-1246; (c) ECCLES A J, VICKERMAN J C. The characterization of an imaging time-of-flight secondary ion mass spectrometry

instrument[J]. Journal of vacuum science & technology A: Vacuum, surfaces, and films, 1989, 7(2): 234-244.

[26] CHERNUSHEVICH I V, LOBODA A V, THOMSON B A. An introduction to quadrupole-time-of-flight mass spectrometry[J]. Journal of mass spectrometry, 2001, 36(8): 849-865.

[27] (a) SAKAKINI B, HARENDT C, VICKERMAN J C. An EELS study of the adsorption and decomposition of deuterated ethene on Cu/Ru (0001)[J]. Spectrochimica acta part A: Molecular spectroscopy, 1987, 43(12): 1613-1618; (b) PAUL A J, VICKERMAN J C. Organics at surfaces, their detection and analysis by static secondary ion mass spectrometry[J]. Philosophical transactions of the royal society of London. Series A: Physical and engineering sciences, 1990, 333(1628): 147-158.

[28] BENNINGHOVEN A. Ion formation from organic solids (IFOSIII), Springer series in chemical physics, 25[M]. Berlin: Springer-Verlag, 1983: 118; (b) GILLEN G, LAREAU R, BENNETT J, et al. Proceedings of the 11th International Conference on SIMS (SIMS XI)[C]. Chichester, UK: John Wiley & Sons Ltd, 1998: 455.

[29] HEARN M J, BRIGGS D. Analysis of polymer surfaces by SIMS. 12. On the fragmentation of acrylic and methacrylic homopolymers and the interpretation of their positive and negative ion spectra[J]. Surface and interface analysis, 1988, 11(4): 198-213.

[30] (a) LEGGETT G J, VICKERMAN J C. An empirical model for ion formation from polymer surfaces during analysis by secondary ion mass spectrometry[J]. International journal of mass spectrometry and ion processes, 1992, 122: 281-319; (b) LEGGETT G J, VICKERMAN J C. Static secondary ion mass spectrometry (SSIMS)-an emerging surface mass spectrometry[J]. Annual reports—Royal society of chemistry, section C: Physical chemistry, 1991, 88: 77-133.

[31] (a) DELCORTE A, BERTRAND P. Energy distributions of hydrocarbon secondary ions from thin organic films under keV ion bombardment: Correlation between kinetic and formation energy of ions sputtered from tricosenoic acid [J]. Nuclear instruments and methods in physics research section B: Beam interactions with materials and atoms, 1996, 117(3): 235-242; (b) DELCORTE A, BERTRAND P. Influence of chemical structure and beam degradation on the kinetic energy of molecular secondary ions in keV ion sputtering of polymers[J]. Nuclear instruments and methods in physics research section B: Beam interactions with materials and atoms, 1998, 135(1-4): 430-435;

(c) DELCORTE A, BERTRAND P. Sputtering of parent-like ions from large organic adsorbates on metals under keV ion bombardment[J]. Surface science, 1998, 412: 97-124.

[32] RADING D, KERSTING R, BENNINGHOVEN A. Secondary ion emission from molecular overlayers: Thiols on gold[J]. Journal of vacuum science & technology A: Vacuum, surfaces, and films, 2000, 18(2): 312-319.

[33] VICKERMAN J C, BRIGGS D, HENDERSON A. The static SIMS library [M]. Manchester, UK: SurfaceSpectra Ltd, 1999.

[34] BEHRISCH R. Sputtering by particle bombardment, Springer series topics in applied physics 47[Z]. Berlin: Springer-Verlag, 1981: 9.

[35] WINOGRAD N. Characterization of solids and surfaces using ion beams and mass spectrometry[J]. Progress in solid state chemistry, 1981, 13 (4): 285-375.

[36] SIGMUND P. Fundamental processes in sputtering of atoms and molecules (SPUT92): symposium on the occasion of the 250th anniversary of the Royal Danish Academy of Sciences and Letters, Copenhagen, 30 August-4 September, 1992: invited reviews [M]. Kongelige Danske videnskabernes selskab, 1993.

[37] (a) WUCHER A, GARRISON B J. Sputtering of silver dimers: a molecular dynamics calculation using a many-body embedded-atom potential[J]. Surface science, 1992, 260(1-3): 257-266; (b) WUCHER A, GARRISON B J. Unimolecular decomposition in the sputtering of metal clusters[J]. Physical review B, 1992, 46(8): 4855.

[38] TAYLOR R S, GARRISON B J. Molecular dynamics simulations of reactions between molecules: High-energy particle bombardment of organic films[J]. Langmuir, 1995, 11(4): 1220-1228.

[39] TAYLOR R S, BRUMMEL C L, WINOGRAD N, et al. Molecular desorption in bombardment mass spectrometries[J]. Chemical physics letters, 1995, 233 (5-6): 575-579.

[40] BRENNER D W. Empirical potential for hydrocarbons for use in simulating the chemical vapor deposition of diamond films[J]. Physical review B, 1990, 42(15): 9458-9471.

[41] LIU K S S, YONG C W, GARRISON B J, et al. Molecular dynamics simulations of particle bombardment induced desorption processes: Alkanethiolates on Au (111)[J]. The journal of physical chemistry B, 1999, 103 (16): 3195-3205.

[42] DELCORTE A, VANDEN EYNDE X, BERTRAND P, et al. Kiloelectronvolt

particle-induced emission and fragmentation of polystyrene molecules adsorbed on silver: Insights from molecular dynamics[J]. The journal of physical chemistry B, 2000, 104(12): 2673-2691.

[43] DELCORTE A, GARRISON B J. Desorption of large organic molecules induced by keV projectiles[J]. Nuclear instruments and methods in physics research section B: Beam interactions with materials and atoms, 2001, 180(1-4): 37-43.

[44] DELCORTE A, GARRISON BJ. Kiloelectronvolt argon-induced molecular desorption from a bulk polystyrene solid[J]. The journal of physical chemistry B, 2004, 108(40): 15652-15661.

[45] (a)RUSSO JR M F, WOJCIECHOWSKI I A, GARRISON B J. Sputtering of amorphous ice induced by C_{60} and Au_3 clusters[J]. Applied surface science, 2006, 252(19): 6423-6425; (b) RYAN K E, WOJCIECHOWSKI I A, GARRISON B J. Reaction dynamics following keV cluster bombardment[J]. The journal of physical chemistry C, 2007, 111(34): 12822-12826.

[46] PLOG C, WIEDMANN L, BENNINGHOVEN A. Empirical formula for the calculation of secondary ion yields from oxidized metal surfaces and metal oxides[J]. Surface science, 1977, 67(2): 565-580.

[47] WEST A R. Solid state chemistry and its applications[M]. Chichester, UK: John Wiley & Sons Ltd, 1987: 291.

[48] REED N M, VICKERMAN J C. Ion and neutral spectroscopy[M]// BRIGGS D, SEAH M P. Practical surface analysis, Volume 2. Chichester, UK: John Wiley & Sons Ltd, 1992: 332.

[49] GERHARD W, PLOG C. Secondary ion emission by nonadiabatic dissociation of nascent ion molecules with energies depending on solid composition[J]. Zeitschrift für physik B condensed matter, 1983, 54(1): 59-70.

[50] COOKS R G, BUSCH K L. Matrix effects, internal energies and MS/MS spectra of molecular ions sputtered from surfaces[J]. International journal of mass spectrometry and ion physics, 1983, 53: 111-124.

[51] JONES E A, LOCKYER N P, VICKERMAN J C. Mass spectral analysis and imaging of tissue by ToF-SIMS—The role of buckminsterfullerene, C_{60}^+, primary ions[J]. International journal of mass spectrometry, 2007, 260(2-3): 146-157.

[52] (a)ZENOBI R, KNOCHENMUSS R. Ion formation in MALDI mass spectrometry[J]. Mass spectrometry reviews, 1998, 17(5): 337-366; (b) BREUKER K, KNOCHENMUSS R, ZHANG J, et al. Thermodynamic control of final ion distributions in MALDI: in-plume proton transfer reactions[J]. In-

ternational journal of mass spectrometry, 2003, 226(1): 211-222.

[53] JONES E A, LOCKYER N P, KORDYS J, et al. Suppression and enhancement of secondary ion formation due to the chemical environment in static-secondary ion mass spectrometry[J]. Journal of the American society for mass spectrometry, 2007, 18(8): 1559-1567.

[54] CONLAN X A, LOCKYER N P, VICKERMAN J C. Is proton cationization promoted by polyatomic primary ion bombardment during time-of-flight secondary ion mass spectrometry analysis of frozen aqueous solutions? [J]. Rapid communications in mass spectrometry, 2006, 20(8): 1327-1334.

[55] VICKERMANJ C, BRIGGS D. ToF-SIMS: Surface analysis by mass spectrometry[M]. Chichester, UK: SurfaceSpectra and IM Publications, 2003: Chapter 16.

[56] VICKERMAN J C, BRIGGS D. ToF-SIMS: Surface analysis by mass spectrometry[M]. Chichester, UK: SurfaceSpectra and IM Publications, 2003.

[57] OAKES A J, VICKERMAN J C. SIMS investigation of fresh and aged automotive exhaust catalysts[J]. Surface and interface analysis, 1996, 24(10): 695-703.

[58] TREVERTON J A, PAUL A J, VICKERMAN J C. Characterization of adhesive and coating constituents by time-of-flight secondary ion mass spectrometry (ToF-SIMS). Part 1: Epoxy-terminated diglycidyl polyethers of bisphenol-A and propal-2-ol[J]. Surface and interface analysis, 1993, 20(5): 449-456.

[59] VAN OOIJ W J, SABATA A, APPELHANS A D. Application of surface analysis techniques to the study of paint/metal interfaces related to adhesion and corrosion performance[J]. Surface and interface analysis, 1991, 17(7): 403-420.

[60] FLETCHER J S, HENDERSON A, JARVIS R M, et al. Rapid discrimination of the causal agents of urinary tract infection using ToF-SIMS with chemometric cluster analysis[J]. Applied surface science, 2006, 252(19): 6869-6874.

[61] CLIFF B, LOCKYER N, JUNGNICKEL H, et al. Probing cell chemistry with time-of-flight secondary ion mass spectrometry: Development and exploitation of instrumentation for studies of frozen-hydrated biological material [J]. Rapid communications in mass spectrometry, 2003, 17(19): 2163-2167.

[62] LECHENE C, HILLION F, MCMAHON G, et al. High-resolution quantitative imaging of mammalian and bacterial cells using stable isotope mass spectrometry[J]. Journal of biology, 2006, 5(6): 20.

[63] OSTROWSKI S G, VAN BELL C T, WINOGRAD N, et al. Mass spectrometric imaging of highly curved membranes during Tetrahymena mating[J]. Sci-

ence, 2004, 305(5680): 71-73.

[64] WEIBEL D, WONG S, LOCKYER N, et al. A C$_{60}$ primary ion beam system for time of flight secondary ion mass spectrometry: Its development and secondary ion yield characteristics[J]. Analytical chemistry, 2003, 75(7): 1754-1764.

[65] BENNINGHOVEN A, JANSSEN K T F, TUMPNER J, et al. Proceedings of the 8th International Conference on SIMS, Amsterdam, 1991[C]. Chichester, UK: John Wiley & Sons Ltd, 1992: 343.

[66] ZHENG L, WUCHER A, WINOGRAD N. Chemically alternating Langmuir-Blodgett thin films as a model for molecular depth profiling by mass spectrometry[J]. Journal of the American society for mass spectrometry, 2008, 19(1): 96-102.

[67] FLETCHER J S, LOCKYER N P, VAIDYANATHAN S, et al. TOF-SIMS 3D biomolecular imaging of Xenopus laevis oocytes using buckminsterfullerene (C$_{60}$) primary ions[J]. Analytical chemistry, 2007, 79(6): 2199-2206.

[68] BREITENSTEIN D, ROMMEL C E, MÖLLERS R, et al. The chemical composition of animal cells and their intracellular compartments reconstructed from 3D mass spectrometry[J]. Angewandte chemie international edition, 2007, 46(28): 5332-5335.

[69] JONES E A, LOCKYER N P, VICKERMAN J C. Depth profiling brain tissue sections with a 40 keV C$_{60}^{+}$ primary ion beam[J]. Analytical chemistry, 2008, 80(6): 2125-2132.

[70] GNASER H. Towards a 3D characterization of solids by MCs^{+} SIMS[J]. Surface and interface analysis, 1996, 24(8): 483-489.

[71] OECHSNER H, RÜHE W, STUMPE E. Comparative SNMS and SIMS studies of oxidized Ce and Gd[J]. Surface science, 1979, 85(2): 289-301.

[72] WILSON R, VAN DEN BERG J A, VICKERMAN J C. Quantitative surface analysis using electron beam SNMS: calibrations and applications[J]. Surface and interface analysis, 1989, 14(6-7): 393-400.

[73] KIMOCK F M, BAXTER J P, PAPPAS D L, et al. Solids analysis using energetic ion bombardment and multiphoton resonance ionization with time-of-flight detection[J]. Analytical chemistry, 1984, 56(14): 2782-2791.

[74] YOUNG C E, PELLIN M J, CALAWAY W F, et al. Laser-based secondary neutral mass spectroscopy: Useful yield and sensitivity[J]. Nuclear instruments and methods in physics research section B: Beam interactions with materialsand atoms, 1987, 27(1): 119-129.

[75] SCRIVENER E, WILSON R C, VICKERMAN J C. Feasibility of quantitative

analysis of metals and alloys by non-resonant multiphoton ionization of sput-tered neutral species[J]. Surface and interface analysis, 1995, 23(9): 623-635.

[76] SCHUHLE U, PALLIX J B, BECKER C H. Sensitive mass spectrometry of molecular adsorbates by stimulated desorption and single-photon ionization [J]. Journal of the American chemical society, 1988, 110(7): 2323-2324.

[77] BRUMMEL C L, WILLEY K F, VICKERMAN J C, et al. Ion beam induced desorption with postionization using high repetition femtosecond lasers[J]. International journal of mass spectrometry and ion processes, 1995, 143: 257-270.

[78] BENNINGHOVEN A, HAGENHOFF B, WERNER H W. Proceedings of the 10th International Conference on SSIMS, Munster, 1995[C]. Chichester, UK: John Wiley & Sons Ltd, 1997: 783.

[79] EDIRISINGHE P D, MOORE J F, CALAWAY W F, et al. Vacuum ultravio-letpostionization of aromatic groups covalently bound to peptides[J]. Analyti-cal chemistry, 2006, 78(16): 5876-5883.

[80] EDIRISINGHE P D, MOORE J F, SKINNER-NEMEC K A, et al. Detection of in situ derivatized peptides in microbial biofilms by laser desorption 7.87 eV postionizaton mass spectrometry[J]. Analytical chemistry, 2007, 79(2): 508-514.

[81] COOKS R G, OUYANG Z, TAKATS Z, et al. Ambient mass spectrometry [J]. Science, 2006, 311(5767): 1566-1570.

[82] (a) TAKATS Z, WISEMAN J M, GOLOGAN B, et al. Mass spectrometry sampling under ambient conditions with desorption electrospray ionization [J]. Science, 2004, 306(5695): 471-473; (b) TAKATS Z, WISEMAN J M, COOKS R G. Ambient mass spectrometry using desorption electrospray ioni-zation (DESI): Instrumentation, mechanisms and applications in forensics, chemistry, and biology[J]. Journal of mass spectrometry, 2005, 40(10): 1261-1275.

[83] WILLIAMS J P, PATEL V J, HOLLAND R, et al. The use of recently de-scribed ionisation techniques for the rapid analysis of some common drugs and samples of biological origin[J]. Rapid communications in mass spectrometry, 2006, 20(9): 1447-1456.

[84] SHIEA J, HUANG M Z, HSU H J, et al. Electrospray-assisted laser desorp-tion/ionization mass spectrometry for direct ambient analysis of solids[J]. Rapid communications in mass spectrometry, 2005, 19(24): 3701-3704.

❓思考题

1. 当用于 SIMS 时，定义术语"溅射"和"表面灵敏度"以及"表面损伤"。

2. SIMS 实验中元素 m 的二次离子信号强度由下式给出：

$$I_{ms} = I_p \theta_m y_m \alpha^+ \eta$$

确定并解释每个参数的重要性。当实施深度剖面分析穿过铝上的氧化铝薄膜时，描述和解释 Al^+ 信号随深度变化的变化。对于用 SIMS 进行定量元素分析这一观察结果有何含义。

3. 解释为什么在二次离子质谱(SIMS)中，在表面的不同化学物种产生的二次离子产额与表面的化学成分不成正比。

4. 解释对于原子的一次离子，为什么静态 SIMS 一次粒子轰击剂量的限制要设定为每平方厘米 10^{13} 个离子。概述为什么这对于有机表面的分析可能太高。

5. 聚对苯二甲酸的 X 射线光电子谱在 C 1s 处显示 3 个峰，结合能为约 284 eV、287 eV 和 290 eV。在静态 SIMS 正离子质谱中，在 m/z 为 193，149 和 104 处有 3 个显著的峰。对这些谱数据给出解释，并讨论 XPS 和 SSIMS 在聚合物表面分析中的相对优缺点。

6. 概述与原子一次离子相比，使用多原子团簇一次离子束进行分子表面分析的分析上的好处；与像 C_{60} 大型多原子的好处相比，辨别出小团簇金属离子束的优势。

7. 需要用液态金属一次离子束在静态极限内分析样品的 $1\ \mu m \times 1\ \mu m$ 区域。进行计算以确定这是否可行，假设所有成分的溅射产额为 1，电离概率为 10^{-3}，质量分析仪的透射率为 0.1，并且需要至少 100 个二次离子的产额覆盖谱图用于分析。如何在保持静态极限的同时能增加该计算的产额？

8. 生物-有机体系需要在二维和三维分析中以亚微米分辨率进行分析。概述在选择使用的离子束时要考虑的问题。

9. 如果溅射产额提高到 100，电离概率保持不变，取消保持在静态极限内要求，在分析中允许消耗整个表面层，那第 7 题中使用多原子束会有什么不同？如果谱中需要 100 个离子，那么在这些条件下分析的最小面积是多少？

10. 要求用有赖于脉冲多原子离子束的 ToF-SIMS 系统，进行深度剖析完全穿过 $50\ \mu m$ 直径的生物细胞。假设溅射产额为 100，DC 模式下 1 pA 一次束的束直径为 500 nm，扫描范围为 $70\ \mu m \times 70\ \mu m$，离子束脉冲长度为 20 ns，重复频率为 10 kHz。如果使用允许用 DC 束的 ortho(正交)-ToF 仪器，计算在这种情况下深度剖析时间。

11. 如果图 4-53 所示的硅中 Fe 的分析是通过 SIMS 而不是 REMPI-SNMS 进行的，那么需要什么样的质量分辨？设想一下，如果质量分析仪的透射率为 0.05，Fe 和 Si 的溅射产额为 3，Fe 的电离概率为 10^{-3}，最小可接受的计数水平为 5 个计数，分析面积为 $500\ \mu m \times 500\ \mu m$，一次束流为 $1\ \mu A \cdot cm^{-2}$。最小可检测的铁浓度是多少？深度剖析需要多长时间才能完成到 Fe 最小可探测浓度的深度，即 600 nm？

12. 在 4.6.1 中，在产生 VUV 辐射时，Becker 等人从源自 355 nm 辐射的 20 mJ 输入脉冲产生包含 1.3×10^{12} 光子的 118 nm 辐射的 10 ns 脉冲。转换的效率是多少？

第 5 章 动态 SIMS

5.1 基本原理和属性

5.1.1 简介

动态二次离子质谱(SIMS)是用于固体材料的化学微量分析的强有力的质谱分析技术，其根源是由通过溅射从分析物中取出的离子组成。自 20 世纪 60 年代中期以来，该技术的主要应用是微电子和地质科学，但其应用范围已经稳步增长，包括玻璃、陶瓷、金属、塑料、医药、生物材料，来自博物馆的材料，以及甚至来自空间的材料。该技术现在拥有亚纳米深度分辨(用超低能量一次离子)，十亿分之一的灵敏度(对于高产额元素)和几十纳米范围内的横向分辨。应当注意的是，虽然任何一个参数中的极限性能通常要排除在另一个参数中的极限性能，如高灵敏度和最高横向分辨是相互排斥的。尽管如此，这些属性仍可用于研究材料中非常广泛的过程，包括扩散、腐蚀、氧化偏析、定年和起源研究(例如太阳能前材料的情况)。

在过去，动态 SIMS 对半导体材料基础科学、新器件和新工艺的开发以及故障分析的贡献很大。反过来，SIMS 的进步已受到对用于测量部分或全部加工半导体材料和结构的分析方法的需求的刺激。由于电子材料能以非常高的纯度和再现性标准生产，因此它们形成用于 SIMS 技术表征的理想样品。随着有源器件体积继续缩小，微电子学的需求继续刺激仪器和方法的发展。同时，对来自地质和天体环境的微小体积的高精度测量的需求已促进能够进行异常高准确测量同位素比率的高质量分辨质谱仪的发展。超低能量深度剖析和相关亚纳米深度分辨的出现促进了诸如氧化物和氮化物薄层的分析。现在可以实时研究缓慢腐蚀过程，而不需要加速老化。例如，博物馆玻璃的老化能以研究水分进入的速率和移动的钠阳离子的流出来跟踪。SIMS 深度分析也可以与稳定同位素标记结合以便于扩散过程的测量。例如，氧通过氧化物陶瓷的扩散可以通过在增加 $^{18}O_2$ 气体含量的环境中加热陶瓷来评估，因为容易测量 ^{18}O 原子通过陶瓷的扩散。这种方法正在用于固体氧化物燃料电池技术的研究。

在本章中，我们将描述动态 SIMS 对各种材料问题的应用，重点是深度剖析。5.1 节描述了动态 SIMS 的总体功能和局限性。5.2 节概述了使用 SIMS 分析的一些领域。5.3 节涉及一维和二维数据的定量化、标准样品的使用和制造，以及误差来源。5.4 节描述了应用该技术的一些新颖方法，5.5 节讨论了仪器的各个方面。第 4 章 4.1 节至 4.3 节也将为 SIMS 的基本概念和仪器提供有用的背景。在动态 SIMS 中，重要参数的详尽列表可以在 Benninghoven 等人的论著中找到[1]。

在动态 SIMS 中，通过使用能量范围为 0.25~50 keV 的一次离子的单能束进行溅射来刻蚀样品表面。常规可实现范围的下限很可能扩展到 0.1 keV，因为做到这一点的束柱设计早已存在。通常低于 0.1 keV 时，将进入离子束沉积的状态，而不是溅射(实际上，像 Au^+ 那样的重离子，低于 0.3 keV 时就沉积)。范围的上限为液体金属离子源(LMIS)和其他重离子枪所用以克服色差和空间电荷效应实现亚微米的斑点大小。

一些溅射原子或分子团簇本身在溅射过程中直接电离，并且其中相当一部分在静电场中被收集并被传输到双聚焦磁扇形(DFMS)[2]、四极(QMS)[3]质谱仪或飞行时间(ToF)质谱仪里[4-5]。得到的分析类型(微量分析、深度剖析、图像或图像深度剖析)取决于对每个数据点做出贡献的取样体积的形状和位置。

动态 SIMS 和静态 SIMS 通过分析期间可接受的一次离子剂量来区分。对于静态 SIMS，重要的是，从早已被先前离子撞击修饰的样品表面的区域上检测到二次离子的概率远小于 1。实际上，这将每个实验的可接受的一次离子剂量密度限制在每平方厘米不足 10^{13} 个离子[1]。相比之下，在动态 SIMS 中，目标是建立刻蚀速率和表面化学的稳态条件，并且在近表面区域中保持的一次离子剂量倾向于获得稳定值。在动态 SIMS 测量[6]中的最小剂量[6]约为每平方厘米 10^{17} 个离子。当存在导致特定一次离子束、基质、杂质组合的这种稳态的实验条件时，SIMS 可以用作高精度深度分析和三维表征技术。对于在这两个极限之间的离子剂量，样品的表面化学性质、刻蚀速率和离子产额可随着照射行进而剧烈变化。这称为预平衡区，并且最少持续几个纳米的刻蚀。在这里，准确的定量是不可能的，尽管在某些情况下可能导出定性信息。对非常浅埋藏特征的分析需要特殊处理(见 5.2.3 节)。

SIMS 具有以下 4 个基本属性，它们赋予其高灵敏度和动态范围并确立其局限性：

(1)质谱法不含本底(与电子能谱和离子散射光谱不同)，因为质谱是离散的并且不叠加在连续谱上。即使在适度的质量分辨(例如 $M/\Delta M = 1000$)下，良好设置的磁或四极 SIMS 质谱仪应能够具有大于 10^8 的抑制比($I_M/I_{(M\pm1)}$)，这里 $I(M)$ 是在质量 M 处记录的强度。ToF 的光学系统通常排避免于 $\sim 10^5$ 的丰度灵敏度。表 5-1 显示了一些典型的质量干扰(依照 Balake 等[6])。

(2)二次离子产额相当高(通常在 $10^{-4} \sim 10^{-1}$ 的范围内)，对于小探针剂量来说可提供有用的定量精度。然而，它们也非常依赖于基质和物种，并且在感兴趣的基质、物种组合之间的变化为 $10^1 \sim 10^7$ 倍。因此，测量的强度可以随化学环境的变化而变化，而不是随分析物物质浓度的变化而变化。

表 5 - 1　常见的质量干扰(依照 Balake *et al.*[6])

	干扰离子	分析离子	所需的分辨率	ΔM
Error Matrix Ions	$^{28}Si^+$	N_2^+	960	0.0146
	$^{16}O_2^+$	$^{32}S^+$	1800	0.0178
	$^{28}Si_2^+$	$^{56}Fe^+$	2960	0.0189
	$^{47}Ti^{28}Si^+$	$^{75}As^+$	10940	0.0069
	$^{46}Ti^{29}Si^+$	$^{75}As^+$	10500	0.0091
Matrix + Primary	$^{29}Si^{30}Si^{16}O^+$	$^{75}As^+$	3190	0.0235
Hydrides	$^{30}Si^+H^+$	$^{31}P^+$	3950	0.0078
	$^{27}Al^1H^-$	$^{28}Si^-$	2300	0.0120
	$^{54}Fe^1H^+$	$^{55}Mn^+$	6290	0.0087
	$^{120}Sn^1H^+$	$^{121}Sb^+$	19250	0.0062
Hydrocarbons	$^{12}C_2H_3^+$	$^{27}Al^+$	640	0.0420
	$^{12}C_5H_3^+$	$^{63}C_u^+$	670	0.0939

　　(3)该技术消耗样品材料，并且测量中能达到的分析精度取决于测量所消耗材料量。在没有本底信号的情况下，消耗的体积将决定检测限。由 SIMS 或相似的分析来确定在消耗 N 个样品原子测量的原子物种 X 的分数原子浓度 C_X，其公式为

$$C_X = \frac{n_X}{NT_X\alpha_X} \qquad (式 5 - 1)$$

其中，n_X 是检测到 X 的二次粒子(正离子或负离子或中性粒子)的数量；T_X 是物种 X 的质谱仪的收集、透射和检测效率的乘积；α_X 是检测到的电荷状态的发射或产生概率，有时也被称为电离概率，其公式为

$$\alpha_X = \frac{以电荷状态产生的 X 的数量}{溅射出的 X 的总数} \qquad (式 5 - 2)$$

　　特别要注意的是，α_X 隐含地包含在分析期间发生的杂质迁移(例如偏析效应)和类似现象的因素；T_X 和 α_X 难以独立测量，而它们的乘积 $\tau_X = T_X\alpha_X$，被称为 X 的有用产额，容易获得，并且用做仪器品质的度量。

　　(4)因为离子束的能量积存和探针原子的堆积，一次离子束和样品之间的相互作用会引起在近表面区域内复杂的质量传递效应(Kirkendall 效应[7])、原子混合[8]、辐射增强扩散和偏析等[9-15]。这些过程在测量之前扭曲样品的内部三维化学分布，并且可以引起表面形貌的变化。通过正确选择实验条件，可以使这些效应最小化，但不能消除。

　　上述属性的组合催生了一种技术，其工作动态范围(D_w)的浓度约为 10 个数量级(即每立方厘米 $5\times10^{12}\sim5\times10^{22}$ 个原子)。然而，在该范围的较低端，对于具有平均有用产率的物种，有必要快速溅射约 $100~\mu m^3$ 的材料，以获得可接受的测量精度，这样高空间分辨率是不可能的。动态 SIMS 具有以下互不相容的极限指标：对于半导体

中的大多数杂质，检测限为每立方厘米 $10^{13} \sim 10^{16}$ 个原子，20 nm 的横向分辨[16]和亚纳米深度分辨[17-19]。对于给定的检测灵敏度，可实现的横向分辨和深度分辨的组合取决于分析所需的统计精度和为满足此要求而选择的材料体积的形状。

5.1.2　主题变化

动态 SIMS 能具有 5 种基本操作模式，即微量分析、深度剖析、成像、图像深度剖析和表面质谱(在亚千电子伏能量下)。此外，这些与在原位或非原位专门制备的样品的组合促使了该技术的有力扩展，例如二维剖析和原位切片和成像。

微量分析在地质应用中常用于同位素比值测量，例如 Betti[20]、Becker 和 Dietze[21]以及 Lon 和 Gravestock[22]。用一次离子束刻蚀有限的样品体积，通常约为 1 μm^3，并且收集二次离子，同时忽略其在体积内的起点位置。质谱仪可以在一定质量范围内扫描以实行杂质调查，或集中在几个质量上比较来自样品不同部分的杂质比率。由于离子产额在不同物种之间存在显著差异，因此除非有包含相同杂质的参考物质，否则很难量化调查数据。在微电子学中，由于多晶材料在器件制造中的重要性日益增加，以及器件尺寸缩小到一个器件包含的材料不足以进行具有高空间分辨内部分析的程度，因此微量分析的重要性有可能提升。

半导体样品的深度剖析是迄今为止最常见和最好开发的分析模式，因为大多数感兴趣的材料溅射极好，并且在大区域(大于 $1 mm^2$)具有高横向均匀性的样品(如注入晶片)是可用的。一次离子束通常在边长为 $0.1 \sim 0.5$ mm 的正方形区域上进行(光栅)扫描，每次扫描刻蚀一定的深度增量，并产生平底溅射坑。被刻蚀区域的边缘用离子光学装置[2]或电子门控[3]小心地把它排除在分析之外，以确保收集的二次离子仅来自溅射坑底部。记录有限个作为离子剂量函数的物种的强度变化，并且可以使用合适的定量程序将其转化为浓度随深度的分布(但是，在 ToF-SIMS 分析中，整个质谱被采集)。深度剖析现在已经达到了这样的阶段：在有利的情况下，可以对数据进行定量，其精度优于浓度 1% 和深度 4%。然而，这需要有精确的标准样品可用，并且样品不含尖锥或突变的界面。超低能量离子束柱的发展意味着深度分辨更好，现在可以达到一个纳米[17-19]。卢瑟福背散射、俄歇剖析和相关技术在每立方厘米 10^{20} 个原子以上时与 SIMS 有竞争优势，而二次中性质谱法(SNMS)[21,23-24]和共振电离质谱法(RIMS)[25-26]在每立方厘米 10^{18} 个原子以上是有用的。低于该水准，就每单位取样体积的灵敏度来说，SIMS 没有来自其他化学分析技术的竞争，可以与电化学电容电压分析(eCV)[27]、扩散电阻分析(SRP)[28]和深能级瞬态光谱法(DLTS)[29]等电表证方法相比拟。

在 SIMS 中，图像的采集可以通过两种不同的手段进行：在离子显微镜中的消像散成像，这里有关二次离子的起源区域的空间信息由质谱仪保留，并且质量过滤的图像可以直接投影到屏幕或通道板上[1]；采用离子微探针的方式扫描成像，这里微聚焦的一次束在样品表面上扫描，记录二次离子信号强度并显示为一次束位置的函数[3,30]。利用离子显微镜模式，可以同时照射整个样本区域，并且可以快速显示图像。可实现的横向分辨由二次离子光学系统中的色差和球差限制，约为 0.5 μm。一个图像单元(像素)中的动态范围受到检测器(通常是与电阻阳极编码器相结合的微通道板)的限制，这也影响图像记录(而不是仅仅显示)所花费的时间，因为整个图像的总入射流量不能超过 10^6 s^{-1}。在微探针模式中，到目前为止实现的极限横向分辨为 20 nm[26,30]，100～200 nm 适用于更常规的性能。因为每个像素被单独地照射，所以获取可接受的统计精度的图像所花费的时间由探针电流决定。图像采集不受检测器的规格限制。对于通道倍增器，探测器将合理线性地计数，直到每个像素的入射流量为 10^6 s^{-1}。虽然大多数 SIMS 仪器可以在微探针模式下运行，但是 Cameca 的磁扇形系列和来自 ULVAC-PHI 的 TRIFT ToF 仪器也要在显微镜模式下运行。图像的定量是复杂的并且还在婴儿期，因为存在许多不同的机制，例如离子产额变化、形貌的差异和化学浓度的差异。此外，必须考虑像横过通道板上灵敏度变化那样的仪器因素[31]。由于溅射体积及其中包含的原子数量所带来的基本限制，只有在特殊情况下才能把高空间分辨和掺杂灵敏度相结合(见 5.5.3 节)。能相比的或值得推崇的技术是 Auger[32]、XPS 成像[33]和 SNMS 成像[34]。

具有大量大容量存储器的快速微型计算机的应用正在逐渐解除 SIMS 在收集数据时要限制所执行的分析类型的需要。该技术扩展到三维是将横向分辨与通过溅射相继去除各层结合起来的顺理成章的一个跨步。数据被存储为相继的图像平面，保留出射离子的横向和深度信息[26,35]。Rudenauer[35]综述了成像二次离子质谱分析的技术发展。

三维 SIMS 分析现在正被应用于广泛的材料问题，例如图案化的聚合物膜[36]、焊点[37]和生物材料。例如，Chandra[38]已经使用三维 SIMS 成像分析了人类胶质母细胞瘤 T98G 细胞，以研究像有丝分裂纺锤体那样隐藏在细胞表面下特异亚细胞区域的化学组成，还研究了药物样品[39]。

超低能量动态 SIMS 质谱[40]利用低能量束获得尽可能接近表面的最稳定的条件，还可以溅射出具有很强表面化学特性的团簇。取消由静态 SIMS 的限制剂量施加的约束，意味着表面上的吸附物种可以被一次束清除，例如，无机表面组成。该技术被开发用于金属和其他材料的腐蚀和表面改性研究。

5.1.3　一次束与样品的相互作用

通常使用的一次束是氧、铯、镓，在较小程度上是氩，这些离子束在这一技术的早期是"主力"[41-43]，显示出氧束和铯束分别用于正离子和负离子，以给出高的二次离子产额，而镓束则提供高的横向分辨。许多其他类型的离子束已被报道[44-46]，由 Hill 和 Blenkinsopp 在 Ionoptika 开发的 C_{60} 束是一个最近的发展，提供了对聚合物膜和生物材料的深度分析的潜力[47]。该 C_{60} 束与金团簇束同时被设计和测试，最初主要想用于成像。C_{60} 溅射非常有效，并且可能有更高的离子产额，Hill 和他的同事[48]现在已开发了一系列用于静态 SIMS、动态 SIMS 和 SIMS 成像的 C_{60} 离子束系统，包括细胞内生物化合物的成像，以及电子能谱中的表面清洁和深度剖析。最近的应用示例已包括用于硅半导体材料的高深度分辨 SIMS 分析的 C_{60}^+ 深度剖析[49]以及有机和无机多层膜的深度剖析[50]。其他束包括金团簇[51]、SF_5 团簇、铟团簇和铋团簇。例如，Wagner[52]通过使用 SF_5 束的二次离子质谱研究了一些旋涂聚合物膜的分子深度分布。似乎有一种共识，即像 C_{60} 和 SF_5 这样的团簇离子有可能提供更为温和的分析，因此在 SIMS 深度剖面分析模式中可更有效地研究像聚合物和生物材料那样的损伤敏感材料[53-54]。然而，也有这样的情况，像超低能量氧和惰性气体那样另类的分析在该领域里还未被测试，并且损伤的主要来源可能是用于电荷补偿的电子束。

当固体被离子束（或中性粒子）轰击时，伴随的溅射、束诱导的混合和探针原子的掺和在材料表面导致一个改变层[8,55-56]。改变层通常是原始基质元素和探针原子的无序混合物。除了一次束（物质、能量、角度）和目标材料的有利组合之外，样品表面在纳米至微米尺度上将变得具有某种结构，并且这将对可实现的深度分辨和定量精度强加了一个通常是依赖深度的限制。在 SIMS 数据中引起失真的所有过程发生在改变层或其边界，并且观察到的离子产额将由其顶部 2~3 个单分子层的化学性质决定。对改变层的化学和形态已进行了许多研究[42,57-67]，包括剖析变形的束诱导扩散[3,6,69]。由于其应用的重要性，已经对在接近垂直入射的硅的氧轰击进行了相当详细的研究。图 5-1 为在垂直入射下 8 keV O_2^+ 轰击硅和硅锗合金上形成的改变层在离焦透射电子显微镜下的横截面[67]。在硅的情形中，后面的界面和表面是平坦的，约 1 nm，这对于该技术的最终深度分辨具有重要的影响。在膜层的背面始终观察到菲涅耳条纹，

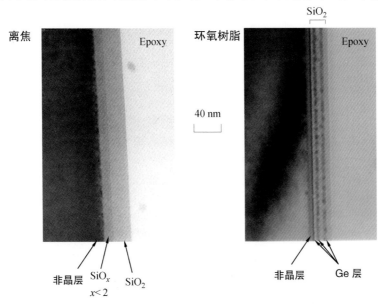

图 5-1 　在垂直入射下 8 keV O_2^+ 轰击(100)硅和一个厚的硅锗合金层表面上
形成的改变层在离焦电子显微镜下的横截面

注：在所研究的全能量范围(2~12 keV)上形成相似外观的层。硅或硅锗的表面和背界面均平坦的至优于 1 nm，但在硅锗的情况下，已发展复杂的内部结构。TEM 由英国 Caswell 的 GEC-Marconi 研究中心的 PD Augustus 友好提供。

这里是从 SiO_2 化学计量通过亚氧化物过渡到硅的开始。在宽的一次离子投射范围 (R_p) 内，稳态改变层由具有延伸到约 $2.5R_p$ 的 SiO_2 化学计量的均匀表面层，随后是化学计量从 SiO_2 平滑地变到 Si 的厚度约为 $0.5R_p$ 的变化层，以及和硅构成相对陡峭的后部界面。TEM 数据清楚地显示这些区域之间的边界。过渡区不是横向均匀的[68]。对于硅锗，可以看出，锗在改变层中表现出复杂的偏析、析出行为，因为硅优先氧化。在垂直入射下用 O_2^+ 轰击硅的变质层厚度作为一次离子能量的函数展示于图 5-2 中，它总结了来自 Kilner 等[70]、Vancauenberge 等[71]和 Dowsett 等[72]的数据。关于在 2 keV 以下会发生什么，存在相当大的争议。

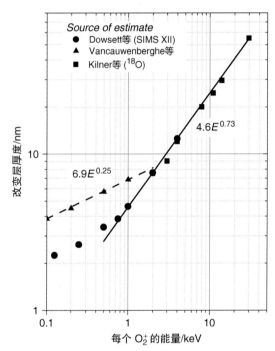

图 5-2　根据 Kilner 等[70]、Vancauwenberghe 等[71]和 Dowsett 等[72]的工作，
改变层厚度作为垂直入射在硅(100)上 O_2^+ 能量函数的变化
注：请注意，在 2 keV 以下有很大的不一致。

在高束能量(14 keV)下，Beyer 等[73]已证明，对于相对于法线大于 $20°$ 的角度，不能实现完全氧化。然而，随着一次束能量降低到 1 keV 以下，在硅中发生完全氧化的角度范围会扩大，在 250 eV(每个 O_2)下可能超过 $45°$。这带来的益处是，与垂直入射相比，可以实现更高的刻蚀速率，同时保持最大的正离子产额和完全氧化的平坦化效应。

随着像由 Dowsett 发明的悬浮低能离子枪(FLIG)[74]那样的装置的出现，已经可能已降到低于 250 eV 的束能量以合理的速率刻蚀样品表面。除了提供非常高的深度分辨之外，接近垂直入射的亚千电子伏级的 O_2^+ 的轰击使浅深度剖析表面处的过渡区的宽度最小化。例如，在 300 eV 下，硅中的过渡区宽度约为 1 nm，并且离子产额对于自然氧化物的存在相对不敏感。这表明可获得非常浅的注入物种的深度分布的理想条件是 300 eV 及其以下。然而，过渡区信号反映自然氧化物的厚度的差异，以及一次束能量的差异，并且原理上可以用于测量顶部几纳米中的工艺和晶片年龄相关的差异。

应该注意的是，实际经验表明，在低束能量（对于法线的碰撞角度在 45°～60°之间）使用 Cs^+ 离子获得的深度分辨通常比用 O_2^+ 的深度分辨更差，并且 Cs 在低于 400 eV 的能量下趋于在表面上累积，抑制负离子产额并进一步降低深度分辨。这个问题的潜在解决方案是和 Xe^+ 一起共同轰击以控制 Cs 的表面浓度。

5.1.4 深度剖析

微电子材料中的大多数深度分布是在部分加工后的晶片中进行的，其目的是评估诸如离子注入、热退火、共扩散和外延生长的工艺步骤的结果，还存在不断增长的对高度局域化器件剖析的需求。在这些应用中，需要深度和浓度的精确定量，一般说来，对于注入材料深度分辨，需要为有源器件厚度的约 3%，但对于外延生长层来说，理想下要小于 3 nm。通常，动态范围 10^4 是足够的。可以实现更高的动态范围见 5.1.4 节，但需要非常小心，否则第五个十年或连续几十年将是仪器、技术响应，而不是代表性浓度。现在更详细地讨论一些参数。因为半导体材料可以非常精确地生长，所以它们是用于 SIMS 仪器校准的最佳可用测试结构，并且迄今为止在深度分辨上的大部分工作使用了多层和 δ 掺杂半导体结构，尽管一些工作已经在金属多层上实施。虽然氧轰击可以在硅、硅锗和砷化镓中给出非常高的深度分辨，但是过度的粗糙化限制了其在金属结构中的使用。Winograd 及其同事[75]率先在这个应用中使用 C_{60}^+。

(1)深度分辨。深度分辨是定位某深度处的浓度测量和区分不同深度处的特征的能力的度量。它通常表示为从通过分子束外延（MBE）或化学气相沉积（CVD）生长的杂质薄平面［响应函数 $R(z)$］的测量剖析曲线中提取的参数。根据 Rayleigh 标准，深度分辨作为分开两个相邻特征的能力的逻辑定义在一定程度上不被使用，是因为响应函数参数使该技术看起来比它真正的更好。图 5－3 展示了这样的标有常用参数的膜层。衰减长度(λ_d)通常以 nm 为单位，假设斜率为 $K\exp(-z/\lambda_d)$ 的形式，其中 z 是深度，K 是常数，衰减斜率(Λ_d)是一深度，在该深度内信号以因子 10 来变化（每个量级，纳米），标准偏差 σ（单位为 nm）正确的定义为响应函数的二阶矩的平方根：

$$\sigma = \sqrt{\int_{-\infty}^{+\infty} z^2 R(z)\mathrm{d}z} \qquad (式 5－3)$$

但有时被称为表观浓度在界面剖析曲线上 16%～84% 变化的深度（仅对高斯响应有效且在 SIMS 中几乎不使用的定义）。所测量的响应的标准偏差和其他如来自尝试剖析的浅边缘指数参数的参数，若用作分辨参数则是误导，因为它们包含显著（实际上，在浅边缘参数的情况下是主要的）真正的分布。Dowsett 等[76-77]对此已做了更详细的解释。因此，衰减参数是唯一可以直接测量的参数，并且假定是代表实验条件而不是代表样品。

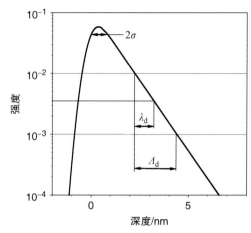

图 5-3　MBE 生长的硅中窄硼掺杂分布的 SIMS 深度剖析

注：名义上是单一掺杂的原子平面或 δ 层。

　　需要注意的是，在 SIMS 中，在跨越不同材料（例如，硅和二氧化硅）之间的界面时，离子和溅射产量变化将支配表观浓度变化，并且在这种界面上测得的分辨参数是无意义的，因为测量违背了隐含在分辨率定义中的线性假设。图 5-4 显示了硅中硼作为一次束能量函数和垂直入射 O_2^+ 离子的一些分辨参数的行为。所示的标准偏差已经对其固有的样品相关宽度做了校正[76]。

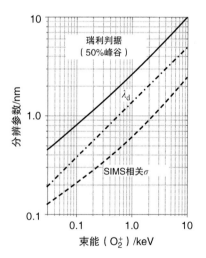

图 5-4　垂直入射 O_2^+ 分析硅中硼的分辨参数的一次离子能量依赖性

注："SIMS 相关的 σ"是根据 Dowsett 等人提取的分辨函数的高斯成分的分辨参数的一次离子能量依赖性[76]。对两个相邻等面浓度的 δ 层的基于类瑞利标准（在 50%谷分离）的深度分辨也绘制（实线）。

　　对于单一基底，深度分辨是依赖于杂质物质物种的，因为质量输运（混合）效应是依赖于物种的。对于给定的一组实验条件，深度分辨也是依赖于基体的。图 5-4 表示很好的杂质基质组合之一。砷化镓中的硅可以实现类似的性能，其他情况通常更差。

　　早期的 SIMS 仪器通常不能在分析区域产生均匀的一次束剂量，导致不均匀的刻蚀和随之引起的溅射坑宏观形貌[78-79]。反过来，这导致深度分辨随深度的线性损失。当试图实现高深度分辨时，必须考虑这个问题，并且注意当工作远离垂直入射[80]，高提取场和数字扫描中驻留点之间的重叠小于 25% 稀疏像素化时的一次束扫描的梯形投影效应。

　　更微妙的问题产生了，由分析条件(探针、角度、能量)和样品类型的许多组合而引起的微观形貌的发展通常以皱褶的形式出现。这导致深度分辨随深度的突然或渐进损失。在高束能量(大于 1 keV)的情况下，对于深于 1~2 μm 的深度剖析，观察到表面粗糙度急剧增加[81]，这导致深度分辨突然变差，约为 1 μm(见 5.3.4 节)。对于 Si 和 GaAs，通过近法线入射、原位旋转样品和平滑初始表面，可以减轻这些影响[82]。Cirlin[83-84] 已经研究了样品旋转和溅射条件对体相 GaAs 和 GaAs(5 nm)/$Al_{0.3}$$Ga_{0.7}$As(5 nm)超晶格上的 SIMS 溅射深度剖析期间的深度分辨和离子产额的影响。用 1.0~7.0 keV O_2^+ 的没有样品旋转的深度剖析显示，随着溅射深度的增加，深度分辨快速降低。用 Ar^+ 的深度剖析仅显示轻微的劣化。扫描电子显微镜(SEM)研究表明劣化与周期性表面皱褶的发展相关。皱褶的波长依赖于能量，并且随着离子冲击能量的增加而增加。用样品旋转，没有观察到深度分辨的劣化，并且 SEM 显微照片表明用旋转溅射的表面是平滑的。

　　在低束能量下，纳米级粗糙化可以从表面开始。图5-5(a)显示了对于硅中的 10 层硼掺杂层结构，在相对于法线 0° 和 60° 入射的 500 eV O_2^+ 的深度剖析分布之间的比较。前者较深层时的轻微加宽是由于在升高的生长温度下硼的扩散。在 60° 下深度分辨的损失是明显的，这是因为严重皱褶的形成。图5-5(b)显示了在 60° 下轰击刻蚀 50 nm 后的表面形貌。若束能量为 1 keV，则深度分辨将保持恒定。Jiang[85] 讨论了如何通过在磁扇形 SIMS 仪器的一次束线中使用减速电极来产生可变能量和角度的氧一次束——这是目前商业仪器中采用的策略。用低能量(0.7~2 keV)和掠入射(50°~75°)离子进行硅中超薄 Ge 和 B 层的 SIMS 测量。在 Ge δ 层上测量深度分辨，获得分别为 0.25 nm 和 0.9 nm 的非常好的衰减长度并且得到 1.6 nm 的半高峰宽。使用 60° 入射的 1 keV 氧一次束可得到深度至 1 μm 的没有任何明显的深度分辨损失的深度剖析。此外，在这种超高深度分辨模式下实现了良好的动态范围，可接受的检测限和中等的溅射速率。Juhel[86] 最近使用 Cameca IMS 6f 磁扇型 SIMS 仪器分析了由 6.4 nm 厚的未掺杂薄膜隔开的硼 δ 和由掺杂层组成的外延 Si 多层叠堆。使用低能量倾斜 O_2^+ 束，硼深度分辨从在 500 eV 下的每个量级 1.66 nm 改善为在 150 eV 下的每个量级的 0.83 nm。非常低撞击能量的 O_2^+ 轰击导致硅几乎被完全氧化，并且在分析室中不需要喷氧即可获得在 45° 入射时硅的平滑溅射。Chanbasha 和 Wee[87] 已使用有 O_2^+ 一次离子的 Atomika 4500 SIMS 工具，在 250 eV 的超低能量(E_p)和入射角 0°~70° 之间入射，没有喷氧。使用具有标称相隔 11 nm 生长的 10 个 $Si_{0.7}Ge_{0.3}$ δ 层的样品。对于超浅结构的表征，入射束通常要提供 0.7 nm 的最窄表面过渡区。由 $^{70}Ge^+$ 峰的半

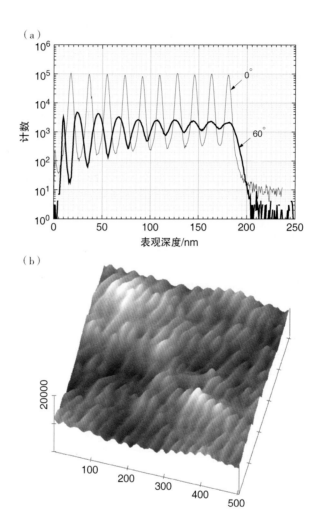

(a)

(b)

图 5-5　(a)在硅中具有标称 17 nm 间隔的一组 10 个硼 δ 层在垂直入射和 60°入射时用 500 eV O_2^+ 进行的深度分析；(b)在 60°入射下造成的位于中间深度 50 nm 处的溅射坑底部的 AFM 图像

注：(a)在垂直入射时调制幅度略有下降是由于生长期间实际的硼扩散。该深度剖析的变形是由粗糙化和随后的离子产额及刻蚀速度变化的组合引起的。(b)所有尺寸的单位是 nm，褶皱的发展（对准在垂直于入射束方向的方向）是清楚的。AFM 数据由 Alan Pidduck，DERA，Malvern，UK 提供。

高宽表示的深度分辨在入射角接近 0°和 40°时是可以相比拟的，分别为 1.6 nm 和 1.4 nm。然而，在 MQW 深度剖析的情况下，量子阱通常位于更深处，入射角为 40°更好。在该角度下，47 nm·min^{-1}·nA^{-1}·cm^{-2} 的平均溅射速率显得更高，是接近垂直入射时的 2 倍以上，并且衰减长度 λ_d 为 0.64 nm，对比垂直入射时的 0.92 nm，获得更好的深度分辨。此外，动态范围在接近 40°时也可能更好。接近 60°的入射角不是理想的，即使没有出现粗糙的迹象。虽然较高的溅射速率是有利的，但深度分辨会劣化。进一步有用的研究包括在半导体[88]、聚合物多层膜[89]和用于 SIMS 测试的纳米结构层的开发[90]上面的工作。关于亚千电子伏深度剖析的一般讨论可以在 Hofmann[91]和 Dowsett[92]的论著中找到。

　　显然，深度分辨不能优于采样深度（溅射以累积单个数据点的深度），因此刻蚀和采样速率需要与样品匹配。为了实现最高的深度分辨，需要从原子平坦的表面开始并且采用避免一次束引起的表面形貌的发展和偏析发生的一次束、基体组合。对于粗糙材料，或在溅射期间表面形貌变得不可接受的那些材料，考虑使用化学和机械切片技术来接近或暴露感兴趣的层。处理这种情况的一些替代技术在 5.4 节中描述。

　　(2)动态范围和记忆效应。两个给出指示对于一个特定物种能够从高到低浓度深度剖析的仪器能力的指标。它们是表面对本底的动态范围(D_s)和谱峰对本底动态范围(D_p)，并分别被定义为表面或峰值水平和稳态本底水平之间的浓度（或测量信号强度）之差。后者既可简单由在材料里的体相杂质浓度引起，也可由仪器内在的性能限制引起。不重要但经常遇到的限制是在检测系统中的散粒噪声（不应超过 0.1 离子 s^{-1} 的信号）和质量干扰。另一个重要因素，特别是当检查气态及相关杂质（如 H，C，N，O）时，是从残留气相瞬时到溅射坑底部[93-94]的吸附，它可以通过改善真空度和增加刻蚀速率来减轻。最终，D_s 和 D_p 是两个基本因素的量度：门控的质量（溅射坑壁和表面浓度抑制），以及通过从溅射坑壁和周围的电极溅射的物种在瞬时溅射坑底部上的再沉积[95-97]。对于后者的影响，Wittmaack[96]基于以分析区域为中心半径为 R 的半球近似电极，推导了一个模型。在分析之间甚至在分析过程中更换局部电极表面可以减轻再沉积效应[98]。

　　首先研究限制动态效应的作者有 Huber 等[93]、Wittmaack 和 Clegg[99]，以及 McHugh[100]。Wittmaack 和 Clegg 观察到高能的中性原子撞击靶表面对把动态范围大小限制在 3～4 个数量级起主要作用。他们通过在最后透镜之前弯曲一次束 4°实现了如图 5-6 所示的 6 个量级的深度剖析。虚线显示通过减去剩余本底获得额外的 0.5 个量级。

　　现在常规的结果通常是大于 5～6 个量级。冯·克里根（Von Criegern）利用特殊准备的样品报告了达 7 个量级的结果[101]。在深度剖析期间的适当时点，通过折叠扫描来减小溅射坑面积有时会改善动态范围。这会增加刻蚀速度，减轻其残留气体吸附[94]和再沉积效应，并减少落在原始表面和溅射坑壁上的束流密度。Wangemann 和 Langegieseler[102]在他们的高剂量砷和锑注入硅（具有高掺杂物表面浓度）的研究中，已经证明特殊的样品制备技术对动态范围的改善高达 3 个数量级。麦金利（McKinley）[103]已经描述了在 Cameca IMS 6F 上用氧或铯低能量束低能分析硼和砷的注入的优化，Napolitani[104]已经研究了如何最好地分析超浅的硼注入。

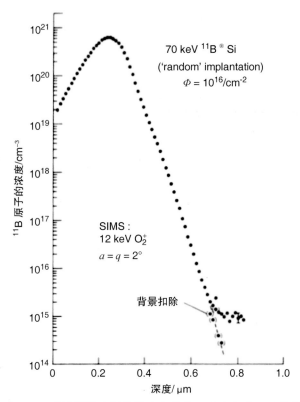

图 5-6　Wittmaack 和 Clegg 用离子柱在最终镜头之前有 1 个小弯曲，以抑制中性粒子和散射离子，在电子门控四极杆 SIMS 仪器(Atomika DIDA)上获得 6 个数量级大小的深度剖析

注：由作者和美国物理学研究所的友好许可从 McHugh[100] 转载。

5.1.5　辅助技术和数据比较

分析科学总是需要多技术方法并且 SIMS 有许多潜在的配套技术。有很多使用它们的理由：①需要额外的信息来解释 SIMS 数据，如各种手段校准深度和定量参考材料，并行使用离子散射技术来评估在分析期间的表面和内部样品组成；②除化学信息外还需要结构性信息，如晶体学测量、应变测量等；③SIMS 在某些部分浓度范围内是不合适的，如信号和浓度之间的非线性或甚至多值关系能使得 SIMS 数据不能解释高浓度，当浓度下降时信号可能上升；④在受控环境中，明确随时间变化的原位化学信息是需要的(SIMS 需要放置样品在真空中，所以最多它只能测量环境化学的快照，这些快照可能被真空扭曲或破坏)——归根到底，需要进行非破坏性分析，以致 SIMS 必须通过用模拟样本帮助建立非破坏性方法或传感器的参数(虽然典型的动态 SIMS 分析只需要皮升量级的材料，但仅将样品切碎放入仪器可能太具有破坏性而无法周密考虑)；⑤虽然 SIMS 可测量原子或分子浓度，但是需要杂质的电活动水平，重要的是半导体中的载流子浓度——施主或受主原子是必不可少的，但是载流子及其相关杂质原子的空间分布可以显著不同。一般来说，不同的分析技术相互结合，可解决它们的缺点和缺陷。和 SIMS 典型的组合包括：①卢瑟福背散射谱（RBS）[106]和中能离子散射谱（MEIS）[107-108]（结构、高浓度深度剖析、SIMS 期间的内部剖析、可能的空气侧操作 RBS），见第 6 章；②低能离子散射[109]（表面结构和组成，例如在 SIMS 过程中，通过散射一次离子或辅助探针进行分析）；③TEM[80]（层厚度、间隔以及晶体学、沉淀结构、δ 层研究）；④能量色散 X 射线分析（EDX）[110]（微观尺度的体积成分）；⑤俄歇电子能谱[111]（有提供一些结合信息的化学位移的基体水平深度剖析，但要小心由来自界面的电子背散射引起的校准问题），见第 2 章和第 3 章；⑥X 射线衍射（XRD）[112]［层间距和厚度校准、体成分和晶体学、应变，全部可用而无须切片（不像 TEM），并且可以在空气里，甚至是受控的环境中使用］；⑦在这个非详尽的清单里还有载流子深度剖析和成像技术，如扫描扩散电阻显微镜（SSRM）[113]和电化学电容电压分析（eCV）[114]。

图 5-7 显示了硅中硼 δ 层结构的高分辨率 TEM 和一个附加的倒置密度扫描。因为显微镜的放大倍数参考硅晶格可以绝对校准，所以对于相同的样品，密度扫描提供了一个校准 SIMS 深度标的高精度的方法，并可作为标定该样品的深度参考[76,80]。

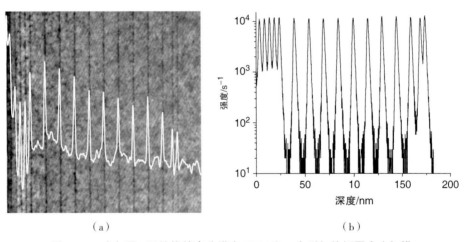

（a） （b）

图 5-7 硅中硼 δ 层结构的高分辨率 TEM 和一个附加的倒置密度扫描

注：(a)和倒置强度扫描一起的硅中硼 δ 层结构 611/08 明场 XTEM 显微照片［纳米硅组，华威大学（University of Warwick）］。(b)用 500 eV 垂直入射 O_2^+ 获得的和用 XTEM 数据深度校准的 SIMS 深度剖析，采自 Dowsett 等[76]和 Kelly 等[80]的科学实验报告。（XTEM 数据由在 GEC-Marconi Research Center，Caswell，UK 的 P. D. Augustus 和 R. Beanland 友情提供）

5.2 应用的领域和方法

5.2.1 掺杂与杂质的深度剖析

半导体的掺杂和杂质的深度分析揭示了该技术的长处。对于单基体样品，1 nm 的深度分辨，10%～50% 分析精度，检测限为每立方厘米 10^{17} 个原子，深度超过 1 μm，几乎对整个元素周期表，该技术可提供非常快速地分析（每个样品少于

10 min）。然而，需要许多不同的策略才能获得该技术的完整性能，而其他材料可能会更具挑战性。

(1) **质量干涉**。即由于样品中存在不止一种具有相同标称质量的物种而对动态范围的限制，在 SIMS 分析中是常见的。经典的例子[115]是硅和二氧化硅中的砷和磷，其中 $^{75}As^+$ 受 $^{29}Si^{30}Si^{16}O^+$ 的干涉和 $^{31}P^+$ 受 $^{30}Si^1H^+$ 干涉，以及用氧深度剖析的在硅锗合金中的砷，其中 $^{75}As^+$ 受 $^{74}Ge^1H^+$ 的干涉。各种不同的对策是可用的：在 DFMS（和现在的 ToF）中用高质量分辨是一种，以及用能量甄别来区分原子和分子离子[115]是另一种。可惜，后一种方法对低一次离子束能量是无效的，因为二次离子能谱将变得更窄，彼此无法区分。

(2) **用分子离子检测**。在某些情况下，可以通过监测分子离子来改善检测限，该分子离子是基体或一次束离子与恰当的杂质离子的组合。这种策略既可以解决质量干涉问题，也可以提高灵敏度，InP 中注入 ^{74}Ge 的分析，其中，Ge 深度剖析受到 $^{74}(P_2C)^-$ 的本底限制。选择分子离子 $^{105}(PGe)^-$ 将检测限提高 100 倍，由离子产额提高 10 倍和本底水平降低 10 倍构成，这时本底是 $(P_3C)^-$。

有时可以从单个离子和簇离子分布的相对行为来推断存在微观结构（例如析出物），或者是离散的随机杂质分布[116]。

该方法还有助于用 Cs 轰击时检测正电性和负电性掺杂，并且重要的发展是在用 Cs 束进行 SIMS 深度分析时使用分子二次 MCs^+ 离子。已经证明，诸如 MCs^+ 和 MCs_2^+ 的二次离子能表现出降低对基质成分的依赖性（但偶尔不显著）。Gnaser[117]，一位最早研究这种现象的学者，他认为，即使在存在电负性元素的情况下，这些相当普遍存在的物种的产额表现出很少或不依赖于样品成分（基体效应），因此很适合定量 SIMS 评估。具体来说，对于一系列二元和三元体系（a-Si:H，a-SiGe:H，a-SiC:H 和 HCN）的成分，可以建立独立的相对灵敏度因子，因此，通过单一标准的定量是可行的。这也许有点乐观。然而，随后的许多工作已经证明了该方法的有用性，并且确定了该机制是利用 Cs^+ 附着的有效后电离。

(3) **多层样品**。在单基质样品的分析中存在的所有问题在多基质样品中都会出现，并且通常会加剧。界面处会出现与表面相似的非平衡区域，虚假的浓度尖峰也可能出现。例如，从一层析出的杂质遇到由另一层形成的阻挡层，或者离子产额增强的杂质陷入界面。随着不同的质量干涉在每个基质中发挥作用，本底信号水平，从一个基质到另一个基质变化，不同的质量干涉在每个基质里会起作用。如果人们跨越基质追踪特定的分析物种，那么每种机体里的离子产额将不相同。最好的实验条件和定量方法将强烈地依赖于问题本身。涉及两种基质的定量方案的典型实例有 Spiller 和 Davis[118]给出的 SiO_2/Si 体系中的掺杂以及 Dowsett 等[119-120]给出的 $SiO_2/Si/SOS$ 中的硼和 Si/SOS 中的铝。在过去十年中，用于器件应用的 $Si_{1-x}Ge_x$ 体系的开发已经产生了用于测量 Ge 含量的几种方案[121-122]，就像以前的工作集中在用于确定 $Al_xGa_{1-x}As$ 层中 x 的方案[123-124]。伴随技术，特别是双晶 X 射线衍射和 RBS，已在一系列样品中建立了参考水平。

在要得到界面区域的定量数据的情况下，像 RIMS 和 SNMS 的技术非常适合 SIMS。图 5-8 显示一个早期的例子：Downey[125] 从 GaAs-AlGaAs 异质结基极晶体管结构（HBT）获得的 SIMS 和 RIMS 的深度剖面分析。铍 SIMS 深度剖面分析（粗线）在发射极-基极界面显示出尖锐的尖峰，但是 RIMS 深度剖面分析（细线）没有显示出这样的特征，这证明在此情况下 SIMS 是误导。

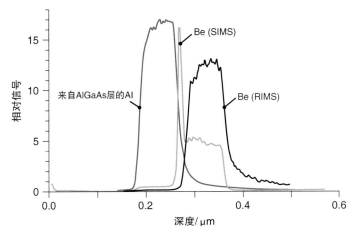

图 5-8　来自 GaAs-Al₀.₃Ga₀.₇As HBT 结构的铝和铍的深度剖析

注：粗线显示使用 O_2^+ 离子获得的 Be^+ SIMS 深度剖析，在发射极-基极界面处其表现出锐利的浓度尖峰，但是 RIMS 深度剖析（细线）没有这样的尖锋。因此，峰值是 SIMS 瞬态信号，而不是 Be 的真实化学深度剖析的量度（依照 Downey 等[122]）。

5.2.2　高浓度物种的深度剖析

在稀释浓度范围内（小于1%），掺杂量与其测量强度之间的线性关系使定量化变得简单明了。然而，当超过每立方厘米 10^{20} 个原子时，这种线性关系破裂，导致所谓的"基体效应"[126-127]。二次电离概率由溅射过程中溅射粒子的电子结构的扰动决定，这一过程的起始点恰好在溅射之前的局部电子配置。对于孤立的杂质，则反过来由探针和基体的平衡决定，并且如果基质保持不变，就保持恒定。然而，在高浓度下，杂质原子将彼此影响，并会改变基质。因此，离子产额由样品顶端的 2～3 个单层的瞬时化学成分确定，例如，还可能表现按下面公式的依赖性[57]：

$$Y_i^+ = K_i C_j^n(\varphi) \tag{式 5-4}$$

其中，Y_i 是物种 i 的离子产额，K_i 是常数，$C_j(\varphi)$ 是依赖于物种 j 表面浓度的一次离子剂量（j 可以等于 i），n 可以高达 4（但同样依赖于 C）。因此，基体成分的变化、本质上改变表面化学成分、探针原子的保留程度[128]和表面键能[129]对离子产额有很大的影响并不奇怪。离子产额的可变性是量化多层样品以及掺杂剂浓度足够高，以致稀释体系的假定不再成立的样品数据的主要绊脚石。

高掺杂水平（超过每立方厘米 10^{20} 个原子）经常出现在含有超浅注入的器件里。掺杂本身可能是在足够高的浓度而引起基体效应，特别是在热处理后和在表面处。图

5-9 显示了在 1100 ℃快速热处理后，高剂量硼注入硅中的 250 eV O_2^+ 深度剖析[130]。浓度和深度尺度都被标记为"表观"，因为对过渡区域的刻蚀速度变化或对离子产额变化没有进行校正。图 5-9(a)显示直接的深度剖面分布，而图 5-9(b)显示了深度剖面分析通过约 20 nm 非晶硅的封盖层的相同样品。通过比较插图，可以看出由于高的过渡区刻蚀速度导致的失真效应。图 5-9(c)是测得的作为束能量函数的表观剂量。XTEM 表明硼在表面沉淀形成硅化硼。对于封盖样品，因为硅化物对于溅射的硼具有不同的电离概率，所以低束能量高估了剂量。更高的束能量得到正确剂量，因为硅化物在被溅射之前被重新混合和稀释(级联稀释，首先由 Williams 等[131]描述)。无封盖的剂量总是错误的，因为有基体和过渡效应。

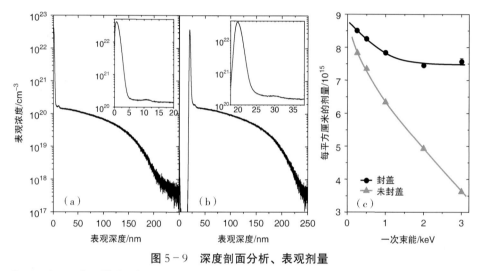

图 5-9　深度剖面分析、表观剂量

注：(a)在 1100 ℃下快速退火后，10^{16} cm^{-2} ^{11}B注入(100)Si 的深度分布。深度和浓度都没有对过渡效应做校正。表面尖峰是在热处理期间已经沉淀的硼硅化物。(b)穿过一层非晶硅深度剖析的相同样品。注意，尖峰(插图)更接近其真实的宽度，因为刻蚀速度已在封盖层里稳定下来。(c)对于封盖和未封盖样品的测得作为束能量函数的表观剂量。在更高的束能量下封盖样品趋于正确的剂量是因为硅化物基体在它被溅射之前通过原子混合被稀释。(样品由 Eric Collart，Applied Materials Ltd. 提供。)

材料科学向 SIMS 分析研究人员提供许多多层结构的其他例子。例如，Montgomery[132]展示了如何通过校正各个组分的溅射速率来高精度地校准多层超导结构的深度。该膜是在 $LaAlO_3$ 上激光烧蚀的 $YBa_2Cu_3O_7-\delta$/10%钴掺杂的 $YBa_2Cu_3O_7-\delta$/$YBa_2Cu_3O_7-\delta$(YBCO/Co-YBCO/YBCO)组成的多层膜。层的厚度也通过使用聚焦离子束(FIB)仪器铣削出横截面然后将其成像而得到验证。

SNMS 和 RIMS 技术对溅射流的中性成分进行后电离，从而比传统 SIMS 在分析基质或高浓度物种上具有潜在优势。因为 SNMS 中溅射和离子化是分离的，因此，元素 X 溅射出的中性粒子信号比对应的离子信号对基体化学组分的依赖性显得小得多[125,133]。

后电离技术包括激光[133]，电子碰撞电离[134-135]和使用热电子气体[136-137]，多光子共振[138-139]，非共振多光子电离[140]以及热后电离[141]。

5.2.3　SIMS 在近表面区域的应用

近表面是许多材料体系中非常重要的一个功能部位，一般来说，由于诸如氧化、扩散和偏析过程，以及进行样品处理、分析准备和真空吸附时与污染层的结合，因此它在化学成分、缺陷化学和电子结构上与体相不同。例如，许多在分析前用来清洗表面的有机溶剂含有低浓度水平的钠和油、水等。当溶剂膜蒸发后，至少会留下一个单层或者因此凝缩的污染。近表面的范围从体系到体系会发生变化，但其跨越的长度尺度一般在纳米到微米级。在纳米端，吸附物和处理过程的污染变得越来越重要。近表面的例子包括在大多数金属表面形成的薄氧化层（自然氧化物）、大多数玻璃表面的碱耗尽层，以及在现代半导体器件的掺杂区。

常规深度剖析的一次离子能量一般为 $0.2 \sim 14$ keV，入射角度从 $60°$ 到垂直入射。在这些条件下，通常在达到平衡前会有数纳米被溅射掉，并且有被称作表面过渡的二次离子信号的变化，虽然大多归因于溅射速率和电离程度的变化，但是也同样会因为表面单分子层水平的污染而出现。因此，如果要抽取样品表面顶部 50 nm 内的准确定量数据，必须特别注意。然而，目前尚无知晓的过渡区的定量方法。

复原在近表面区域深度剖面分布的最简洁的方法是用数十纳米厚的类似材料涂敷样品[130,133,142,145]，如图 5-9 所示。通过对表面过渡区域和要研究的分布进行物理分离来避开这一定量过渡区问题，并且让刻蚀速率在到达现盖住杂质区域的瞬时表面之前达到平衡。虽然 Clegg[145] 已证明通过蒸镀覆盖层引入的污染尖峰能提供鉴别界面的简便方法，但在实践中发现不同化学物种的界面峰不一定对齐，而且这些尖峰分布的具体部位与原始表面相对应也不明显。Valizadeh[146] 采用 $10 \sim 15$ nm 厚的纯硅-28 同位素镀层对铯束诱导的硅改变层进行了一些 SIMS 的相关基础研究。Ng[147] 在 $56°$ 入射角下用 1 keV O_2^+ 束研究了硅封盖技术对硅超浅 SIMS 深度剖析的有效性。结果表明，至少需要 20 nm 的覆盖层才能确保在深度剖析掺杂区时达到稳定的刻蚀速率。Miwa[148] 已用非晶硅封盖硅表面并成功地测量了硼和磷的超浅深度剖面分布。

在不同一次束能量下浅注入样品的分析可以揭示深度剖析展宽效应的大小。如果深度分布保持不变，则由一次束引发的展宽可能很小。用低于实际最小值（约 200 eV）的一次束能量测得的深度分布的形状可以通过外推该分布的一些参数来估测"真实"或者不失真的深度分布形状。图 5-10(a) 展示了 Clegg[145] 用 1 keV 和 2 keV O_2^+ 一次束 $45°$ 入射得到的 5 keV 砷注入的深度分布。实线表示基于外推法生成的 Pearson Ⅳ 分布，而砷的真实深度分布可能位于这条曲线和 1 keV O_2^+ 曲线之间。图 5-10(b) 同样显示了这种"能量序列"的思路，应用到 0.25 keV，0.5 keV 和 1 keV O_2^+ 一次束在垂直入射深度剖面分析封盖的 250 eV 硼注入的峰值区域[17]。应注意随着一次束能量的减少，深度分布的表观深度是怎样增加的。

表面薄层的 SIMS 测量已扩展到材料科学的诸多不同领域。Rees[149] 已经证明了超低能量 SIMS 深度剖析可以用在测量不锈钢表面氧化层中的元素的分布。她证明了铬和铁在这一氧化层中是分开的。Fearn[150] 则采用超低能量 SIMS 深度剖析来确定博

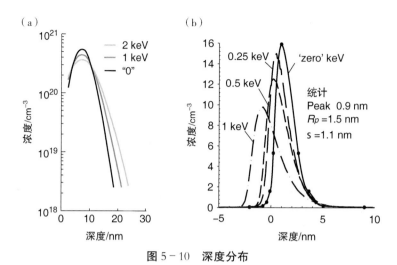

图 5-10 深度分布

注：（a）"零束能 SIMS"硅中砷浅注入的深度分布（实线），它是从拟合 45°入射用 1 keV 和 2 keV O_2^+ 获得的深度分布曲线的深度分布用外推合成的 Pearson IV 分布（来自 Clegg[145]）。（b）同样处理[17]的用 20 nm 封盖 200 eV $5 \times 10^{14} cm^{-2}$ ^{11}B 注入。

物玻璃中钠扩散的深度分布，这在使一些绝无仅有的玻璃收藏免于受到"玻璃疾病"的侵害的保护研究中极其重要（图 5-11）。玻璃在存放时暴露在温度和湿度变化的反复循环中，这将导致玻璃网络中的碱金属流失。导致的表面耗尽，特别是钠的表面耗尽，会在玻璃表面产生一层溶胶层，当它干燥以后会开裂，使潮湿空气到达玻璃更深处，引起进一步耗尽。这些裂缝不断产生和扩散（起皱），最终导致工艺品碎裂。威尼斯及其类似的玻璃制品特别容易出现此种问题。图 5-11 所示的工作正是正确诊断和控制这问题的第一步。超低能量 SIMS 的超高深度分辨可以让在普通储存环境中的玻

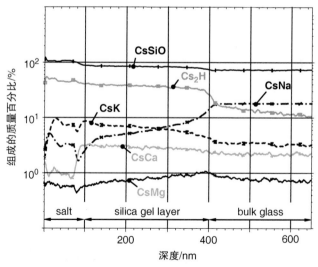

图 5-11 威尼斯彩色玻璃"起皱"表面的正离子 ToF-SIMS 深度剖析显示出钠耗尽和形成盐壳层

注：样品用 1 keV Cs^+ 溅射，25 keV Bi_3^+ 分析（深度剖析由 Ion-ToF GmbH 提供）。

璃老化得到管控，而非加速老化[151]。

5.2.4　SIMS 深度剖析在材料科学中的应用

20 世纪 70—80 年代，SIMS 深度剖析主要用于解决半导体问题，但在近年来其应用变得更加多种多样。该技术的高灵敏度和出色的深度分辨已在包括功能陶瓷、生物材料、地质材料、金属（包括航天合金）、塑料和聚合物以及玻璃在内的非常宽的材料范围内用于研究诸如氧化、扩散和偏析过程。SIMS 深度剖析也被用于检查博物馆藏品（文化遗产）的表面过程。查阅最近几届 SIMS 会议文集[152-157]，可以极好地领会其广泛的应用范围。材料科学中 SIMS 的应用范围可参见 Mcphail 最近的综述[158]。

5.3　数据的定量

5.3.1　深度剖析数据的定量

深度剖析是由几乎总是在一次离子剂量的均匀增量 $\Delta\varphi$ 下得到的一组离散纵坐标（通常是计数）得到的。每个纵坐标是通过累计在区间 $\Delta\varphi'$ 内的计数获得，其中 $0<\Delta\varphi'\leqslant\Delta\varphi$。例如，在 QMS 或 DFMS 中，一个有双质量通道的深度剖面分析会有 $\Delta\varphi'=\Delta\varphi/2$。在使用双束技术的 ToF 中[5]，$\Delta\varphi'\ll\Delta\varphi$，但不同通道的数据可以同时获得。对于稳定的一次离子源，时间间隔 Δt 等可以取代剂量间隔。因此，SIMS 深度剖面分析的原始数据可以由若干（n）个坐标组 $\gamma_X(t_i)$ 组成，其中 γ 是某些物种 X 在时间 t_i 检测到的计数。对于许多用途，例如，在工艺流程每步之间的定性比较，这种形式是合适的。对于更严格的应用，则需将时间 t 转换为深度 z，并且 $\gamma_X(t)$ 转换为 $C_X(z)$，其中 C 是浓度。这几乎总能通过两个常数做到：刻蚀速率 $\Delta z/\Delta t$，用来将时间转变为深度，以及通过有效离子产额 τ_X 得到的校正常数，用于将 γ_X 转变为 C_X。假如刻蚀速率在非平衡区域和体内不同，则这一技术会导致深度上的小误差（微分位移）。对于多基体样品，必须用适合每一层的 τ_X 和 $\Delta z/\Delta t$ 的值来匹配，并且若溅射速度在每个界面处发生变化，则会有累积误差。这些深度误差通常可以通过采用低一次离子能量和（或）非垂直入射来最小化。虽然这一技术无法定量确定非平衡区域里或者在基体界面处的浓度，但是可以通过仔细选取实验条件把这个问题最小化。定量过程的大多数变化取决于确定 τ_X 的方法。

(1)使用参考材料。用于精确 SIMS 定量分析的参考样品应在基质化学计量学和形态上尽可能接近待测物质，并且要定量杂质的总浓度应小于 1%（除非要定量的是基质物种）。该技术的准确度极大程度上取决于标准样品和未知样品分析条件的一致性。除了像采用同样的探针条件（能量、电流、溅射面积、轰击角度）那样的明显因素外，实现稳定的分析器传输过程也同样重要。样品和标样相对于提取系统的安装方式和角度均须一致。例如，在一些透过罩在样品表面上一层薄箔的窗口进行分析的仪器中，薄箔是平整的，并且在窗口同一部位（最好是在中央）进行每次分析[159]是重要的。这样即可保证重复由于薄箔窗口边缘带来的提取场的畸变。

已知剂量的离子注入是最常使用的参考物质。它们准许 τ_X、本底浓度水平以及动态范围的测量，也可以作为对数据质量和仪器性能有用的指南。注入样品通常会包括损伤和非晶化的区域，这种区域在待测物基体里也许不出现，因此，这潜在地限制定量的精度[160]。参数 τ_X 无疑可以由深度校正后注入物种的 γ_X 的深度剖面分析数据得到：

$$\tau_X = \frac{\Delta z}{\Delta z'} \frac{1}{AD} \sum_{i_{min}}^{i_{max}} \gamma_X(z_i) \qquad (式5-5)$$

其中，A 是探测到离子的溅射坑面积(门控面积)，D 是注入剂量，i_{min} 是最浅坐标的指标，用于回避过渡区表面尖峰的影响，i_{max} 是最深的坐标指标，$\Delta z/\Delta z' = \Delta\varphi/\Delta\varphi'$，说明溅射用在 X 质量通道中比例。这一表达通常写作积分，但是除了 $\Delta\varphi' \ll \Delta\varphi$ 外，这是不准确的，因为计数的累加已是一个积分过程。有效产额可以作为绝对灵敏度因子明确地用在式5-1，以得到物质 X 在待测样品中特定深度的分数浓度 C_X^u：

$$C_X^u(z_i) = \frac{\gamma_X^u(z_i)}{A\Delta z_u' \rho \tau_X} \qquad (式5-6)$$

其中，ρ 是样品的原子密度(单位体积的原子数)，$\Delta z_u'$ 是记录 $\gamma_X^u(z_i)$ 的刻蚀深度。但更常通的方法是采用 $\gamma_X(z)$ 与基体元素信号的比，得到相对灵敏度因子 S_X，表面上它与一次离子流强度和其他仪器的飘移无关：

$$S_X = \frac{\Delta z''}{\Delta z'} \frac{1}{AD} \sum_{i_{min}}^{i_{max}} \frac{\gamma(z_i)}{\gamma_M(z_i)} \qquad (式5-7)$$

其中，γ_M 是最接近深度 z_i 处记录的基体信号(注意，在大部分质谱仪里信号是连续测取的)，$\Delta z''$ 是记录 γ_M 时的深度增量。因此，对于待测样品，有

$$C_X^u(z_i) = \frac{1}{\Delta z_u' \rho S_X} \frac{\gamma_x^u(z_i)}{\gamma_M^u(z_i)} \qquad (式5-8)$$

在处理过程中，进行离子注入的样品是"自标的"(self-standardizing)，前提是退火过程不会导致注入物种的损失，以及沉积和偏析效应不会导致产生不同离化度的区域。在分析样品中直接注入标样有时候是比较方便的[161]。这一方法用于特定元素浓度接近均匀分布的掺杂样品，此时注入物种分布会十分明显。这种修饰后的样品要剖析到能够准确测取均一信号的深度。这种"标样附加"(standard addition)方法的变种包括用次要同位素[162]。这在避免质量干扰、高仪器本底或者定量分析高浓度水平时尤为有用。可以将 SIMS 仪器的一次离子柱用于注入机本身[163-166]。微电子样品的一个特别的优点是能够以大面积剂量用低能(0.2~30 keV)注入小面积。

(2)均一掺杂材料。像衬底和外延层那样的均匀样品可制作有用且便宜的参考材料。它们容易用电气测量、XRD、RBS、光致发光、体相化学分析等来表征。例如，表面电阻可以用来确定均匀掺杂半导体中定载体浓度 n_c，并且若活化水平 σ 已知，则掺杂浓度(原子数/单位体积)为

$$C_X = n_c/\sigma \qquad (式 5-9)$$

由前文可知，τ_X 可以通过下式得到：

$$\tau_X = \frac{\sum_i \gamma_{X_i}}{C_X A \Delta z} \qquad (式 5-10)$$

其中，求和包含出现在样品中 X 的所有同位素，γ_{X_i} 是累积溅射深度 Δz 的 X 元素第 i 个同位素的计数。注意，如果同位素丰度已知，就可以确定特定同位素的有效产额。但是假定表列同位素丰度比仍适用于某一特定样品是不保险的，并且不同同位素的检测效率也会不同，特别是在低质量数量时。如前文所述，τ_X 可以直接用作绝对敏度因子。通过测得的杂质信号与测得的拥有分数浓度 C_M 的基质通道 γ_M 信号的比（注意避免后者引起的探测器饱和），可以确定相对敏感度因子（RSF）S_X：

$$S_X = \frac{C_M}{C_X} \frac{\sum_i \gamma_{X_i}}{\gamma_M} \qquad (式 5-11)$$

因此，未知样品中物种的浓度 C_X^u 为

$$C_X^u = \frac{C_M}{S_X} \frac{\sum_i \gamma_{X_i}^u}{\gamma_M^u} \qquad (式 5-12)$$

　　假如没有离子流密度或电荷效应，以及在杂质和基体通道中溅射体积比保持一致，则采用相对敏感度因子允许用不同的一次离子流以及分析面积分析标样和未知样品。Simons[167]证明相对敏感因子在某种程度上可在仪器间转用，定量误差不超过 2 倍。

　　(3)δ 层，响应函数与去卷积。像 MBE 和 CVD 那样的技术可以制作厚度接近单原子面的杂质层。这些杂质层被稀释的地方，它们的 SIMS 深度剖析可以看作样品依赖部分和 SIMS 依赖部分的卷积[76-77]。SIMS 依赖部分被称作响应函数。杂质层未被稀释的地方，SIMS 深度剖析同样会包含样品和 SIMS 依赖成分，但是溅射和离子化过程的内在非线性特质意味着把它们区分是不容易的，甚至是不可能的。δ 层可以通过 3 种方式用作参考样品。一是当 δ 面浓度知道时，就像与离子注入样品方式一样可以用作浓度参考样品。二是假如 δ 深度（或者一组中每个 δ 的深度）已知，则可用于建立很逼近的绝对深度标[76,80,168]，如图 5-7 所示。不管怎样，必须通过某种方式将样本相关深度剖析部分的某些特征与其真实位置相关联——特征深度指示器（FDI）[76]。三是假如能提取响应函数，则可用来确定深度分辨参数及在线性系统中去卷积（见下文）。

　　SIMS 深度剖析响应函数的最初概念，及其去卷积上的潜在作用应主要归功于 Cleggj 等[169-170]。显现拟合许多在不同材料测得的 δ 的一个有用的函数形式 R_x，通过两个截断指数函数和一个高斯函数的卷积而被发现[171]：

$$R_x(\varphi) = e^{\varphi/\lambda_g} \mid_{\varphi=-\infty}^{o} * e^{-\varphi/\lambda_d} \mid_{\varphi=0}^{\infty} * e^{-\varphi^2/2\sigma^2} \qquad (式 5-13a)$$

$$= k\left[(1-\mathrm{erf}\,\xi_g)e^{\xi_g} + (1+\mathrm{erf}\,\xi_g)e^{\xi_d}\right] \qquad (式 5-13b)$$

其中,

$$\xi_g = \frac{1}{\sqrt{2}}\left(\frac{\varphi}{\sigma} + \frac{\sigma}{\lambda_g}\right) \quad \xi_d = \frac{1}{\sqrt{2}}\left(\frac{\varphi}{\sigma} - \frac{\sigma}{\lambda_d}\right) \qquad (式 5-13c)$$

$$\xi_g = \left(\frac{\varphi}{\lambda_g} + \frac{\sigma^2}{2\lambda_g^2}\right) \quad \xi_d = \left(-\frac{\varphi}{\lambda_d} + \frac{\sigma^2}{2\lambda_d^2}\right) \qquad (式 5-13d)$$

其中,φ 是剂量、时间或深度,λ_g 和 λ_d 是指数函数参数,σ 是高斯函数的标准偏差 [图 5-12(a)]。双指数函数的尖端形成一个合适的 FDI,φ_δ。质心的位置容易通过对式 5-13a 和式 5-13b 积分发现,从而发现一次矩:

$$\langle \varphi \rangle = \varphi_\delta + \lambda_d - \lambda_g \qquad (式 5-14)$$

图 5-12(b)显示在建立能量序列时应用式 5-13a 和式 5-13b 检测到的响应。外推至零束能量的曲线即是最接近 δ 层中真实杂质的分布。对于硅中硼来说,已证明 R_x 可以通过研究该参数对 SIMS 和生长条件的依赖性退卷积解析成为分别与样品和 SIMS 有关的贡献[76-77,172]。生长指数函数发现是样品相关的,而衰减指数函数则是完全与 SIMS 相关(λ_g 归因于生长过程中的偏析,而 λ_d 是 SIMS 衰减长度)。化学分布 R_c 和 SIMS 响应 R_s 分别为

$$R_c(\varphi) = k_c[(1 - \mathrm{erf}\,\xi_c)\mathrm{e}^{\xi_c}] \qquad (式 5-15a)$$

$$R_s(\varphi) = k_s[(1 + \mathrm{erf}\,\xi_s)\mathrm{e}^{\xi_s}] \qquad (式 5-15b)$$

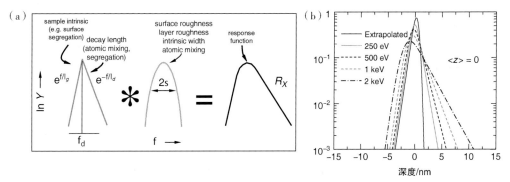

图 5-12　(a) 对 δ 层测得的 SIMS 响应函数;(b)在硅上用 MBE 生长的硼 δ 层测得和
拟合的响应函数随垂直入射 O_2^+ 的束能作为参数的变化

注:(a)这形式同时包含来自样品和 SIMS 有关的贡献,因此不适合用于去卷积;(b)其中"0"能量的深度剖析是由能量序列外推得出的,因此是与纯的样品有关的深度剖析。

其中各参数可通过式 5-13c、式 5-13d 和下式得到:

$$\sigma^2 = \sigma_c^2 + \sigma_s^2 \qquad (式 5-16)$$

而真实 δ 位置(R_c 的质心)的最优估值为

$$\langle \varphi_c \rangle = \varphi_\sigma - \lambda_g \qquad (式 5-17)$$

只与 SIMS 有关的响应函数 R_s 的有效性使通过 Clegg 最初提议的退卷积方法"改善"在 SIMS 测量里的深度分辨成为可能。历史上,实施这一实践的压力从 20 世纪 90 年代初开始增加,那时可得到的束能量不够低来满足半导体工业深度分辨的要求。随

后，大约自 2002 年以来历史又再次重复。首先，人们必会认为还是通过尽可能改进实验条件本身来改善对真实的评估，而内在无法验证的退卷积必定是最后的手段。日常使用的能量在溅射阈值之上还有可减少的余地[86]，像 FLIG 那样的离子枪的束传输能进一步被改善使其更引人注目。另一个值得一提的技术是 Nojima 等[173] 提出的"剃刮"方法，能够同时达到高深度分辨和高局域分析，该方法采用与样品表面平行的 FIB 束进行剖切。其次，如果要尝试进行退卷积化，采用如最大熵方那样的直接法（由 Collins，Dowsett 等[77,172,174] 率先在 SIMS 深度剖析上开发），远好于逆推法。遗憾的是，一份退卷积的调研文献表明人们缺乏对 SIMS 实际上是采样过疏并且受制于泊松噪音这一事实的评估，以及在假如卷积是一个有效模型的情况下，即假如分析过程是线性的[175]并且数据可以通过叠加合成[176]时，去卷积才有效。靠近样品表面不能用退卷积，因为表面过渡区不足以穿透响应函数的傅里叶窗口，甚至在没有过渡行为时也有同样表现。最后，能量序列可以用来检查退卷积的结果，并且在很多情况下可能是一种较好的方法。

5.3.2　标准样品的制作

(1)离子注入。离子注入特别适用于半导体分析及其他多种体系的标样制作。任何固体基体都能用，并且可注入的同位素范围广泛。总注入通量可以精确监测，并可通过束扫描、移动样品来确保横向均质性。浓度从 10^9 个原子中的几个原子到大于 10% 都可以得到。理想状况下注入标样应能在基体组分和掺杂浓度两方面尽可能逼近地反映未知样品。应选择注入剂量和能量，以便在注入峰处不会有归因于非稀释体系形成或归因于沉积导致的离子产额的变化。在设想的 SIMS 条件下，95% 以上受注入的材料应远在表面的过渡区域之外。峰浓度的粗略估算可通过假定高斯分布的深度分布以及下式得到：

$$C_p = \frac{0.4\Phi}{\sigma} \tag{式 5 - 18}$$

其中，C_p 是峰浓度，σ 是标准偏差，Φ 是剂量(每平方厘米的原子数量)。一般来说，峰浓度应不超过 1%，大小应该在仪器本底以上且至少有 2 个数量级。同样，也希望避免可能来自基质、杂质或者来自基质、一次束、杂质离子组合的质量干涉。这有时可通过选择同位素来实现。例如，在硅中注入 ^{70}Ge 而不是 ^{72}Ge 来避免来自 Si_2O^+ 在 72~76 u 处的质量干涉。仪器的本底也可通过同样方法避开。

在离子注入标样制作中误差主要来自注入流量的不确定性。总体来说仅能以 3% 的精度测量注入剂量。注入机的剂量测定误差将会直接从注入标样传递至所有后续样品分析。RBS、NRA 和 PIXE 方法是检查注入标样的剂量测定的有效技术。研究[177-178]也已证明通过质量数邻近的物种，或者从表面的反弹注入引入的注入污染是常见的。Singh[179] 讨论了注入过程控制的变化以及金属和交叉污染的影响。对于气体物种，如 H，C，N 和 O 的标样，重要的是保持投射范围 $R_p > 0.1\ \mu m$，以避免来自后者对靠近表面浓度的影响。

通道效应对于硅来说可以通过像用 ^{28}Si 或 ^{70}Ge 那样的高能量自身的或重的注入物种对样品预非晶化来减少，然后选择注入能量以便它被俘获在非晶层里。这一技术已被证明可以减少在 5 cm 硅片内硼注入的深度非均匀性至 2%[180]，并且是一个经常使用的 VLSI 工艺步骤（例如用于制造浅发射极）。Capello[181] 描述了预非晶化注入（PAI）是如何用在工业处理中的，以便避免掺杂原子以超低能量离子注入方法（小于 5 keV）注入时产生不利的深度剖析的展宽效应以及通道拖尾。

如果在基质中有多个物种需要关注，可采用多重注入。这样的样品须仔细检查，以保证后续注入物种不改变初始注入物种的深度分布。Clegg[182] 观察到在 GaAs 中注入 Cr + Fe + Zn 标样的 ^{56}Fe 注入期间，出现 ^{52}Cr 辐射增强向外扩散。在低剂量（每平方厘米 10^{13} 个原子）时这会产生一个相当大的 Cr 的表面峰（全部 Cr 的 50%），使该注入不适合 SIMS 校正。Mitra[183] 描述了在 SiC 中用于形成 pn 结的双注入过程期间深能级的形成，因此 SIMS 分析人员需要明白这一问题的可能后果，例如，当局部电子环境发生改变时，可能会引起离子产额发生变化。

在本书撰写期间，有来自 NIST 的 5 个认证参考材料（CRMs）可用于 SIMS。它们是 103.2（合成玻璃）、2133（磷注入硅）、2134（砷注入硅）、2137（硼注入硅）和 2135c（镍－铬薄膜多层结构）。上述材料的使用在认证本地参考材料时是必不可少的。进一步的信息参见 www. nist. gov/。

为超低能量注入认证参考材料时应需特别小心。许多在 5.2.2 节描述的问题会出现，并且若重要的材料是在过渡区，则认证本质上是不可能的。

(2)薄膜参考材料。像 MBE 和化学气相沉积（CVD）那样的技术是能够生产非常薄的薄膜，且拥有精心控制的界面特性。一般来说，生长期间应采用低生长温度以最大限度减少杂质迁移。假如要避免意外的影响，对薄层形态进行独立检查（如 XTEM）是有效的。当生长暂时停止时，不需要的杂质也可能积聚在界面上。以这种方式引入的氧的掺入尤其重要，因为它可以提高分析过程中来自杂质的离子产额。

一种非常有用的薄膜物质是在硅上的一些约 20 nm 厚的 SiGe 合金表面层。这能用来调整分析束参数和其他 SIMS 仪器参数，以达到高动态范围的深度剖析且不受表面物种干扰。

5.3.3 深度测量与深度标校正

SIMS 深度剖析的溅射坑的深度通常在 10 nm 和数微米之间。理想的深度校准方法应告知用户移除的基体材料的质量随时间变化。可根据已知原始密度的信息把它转换为深度尺度。据作者所知这种方法还不存在。深度尺度通常是通过在分析后用表面台阶仪测量 SIMS 溅射坑来确定。需注意的是，表面台阶仪是测量改变层的表面，并且根据归因于探针原子的混合，以及一次束离子种类、能量和碰撞角度的基体密度重整化的程度，会引入范围为 1～20 nm 的系统误差。另一种方法是使用内部参考（例如，在膜层－衬底界面的杂质）。Zalm 是这一方法的早期提出者[184]。但这也会引入一个较小的误差，因为与该特征相关联的 FDI 是一个限定的实体。最近，继 Kempf

提出的原方案[185]之后，Cameca 在 IMS WF 仪器[186]中引入了可实时测量深度的内置干涉仪。这也会有相关的系统误差，例如，会受到某些层（也许和改变层）透明度的影响。

表面台阶仪在 SIMS 中最常用于建立深度尺度。该测量的准确度受到表面粗糙度和颗粒物污染、样品表面弯曲，以及其他如仪器水平校正那样的因素的影响。

深度校正通常是基于深度剖析过程中一次流保持稳定和刻蚀速率是恒定的这一假定的。由此，在深度剖析中表观深度坐标 D_{app} 可由下式得到：

$$D_{app} = z_{meas} \frac{\varphi}{\varphi_{tot}} \qquad (式 5-19)$$

其中，z_{meas} 是测得的溅射坑深度（即至改变层的顶部），φ 是对应于坐标的剂量或时间，φ_{tot} 是总剂量或总时间。若过渡区刻蚀速率与体相的刻蚀速率不同，则式 5-19 需要在纳米尺度上进行校正。如果溅射坑中遗留的探针原子导致 z_{meas} 与基质溅射深度不同，也须进行校正。

原理上，像如图 5-7 所示的样品，对于基体和一次离子束的特定组合可用来建立绝对刻蚀速率。遗憾的是，大多数 SIMS 仪器缺乏以足够的精度测量或者重现类似一次离子电流参数的这种方法。更难再现的是聚焦束的电流密度分布。对于给定离子束电流强度和扫描面积大小，在束形状上的微小变化也能导致刻蚀速率数个百分数的变化，因此要继续用表面台阶仪。

5.3.4　深度剖析中误差的来源

(1)过渡行为。 有很多探针和样品的组合，溅射体系达不到稳态。虽然在这些情况下 SIMS 是一个比较型的谱学工具，但是不适合深度剖析。即使能够达到稳态，建立稳态的过程中会出现各种高度非线性的效应，并且溅射初始（以及同样在掩埋的不同基体之间的界面）时会出现若干现象。

吸收一次束带来注入的探针原子样品逐渐稀释，进而在表面顶部数纳米层内持续再混合。为了达到稳态，通过溅射离开样品的探针原子流通量必须等于一次束里的探针原子的抵达通量。在初期，虽然表面和亚表面探针原子的浓度增加并带来两个关联效应：样品刻蚀速率从一个纯样品的特征变化到一个样品和探针原子的化学结合的特征。预期平均刻蚀速率可降低一半以上，例如，对硅近垂直氧轰击，虽然刻蚀速率随束能量降低而提高，但是维持的深度更小。与此同时，出射物种电离化概率的大小能发生几个数量级的改变（有时增大，有时减小）。

择优溅射和偏析会改变杂质和基体原子的，以及合金基体各成分间的相对表面浓度。当表面浓度变化时相对产额也会改变，而且同样会对电离化概率产生影响。因此，离子产额的大小能发生数个数量级的变化，并且溅射产额（一般）可变化 1 个数量级，使这一区域的数据用于定量是个遥远的目标。超低能量束和其他方法（如喷氧）的主要应用之一是减少这些效应的深度范围。但若从表面开始就需要定量的信息，则封盖法是唯一可靠的选择，除非浓度高到可以用一些离子散射的方式。

刻蚀速率在过渡区域的变化首先是由 Wittmaack 和 Wach[61] 提出的，它会导致深度校正的误差，即深度剖析偏移或者过渡区偏移。这取决于一次束种类、能量和入射角，以及基体和杂质物种。它依赖于杂质物种这一事实表明该偏移并不完全取决于过渡行为，可能来自过渡区刻蚀速率和各向异性轰击诱发杂质原子迁移的共同作用，后者会导致测得的特征的质心变化[187]。例如，对于在硅上接近垂直入射的氧，它相当于[188] -1 nm(keV/O_2^+)$^{-1}$（其中，负号表示该迁移朝向表面），而当在类似轰击条件下轰击金刚石时[189]，该量在 $0 \sim -0.5$ nm(keV/O_2^+)$^{-1}$ 之间。注意这些数字是从作为束能量函数的 δ 层表观深度（质心）变化的测量得到的，并且依赖于 FDI 的选取（例如峰、质心等）可以得到不同的大小，原因是轰击条件同样会改变深度剖析的形状。从图 5-12(b)可以清楚见到氧轰击硅时一个特征的表观深度随束能量减少而增加。虽然除了氧轰击下研究硅中硼外，还未对其他任何深度剖析的偏移细节做详细研究，但是应该研究的因素包括：①表面溅射速率变化的影响；②当改变层包含掩埋的特征时出现的主要质量传输过程带来的漂移；③来源于探针原子的吸收导致最终溅射坑深度略被低估的基体膨胀的贡献。假如在贯穿整个深度剖析过程测得的溅射坑深度保持正比于一次离子的剂量，则效应③可以取消[61]。效应②的贡献可能是负的（朝向表面），也可能是正的，使效应①加强或被抵消。在其他一些基体中，化学活性探针原子的吸入可能引起致密化（例如碱金属吸入氧），此时效应③的作用可能相反。

已证明从间隔太靠近的 δ 层测得的质心位置是不准确的，从而导致依赖于深度剖析飘移对深度和结构的错觉[76]。

总体来说，虽然有 Wittmaack、Vandervoorst、Vande Heide 以及本书作者对近表面行为进行了研究，但是仍有很多的研究要做。

(2)样品选择，制备及表面状况。因为 SIMS 可以做到高灵敏度、高动态范围和高深度分辨，所以如果样品处理和制备不当，数据会受到不利的影响。不必要的表面污染（特别是灰尘）以及表面擦痕将限制动态范围和深度分辨，同时引起严重的深度剖析畸变。作为基本原则，为分析的样品选择，制备和安装期间应遵守洁净间和晶片制备的清洁标准。如果样品表面存在溅射阻挡或遮盖区域（如被灰尘遮盖），或者如果溅射条件导致材料中缺陷成核，或者如果材料本身含有空腔，那深度剖析的表面可能产生平台或者针孔。这些影响的示意图如图 5-13 所示。像平台那样升起的特征会在深度剖析层深的边缘导致一些特征（例如"小肩膀"），因为在大多数层已经被溅射完毕后，一部分表面仍在层内，针孔便会在深度剖析的较浅处出现特征（因为到达掩埋材料"太快了"）。多层结构可能会产生复合效应，那里一部分表面在某一层而另一部分在其他层。此外，还包括浓度本应不变的区域出现浓度梯度[图 5-13(d)]，以及出现"节拍"。Wittmaack 特别讨论了样品性质在深度分辨上的影响[105]。

图 5-14 同样展示了颗粒物表面污染怎样造成低劣的深度分辨，深度剖析以表面形貌和高本底信号为特性的方式发生畸变（特别是当表面碎片含有感兴趣的物种时）。在有和没有分析前晶片锯断产生的氧化铝表面碎片的情况下的铝在蓝宝石上硅（SOS）

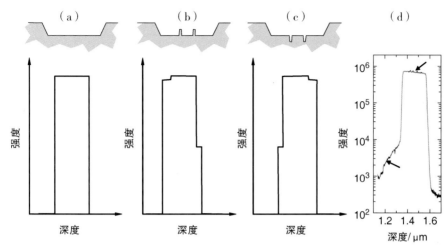

图 5-13　归因于灰尘颗粒覆盖样品表面，或者样品中的针孔形成的溅射坑形貌的影响

注：(a)理想溅射坑底部和深度剖析；(b)平台；(c)针孔；(d)分析过程中由于表面缺陷成核化或者材料中的空洞而在 SiGe 层中形成的针孔。注意在深度剖面分析较浅边上形成的"小肩膀"，以及顶部的倾斜。

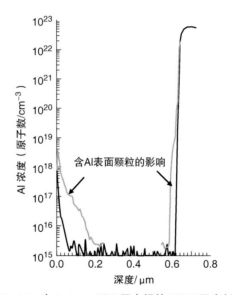

图 5-14　在 0.6 μm SOS 层中铝的 SIMS 深度剖析

注：在晶片切片过程中形成的嵌入硅外延层的柔软表面中的 Al_2O_3 颗粒是不可能被后续的样品前处理所移除，从而导致深度剖析发生畸变，以灰色实线显示。在界面处的效应是归因于由颗粒的低溅射速率引起的表面形貌(参见图 5-13)。黑色实线是在制备中适当保护较好的样品上得到的深度剖析。来自 Dowsett 等[119]。

中的 SIMS 深度剖析也被展示。当存在含氧化铝颗粒时，记录到高表面 Al^+ 浓度水平，在硅外延层明显有高浓度水平的 Al^+，界面响应也以暗示 Al 从衬底往外迁移的方式被严重畸变。这一问题通过折断而非锯断晶片，以及通过旋涂一层氧化层以保护相对柔软的硅表面层直到分析前而得以避免[185]。

下列因素应在分析前加以考虑。需要什么样的深度分辨，以及它和材料表面情况（粗糙度、洁净度）是否协调？样品是否代表要检查的工艺流程（例如，它是否来自晶片中央或晶片极端的边缘）？要探究的是什么杂质，浓度大约什么水平？是否已避免任何注入物种的质量干涉？合适的标样是否可用？是否需要对样品或仪器进行特殊准备以达到分析要求？

(3)取决于表面形貌的刻蚀。表面形貌在深度分辨上的影响在 5.1.4 中已经讨论。在深度剖面分析期间还会出现 3 种表面形貌。第一，表面会有由单个离子撞击引起的基本的粗糙化和凹陷。这可以通过扫描隧道显微镜（STM）直接观测到[190-191]，并且当结合溅射的统计本性时，这会给尖锐对象的前缘分辨带来一个基本的限制[7,169]。第二，表面形貌特征会随着在溅射进程[192-193]和择优溅射[194]中出现的基本质量传输过程而逐渐演化。出现这一演化的程度能和最早由 Wehner and Hajicek[194]以及最近又由 Fares[195]提出的表面的初始状态联系起来。表面粗糙度激烈的增加会同时影响刻蚀速率和离子产额。第三，粗劣的束扫描电子设备[78]和高电压提取场对束入射角以及聚焦的影响[79-80]能引起宏观形貌的发展。

总而言之，对特定离子束、材料组合来说，δ 层或其他多层样品可对离子束相关形貌生成的普遍性给出一个好的指南，并且深度分辨随深度的损失，结合基体物种强度相对突然变化（Stevie 等[81]的早期发现），可以作为粗糙化的第一个证据。然而，深度分辨随深度的表观损失也可能由生长过程中较深层的扩散引起的[196]。在这种情况下，在没有形貌的情况下，即使标准偏差随深度增加，SIMS 衰减长度也应保持不变。

5.4 新方法

特别地，与空间分辨和灵敏度联系的样品损耗的方式，分析粗糙或非平面样品的需求，以及离子束诱发的质量传输效应导致的深度分辨的损失，已促使 SIMS 技术的发展以避开这些限制。本节将选取其中的一部分加以介绍。

5.4.1 斜切与成像或线扫描

在直接深度剖面分析中，深度分辨会受到诸多效应的限制，其中影响最大的是表面粗糙和偏析（假如它们存在）。如果有可能在样品表面制作斜面，那么比达到的深度分辨更薄的隐埋层可以转化为比横向分辨宽的表面条纹[图 5-15(a)]。用静态 SIMS 的剂量对这些条纹 SIMS 成像或线扫描就可产生深度剖面分析。有多种方法可用来制作斜面，如来自化学抛光的机械研磨[197]、原位离子研磨[198-200]和化学刻蚀[201]。斜面可以通过 SIMS 探针束制作，在这种情况下，改变层和埋藏的化学成分分布的相互作用，包括偏析效应本身，均可得以研究。为产生足够的放大倍数，需要 $10^{-4}\sim10^{-3}$ 弧度量级的斜面角度。这给出足够的放大倍数将 1 nm 厚的薄层转换为 $1\sim10~\mu m$ 宽的在表面的条纹。它同样得出结论：要完整分析包含在深约 1 μm 内的完整结构需要有大于 1 mm 视野的仪器。

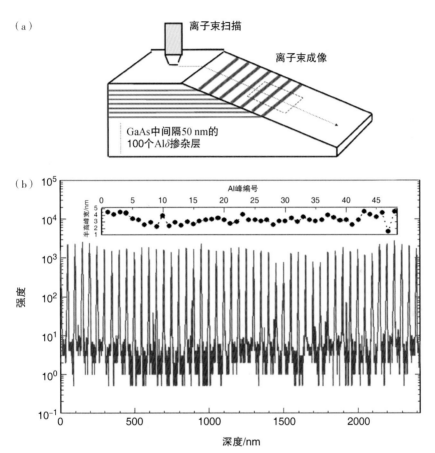

图 5-15　(a) 含 100 个标称间隔 50 nm 的 Al δ 层的斜切样品的离子束线扫描及成像示意；
(b) 对应 Al 成像经深度校正的线扫描深度剖析

注：插入图为 Al 半高峰宽与相应的 Al 峰编号。可以看到没有迹象表明深度分辨随深度的损失，而平均半高峰宽为 3.3 nm。

离子束研磨自然会在样品表面留下损伤和化学改变层。容易证明垂直于表面的归因于原子混合的材料再分布通过斜面被放大，并且导致表面条纹的展宽[198]。可减轻这一问题的方法有两种。对于用氧近垂直入射研磨硅，McPhail[198] 已证明 SiO_2 改变层连同它保留的损伤可以通过 5%～10%氢氟酸腐蚀除掉。这一方法的优点是在刻蚀后的斜面表面上形成的亚纳米自然氧化物促进二次离子发射，缺点是非原位过程。另一种方法是由 Skinner[200] 为 AES 应用建议的，通过相对高能量束（连同高束流以提高速度）制作斜面，然后用非常低能量的束原位将损伤溅射掉。

Hsu[201-203]发展了另一种斜面制作方法，这种方法是把样品简单地放入（或拉出）合适的腐蚀剂。产生的斜面表面在 SIMS 仪器里成像或者进行线扫描。这种方法产生的斜面的放大倍数取决于蚀刻速率与浸渍速率的比值。可以得到不依赖于深度的非常高的深度分辨。例如[201]，深至 1.6 μm 的不依赖于深度的 $Al_{0.3}Ga_{0.7}As/GaAs$ 多重量子阱的深度分辨可达 3.1 nm（半高峰宽）。亚纳米深度分辨可以通过足够高的斜面放大倍数获得[图 5-15(b)]，并且可以证明深度分辨仅与放大倍数、束宽和 SIMS 技术的信息深度有关[202]。Hsu 开发的这一技术在当传统 SIMS 深度剖面分析产生非常大深度分布畸变时也同样有用。例如，用氧束分析硅中铜会因束诱发的偏析产生严重的畸变。这可以通过斜切法来解决，此方法可以在斜角的上下两方向进行线扫来检查束引起的问题。Fearn[204]最近发现高放大倍数线性斜面可以用在硅上，并可以用斜面和成像方法重新得到精确的深度剖析的形状。她分析了硅中硼的浅注入，并且通过斜面和成像方法得到的深度剖析的形状和从 1 keV 深度剖面分析得到的非常相似（图 5-16）。

样品体积的考虑因素在斜面法中不像在直接深度剖面分析法那样受关切，因为在束诱导效应破坏"深度"分辨之前，被消耗的仅仅是斜面顶端数纳米。虽然检测限一般比深度剖面分析差 10~1000 倍，但是这一情况能通过在成像中共同添加线来优化[204]。

斜面化的材料可以用其他多种显微技术分析。Srnanek 用 SEM、拉曼和 AES 对化学蚀刻半导体样品进行了分析[205-207]，此外，最近有用 micro-Raman 的[208]。

（a）

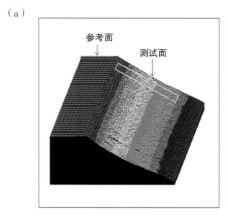
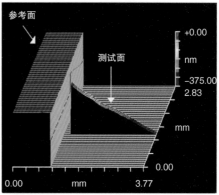

（b）

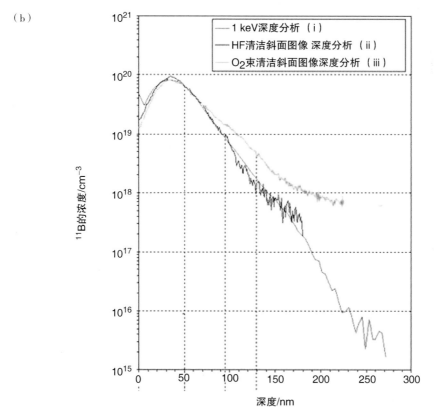

图 5 - 16　ZYGO 成像、硼浓度深度剖析的比较

注：（a）Fearn 在硅上制作斜面的 ZYGO 成像[204]。斜面是平滑和线性的，使后续线扫描数据的深度校正非常直接。(b)硼浓度深度剖析的比较，(i)由 1 keV 传统 SIMS 深度剖析硅中 10 keV 的硼注入获得的；(ii)用 HF 清洗的斜面成像得到的数据；(iii)用 SIMS 离子成像 O_2^+ 离子束清洗的斜面得到的。

5.4.2 反面深度剖析

SIMS 深度剖析中见到的长的拖尾通常是由质量传输过程比如分析过程中出现的偏析作用引起的，并且相当大部分的本底可以简单归因于近表面高浓度引起的。如果深度分析的意义能够翻转，即假如深度剖析能沿着浓度梯度上升的方向进行，或者没有表面浓度，便能重新获得更准确的信息。这能用反面深度剖析来实现[209-211]，在此对传统的深度剖析与将硅片削薄后从硅片背面进行的深度剖析得到的结果进行比较。归因于偏析的拖尾和从高浓度向低浓度进行深度剖面分析时观察到的类似效应是一目了然的。基于 Lareau[210] 研究的工作，图 5-17 显示了正向和反向穿过欧姆接触在 GaAs 上的多元合金的深度剖析。在反向深度剖析中，所有合金成分的界面响应全部一致，表明正向深度剖面分析中的偏析是分析过程中的微分偏析或者类似效应的结果。这一技术同样适用于正面不平或者在溅射过程中严重粗糙化的样品。但是，与样品制备相关的困难不应该被过分低估。晶片必须在限定区域（1 mm²）减薄大约 0.5 mm，而样品背面与内藏研究对象也必须保持严格平行。

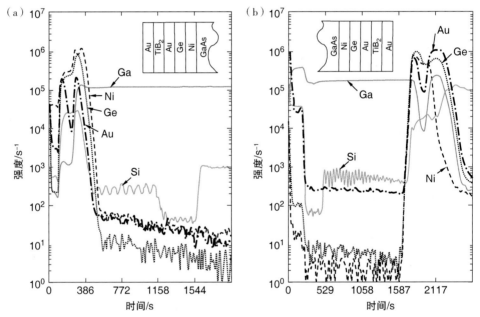

图 5-17 与 Ni、Ge、Au、TiB₂、Au 合金接触后的欧姆金属、标记层样品的正向和反向深度剖析

注：（a）正向深度剖面分析；（b）反向深度剖面分析。注意，Au，Ge 和 Ni 信号在 GaAs 界面处重合，表明这些信号在正向深度剖析中的分离是因为在分析中的偏析或类似的效应。反向深度剖面分析反映出抛光背面的起始表面上一些形貌（在 Si 通道中）的影响。来自 Laureau[210]。

5.4.3 二维分析

目前，现代半导体器件的间隔和尺寸小于制造过程中横向杂质迁移的可能程度。

这种情况又被频繁使用的多晶基质所加剧，特别是在多层器件里，晶界扩散可能非常快。横向和纵向的杂质分布的同时测量已成为 SIMS 的一个重要目标。由于高空间分辨需要而必然限定的体积消耗对 SIMS 造成的限制在第 5.1 节和其他地方[212-213]均有讨论。特别是，如果样品必须使用高横向分辨直接成像或成像深度剖析，那么 AES 可能比 SIMS 更为灵敏[212]。数十纳米量级的 SIMS 横向分辨是能够达到的。例如，Nojima[214]报告了 22 nm 时仍有良好的灵敏度，而在 FIB SIMS 中甚至可达 5 nm[158]。然而，在这些条件下移除的分析体积非常小以至于检测限通常比 1% 原子浓度差，即使对于像硼那样的高产额元素也一样。

若我们将横向分辨的一个维度牺牲掉，则分析灵敏度可得到恢复，分析物体积元变成一个长方体。但是，仍然需要用产额增强探针如 Cs$^+$ 或 O$_2^+$ 以达到最大有效产额，而此时横向分辨最好限制在 0.1~1 μm。Hill 及其同事[215-216]开发了一种基于多重条纹以及用旋转膜罩制作垂直斜面的取样和数据处理技术。这种取样结合了在中等探针直径下的高横向分辨以及有着大消耗体积的高空间分辨。Ukraintsev[217]通过用莫尔图形改进了这一总的思路以便传统处理步骤能被使用。他证明这种方法大大地简化了二维 SIMS 测试芯片的制作、数据采集和分析。于是，在商品仪器上实现了二维掺杂的剖析拥有受限于光掩膜像素大小(10 nm)的横向分辨和 3×10^{17} cm^{-3} 的灵敏度，并且二维掺杂的剖析达到 10 nm 的重复精度。测得的深度剖析结果与二维蒙特卡洛以及校正后的 TSUPREM4 模拟做了比较，显示出良好的一致性。

新近 Rosener[218]用二维 SIMS 观察热压钢颗粒。

5.5　仪器[①]

5.5.1　概论

广泛用于动态 SIMS 的是基于双聚焦磁扇形质谱仪(DFMS)[2,22,219-222]、四级质谱仪(QMS)[223-225]以及飞行时间质谱仪(ToF)[5,226]这 3 种质谱系统。在某些方面，这些仪器是互补的。下文给出一些它们各自的优点和缺点。值得注意的是，一种质谱仪可能原理上在某个特定的应用里有明显的优点，制造商却可能并不强调在该方面的设计，或者所用实际的硬件的指标可能达不到最终目标。

DFMS(有多个收集器或条形检测器[222])和 ToF 均可以进行平行检测，即从落在同一时间区间内的溅射事件里探测不同的质量。当感兴趣的质量数超过一种时，考虑到材料的消耗量，可增加仪器的效率。虽然 ToF 可以同时平行采集跨越数百或者数千的原子质量，但它的入射必须脉冲化。DFMS，归因于分离的探测器大小方面的实际限制或者成像平面宽度限制，通常可采集到 10 个平行通道或者到数 10 个原子质量的连续质量范围。但是，大多数商品 DFMS 的设计并不配备平行探测。

DFMS 有着最高的质量分辨，并且已建造的 SIMS 质谱仪拥有的 $M/\Delta M$ 达

[①]　本节可与第 4 章 4.3 节结合阅读，它提供更多背景信息。

20000，目标性能至少为 100000[22,221]。最通常的 DFMS 设计将相当容易获得 5000 的 $M/\Delta M$，这足以分辨 SIMS 中许多重要的质量干涉。拥有长光学路径和校正光学像差的 ToF 也能获得 3000～5000 范围内的 $M/\Delta M$，但其丰度灵敏度是远远不如 DFMS 好。

丰度灵敏度是大通量质量 M 存在的情况下检测 $M\pm1$ 的能力(例如，检测主体硅中杂质 Al)。例如，高丰度灵敏度对剖析次要同位素和杂质的测量是重要的。大型且设置良好的 QMS 和 DFMS 能达到超过 10^8 的丰度灵敏度[120,220]。而 ToF 目前限制在大约 10^5，因为在敞开几何结构里的散射，以及像反射器那样的器件内的高阶像差使在低于最大值 5 个量级处的谱峰变宽。

在与深度剖析模式相对用作扫谱时，ToF 对产额在扫谱质量范围进行平均，容易有一套最高的有效产额。这是因为 DFMS(用作谱峰转换或扫描模式时)和 QMS(本身没有平行采集能力)除了它们设定采集的离子之外，简单地放弃其他溅射离子。但是，如果质谱系统必须要与一有效连续溅射束一起运行时，就像在几乎所有的动态 SIMS 里，ToF 的优势消失：分析的一次束必须脉冲化，典型的脉冲宽度为数纳秒，重复周期为微秒级。为达到准连续溅射，可以采用双束模式(见 5.5.4 节)，但另一方面，非常少量被溅射物质可被采样。在连续溅射模式中，在某些情况下 DFMS 能获得超过 0.1 的有效产额，并且现代四级杆也能接近这一数值。实际检测试验表明 ToF 是具有可比性。

5.5.2　二次离子光学

3 种类型的质谱仪在用于提取二次离子的光学系统方面有很大区别，这影响了它们潜在的应用范围。DFMS 基本上都有高提取系统($keV\cdot mm^{-1}$)和距样品几毫米的电极[2]。样品必须是低像差光学系统的一部分，现代 DMFS 设计将它与入口光学系统平行放置。尽管一些手段，如分裂提取场，允许一次束的能量和入射角之间有一些灵活性，但是这两个参数保持强配对性。然而，近年来一个显著的成就是已开发出光学系统，它在允许用亚千电子伏束轰击样品[226-227]的同时保留 DFMS 的有利的属性(高有效产额、高质量分辨和高丰度灵敏度)。样品附近有限的空间很难增加额外的技术，并且在某些情况下需要额外测量真空可能是一个问题。

ToF 有一个更开放的光学系统，但仍要求通能在千电子伏范围，因此倾向于高提取场。然而，提取场可能要脉冲化，并且当溅射束开启时可能不存在，以消除用低能量轰击时潜在的问题。但是，ToF 可能需要样品位置和入射光学系统之间的严格关系，以致要保留一些不变性。

QMS 用约 $10\ V\cdot mm^{-1}$ 的低提取场结合(或能结合)一个开孔光学系统。样品位置通常非常灵活，对于 100 eV 以上的一次离子能量来说，仪器可以用任意带电状态以任意角度轰击样品，同时采集任意电荷状态。在样品上方有数立方厘米的开放体积，因此可以轻松引入其他技术。QMS 具有很大的景深，特别是与 DFMS 相比，因此容易应付粗糙样品(在 ToF 同样是个潜在的问题)。

5.5.3　双束方法和 ToF

ToF 是用脉冲一次离子束，并在宽质量范围内进行平行检测，用于静态 SIMS 的原型质谱仪。然而，它乍看起来好像不太适合需要高且连续的一次离子流的动态 SIMS 应用。ToF-SIMS 的一个主要发展是双束仪器的出现，最初是由在 Münster 的 Benninghoven 的团队开发的[5]。这里，具有高流量密度和长脉冲长度的溅射束与每个周期的剂量在静态 SIMS 范围内以及有短脉冲长度的采样束交错。ToF 被门控以便它仅收集来自取样脉冲束的二次离子，而在要收集的离子羽流运送到 ToF 周围时，继续用溅射束对样品进行溅射。图 5-18 显示时序方案。溅射束通常是氧或铯，并且装上促进探针物种发射的样品。采样束可以来自 LMIG 并且被严格聚焦，改善仪器门控（见 5.5.4 节）。最近，双束方法的功能已经扩展到使用两个溅射束（铯和氩），一个控制另一个的表面浓度。这可能为在低于 500 eV 范围内使用铯束铺平了道路，并且对 ToF 应用之外也是合适的。

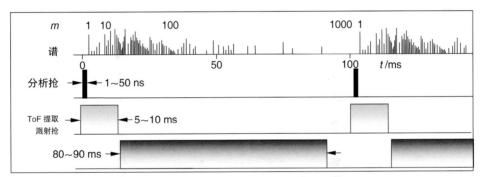

图 5-18　双束 ToF-SIMS 的分析束和溅射束的交替工作的时序方案

注：来自 K. Iltgen 等[5]。

5.5.4　门控

高性能深度剖析的最重要的参数是它排斥来自溅射坑壁和样品表面的溅射材料的能力。这确定动态范围和低数量级里的深度剖析的形状，并且是高性能深度剖析的关键。根本问题的产生是因为尽管一次离子柱被设计得很好，但最终斑点将包含像差和导致距离束中心几个半峰宽倍数低但有限电流密度的散射离子。有人可能会描述以下门控方法：光学门控，在高场提取系统里它是唯一真正有效的[2]；电子或数字门控[228-229]，这需要一个非常高质量的扫描一次离子束和探针门控，这里像在双束 ToF 里，采样束被微聚焦，并且可以被完全限制在溅射坑底。图 5-19 显示了光学和数字门控。

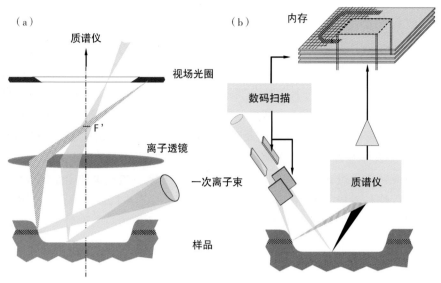

图 5 - 19　门控

注：(a)光学门控，具有离子显微镜类型的仪器的特征，离子显微镜可以随后限制视野的光阑上形成样品的放大图像。(b)数字门控用于扫描离子微探针。图像堆栈的任何部分(原理上)可以用于形成复原的信息，而且横截面以及深度剖面分布也可以被提取。

　　光学门控要求样品是光学系统中受良好控制的部分，并且因为二次离子发射的能量和角度分布较大，因此还需要高的提取场。二次离子光学系统的物镜用于在视野像平面里的光阑上形成二次离子中样品的低像差放大图像。然后，光阑限定通过质谱仪"看到"的样品的区域。若这被限制在溅射坑底，则说明其具有高动态范围系统——几乎与一次离子束的质量无关。没有必要扫描束，虽然这可以改善跨越溅射坑剂量的均匀性，以便产生平底和高深度分辨。高质量的聚焦和束扫描因为其他的原因也可能是需要的。光学门控的一个扩展被称为动态发射匹配[2,230]。这允许固定光学门控的尺寸是小的，促进在 DFMS 的高透过率和高分辨，但是在样品平面上的门控像被扫描以至于精细的扫描探针要落在要采集离子的所有区域的里面。

　　电子或数字门控必须使用尖锐并且相对没有散射光晕的扫描探针。后一个要求意味着为了最高的动态范围，仪器中的真空度必须低于 10^{-10} mbar。

　　既可以当束在扫描溅射坑壁时禁止离子计数系统工作，也可以整个扫描收集为一幅图像，然后从对应于溅射坑那些部分的图像来重构深度剖析。显然，这种技术允许排除其他异常区域，如由灰尘或其他不均匀性引起的高强度区域[231]。

　　在双束 ToF 中(隐含)使用的探针门控类似于数字门，然而探针束不需要实际抵达溅射坑壁。

5.6　结论

　　动态 SIMS 具有一些非常重要的属性，包括高深度分辨、高横向分辨、优异的灵敏度和高动态范围。亚纳米的深度分辨可以用亚千电子伏一次离子束实现，并且现在可能在几纳米的表面内获得定量数据。几十纳米的横向分辨是可能的并且能实现低至十亿分之几的灵敏度（但不同时）。周期表中的所有元素和同位素都可以测量并且质量干涉可以用高质量分辨仪器来解决。动态 SIMS 是对给出结构信息（RBS、XTEM、X 射线衍射）、电气剖析（SSRM、e-CV）和高浓度的定量分析（RBS、AES、XPS）的补充。SIMS、XTEM 和 e-CV 或 SSRM 形成了特别强大的组合。

开发动态 SIMS 当初主要用于电子应用材料和地质学，但是现在它拥有覆盖在许多不同技术领域使用的许多不同类型材料的更广泛的应用范围。总的来说，它显示出越来越多样化和越来越成熟的技术，但也可能会有它落后于某些应用需求的评论。SIMS 仪器的利润率相当小，而且一直缺乏代表该技术的主要用户愿意投资于它的未来发展。在本章中，我们保留许多较旧的参考文献是为了表明在声称新颖之前，需要检查记录一个重要的历史。

参考文献

[1] BENNINGHOVEN A，RUDENAUER F G，WERNER H W. Secondary ion mass spectrometry[M]. New York：John Wiley & Sons Inc.，1987：671.

[2] SLODZIAN G. Applied charged particle optics[M] // SLODZIAN G. Advances in electronics and electron physics，Supplement 13B，ed. A. New York：Septier Academic Press，1980：1.

[3] WITTMAACK K. Design and performance of quadrupole-based SIMS instruments：A critical review[J]. Vacuum，1982，32(2)：65-89.

[4] BENNETT J，DAGATA J A. Ultra-shallow depth profiling with time-of-flight secondary ion mass spectrometry[J]. Journal of vacuum science & technology B：Microelectronics and nanometer structures processing，measurement，and phenomena，1994，12(1)：214-218.

[5] ILTGEN K，BENDEL C，BENNINGHOVEN A，et al. Optimized time-of-flight secondary ion mass spectroscopy depth profiling with a dual beam technique[J]. Journal of vacuum science & technology A：Vacuum，surfaces，and films，1997，15(3)：460-464.

[6] (a) BAKALE D K，COLBY B N，EVANS C A. High mass resolution ion microprobe mass spectrometry of complex matrices[J]. Analytical chemistry，1975，47(9)：1532-1537；(b) HERNANDEZ R，LANUSSE P，SLODZIAN G，et al. Mass spectrography with secondary ion emission source[J]. Recherche aerospatiale，1972，6：313-324.

[7] (a) ARMOUR D G，WADSWORTH M，BADHEKA R，et al. Proceedings of SIMS VI[C]. Chichester，UK：John Wiley & Sons Ltd，1988：399；(b) BADHEKA R，WADSWORTH M，ARMOUR D G，et al. Theoretical and experi-

mental studies of the broadening of dilute delta-doped Si spikes in GaAs during SIMS depth profiling[J]. Surface and interface analysis, 1990, 15(9): 550-558.

[8] LITTMARK U, HOFER W O. Recoil mixing in solids by energetic ion beams [J]. Nuclear instruments and methods, 1980, 168(1-3): 329-342.

[9] BOUDEWIJN P R, AKERBOOM H W P, KEMPENERS M N C. Profile distortion in SIMS[J]. Spectrochimica acta part B: Atomic spectroscopy, 1984, 39 (12): 1567-1571.

[10] Dowsett M G, Barlow R D, Allen P N. Secondary ion mass spectrometry analysis of ultrathin impurity layers in semiconductors and their use in quantification, instrumental assessment, and fundamental measurements[J]. Journal of vacuum science & technology B: Microelectronics and nanometer structures processing, measurement, and phenomena, 1994, 12(1): 186-198.

[11] SCHWARZ S A, WILKENS B J, PUDENSI M A A, et al. Studies of surface and interface segregation in polymer blends by secondary ion mass spectrometry[J]. Molecular physics, 1992, 76(4): 937-950.

[12] CIRLIN E H. Auger electron spectroscopy and secondary ion mass spectrometry depth profiling with sample rotation[J]. Thin solid films, 1992, 220(1-2): 197-203.

[13] PINT B A, MARTIN J R, HOBBS L W. [18]O/SIMS characterization of the growth mechanism of doped and undoped α-Al$_2$O$_3$ [J]. Oxidation of metals, 1993, 39(3-4): 167-195.

[14] WITTMAACK K. Transient phenomena and impurity relocation in SIMS depth profiling using oxygen bombardment: Pursuing the physics to interpret the data[J]. Philosophical transactions of the royal society of London. Series A: Mathematical, physical and engineering sciences, 1996, 354 (1719): 2731-2764..

[15] VANDERVORST W, JANSSENS T, BRIJS B, et al. Errors in near-surface and interfacial profiling of boron and arsenic[J]. Applied surface science, 2004, 231: 618-631.

[16] NAPOLITANI E, CARNERA A, PRIVITERA V, et al. Ultrashallow profiling of semiconductors by secondary ion mass spectrometry: Methods and applications[J]. Materials science in semiconductor processing, 2001, 4(1-3): 55-60.

[17] DOWSETT M G. Depth profiling using ultra-low—energy secondary ion mass spectrometry[J]. Applied surface science, 2003, 203: 5-12.

[18] LIU R, WEE A T S. Sub—keV secondary ion mass spectrometry depth profiling: Comparison of sample rotation and oxygen flooding[J]. Applied surface

science，2004，231：653-657.

[19] ZALM P C. Dynamic SIMS：Quantification at all depths？[J]. Microchimica acta，2000，132(2-4)：243-257.

[20] BETTI M. Isotope ratio measurements by secondary ion mass spectrometry (SIMS) and glow discharge mass spectrometry (GDMS)[J]. International journal of mass spectrometry，2005，242(2-3)：169-182.

[21] BECKER J S，DIETZE H J. Inorganic trace analysis by mass spectrometry[J]. Spectrochimica acta part B：Atomic spectroscopy，1998，53(11)：1475-1506.

[22] LONG J V P，GRAVESTOCK D C. Proceedings of SIMS VI，Vacuum[C]. 1984，34：903.

[23] WUCHERA. Microanalysis of solid surfaces by secondary neutral mass spectrometry[J]. Fresenius' journal of analytical chemistry，1993，346(1-3)：3-10.

[24] OECHSNER H. Thin film and depth profile analysis，topics in current physics [M]. Berlin：Springer-Verlag，1983：63.

[25] MATHIEU H J，LEONARD D. Use of post-ionisation techniques to complement SIMS analysis. A review with practical aspects[J]. High temperature materials and processes，1998，17(1-2)：29-44.

[26] OSBURN C，MCGUIRE G. Proceedings of the 1st International Conference on Measurement and Characterization of ultra shallow doping profiles in semiconductors[C]. Microelectronics Centre of North Carolina，Research Triangle Park，1991：172.

[27] KOPANSKI J J，MARCHIANDO J F，LOWNEY J R. Scanning capacitance microscopy applied to two-dimensional dopant profiling of semiconductors[J]. Materials science and engineering：B，1997，44(1-3)：46-51.

[28] DE WOLF P，STEPHENSON R，TRENKLER T，et al. Status and review of two-dimensional carrier and dopant profiling using scanning probe microscopy [J]. Journal of vacuum science & technology B：Microelectronics and nanometer structures processing，measurement，and phenomena，2000，18（1）：361-368.

[29] DOBACZEWSKI L，PEAKER A R，BONDE NIELSEN K. Laplace-transform deep-level spectroscopy：The technique and its applications to the study of point defects in semiconductors[J]. Journal of applied physics，2004，96(9)：4689-4728.

[30] (a)CHABALA J M，LEVI-SETTI R，WANG Y L. Practical resolution limits of imaging microanalysis with a scanning ion microprobe[J]. Applied surface science，1988，32(1-2)：10-32；(b) SLODZIAN G. Proceedings of SIMS VI [C]. Chichester，UK：John Wiley & Sons Ltd，1988：3.

[31] HUNTER JR J L, LINTON R W, GRIFFIS D P. High dynamic range quantitative image depth profiling of boron in patterned silicon dioxide on silicon [J]. Journal of vacuum science & technology A: Vacuum, surfaces, and films, 1991, 9(3): 1622-1629.

[32] WELKIE D G, GERLACH R L. Comparison of the theoretical detection capabilities of SIMS and AES for microanalysis[J]. Journal of vacuum science and technology, 1982, 20(4): 1064-1067.

[33] WALTON J, FAIRLEY N. Characterisation of the Kratos Axis Ultra with spherical mirror analyser for XPS imaging[J]. Surface and interface analysis, 2006, 38(8): 1230-1235.

[34] FARTMANN M, KRIEGESKOTTE C, DAMBACH S, et al. Quantitative imaging of atomic and molecular species in cancer cell cultures with TOF-SIMS and Laser-SNMS[J]. Applied surface science, 2004, 231: 428-431.

[35] RÜDENAUER F G. Spatially multidimensional secondary ion mass spectrometry analysis[J]. Analytica chimica acta, 1994, 297(1-2): 197-230.

[36] GRAY K H, GOULD S, LEASURE R M, et al. Three-dimensional characterization of conducting polymer arrays using secondary ion mass spectrometry [J]. Journal of vacuum science & technology A: Vacuum, surfaces, and films, 1992, 10(4): 2679-2684.

[37] SCANDURRA A, LICCIARDELLO A, TORRISI A, et al. Fatigue failure in Pb-Sn-Ag alloy during plastic deformation: A 3D-SIMS imaging study[J]. Journal of materials research, 1992, 7(9): 2395-2402.

[38] CHANDRA S. 3D subcellular SIMS imaging in cryogenically prepared single cells[J]. Applied surface science, 2004, 231: 467-469.

[39] GILLEN G, FAHEY A, WAGNER M, et al. 3D molecular imaging SIMS[J]. Applied surface science, 2006, 252(19): 6537-6541.

[40] DOWSETT M G, ADRIAENS A, SOARES M, et al. The use of ultra-low-energy dynamic SIMS in the study of the tarnishing of silver[J]. Nuclear instruments and methods in physics research section B: beam interactions with materials and atoms, 2005, 239(1-2): 51-64.

[41] MAGEE C W. Depth profiling of n-type dopants in Si and GaAs Using Cs^+ bombardment negative secondary ion mass spectrometry in ultrahigh vacuum [J]. Journal of the electrochemical society, 1979, 126(4): 660-663.

[42] WITTMAACK K, MENZEL N. Exceptionally pronounced redistribution of silver in oxygen bombarded silicon[J]. Applied physics letters, 1987, 50(13): 815-817.

[43] WILLIAMS P. The sputtering process and sputtered ion emission[J]. Surface

science，1979，90（2）：588-634.

[44] LAREAU R T，WILLIAMS P. Proceedings of SIMS V[C]. Berlin：Springer-Verlag，1986：149.

[45] LAREAU R T，WILLIAMS P. Proceedings of SIMS V[C]. Berlin：Springer-Verlag，1986：152.

[46] WITTMAACK K. Pre-equilibrium variation of the secondary ion yield[J]. International journal of mass spectrometry and ion physics，1975，17（1）：39-50.

[47] HILL R，BLENKINSOPP P W M. The development of C_{60} and gold cluster ion guns for static SIMS analysis[J]. Applied surface science，2004，231：936-939.

[48] HILL R，BLENKINSOPP P，BARBER A，et al. The development of a range of C_{60} ion beam systems [J]. Applied surface science，2006，252（19）：7304-7307.

[49] GILLEN G，BATTEAS J，MICHAELS C A，et al. Depth profiling using C_{60}^{+} SIMS—deposition and topography development during bombardment of silicon [J]. Applied surface science，2006，252（19）：6521-6525.

[50] SOSTARECZ A G，SUN S，SZAKAL C，et al. Depth profiling studies of multilayer films with a C_{60}^{+} ion source[J]. Applied surface science，2004，231：179-182.

[51] DAVIES N，WEIBEL D E，BLENKINSOPP P，et al. Development and experimental application of a gold liquid metal ion source[J]. Applied surface science，2003，203：223-227.

[52] WAGNER M S. Impact energy dependence of SF_5^{+}-induced damage in poly （methyl methacrylate）studied using time-of-flight secondary ion mass spectrometry[J]. Analytical chemistry，2004，76（5）：1264-1272.

[53] JONES E A，FLETCHER J S，THOMPSON C E，et al. ToF-SIMS analysis of bio-systems：Are polyatomic primary ions the solution？ [J]. Applied surface science，2006，252（19）：6844-6854.

[54] WEIBEL D E，LOCKYER N，VICKERMAN J C. C_{60} cluster ion bombardment of organic surfaces[J]. Applied surface science，2004，231：146-152.

[55] SIGMUND P，GRAS-MARTI A. Theoretical aspects of atomic mixing by ion beams[J]. Nuclear instruments and methods，1981，182：25-41.

[56] KING B V，TSONG I S T. A model for atomic mixing and preferential sputtering effects in SIMS depth profiling[J]. Journal of vacuum science & technology A：Vacuum，surfaces，and films，1984，2（4）：1443-1447.

[57] WITTMAACK K. Oxygen-concentration dependence of secondary ion yield enhancement[J]. Surface science，1981，112（1-2）：168-180.

[58] KELLY R. Factors determining the compound phases formed by oxygen or ni-

trogen implantation in metals[J]. Journal of vacuum science and technology, 1982, 21(3): 778-789.

[59] REUTER W, WITTMAACK K. An AES-SIMS study of silicon oxidation induced by ion or electron bombardment[J]. Applications of surface science, 1980, 5(3): 221-242.

[60] WACH W, WITTMAACK K. Ion implantation and sputtering in the presence of reactive gases: Bombardment-induced incorporation of oxygen and related phenomena[J]. Journal of applied physics, 1981, 52(5): 3341-3352.

[61] WITTMAACK K, WACH W. Profile distortions and atomic mixing in SIMS analysis using oxygen primary ions[J]. Nuclear instruments and methods in physics research, 1981, 191(1-3): 327-334.

[62] TREICHLER R, CERVA H, HOSLER W, et al. Proceedings of SIMS VII [C]. New York: John Wiley & Sons Inc., 1990: 259, 262.

[63] CRIEGERN R V. Presented at SIMS V (Abstract only), 1986.

[64] LITTLEWOOD S D, KILNER J A. *In situ* secondary ion mass spectrometry study of the surface oxidation of silicon using ^{18}O tracer[J]. Journal of applied physics, 1988, 63(6): 2173-2176.

[65] JAGER H U, KILNER J A, CHATER R J, et al. Modelling of ^{18}O tracer studies of the oxygen redistribution during formation of SiO_2 layers by high dose implantation[J]. Thin solid films, 1988, 161: 333-342.

[66] AUGUSTUS P D, SPILLER G D T, DOWSETT M G, et al. Proceedings of SIMS VI[C]. Chichester, UK: John Wiley & Sons Ltd, 1988: 485.

[67] DOWSETT M G, JAMES D M, DRUMMOND I W, et al. Proceedings of SIMS VIII[C]. Chichester, UK: John Wiley & Sons Ltd, 1992: 359.

[68] DOWSETT M G. The application of surface analytical techniques to silicon technology[J]. Fresenius' journal of analytical chemistry, 1991, 341(3-4): 224-234.

[69] VANDERVORST W, REMMERIE J. Proceedings of SIMS V[C]. Berlin: Springer-Verlag, 1986: 288.

[70] KILNER J A, BEYER G P, CHATER R J. ^{18}O studies of altered layers formed in Si and SiO_2 by ion bombardment[J]. Nuclear instruments and methods in physics research section B: Beam interactions with materials and atoms, 1994, 84(2): 176-180.

[71] VANCAUWENBERGHE O, HERBOTS N, HELLMAN O C. Role of ion energy in ion beam oxidation of semiconductors: Experimental study and model [J]. Journal of vacuum science & technology A: Vacuum, surfaces, and films, 1992, 10(4): 713-718.

［72］DOWSETT M G，PATEL S B，COOKE G A. Proceedings of SIMS XII［C］. Amsterdam：Elsevier，2000：85.

［73］BEYER G P，PATEL S B，KILNER J A. A SIMS study of the altered layer in Si using $^{18}O_2$ primaries at various angles of incidence［J］. Nuclear instruments and methods in physics research section B：Beam interactions with materials and atoms，1994，85(1-4)：370-373.

［74］DOWSETT M G，SMITH N S，BRIDGELAND R，et al. Proceedings of SIMS X［C］. Chichester，UK：John Wiley & Sons Ltd，1996：367.

［75］SUN S，SZAKAL C，ROLL T，et al. Use of C_{60} cluster projectiles for sputter depth profiling of polycrystalline metals［J］. Surface and interface analysis，2004，36(10)：1367-1372.

［76］DOWSETT M G，KELLY J H，ROWLANDS G，et al. On determining accurate positions，separations，and internal profiles for delta layers［J］. Applied surface science，2003，203：273-276.

［77］CHU D P，DOWSETT M G. Dopant spatial distributions：Sample-independent response function and maximum-entropy reconstruction［J］. Physical review B，1997，56(23)：15167-15170.

［78］MCPHAIL D S，DOWSETT M G，PARKER E H C. Loss of depth resolution with depth in secondary ion mass spectrometry (SIMS) due to variations in ion dose density across the rastered area［J］. Vacuum，1986，36(11-12)：997-1000.

［79］MEURIS M，DE BISSCHOP P，LECLAIR J F，et al. Determination of the angle of incidence in a Cameca IMS-4f SIMS instrument［J］. Surface and interface analysis，1989，14(11)：739-743.

［80］KELLY J H，DOWSETT M G，AUGUSTUS P，et al. Correction for the loss of depth resolution with accurate depth calibration when profiling with Cs^+ at angles of incidence above $50°$ to normal［J］. Applied surface science，2003，203：260-263.

［81］STEVIE F A，KAHORA P M，SIMONS D S，et al. Secondary ion yield changes in Si and GaAs due to topography changes during O_2^+ or Cs^+ ion bombardment［J］. Journal of vacuum science & technology A：Vacuum，surfaces，and films，1988，6(1)：76-80.

［82］BULLE-LIEUWMA C W T，ZALM P C. Suppression of surface topography development in ion-milling of semiconductors［J］. Surface and interface analysis，1987，10(4)：210-215.

［83］CIRLIN E H，VAJO J J，DOTY R E，et al. Ion-induced topography，depth resolution，and ion yield during secondary ion mass spectrometry depth profiling of a GaAs/AlGaAs superlattice：Effects of sample rotation［J］. Journal of vacuum science & technology A: Vacuum, surfaces, and films, 1991, 9(3): 1395-1401.

[84] CIRLIN E H, VAJO J J, HASENBERG T C. Limiting factors for secondary ion mass spectrometry profiling[J]. Journal of vacuum science & technology B: Microelectronics and nanometer structures processing, measurement, and phenomena, 1994, 12(1): 269-275.

[85] JIANG Z X, ALKEMADE P F A, ALGRAE, et al. High depth resolution SIMS analysis with low-energy grazing O_2^+ beams[J]. Surface and interface analysis, 1997, 25(4): 285-291.

[86] JUHEL M, LAUGIER F, DELILLE D, et al. SIMS depth profiling of boron ultra shallow junctions using oblique O_2^+ beams down to 150 eV[J]. Applied surface science, 2006, 252(19): 7211-7213.

[87] CHANBASHA A R, WEE A T S. Narrow surface transient and high depth resolution SIMS using 250 eV O_2^+ [J]. Applied surface science, 2006, 252(19): 7243-7246.

[88] KRECAR D, ROSNER M, DRAXLER M, et al. Low energy RBS and SIMS analysis of the SiGe quantum well[J]. Applied surface science, 2005, 252(1): 123-126.

[89] HARTON S E, STEVIE F A, ADE H. Secondary ion mass spectrometry depth profiling of amorphous polymer multilayers using O_2^+ and Cs^+ ion bombardment with a magnetic sector instrument[J]. Journal of vacuum science & technology A: Vacuum, surfaces, and films, 2006, 24(2): 362-368.

[90] HOFMANN S. Characterization of nanolayers by sputter depth profiling[J]. Applied surface science, 2005, 241(1-2): 113-121.

[91] HOFMANN S. Sputter-depth profiling for thin-film analysis[J]. Philosophical transactions of the royal society of London. Series A: Mathematical, physical and engineering sciences, 2003, 362(1814): 55-75.

[92] DOWSETT M G. Depth profiling using ultra-low-energy secondary ion mass spectrometry[J]. Applied surface science, 2003, 203: 5-12.

[93] HUBER A M, MORILLOT G, LINH N T, et al. Quantitative analysis of oxygen in thin epitaxial layers of GaAs by SIMS[J]. Nuclear instruments and methods, 1978, 149(1-3): 543-546.

[94] HOMMA Y, ISHIIY. Analysis of carbon and oxygen in GaAs using a secondary ion mass spectrometer equipped with a 20 K-cryopanel pumping system[J]. Journal of vacuum science & technology A: Vacuum, surfaces, and films, 1985, 3(2): 356-360.

[95] WITTMAACK K. Experimental and theoretical investigations into the origin

of cross-contamination effects observed in a quadrupole-based SIMS instrument [J]. Applied physics A, 1985, 38(4): 235-252.

[96] CLEGG J B. Proceedings of SIMS V[C]. Berlin: Springer-Verlag, 1985: 112.

[97] DELINE V R. Instrumental cross-contamination in the Cameca IMS-3F secondary ion microscope[J]. Nuclear instruments and methods in physics research, 1983, 218(1-3): 316-318.

[98] MIGEON H N, LE PIPEC C, LE GOUX J J. Proceedings of SIMS V[C]. Berlin: Springer-Verlag, 1985: 155.

[99] WITTMAACK K, CLEGG J B. Dynamic range of 10^6 in depth profiling using secondary-ion mass spectrometry[J]. Applied physics letters, 1980, 37(3): 285-287.

[100] HEINRICH J, NEWBURY D E. National Bureau of Standards[S]. Washington, DC, 1975: 179.

[101] VON CRIEGERN R, WEITZEL L, ZEININGER H, et al. Optimization of the dynamic range of SIMS depth profiles by sample preparation[J]. Surface and interface analysis, 1990, 15(7): 415-421.

[102] WANGEMANN K, LANGE-GIESELER R. Dynamic range optimization in SIMS analyses of arsenic and antimony dopants in silicon[J]. Fresenius' journal of analytical chemistry, 1991, 341(1-2): 49-53.

[103] MCKINLEY J M, STEVIE F A, NEIL T, et al. Depth profiling of ultrashallow implants using a Cameca IMS-6f[J]. Journal of vacuum science & technology B: Microelectronics and nanometer structures processing, measurement, and phenomena, 2000, 18(1): 514-518.

[104] NAPOLITANI E, CARNERA A, PRIVITERA V, et al. Ultrashallow profiling of semiconductors by secondary ion mass spectrometry: Methods and applications[J]. Materials science in semiconductor processing, 2001, 4(1-3): 55-60.

[105] WITTMAACKK. Towards the ultimate limits of depth resolution in sputter profiling: Beam-induced chemical changes and the importance of sample quality[J]. Surface and interface analysis, 1994, 21(6-7): 323-335.

[106] WITTMAACK K, MENZEL N. Exceptionally pronounced redistribution of silver in oxygen bombarded silicon[J]. Applied physics letters, 1987, 50(13): 815-817.

[107] DOWSETT M G, AL-HARTHI S H, ORMSBY T J, et al. Establishing an accurate depth-scale calibration in the top few nanometers of an ultrashallow implant profile[J]. Physical review B, 2002, 65(11): 113412.

[108] GIUBERTONI D, BERSANI M, BAROZZI M, et al. Comparison between

the SIMS and MEIS techniques for the characterization of ultra shallow arsenic implants[J]. Applied surface science, 2006, 252(19): 7214-7217.

[109] WITTMAACK K. Extreme surface sensitivity in neon-ion scattering from silicon at ejection energies below 80 eV: Evidence for the presence of oxygen on ion bombarded SiO_2[J]. Journal of vacuum science & technology A: Vacuum, surfaces, and films, 1997, 15(5): 2557-2560.

[110] HEISS C H, STADERMANN F J. Chemical analysis of hypervelocity impacts on the solar cells of the Hubble Space Telescope with EPMA-EDX and SIMS [J]. Advances in space research, 1997, 19(2): 257-260.

[111] ZOU Y, WANG L W, HUANG N K. Effect of heating on the behaviors of hydrogen in C-TiC films with auger electron spectroscopy and secondary ion mass spectroscopy analyses[J]. Thin solid films, 2007, 515(13): 5524-5527.

[112] DE LA MATA B G, SANZ-HERVÁS A, DOWSETT M G, et al. Calibration of boron concentration in CVD single crystal diamond combining ultralow energy secondary ions mass spectrometry and high resolution X-ray diffraction [J]. Diamond and related materials, 2007, 16(4-7): 809-814.

[113] ALVAREZ D, SCHÖMANN S, GOEBEL B, et al. High-resolution scanning spreading resistance microscopy of surrounding-gate transistors[J]. Journal of vacuum science & technology B: Microelectronics and nanometer structures processing, measurement, and phenomena, 2004, 22(1): 377-380.

[114] GARCÍA I, REY-STOLLE I, GALIANA B, et al. Analysis of tellurium as n-type dopant in GaInP: Doping, diffusion, memory effect and surfactant properties[J]. Journal of crystal growth, 2007, 298: 794-799.

[115] WITTMAACK K. High-sensitivity depth profiling of arsenic and phosphorus in silicon by means of SIMS[J]. Applied physics letters, 1976, 29(9): 552-554.

[116] DOWSETT M G, CLARK E A, LEWIS M H, et al. Proceedings of SIMS VI [C]. Chichester, UK: John Wiley & Sons Ltd, 1987: 725.

[117] SPENCE J C H, QIAN W, SILVERMAN M P. Electron source brightness and degeneracy from Fresnel fringes in field emission point projection microscopy[J]. Journal of vacuum science & technology A: Vacuum, surfaces, and films, 1994, 12(2): 542-547.

[118] SPILLER G D T, DAVIS J R. Proceedings of SIMS V[C]. Berlin: Springer-Verlag, 1986: 334.

[119] DOWSETT M G, PARKER E H C, KING R M, et al. Quantification of dopant implants in oxidized silicon on sapphire using secondary-ion mass spectrometry[J]. Journal of applied physics, 1983, 54(11): 6340-6345.

[120] DOWSETT M G, PARKER E H C, MCPHAIL D S. Proceedings of SIMS V [C]. Berlin: Springer-Verlag, 1986: 340.

[121] DOWSETT M G, MORRIS R, CHOU P F, et al. Charge compensation using optical conductivity enhancement and simple analytical protocols for SIMS of resistive $Si_{1-x} Ge_x$ alloy layers [J]. Applied surface science, 2003, 203: 500-503.

[122] JIANG Z X, KIM K, LERMA J, et al. Quantitative SIMS analysis of SiGe composition with low energy O_2^+ beams[J]. Applied surface science, 2006, 252(19): 7262-7264.

[123] BOUDEWIJN P R, LEYS M R, ROOZEBOOMF. SIMS analysis of $Al_x Ga_{1-x}$ As/GaAs layered structures grown by metal-organic vapour phase Epitaxy[J]. Surface and interface analysis, 1986, 9(5): 303-308.

[124] CLARK E A. Quantitative SIMS measurements of $Al_x Ga_{1-x}$ As as a function of alloy composition and ion beam energy[J]. Vacuum, 1986, 36(11-12): 861-863.

[125] OSBURN C, MCGUIRE G. Proceedings of the 1st International Conference on measurement and characterization of ultra shallow doping profiles in semi-conductors[C]. Microelectronics Centre of North Carolina, Research Triangle Park, 1991: 172.

[126] YU M L, REUTER W. Matrix effect in SIMS analysis using an O_2^+ primary beam[J]. Journal of vacuum science and technology, 1980, 17(1): 36-39.

[127] DELINE V R, KATZ W, EVANS JR C A, et al. Mechanism of the SIMS matrix effect[J]. Applied physics letters, 1978, 33(9): 832-835. (see also WITTMAACK K. Comment on "A unified explanation for secondary-ion yields and mechanism of the SIMS matrix effect"[J]. Journal of applied physics, 1981, 52(1): 527-529 and the following.

[128] Meyer C, Maier M, Bimberg D. Matrix effect and surface oxidation in depth profiling of $Al_x Ga_{1-x}$ As by secondary ion mass spectrometry using O_2^+ primary ions[J]. Journal of applied physics, 1983, 54(5): 2672-2676.

[129] GALUSKA A A, MORRISON G H. Oxide bond energies for the calibration of matrix effects in secondary ion mass spectrometry[J]. International journal of mass spectrometry and ion processes, 1984, 61(1): 59-70.

[130] BELLINGHAM J, DOWSETT M G, COLLART E, et al. Quantitative analysis of the top 5 nm of boron ultra-shallow implants[J]. Applied surface science, 2003, 203: 851-854.

[131] WILLIAMS P, BAKER J E. Quantitative analysis of interfacial impurities using secondary-ion mass spectrometry[J]. Applied physics letters, 1980, 36

（10）：842-845.

［132］MONTGOMERY N J, MACMANUS-DRISCOLL J L, MCPHAIL D S, et al. Characterisation of thin film superconducting multilayers and their interfaces using secondary ion mass spectrometry［J］. Journal of alloys and compounds, 1997, 251(1-2)：355-359.

［133］MATHIEU H J, LEONARD D. Use of post-ionisation techniques to complement SIMS analysis. A review with practical aspects［J］. High temperature materials and processes, 1998, 17(1-2)：29-44.

［134］KING B V, PELLIN M J, MOORE J F, et al. Estimation of useful yield in surface analysis using single photon ionisation［J］. Applied surface science, 2003, 203：244-247.

［135］LIPINSKY D, JEDE R, GANSCHOW O, et al. Performance of a new ion optics for quasisimultaneous secondary ion, secondary neutral, and residual gas mass spectrometry［J］. Journal of vacuum science & technology A：Vacuum, surfaces, and films, 1985, 3(5)：2007-2017.

［136］GNASER H, FLEISCHHAUER J, HOFER W O. Analysis of solids by secondary ion and sputtered neutral mass spectrometry［J］. Applied physics A, 1985, 37(4)：211-220.

［137］OECHSNER H, RÜHE W, STUMPE E. Comparative SNMS and SIMS studies of oxidized Ce and Gd［J］. Surface science, 1979, 85(2)：289-301.

［138］OECHSNER H, BAUMANN G, BECKMANN P, et al. Proceedings of SIMS V［C］. Berlin：Springer-Verlag, 1985：371.

［139］NICHOLSON D. Trace surface analysis with pico-coulomb ion fluences：direct detection of multiphoton ionized iron atoms from iron-doped silicon targets［J］. Surface science, 1984, 144(2-3)：619-637.

［140］DONOHUE D L, CHRISTIE W H, GOERINGE D E, et al. Ion microprobe mass spectrometry using sputtering atomization and resonance ionization［J］. Analytical chemistry, 1985, 57(7)：1193-1197.

［141］BLAISE G. Sputtered thermal ion mass spectrometry as a new quantitative method for in-depth analysis［J］. Scanning electron microscopy, 1985, 1：31-42.

［142］FOX H S, DOWSETT M G, HOUGHTON R F. Proceedings of SIMS VI ［C］. Chichester, UK：John Wiley & Sons Ltd, 1988：445.

［143］BEEBE M, BENNETT J, BARNETT J, et al. Quantifying residual and surface carbon using polyencapsulation SIMS［J］. Applied surface science, 2004, 231：716-719.

［144］CORCORAN S F, FELCH S B. Evaluation of polyencapsulation, oxygen leak, and low energy ion bombardment in the reduction of secondary ion mass spectrometry surface ion yield transients[J]. Journal of vacuum science & technology B: Microelectronics and nanometer structures processing, measurement, and phenomena, 1992, 10(1): 342-347.

[145] CLEGG J B. Depth profiling of shallow arsenic implants in silicon using SIMS [J]. Surface and interface analysis, 1987, 10(7): 332-337.

[146] VALIZADEH R, VAN DEN BERG J A, BADHEKAR, et al. An investigation of the Cs bombardment induced altered layer in Si by MEIS, RBS, SIMS and IMPETUS simulation[J]. Nuclear instruments and methods in physics research section B: Beam interactions with materials and atoms, 1992, 64(1-4): 609-613.

[147] NG C M, WEE A T S, HUAN C H A, et al. Evaluation of the silicon capping technique in SIMS[J]. Surface and interface analysis, 2002, 33(9): 735-741.

[148] MIWA S. A-Si Capping SIMS for shallow dopant profiles[J]. Applied surface science, 2004, 231: 658-662.

[149] REES E E, MCPHAIL D S, RYAN M P, et al. Low energy SIMS characterisation of ultra thin oxides on ferrous alloys[J]. Applied surface science, 2003, 203: 660-664.

[150] FEARN S, MCPHAIL D S, OAKLEY V. Moisture attack on museum glass measured by SIMS[J]. Physics and chemistry of glasses, 2005, 46(5): 505-511.

[151] FEARN S, MCPHAIL D S, OAKLEY V. Room temperature corrosion of museum glass: An investigation using low-energy SIMS[J]. Applied surface science, 2004, 231: 510-514.

[152] BENNINGHOVEN A, HAGENOFF B, WERNER H W. SIMS X: Proceedings of the 10th International Conference on Secondary Ion Mass Spectrometry[C]. Chichester, UK: John Wiley & Sons Ltd, 1997.

[153] GILLEN G, LAREAU R, BENNETT J, et al. SIMS XI: Proceedings of the 11th International Conference on Secondary Ion Mass Spectrometry[C]. Chichester, UK: John Wiley & Sons Ltd, 1998.

[154] BENNINGHOVEN A, BERTRAND P, MIGEON H N, et al. SIMS XII: Proceedings of the 12th International Conference on Secondary Ion Mass Spectrometry[C]. Amsterdam: Elsevier, 2000.

[155] BENNINGHOVEN A, NIHEI Y, KUDO M, et al. SIMS XIII: Proceedings of the Thirteenth International Conference on Secondary Ion Mass Spectrometry and Related Topics[J]. Applied surface science, 2003, 203: 1-2.

[156] BENNINGHOVEN A, HUNTER J L, SCHUELER B W, et al. SIMS XIV: Proceedings of the Fourteenth International Conference on Secondary Ion Mass Spectrometry and Related Topics[J]. Applied surface science, 2004, 231: 1-2.

[157] VICKERMAN J C, GILMORE I S, DOWSETT M G, et al. SIMS XV: Proceedings of the Fifteenth International Conference on Secondary Ion Mass Spectrometry[J]. Applied surface science, 2006, 252(19): 19-20.

[158] McPhail D S. Applications of secondary ion mass spectrometry (SIMS) in materials science[J]. Journal of materials science, 2006, 41(3): 873-903.

[159] SPILLER G D T, AMBRIDGE T. Proceedings of SIMS V[C]. Berlin: Springer-Verlag, 1986: 127.

[160] CLARK E A, DOWSETT M G, FOX H S, et al. Proceedings of SIMS VII [C]. Chichester, UK: John Wiley & Sons Ltd, 1990: 627.

[161] LETA D P, MORRISON G H. Ion implantation for in-situ quantitative ion microprobe analysis[J]. Analytical chemistry, 1980, 52(2): 277-280.

[162] MILLER J N. High precision SIMS measurements of dopant concentration in III-V semiconductors[J]. Nuclear instruments and methods in physics research, 1983, 218(1-3): 547-550.

[163] WITTMAACK K. Oxygen-concentration dependence of secondary ion yield enhancement[J]. Surface science, 1981, 112(1-2): 168-180.

[164] WACH W, WITTMAACK K. Performance characteristics of a plasma-type sputter ion source[J]. Nuclear instruments and methods in physics research section A: Accelerators, spectrometers, detectors and associated equipment, 1984, 228(1): 1-8.

[165] SMITH H E, MORRISON G H. On-line ion implantation for quantification in secondary ion mass spectrometry: Determination of trace carbon in thin layers of silicon[J]. Analytical chemistry, 1985, 57(13): 2663-2668.

[166] HERVIG R L, WILLIAMS P. Proceedings of SIMS V[C]. Berlin: Springer-Verlag, 1986: 152.

[167] SIMONS D S, CHI P, DOWNING R G, et al. Proceedings of SIMS VI[C]. Chichester, UK: John Wiley & Sons Ltd, 1988: 433.

[168] TOUJOU F, YOSHIKAWA S, HOMMA Y, et al. Evaluation of BN-delta-doped multilayer reference materials for shallow depth profiling in SIMS: round-robin test[J]. Applied surface science, 2004, 231: 649-652.

[169] CLEGG J B, BEALL R B. Measurement of narrow Si dopant distributions in GaAs by SIMS[J]. Surface and interface analysis, 1989, 14(6-7): 307-314.

[170] CLEGG J B, GALE I G. SIMS profile simulation using delta function distri-

butions[J]. Surface and interface analysis, 1991, 17(4): 190-196.

[171] DOWSETT M G, ROWLANDS G, ALLEN P N, et al. An analytic form for the SIMS response function measured from ultra-thin impurity layers[J]. Surface and interface analysis, 1994, 21(5): 310-315.

[172] DOWSETT M G, CHU D P. Quantification of secondary-ion-mass spectroscopy depth profiles using maximum entropy deconvolution with a sample independent response function[J]. Journal of vacuum science & technology B: Microelectronics and nanometer structures processing, measurement, and phenomena, 1998, 16(1): 377-381.

[173] NOJIMA M, MAEKAWA A, YAMAMOTO T, et al. Shave-off depth profiling: Depth profiling with an absolute depth scale[J]. Applied surface science, 2006, 252(19): 7293-7296.

[174] ALLEN P N, DOWSETT M G, COLLINS R. SIMS profile quantification by maximum entropy deconvolution[J]. Surface and interface analysis, 1993, 20(8): 696-702.

[175] DOWSETT M G, COLLINS R. Noise, resolution and entropy in sputter profiling[J]. Philosophical transactions of the royal society of London. Series A: Mathematical, physical and engineering sciences, 1996, 354(1719): 2713-2729.

[176] BENNINGHOVEN A M, EVANS C A, MCKEEGAN K D, et al. Proceedings of SIMS VII[C]. Chichester, UK: John Wiley & Sons Ltd, 1990: 103.

[177] SYKES D E, BLUNT R T. SIMS analysis of isotopic impurities in ion implants[J]. Vacuum, 1986, 36(11-12): 1001-1003.

[178] MEURIS M, VANDERVORST W, MAES H E. Investigation of cross-contamination during Si-implantion in GaAs with SIMS[J]. Surface and interface analysis, 1988, 12(6): 339-343.

[179] SING D C, RENDON M J. Implant process control: Going beyond particles and RS[J]. Nuclear instruments and methods in physics research section B: Beam interactions with materials and atoms, 2005, 237(1-2): 318-323.

[180] SIMONS D S, CHI P, DOWNING R G, et al. Proceedings of SIMS VI[C] Chichester, UK: John Wiley & Sons Ltd, 1988: 433.

[181] CAPELLO L, METZGER T H, WERNER M, et al. Influence of preamorphization on the structural properties of ultrashallow arsenic implants in silicon[J]. Journal of applied physics, 2006, 100(10): 103533.

[182] CLEGG J B, GALE I G, BLACKMORE G, et al. A SIMS calibration exercise using multi-element (Cr, Fe and Zn) implanted GaAs[J]. Surface and interface analysis, 1987, 10(7): 338-342.

[183] MITRA S, RAO M V, PAPANICOLAOU N, et al. Deep-level transient spectroscopy study on double implanted n^+-p and p^+-n 4H-SiC diodes[J]. Journal of applied physics, 2004, 95(1): 69-75.

[184] ZALM P C, JANSSEN K T F, FONTIJN G M, et al. Post-implantation as an aid in scale calibration for SIMS depth profiling[J]. Surface and interface analysis, 1989, 14(11): 781-786.

[185] KEMPF J. Optical *in situ* sputter rate measurements during ion sputtering [J]. Surface and interface analysis, 1982, 4(3): 116-119.

[186] MERKULOV A, MERKULOVA O, DE CHAMBOST E, et al. Accurate on-line depth calibration with a laser interferometer during SIMS profiling on the Cameca IMS WF instrument [J]. Applied surface science, 2004, 231: 954-958.

[187] DOWSETT M G, BARLOW R D, FOX H S, et al. Secondary ion mass spectrometry depth profiling of boron, antimony, and germanium deltas in silicon and implications for profile deconvolution[J]. Journal of vacuum science & technology B: Microelectronics and nanometer structures processing, measurement, and phenomena, 1992, 10(1): 336-341.

[188] WITTMAACK K. Transient phenomena and impurity relocation in SIMS depth profiling using oxygen bombardment: pursuing the physics to interpret the data[J]. Philosophical transactions of the royal society of London. Series A: Mathematical, physical and engineering sciences, 1996, 354(1719): 2731-2764.

[189] GUZMÁN DE LA MATA B, DOWSETT M G, TAJANI A, et al. Application of ultra low energy (ULE) SIMS to emerging diamond technologies[J]. Surface and interface analysis, 2006, 38(4): 422-425.

[190] WILSON I H, ZHENG N J, KNIPPING U, et al. Effects of isolated atomic collision cascades on SiO_2/Si interfaces studied by scanning tunneling microscopy[J]. Physical review B, 1988, 38(12): 8444-8450.

[191] WILSON I H, ZHENG N J, KNIPPING U, et al. Scanning tunneling microscopy of an ion-bombarded PbS (001) surface[J]. Applied physics letters, 1988, 53(21): 2039-2041.

[192] CARTER G, COLLIGON J S, NOBES M J. Analytical modelling of sputter induced surface morphology[J]. Radiation effects, 1977, 31(2): 65-87.

[193] SIGMUND P. A mechanism of surface micro-roughening by ion bombardment[J]. Journal of materials science, 1973, 8(11): 1545-1553.

[194] WEHNER G K, HAJICEK D J. Cone formation on metal targets during sputtering[J]. Journal of applied physics, 1971, 42(3): 1145-1149.

[195] FARES B, DUBOIS C, GAUTIER B, et al. AFM study of the SIMS beam induced roughness in monocrystalline silicon in presence of initial surface or bulk defects of nanometric size[J]. Applied surface science, 2006, 252(19): 6448-6451.

[196] COOKE G A, DOWSETT M G, ALLEN P N, et al. Use of maximum entropy deconvolution for the study of silicon delta layers in GaAs[J]. Journal of vacuum science & technology B: Microelectronics and nanometer structures processing, measurement, and phenomena, 1996, 14(1): 132-135.

[197] GRIESW H. Depth profiling on a sputtered bevel of sub-degree slope angle [J]. Surface and interface analysis, 1985, 7(1): 29-34.

[198] MCPHAIL D S, DOWSETT M G. Proceedings of SIMS VI[C]. Chichester, UK: John Wiley & Sons Ltd, 1988: 269.

[199] HORCHER G, FORCHEL A, BAYER S, et al. Proceedings of SIMS VII [C]. Chichester, UK: John Wiley & Sons Ltd, 1990: 631.

[200] SKINNER D K. The application of ion beam bevel sectioning and post-sputter etch treatment in Auger crater-edge profiling[J]. Surface and interface analysis, 1989, 14(9): 567-571.

[201] HSU C M, MCPHAIL D S. SIMS linescan profiling of chemically bevelled semiconductors: A method of overcoming ion beam induced segregation in depth profiling[M] // Microbeam and nanobeam analysis. Vienna: Springer, 1996: 317-324.

[202] HSU C M, SHARMA V K M, ASHWIN M J, et al. SIMS analysis of Al δ-doped GaAs test structures using chemical bevelling as a sample preparation technique[J]. Surface and interface analysis, 1995, 23(10): 665-672.

[203] HSU C M, MCPHAIL D S. A newly developed chemical bevelling technique used for depth independent high depth resolution SIMS analysis[J]. Nuclear instruments and methods in physics research section B: Beam interactions with materials and atoms, 1995, 101(4): 427-434.

[204] FEARN S, MCPHAIL D S. High resolution quantitative SIMS analysis of shallow boron implants in silicon using a bevel and image approach[J]. Applied surface science, 2005, 252(4): 893-904.

[205] SRNANEK R, SATKA A, LIDAY J, et al. Study of bevelled InP-based heterostructures by low energy[C] // Electron Microscopy and Analysis 1997, Proceedings of the Institute of Physics Electron Microscopy and Analysis Group Conference, University of Cambridge, 2-5 September 1997. CRC Press, 1997, 153: 453-456.

[206] SRNANEK R, GURNIK P, HARMATHA L, et al. Diagnostics of Si multi-

δ-doped GaAs layers by Raman spectroscopy on bevelled structures[J]. Applied surface science, 2001, 183(1-2): 86-92.

[207] SRNANEK R, KINDER R, SCIANA B, et al. Determination of doping profiles on bevelled GaAs structures by Raman spectroscopy[J]. Applied surface science, 2001, 177(1-2): 139-145.

[208] SRNANEK R, GEURTS J, LENTZE M, et al. Study of δ-doped GaAs layers by micro-Raman spectroscopy on bevelled samples[J]. Applied surface science, 2004, 230(1-4): 379-385.

[209] ACHTNICH T, BURRI G, PY M A, et al. Secondary ion mass spectrometry study of oxygen accumulation at GaAs/AlGaAs interfaces grown by molecular beam epitaxy[J]. Applied physics letters, 1987, 50(24): 1730-1732.

[210] LAREAU R T. Proceedings of SIMS VI[C]. Chichester, UK: John Wiley & Sons Ltd, 1988: 437.

[211] VAN BERKUM J G M, COLLART E J H, WEEMERS K, et al. Secondary ion mass spectrometry depth profiling of ultralow-energy ion implants: Problems and solutions[J]. Journal of vacuum science & technology B: Microelectronics and nanometer structures processing, measurement, and phenomena, 1998, 16(1): 298-301.

[212] WELKIE D G, GERLACH R L. Comparison of the theoretical detection capabilities of SIMS and AES for microanalysis[J]. Journal of vacuum science and technology, 1982, 20(4): 1064-1067.

[213] OSBURN C, MCGUIRE G. Proceedings of the 1st International Conference on measurement and characterization of ultra shallow doping profiles in semiconductors[C]. Microelectronics Centre of North Carolina, Research Triangle Park, 1991: 116.

[214] NOJIMA M, KANDA Y, TOI M, et al. Development and estimation of a nano-beam secondary ion mass spectrometry apparatus[J]. Bunseki kagaku, 2003, 52(3): 179-185.

[215] COOKE G A, PEARSON P, GIBBONS R, et al. Two-dimensional profiling of large tilt angle, low energy boron implanted structure using secondary-ion mass spectrometry[J]. Journal of vacuum science & technology B: Microelectronics and nanometer structures processing, measurement, and phenomena, 1996, 14(1): 348-352.

[216] COOKE G A, DOWSETT M G, HILL C, et al. Proceedings of SIMS VII [C]. Chichester, UK: John Wiley & Sons Ltd, 1990: 667.

[217] UKRAINTSEV V A, CHEN P J, GRAY J T, et al. High-resolution two-dimensional dopant characterization using secondary ion mass spectrometry[J].

Journal of vacuum science & technology B: Microelectronics and nanometer structures processing, measurement, and phenomena, 2000, 18(1): 580-585.

[218] ROSNER M, PÖCKL G, DANNINGER H, et al. 2D-and 3D SIMS investigations on hot-pressed steel powder HS 6-5-3-8[J]. Analytical and bioanalytical chemistry, 2002, 374(4): 597-601.

[219] LIEBL H. Ion microprobe mass analyzer[J]. Journal of applied physics, 1967, 38(13): 5277-5283.

[220] BENNINGHOVEN A, JANSSEN K F, TUMPNER J, et al. SIMS VIII: Proceedings of the 8th International Conference on Secondary Ion Mass Spectrometry[C]. Chichester, UK: John Wiley & Sons Ltd, 1992: 183.

[221] COMPSTON W, CLEMENT S W J. The geological microprobe: The first 25 years of dating zircons [J]. Applied surface science, 2006, 252 (19): 7089-7095.

[222] SLODZIAN G, DAIGNE B, GIRARD F, et al. Scanning secondary ion analytical microscopy with parallel detection[J]. Biology of the cell, 1992, 74 (1): 43-50.

[223] WITTMAACK K. Successful operation of a scanning ion microscope with quadrupole mass filter[J]. Review of scientific instruments, 1976, 47(1): 157-158.

[224] MAGEE C W, HARRINGTON W L, HONIG R E. Secondary ion quadrupole mass spectrometer for depth profiling-design and performance evaluation [J]. Review of scientific instruments, 1978, 49(4): 477-485.

[225] SCHUELER B, SANDER P, REED D A. A time-of-flight secondary ion microscope[J]. Vacuum, 1990, 41(7-9): 1661-1664.

[226] SCHUHMACHER M, RASSER B, DESSE F. New developments for shallow depth profiling with the Cameca IMS 6f[J]. Journal of vacuum science & technology B: Microelectronics and nanometer structures processing, measurement, and phenomena, 2000, 18(1): 529-532.

[227] BENNINGHOVEN A, JANSSEN K F, TUMPNER J, et al. SIMS VIII: Proceedings of the 8th International Conference on Secondary Ion Mass Spectrometry[C]. Chichester, UK: John Wiley & Sons Ltd, 1992: 187.

[228] HOFER W O, LIEBL H, ROOS G, et al. An electronic aperture for in-depth analysis of solids with an ion microprobe[J]. International journal of mass spectrometry and ion physics, 1976, 19(3): 327-334.

[229] WITTMAACK K. Raster scanning depth profiling of layer structures[J]. Applied physics, 1977, 12(2): 149-156.

[230] LIEBL H. Beam optics in secondary ion mass spectrometry[J]. Nuclear in-

struments and methods in physics research，1981，187(1)：143-151.

[231] BENNINGHOVEN A，JANSSEN K F，TUMPNER J，et al. SIMS VIII：Proceedings of the 8th International Conference on Secondary Ion Mass Spectrometry[C]. Chichester，UK：John Wiley & Sons Ltd，1992：191.

❓思考题

1. 阐述以下术语的含义：SIMS 深度剖析、溅射速率、深度分辨、灵敏度、预平衡期、变质层、差分偏移、动态范围、质量干涉、二次离子产额、记忆效应、离子注入、保留剂量(在离子注入中)。

2. 计算边长为 100 nm 的立方体中硅的原子数。如果材料的这一体积在 SIMS 实验中被溅射，现在算出将被检测到的离子数，假设有效的离子产额为 10^{-3}，10^{-4}，10^{-5} 和 10^{-6}，对边长为 10 nm 的立方体重复这一计算。评论这些计算在下列情况中的意义：(1)如果需要 1 nm 的深度分辨的 SIMS 深度剖面分析；(2)如果需要 50 nm 的横向分辨的成像分析(每立方厘米硅含有 5×10^{22} 个原子)。

3. 描述涉及从 SIMS 深度剖析的原始数据转换为一个浓度随深度变化的定量图表的步骤。描述多层膜样品的定量分析必须遵循的程序。

4. SIMS 深度剖析的灵敏度和检测限之间有什么区别，以及是什么因素导致了这种差异?

5. 讨论在 SIMS 深度剖析中限制深度分辨的各种因素。

6. 有在 SIMS 深度剖析中能达到的深度分辨的基本限制吗? 如果有，是什么?

7. 解释为什么超高真空在 SIMS 深度剖面分析中是有益的和为什么真空的质量在超低能 SIMS 深度剖面分析中甚至能变得更加重要。

8. 为什么在 SIMS 深度剖析中的数据点很少配示误差条?

9. 解释光学门控和电子门控的区别。就动态范围而言，哪个将给出极限性能?

第 6 章　低能离子散射和卢瑟福背散射

6.1　引言

高能离子是用于表面分析的独特探针。动能在几百个电子伏或更高的离子撞击在固体表面时引发一系列的碰撞过程和电子激发；对背散射离子的能谱分析表明它们可提供关于表面上的原子质量和几何排列的详细信息。因为散射过程所需时间相较于热振动或一个级联碰撞的寿命非常短，所以通常可以认为该信息代表表面的瞬时状态，不受离子束干扰（这适用于个别散射过程，并不排除由于高能密度轰击导致的表面改性）。

目前，对表面和近表面层离子散射分析有两种不同的参数机制（表 6-1），相应地有两种不同的技术。

在低能离子散射（LEIS）或离子散射谱（ISS）中[1]，使用惰性气体离子（He^+、Ne^+、Ar^+）还有碱金属离子（Li^+、Na^+、K^+）产生能量为 $0.5 \sim 5$ keV 的初级离子。使用该方法，信息可从最顶层的原子层获得，在某些情况下也可从第二层或第三层[2]获取。

在卢瑟福背散射（RBS）中[3]，初级离子能量范围从大约 100 keV（H^+）到几兆电子伏（He^+ 和重离子）。离子－靶原子的相互作用可以使用库仑势来描述并从中导出卢瑟福散射截面，这可以对结果进行绝对量化。信息原则上来源于厚度约 100 nm 处，但是通过使用沟道、阻塞技术也可分析表面层。能量大约为 100 keV 的 H^+ 散射有时称为中等能量离子散射（MEIS），也许是因为它只需要较小型的加速器，但实际上是 RBS 机制。

表 6-1　离子散射中的典型物理参数

散射技术	离子	能量 /eV	德布罗意波长 λ/Å	最接近的距离 r_0/Å
ISS	He^+，Ne^+ Li^+，Na^+	10^3	10^{-2}	0.5
RBS	H^+，D^+ He^+	10^6	10^{-4}	0.01
MEIS	H^+，He^+	10^5	10^{-3}	0.03

这两种技术（ISS 和 RBS）的物理原理都相同：离子束入射到一个固体的表面上，部分初级离子被从样品散射，测量这些散射离子的能量分布（图 6-1）。因为可以用两体碰撞描述离子－靶原子的相互作用，所以能谱可以很容易地转换成质谱。ISS 和

RBS 的区别来自不同有效截面和电子激发和电荷交换过程的影响，这将导致不同的信息深度。在这两种情况下，通过改变离子束和样品之间的角度得到晶体样品的结构信息。从数据中推理结构信息是简单易行的，因为这两种技术都是基于相当简单概念的"实空间"方法。离子散射只能检测元素的单个原子，不能获得关于化合物或分子的信息。

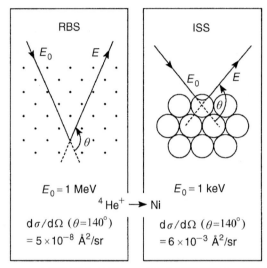

图 6-1 卢瑟福背散射谱(RBS)和离子散射谱(ISS)的示意

　　一般情况下，必须建立模型来进行结构分析。这些模型通常基于从衍射技术(X射线晶体学或低能电子衍射)得来的结果，衍射技术可提供晶胞的对称性，但不直接给出真实原子的位置。文献中已发表大量这样的研究工作，展示了离子散射技术对表面分析有益和独特的贡献。

　　在以下章节中，详细解释了低能和高能离子散射技术的物理基础，因为它们都基于同样的原理。在随后的章节中，分别介绍了 RBS 和 ISS 的实验仪器、物理特性及典型结果。说明和选择的实例是用于展示和解释这些方法的潜在和典型成果的。在当前情况下，回顾大量已发表的结果是没有用的，读者必须参考相关文献。

6.2　物理基础

6.2.1　散射过程

　　高能离子分析技术的一个重要特点是散射过程可以被视为一个或一系列的经典两体碰撞。使用表 6-1 给出的参数可以简单估计情况。当散射角大于玻尔临界角 θ_c，量子效应是可以忽略不计的[4]，临界角约为德布罗意波长 λ 与最接近的距离 r_0 的比值(图 6-2)：$\theta_c \approx \lambda/r_0$。和所有实际上使用的散射角相比，此值非常小。同样，由于 $\lambda \ll d$，因此周期性晶格衍射的影响也可以忽略不计；典型的晶格常数 d 是几个埃的数量级。让我们最后简要考虑一下散射过程的晶格原子的热运动的作用。声子能量约为 0.03 eV，与离子的能量比较而言是很小的，即声子相互作用不能在离子能谱中被检测到。另一种方法是看下碰撞时间，对 ISS 来说是约 10^{-15} s 或更少，对 RBS 能量甚至更短，而热振动周期是 $10^{-12} \sim 10^{-13}$ s。因此，高能离子实际上"看到"刚性点阵的快照，其原子热分布在其理想晶格位置周围。在合适的实验中，离子散射可以对精度为 0.1 Å 或更小的原子间距离有很好的敏感性，因此通过离子散射可以检测热位移，见 6.3 节和 6.4 节。从讨论中可以清楚地看出，离子与靶原子的相互作用可以视为经典的两体碰撞，这将在下面进行处理。

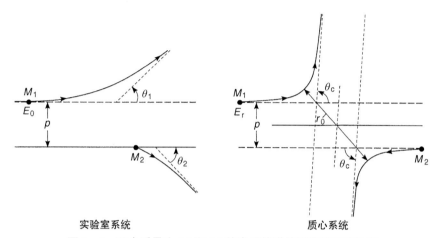

图 6-2　两个质量为 M_1 和 M_2 的离子的弹性碰撞的运动轨迹

注：左图在实验室系统中，右图在质心系统中；p 是碰撞参数，r_0 是最接近距离。

6.2.2　碰撞运动学

考虑两个质量为 M_1 和 M_2 的离子的碰撞，通过中心对称势 $V(r)$ 相互作用。图 6-2 显示在实验室和质心（COM）系统下的运动轨迹。入射离子质量为 M_1，具有初始能量 E_0，靶的质量为 M_2，最初处于静止状态。根据能量和动量守恒，可以在实验室系统中根据散射角 θ_1 和 θ_2 计算出碰撞后的粒子能量[5]（图 6-2）。对于入射离子，有

$$E_1/E_0 = K \qquad\qquad (式 6-1)$$

其中，K 是所谓的运动学因子：

$$K = \left[\frac{\cos\theta_1 \pm (A^2 - \sin^2\theta_1)^{1/2}}{1 + A} \right]^2 \qquad\qquad (式 6-2)$$

K 只取决于质量比 $A = M_2/M_1$ 以及散射角。当 $A > 1$ 时，K 有正值；当 $A < 1$ 时，K 有正负值。在后一种情况下，即重型离子碰撞较轻的靶原子，散射角 $\theta_1 <$ arcsin A，有两个散射角度可能在该区域。函数 $K(\theta_1)$ 绘制在图 6-3 中。我们还注意到，基于守恒定律的运动因子不依赖于势函数的形状。

当 $\theta_1 = 90°$ 时，式 6-2 变得特别简单：

$$K(90°) = \frac{A-1}{A+1} = \frac{M_2 - M_1}{M_2 + M_1} \qquad\qquad (式 6-2a)$$

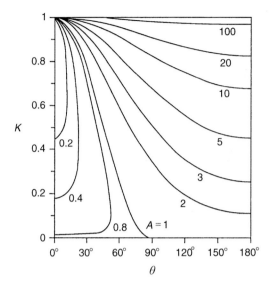

图 6 - 3　运动学因子 K 为关于实验室散射角的函数

当 $\theta_1 = 180°$ 时，有

$$K(180°) = \left(\frac{A - 1}{A + 1}\right)^2 \tag{式 6 - 2b}$$

反冲靶原子的相应表达式是

$$\frac{E_2}{E_0} = \frac{4A}{(1 + A)^2}\cos^2\theta_2 \tag{式 6 - 3}$$

式 6 - 2 和式 6 - 3 用于从离子能谱中识别散射质量的适用性已在许多情况下得到证明[2-3]，并在 6.3 节和 6.4 节中得到广泛应用。从含有 ^{108}Ag、^{28}Si 和 ^{16}O 的样品中以 140°角散射 ^{4}He 的能量谱如图 6 - 4 所示。根据式 6 - 2，箭头指示峰值位置。该图显示了两种技术 ISS 和 RBS 的主要相似性，以及各部分讨论的具体差异。

图 6 - 4 还表明，根据式 6 - 2，散射离子能谱可转换成质谱。因此，质量分辨率也可以从下式计算得出：

$$\frac{M_2}{\Delta M_2} = \frac{E}{\Delta E}\frac{A + \sin^2\theta_1 - \cos\theta_1 \cdot (A^2 - \sin^2\theta_1)^{1/2}}{A^2 - \sin^2\theta_1 + \cos\theta_1 \cdot (A^2 - \sin^2\theta_1)^{1/2}} \tag{式 6 - 4}$$

当 $\theta_1 = 90°$ 时，有

$$\frac{M_2}{\Delta M_2} = \frac{E}{\Delta E}\frac{A + 1}{A^2 - 1} \tag{式 6 - 4a}$$

式 6 - 4a 的表示形式如图 6 - 5 所示(假定一个恒定的探测器，其相对能量分辨率为 $E/\Delta E = 100$)。在大散射角度和离子与靶原子质量相等的情况下，质量分辨率最佳。因此，如果质量分辨率很重要，则必须相应地选择初级粒子质量。

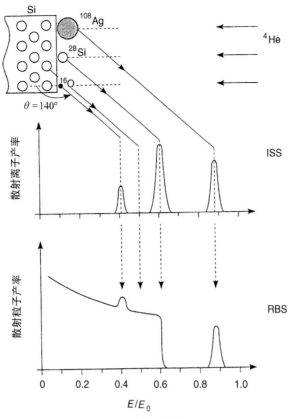

图 6 - 4　He$^+$ 离子能谱的示意

注：散射角为 140°，目标物质为 Si 衬底表面上的 Ag、Si 和 O。上面的能谱为 ISS($E_0 \approx 1$ keV)，下面的能谱为 RBS($E_0 \approx 1$ MeV)。

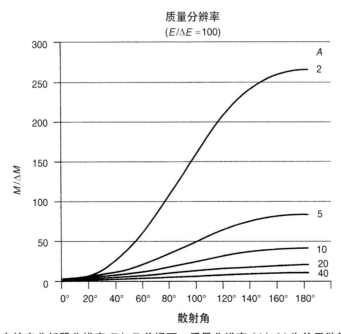

图 6 - 5　在给定分析器分辨率 $E/\Delta E$ 前提下，质量分辨率 $M/\Delta M$ 为关于散射角的函数

6.2.3　相互作用势和散射截面

由 6.2.2 节中处理的碰撞运动学可得到能谱中峰的位置。峰值强度，即散射到特定角度和能量区间的概率，通常由散射截面给出，散射截面由相互作用势决定。以下进行简要说明。

我们首先需要散射角 θ（在 COM 系统中）和碰撞参数 p 之间的关系（图 6-2）。通过考虑角动量守恒，可以获得所谓的散射积分：

$$\theta = \pi - 2\int_{r_0}^{\infty} \frac{p\mathrm{d}r}{r^2 \left[1 - \frac{p^2}{r^2} + \frac{V(r)}{E_r} \right]^{1/2}} \qquad \text{(式 6-5)}$$

式中，$E_r = E_0 M_2/(M_1 + M_2)$ 是在 COM 系统中的相对能量。式 6-5 给出了碰撞参数 p 和散射角 θ 之间的关系（图 6-2），这是需要用于计算微分散射截面 $\mathrm{d}\sigma = 2\pi p\mathrm{d}p$ 和散射到立体角 $\mathrm{d}\Omega$ 的 $\mathrm{d}\sigma/\mathrm{d}\Omega$。COM 和实验室系统中的角度通过质量比相连接：

$$\tan\theta_1 = \sin\theta_c / \left[(M_1/M_2) + \cos\theta_c \right]$$

$$\theta_2 = \frac{1}{2}(\pi - \theta_c) \qquad \text{(式 6-6)}$$

求得方程 6-5 的解析解仅对某些简单的势函数 $V(r)$ 是可能的，例如重要的库仑势：

$$V(r) = \frac{1}{4\pi\varepsilon_0} \frac{Z_1 Z_2 e^2}{r} \qquad \text{(式 6-7)}$$

其中，Z_1 和 Z_2 分别是入射离子和靶原子的核电荷数，e 是元电荷。库仑势正确描述 RBS 中的相互作用，即由具有方程 6-7 电势的方程 6-5 的解得到众所周知的卢瑟福背散射截面[6]：

$$(\mathrm{d}\sigma/\mathrm{d}\Omega)_c = \left(\frac{Z_1 Z_2 e^2}{4E_r \sin^2\theta_c/2} \right)^2 \qquad \text{(式 6-8)}$$

这是在 COM 系统中，若 $M_1 \ll M_2$，则在实验室系统中也成立。

实验室系统中的一般公式是[7]

$$\frac{\mathrm{d}\sigma}{\mathrm{d}\Omega} = \left(\frac{Z_1 Z_2 e^2}{2E_r \sin^2\theta} \right)^2 \frac{\left[(1 - \sin^2\theta/A^2)^{1/2} + \cos\theta \right]^2}{(1 - \sin^2\theta/A^2)^{1/2}} \qquad \text{(式 6-9)}$$

作为一个例子，库仑散射势 He-Ni 如图 6-6 所示，卢瑟福散射截面为关于 Z_2 的函数，如图 6-7 所示（$E_0 = 1$ MeV）。

对在 ISS 中使用的较低能量，必须考虑电子云对核电荷的屏蔽，因此经常使用的屏蔽库仑势的形式为

$$V(r) = \frac{Z_1 Z_2 e^2}{r} \Phi\left(\frac{r}{a} \right) \qquad \text{(式 6-10)}$$

其中，a 是屏蔽函数中的屏蔽参数，可以根据 Firsov[8] 给出：

$$a_F = \frac{0.8854 a_0}{(Z_1^{1/2} + Z_2^{1/2})^{2/3}} \qquad \text{(式 6-11)}$$

其中，a_0 是玻尔半径，为 0.529 Å，数值因子是 $(9\pi^2/128)^{1/3}$。类似的表达式已由 Lindhard 等人给出[9]。许多情况下，已经发现 $0.8a_F$ 量级的值与实验结果最为一致。

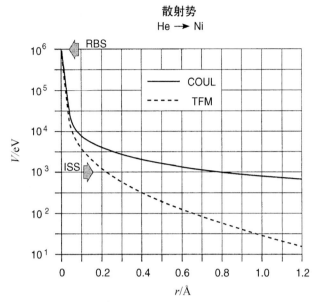

图 6 - 6　相互作用势为关于 He - Ni 散射中原子距离的函数

注：实线为库仑势，虚线为 Thomas - Fermi - Molière 近似下的屏蔽势。箭头指示 RBS 和 ISS 的操作机制。

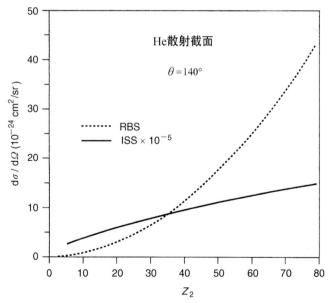

图 6 - 7　He 在 140° 角散射截面为关于靶原子核电荷 Z_2 的函数

注：实线为 ISS（$E_0 = 1\ \text{keV}$），虚线为 RBS（$E_0 = 1\ \text{MeV}$）。

在文献中给出几个屏蔽函数 $\Phi(r)$ 的解析表达式。对托马斯－费米函数的 Molière 近似已成为最广泛应用于 ISS 的屏蔽函数。它由 3 个指数的总和给出：

$$\Phi(x) = 0.35e^{-0.3x} + 0.55e^{-1.2x} + 0.10e^{-6x} \qquad (式6-12)$$

其中，$x = r/a$。

对于散射截面的计算，通常没有区分带电和不带电的粒子，即 He^0 和 He^+ 或者 Ne^0 和 Ne^+，因为它们有足够的电子云重叠[8]。1 keV He 碰撞下 He-Ni 的相互作用势和散射截面也分别如图 6-6 和图 6-7 所示。从核间距离的不同机制来看，电子屏蔽的相关性变得明显。

图 6-7 显示 ISS 的散射截面比 RBS 的大几个数量级。而后者随 Z_2^2 增加而增加，用于 ISS 的较低的能量机制对 Z_2 的依赖则弱很多。

6.2.4 阴影锥

在结构表面分析中一个非常有用的概念，就是所谓的阴影锥[10-11]。它由散射靶原子下游的离子轨迹的分布形成（图 6-8）。入射初级离子的通量，被描绘为一束平行的轨迹，由散射原子偏转，这样在散射体后形成无轨迹的区域。形成这一区域轨迹的包络称为阴影锥。显然，如果它位于阴影锥内，从另一个原子散射是不可能的。但从静态晶格位置偏差可以导出温度相关散射强度，因而可以进行振动幅值的测定。

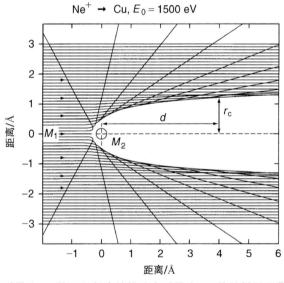

图 6-8　粒子质量为 M_1 的平行射束的轨迹在质量为 M_2 的散射原子背后形成阴影锥

为了获得结构信息，即确定原子的位置，有必要知道阴影锥的半径，它是关于从散射原子开始的距离 d 和横跨阴影锥的光强分布的函数。在库仑相互作用势情况下，运用动量近似（当小角度散射时，有 $\tan\theta \approx \theta$，即散射过程中只有动量的改变但能量损失可以忽略不计）可以解析得到这些量。在这种情况下，散射角 θ 与碰撞参数 p 的关系为

$$\theta = \frac{Z_1 Z_2 e^2}{E_0 p} \qquad \text{(式 6-13)}$$

因此，在这种情况下，散射角是与碰撞参数成反比的。

既然考虑小角散射，那么离子运动轨迹和位于距离散射体 d 的第二个原子之间的距离 R_s 可以写成

$$R_s = p + \theta d \qquad \text{(式 6-14)}$$

函数 $R_s(p)$ 绘制在图 6-9 中。它代表了经典彩虹散射由于两个初级碰撞参数 p 可以导致相同的半径（或次级碰撞参数）R_s 所对应的情况。$R_s(p)$ 函数具有最小值，相应的半径是库仑阴影锥半径 R_c，由下式给出：

$$R_c = 2(Z_1 Z_2 e^2 d / E_0)^{1/2} \qquad \text{(式 6-15)}$$

在这种近似下，阴影锥有平方根关系，R_c 与 $d^{1/2}$ 成比例。从这种处理方法来看，也可以推断出阴影锥的形成导致锥体边缘粒子通量达到峰值。在 R_s 位置处的通量分布是

$$f(R_s) 2\pi R_s \mathrm{d}R_s = f(p) 2\pi p \mathrm{d}p \qquad \text{(式 6-16)}$$

如果归一化初级粒子通量，即 $f(p)$ 为 1，得到

$$f(R_s) = \frac{p}{R_s} \left| \frac{\mathrm{d}R_s}{\mathrm{d}p} \right|^{-1} \qquad \text{(式 6-16a)}$$

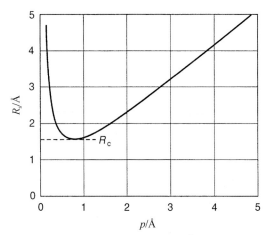

图 6-9　在 500 eV He 对一对原子间距 3.15 Å 的 Mo 原子散射情况下，到第二个原子的距离 R_s 为关于对第一个原子碰撞参数的函数

这个方程可以通过插入方程(6-14)解析求解给出下面结果：

$$f(R_s) = \begin{cases} 0 \ (R_s < R_c，即阴影锥内) \\ \dfrac{1}{2}(1 - R_c^2/R_s^2)^{-1/2} + (1 - R_c^2/R_s^2) \ (R_s > R_c，即阴影锥外) \end{cases}$$

$$\text{(式 6-17)}$$

式 6-17 表明我们获得由平方根奇点表示的阴影锥边上的通量峰值。在图 6-10 中绘制出式 6-14 的数值微分所得到的分布状况。

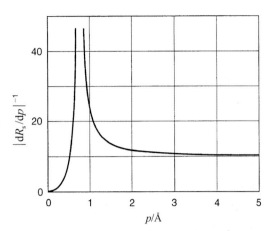

图 6-10 横跨阴影锥的强度函数

在低能情况下，使用屏蔽的库仑势，其阴影锥半径的类似表达式由 Oen[12] 计算得出：

$$R_s = R_c(1 + 0.12\alpha + 0.01\alpha^2) \tag{式 6-18}$$

其中，$\alpha = 2R_c/a$，范围在 $0 \sim 4.5$ 之间，当 α 值较大时有一个类似的表达式。当屏蔽长度 a 采用 $0.8a_F$ 和 $0.9a_F$ 之间的值时，使用式 6-18 得到计算值与实验结果相当吻合(见式 6-11)。

6.2.5 计算机模拟

从采用 6.2.2 节所述的碰撞运动学进行的离子散射分析可以得到许多有用的结果。如果多重碰撞效应很重要，而且若要进行详细的结构分析，则需要更缜密的数据分析。为了理解相关的碰撞过程和数据解释，使用合适的模型并根据实验参数计算散射离子的强度分布是非常有用的。由于系统的复杂性和数学的限制(见 6.2.1 节)，通常不能做解析解，因此需要数值模拟。为此，已开发出各种模拟程序。根据复杂程度，这些程序可以在计算时间相当短的电脑上运行，或者可能需要更强大的计算机设施。一般的做法是提出被调查目标的成分和结构模型，然后改变相关的参数，直到获得满意的、与实验数据一致的结果。作为一致性评估的标准，有时使用可靠性因子(R-因子)[13]。对数据的无模型评价需要更精细的数学，例如贝叶斯统计[14]，因此通常不适用。

模拟程序必须基于合理物理条件下的合理近似。这些计算通常使两体碰撞近似使用基于 6.2.1 节中给出的参数。有关的碰撞物理过程讨论见各种理论教材，例如全面描述可见于 Eckstein[15]。从单一的碰撞或一系列的两个原子碰撞可计算入射粒子轨迹。从多晶硅或无定形的靶材料散射的能谱受限于一个单一大散射角的碰撞以及相应的能量损失。在 RBS 机制中，额外的电子能量损失确定散射离子的强度分布。在这种情况下，靶原子可以用它们的原子种类和浓度而不用晶体结构来描述；如有必要，必须包含适当的能量依赖电子阻滞和多重散射。

在 RBS 机制中，初级粒子能量在 100 keV 以上，碰撞由粒子和靶原子核之间的库仑相互作用决定。从纯粹的库仑相互作用中产生的偏差出现在低能量（ISS 机制），这是由于电子屏蔽，而在更高的能量（兆电子伏级），则由于核力的作用。核反应分析（NRA）也已成为一种有用的分析技术，但不在这里讨论，因为它不是真正的表面敏感技术。

RBS 分析中广泛使用的计算机程序有 RUMP[16] 和最近开发的模拟程序 SIMN-RA[17]，可应用于 RBS、NRA 和 ERDA（弹性反冲探测分析）的模拟。它是一个通用的 Microsoft Windows 程序，具有完全图形化的用户界面，允许处理任意的多层目标。目标被认为是无定形结构，不包括晶体效应，也不能模拟沟道效应。表面粗糙度也可包括在内。该程序还包含了大量的非卢瑟福和核反应截面，而且还包括能量损失和离散处理的适当的可能性。SIMNRA 典型的计算时间在几秒的范围内。图 6 - 12 给出了一个 SIMNRA 模拟的实例。

对于 ISS 机制，大量的模拟程序也已发展。对于基本的表面成分分析，式 6 - 2 和式 6 - 37（见下文）的应用就足够测定靶原子的质量和表面浓度。但是在许多情况下，需要结构信息，即要确定目标表面的晶体结构，因此程序必须能够计算来自有序原子排列的散射离子的分布。结构分析的一个简洁的可能性是 6.4.4 节所讲的 ICISS 实验中所用的阴影锥概念。这实际上是一个二维的概念，包含平面外的散射是困难的。尽管如此，它可以被用来在所需准确度内获得有用的信息。

MARLOWE 程序最初的构想是计算晶体的辐射损伤[18]，它给出了对散射过程的全三维处理。它是一种蒙特卡罗程序，即根据统计的算法，基于入射粒子击中主要目标原子来模拟伴随扩展入射离子束发生的许多不同的散射过程。因为这些粒子轨迹很大一部分不会在有限的探测器接受立体角终止，所以计算需要大量的时间。由于 ISS 中的散射截面较大（与 RBS 相比），特别是对于前向散射，这个问题会减少。已制订方案来消除对录得的散射离子强度无贡献的靶和轨迹上的主要碰撞区域。MAR-LOWE 程序的轨迹解决扩展版已经得到发展，特别是在 ISS 方面[19]（请参见 6.4 节）。计算没有记录在实验中的轨迹问题在"命中概率"概念上减少[20]。这里计算了粒子与前面的原子碰撞后在一定的距离（碰撞参数）击中靶原子的概率。经过一系列的两个原子碰撞从而得到散射产量，多个散射效应不好处理。因此，它尤其对 MEIS 有用，因为它最初为 MEIS 开发，同样对 RBS 有用。考虑到解释 ICISS 结果[21]，对 ISS 还开发了一个类似的程序。它产生一个连续的强度分布，因此比简单阴影锥考虑更进一步。

表面结构测定中的一个重要问题是热振动的影响。相应的偏离理想晶格位置的原子位移一定要包含在模拟中，以便获得现实的结果。在大多数情况下，考虑靶原子的不相关的热振动，其振幅由德拜模型给出。这可以用 MARLOWE 代码很好地处理，6.4 节中的一个示例演示了它的重要性。在命中概率概念中，被考虑的原子对的相对热位移是先验的并包含于概率计算。同样，其他相关的热振动也已经考虑在内[22]。

在 ISS 中，散射离子产率还取决于粒子以离子形式离开靶表面的概率（即未经过中和)。在模拟程序中一般不考虑这些电子效应。因此，其结果对于电荷集成结果(飞行时间实验)，或者对已知或大存活概率(例如与碱金属离子)实验特别有用。在扩展的 MARLOWE 代码中，产生单一的轨迹分析，提供的可能性包括已被成功应用的各种中和模型[23]。这些模型考虑的因素包括在样品中的穿透深度、散射角或最接近距离等。

表 6-2　离子散射模拟常用的计算机程序的选择

程序	技术	维度	靶	特征	文献
SIMNRA	RBS、NRA、ERDA	三维	无定形	单原子，包括非 RBS	17
RUMP	RBS	三维	无定形	单原子	16
ICISS-SIM	ICISS	二维	晶体	击中概率	21
FAN	ICISS	二维、三维	晶体	背散射模拟	2, 24
MARLOWE	ISS, DRS	三维	晶体	蒙特卡洛	8, 19
SARIC	ISS, DRS	三维	晶体	BCA	25
TRIM	背散射	三维	无定形	蒙特卡洛	15
VEGAS	MEIS	三维	晶体	击中概率	22

对 RBS、MEIS 和 ISS 来讲，离子散射的计算机模拟的指导性实例分别在以下各节阐述。表 6.2 给出一些经常使用的模拟程序以及相关的参考文献。

6.3　卢瑟福背散射

6.3.1　能量损失

高能离子穿入固体时会由于各种碰撞过程丢失它的能量。在大碰撞参数(约晶格参数量级，即约为 1 Å)下，能量被传递给价电子，每次碰撞约 10 eV，几乎没有偏转。这种过程的散射截面很高，约 10^{-16} cm²。在较小的碰撞参数下，可以发生内层电子的激发，随后导致 X 射线发射的退激发，该过程是表面层的质子诱导 X 射线分析(PIXE)的基础。只有一小部分的初级离子足够接近靶核(碰撞参数在 10^{-12} cm 量级)去经受由弹性核碰撞。如果这种离子是背散射的，那么其最终的能量由样品某一深度的"弹性"核碰撞和电子在进出靶途中额外的"非弹性"能量损失确定。物质中的离子渗透和相应的能量损失过程一直是这一领域若干重要论文[4,10,26]的主题。在这里，我们感兴趣每单位长度的能量损失，即 $-dE/dx$，单位为 eV/Å，俗称阻止本领。阻止截面 $S[\mathrm{eV/(atoms/cm^2)}]$ 将此物理量与原子密度 N 关联起来，因此对某些种类的原子更具体的表述为：

$$S = -\frac{dE}{dx}\frac{1}{N} \qquad (式 6-19)$$

大量的阻止本领数据表由 Ziegler 等[27]进行了收集，对 RBS 数据的实用分析，它们已不可或缺。图 6-11 给出了一个实例，显示在很宽初级能量范围内的氦在镍中的阻止本领。原子核阻止(包括在虚线曲线)只是在低能端明显。阻止本领曲线表现出宽峰，峰值约 1 MeV，这是 RBS 的操作机制：在这里，阻止本领并不很大程度地取决于离子能量，因此在许多情况下作为一个足够的近似可以假定为常数；阻止本领有其最大值，因此 RBS 有其最佳的深度分辨率，在这个能量范围里，原子核相互作用由库仑势确切地给出了，赋予 RBS 一个绝对分析法的优势。各种离子和材料的曲线形状非常相似，但最大值的位置取决于考虑的物质。阻止本领曲线的高能部分由著名的 Bethe-Bloch 公式[27]理论上描述。

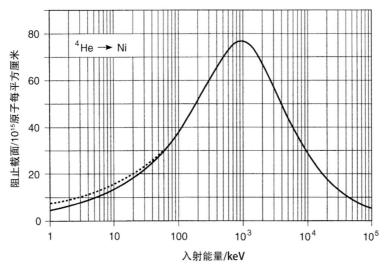

图 6 - 11　He 离子在 Ni 中的阻止本领为关于入射能量的函数

注：实线对应于电子阻止，而虚线还包括原子核阻止(摘自[27])。

RBS 能量谱例如图 6 - 4 所示，不只取决于两体碰撞运动学，也取决于从更深层的离子散射的广泛分布。在能量谱中，一般观察表面"边缘"对应靶材料中每种原子，在较低的能量范围散射离子产量增加。表面上的重吸附物(在此例中为 Ag)在高能端产生孤立的峰，显然是一个有利解析的情况。轻组分(氧)的峰一般位于广阔的背景中，有时不采取特殊措施很难检测到。

RBS 能量谱通过式 6 - 2 可以转换为质谱，并通过阻止本领变成深度分布。在入射时恒定能量损失$(dE/dx)(E_0)$与出射时的$(dE/dx)(E_1)$的近似下，涉及一个离子最终能量 E_1 对散射深度 t 的基本方程对垂直入射为

$$E_1(t) = K\left[E_0 - t\left(\frac{dE}{dx}\right)(E_0)\right] - \frac{t}{|\cos\theta|}\left(\frac{dE}{dx}\right)(E_1) \qquad (式 6 - 20)$$

一个更完整的分析基于相同的概念，但运用了适当的数值技术。

在连续分布的离子散射谱中，能量间隔ΔE_1对应样品纵深厚度为Δt 的一层。换句话说，能量分辨率ΔE_1由仪器给出，结果深度分辨率可由下式导出：

$$\Delta t = \Delta E_1 \Big/ \left[K\left(\frac{dE}{dx}\right)(E_0) + \frac{1}{|\cos\theta|}\left(\frac{dE}{dx}\right)(E_1)\right] \qquad (式 6 - 21)$$

可以看到深度分辨率强烈取决于阻止本领，对于大多数元素，在 1~2 MeV 能量范围内(He)，当阻止本领有其最大值时，深度分辨率是最佳的。同样的原因，重材料可以预期有更好的深度分辨率，因为较高 Z 的元素具有较大的阻止本领。在固体探测器和背散射几何($\theta \approx 180°$)配置下一个 15 keV 的典型能量分辨率，可得到 He 在 Ni 中的深度分辨率约为 220 Å。这可以通过将探测器设置为掠出射角从而增加材料中散射粒子的路径长度加以改进。在示例中，以 $\theta = 95°$ 角散射深度分辨率提高到约 40 Å。

在复合材料中，阻止本领通常计算为加权元素阻止截面的总和，这就是所谓的 Bragg 规则[28]。例如，一个相对丰度分别为 m 和 n，$m + n = 1$，具有 A 和 B 两种成分的化合物，根据 Bragg 规则，有

$$S(A_m B_n) = mS(A) + nS(B) \qquad (式 6-22)$$

特定的能量损失是

$$\frac{dE}{dx}(A_m B_n) = N(A_m B_n)S(A_m B_n) \qquad (式 6-22a)$$

其中，$N(A_m B_n)$ 是复合性材料的原子密度。事实证明，这个简单的规则意味着在大多数实际情况下不确定度均小于 10%[29]。

深度分辨率可以通过探测器分辨率和仅对从近表面层散射的掠出射角来优化。在更大的深度，能量损失过程的统计性质发生能量"散乱"，即如果一定数量的粒子已渗透到样品中的一定深度，它们的能量具有一定宽度的分布。对于垂直入射，这个(高斯)分布的方差由 Bohr[30] 计算：

$$\Omega_B^2 = 4\pi Z_1^2 e^4 N Z_2 t (1 + 1/|\cos\theta|) \qquad (式 6-23)$$

可以看到，Bohr 处理方法中散乱的均方根值随靶材料核电荷 Z_2 和深度 t 线性增加，与离子能量无关。Bohr 的计算只是一种近似；散乱的改进值由 Chu 等人获得[31]。当 He 从 Ni 在 1000 Å 深度以 95° 散射角散射时，式 6-23 得到 $\Omega_B = 17$ keV，这是标准偏差值。与检测器分辨率比较，我们取半高宽(FWHM)，用 Ω_B 乘以因子 $2\sqrt{2\ln 2}$，给出能量宽度为 40 keV，即要远大于 15 keV 的典型检测器分辨率。显然，在这种情况下系统的分辨率是由能量散乱决定。

现在，我们给出一个由厚靶散射的连续能量谱形状的估计。从一个厚靶深度 t 宽度Δt 处的散射产率可以写为

$$\Gamma(t)\Delta t = \frac{d\sigma}{d\Omega} N \Delta\Omega Q \Delta t \qquad (式 6-24)$$

其中，$\Delta\Omega$ 是对着探测器的立体角(100% 效率)，Q 表示初级粒子的数目。从式 6-8 得知，散射截面取决于在深度 t 的能量 E_t：

$$\frac{d\sigma}{d\Omega} \approx E_t^{-2} \qquad (式 6-25)$$

E_t 可以通过假设在出入射离子路径上的能量损失的恒定比率 a 来估计：

$$a = \frac{E_{\text{out}}}{E_{\text{in}}} = \frac{KE_t - E_1}{E_0 - E_t} \qquad \text{(式 6 - 26)}$$

对轻的轰击粒子，可以假设 $K \approx 1$，从而 $a \approx 1$，这样得到

$$E_t = \frac{1}{2}(E_0 + E_1) \qquad \text{(式 6 - 27)}$$

式 6 - 24 和式 6 - 27 相结合，我们看到，散射产率 $\Gamma(E_1)$ 为

$$\Gamma(E_1) \sim (E_0 + E_1)^{-2} \qquad \text{(式 6 - 28)}$$

其中，E_1 随深度变化。式 6 - 28 是图 6 - 4 中所示的简要形式，并在以下各节的实验结果中进行说明。

6.3.2　装置

RBS 中的主要组成部分是典型散射实验所具有的：提供高能初级离子的源、可以以必要的自由度和精度要求来定位靶的样品架，以及为测量散射粒子的能量分布的检测系统。在大多数情况下，尤其是在基础表面研究中，机械手和探测器都安装在超高真空（UHV）室内。

用于 RBS 感兴趣的能量区域的最广泛使用的加速器类型是 van de Graaf 类型，其通过将电子从充电屏幕传送到高压端子的快速传送带建立高电压。此充电带和在终端的离子源被安置在一个充气罐中。电压高达约 2 MV，这对表面工作是最有用的且很容易完成，但是在大型仪器中要达到更高的值（高达 30 MV）。从罐中发出的离子束被引导通过真空束线到达靶室。为此目的，需要建立一个具有开关磁铁、聚焦四极磁体和准直器等的系统。对表面分析工作而言，在直径约 1 mm 的束斑上约 100 nA 的束流是典型的足以提供 10 kHz 或更多的计数率。高电压要求罐体尺寸约为米量级，束线长度通常是几米。因此，建筑和资金投入是加速器的必要条件，这就限制了这种强大方法的仪器的广泛使用。

超高真空室和机械手是在当今表面科学研究中经常使用的标准件，例如，用于低能离子散射（见 6.4 节）。机械手通常具有两个转动自由度，一个围绕主轴（定义入射角），另一个绕垂直于样品表面的轴（定义散射平面的方位位置）。对于通道测量，需要设置这些角度的精度远远小于 1°，通常约为 0.1°。

如有必要，机械手还可以提供加热（由电子轰击）和冷却（液氮）设施。包含一个在轻载体（例如 Si 上的 Au）下具有已知浓度的重元素校准的散射标准物也是非常有用的。通过比较可以很容易地确定样品上的绝对气态原子密度，而无须准确知道检测器接受的立体角。

在 RBS 分析技术发展中，一个非常有用的工具就是硅固体粒子检测器。这是一个非常简单的装置，它可以检测粒子及其动能，即记录一个能谱而不扫描能量窗口。高能粒子穿透 Au 的表面势垒，通过创建电子 - 空穴对在硅中沉积其动能，损失能量为每对 3.6 eV。反向偏置电压分离电荷并产生相应的电压脉冲 $\Delta V = E_e/3.6C$（C 是

器件的电容），即信号与入射粒子的能量成比例。脉冲高度分布经适当放大后由多道分析器或计算机记录，可表示散射粒子的能谱。在这种高能量范围内，离子和中性物质以高概率被检测到。固态探测器内部的波动将能量分辨率限制在 10 keV 左右，实际情况下通常为 15 keV。这也是系统质量分辨率和深度分辨率的限制（见第 6.2 节）。

更高的分辨率（对更为复杂的仪器和顺序记录）可以通过具有恒定的相对能量分辨率$\Delta E/E$ 的磁或静电能量分析仪获得。典型值是 5×10^{-3}。用 $50 \sim 400$ keV 范围内的加速器静电分析仪，已报道大约 10 Å 的深度分辨率[32]。通过这种方式，MEIS 对表面和近表面层以及界面变得敏感。

6.3.3 束效应

高能的初级离子束碰撞样品，通过去除表面的原子改变其表面。这种被称为溅射[33]的效应和偶尔去除吸附层的离子碰撞解吸附，限制了离子散射方法的灵敏度。感兴趣的问题是：从表面除去（溅射）多少个原子以获得检测器中给定的散射离子产额Q_D，以及若我们将要被溅射掉的层作为一个分数 q，则可以检测到的最小原子面密度是多少？

散射的离子产率可以表示为

$$Q_D = N \frac{\mathrm{d}\sigma}{\mathrm{d}\Omega} \Omega Q \qquad (\text{式} 6-29)$$

其中，Q 是初级粒子的数目；N 是待考虑物质的表面原子密度；$\mathrm{d}\sigma/\mathrm{d}\Omega$ 是微分卢瑟福散射截面（单位为 $\mathrm{cm}^2/\mathrm{sr}$），在后面的章节中为简单起见写为 σ；Ω 是探测器（在单位效率）所张开的立体角。按照式 6-29，为得到一个给定的信号 Q_D，需要一定数量的初级粒子 $Q = Q_D/(N\sigma\Omega)$。被这些离子溅射的原子数量是 $Q\Gamma$，其中 Γ 是离子溅射产额，取决于离子质量和能量以及靶材料。由于溅射产额（考虑物种表面原子被溅射概率）与体相元素溅射相比取决于覆盖率，因此在考虑极薄层（单层及以下）时可以很方便地定义总溅射截面 σ_s（单位为 cm^2）[34]。σ_s 可以通过单层密度 N_{ML} 与溅射产额建立联系：

$$\Gamma = \sigma_s N_{ML} \qquad (\text{式} 6-30)$$

对一个已知 Q_D，束斑面积为 a（单位为 cm^2）的离子束，除去的原子数目由溅射与散射的比率决定：

$$N = \frac{Q_D}{a\Omega} \frac{\sigma_s}{\sigma} \qquad (\text{式} 6-31)$$

如果我们要求在测量过程中不要超过初始覆盖的分数 q（如 1%），即 $\Delta N < qN$，那么我们得到最小可检测覆盖率的估计值为

$$N_{\min} = \frac{Q_D}{a\Omega} \frac{\sigma_s}{q\sigma} \qquad (\text{式} 6-32)$$

以及通过使用式 6-29 得出最大初级离子通量的条件：

$$\frac{Q}{a} < \frac{q}{\sigma_s} \qquad\qquad (式 6-33)$$

显然，由于卢瑟福散射截面 σ 随 Z_2 变化，因此对重元素具有良好的灵敏度。考虑一个对轻型基质上 Au 层[35]所用的典型数字的例子。假设一个最低 100 个离子计数给出一个有统计学意义的信号，即 $Q_D = 100$，束斑大小为 $10^{-2}\ cm^2$，立体角为 4×10^{-2} sr（即在 5 cm 的距离上面积为 1 cm^2）和 σ_s 约为 $10^{-18}\ cm^2$[34]。从这些数字获得的检测限为每平方厘米 2.5×10^{12} 个 Au 原子或对这一特殊情况约 1/400 的单层。因此，在测量过程中需要去除 1%，这需要 10^{14} 个初级离子或略高于 10 μC。这些估计与实践经验相距不是太远。从这些考虑中还可以得出一个重要的一般性结论，即 RBS 通常可以被认为是对表面和近表面层进行分析的几乎无损的方法，这是另一个使该方法具有吸引力的基本特征。

6.3.4　定量层分析

在图 6-4 中，示意性地显示了 RBS 能谱的特征，并且根据前面章节推导出的关系，我们原则上能够理解实际的 RBS 谱的定量解释。作为一个例子，图 6-12 显示了一个模型催化剂的能谱，该模型催化剂由 Ti 上的 TiO_2 层作为载体材料和 Rh 金属覆盖在活性组分上[23]。这是在轻质基材上的重吸附物的情况，并且 Rh 的量可以很容易通过使用式 6-24 或式 6-29 计算 N 来确定。实际上，通过使用如上所述的校准标准来考虑立体角 $\Delta\Omega$ 和检测效率。对于本例，我们获得了每平方厘米 5×10^{14} 个 Rh 的覆盖率，其在标称表面上约为单层的一半，并很好地证明了 RBS 在这种情况下的高灵敏度。在连续的部分首先看到来自 TiO_2 层的 Ti 的边缘和来自 Ti/TiO_2 界面的 Ti 的肩峰。O（来自 TiO_2 层）位于能谱的连续部分，与来自深处 Ti 的散射有关。

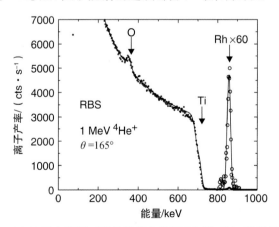

图 6-12　1 MeV He⁺ 离子对覆盖约半个单层 Rh 的 TiO_2 散射的 RBS 谱[36]

注：空心圆是实验数据，而实线是使用 SIMNRA 程序的模拟计算。

图 6-13 给出的例子更详细地说明了这种分层结构的能谱分解。使用 2.5 MeV

He^{2+} 离子轰击 SrTiO$_3$(100) 晶面上高温超导薄膜 YBa$_2$Cu$_3$O$_7$，由此得到的能谱[37]如图 6-13 所示。图 6-13(a)显示实际能谱(噪声迹线)和数值拟合(实线)。实线箭头线表示对应于来自样品表面处各个元素的散射的边缘(参考式 6-1)，虚线箭头线对应于来自衬底表面的散射，但是包括在衬底表面上的离子的附加能量损失(参考式6-20)。图 6-13(b)进一步表明薄膜成分的能谱贡献是分离的，薄膜中的每个元素(Ba、Y、Cu)的散射离子分布显示一个从表面散射的前缘和相应的薄膜-衬底界面的后缘。

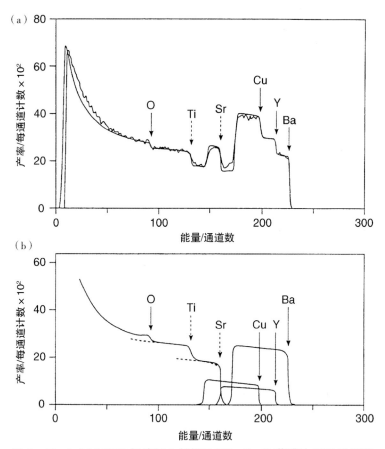

图 6-13   2.5 MeV He^{2+} 离子入射超导 YBa$_2$Cu$_3$O$_7$ 薄膜的 RBS 散射谱

(a)实验谱(噪声线)和数值模拟(平滑线)(从[37]中重绘)；(b)分解成各种成分的散射贡献。实线箭头对应于薄膜表面，虚线箭头对应于 SrTiO$_3$ 衬底界面。

现在可以从各种元素 i 能谱的高度 H_i 来计算薄膜的化学计量比。为简单起见，考虑垂直入射和散射角接近 $180°$ 并假定常数 dE/dx 近似有效。接着使用一个能量分辨率为 ε 的探测器读出从厚度为 Δt 的薄层中背散射的离子数，由式 6-21 可得

$$\varepsilon = [E]n - \Delta t = [S] - \Delta t \qquad (式 6-34)$$

其中，$[S]$ 是所谓的能量损失因子：

$$[S] = K\left(\frac{dE}{dx}\right)_{in} + \left(\frac{dE}{dx}\right)_{out} \qquad (式 6-35a)$$

$[E]$是阻止截面因子：

$$[S] = [E]n \qquad (式 6-35b)$$

上述两个表达式都在我们的近似中，n 是每单位体积的原子数。

元素 i 从表面薄层 Δt 中散射的计数数量为

$$H_i = \frac{d\sigma_i}{d\Omega}(E_0)\Omega Q \frac{\varepsilon}{[E]_i} \qquad (式 6-36)$$

两种元素 i 和 k 的比率为

$$\frac{H_i}{H_k} = \frac{n_i\sigma_i[E]_k}{n_k\sigma_k[E]_i} \qquad (式 6-37)$$

其中，化学计量比 n_i/n_k 等可以用实验得到的峰高比来确定。如果假定$[E]_k = E_i$，即可得到

$$\frac{n_i}{n_k} = \frac{H_i}{H_k}\left(\frac{Z_k}{Z_i}\right)^2 \qquad (式 6-38)$$

上式是化学计量比的一个粗略估计。

详细的数值分析，如图 6-13 所示，必须采取正确的角度情况、dE/dx 对化学计量(布拉格规则)和能量的依赖，但都基于相同的原则。

6.3.5　结构分析

RBS 可以通过利用集体散射现象来分析晶体表面结构，类似于阴影锥所讨论的通量修正(见 6.2.4 节)。结构分析基于沟道效应[38-40]和(在这方面)阻塞的逆过程。使用这些技术，可以完成表面层分析，虽然在原则上 RBS 的深度分辨率为 30~100 Å，如在前一节指出的那样。

准直的离子束在沿低指数方向轰击单晶硅靶(即接近高对称轴)时会发生沟道效应。在这种情况下，大多数初级粒子与第一层原子有很大的碰撞参数，即它们只有小的角度偏差。这可以在下面更深层继续，离子被控制在沟道(轴向沟道)或晶体平面(平面沟道)之间。这种情况大致如图 6-14 所示。很明显，相比于"随机"情况，在这种情况下，背散射产率会减少。在理想化的限制下(刚性点阵，没有光束发散)，只从最上原子层的散射才有可能。如果探测器也限定了一个沿高对称轴的散射离子方向，那么从周期晶格位置上的原子的散射将被阻止。这种双对准技术已被证明对表面分析是特别有用的[40-41]。

分析原理是，与理想晶格结构的偏差改变了背散射通量强度和角分布，因此可以用于研究诸如热振动[42]、晶格弛豫[43]、晶格重构[44]、原子间隙位置[45]、吸附位置[46]和表面无序[47]。

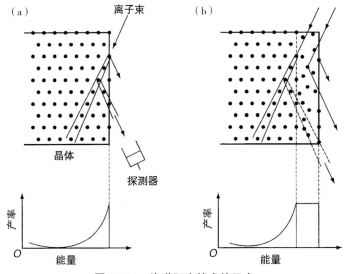

图 6-14　沟道阻塞技术的示意

注：(a)散射几何配置(离子入射和检测沿高对称方向)和一个有序度好的晶体的能量谱；(b)散射几何配置(离子入射和检测沿高对称方向)和一个有无序覆盖层的晶体的能量谱(摘自[47])。

　　热振动的作用已经在硅和金属单晶的许多实验中得到研究[42]。可以看出表面峰的强度随比率 ρ/R_c 变化(其中，ρ 是热振动振幅的均方根，R_c 是第二个原子处的阴影锥半径)。其表面峰值强度的变化为每行 $1(\rho/R_c<0.3)$ 到 $4(\rho/R_c>1.5)$ 个原子。

　　沟道效应和阻塞效应使散射离子产额的角扫描曲线有最低点。例如，如图 6-15 所示的双对准情况[41]。图 6-15 还显示角位移如何与顶部表面层和体相之间晶格间距相关联。使用此技术已发现大量的金属(Ag、Ni、Pt、W)和硅单晶表面上的表面弛豫和重构。

　　一个利用沟道技术测定吸附质位置的实例是研究 D 吸附在 Pd (100) 上[46]。这里采用通过薄(3000 Å)Pd 晶体的透射沟道。图 6-16 给出了位置定位原理和实验结果，以及 Pd 散射和 D 弹性反冲检测的 1.9 MeV He^+ 散射数据。D 显然处于四重空心位置，两个吸附相的垂直位移不同，$p(1\times1)$ 相 $\Delta z = 0.3$ Å，$c(2\times2)$ 相 $\Delta z = 0.45$ Å。这种沟道技术的应用，原则上非常类似于用于分析体相晶体中的溶质原子的位置的方法，即用于区别替代、间质性或随机的溶质原子位置[45]。

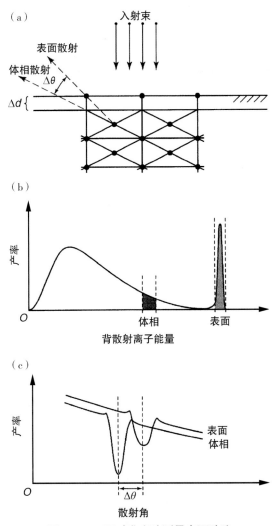

图 6 - 15　双对准实验测量表面弛豫

　　(a)散射几何配置显示对表面和体相散射不同的阻塞方向；(b)相应的用静电分析器得到的能谱；(c)角强度分布显示由表面弛豫造成的最低限度的阻塞偏移(摘自[41])。

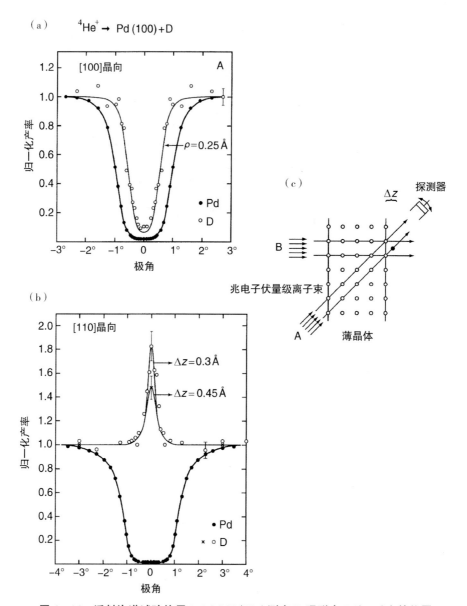

图 6-16　透射沟道试验使用 1.9 MeV ⁴He⁺ 测定 D 吸附在 Pd(100)上的位置

注：(a)沿[100]方向入射 Pd 散射和 D 反冲强度显示极小值，(b)在[110]方向 D 反冲强度有极大值，展示 D 位置在四重空心位，表面 0.3 Å[对 $p(1×1)$，圆圈]和 0.45 Å[对 $c(2×2)$，交叉]上(摘自[46])。

　　沟道-阻塞技术的另一个非常成功的应用涉及有序表面的热力学，特别是对目前研究非常活跃的表面熔化领域。这些研究再一次很好地验证了该技术的力量，图 6-17[47]中给出了实例说明。295 K 时在有序的 Pb(110)表面上双对准几何配置中背散射离子产率图仅显示表面峰。通过增加晶体的温度，可以看到体相晶体上无序表面层的发展。只有加热到体相熔融温度 600.7 K 后才能得到典型的"随机"能谱。

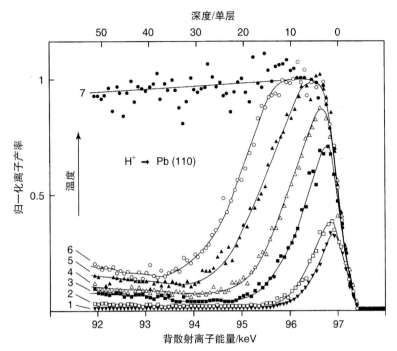

图 6-17　97.5 MeV 质子从 Pb(110)表面按图 6-14 所示散射几何配置散射的 RBS 谱

注：温度变化（1：295 K，2：452 K，3：581 K，4：597 K，5：599.7 K，6：600.5 K，7：600.8 K）演示表面熔化的无序层的发展。谱 7（高于体相量熔化温度 600.7 K）对应于从"随机"固体的散射（摘自[47]）。

6.3.6　中能离子散射（MEIS）

MEIS 是 RBS 的变种，使用离子能量范围为 $100\sim400$ keV，通常是 H^+ 和 He^+。它已被开发为一种分析晶体表面和表面层组成和几何结构的技术[40]。信息产生于由离子流入射和出射靶表面导致的阴影锥和阻塞锥的形成（图 6-15）。阴影锥比 ISS 能量窄（见 6.2.4 节），因此可以获得更高的原子位置测定精度。测量的阻挡图案可以直接与表面原子的位置相关。对原子位移的测定，有报道称精度可达 0.003 nm[48]。对靶电子的非弹性能量损失也可反映深度信息，因而可能进行亚表面成分分析。这种"非建构性的"的深度剖析是与 RBS 相同的，但对 MEIS 来讲只分析较浅的表面区域，使用静电能量分析器可以达到较好的深度分辨率，大体上是一层原子的分辨率。

在最初应用该技术的荷兰 AMOLF 研究所，使用命中概率概念的计算机代码 VEGAS[20]（见 6.2.5 节）也被发展用于数据解释。特别是最近致力于 MEIS 应用的一个新设施在英国 Daresbury 建成[49]。它允许一系列的散射角和能量的平行检测，从而在双对准情况下可迅速进行阻挡图案的累积。对最佳结构参数的测定，不同的可靠性因子"R 因子"要进行评估，类似于在低能电子衍射 LEED 中经常用于数据解释的程序[48]。大量的 MEIS 的成功应用可以在出版文献中查找到。图 6-18 显示一个有启发性的例子，为对 Ni(100)c(2×2)-O 表面的阻挡图案[50]。图中 O-Ni 间距和最外层的 Ni‑Ni 间距所得的值均与先前 LEED 研究的一致。

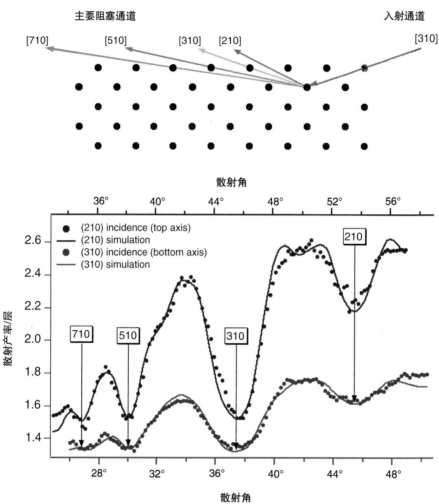

图 6‑18　Ni(100)c(2×2)‑O 相的 MEIS(100 keV H⁺)阻挡图案，
实验数据和用 VEGAS 代码所做的最佳拟合计算

注：两个不同的入射角的偏移角标尺。表面原子排列和一个方向的散射几何配置显示在最上面[50]。

6.3.7　RBS 的价值及与相关技术的比较

　　RBS 的卓越实力是能提供元素组成的绝对量化分析。表面覆盖率可以很容易测量且精度为 5% 或更好，对表面层和薄膜可提供定量的深度分布，厚度达 $1~\mu m$ 且深度分辨率为 $30\sim100~\text{Å}$。在许多实际情况下，用于分析的高能离子束产生对样品相对较小的损害。对于金属和绝大多数半导体来说，尤其如此，它们几乎不受通过电子能量损失过程的能量转移的影响。只有小的原子核能量损失（图 6‑11）会导致永久性损伤。这种情况对绝缘材料如氧化物、碱金属卤化物、聚合物等是不同的，其中电子能量损失过程可以造成相当大的辐射损害。此外，样品的荷电会经常干扰这些情况下的分析。

根据分析类型，RBS 需要高真空或超高真空（用于表面分析）靶室。在特殊情况下在大气压力下的分析也已有报道[51]。

使用沟道和阻塞技术，RBS 可以提供具有单层分辨率的信息，从而可以非常成功地作为一种近表面结构工具来使用。

在 RBS 中使用高能离子束也提供了在同一设备中应用其他相关分析技术的可能性。前向反冲检测或弹性反冲探测（ERD）对轻样品成分如氢同位素是有用的。它是对散射过程的一个天然补充，其运动学是类似的（见 6.2.2 节），6.3.5 节中给出了一个实例。

另一种相关的技术是质子诱导 X 射线发射分析（PIXE）[52]。PIXE 也是一种定量方法，其元素识别通常比 RBS 情况下更明确，后者有时受质量分辨率的限制。与电子诱导 X 射线分析（EIX）相比，质子具有产生少得多的由韧致辐射引发的背景的优势。其中的一些特点可以参见如图 6-19[53] 所示的示例，图中表明相同表面区域的分析，分别采用 2 MeV He+ RBS 技术、1.5 MeV H+ PIXE 技术、15 keV 电子 EIX 技术和 3 keV 电子俄歇电子分析（AES）技术[54]。样品是石墨箔，其表面暴露于来自聚变装置 ASDEX[53] 中的一次放电到容器壁的粒子流。从 X 射线光谱中通过芯能级电子能量可以看到金属组分被更好地分隔开，而轻组分（氧气）则只在 RBS 和 AES 中易于得到。在这项研究中，RBS 由于其绝对量化能力而非常有用，并被用于校准其他方法。

6.4　低能离子散射

6.4.1　中和

低能离子散射（ISS）这种技术有别于 RBS 的基本属性显示在图 6-4 中：ISS 谱对样品表面上的每个原子种类都呈现峰，RBS 通常在谱中产生一个边缘，随后朝向较低能量的宽分布。于是，在 ISS 中，只有从顶部表层背散射的粒子有很大机会在散射过程中作为离子幸存下来并可以使用静电分析仪装置检测（见 6.4.2 节）。这种中和作用的选择特性使 ISS 极其敏感，从某种意义上讲，散射信号独有地发源于最上面的原子层。对惰性气体离子散射（He+、Ne+、Ar+）并结合静电分析器，这是最明显的（利用碱金属离子或中性粒子检测产生的修正将在下文讨论）。就这些惰性气体离子而言，作为离子存活的概率 P 对于从第一层散射而言约 5%；对于从更深的层散射而言，至少低一个数量级[2]。从这可以直接遵循以下原则：散射离子的产量不仅取决于散射截面（参见式 6-29），也在很大程度上受中和作用的影响，其用离子生存概率 P 表达。

从具有表面密度 N_i 的元素 i 散射所产生的离子电流 I_i^+ 可以写为

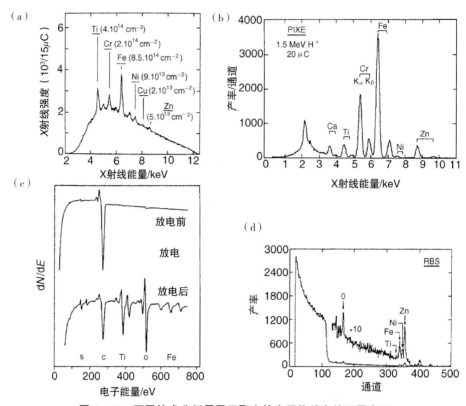

图 6-19　不同技术分析暴露于聚变等离子体放电的石墨表面

注：(a)电子诱导 X 射线分析($E_0 = 15$ keV，$175\ \mu$m 聚酯薄膜滤光片)；(b)质子诱导 X 射线发射分析；(c)AES($E_0 = 3$ keV，50 μA)；(d)2 MeV ^{4}He$^+$ RBS(摘自[53])。

$$I_i^+ = I_0^+ TN_i \frac{\mathrm{d}\sigma_i}{\mathrm{d}\Omega}\Omega P_i \qquad (式 6-39)$$

其中，I_0^+ 是初级离子电流，T 是考虑到装置的传输和探测器灵敏度的一个因子。如在 6.2.3 节中所述，散射截面 $\mathrm{d}\sigma/\mathrm{d}\Omega$ 可以以足够的精度来计算。然而，离子的存活概率 P 一般不是众所周知的。作为一个粗略的估计，从金属表面散射可以取约 10%(1 keV He$^+$)和 5%(1 keV Ne$^+$)的值。对定量组成分析，元素标准的校准已经被成功运用，特别是对金属合金[55-56]。但也观察到[57-58]存活概率可依赖轨迹，即它不仅取决于对特定靶原子 i，但也取决离子在入射和出射靶原子时在途中遇到的电子密度。这种行为已被详细研究，例如吸附在镍表面上的氧气[57, 59]。然而，要注意的是，在接近垂直入射和大散射角的情况下，这些影响几乎可以忽略不计。因此，可以认为 ISS 没有基体效应，即来自一个表面原子种类的散射离子强度与其化学环境无关。

各种中和过程的理论描述是基于 Hagstrum 的工作[60]，如图 6-20 所示。对具有大电离电位(16～24 eV)的惰性气体离子，俄歇中和(AN)是占主导地位的过程。离子存活概率可以用一个电子跃迁率指数依赖于离子离开表面的距离的模型来描述，即离子存活概率取决于垂直于表面的离子速度 v_p，其表达式为

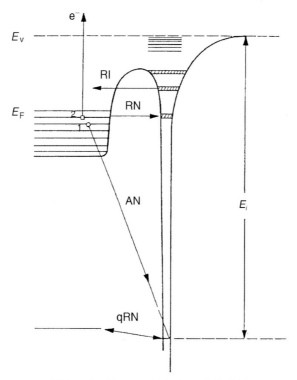

图 6 - 20　靠近表面离子(原子)的能级

注：E_V，真空能级；E_F，费米能级；RI 和 RN 分别是共振电离和中和；AN，俄歇中和；qRN，准共振中和；E_i，原子的电离能。

$$P = e^{-v_0/v_p} \qquad\qquad (式 6 - 40)$$

其中，参数 v_0 取决于离子－靶组合，但一般约为 10^7 cm/s。基本上，对于入射和出射轨迹，必须考虑类似式 6-40 这样的表达式，但实验结果通常可以通过仅考虑垂直于表面的最终速度并以足够的精度来描述。除了这些由于与表面电荷交换的中和过程外，已假设大角度碰撞时近接触的贡献[58, 61-62]。对于这种出现足够小的接近的距离，需要初级离子能量高于阈值能量，即 $E > E_{th}$。这些观察表明最后荷电状态主要决定于出射路径。入射离子被有效地中和，并在与靶原子的猛烈碰撞时发生再电离。实际上，对于高于一定动能阈值的离子，观察到了与入射离子电离能相对应的能量损失[63-65]。最近在 He+ 从铜上散射[66]中详细研究了诱导碰撞中和(CIN)和碰撞诱导电离(CIR)的影响。可以在一篇最近的综述[67]里找到全面的讨论。

对碱金属离子来讲，共振中和(RN)是最重要的。其电离电位与许多材料的功函数相近，特别是金属，即约为几电子伏。根据价带能级所涉及的能量位置，随着入射离子动能的增加离子产量降低或增加。这种行为由 Los 和 Geerlings[68]以及 Brako 和 Newns[69]回顾并从理论上进行了讨论。一般来说，碱金属离子的离子收益率和惰性气体离子相比是非常大的，为 50%～100%。如果降低表面功函数，如吸附碱离子，那么与惰性气体离子激励能级的共振电荷交换也变得重要并且可以观测到与最接近距离的依赖关系[62]。

如果入射离子的电离能级位于靶原子芯能级附近，如在 He 1s 和 Pb 5d 能级的情况下，就会出现所谓的准共振(qRN)电荷交换的特殊情况。然后，Landau－Zener 电荷交换类型会发生并导致离子产量对入射离子速度的振荡依赖[65, 70]。

从分析的角度看，上面给出的讨论可以归纳如下：一般惰性气体离子的逸出概率不能先验地给出，因此在定量化分析上它是一个问题。不过，如果能提供合适的校准，定量分析是可能的，按照式 6-39，在一些情况下，已建立起对 N_i 的线性依赖关系(见 6.4.3 节)。绕过这些问题的一种方法是使用碱金属离子，如果靶的功函数不是太小，那么 P 值接近于 1；另一种方法为中性散射粒子(或离子加中性)的检测。这确实可以带来实质性的好处，正如下面的章节所讨论的那样。然而，在这两种情况下，中和效应的有益部分，即独有的表面敏感性，在很大程度上都失去了。

6.4.2 装置

因其高度的表面敏感性，ISS 需要真空环境，这样可使样品表面清洁并在已确定的状态下维持足够长的时间。因此，散射室必须是对活性气体(H_2、CO、H_2O)基础压强低于 10^{-9} mbar 的 UHV 系统。例如，如果污染低于 10^{-2} 单分子膜的表面保持清洁 1 h，对黏性系数约为 1 的气体需要的压强应低于 10^{-11} mbar。活性气体的这种黏性系数值在金属表面并不罕见[71]。在许多系统中，离子源的惰性气体的分压在散射室达到 $10^{-7}\sim10^{-6}$ mbar。这些值是可以接受的，因为热惰性气体原子的粘着概率在室温下对所有表面几乎为零[72]。

典型的使用静电能量分析器的离子散射仪如图 6-21 所示。其基本组件是离子源、靶操纵器、分析器以及检测器系统。电子冲击离子源用惰性气体离子是最方便的。对于能量大约为 1 keV 的离子源，很容易提供 $10\sim30$ nA 的恒定离子电流，其足够用于表面分析，且由于溅射造成的表面刻蚀非常有限。对束斑直径为 $1\sim2$ mm，需要约为每平方厘米 10^{13} 个 He^+ 的总通量，以在整个二次能量范围内记录能量谱。使用典型的 He^+ 溅射率约为每个离子 10^{-1} 个原子[73]，在一组谱中，只有约 10^{-3} 的单层被从表面去除。然而，对轻元素的吸附，溅射率有可能会更高[74]，吸附层必须在短的撞击间隔后恢复。对碱金属离子和中性粒子检测，较低的离子通量是必要的，如下文所述。另外，若要清洁或获得近表面深度分布，则需要通过离子轰击进行表面刻蚀，一般可以施加较高的电流密度[74]。对电子撞击惰性气体离子源来说，质量分离不是绝对必要的，但对等离子体离子源和固态供应源是必要的，因为它们产生的离子种类繁多，也发出活性的中性气体粒子。碱金属离子源可从商业上购得，它们包含适当的矿物，在温度升高时会释放 Li^+、Na^+ 或 K^+ 离子。

就样品支持而言，存在各种不同的商用 UHV 靶操纵器，对于特殊要求，已开发出适当设计的操纵器[75]。对结构的调查表明，一般两个旋转轴是必要的，一个在样品表面确定入射和出射的角度，另一个在垂直于表面确定方位角的变化。对于角度的设置，一般精度为 $0.5°\sim1.0°$ 是足够的。对成分分析，可以使用固定的散射几何配

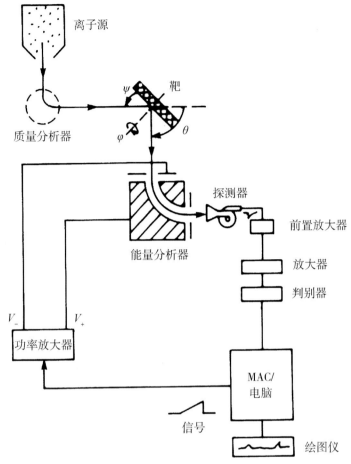

图 6 - 21 ISS 装置配备 90° 球形扇形静电分析器[76]

置,最好是用大的入射角和出射角。操纵器也提供电子轰击样品加热和在某些情况下用液氮冷却的设施。温度控制和测量所需的电气和机械引线以及所需的旋转自由度都要求复杂和精确的结构。

对于散射离子的能量分析,扇形静电场是非常方便和最普遍应用的。它们的相对能量分辨率 $\Delta E/E$ 是由孔径宽度与中心轨道半径的比值给定的,即 $\Delta E/E = s/r$。对于 ISS 来说,1%~2%的分辨率就足够了。它遵循这种关系:静电分析器的能量窗口按检测到的能量比例增加,对绝对测量必须进行修正。ISS 通常不会报告使用恒定通能进行操作的可能性。球形扇形分析仪(90°扇形角度,见图 6 - 21)可以安装在超高真空机械手系统,这样散射角从 0°到 160°或更大角度是可变的。对入射光束的方向、能量以及角度和能量宽度的实验测定,这是非常有用的。散射角的变化对峰的指认常常是有用的,大的散射角对结构分析已变得非常重要(见 6.4.4 节)。对带电粒子的检测,通常在计数模式下使用通道式电子倍增器。

柱面镜分析器(CMA)有大接受角度和随之而来的较高的散射信号(相比球形扇形分析器因子最高达 30[76])的优势。这种高强度和由于大散射角(137°)带来的较好质量分辨率使柱面镜分析器在标准表面成分分析方面非常有用。由于散射几何是固定的,因此它们一般不适合于结构测定。为了获得很高的检测效率,已开发出用螺旋状位敏探测器同时记录角度和能量分布的特殊系统[77]。能量色散环形棱镜也已成功地用于在多通道模式下测量能量和角度分布[78]。

一个非常成功的测量散射或反冲粒子能量分布的替代手段是飞行时间(ToF)技术[79-85]。因为这里的能量或者说速度由飞行时间确定,所以这种方法同等地适用于带电和中性的粒子。ToF 系统的典型要素如图 6-22 所示[84]。质量分离后,初级离子束受到施加在两个正交的偏转板对的方波电压的脉冲作用。于是初级粒子串撞击在表面上,散射后它们通过电位接地的漂移管直到命中粒子探测器。可选的双偏转单元有助于在两个散射角度(即 165°和 180°)之间进行电子切换。散射后测量断续相间的离子束的时间分布,这种分布可以通过下式转化为能量谱:

$$E = \frac{1}{2} M_1 L^2 / t^2 \qquad (式 6-41)$$

其中,L 是飞行路径的长度。单位恒定时间计数的增加 $\Delta N(t)$ 通过下式转换为恒定能量的增加:

$$N(E) = (t^3 / M_1 L^2) N(t) \qquad (式 6-42)$$

当飞行距离为 1 m 左右时,得到的飞行时间为微秒量级,为了获得约为 1%的能量分辨率,相应的电子器件必须以约 10 ns 的上升时间斩波离子束。

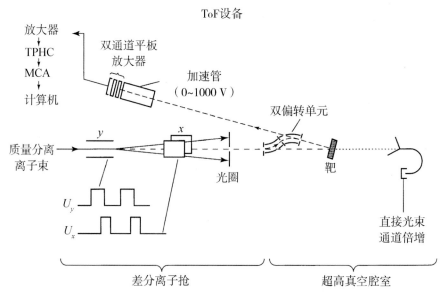

图 6-22　检测离子和中性粒子的时间飞行(ToF)设备的示意(摘自[84])

通过对漂移管施加适当的电位,散射离子可以从中性粒子中分离开,能量谱相应部分的荷电碎片可以确定。颗粒检测可以通过通道电子倍增器或打开放大器来完成,正如静电分析器中的情形。

如果粒子能量足够高(即动力学的二次电子发射是远远高于潜在的离子发射),那么二次电子信号接收器对离子的响应与中性粒子同样好。因此,散射的粒子能量应高于 1 keV[86],以致 ToF 实验通常采用 2 keV 或更高的初级能量进行,最高达 10 keV(这样可减少表面的特异性)。一般情况下,中性粒子谱表现出与碱金属离子谱相似的特征:原则上容易量化,但多重散射引起的大的贡献使能量谱的解释更为复杂,因此有时需要进行计算机模拟。由于中性粒子碎片通常占 90% 以上并且由于整个光谱的同时记录(而不是扫描能量窗口),一个能谱的初级离子通量比惰性气体静电分析器 ISS 低两个数量级或更低,即每平方厘米 10^{11} 个离子或更少,因此表面的损伤相应较低,这种方法也是无损的。

6.4.3　表面成分分析

在前面的几节中指出 ISS 具有分析固体表面最外层原子的元素成分的能力。因此,该方法似乎很适合常规表面成分分析。然而,这只有在对该方法固有的某些限制内是正确的:

(1)没有明确定义的"技术"表面一般有富含 H 的表面污染层(烃类、水),轻的 H原子不会造成很多常见散射条件下的散射信号。有用的能谱只有在用分析离子束溅射去除污染层后才可获得(图 6 - 23)。

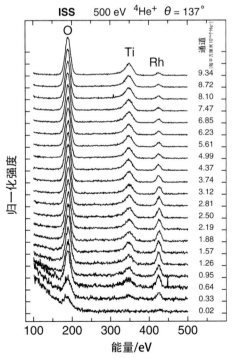

图 6 - 23　TiO_2 表面覆盖着约一半单层的 Rh 的 He^+ - ISS 谱

注:比较图 6 - 12 中 RBS 的情况。摘自[36]。

（2）较重的元素的质量分辨率以及质量识别受到碰撞运动学（见6.2.2节）的限制，因此不能保证在没有任何预知识的情况下对较重质量的明确确定。

ISS已被证明特别成功的研究领域是表面成分分析的吸附、催化剂和金属合金表面的分析。6.4.4节处理了特别有用的结构测定组合。

（1）**吸附物**。根据式6-39，离子散射信号应理想地随吸附物 i 的表面密度 N_i 线性增加。实际上，如S、O、CO、Pb吸附在镍表面等大量体系已证明了这点，其表面覆盖率能够被其他方法校准（中子活化分析、功函数变化、RBS、LEED）[87]。图6-24给出一个Ni(100)上吸附CO的实例[88]。从CO中O散射的信号与覆盖率成线性增加（与功函数变化 $\Delta\Phi$ 平行）直到达一个单层的饱和值[显示一个 $c(2\times2)$ 结构]。尽管有大到0.9 eV的功函数变化，但线性度依然保持，显然不会影响中和概率（式6-39中的 P）。如果Cs的吸附使功函数大大降低，那么这种线性就会丢失[62]。

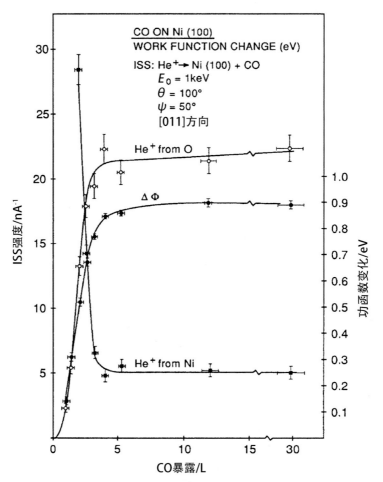

图6-24　Ni(100)表面 He ISS 强度和功函数变化作为 CO 暴露的函数
注：摘自[88]。

被吸附的物质覆盖衬底原子，其散射信号应该相应地减小。这也在图 6 - 24 中被证明，Ni 强度随着 CO 的吸附显示大幅线性减少。衬底信号 I_s 因此可以类似式 6 - 39 那样被表示为

$$I_s = I_O^+ T (N_s - \alpha N_i) (\mathrm{d}\sigma_s/\mathrm{d}\Omega)\Omega P_s \qquad (式 6 - 43)$$

其中，阴影因子 α 表示有多少衬底原子被一个吸附分子排斥在散射之外；图 6 - 24 例子中的初始值为 4，并随阴影重叠导致的覆盖率增加而减小。

阴影效应也可以获得吸附分子取向的信息。在如图 6 - 24 所示的 Ni 上吸附 CO 的情况下，能谱只表现出氧峰，没有观察到 C 的散射峰。这给出一个非常直接和简单的说明，即 CO 以一个垂直的方向吸附在 Ni 上，O 指向离开表面，这个结果也可从其他技术的数据以更间接的方法推导出来。

吸附物表面几何结构的信息，即吸附质确切位置和键合长度在吸附研究中具有重大意义。这些用离子散射技术已经付诸实施，例如，在若干高对称性金属表面（Cu、Ni、W）上吸附 H、S 和 O，这将在 6.4.4 节中进一步讨论。对于轻元素吸附（H、D），直接反冲谱是一个很有用的离子束技术。

分析型的离子束造成溅射或离子诱导吸附层的脱附。这在吸附质结构研究中必须要考虑到，但它也可以用于确定解吸截面和获得近表面浓度分布。对于多组分材料溅射的基本理解以及超高真空系统和大型真空容器（如储存环或聚变装置）中的表面清洁，解吸截面具有根本和实际的意义[88]。在单层覆盖区域，解吸截面 σ_D 可以在 ISS 中通过同时利用离子束监控表面覆盖率和离子撞击解吸被确定。来自吸附物种 I_i 的信号随时间 t 或通量 it 减少，其中 i 是初级电流密度：

$$I_i/I_0^+ = \exp(- it\sigma_D) \qquad (式 6 - 44)$$

在式 6 - 43 中，σ_D 可以通过关系式 $\Gamma = \sigma_D N_{ML}$ 和溅射产额 Γ 相联系，其中 N_{ML} 是单层面密度。使用离子散射已确定一些离子 - 吸附 - 衬底组合的散射截面[89 - 90]。其值的范围从 10^{-16} cm^2（例如 500 eV He - Ni - O）到 7×10^{-15} cm^2（500 eV Ne - Ni - CO）。

(2)催化剂。在非均相催化中，常用的负载型催化剂是一种特殊类型的吸附系统，由于其巨大的技术重要性，它们本身就代表了一个研究领域[91 - 92]。这些催化剂一般包括高比表面积（约 100 m^2/g）负载材料和一个或多个细分散吸附的组分（"活性成分"和助剂），可确定催化剂的效率、选择性和稳定性。负载材料通常包括高度绝缘的金属氧化物（Al$_2$O$_3$、TiO$_2$、SiO$_2$），活性成分可以是金属氧化物如 MoO$_3$、WO$_3$ 或 V$_2$O$_5$，并至少处于前驱体状态。由于样品荷电效应，这些绝缘材料几乎不可用于表面分析中常用的电子能谱。在 ISS 中，荷电可以通过从灯丝发出的电子中和样品来补偿。由于 ISS 监测最外的原子层的组成（这对催化剂的性能是最重要的），因此这种技术可以为理解负载型催化剂的组成与结构做出有用的贡献[93 - 94]。

这类研究的一个例子如图 6 - 23[23] 所示，它显示了 Rh 在 TiO$_2$ 上作为模型催化剂的 He$^+$ - ISS 谱。这些谱取自如图 6 - 12 中所示的 RBS 谱相同的样品，因此这两种技术在此基础上做直接比较是合理的。如上文所讨论，ISS 谱显示，一开始由于表

面污染，几乎没有散射信号。随着 He⁺ 离子通量增加，可观察到明显的 O、Ti 和 Rh 的峰。一系列能谱表示一个组成深度剖面，并且可以清楚地看到当 Rh 吸附层被溅射掉时 Ti 信号强度增加。通过这些手段，已经研究了若干真实的和模型的催化剂的分层顺序和扩散[94]。MoO₃ 吸附（从溶液中）在 Al₂O₃ 上的比较调查的结果如图 6-25 所示[95]。从 RBS、AES 和 ISS 的结果绘制出吸附钼物种的量随着吸附时间的增加而增加。ISS 是最敏感的，显示平坦的斜坡，而 RBS 在吸附 1 min 后已经检测到近 80% 的最终含量。根据其约 5 个单层的信息深度，AES 是介于这两者之间的。这一结果意味着，开始时，钼在 1 min 内吸附在表面以下的孔隙中，此后附加的钼酸盐在数小时内被吸附在外表面上。

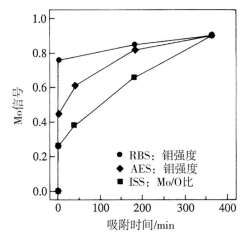

图 6-25 RBS、AES 和 ISS 得到的从 Al₂O₃ 表面在溶液中浸渍 MoO₃ 的作为时间函数的归一化的 Mo 强度

注：摘自[95]。

在这些情况下，通过氧化金属片制备模型催化剂，并且氧化层足够薄以允许使用 AES。如果进行真正催化剂的研究，粉末材料得压下起伏，这些样品的荷电效应被排除在电子能谱外。这些起伏的表面很粗糙（在微米范围内），并提出了表面粗糙度对 ISS 结果影响的问题。已经发现[96]与抛光样品相比，表面粗糙度可以将离子散射信号减少至 1/6 以下。不过，如果强度比被作为一种表面覆盖率的相对测量，那么光滑和粗糙的样品的结果是非常相似的。

(3)合金。低能离子散射对金属合金的表面成分分析也是极有价值的，同样是由于其"单层"灵敏性。如果发生一个组分的表面偏析（这是合金系统中非常普遍的情形），就会有第一和第二原子层的组分的不连续性[97-98]。这就需要一种能够区分第一和第二层的分析方法。ISS 因此被用于分析大量的合金系统和获得对表面偏析基本理解所需的数据，通常与辐射增强扩散和微分溅射效应[99-102]相结合。作为一个例子，图 6-26 展示，在 Fe₃Al(110)单晶表面上 Al 偏析期间拍摄的离子散射谱[103]。在温度为 700 K 时，大约 10 min 后达到平衡，Al 在顶层的覆盖率为 95%。

许多情况下已经证明，对这些金属的表面，使用元素标准进行定量是可能的。在具有组分 A 和 B 的两相系统中，A 相的表面浓度可以用下式计算：

$$X_A = 1/\left(1 + \frac{I_B}{I_A}\frac{S_A}{S_B}\frac{N_B}{N_A}\right) \qquad (式 6-45)$$

其中，$X_A + X_B = 1$，I 指的是从合金散射的信号，S 是指从表面密度为 N 的标准元素散射的信号，下标分别表示组分 A 和 B 的这些值。如果几个数据取自具有不同成分的表面，那么没有标准的校准也是可能的，只要所有信号都随浓度线性变化并且浓度的总和是 1。

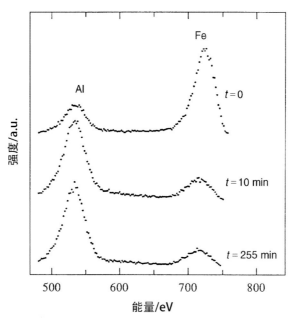

图 6-26 从 700 K 的 Fe₃Al(110)合金表面得到的 He⁺ ISS 谱
注：$E_0 = 1$ keV，图显示了 Al 随时间的表面偏析[103]。

使用 5 keV 和 9.5 keV Ne⁺ ToF 技术对 Cu₃Au(100)表面进行了广泛的研究，ToF 可定量分析最外三层晶体层[99]。该合金具有有序－无序转变(类似于图 6-26 中所述的 Fe₃Al 合金)，并且当加热高于转变温度时，在第二层中发现最显著的组成变化，其中 Au 浓度(理想地)从 0 增加到 0.25。这种层选择性和质量敏感测量是 ISS 的独特特征。对 Au₃Cu[104] 和 CuAu(100)[105]，得到了类似的离子散射结果。使用 MARLOWE 代码通过计算机模拟分析后者的方法在 6.4.3 节中给出。

在离子轰击的影响下，除了通过优先溅射和辐射增强扩散的热活化偏析之外，还可以改变合金的表面组成。对于完整的分析，需要来自第一层和后续层的数据。它们都可以基于 ISS 结果或与具有较大信息深度的方法(如 AES)的组合。图 6-27 给出了一个例子，该图显示了一系列 Pd-Pt 合金样品的表面组成[102]。Pd 的偏析和择优溅射的组合引起第一层中的适度损耗(通过 ISS 检测)，AES 平均值也在耗尽的亚表面层之上，因此显示与体相组成更大的偏差。从这些测量中，偏析能量和扩散系数可以被确定为关于合金成分的函数[106]。

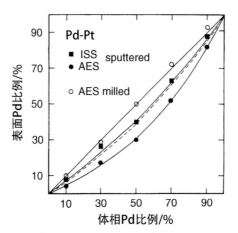

图 6-27 具有不同组成的 Pd-Pt 合金的 ISS 和 AES 结果

注：机械研磨的表面显示体相组成；ISS 浓度接近于在稳态溅射（虚线）中质量守恒计算的那些结果，而 AES 表示由于优先溅射引起的亚表面下 Pd 耗尽[102]。

(4)多重散射和模拟。若多个散射过程对散射离子强度产生实质性贡献，则计算机模拟特别有用。例如，发生在可能用于获得良好质量分辨率和较少中和效应的较重碱金属离子（Na^+、K^+）的散射。此外，多重散射可以被用来定量评估来自第一和第二层的散射，从而进行层选择性成分分析。这样的研究在如上所述的表面偏析领域中是非常有意义的。作为一个说明性示例，我们考虑 1.5 keV Na^+ 从 Cu(100) 表面的散射。该实例证明了使用足够的散射势（其特点在于其屏蔽长度 a，见式 6-10）的重要性以及热振动对能谱分布的可能影响。图 6-28(a) 显示了在两个方位角方向上的实验和模拟能谱。[001] 的强度主要源于在所选择的几何配置（45°入射角，90°散射角）中的第一原子层的散射。在 [0$\bar{1}$1] 上，该表面的第二层原子也暴露于入射的离子束，这导致相当高的散射离子产率。这适用于在约 680 eV 的"单"散射峰和在约 920 eV 的"双"散射峰。后者由具有约一半总散射角的两个连续碰撞决定。具有 Firsov 屏蔽长度的模拟和利用体积德拜温度导出的各向同性振幅再现了两个方向上强度的较大差异，但是实验和模拟之间的一致性不令人满意。通过适当的校准，显示屏蔽长度 a = 0.77a_{Firsov} 是适当的，各向异性的表面振动必须加以考虑。使用由 Jackson[107] 计算的第一层中的平面内和垂直振动的德拜温度值和第二层以及更深层的体相值，可以在实验和模拟之间获得良好的一致性，参见图 6-28(b)。这样的结果可进一步用于研究层选择性偏析剖面，例如 Cu-Au 系统所显示的那样[105]。

(5)定量分析和技术面数据。在大量的研究和应用中，ISS 已经被确定是用于定量表面组成分析的可靠工具。这意味着该方法可以用适当的参考标准来校准，并且基体效应是非常特殊的。一份综述[67]支持了这些陈述，其中包含了大量的调查材料汇编，没有报告基质效应。这些材料包括单质金属、金属合金和化合物（例如氧化物、氟化物、有机聚合物），甚至液体。这个令人印象深刻的收集展示了成熟的 ISS 已经达到作为一种分析方法的水平。

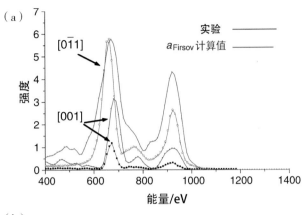

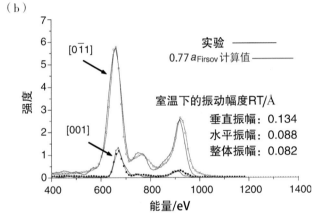

图 6-28　Cu(100)在两个方位角方向的 Na 散射的实验和计算模拟能谱

注：(a)使用 Firsov 屏蔽长度和各向同性热振动与体积德拜温度计算。(b)使用校准的屏蔽长度和各向异性表面振动的计算[23]。

6.4.4　结构分析

(1)原理。低能离子散射的突出优点之一是可以在实空间中获得关于晶体最顶层表面的质量选择性结构信息。这意味着可以测量选定结晶方向上相邻原子之间的距离。为了确定表面的几何形状，这些距离与通常从 LEED(低能电子衍射)结果推导出的结构模型结合使用。衍射研究在倒易空间中产生数据，从中推导出表面晶格的对称性，但是表面原子的精确位置，特别是对于多组分晶体，需要大量的计算工作[108]。

用于结构确定的 ISS 的具体特征是在锥形边缘具有峰值离子通量的阴影锥(参见 6.2.4 节)，如图 6-8 和图 6-10 所示。它被 Aono 等人[109]最成功地应用于在 ICISS (冲击碰撞离子散射谱)技术中。其原理可以通过图 6-29 解释[109]：平行的离子通量沿着具有恒定间距 d 的表面原子链入射。对于小的入射角 ψ，每个链原子在前一个原子的阴影中，因此不能有助于散射。通过增加入射角，达到临界角 ψ_c，在该临界角阴影锥的边缘(具有高离子通量)精确地撞击相邻原子。这产生高的背向散射强度，其在进一步增加 ψ 时下降到入射通量的平均值。因此，预计会有散射离子通量分布，

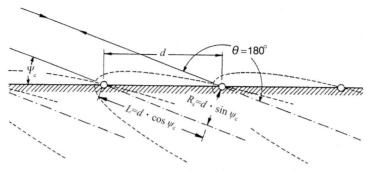

图 6 - 29　散射几何配置演示说明 ICISS 技术

注：经 Aono 等人同意[109]。

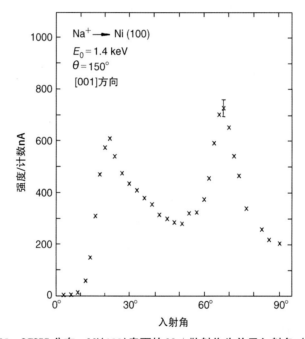

图 6 - 30　ICISS 分布：Ni(100)表面的 Na$^+$ 散射作为关于入射角 ψ 的函数

注：当阴影锥的边缘碰到表面[100]方向上的相邻原子时，出现第一个峰($\psi \approx 20°$)；第二个峰($\psi \approx 70°$)是由于从第二层相邻原子在[101]方向的散射[88]。为了记录散射强度，能量分析仪被设置为从所选择的散射角 θ（见式 6 - 1）处的 Ni 的 Na 散射，从而提供质量选择结构信息。

分布表示如图 6 - 10 所示的一次通量分布。ICISS 分布的一个例子如图 6 - 30 所示[88]。临界角 ψ_c 与从散射中心到原子间距 d 的距离 L 处的阴影锥半径 R_s 相关，如图 6 - 29 所示。如果阴影锥 $R_s(L)$ 的形式是已知的(见式 6 - 18)，那么原子间距 d 可以通过测量 Ψ_c 来确定：

$$d = R_s/\sin\Psi_c \qquad\qquad (式 6 - 46)$$

阴影锥半径 $R_s(L)$ 可以通过在已知结构的表面处的 ICISS 测量来校准，例如显示体相终止(许多干净的低折射率过渡金属表面)的非重构表面。这种自校准的可能性当然是 ICISS 的非常有用的功能，并且有助于避免由众所周知的相互作用势不足引起的不确定性。然而，数值计算通常是有用的，有时对于数据解释是必要的。可以使用式 6-18 计算阴影锥。通过数值求解 Ψ_c 的方程，实验可访问的数量，获得 TFM 势的公式[110]：

$$\ln \Psi_c = 4.6239 + \ln(d/a) \cdot (-0.0403\ln B - 0.6730) + (-0.0158\ln B + 0.4647)\ln B$$

（式 6-47）

其中，$B = Z_1 Z_2 e^2/(E_0 a \cdot 4\pi\varepsilon_0)$。对于给定的射弹靶组合，其减小到 $\Psi_c \approx d^{-\gamma}$，$\gamma$ 在 0.7~0.8 之间。

在一些情况下，二维数值代码能够相当好地重现实验结果[21,103,111-113]，从而改进了数据解释。在详细的研究中，特别是对于较低对称性的情况，诸如 MARLOWE 程序[18]的三维代码是有用的。这已被应用于确定吸附在 Ru(001)[113]上的 H 的位置或用于 Au(110)重构[115]和 Cu-Au 合金的研究[105]。

理想情况下，背散射通量在散射角 $\theta = 180°$ 处测量，其对应于冲击参数 $p = 0$，因此，Ψ_c 直接与散射原子的平均晶格位置相关。文献中报道了具有非常接近[114]或精确的 $180°$[84]散射的实验设计；另请参见如图 6-21 所示的设置。然而，事实证明 $\theta > 145°$ 的散射角通常足够大，可以以大约 0.1 Å 的精度确定 d。表面原子的热运动也产生了局限性，导致与在 $\Psi = \Psi_c$ 的理论奇点（见式 6-17）相比，ICISS 强度的扩大。

当然，ICISS 方法不仅可以用于惰性气体离子，而且可以与碱离子和中性粒子 ToF 技术一起使用。后两个类型分别命名为 ALICISS 和 NICISS[84]。由于它们不受中和的强烈影响，因此它们还提供关于第二层或更深层的原子位置的信息，如图 6-30 所示。

ICISS 技术迄今已很成功地用于与表面重构相关的结构测定（清洁表面和吸附诱导重构），用于定位吸附物质的位置，用于确定有序合金表面上组分的位置（与表面偏析相关）和确定表面原子的热振幅（在文献中可以找到几个综述[2]）。一个紧密相关的技术是直接反冲谱（DRS），其中直接反冲表面原子可以通过它们的能量来识别（见式 6-3）。这种技术对于难以通过散射检测的光吸附物（例如氢同位素）特别有用，将在下面的章节介绍一些例子。

(2)表面重构。作为结构确定的说明性示例，我们考虑了在氧气吸附下 Ni(110)表面重构的 ALICISS 研究[116-117]。氧覆盖的表面在 LEED 花样中显示(2×1)超结构。需要回答的问题是：①超结构是否代表氧覆盖层或是发生了 Ni 表面原子的重排？②后一种情况下的重建表面结构是什么？③氧原子位于哪里？情况如图 6-31 所示[116]。

图 6-31 上部分显示了在二元 Na-Ni 碰撞的能量下用 2 keV Na$^+$ 离子获得的在 [112]方向上的清洁表面和相应的 ICISS 谱，$E = 0.216E_0$。如插图中所示，斜坡 1 和 2 分别表示来自第一层和第二层原子的阴影锥增强散射。对于重构的表面，谱变化显著并显示出 3 个明显的峰。从这个结果中得出了以下结论，回答了上面提出的一些问

题。在 10°处具有斜坡的前导峰的偏移必须是由于第一层 Ni 原子的散射,因此证明(2×1)超结构是 Ni 原子重排的结果(并且不仅是由于氧覆盖层)。先前检测到的第一层峰不存在证明重构已完成。在从 LEED 花样导出的重构模型中,如图 6-31 所示的锯齿(ST)结构和缺失行(MR)结构仍然是可能的候选结构。ALICISS 结果明确地排除了 ST模型,因为未发现从该模型预期的强度增加,而所有预期的 MR 特征可以在强度分布中检测到。通过在其他方位角方向上的测量也证实了其中每第二<001>行缺失的 MR结构,并且同时通过扫描隧道显微镜(具有增加的行生长机制)来确认[118]。

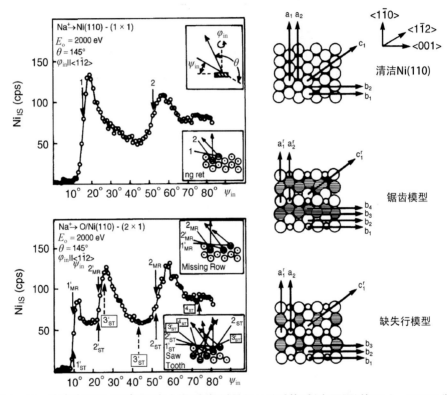

图 6-31 从清洁 Ni(110)表面(左上图)和氧诱导(2×1)重构后(左下图)的 Na⁺-ICISS 分布
注:表面结构模型和散射几何配置绘制在右侧。摘自[116]。

ALICISS 分布只能用于 Na⁺-Ni 散射;不可能会有来自氧的背向散射。指示的长桥 O-位置(在[001]方向)不能在这里直接证明,但它与 ALICISS 结果相容,并且可从反冲谱中直接推导出。

(3)**直接反冲谱(DRS)**。DRS 是一种与离子散射技术密切相关的技术(在高能RBS 方式中,通常称之为"弹性反冲检测",简称 ERD 或 ERDA)。在该方法中,检测因与入射离子的一次碰撞而从表面去除的原子或离子。因此,可以根据式 6-3 和它们的动能来识别。在图 6-32 中给出了一个实例,其显示出来自 H 覆盖的 Ru(001)表面的 Ne⁺-Ru 散射峰(位于 1200 eV)和 Ne⁺-H⁺ 反冲峰(位于 68 eV)[93]。在 ToF 实验中,路径长度 L 的相应飞行时间由下式给出:

$$t = L(M_1 + M_2)\cos\theta_2 / (8M_1E_0)^{1/2} \qquad (式 6 - 48)$$

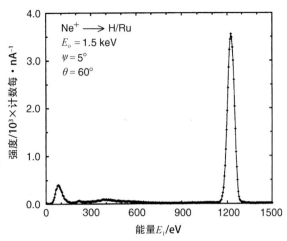

图 6 - 32　来自氢覆盖的 Ru(001) 表面(在 138 K)的离子能谱

注：显示在 68 eV 的 $Ne^+ - H^+$ 反冲峰和在 1200 eV 的 $Ne^+ - Ru$ 散射峰。来自[113]。

因此，直接反冲粒子不同于在溅射过程中源自碰撞级联的那些次级粒子，具有 1～2 eV 的宽能量分布。它们用于二次离子或中性质谱(SIMS 和 SNMS；参见 Surman 等人[119]和第 4 章)。根据碰撞运动学(见第 6.2.2 节)，DRS 是一种前向散射技术。若在同一装置中可以获得小的和大的散射角，则 DRS 可以容易地与 ISS 或 ICISS 研究相结合(例如，参见 Niehus 和 Comsa[84]，以及 Schulz 等[113])。反冲截面通常与散射截面具有相同的量级。当 $\theta_2 = 90°$ 时，它们最大，但随后反冲能量接近零。在 30°～60° 之间可获得有用的能量范围。

阴影锥概念也可以应用于 DRS，因此，原则上，类似的测量与散射技术一样是可能的，即元素表面分析、表面结构分析和电荷交换过程的分析(通过比较反冲离子和中性粒子)。

作为结构灵敏度的示例，我们考虑来自 Ni(110)-(2×1)重构表面的氧反冲强度分布，该表面与在前面部分中讨论的相同。由 4 keV Ar^+ 轰击引起的方位强度分布以及结构模型如图 6 - 33 所示[120]。氧反冲在某些结晶方向上被表面 Ni 原子或其他 O 吸附物遮蔽，这导致明显的结构化强度分布。与结构模型的相关性揭示了与缺失行重构的完美对应，其中氧沿着<001>行的长桥位置。美国休斯敦大学的研究小组使用精细的二维位置敏感检测器[121]进行了大量的 ToF-SARS(飞行时间散射和反冲能谱)研究。

通过散射研究氢吸附物的可能性非常有限，例如，^4He 可以被 H 散射到 15° 以下的角度。这里 DRS 可以有利地应用，如通过确定 H 在 Ru(001) 表面上的位置的研究[113]来证明。用轻吸附物进行结构测定的非常有启发性的实例是使用 ISS 和 DRS 的组合对 W(100) 上的氘吸附的研究[122]。在扫描散射平面的方位角时，D^+ 和 H^+ 反冲强度的变化如图 6 - 34 所示。

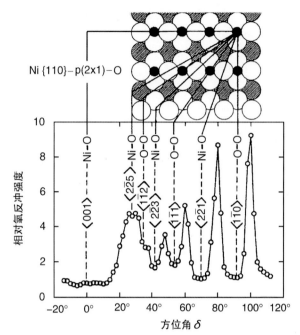

图 6-33　氧反冲强度分布作为关于通过氧诱导(2×1)重构的
Ni(110)表面的散射平面的方位角的函数

注：阻塞最小值显示吸附氧的"长桥"位置(摘自[120])。

在不允许 D_2 气体进入散射室的情况下，H^+ 信号源自于残余气体的吸附。当 D_2 进入时，H^+ 信号被抑制，观察到强的 D^+ 信号并表现出随方位角的变化而明显的最大值和最小值。为了确定吸附的 D 的位置，可能的结构模型被考虑并用 MARLOWE 模拟分析(图 6-35)。当吸附的 D 原子位于四重空穴位置时可获得良好的一致性。

6.4.5　结论

低能离子散射是现有的表面分析技术之一，所有这些都具有其独特的优点和局限性。ISS 的突出特征是仅从最顶层原子表面层获得质量选择信号并通过使用简单直接的概念确定表面和表面结构上的原子间距离的可能性。与绝对定量相关的限制(由于中和和相互作用势的不确定性)在很大程度上可以通过适当的校准来克服。现已证明 ISS 对于例如催化剂和合金表面的表面组成分析以及对大量金属、半导体和金属氧化物表面和这些表面上的吸附物的结构分析是非常有用的。与其他常见的表面谱相比，AES 可能更普遍地应用(除了氢同位素和绝缘材料的检测)。它具有几个原子层的信息深度，表面敏感度较低。因此，在许多情况下，ISS 和 AES 不能彼此替换而应以互补的方式使用。SIMS 当然可以产生明确的质量鉴别和通常更高的灵敏度，但是量化问题可能更大。

考虑到结构分析，ISS 技术与 LEED 和扫描隧道显微镜(STM)的关系是重要的。LEED 提供来自表面的大量结构信息，即基本晶体结构。由于其质量灵敏性和其明确

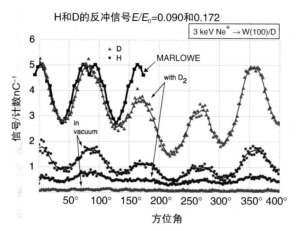

图 6-34　在真空中和在暴露于 $20~\mu Pa~D_2$ 期间，在 $45°$ 下由 3 keV He$^+$ 反冲的 W(100)的

H$^+$ 和 D$^+$ 的强度随方位角的变化

注：后者情况的 MARLOWE 模拟也给出了。摘自[122]。

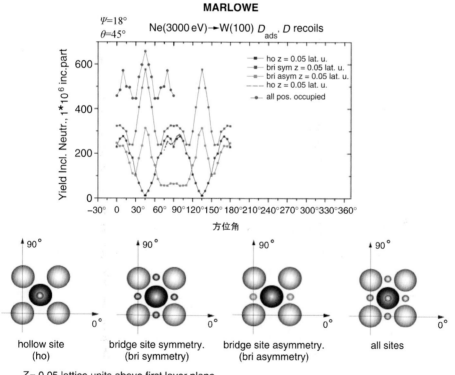

图 6-35　**图 6-34 中反冲强度的 MARLOWE 模拟**

注：对于 4 个不同的高对称 D 吸附位点。只在空位才获得与实验的一致性[122]。这种研究很好地证明了 DRS 对光吸附物的结构研究的有用性。

确定原子位置的能力，ISS 可以很好地补充这些结果。扫描隧道显微镜(STM)，另一种实空间方法[123]，在微观尺度上产生原子排列的直接图像(在横向尺寸为 50 Å 左右的区域上的原子分辨率)，没有确定的质量识别。然而最近，这在一些情况下结合隧道概率[101]的复杂量子力学计算已经实现。离子散射平均在一个比较大的区域(1～2 mm 的线性尺寸)上。补充测量似乎对验证结构模型、各种原子种类的位置以及动力学过程的研究最为有用。关于这最后一点，样品温度变化和时间相关测量(具有约1 s 的分辨率)对于离子散射是相当简单的，到目前为止通常对于 STM 比较困难，但目前该领域中正在取得迅速发展。

致谢

感谢 Christian Linsmeier 提供有益的讨论以及在图表制作上的帮助。

参考文献

[1] SMITH D P. Scattering of low-energy noble gas ions from metal surfaces[J]. Journal of applied physics, 1967, 38(1): 340-347.

[2] For reviews, see for example: (a) CZANDERNA A W, HERCULES D M. Methods of surface characterization, Volume 2[M]. New York: Plenum Press, 1991: 363; (b) NIEHUS H, HEILAND W, TAGLAUER E. Low-energy ion scattering at surfaces[J]. Surface science reports, 1993, 17(4-5): 213-303; (c) NIEHUS H. Ion and neutral spectroscopy[M]//BRIGGS D, SEAH M P. Practical surface analysis. 2nd ed, Volume 2. Chichester, UK: John Wiley & Sons Ltd, 1992: 507; (d) VAN DEN BERG J A, ARMOUR D G. Low energy ion scattering (LEIS) and the compositional and structural analysis of solid surfaces [J]. Vacuum, 1981, 31(6): 259-270.

[3] For comprehensive descriptions, see for example: (a) CHU W K, MAYER J W, NICOLET M A. Backscattering spectrometry[M]. New York: Academic Press, 1978; (b) TESMER J, NASTASI M. Handbook of modern ion beam materials analysis[M]. Pittsburgh: Materials Research Society, 1995.

[4] BOHR N. The penetration of atomic particles through matter[J]. Mathematisk-fysiske meddelelser kgl. danske videnskabernes selskab, 1948, 18(8): 1-144.

[5] GOLDSTEIN H. Classical mechanics [M]. Reading, MA: Addison-Wesley, 1965.

[6] RUTHERFORD E. LXXIX. The scattering of α and β particles by matter and the structure of the atom[J]. The London, Edinburgh, and Dublin philosophical magazine and journal of science, 1911, 21(125): 669-688.

[7] DARWIN C G. LVIII. Collision of α particles with light atoms[J]. The London, Edinburgh, and Dublin philosophical magazine and journal of science,

1914，27(159)：499-506.

[8] FIRSOV O B. Calculation of the interaction potential of atoms[J]. Journal of experimental & theoretical physics，1958，6(6)：534-537.

[9] LINDHARD J, NIELSEN V, SCHARFF M. Approximation method in classical scattering by screened coulomb fields[J]. Mathematisk-fysiske meddelelser kgl. danske videnskabernes selskab，1968，36(10)：1-32.

[10] LINDHARD J. Influence of crystal lattice on motion of energetic charged particles[J]. Mathematisk-fysiske meddelelser kgl. danske videnskabernes selskab，1965，34(14)：1-64.

[11] DE WIT A G J, BRONCKERS R P N, FLUIT J M. Oxygen adsorption on Cu (110)：Determination of atom positions with low energy ion scattering[J]. Surface science，1979，82(1)：177-194.

[12] OEN O S. Universal shadow cone expressions for an atom in an ion beam[J]. Surface science letters，1983，131(2-3)：L407-L411.

[13] WOODRUFF D P, BROWN D, QUINN P D, et al. Structure determination of surface adsorption and surface alloy phases using medium energy ion scattering[J]. Nuclear instruments and methods in physics research section B：Beam interactions with materials and atoms，2001，183(1-2)：128-139.

[14] MAYER M, FISCHER R, LINDIG S, et al. Bayesian reconstruction of surface roughness and depth profiles[J]. Nuclear instruments and methods in physics research section B：Beam interactions with materials and atoms，2005，228(1-4)：349-359.

[15] ECKSTEIN W. Computer simulation of ion-solid interactions[M]. Berlin：Springer-Verlag，1991.

[16] DOOLITTLE L R. Algorithms for the rapid simulation of Rutherford backscattering spectra[J]. Nuclear instruments and methods in physics research section B：Beam interactions with materials and atoms，1985，9(3)：344-351.

[17] MAYER M. SIMNRA user's guide[M]. Technical Report IPP 9/113, Garching：Max-Planck-Institut für Plasmaphysik，1997. [http：//www. rzg. mpg. de/~mam/].

[18] ROBINSON M T, TORRENS I M. Computer simulation of atomic-displacement cascades in solids in the binary-collision approximation[J]. Physical review B，1974，9(12)：5008-5024.

[19] BEIKLER R, TAGLAUER E. Trajectory resolved analysis of LEIS energy spectra：Neutralization and surface structure[J]. Nuclear instruments and methods in physics research section B：Beam interactions with materials and atoms，2001，182(1-4)：180-186.

[20] TROMP R M, VAN DER VEEN J F. Monte carlo simulations of shadowing/blocking experiments for surface structure analysis[J]. Surface science, 1983, 133(1): 159-170.

[21] DALEY R S, HUANG J H, WILLIAMS R S. Computer simulation of impact-collision ion scattering spectroscopy data using hitting-probability integrals[J]. Surface science, 1989, 215(1-2): 281-298.

[22] VAN DER VEEN J F. Ion beam crystallography of surfaces and interfaces[J]. Surface science reports, 1985, 5(5-6): 199-287.

[23] BEIKLER R, TAGLAUER E. Quantitative layer analysis of single crystal surfaces by LEIS[J]. Nuclear instruments and methods in physics research section B: Beam interactions with materials and atoms, 2002, 193(1-4): 455-459.

[24] (a)NIEHUS H, SPITZL R. Ion-solid interaction at low energies: Principles and application of quantitative ISS[J]. Surface and interface analysis, 1991, 17(6): 287-307; (b) SPITZL R, NIEHUS H, COMSA G. 180° low-energy impact collision ion scattering spectroscopy[J]. Review of scientific instruments, 1990, 61(2): 760-764.

[25] BYKOV V, KIM C, SUNG M M, et al. Scattering and recoiling imaging code (SARIC)[J]. Nuclear instruments and methods in physics research section B: Beam interactions with materials and atoms, 1996, 114(3-4): 371-378.

[26] BETHE H. Zur theorie des durchgangs schneller korpuskularstrahlen durch materie[J]. Annalen derphysik, 1930, 397(3): 325-400.

[27] ZIEGLER J F. Helium stopping powers and ranges in all elemental matter [M]. New York: Pergamon Press, 1977.

[28] BRAGG W H, KLEEMAN R. XXXIX. On the α particles of radium, and their loss of range in passing through various atoms and molecules[J]. The London, Edinburgh, and Dublin philosophical magazine and journal of science, 1905, 10(57): 318-340.

[29] FENG J S Y, CHU W K, NICOLET M A. Stopping-cross-section additivity for 1-2-MeV $^4He^+$ in solid oxides[J]. Physical review B, 1974, 10(9): 3781-3788.

[30] BOHR N. LX. On the decrease of velocity of swiftly moving electrified particles in passing through matter[J]. The London, Edinburgh, and Dublin philosophical magazine and journal of science, 1915, 30(178): 581-612.

[31] MAYER J W, RIMINI E. Ion beam handbook for materials analysis[M]. New York: Academic Press, 1977.

[32] VAN DER VEEN J F, TROMP R M, SMEENK R G, et al. Ion-beam crystallography of clean and sulfur covered Ni (110)[J]. Surface science, 1979, 82

（2）：468-480.

[33] BEHRISCH R. Sputtering by particle bombardment I[M]. Berlin：Springer-Verlag，1982.

[34] TAGLAUER E. Data compendium for plasma-surface interactions[J]. Nuclear fusion，1984，24(Special Issue)：S9-S12.

[35] CZANDERNA A W，HERCULES D M. Methods of surface characterization，Volume 2[M]. New York：Plenum Press，1991：311.

[36] (a) LINSMEIER C，KNÖZINGER H，TAGLAUER E. Depth profile analysis of strong metal-support interactions on RhTiO$_2$ model catalysts[J]. Nuclear instruments and methods in physics research section B：Beam interactions with materials and atoms，1996，118(1-4)：533-540；(b) LINSMEIER C，Private communication. 2007.

[37] BERBERICH P，DIETSCHE W，KINDER H，et al. Proceedings of the international conference on high temperature superconducting materials[C]. Interlaken，CH，1988.

[38] FELDMAN L C，MAYER J W，PICRAUX S T. Materials analysis by ion channeling[M]. New York：Academic Press，1982.

[39] GEMMELL D S. Channeling and related effects in the motion of charged particles through crystals[J]. Reviews of modern physics，1974，46(1)：129-227.

[40] VAN DER VEEN J F. Ion beam crystallography of surfaces and interfaces[J]. Surface science reports，1985，5(5-6)：199-287.

[41] TURKENBURG W C，SOSZKA W，SARIS F W，et al. Surface structure analysis by means of Rutherford scattering：Methods to study surface relaxation [J]. Nuclear instruments and methods，1976，132：587-602.

[42] FELDMAN L C. Atomic positions of surface atoms using high energy ion scattering[J]. Nuclear instruments and methods in physics research，1981，191(1-3)：211-219.

[43] DAVIES J A，JACKSON D P，MITCHELL J B，et al. Measurement of surface relaxation by MeV ion backscattering and channeling[J]. Physics letters A，1975，54：239-240.

[44] JACKMAN T E，GRIFFITHS K，DAVIES J A，et al. Absolute coverages and hysteresis phenomena associated with the CO-induced Pt (100) hex⇆(1×1) phase transition[J]. The journal of chemical physics，1983，79(7)：3529-3533.

[45] HOWE L M，SWANSON M L，DAVIES J A. Solid state nuclear methods[M] // Methods of experimental physics. New York：Academic Press，1983，21：275.

[46] BESENBACHER F，STENSGAARD I，MORTENSEN K. Adsorption position

of deuterium on the Pd (100) surface determined with transmission channeling [J]. Surface science, 1987, 191(1-2): 288-301.

[47] FRENKEN J W M, MARÉE P M J, VAN DER VEEN J F. Observation of surface-initiated melting[J]. Physical review B, 1986, 34(11): 7506-7516.

[48] BAILEY P, NOAKES T C Q, BADDELEY C J, et al. Monolayer resolution in medium energy ion scattering[J]. Nuclear instruments and methods in physics research section B: Beam interactions with materials and atoms, 2001, 183(1-2): 62-72.

[49] [http: //www.dl.ac.uk/MEIS/].

[50] NOAKES T C Q, BAILEY P, WOODRUFF D P. MEIS surface structure determination methodology: Application to Ni (100) c (2×2)-O[J]. Nuclear instruments and methods in physics research section B: Beam interactions with materials and atoms, 1998, 136: 1125-1130.

[51] DOYLE B L, WALSH D S, LEE S R. External micro-ion-beam analysis (X-MIBA)[J]. Nuclear instruments and methods in physics research section B: Beam interactions with materials and atoms, 1991, 54(1-3): 244-257.

[52] (a)DATZ S. Applied atomic collision physics, Volume 4[M]. Orlando: Academic Press, 1983: 407; (b) JOHANSSON S A E, CAMPBELL J L. PIXE—A novel technique for elemental analysis[M]. New York: John Wiley & Sons Inc., 1988.

[53] TAGLAUER E, STAUDENMAIER G. Surface analysis in fusion devices[J]. Journal of vacuum science & technology A: Vacuum, surfaces, and films, 1987, 5(4): 1352-1357.

[54] See Appendix 1 of this volume.

[55] KELLEY M J, SWARTZFAGER D G, SUNDARAM V S. Surface segregation in the Ag-Au and Pt-Cu systems[J]. Journal of vacuum science and technology, 1979, 16(2): 664-667.

[56] NOVACEK P, TAGLAUER E, VARGA P. Analysis of the surface of $Pt_x Ni_{1-x}$ alloys[J]. Fresenius' journal of analytical chemistry, 1991, 341(1-2): 136-139.

[57] GODFREY D J, WOODRUFF D P. Elastic and neutralisation effects in structural studies of oxygen and carbon adsorption on Ni {100} surfaces studied by low energy ion scattering[J]. Surface science, 1981, 105(2-3): 438-458.

[58] ENGELMANN G, TAGLAUER E, JACKSON D P. Scattering of low-energy Ne^+ and Na^+ from Cu (110): Thermal and neutralization effects[J]. Nuclear instruments and methods in physics research section B: Beam interactions with materials and atoms, 1986, 13(1-3): 240-244.

[59] ENGLERT W, TAGLAUER E, HEILAND W, et al. Scattering and neutral-

ization of low energy He$^+$ and Li$^+$ from Ni (110) and adsorbed oxygen[J].
Physica scripta, 1983, T6: 38-41.

[60] TOLK N H, TULLY J C, HEILAND W, et al. Inelastic ion-surface collisions
[M]. New York: Academic Press, 1976: 1.

[61] O'CONNOR D J, SHEN Y G, WILSON J M, et al. The role of the electronic
structure in charge exchange between low energy ions and surfaces[J]. Surface
science, 1988, 197(1-2): 277-294.

[62] BECKSCHULTE M, TAGLAUER E. The influence of work function changes
on the charge exchange in low-energy ion scattering[J]. Nuclear instruments
and methods in physics research section B: Beam interactions with materials
and atoms, 1993, 78(1-4): 29-37.

[63] AONO M, SOUDA R. Inelastic processes in ion scattering spectroscopy of sol-
id surfaces[J]. Nuclear instruments and methods in physics research section B:
Beam interactions with materials and atoms, 1987, 27(1): 55-64.

[64] THOMAS T M, NEUMANN H, CZANDERNA A W, et al. Scattered ion
yields from 0.2 to 2 keV helium neutral or ion bombardment of solids[J]. Sur-
face science, 1986, 175(2): L737-L746.

[65] HEILAND W, TAGLAUER E. Low energy ion scattering: Elastic and inelas-
tic effects[J]. Nuclear instruments and methods, 1976, 132: 535-545.

[66] DRAXLER M, VALDÉS J E, BEIKLER R, et al. On the extraction of neut-
ralisation information from low energy ion scattering spectra[J]. Nuclear in-
struments and methods in physics research section B: Beam interactions with
materials and atoms, 2005, 230(1-4): 290-297.

[67] BRONGERSMA H H, DRAXLER M, DE RIDDER M, et al. Surface compo-
sition analysis by low-energy ion scattering[J]. Surface science reports, 2007,
62(3): 63-109.

[68] LOS J, GEERLINGS J J C. Charge exchange in atom-surface collisions[J].
Physics reports, 1990, 190(3): 133-190.

[69] BRAKO R, NEWNS D M. Theory of electronic processes in atom scattering
from surfaces[J]. Reports on progress in physics, 1989, 52(6): 655-697.

[70] ERICKSON R L, SMITH D P. Oscillatory cross sections in low-energy ion
scattering from surfaces[J]. Physical review letters, 1975, 34(6): 297-299.

[71] See, for example: ZANGWILL A. Physics at surfaces[M]. New York: Cam-
bridge University Press, 1988.

[72] KREUZER H J, GORTEL Z W. Physisorption kinetics[M]. Berlin: Springer-
Verlag, 1986.

[73] BEHRISCH R. Sputtering by particle bombardment I[M]. Berlin: Springer-

Verlag, 1982: 145.

[74] TAGLAUER E. Surface cleaning using sputtering[J]. Applied physics A, 1990, 51(3): 238-251.

[75] (a) TAGLAUER E, MELCHIOR W, SCHUSTER F, et al. SORBAS: Eine apparatur zur untersuchung der oberflaechenstreuung von ionen im energiebereich 100 _ eV-2000 _ eV[J]. Journal of physics. E, 1975, 8: 768-772; (b) HUUSSEN F, FRENKEN J W M, VAN DER VEEN J F. A continuous-flow helium cryostat and sample holder with unrestricted manipulation for ion-scattering experiments in UHV[J]. Vacuum, 1986, 36(5): 259-262; (c) DÜRR H, FAUSTER T, SCHNEIDER R. A compact three-axis cryogenic ultrahigh vacuum manipulator[J]. Journal of vacuum science & technology A: Vacuum, surfaces, and films, 1990, 8(1): 145-146.

[76] TAGLAUER E. Investigation of the local atomic arrangement on surfaces using low-energy ion scattering[J]. Applied physics A, 1985, 38(3): 161-170.

[77] ACKERMANS P A J, VAN DER MEULEN P, OTTEVANGER H, et al. Simultaneous energy and angle resolved ion scattering spectroscopy[J]. Nuclear instruments and methods in physics research section B: Beam interactions with materials and atoms, 1988, 35(3-4): 541-543.

[78] ENGELHARDT H A, BÄCK W, MENZEL D, et al. Novel charged particle analyzer for momentum determination in the multichanneling mode: I. Design aspects and electron/ion optical properties[J]. Review of scientific instruments, 1981, 52(6): 835-839.

[79] CHEN Y S, MILLER G L, ROBINSON D A H, et al. Energy and mass spectra of neutral and charged particles scattered and desorbed from gold surfaces [J]. Surface science, 1977, 62(1): 133-147.

[80] BUCK T M, WHEATLEY G H, MILLER G L, et al. Comparison of a time-of-flight system with an electrostatic analyzer in low-energy ion scattering[J]. Nuclear instruments and methods, 1978, 149(1-3): 591-594.

[81] LUITJENS S B, ALGRA A J, SUURMEIJER E P T M, et al. The measurement of energy spectra of neutral particles in low energy ion scattering[J]. Applied physics, 1980, 21(3): 205-214.

[82] RABALAIS J W, SCHULTZ J A, KUMAR R. Surface analysis using scattered primary and recoiled secondary neutrals and ions by TOF and ESA techniques[J]. Nuclear instruments and methods in physics research, 1983, 218(1-3): 719-726.

[83] RATHMANN D, EXELER N, WILLERDING B. Ion beam pulsing for time of flight (TOF) experiments[J]. Journal of physics E: Scientific instruments,

1985，18(1)：17-19.

[84] NIEHUS H，COMSA G. Ion scattering spectroscopy in the impact collision mode (ICISS)：Surface structure information from noble gas and alkali-ion scattering[J]. Nuclear instruments and methods in physics research section B：Beam interactions with materials and atoms，1986，15(1-6)：122-125.

[85] ARATARI R. An ion beam chopping method for low energy time-of-flight measurements[J]. Nuclear instruments and methods in physics research section B：Beam interactions with materials and atoms，1988，34(4)：493-498.

[86] VERBEEK H，ECKSTEIN W，MATSCHKE F E P. Energy analysis of neutral H，D，He and Ne atoms with energies from 200 eV to 10 keV[J]. Journal of physics E：Scientific instruments，1977，10(9)：944.

[87] TAGLAUER E，HEILAND W. Direct comparison of low-energy ion back-scattering with Auger electron spectroscopy in the analysis of S adsorbed on Ni [J]. Applied physics letters，1974，24(9)：437-439.

[88] BECKSCHULTE M，MEHL D，TAGLAUER E. The adsorption of CO on Ni (100) studied by low energy ion scattering[J]. Vacuum，1990，41(1-3)：67-69.

[89] TAGLAUER E，HEILAND W，ONSGAARD J. Ion beam induced desorption of surface layers[J]. Nuclear instruments and methods，1980，168 (1-3)：571-577.

[90] KOMA A. Desorption and related phenomena relevant to fusion devices，IPPJ-AM，1982，22：1-166.

[91] ERTL G，KNÖZINGER H，WEITKAMP J. Handbook of heterogeneous catalysis，Volume 2[M]. Weinheim，Germany：Wiley-VCH，1997：614.

[92] BRONGERSMA H H，VAN SANTEN R A. Fundamental aspects of heterogeneous catalysis studied by particle beams[M]. New York：Plenum Press，1991：7.

[93] BRONGERSMA H H，VAN SANTEN R A. Fundamental aspects of heterogeneous catalysis studied by particle beams[M]. New York：Plenum Press，1991：283.

[94] BRONGERSMA H H，VAN SANTEN R A. Fundamental aspects of heterogeneous catalysis studied by particle beams[M]. New York：Plenum Press，1991：301.

[95] JOSEK K，LINSMEIER C，KNÖZINGER H，et al. Ion scattering analysis of alumina supported model catalysts[J]. Nuclear instruments and methods in physics research section B：Beam interactions with materials and atoms，1992，64(1-4)：596-602.

[96] MARGRAF R，KNÖZINGER H，TAGLAUER E. The influence of surface

roughness on ISS analysis of supported catalysts[J]. Surface science, 1989, 211: 1083-1090.

[97] KELLY R. On the role of Gibbsian segregation in causing preferential sputtering[J]. Surface and interface analysis, 1985, 7(1): 1-7.

[98] DU PLESSIS J. Surface segregation[M]//Editor-in-Chief: MURCH G E. Solid state phenomena. Volume 11. Vaduz, Liechtenstein: Scientific and Technical Publishers, 1990: 5.

[99] VANSELOW R, HOWE R. Chemistry and physics of solid surfaces IV[M]. Berlin: Springer-Verlag, 1982: 435.

[100] BARDI U. The atomic structure of alloy surfaces and surface alloys[J]. Reports on progress in physics, 1994, 57(10): 939.

[101] WOODRUFF D P. The chemical composition of solid surfaces, Volume 10 [M]. Amsterdam: Elsevier, 2002: 118.

[102] DU PLESSIS J, VAN WYK G N, TAGLAUER E. Preferential sputtering and radiation enhanced segregation in palladium-platinum alloys[J]. Surface science, 1989, 220(2-3): 381-390.

[103] VOGES D, TAGLAUER E, DOSCH H, et al. Surface segregation on Fe₃Al (110) near the order-disorder transition temperature[J]. Surface science, 1992, 269: 1142-1146.

[104] SCHÖMANN S, TAGLAUER E. Surface segregation on Au₃Cu(001)[J]. Surface review and letters, 1996, 3(05-06): 1823-1829.

[105] TAGLAUER E, BEIKLER R. Surface segregation studied by low-energy ion scattering: Experiment and numerical simulation[J]. Vacuum, 2004, 73(1): 9-14.

[106] DU PLESSIS J, TAGLAUER E. Contour mapping as an interpretive and calculative tool in alloy sputtering measurements[J]. Nuclear instruments and methods in physics research section B: Beam interactions with materials and atoms, 1993, 78(1-4): 212-216.

[107] JACKSON D P. Approximate calculation of surface Debye temperatures[J]. Surface science, 1974, 43(2): 431-440.

[108] (a)VAN HOVE M A, WEINBERG W H, CHEN C M. Low-energy electron diffraction[M]. Berlin: Springer-Verlag, 1986; (b) LUCAS C A. Chapter 8 of this volume.

[109] AONO M, OSHIMA C, ZAIMA S, et al. Quantitative surface atomic geometry and two-dimensional surface electron distribution analysis by a new technique in low-energy ion scattering[J]. Japanese journal of applied physics, 1981, 20(11): L829- L832.

[110] FAUSTER T. Surface geometry determination by large-angle ion scattering [J]. Vacuum, 1988, 38(2): 129-142.

[111] SPITZL R, NIEHUS H, COMSA G. 180° low-energy impact collision ion scattering spectroscopy[J]. Review of scientific instruments, 1990, 61(2): 760-764.

[112] ROOS W D, DU PLESSIS J, VAN WYK G N, et al. Surface structure and composition of NiAl (100) by low-energy ion scattering[J]. Journal of vacuum science & technology A: Vacuum, surfaces, and films, 1996, 14(3): 1648-1651.

[113] SCHULZ J, TAGLAUER E, FEULNER P, et al. Position analysis of light adsorbates by recoil detection: H on Ru (001)[J]. Nuclear instruments and methods in physics research section B: Beam interactions with materials and atoms, 1992, 64(1-4): 588-592.

[114] KAMIYA I, KATAYAMA M, NOMURA E, et al. Separation of scattered ions and neutrals in CAICISS with an acceleration tube[J]. Surface science, 1991, 242(1-3): 404-409.

[115] HEMME H, HEILAND W. A contribution to the structure analysis of the Au (110) surface[J]. Nuclear instruments and methods in physics research section B: Beam interactions with materials and atoms, 1985, 9(1): 41-48.

[116] NIEHUS H, COMSA G. Real-space investigation of the oxygen induced Ni (110)-(2×1) phase[J]. Surface science, 1985, 151(2-3): L171-L178.

[117] VAN DEN BERG J A, VERHEIJ L K, ARMOUR D G. An investigation of the kinetics of structural changes during the early oxidation stages of a Ni (100) surface using low energy ion scattering (LEIS)[J]. Surface sience, 1980, 91(1): 218-236.

[118] EIERDAL L, BESENBACHER F, LAEGSGAARD E, et al. Oxygen-induced restructuring of Ni (110) studied by scanning tunneling microscopy[J]. Ultramicroscopy, 1992, 42: 505-510.

[119] (a)SURMAN D J, VAN DEN BERG J A, VICKERMAN J C. Fast atom bombardment mass spectrometry for applied surface analysis[J]. Surface and interface analysis, 1982, 4(4): 160-167; (b) MATHIEU H J. Chapter 2 of this volume.

[120] BU H, SHI M, BOYD K, et al. Scattering and recoiling analysis of oxygen adsorption site on the Ir{110}-c(2×2)-O surface[J]. The journal of chemical physics, 1991, 95(4): 2882-2889.

[121] WAYNE RABALAIS J. Principles and applications of ion scattering spectrometry[M]. Hoboken, NJ: John Wiley & Sons Inc., 2003.

[122] BASTASZ R, MEDLIN J W, WHALEY J A, et al. Deuterium adsorption on W(100) studied by LEIS and DRS[J]. Surface science, 2004, 571(1-3): 31-40.

[123] BINNIG G, ROHRER H, GERBER C, et al. Surface studies by scanning tunneling microscopy[J]. Physical review letters, 1982, 49(1): 57-61.

❓思考题

1. 为什么在碰撞运动学的处理中热振动可以忽略(6.2.2节)? 比较相关时间尺度，估计由于靶原子的热运动引起的动量传递引起的能量展宽。

2. 分离不锈钢组分(Fe、Cr、Ni)需要哪种能量和角度分辨率? 在 ISS 或 RBS 中可满足这些要求的实验参数(抛射质量、散射角)有哪些?

3. 从图 6-13 中显示的高 T_c 膜的能谱估算 Y、Ba、Cu 的浓度比。它与标称 $1:2:3$ 有多接近?

4. 通过反向散射或直接反冲检测来检测氢同位素的合适角和能量区域是多少? 哪个射弹质量和能量应该受欢迎(假设卢瑟福散射截面)?

5. 使用适当的 Na^+ 阴影锥半径，根据如图 6-30 所示的 ICISS 分布估计 Ni 晶体中的原子间距离。

6. 估计当用 1 keV He^+ ISS 和 1 MeV He^+ RBS 获得能谱时将发生的 Ni 靶表面的损伤量，其中溅射产率分别为 0.15 和 0.01。比较这些与由具有 10^{-15} cm^2 的解吸截面的 CO 吸附剂的 ISS 分析产生的损伤。

7. 通过使用 SIMNRA 程序(从 www.rzg.mpg.de/~mam/下载)模拟 RBS 谱，如图 6-12 和图 6-13 所示。这是一个有 30 天免费试用期的共享软件。

第 7 章　表面振动光谱

7.1　引言

对化学家尤其是表面化学家而言，振动光谱是少见的多功能表征技术。本章评述了表面化学领域各种表面吸附分子振动光谱的研究，并给出了具体的例子。这些技术均涉及光子、粒子与表面的相互作用，以及由此作用导致表面吸附物种通过振动激发或退激发产生的能量转移。转移的离散能量自然对应于振动的量子，分析这些能量变化可用于确定表面物种结构。本章不涉及振动光谱的基本理论，读者可自行查阅大学教科书中的相关资料。

首先我们来关注一个问题，为什么振动光谱可作为一种表面探针？实际上，表面化学家常用的表征技术，几乎没有哪一种技术可以为解决表面化学中某个特定问题提供全部信息。这些技术都涉及粒子束及相应的高真空系统，当面对腐蚀、催化等这类研究体系时往往束手无策。然而，表面振动光谱则不然，几乎任何条件下任何表面问题都毫不费力。

对发生在表面的基本化学机理感兴趣的化学研究者研究表面化学反应的重要方法之一就是振动光谱。然而，我们必须注意一点：振动光谱尽管能确定某表面发生化学反应的中间体，但它们可能不参与反应的速率决定步骤。这些中间体虽然能因此提供真实表面过程本质的小洞察，即所谓的旁观者物质。尽管这样，由于任何机理研究不仅要求测量反应率而且要确定可能的中间体，因此任何揭示中间体的技术都将发挥作用。

本章将从最广泛使用的表面振动光谱——红外光谱开始介绍。

7.2　表面红外光谱

作为研究表面物质的一种手段，红外光谱因其强大的多功能性而具有吸引力。红外光谱几乎可应用于所有表面，能在高压和低压环境下工作，比需要高真空工作环境的技术具有相对较低的成本。大多数现代表面红外设备，无论使用哪种采样模式，都将利用傅里叶变换红外光谱仪（FTIR）。与色散型仪器相比，红外光谱仪的基本特征是来自光源的所有光在任何时刻都落在探测器上。这本身就会导致增加的信号电平，从而自动提高光谱中任一点的信噪比。测量时波长或频率的确定不是通过单色仪而是通过对迈克尔逊干涉仪或类似设备探测器上产生的周期信号进行细致频率分析（傅里叶分析）来实现。该设备导致在两个从源发出的通常强度相等的光束（由简单的被称为

"分束器"的光学器件产生，旨在拆分光束强度)之间产生周期变化的光程差。包含光源发射的所有波长的这两束光被复合并探测。探测强度取决于每个组成波长相位差的整体效果。相位差随每个组成波长变化。将随路程长度变化的信号转换或变换为强度随波长变化的光谱的数学运算被称为傅里叶变换。

　　FTIR 方法通常有 3 种优势：一是多通道优势，一次采集即可获得全谱信号；二是相较于色散型仪器来讲信号电平总是很高；三是 Connes 优势，它代表内置的电子校准引起的增强的光度精度，该校准由配有分束器的 He－Ne 激光器作为准直光源的相互作用产生的单一波长干涉图而造成。如需进一步了解有关傅里叶变换红外光谱仪器的操作，读者可直接参考 Banwell 和 McCash[1]、Ferraro 和 Basilo[2] 以及 Griffithsand de Hareth[3] 的文献。

　　表面红外光谱有常规和复杂的研究应用，本节旨在简要介绍这些方法中的大多数。

7.2.1　透射红外光谱法

　　顾名思义，这种采样模式涉及 IR 光束通过样品，因此在红外光谱区样品至少部分是透过的(图 7-1)。

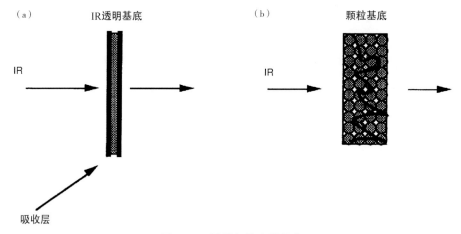

(a)　IR透明基底　　　　(b)　颗粒基底

IR　　　　　　　　IR

吸收层

图 7-1　透射红外光谱示意

　　注：(a)一种 IR 透射基底，在其两个暴露表面上都具有吸附层；(b)描述吸附在高度颗粒化介质表面的物质的情形。

　　图7-1(a)显示两侧表面镀有待测吸附层的红外透射式基底的情形，而图7-1(b)则描绘一种吸附在高度颗粒化介质表面的待测物质的情形。在图 7-1(b)的情形下，试样通常和外加的 KBr 粉末一起混合，然后被高压压成自支撑的原片。采用透射技术的这种基本模式被用于 Eischens 等早期的开创性试验，第一次证实了红外方法在研究吸附物种上的实用性[4-5]。

　　从透射红外光谱法的例子可以看出红外检测与待测材料的量以及折射率之间的关

系。如果入射红外光具有强度 I_0，透射光强度为 I_t，那么这两个量之间的关系为

$$I_0/I_t = \exp(-kcl) \qquad (式 7-1)$$

其中，无量纲的 I_0/I_t 被称为透过率，若乘以 100，则被称为百分透过率；k 是吸收系数，对应于介质折射率 n 的虚部，即

$$n = n + ik \qquad (式 7-2)$$

虚函数的使用是一个代表吸收过程的简便方法，因为透射光的强度正比于折射率的平方，从而导致虚部的"负反射"（吸收）。虽然式 7-1 是通用的描述红外吸收强度的方式，但透过率也可表示为关于浓度的指数函数。此表达式的线性形式可以通过以 10 为底的自然对数转化来获得：

$$\log_{10}(I_t/I_0) = \varepsilon cl \qquad (式 7-3)$$

其中，$\varepsilon = k/\ln 10$ 是一个常数，称为吸收截面；$\log_{10}(I_t/I_0)$ 称为吸光度，是关于浓度的线性函数。这种简单处理方式引出两个值得关注的事情：首先，红外吸收截面与材料折射率之间的关系已经建立；其次，要进行一次有意义的测量，至少需要测量两个强度，这意味着在实践中必须记录样品和参考物质两者的光谱。

现在我们来检查表面化学家感兴趣的典型透射红外光谱。为了记录这种谱，衬底可以是至少允许红外光部分透过的任何材料。例如，这种 IR 光谱模式经常用于研究发生在所谓"负载"金属催化剂上的反应。术语"负载"实际上是指金属粒子化学浸渍到一种支持材料上，该支持材料通常为一种高比表面积氧化物，这有助于提高催化剂的活性工作面积，还可以防止金属颗粒的高温凝聚或"烧结"。这种材料通常呈黑色，明显不能选来做透射红外实验。然而，当压成薄薄的扁平圆片时，照射在它上面的红外光至少有 10% 可能会透过，这足以得到 IR 光谱。这些材料的透射过程涉及支持氧化物的部分吸收，也像 Sheppard 研究小组[6-7]所展示的那样涉及一系列金属表面的复杂反射，为此得到的光谱往往受到所谓"表面选择定则"的限制，该定则适用于反射光谱模式下测量吸附在平面基底上的物质。后一种方法，被称为反射-吸收红外光谱或 RAIRS，将在后面的一节中详细描述。图 7-2 显示了 RAIRS 和透射红外法两者间的应用比较。图 7-2 表明透射和反射两种方法所得的数据的相似性。请注意：透射谱在低于 1300 cm^{-1} 光谱区域未显示任何信息。这是由于所谓的 1300 cm^{-1} 以下的氧化物"黑视"，掩盖了光谱的这个区域。从这种"简单"系统获得的这些数据还揭示了丰富的信息。将这些数据与从其他技术（如电子能量损失谱和无机簇合物的红外光谱）得到的数据相比较，让 Sheppard 和同事们查明乙烯在 Pt 表面约 300 K 时的重排产生次乙基，如图 7-3 所示。仅从几何因素考虑，该物质不出所料是最容易在面心立方金属（111）表面上形成的，因为这些表面具有前述的三重位点。

这些例子足以说明红外方法如何用于确定在静态条件下表面形成的物质，分子的表面吸附和反应而形成的物质位于哪里，以及什么物质残留在表面直到开始有意的诸如抽气、基片加热为止。但是，透射红外方法实际上是更通用的，并已用于研究几乎实时发生的过程。作为这项研究的一个例子，在这里，我们强调一下 Chabal 等[8]利用透射红外法研究材料在硅衬底上生长的机制。在那些目前有巨大重要性的半导体产

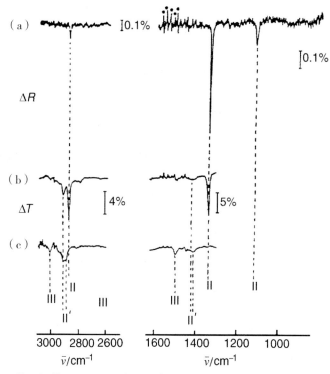

图7-2 从平坦的 Pt(111) 衬底记录的 RAIR 数据和从 Pt/SiO₂ 催化剂样品上吸附乙烯[7]记录的透射数据的比较

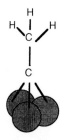

图7-3 在 Pt 表面通过乙烯反应形成次乙基物质的示意

业中，有关特定的生长过程被称为原子层沉积(atomic layer deposition，ALD)。[9-10] ALD 旨在使至少两个前驱体分子组合，从而生成超薄层材料。这种层设计是将高介电常数层替换 SiO₂，从而使晶体管结构更进一步小型化，由英特尔公司的创始人 Gordan Morrre 首次描述这一趋势，现已被称作摩尔定律[11]。当然，在问题光谱区域，衬底当然必须至少是部分透明的，硅和锗等基质至少在低温下满足这一要求，在较高温度下自由载流子的吸收会降低透射方法的效率。幸运的是，ALD 是一个在相对较低温度下的生长过程，因此可利用这种方法进行研究。

为了在这个实验中达到信噪比最大化，必须充分利用探测器上的信号电平。牢记这点就必须精心选择红外光透过衬底的最大角度，这个角度被称为布儒斯特角。对硅来讲，布儒斯特角是相对表面法线大约 70°。为了说明它是可能获得的数据类型，我们考虑呈现由 Chabal 研究组记录从双面抛光硅衬底的布儒斯特角测得的四乙基甲氨铪(TMEAH)和水中生长的 HfO_2 的透射红外谱(图 7-4)。在他们的实验中，Ho 等人从使用一个程序清洁过的衬底开始，使所研究的硅衬底表面终止于吸附的氢原子单层。由此产生的 Si-H 振动使用红外光谱较易被检测，如图 7-4 所示。

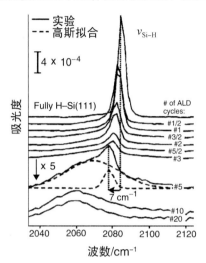

图 7-4　从各种 ALD 半周期和全周期氢钝化 Si(111)衬底正面和背面测得的透射红外光谱
注：摘自 Ho 等[8]。

图 7-4 表明，随着半周期或全周期次数的增加，位于 2083 cm^{-1} 处的 Si-H 带的强度降低并随着反应的继续进行看似分裂为两部分，在较低波数的部分明显展宽。Ho 等归属 2083 cm^{-1} 附近的尖锐谱带为未反应的氢原子覆盖的表面碎片产生的 Si-H 模，而在低波数的宽带部分则归属于直接与 Hf 或 O 原子反应的 Si 原子包围的 Si-H 物质[8]。

像这样一些谱是非常强大的工具，可用于关键生长过程的研发，如上文所述，可能会对生产的 22 nm 及以上节点电子设备产生非常重要的影响。

7.2.2　光声光谱

一些颗粒材料不适合透射红外研究，因为它们要么吸收过多的辐射，要么通过散射转移辐射的路径。这种材料仍有可能使用其他替代采样模式记录红外光谱。对高度吸波材料，研制了光声红外光谱技术。这种方法依赖于以下事实：当红外辐射入射高度吸波材料后，材料有效地热起来。材料接触一些惰性气体，吸收特定波长的红外辐射致局部加热，引起微小的热激波传播到气体中。这个冲击波类似于一种声波，使用敏感的隔膜就可以检测到，即将采样池形成一个麦克风装置。这种描述使光声探测器听起来有点深奥，但这不是具体情况。通常光声单元像现成的商品一样方便可得。光声光谱探测器原理如图 7-5 所示。

随着 FTIR 光谱仪的出现，PAS 深度分析已经成为一个标准的程序，可选择性地

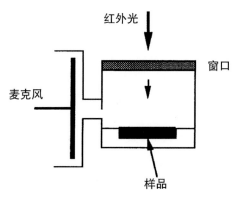

图 7-5　吸光度光声采样系统的示意

探测表面和近表面区域。从 PAS 信号可以观察的深度 d 由 $2\pi\mu$ 给出，热扩散长度 μ 由下式得出：

$$\mu = \left(\frac{\alpha}{\pi f}\right)^{1/2} \qquad (式 7-4)$$

其中，α 为热扩散系数，f 为红外光调制频率，由下式得出：

$$f = 2v\tilde{\nu} \qquad (式 7-5)$$

其中，v 是动镜速度，$\tilde{\nu}$ 是波数。大多数红外光谱仪，在快速扫描模式下工作时，允许动镜速度和调制频率在大的范围内改变，从而使用户能控制探测深度。使用 f 值为 100 Hz～1.0 kHz（典型的傅里叶变换红外光谱仪的波数范围），可估测出一个典型的有机样品的热扩散长度范围为 3.0～10 μm[12]。使用快速扫描模式的缺点是：调制频率以及穿透深度取决于波数，这意味着不同波段的光谱包含来自表面下不同深度的信息。在 4000～400 cm^{-1} 范围采样深度超过 3 倍变化。通过操作光谱仪，使其处于步进扫描模式，即可解决此问题。此模式经常被称为相位调制，采集数据时动镜不是连续朝着一个方向移动而是在一系列分立步骤中移动。给定的调制频率下在每个分立步骤时动镜是抖动处理的。其优点是相同的调制频率适用于整个频谱，因此可除去热扩散长度的波数依赖。

　　如图 7-5 所示的特定配置对应吸光度取样，也可能是获得在漫反射或透射模式下工作的光声采样配件。在吸光度采样中，光声信号来自样本加热产生的红外辐射的吸收。当使用黑色高度吸收样品以及透射采样时这样的选择性吸收被遮蔽时，穿过样品的辐射吸纳进一种气体，然后在麦克风产生光声信号。因此，使用此采样模式可能获得吸光度和透过率谱。在吸光度模式下，光声信号如预期的那样与呈现的物质的量成正比。人们普遍认为，光声检测只在处理黑色样品时提供优于常规的方法。情况并非如此，尽管黑色样品确实难以使用别的采样技术来匹配光声光谱的质量。

7.2.3　反射法

　　实际上多数样品对红外辐射不透明，因此不能在透射模式下进行研究。反射法在这里特别有用并发现其可广泛应用于常规和取向表面分析的研究。为了能够优化反射实验的效率，有必要了解反射过程的控制方程。

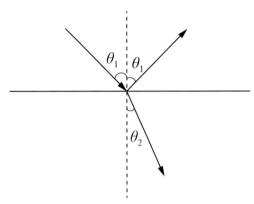

图 7-6　反射和折射的关系示意

反射、折射和吸收过程都是相关的。电磁辐射遇到界面时单纯的方向改变可以通过考虑界面体系的折射率来解释。图 7-6 描述了在界面发生反射和折射的过程。从图 7-6 中我们可以建立起反射角和折射角之间的关系，这是由斯涅尔首先建立，后来由笛卡尔发展成数学表达式：

$$n_1/n_2 = \frac{\sin\theta_1}{\sin\theta_2} \qquad (式7-6)$$

其中，n_1 和 n_2 分别是形成界面的两种介质的折射率。图 7-6 还定义了所谓的入射面，即包含了入射线、折射线和表面法线的平面。采用菲涅耳处理法确定反射线和折射线的强度。18 世纪后期，菲涅耳认为在两种介质之间表面电磁波的相互作用涉及电矢量的两个极端取向或偏振方向——p 偏振是指光在入射面的振动，s 偏振是光的振动方向垂直入射面。这些偏振状态的更详细说明，如图 7-11 所示。菲涅耳确定从界面反射的 p 偏振光的部分由下式给出：

$$R_p = r_p r_p^* \qquad (式7-7)$$

其中，

$$r_p = \frac{n_2\cos\theta_1 - n_1\cos\theta_2}{n_2\cos\theta_1 + n_1\cos\theta_2} \qquad (式7-8)$$

r_p^* 是 r_p 的共轭复数。共轭复数的使用可能归因于介质折射率的性质，如 7.2.1 节所示包括实部和虚部的部分，虚部与介质中的吸收有关。同样地，s 偏振光由下式给出：

$$R_s = r_s r_s^* \qquad (式7-9)$$

其中，

$$r_s = \frac{n_1\cos\theta_1 - n_2\cos\theta_2}{n_1\cos\theta_1 + n_2\cos\theta_2} \qquad (式7-10)$$

其中，$n_1 = 1.0$，$n_2 = n + \mathrm{i}k$。我们再次注意到真正的折射率形式包含复数部分，这样，对于一个真空固体界面，反射率方程式简化为

$$R_p = \frac{\cos^2\theta_2 - 2n\cos\theta_1\cos\theta_2 + (n^2 + k^2)\cos^2\theta_1}{\cos^2\theta_2 + 2n\cos\theta_1\cos\theta_2 + (n^2 + k^2)\cos^2\theta_1} \qquad (式7-11)$$

和

$$R_s = \frac{\cos^2\theta_1 - 2n\cos\theta_1\cos\theta_2 + (n^2 + k^2)\cos^2\theta_2}{\cos^2\theta_1 + 2n\cos\theta_1\cos\theta_2 + (n^2 + k^2)\cos^2\theta_2}$$　　　　（式7-12）

式7-11和式7-12方便我们预测一个特定系统下反射率随入射角变化的关系，从而确定最佳入射角，以获得镜面反射光谱。两个极端情况下的具体化处理如下：

(1)近垂直入射。这种技术常用于吸附在高反射衬底诸如金属表面的较厚材料膜的研究。当薄膜足够厚时，这种方法实际上是双程透射实验。

(2)掠入射。这种技术最普遍使用于研究吸附在导电表面的极薄的薄膜，被称为反射-吸收红外光谱(RAIRS)，更详细的讨论见7.2.3节。

(1)(内部)衰减全反射(ATR)。这种方法是使被分析的衬底被压在棱镜上并保持紧密光学接触。此外，棱镜在红外波长范围内是透明的。红外辐射以大于临界角的入射角照射棱镜表面进入棱镜。如果实验的几何配置恰当，就会发生内部的多重反射(图7-7)。

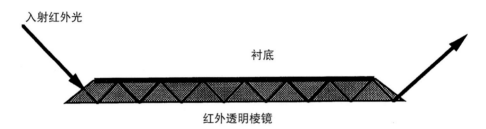

图7-7　在ATR实验中红外采样光束经接触不透明样品经过波导棱镜的路径

从图7-7可以看出，通过改变入射角，可以改变ATR元件内部反射的次数。在实践中，可能会用到多达100次的内部反射。衬底表面紧压ATR棱镜，在每次反射时，其红外辐射样品的电矢量通过倏逝波接触棱镜表面，并延伸出棱镜的边界。若要获取内反射，入射角必须超过临界角。这个角度是样品和ATR棱镜折射率的实部的函数：

$$\theta_c = \sin^{-1}(n_2/n_1)$$　　　　（式7-13）

其中，n_2是样品的折射率，n_1是棱镜的折射率。倏逝波从棱镜表面开始约微米量级的深度呈指数衰减。倏逝波的穿透深度 d_{ev} 由下式确定：

$$d_{ev} = \lambda / \{ 2\pi n_1 [\sin^2\theta - (n_2/n_1)^2]^{0.5} \}$$　　　　（式7-14）

其中，λ 是红外光的波长。可以通过估计ATR实验中通过样品的路径长度来比较ATR谱和透射谱。这种"有效路径长度"可简单视为穿透深度乘以反射次数。

关于这种方法，一个应用实例是Gao等的工作，他们以三甲基铝和水为前驱体在H终止硅衬底上制备Al_2O_3介电层[13]。该工作背后的动机和前述的相同，为了研究原子层沉积过程的透射。如果简单的透射光谱法已被证明非常有效，那为什么在这里还要选择ATR？

ALD生长使用的低温允许使用以硅为衬底的透射类型测量，硅衬底在其他较高温度下会变成红外不透明的。使用 ATR 而不是简单透射法的理由是在相同采样时间内可增加信噪比，从而推动测量更接近真实的实时分析。图 7-8 显示了 Gao 的数据。如在 7.2.1 节中所显示的 ALD 应用示例，图 7-8 聚焦在频谱中 Si-H 伸缩振动区。

ALD 生长前又可见位于 2083 cm⁻¹ 的强的尖锐谱带并伴随一个较小但仍尖锐的在 2087 cm⁻¹ 处的峰。如前所述，2083 cm⁻¹ 是高质量 H 终止 Si(111) 表面形成的 Si-H 伸缩振动。2087 cm⁻¹ 则是台阶边缘存在的 Si-H 振动。生长后这些谱带实际上消失，取代的是集中位于约 2060 cm⁻¹ 的宽带，研究者将此归结为 H 原子与 Al 原子或 O 原子之间直接相互作用引起的 Si-H 模的"软化"。

必须强调的是，由于 H 钝化 Si(111) 表面的结构，因此所有这些相互作用都发生在衬底表面上的一个分子层内。由 ATR 以及简单透射法获得的光谱质量证明了这种方法的力量。

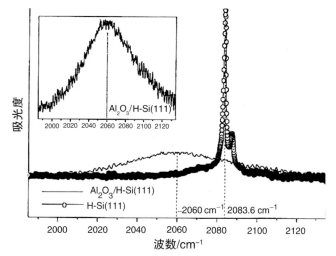

图 7-8　通过氢钝化 Si(111) 衬底不同 ALD 全周期后记录的 ATR 红外谱

注：摘自 Gao 等[13]。

(2) 漫反射法。 对于高度散射的颗粒样品，例如白色粉末，光声检测是无效的。另一个可用的方法是收集从衬底表面发出的散射光并将其定向到红外探测器上。这种采样方法被称为漫反射（图 7-9）。

在这种分析模式下，只有经过漫散射的这种辐射被认为已渗透到颗粒材料的表面，即真正的镜面散射不与表面物质相互作用并且不被吸收。为了最大化信噪比，必须防止无用的光到达探测器；使用在图中标记为 B 的镜面光束拦截器可部分实现。以这种方式获得的谱图形式不与常规方式的直接一致，因为谱线轮廓由波长与散射效率之间的关系决定。采用被称为 Kubelka-Munk 变换的数学过程对光谱进行变化可消除此特性，Kubelka-Munk 变换补偿了波长-散射功率关系。特定的仪器处理除了常态的傅里叶方程外，还有内置的永久记忆的计算程序。这显然是较易获得颗粒材料表面光谱的方法。这在研究固体催化剂方面特别有用，几乎可用于研究任何材料，通过

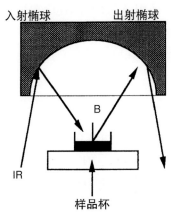

图 7 - 9　漫反射采样装置示意

注：B 为光束拦截器。

使用环境腔室，催化剂表面可引入高达 100 个大气压的气体压力。为此目的，可能获得专为漫反射或透射研究工作设计的高压和温度环境腔室。在"真正的"条件下记录产生的光谱可能会揭示物种的存在，而不是像以前那样假设为催化过程的中间体。一个具体例子如图 7 - 10 所示，Holmes 等从动态条件下负载的镍催化剂上得到了光谱。

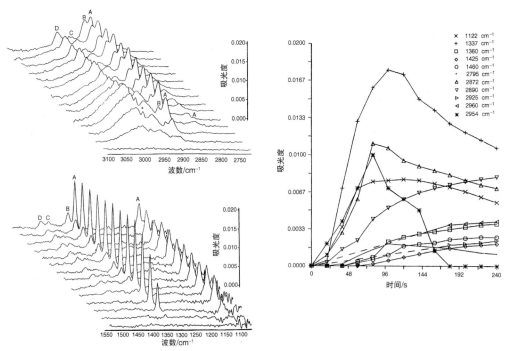

图 7 - 10　Ni - Al$_2$O$_3$ 催化剂随暴露乙烷的时间变化的瞬态 DRIFT 光谱

注：摘自 Holmes 等[14]。

　　该图显示了次乙基光谱随时间的演化过程，类似在负载铂催化剂上检测一样(图 7 - 2)，以前该物质被认为不会在镍表面形成。可以看到这种物质是一个真正的瞬态物质，目前仅存在于反应过程中的有限时间里。记录批量光谱并以这种方式显示的能力也是计算机与现代红外光谱仪器相关联有效性的一个良好标示。

(3)**反射吸收红外光谱(RAIRS)**。该技术已被证明是一个特别强有力的研究金属表面吸附层的工具。对金属或任何导电薄膜上的吸附物，Greenler[15]第一次证明吸附薄层对红外辐射的吸收在大入射角(近掠射)下增强并只包含入射 IR 光束的一个偏振方向(图 7-11)。

图 7-11 显示了有 s 和 p 分量的入射和反射电矢量，其中，p 指相对于入射面平行的偏振光，s 指垂直的偏振光。Greenler[15]强调了一个事实，即在表面接触点，p 偏振光通过 E_p 和 $E_{p'}$ 矢量相加得到的净振幅几乎是入射光的 2 倍。然而，对 s 偏振光来讲，由于入射电矢量 E_s 和发射电矢量 $E_{s'}$ 之间经历了 180° 相位移，从而导致平行于表面的 IR 光的净振幅是 0(图 7-12)。

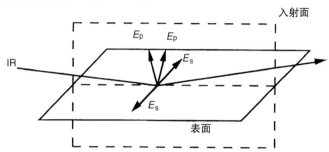

图 7-11　入射面和定义 RAIRS 实验中 s 和 p 偏振光的示意

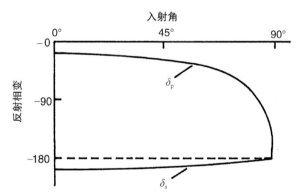

图 7-12　计算得到的从金属表面反射光的相位移与光偏振方向平行(p)和垂直(s)入射面的关系

注：摘自 Greenler[15]。

这样仅有 p 分量的偏振光可与表面进行有限的相互作用，因此可能在 RAIRS 中观察到的唯一活性振动必须是动态偶极子有一个偏振方向垂直于表面平面的分量。这就是红外反射光谱所谓的"表面选择定则"声明。7.4 节更详细地讨论了表面选择规则，并提供了表面振动的群论分析。

显然，同样的考虑应适用于所有入射角情况。然而，利用麦克斯韦方程组可以证明：垂直于表面平面的电磁波 p 偏振分量的合成振幅在近掠入射条件下达到最大值，而平行于表面平面的 s 分量的振幅低并且相对不随入射角变化。图 7-12 显示，反射 s 分量的净振幅为 0。为确定在一系列入射角下预期的谱带强度变化，有必要指出光谱强度会随电矢量振幅的平方与采样表面积变化而变化。三角关系显示，对一个给定入射光直径，其采样表面面积是关于 $1/\sin\theta$ 即 $\sec\theta$ 的函数，因此谱带强度随 $E^2\sec\theta$ 而变化。此函数关系由 Greenler[15] 计算一系列具有不同折射率的模型覆盖层得到。Chesters[16] 总结了近期的预期性能摘要（图 7-13）。

从图 7-13 可以看出谱带强度的预期变化在掠入射时达到最大。我们现在可以说明吸附在金属表面物质 RAIR 光谱测定的最佳条件：当在掠入射时使用垂直于表面取向的 p 偏振光时，可观察到最大谱线强度。

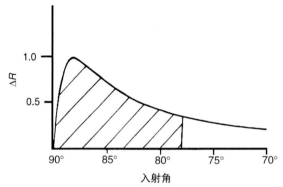

图 7-13　谱带强度随入射角变化的示意

注：摘自 Chesters[16]。

(4)RAIRS 实验。在前文，我们就指出多数现代仪器都利用 FTIR 技术。这对 RAIRS 实验也是适用的，有些人称之为 FT-RAIRS，尽管一些高质量的 RAIRS 数据使用特制的色散仪器以在一个小的光谱区域最大化灵敏度，如包含吸附在某些金属表面 CO 分子的 C—O 伸缩振动。在 7.2.4 节中讨论了提高信噪比水平的具体方法。不过 FT-RAIRS 实验的典型布局如图 7-14 所示。

红外光谱的分辨率是这样的：对表面物质的分析，谱带宽度完全由表面的非均质性和表面-分子相互作用的性质来决定，而不是任何实验假象（不同于电子能量损失谱，见 7.3 节）。图 7-15 显示了一个典型的吸附在铜单晶表面 CO 强的红外吸收 RAIRS 谱，以及使用电子能量损失谱技术得到的类似数据（见 7.3 节）。

图 7-15 显示的 RAIR 数据揭示出至少两种类型的吸附 CO 存在于饱和 Cu(111) 面，对应图中 C—O 伸缩振动区域两个分立的峰。很容易对如图 7-15 所示的谱带强度运用半定量分析，显示更强的峰对应于主要物质。然而，Hollins 和 Prichard 的著作中证实，当吸附物种的偶极矩也被有序排列时，偶极耦合的效应可能会引起谱带强度的变化，这样强度就不仅仅依靠数量[17-18]。虽然偶极耦合理论超出了本文的范畴，但通过使用同位素取代分子的稀释混合物可分离偶极耦合的影响，作为由质量变化所产生的频移的结果，不参加集体的偶极耦合过程。图 7-15 也揭示出使用 FT-RAIRS

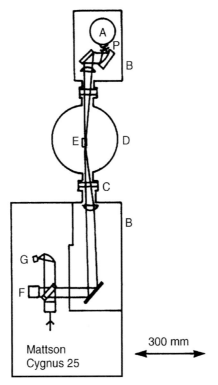

图 7-14　由 Chesters[16]给出的 FT-RAIRS 示意

可以实现高信噪比水平。FTIR 技术的出现开辟了 RAIRS 对简单有机分子的研究，超出了以往用于高红外吸收系数分子的范畴。尽管无论如何都不是一个常规检测方法，但是现在记录金属表面这种弱吸附亚单层总量的 RAIR 谱是相对容易的。通过吸附在 Cu(111)单晶表面的环己烷数据，图 7-16 说明了这一点。

图 7-16 显示了当烃类以亚单层水平吸附在金属表面时可以通过使用 RAIRS 被检测到。图 7-16 描述的特定光谱区域表示 C—H 伸缩振动区。位于约 2800 cm^{-1} 处弱的宽吸收峰尤其值得注意。这些特征的产生是由于靠近表面金属原子的 C—H 键的互相接近，导致在表面形成部分氢键并生成所谓的"软化"C—H 模。显然，该说明也会在这种表面发生烷烃脱氢反应的机理中起到作用。

大多数实验室 RAIRS 系统通常被限制在所谓的中红外区，即 400～4000 cm^{-1} 的光谱范围。这种限制主要源自常用在系统上的碲镉汞探测器的截止边，也由于低波数区热源的低强度。不过，检测低波数区可以使用同步辐射源结合液氦冷却探测器[20]。这一区域的频谱(100～600 cm^{-1})十分重要，因为它是像小分子 CO 和 NO 的金属-吸附物伸缩振动模式所在范围。此外，它还是如图 7-17 所示的包含很多氧化物和卤化物振动模式的区域。图 7-17 给出了远红外 RAIRS 监测在标准催化剂的生产中金表面 $MgCl_2$ 的形成[21]。

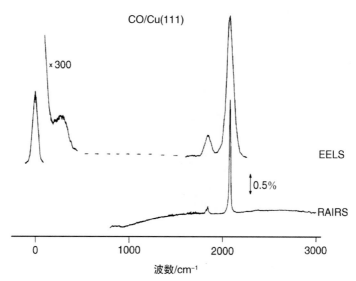

图 7－15　95 K 下单层 CO 吸附在 Cu(111)表面上的 RAIRS 谱和
使用电子能量损失谱得到的类似数据

注：摘自 Chesters 等[16]。

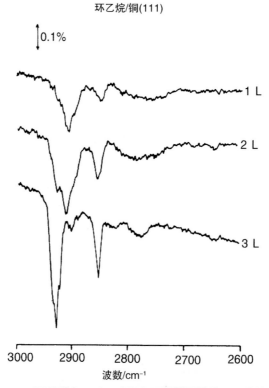

图 7－16　95 K 下吸附在 Cu(111)面上不同暴露量的环己烷的 RAIRS 谱

注：1 L＝1 ×10⁻⁶ Torr · s。摘自 Chesters 等[19]。

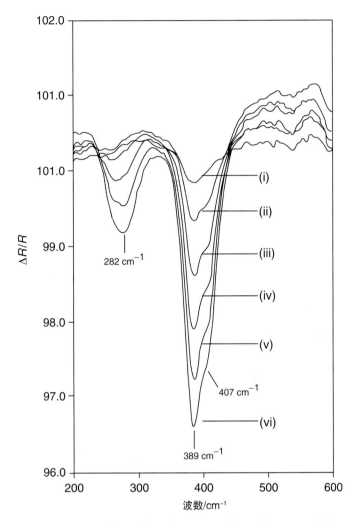

图 7-17　吸附在金衬底上多层 MgCl₂ 的远红外 RAIR 光谱

注：MgCl₂ 覆盖：(i) 2 ML；(ii) 4 ML；(iii) 6 ML；(iv) 8 ML；(v) 10 ML；(vi) 12 ML。摘自 Pilling 等[21]，Elsevier，2005 年版权所有。

　　由于低强度信号和"逆"吸收带出现的可能性，即使用同步辐射，仍然还是很难在低波数区工作。对吸附在金属表面的小分子，偶极子禁止模式，例如对称性遭到破坏的平移或旋转模式，可能被观察到，图 7-18 描述了 CO 吸附 Cu (100)后在该区获得的光谱。这里可以清楚地看到 Cu—C 伸缩振动位于 $340~cm^{-1}$，而破坏的 C—O 转动作为逆吸收带位于 $275~cm^{-1}$[22]。

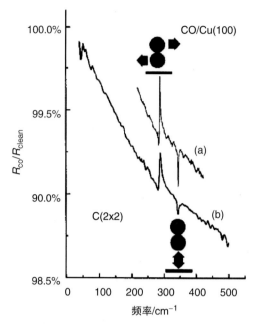

图 7-18 吸附在 Cu(100)表面的 CO 的远红外 RAIR 光谱显示两个常规和所谓逆吸收带

注：0.5 个单层 CO/Cu(100) 覆盖所致的反射率变化显示在低频率的振动模式和背景的变化。曲线(a)，为清楚起见向上平移，采样分辨率为 1 cm^{-1}，而曲线(b)，采样分辨率为 6 cm^{-1}。

注：摘自 Hirschmugl 等[22]。

对在薄的氧化层表面上的吸附，如 SnCl$_4$ 吸附在 SnO$_2$/W 薄层上，光学干涉效应还会产生正负方向[23-24]。

(5)偏振调制 RAIRS。 RAIRS 已经与高真空表面科学技术的使用联系在一起，一些研究表明它还可能获得反应物的超高压下的 RAIRS 数据，对许多高真空表面分析方法而言，这是一个巨大的优势。要理解如何解耦气相和表面相谱，我们必须考虑如图 7-9 所示的结果。此图演示了平行入射面的偏振光将不与表面物种相互作用。这种偏振光会与气相组分进行相互作用。因此，如果 s 偏振光对气相组分敏感而 p 偏振光对气相和表面相的物种敏感，那么就可利用偏光片相应地控制探测器的响应，从而可能提取一个表面的光谱。这被称为偏振调制或 PM-RAIRS。

这种特殊技术过去常限于几个专业表面光谱学家使用，但近十年技术的发展或因此意味着 PM-RAIRS 模块现在是由领先的 FTIR 制造商提供的现成的配件。典型实验设置的原理如图 7-19 所示。

如图 7-19 所示的配置与常规的 RAIRS 实验基本上相同，只是 IR 光束先通过偏振片然后通过光弹调制器(PEM)，这样可使 37 kHz 调制频率下 s 态和 p 态之间互相转换。微分反射光谱由下式给出：

$$\frac{\Delta R}{R} = \frac{R_p - R_s}{R_p + R_s} \qquad (式 7-15)$$

探测器上的信号可以使用锁相放大器解调得到，但要分开由动镜和 PEM 所产生

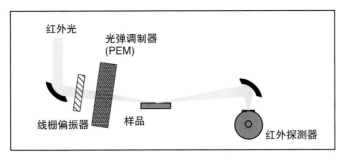

图 7 - 19　PM-RAIRS 实验的示意

的 IR 信号调制意味着需要使用慢的动镜速率。另外，20 世纪 90 年代开发的实时采样电子元件可以会同常规快速扫描仪器一起使用，从而减少数据采集次数[25]。第 3 种可能性是采用数字信号处理软件完全破除采样电子和解调信号。目前，这需要使用步进扫描仪器进行数据采集[26]。

　　PM-RAIRS 发展背后的驱动力一般来自表面科学或催化界，他们对将 RAIRS 方法扩展到研究高压时低气压区的表面催化反应感兴趣。通常，单晶样品采用标准表面表征方法在超高真空条件下制备，然后转移到一个"高压（大气）"池中用于 PM-RAIRS 测量。

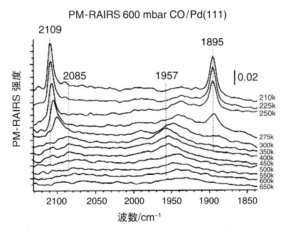

图 7 - 20　"高"CO 超压（600 mbar）下，从 650 K 冷却至 210 K 时吸附在
Pd（111）上的 CO 的原位偏振调制 RAIR 谱

注：摘自 Ozensoy 等[27]。

　　图 7 - 20 显示 600 mbar 压力不同温度下 CO 在 Pd（111）单晶表面上的吸附。可以清楚地观察到表面吸附峰却完全看不见气相峰[27]。PM-RAIRS 方法的一个优点是它不需要采集一个单独的清洁表面的背景光谱。当吸附前后金属表面的光谱很难获得时，这特别有用。该技术因此被广泛使用于自组装单分子膜（SAMs）的研究，单分子膜通常吸附在金表面，其光谱可以在常压条件下记录而不用参考一个单独的干净的镀金片。这种装置最新的一个例子如图 7 - 21 所示，作为生物免疫传感器发展的一部

分，混合的 SAM 表面抗原固定使用 PM-RAIRS 监测[28]。在这一系列的光谱中，随着抗原分子表面浓度的增加，由于结合到适当的免疫球蛋白抗体制备为混合 SAM 衬底上，因此可以清楚地看到标记抗原的分别位于 1660 cm^{-1} 和 1550 cm^{-1} 的特征酰胺 Ⅰ 和酰胺 Ⅱ 振动峰的增强。

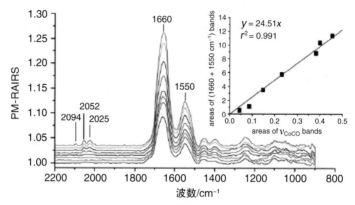

图 7-21　用适当的抗体制备的在金表面上固定化标记(使用羰基钴)抗原的 PM-RAIRS 数据

注：随着羰基钴标记抗 rIgG 浓度的增加，rIgG$_{PrA}$敏感表面 PM-RAIRS 对含山羊血清(0.15%)中 PBS 响应。
插图：ν$_{MCO}$和酰胺 Ⅰ、酰胺 Ⅱ 带峰面积的相关性。对每个 IR 面积值相对标准偏差预计等于 0.1。

注：摘自 Briand 等[28]。

　　PM-RAIRS 方法也适合液体环境下的表面研究，前提是表面上的液膜足够薄，使其能够透过入射和反射光束(图 7-22)。PM-RAIRS 探测含水层表面的能力开辟了探查生物学重要系统液固界面的可能性。

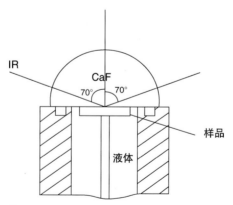

图 7-22　使用 PM-RAIRS 研究浸入液体的表面所用装置的示意

注：取自 Méthivier 等[29]。

　　(6)差示归一化界面傅里叶变换红外光谱(SNIFTIRS)。在电化学环境中，另类的调制方法可用于获得表面的红外光谱。这种方法的使用使传统的表面化学家和电化学家们能将 RAIRS 作为表面探针。在南安普敦，Bewick 及其合作者通过使用薄层细胞加上电化学调制方法得到电极表面沉浸在水溶液中的 RAIR 光谱[30]。在这些实验中，选择两个电极电位：在一个电位下吸附质被吸附在电极表面，而在另一个电位下没有吸附。通过记录光谱和快速转换电极电位，可以获得差值谱。这种方法称为 EMIRS(电化学调制的红外光谱法)或更灵活的 SNIFTIRS（差减和归一化的干涉傅里叶变换红外光谱法），这能弥补诸如由于水引起的高背景吸收。这些技术能很好地工作，但前提是无吸附的电位下没有其他可能改变表面状态的过程发生。对电化学系统来讲这不是个案。一个例子是在氢氧化物水溶液介质中的镍电极表面腐蚀层的形成。该体系被认为涉及在很大电位范围内各种类型的氢氧化物和多氧氢氧化物的形成，因此它是不可能来确定一个"无吸附的电位"。为了能够研究该体系，南安普敦小组开发了一种方法，可以在短时间间隔内记录若干组干涉图，与此同时，镍电极也经受持续的电位循环以保证在实验的一段时间内使表面稳定以应对较大变化。图 7 - 23 中给出这种"修正的 SNIFTIRS"方法产生的实例数据。

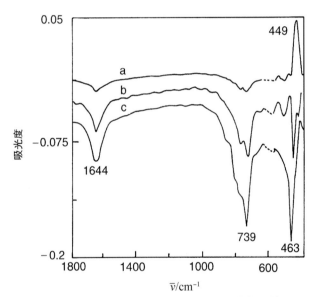

图 7 - 23　从氢氧化物水溶液介质中镍电极表面记录的修正的 SNIFTIRS 谱
注：显示通过使用时间依赖的差值光谱 α - Ni(OH)₂ 层的长期演变(摘自 Beden 和 Bewick[31])。

　　图 7 - 23 显示，尽管事实上样品沉浸在水溶液中，但修正的 SNIFTIRS 方法允许通过在其他谱带之中靠近 1644 cm⁻¹ 的 O—H 伸缩振动模式来检测 α - Ni 组分。因此，可以毫无疑问地说，这些都是非常强大的研究原位电极表面过程的方法。7.5.3 节将描述与红外互补的拉曼散射技术在原位电极表面研究的应用。

　　(7) 表面红外显微镜。 FTIR 显微镜附件是大多数仪器可用的配件。使用这些聚焦光束装置的显微附件，有可能用透射或反射的方法分析小至 10～20 μm 的样本。更小的样品信噪比会剧烈下降，原因是孔径过滤掉大部分从源发出的红外光和孔径尺寸接近通过它的红外光波长，衍射效应会造成严重损失。使用同步辐射红外光源，可以获得低至衍射极限约 $\lambda/2$ 的光谱,因而在 2000 cm^{-1} 处可以得到 2.5 μm 的空间分辨率[32-33]。使用同步辐射光源,可以获得高分辨率的图像,但若要大面积成像,则需长时间进行数据收集。不过由于红外焦平面阵列(FPA)探测器的发展,这方面也已经发生转变。使用 FPA,照射面积大,光在一个 64×64 MCT 探测像素的阵列上被检测到。用这种方法样品的红外图像可在一次每个包含完整红外光谱的 4096"像素"的扫描中得到。通常探测器的每个像素检测来自 6.25 μm×6.25 μm 的信号,因此对 400 μm×400 μm 区域可以同时成像。

虽然这种方法适用于某些表面化学应用,但被更好地认为是批量分析方法。对特定表面化学应用,也许可以得到小面积反射配件,该配件允许表面红外"成像"。图 7-24 显示了从面积 100 μm×100 μm 表面覆盖一层氧化物的硅晶片上获得的表面吸光度。获得的吸光度数据对应于氧化膜的 1108 cm^{-1} Si—O 模。

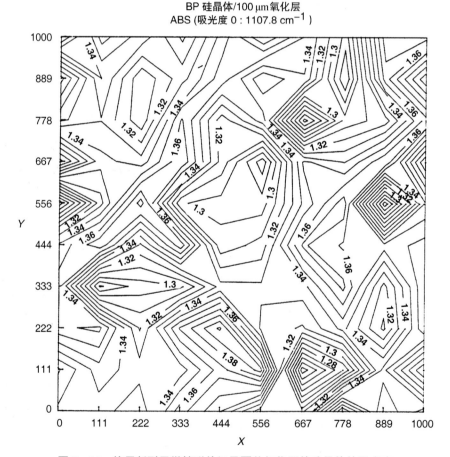

图 7-24　使用新型显微镜附件记录覆盖氧化层的硅晶片的吸光度

注:数据指晶片上 SiO$_2$ 层 1108 cm^{-1} 谱带的检测。由英国 Sunbury 光谱科技欧洲有限公司和 BP 研究提供。

这种抽样方法有明显的应用,比如在半导体行业中作为大面积晶圆片的质量控制的一部分。

7.3　电子能量损失谱(EELS)

电子能量损失谱也被称为 HREELS，即高分辨率电子能量损失谱，20 世纪 70 年代早期 Ibach 和同事们[16]将这种方法发展为表面探针，事实上使表面科学产生革命性变化。在此之前，诸如 RAIRS 的 IR 方法是记录表面红外光谱的唯一可行手段，而且由于设备和探测器的局限，这些早期的红外光谱实验局限于研究具有大的动态偶极矩分子，如 CO、NO 等。与此相反的是，EELS 很快就被证明对具有较弱的动态偶极矩的亚单层的吸附量敏感，而在那时使用 IR 方法研究行不通[34-37]。

EELS 实验从气相电子散射实验中发展出来，气相电子散射探测分子内的电子态。为了进行表面振动的分析，EELS 技术利用非常低能量电子(1~10 eV)与吸附分子和衬底原子产生的表面电场的相互作用(图 7-25)。

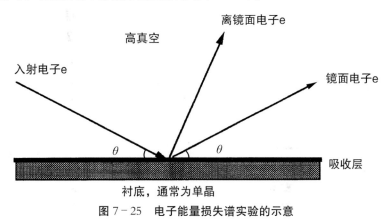

图 7-25　电子能量损失谱实验的示意

EELS 可能考虑两种类型的电子散射，弹性散射和非弹性散射(这里不考虑第三种机制，即入射电子被表面俘获一定的时间形成所谓的"阴离子共振")。电子散射可直接类比于中子衍射。这个与衍射实验的类比是有用的，因为它说明了为什么在使用单晶衬底时可得到 EELS 的最佳能量分辨率，由弹性散射电子峰的半高宽(FWHM)来测定。当散射表面电位不好确定时，例如多晶样品，弹性和非弹性散射峰在能量方面会展宽。因为实验的分辨率很大程度上由能量选择系统的效率和样品表面来决定，所以获得的典型值是 30~40 cm^{-1}，这肯定比不上红外或激光拉曼的方法，但对记录单晶表面上高品质振动光谱绰绰有余。一些现代的 EEL (HREEL) 光谱仪能够从精心准备的表面获得小于 8 cm^{-1} 的分辨率。

7.3.1　非弹性或碰撞散射

非弹性或碰撞电子散射可以描述如下：非弹性散射电子实际上"遗忘了"它们的初始角和入射面，被与振动频率调制的表面原子势的短程相互作用所散射。如果存在净表面偶极子的，这些电子可能失去一定能量进入到相应的表面-吸附质复合物的振动模式。散射过程的效率(被称为散射截面),取决于在相互作用处电子的净动量和伴随着表面振动偶极矩的振幅和方向。对电子而言,我们考虑有时被称为波矢的电子动量,使用符号 k,而不是像光子情况下只考虑电场强度。采用这些术语,碰撞散射实验可以描述如图 7-26 所示。

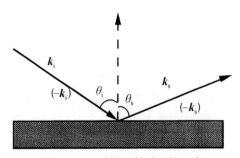

图 7-26 碰撞散射过程的示意

注:显示从表面"反射"观察电子波矢量的变化。

在图 7-26 中,括号内的波矢量表示时间反演条件下的电子波,说明在完整散射事件中电子的能量和动量必须守恒,负号是由于采用了固定坐标系。在相互作用处,净波矢由入射和散射波矢量的差值 $k_s - k_i$ 给出。此函数与描述吸附振动的时间依赖电场函数的标量积是非弹性散射截面。可以看出,在 $\theta_i = \theta_s$ 这种情况下,即镜面散射,净波矢量方向垂直于表面。由于在镜面散射条件下,$k_s - k_i$ 没有平行于表面平面的分量,因此从这些平行于表面的振动模产生的散射截面一定为零。这说明表面选择定则适用于镜面配置下的碰撞散射。从更普遍的振动激发处理也可以看出这点。

量子力学上,激发一个特定振动态 ψ_0 到 ψ_1 的概率(散射截面)由表示为 $\langle \psi_0 | V | \psi_1 \rangle$ 的重迭积分给出,V 是电子-振动的相互作用势。从图 7-27 平面视图投影可理解此函数的对称性。

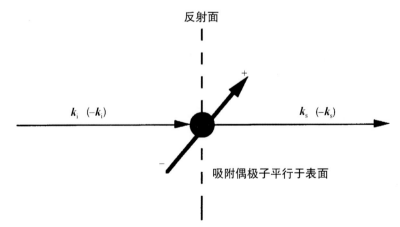

图 7-27 考虑通过碰撞散射机制是否将观察到振动模所涉及的对称因素的示意

图 7-27 显示,假如电子与表面相互作用前后轨迹变化不大,即 $k_i \approx k_s$,则在吸附物看来电子势形状与传播方向无关,即考虑散射事件向前或向后(时间反演)发生都

没有关系。电子–振动相互作用势 V 被认为是偶函数。由于考虑到吸附复合物所属点群的对称操作，振动基态 ψ_0 必须定义为偶函数，因此唯一允许激发的态必须是那些关于此点群的偶函数。对于如图 7–27 所示的取向平行于表面的动态偶极子振动，很明显这种偶极子将转换为表示时间反转反演相对于对称平面的奇函数，从而导致散射截面为零。唯一没有违反这一规则的吸附动态偶极子是那些取向平行于反射平面的偶极子，但这个方向与 k_s 和 k_i 都是正交的，因此没有相互作用。

因此可以说，对于镜面碰撞散射，当 $k_i \approx k_s$ 时，在能量损失谱中观察不到作为一个平行于表面的矢量形式的振动。显然此规则可能只有在 $k_i = k_s$ 时严格遵守，但在实践中发现，当接近精准镜面散射时，激发平行模的散射截面迅速下降。

要确定动态电偶极子具有平行于表面平面分量的振动模式是否将会产生碰撞散射损耗特征，必须考虑相对电子束入射面的动态偶极子的方向(图 7–28)。

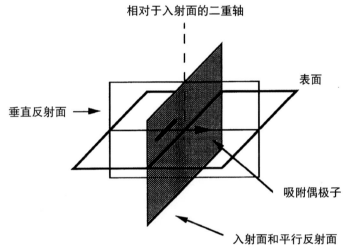

图 7–28　对称元素的构筑，用于测定是否某个特定实验几何配置将允许平行于表面平面的振动模式通过碰撞散射机制被观察

图 7–28 描绘了吸附偶极子相对于入射电子束平面决定的对称元素的特定取向，通常选择单晶衬底，与表面对称性的方向重合。涉及的对称元素包括一个双重转动轴以及平行和垂直于入射面平面的反映面。需要说明以下规则：

(1)如果振动经垂直于表面平面的两重轴变换为反对称的，那么碰撞散射仅在偏离镜面的方向被观察到。

(2)如果振动经垂直于表面平面和入射面的反映面变换为反对称的，那么碰撞散射仅在局限于入射面偏离镜面的方向被观察到。

(3)如果振动经垂直于表面平面但平行于入射面的反映面变换为反对称的，那么碰撞散射在镜面和偏离镜面时都是被禁止的。

因此与 RAIRS 不同，碰撞散射是能够检测产生动态偶极子的振动模，即使这些偶极子的取向平行于表面。

7.3.2　弹性或偶极子散射

当电子反射前后动量矢量 k 变化很小时发生弹性或偶极子散射，这实际上意味着当 $k_s \approx k_i$（振幅相等）但动量矢量的净方向保持不变时，可能会出现小能量损失。散射电子因此聚集在围绕精准镜面反射方向 $2° \sim 3°$ 环形小立体角内。这些电子大多数通过长程静电相互作用与表面动态偶极子发生作用，这样当电子静止在表面 $100 \sim 200$ Å 上时就发生库仑能量传递。这相对于发生在短程相互作用影响下的散射，这种偶极子散射可能被认为是完全不同的散射机制。在真空中的电子不仅是表面偶极子，也有感应表面偶极子的金属传导电子。这种感应称为镜像偶极子，可以描述为两个极端取向，如图 7-29 所示。

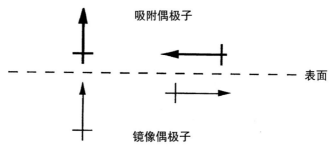

吸附偶极子

表面

镜像偶极子

图 7-29　两个偶极子及其镜像偶极子极端情况下的示意

注：相对于表面平面的偶极子取向和相应的通过衬底上的传导电子感应形成的镜像偶极子的取向。

从图 7-29 可以看出，当大小为 p 的吸附质偶极子的取向平行于表面法线时，为感应吸附质偶极子，表面传导电子重新分布产生的镜像偶极子导致产生大小约为 $2p$ 的净表面偶极子，即大约是单独吸附质偶极子大小的 2 倍。然而，当吸附质偶极子的取向平行于表面平面时，镜像偶极子的作用抵消了表面偶极子，这样净的偶极子实际上为零。因此，存在一个表面选择定则，与 RAIRS 实验中所描述的定则具有相同的效果，即对远程、偶极子散射，只有当表面振动具有平行于表面法线的动态偶极子的一个分量时，能量才会损失。为此，RAIRS 谱和偶极的 EELS 谱用峰位置来表示是完全类似的，不过相对强度可能由于散射和吸收因子的差异而有所不同。偶极子散射的主要特点，即围绕镜面位置和长程相互作用本质的窄角传播，是表面偶极子与入射、出射电子相互作用的静电模型的直接后果。这种处理方法超出了本文的范畴，完整说明读者可参考 Ibach 和 Mills[38] 的工作。

同时考虑偶极子和碰撞散射，可以看到有很好确定对称元素的表面，如单晶，其电子入射面非常明确，偶极和碰撞 EELS 数据的比较和碰撞散射选择定则的应用通常允许吸附物种的完整结构和取向表征。后面的章节中将给出此类分析的实例。

不过，有可能采取这样更进一步的分析，得出归因于特定键合模式下的吸附质的典型光谱强度模式。乙烯吸附在各种不同的单晶金属表面上的工作由 Sheppard 和同事们[39] 进行，他们将光谱分类成具有 di-σ 特征的 Ⅰ 型和主要是 π 键的 Ⅱ 型，如图 7-30 所示。

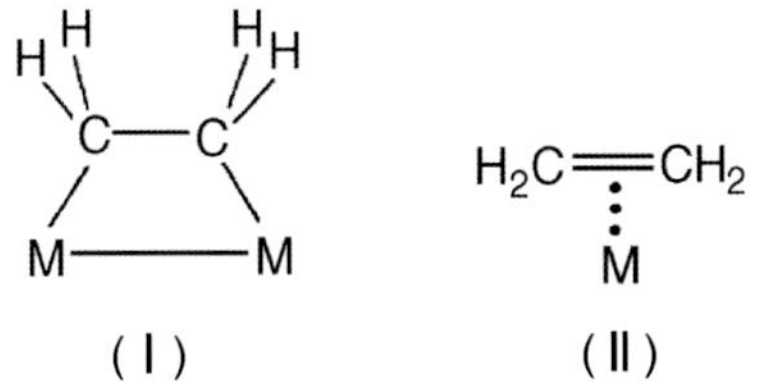

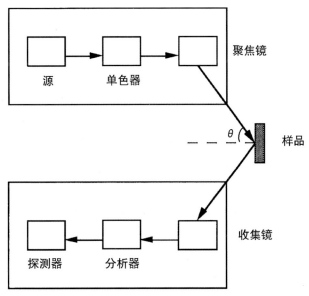

图 7 - 30　Sheppard 和同事[39]对吸附分子乙烯物质的分类类型

对一个真正的 di - σ 特征物质 I 型光谱的指认是在已知具有这种结构[39 - 40]的团簇化合物$(C_2H_4)Os_2(CO)_8$的数据的协助下完成的。同样，对 π 键物质 II 型光谱的指认借助 Zeise 的 $K^+[(C_2H_4)PtCl_3]^- H_2O$[41]盐的 IR 数据完成，其中包含 C ═ C 伸缩振动模的数据，没有一个偶极矩。这种明显的异常也会发生在光谱上，π 键乙烯不论是 IR 还是 EELS，都可以通过考虑从 π 电子云给予电子形成与表面 - 金属原子键合的分子配体来解释，π 电子云在 C ═ C 振动频率下周期性变形。因此，当 C ═ C 键振动时，电子在表面内外发生大致相同的周期性移动。这种振动当然完全等价于一个取向垂直于表面平面的偶极子，因此要么是作为吸收带（IR）被观察到，要么是作为能量损失特征（EELS）被观察到。

7.3.3　EELS(HREELS)实验

如果我们考虑 EELS 或 HREELS 的实验要求，即低能量的电子、单晶衬底（通常），那么很明显这是一种高真空技术。在实际工作中，由于气相散射过程，大多数 EELS 仪器的压强极限是 10^{-6} mbar。图 7 - 31 是 EELS 能谱仪基本特征的示意图。

图 7 - 31　EELS 实验的示意

单色仪或分析器通常至少有一个单元，它有某种绕垂直于实验平面轴旋转的能力，同样样品也可以旋转。这样有可能在大角度范围内改变入射角并仍然维持在从离开镜面反射角度检测的能力。单色仪和分析器是基于 127° 圆柱形电容器或半球型电容器的静电选择系统。加在这些电容器的电势只让有特定通过能的电子首先到达样品表面然后到达探测器。事实上，127° 系统产生最佳的实验分辨率，而半球型系统则产生更高的束流。为了避免"杂散"磁场的影响，系统通常需要磁屏蔽。能谱仪的工作表面涂有一种惰性材料，如石墨，以尽量减少可能因暴露在各种气体下发生的功函数的变化。

电子能量损失谱仪的设计是使满足入射低能电子束的能量展开最小化，同时又保持一个合理的电子通量的条件。这个首要的考虑意味着电子束表面采样的面积是次要考虑因素。在一些仪器中，利用 127° 扇形电容器，产生的电子束呈丝带状，面积大约有 5 mm×0.5 mm。其他利用半球型电容器的仪器产生直径约 1 mm 的点聚焦束。因此，与其他方法相比 EELS 的空间分辨率较差，虽然其应用不应被认为与其他更多"常规"技术一样。

7.4 表面振动的群论

7.4.1 一般方法

在前面几节中，我们指出对特定种类的实验只有某些模式会预期被观察到。这点在讨论表面选择定则时也有提及。在本节中我们将查看一下如何使用分子对称性分类振动并尝试能够预测各种表面光谱形式。

众所周知，联系光谱与分子结构之间的是对称性。通过使用基于各种类型对称操作之间的关系规则，分子可以分为对称类型或"点群"。允许每个对称元素在一个系统上进行操作从而产生一个关联系统的数学过程被称为群论，其详细的讨论超出了本文的范畴。感兴趣的读者可参阅 Bishop[42] 的教科书。然而，即使是非数学家也能很容易看出，应该有可能以一系列方程式的形式写下对称操作的过程。接受这一点，然后指出每个点群将运用一系列这类方程。以这种方式创建的方程组可以用矩阵符号表示，因此对称操作过程可以表示为两个矩阵的乘积。幸运的是，实验学家不需要太关注这一过程的详细计算，因为每个点群组对应矩阵的因数很容易以"特征标表"来表示，表中不仅列出所有操作，还给出所有操作可能产成的唯一组合。在群论的语言中，这些都是可能的"置换"，是由描述特定运动模式的每个可能排列集合派生出来。这些模式包括我们在常规振动光谱研究中的所谓的正常模式，也包括平动和转动。当探讨预测表面振动频谱的种类问题时，必须说明该因素。

所有上面的讨论都是有些学术的，没有恰当的例子说明。在这一点上我们会举一个具体的例子来做一些澄清。

7.4.2　乙炔吸附在平坦的无特征的表面的群论分析

为了这项工作的目的，让我们将所讨论的平面看作平坦的无特征的平面。我们在一开始就意识到这是一个粗略的假设，但它对这种分析可作为一个有用的起点。我们还将假设乙炔分子以分子平面平行于表面平面的方式吸附。分析的第一步是确定分子加上表面的"体系"的点群。简单来说，这可能通过只列出体系具有的对称元素，然后比较那些为每个点群制成的列表来实现。当列表与某个特定点群一致时，这就是体系的点群。对于气相乙炔，存在一个对应于分子轴的无限旋转轴，标记为 C_∞。分子还具有水平和垂直方向上的两个镜像反射面，分别标记为 σ_h 和 σ_v，而这种性质的正交平面的同时存在告诉我们该点群可能是比 C 群对称性更高的 D 群。总体而言，乙炔分子的对称性对应于 $D_{\infty h}$ 点群。然而，这并不是吸附的乙炔分子的点群。我们可以注意到这里的泛化，这适用于所有的吸附分子，即"吸附物种的对称性是等于或低于自由分子的"。包含表面永远不会增加体系的对称性。现在让我们回到吸附分子（图 7-32）。

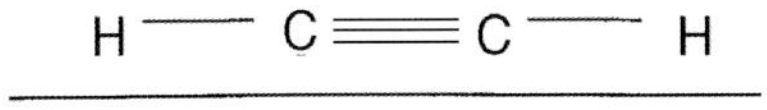

$$H \text{---} C \equiv C \text{---} H$$

图 7-32　乙炔吸附于平坦的无特征的表面

如果列出了此体系的对称元素，我们可以立即注意到包含表面平面将移除 C_∞ 元素。事实上最高旋转轴现在是垂直于表面且穿过 C—C 键的 C_2 轴。包含表面还将移除水平反射面，因为这会翻转分子上方的表面。因此，仅有的对称元素是 C_2 轴和平行于此轴在纸面内的反射面。我们将在 3 个元素上添加所谓的恒等元，通常用符号 I 或 E 表示，是允许"独自保持体系不动"的操作。这样我们就有 4 个对称元素 E、C_2 和 2σ。在这一阶段我们需要能够区分 2 个镜像平面，也要能解释对分子运动的每个操作的含义。为此，我们引入一个坐标系，其 z 方向总是垂直于表面。分子所处的平面因而成为 xy 面，我们可以用 σ_{xz} 和 σ_{yz} 来区分这两个镜像平面。特征标表的检定将这 4 个元素归属于 C_{2v} 点群。其特征标表见表 7-1。

表 7-1　C_{2v} 点群的特征标表

C_{2v}	E	C_2	σ_{xz}	σ_{yz}
A_1	1	1	1	1
A_2	1	1	-1	-1
B_1	1	-1	1	-1
B_2	1	-1	-1	1

这张表看起来明显需要一些更进一步的解释。表中第一列的符号代表 4 个对应每个对称元素的可能置换排列。而行中的 1 或 -1 表示每个操作的特征标值，表明要么对称操作元素产生不可区分的体系，我们用 1 表示，要么体系在对称操作下变化，用

−1表示。知道这些可以很容易看出最高的对称排列为A_1，因为所有对称元素操作在这里都导致体系不变。我们从第一列下移就到了较低对称性的排列。请注意，由于必须存在的对称元素之间的特殊关系，不可能有一个置换，其中每个对称元素操作的特征标值都是−1。其他群特征标表中的置换排列也可以列出类似的方式，虽然术语很容易扩展来表示可能出现更多细微变化的特征标。

对于简单的分子，在这一阶段有可能确定可以由检验标识的振动的对称性，但这不是普遍情况。为此，我们将着手从第一性原理出发来确定体系运动的全部特征。因为分子中的每个原子具有3个自由度，所以很方便将每个原子置于坐标系的中心，该坐标系与用于整个分子的相同。以这种方式我们以每个原子为中心创建x轴、y轴和z轴。然后，我们允许每个元素对分子进行操作，当坐标轴保持不变时给出1的标称值，若原子不动但坐标轴反转，则给出−1的标称值。最简单的例子显然是E操作，因为根据定义这将使所有坐标轴保持不变。接着，我们将所有原子的净特征标值写在表上。因此，在E元素所在列下，对乙炔分子我们会写12，因为4×3个坐标轴在变换前后不改变（表7−2）。

表7−2 如图7−32所示吸附乙炔的特征标表C_{2v}元素的对称操作所产生的特征标值

置换排列	E	C_2	σ_{xz}	σ_{yz}
A_1	1(12)	1(0)	1(4)	1(0)
A_2	1(12)	1(0)	−1(4)	−1(0)
B_1	1(12)	−1(0)	1(4)	−1(0)
B_2	1(12)	−1(0)	−1(4)	1(0)

对于C_2对称操作，情况也是很清楚的。旋转轴位于通过C—C键的中心，旋转操作因为所有原子都移动，从而移动所有坐标轴，所以在C_2元素所在列下，我们填上0。对于σ_{xz}对称操作，因为xz平面是纸面，对称操作C_2可保持每个原子的2个轴（x轴和z轴）不变而y轴反转，所以每个原子总的特征标值是$+2-1=1$。由于有4个原子，故我们在σ_{xz}元素所在列下写上数字4。对于σ_{yz}操作，情况与旋转轴导致所有原子都移动的相同，因此我们在σ_{yz}元素所在列下放置0。记住，每一行代表一个允许的对称排列，通过每行总的累计值除以表中的特征标数可得到每个可能排列的数目，特征标数在这种情况下只是简单的元素种数4。因此，对于A_1置换排列，整行的和是$12+0+4+0=16$。在本例中，这意味着有4种可能的A_1排列（即16/4）。对于A_2置换排列，求整行的和得到$12-4=8$，相应地给出$2A_2$排列。同样地，对于B_1和B_2排列，我们分别找到4个和2个。因此，总的"表示"，有时被称为不可约表示，是$4A_1+2A_2+4B_1+2B_2=12$。总数与所预期的4个原子每个具有3个自由度相一致。现在我们回到前面说过的这种表示方法还包括体系的平动和转动。要获得只是振动的部分，我们必须减去那些对应于x轴、y轴和z轴平移和旋转的排列。为了看

出哪个排列要从不可约表示中减去，我们回到特征标表。在大多数出版的特征标表中，平动在右侧一个额外的列中被标记为 T_x，T_y 或 T_z，而转动被标记为 R_x，R_y 或 R_z。一个更完整版的 C_{2v} 群的特征标表见表 7-3。

表 7-3　通用版的 C_{2v} 群的特征标表

C_{2v}	E	C_2	σ_{xz}	σ_{yz}	平动和转动
A_1	1	1	1	1	T_z
A_2	1	1	-1	-1	R_z
B_1	1	-1	1	-1	T_x，R_y
B_2	1	-1	-1	1	T_y，R_x

请注意，拉曼活性通常以分子极化率的部分来表示（见 7.5 节），术语常写为 ∞_{ij}，其中，i 和 j 代表笛卡尔坐标 x、y 和 z 的组合。现在回到我们的例子，注意到对于平动，我们必须减去 $A_1 + B_1 + B_2$；对于转动，我们必须减去 $A_2 + B_1 + B_2$。除去这 6 个排列组合，留给我们的振动的不可约表示即为 $3A_1 + A_2 + 2B_1$。在这点上，我们注意到一个有趣的现象，即使考虑表面是平坦无特征的，预期振动数目也不是像考虑体系为一个线性分子预言的那样，即采用 $3N-5$ 法则，其中 N 为原子数。出现这种情况是因为一个平坦的模型表面降低了体系的对称性。因此，我们考虑 $3N-6=6$ 的振动。

现在，我们已经完成了这项练习，下面可以通过调用一个真正存在的表面来增加体系的复杂性，也必然地引入该表面的对称性。

7.4.3　乙炔吸附在一个（100）面心立方（FCC）金属表面的群论分析

在此例中，我们将乙炔分子以两重桥位形式放置在未重构的 FCC 金属（如 Pt 或 Cu）（100）表面上，FCC 金属在被吸附前具有 4 mm 对称性。"4"是指一个四重旋转轴，而"mm"是指表面内存在两个正交的镜像平面（图 7-33）。

吸附不仅降低乙炔分子所属的对称性，而且降低表面的对称性。将乙炔分子置于两个 Pt 原子的两重桥位形成一个整体对称性为 C_{2v} 的结构形式，即与前面的一样。在这种情况下，仅仅因为有更多的原子参与，在我们的分析中将会获得更多的振动。然而，该方法几乎与上一节使用的方法完全一样。

通过选择吸附在涉及从最上面一层的两个原子与第二层的一个原子的三重位点，这样由这 3 个原子形成的平面相对于我们表面平面是倾斜的，现在我们使系统更为复杂。由于吸附平面相对我们表面平面是倾斜的，因此不能有 C_2 旋转轴。在系统中，仍有一个镜像面，但 C_{2v} 群建立的其他镜像面和旋转轴一起消失。从特征标表中，我们将该分子的对称性归属为 C_s，可以再次注意到降低了整体对称性。这点群的特征标表比前述的简单，因为减少了对称元素的数量（表 7-4）。

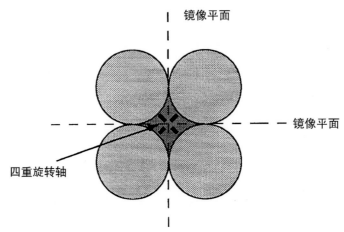

图 7-33 FCC 单晶金属未重构(100)表面的示意

镜像平面

镜像平面

四重旋转轴

表 7-4 C_s 点群的特征标表

置换排列	E	σ
A´	1	1
A˝	1	-1

在分析中我们必须包括 3 个表面原子，因为这些原子对分子的对称性有贡献。请注意，所有的置换排列都是"A"类型。这是可以预料的，因为减少对称性会增加运动类型的数量，这可有效地维持这种减少的对称性。它遵循的规则是：具有最低可能的对称性分类的系统同样也有最多数量的 A 型模。

7.4.4 RAIRS 和偶极 EELS(HREELS)谱的预期形式

在这里我们要援引一下前面所述的表面选择定则，其中指出振动必须产生垂直于表面平面的动态偶极子分量才能被检测到。到目前为止，在我们的分析中，我们还没有指出任何方法，依靠这些方法我们可以从导出的不可约表示中选择振动。要做到这一点，我们回到特征标表来研究我们振动的形式。使用乙炔吸附在一个平坦无特征的表面系统作为一个例子，我们可能检查其振动形式，并确定它们是否满足表面选择定则。直觉上，我们可以在一定程度上推测振动的形式。当然，会有在分子所处平面上的对称和反对称的 C—H 伸缩振动模式。对称伸缩振动不改变 C_{2v} 的对称性，因此在每个对称元素操作下具有特征标值 1，从而被指认为 A_1 模。反对称伸缩振动在恒等操作下必须有 1 的特征标值，但是在 C_2 和 σ_{yz} 的操作下都会由于系统的整体对称性失真而有 -1 的特征标值。由此同样可见，在 σ_{xz} 的操作下特征标值也是 1，因此表中我们指认这个为 B_1 模。C—C 伸缩振动模式对所有操作都保持总的 C_{2v} 对称性，因此必须是 A_1 模。表面的出现不能忽略，因此必须考虑整个分子对表面的振动。这显然是

A_1 模，因为 C_{2v} 对称性并不简单地改变，就算是分子与表面之间的距离变化。到目前为止，我们找到我们要的 3 个 A_1 模和一个 B_1 模，这样就还要找到一个 B_1 模和一个 A_2 模。首先来看 B_1 模，我们注意到它必须是有效去除 C_2 轴和相应的镜像面。因此，这是 H 原子的一个反向面外摇摆模。A_2 模保留 C_2 轴，但两个镜像面都被移除。这是分子的一个面内扭曲，可能在某种程度上被认为是 H 原子的反向面内摇摆。这些就是我们想确定的 6 种模式。根据我们的表面选择定则，我们现在必须检查这些模式中哪些是有可能在 z 方向产生变化的偶极子。显然整个分子对表面移动的 A_1 模式满足此标准。C—C 伸缩振动的 A_1 模，并不是一看起来就符合此规则，但我们在分子与表面之间隐含了一个化学键(这是因为我们给该键赋予了振动)。当 C—C 键伸展和收缩时，分子与表面的键合必须以相同的频率进行"强度"涨落，因此这种 A_1 模也会出现在我们的光谱中。没有其他模式有垂直于表面的动态偶极子分量，因此在 6 个可能的振动中，只有两个出现在 RAIRS 或偶极 EELS 谱中。

从这一分析得出了一个有趣的普遍结论：

只有"A"模(最高对称性)可以在 RAIRS 或偶极 EELS 谱中产生特征。

这点加上我们对对称性影响 A 型模式数量的预测表明，以这样的方式吸附分子产生低对称系统的 RAIRS 和偶极 EELS 谱将包含最多的特征数目。与此相反，高对称系统将产生简单的光谱，包含较少的特征。在确定吸附 - 衬底系统的本质时，这种分析类型的应用明显至关重要。

7.5　表面激光拉曼光谱

拉曼光谱通常被认为是红外光谱的补充，因为它对于那些不能通过红外光谱检测或者仅有弱的红外吸收带的振动模式很灵敏。拉曼效应早在 1921 年由 Smekal 预测[43]，并于 1928 年由 C. V. Raman[44] 首次观测到。拉曼效应基于描述化学键的电子云在入射电磁波辐射下极化诱导产生的偶极矩，而该偶极矩又由于形成键的原子的振动而依赖于时间。因此极化率，而不是偶极矩，是确定拉曼光谱强度的重要分子参数。拉曼效应是一种散射现象，被认为与电子能量损失谱(EELS)直接类似，因为它们都是通过分析能量损失来检测分子振动，不过在拉曼光谱中分析的是光子而不是电子的损失。拉曼效应是一种弱效应，在典型的散射过程中，通常 10^{11} 个光子中只有 1 个发生非弹性散射，因此它通常需要强光源来激发。早期的实验通常使用汞弧灯，而现代实验仪器通常使用激光光源。典型拉曼实验的示意如图 7 - 34 所示。

从图 7 - 34 可以明显地看出，拉曼技术可以广泛应用于各种材料，包括绝大多数固体材料表面。将激光作为激发光源还意味着该技术可应用于样品表面的微区检测。这种绘制表面或者聚焦于表面微区的能力在显微拉曼中得到了最有效的利用。现代拉曼光谱仪还可以使用全息陷波滤光片来实现所需的剔除弹性散射光的能力，而不使用复杂且价格昂贵的单色器系统。

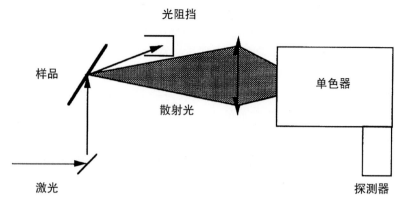

图 7-34 表面拉曼光谱实验装置示意

7.5.1 拉曼散射原理

拉曼效应这一散射过程可以用量子力学的"赝吸收"过程解释：入射辐射被吸收到分子的虚拟电子态(虚态)，随后放出能量返回第一激发振动态(图 7-35 情况 1)。因此，入射辐射和发射辐射的能量差等于一个量子数的振动能量，发射光子被称为斯托克斯(Stokes)光子。情况 2 则给出了另一种情况，分子一开始即处于 $\nu=1$ 的振动态，并且在再发射时，产生了能量比激发辐射能量更高的光子。这些光子被称为反斯托克斯(anti-Stokes)光子。虚态不是分子中真实存在的电子态，而是分子涉及的所有可能状态，包括旋转、振动和电子状态的复合函数。当入射辐射能量与分子真实状态一致时，将极大地增加拉曼散射的横截面。显而易见的，这种情况被称为共振拉曼效应，与常规拉曼相比，可能导致其散射强度提高 10^6 倍。

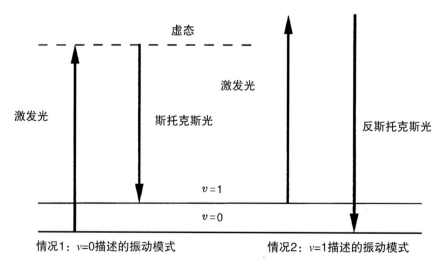

图 7-35 振动拉曼效应的能级

通常来说，该效应可用与分子极化率大小成正比的偶极矩的诱导来描述，而极化率本身是时间依赖性函数，这种时间依赖性是由分子振动过程中伴随着的畸变引起的。由入射辐射频率 ν_i 与叠加振动频率 ν_{ib} 相结合产生的频率为 $\nu_i + \nu_{ib}$ 和 $\nu_i - \nu_{ib}$ 的非弹性散射，分别被称为反斯托克斯分量和斯托克斯分量。这种经典描述在概念上比量子力学描述更容易理解，但不能解释斯托克斯和反斯托克斯分量的相对强度，而这显然由玻尔兹曼（粒子数）系数决定。

7.5.2　利用拉曼光谱收集表面振动(声子)的研究

与红外光谱一样，激光拉曼光谱在表面过程的研究中有着广泛的应用。图 7-36 中的应用实例可以说明这种技术的一些优点。

图 7-36 可以直接说明，通过使用多个单色器/陷波滤波器以及精密的检测系统，可以检测极低频振动，即绝对频率与激发激光非常接近的振动，这种频率在红外光谱中只能通过远红外光学元件及光源检测。这里所讨论的振动是表层原子集体震荡的结果。这种振动被称为声子。表面声子的频率是表层结构及所有表面对称程度的标记函数。因此，可以注意到随着 In 覆盖度的增加，InSb 声子带开始出现，表明了 In 覆盖层与基底 Sb 的反应性质。其中，声子带的宽度是表面阶数的量度。

该应用实例所显示的高灵敏度说明拉曼光谱在电子工业中的表面研究领域有许多直接应用，其中取向晶圆片常被用作基于层结构器件的基板。然而，由于仔细选择了激发波长，从这些系统获得的灵敏度代表性不足。这些待测材料是直接带隙半导体材料，具有很高的吸收和发射光子效率。同时选择激发波长使其与基底或沉积膜内的特定电子跃迁相一致。在这一系列条件下，图 7-35 中的虚能级变为真实能级，拉曼散射过程由此变为共振拉曼。在化学及物理学的其他领域中，与此类似的共振拉曼系统是广为人知的。在满足共振条件的情况下，其拉曼散射效率可增强至非共振拉曼的 10^6 倍。

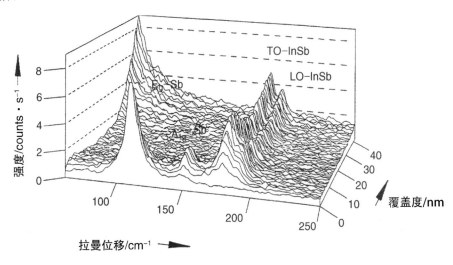

图 7-36　不同覆盖度的 Sb(111)面的拉曼光谱(Zahn[45])

7.5.3　金属表面的拉曼光谱

拉曼光谱在金属表面化学中最广为人知的应用即表面增强拉曼光谱(surface enhanced Raman spectroscopy，SERS)。这一现象由 Fleischmann 及其合作者于 1974 年首次发现[46-47]。当时他们正在尝试获得浸没于以 KCl 为支持电解质，以吡啶为特征吸收物的水溶液中的银电极表面的振动光谱。选择这种吡啶‑银电极系统是因为吡啶具有相对高的拉曼散射截面，特别是它的环"呼吸"振动模式。同时，从其他测量结果可知，吡啶很容易吸附于银电极表面。为了提高测试的灵敏度，银电极被反复氧化并原位还原，使其表面变为灰色海绵状的结构，其比表面积大约是相应的抛光平面的 10 倍。结果是得到的拉曼光谱强度很高，信噪比超过 100∶1，同时对电压变化十分敏感(图 7-37)。

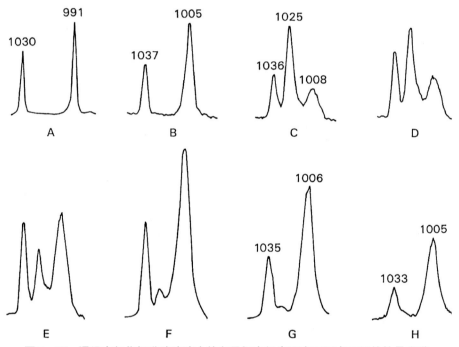

图 7-37　浸没在氯化钾吡啶溶液中的多晶银电极表面在不同电压下的拉曼光谱，
参比电极为饱和甘汞电极(SCE)

注：(A) 液体吡啶；(B) 0.05 mol/L 吡啶水溶液；(C) Ag 电极，0 V (SCE)；(D) Ag 电极，-0.2 V；(E) Ag 电极，-0.4 V；(F) Ag 电极，-0.6 V；(G) Ag 电极，-0.8 V；(H) Ag 电极，-1.0 V(Fleischmann 等[46-47])。

只有 1～2 个分子层可以有效地感受电压，这是高灵敏度的显著表现。人们很快就意识到这种光谱信号太强以至于不能以正常的方式计算，由此计算的吸附态吡啶的拉曼散射截面比液体吡啶的拉曼散射截面大 $10^4 \sim 10^6$ 倍[48-49]。许多相关的后续研究表明，尽管这种现象不局限于电化学系统，但只能在银、铜和金的表面观察到表面增强效应。此外，在高真空条件下，金属表面甚至胶体中的金属颗粒也有类似的现象。

大量的假说机制被用来解释这种增强效应，包括与上文讨论的与共振拉曼过程类似的共振现象，它涉及在电化学氧化 - 还原循环过程中活化产生的表面复合物及表面等离子体激元。由于表现出共振拉曼散射的分子(即能够吸收入射激光能量的分子)吸附在银电极表面时被进一步增强，因此"常规"共振拉曼过程就相应减少了。就目前的认知而言，任何一种机理都不大可能完全解释从大量表面化学系统中观察到的现象，同时"活化"金属的技术限制使它不能作为一般的表面分析方法来使用。尽管如此，某些拉曼光谱的分析应用已经采用由银、铜和金制成的传感器，以获得更高的灵敏度[50-52]。

7.5.4　表面拉曼光谱的空间分辨率

作为基于光子的测试技术，拉曼的空间分辨率通常被局限于给定激发激光波长所能达到的最佳聚焦状态。这是受光的自衍射而不是聚焦光学器件的限制。光的自衍射导致了对于给定波长的光束，其"束腰"是固定且不能被减少的。使用短波长，例如从连续波氩离子激光器获得的 488 nm 的蓝光，可以得到约 20 μm 的光斑尺寸。

7.5.5　傅里叶变换表面拉曼技术

尽管使用可见光激光源来激发样品的拉曼散射比较方便，但仍然存在许多困难。目前为止，这一领域的主要困难是由杂质激发出的荧光。对负载于金属催化剂表面上吸附的物质的早期研究受到由杂质如真空润滑脂的电子激发产生的强荧光发射的限制。这种荧光本身表现为激发激光斯托克斯侧上的宽光谱包络，并且通常强度很高以至于不能观察到弱的拉曼谱带。为了克服这一点，需要选择激光器，以使其激发能量远低于任何可能的电子激发所需的能量，即在光谱中的红外区。由此引起的困难是需要在红外光区中进行光谱鉴别，这样就失去了使用可见光激发的所有优点。傅里叶变换红外光谱技术的出现解决了这一问题。通过一些改进，现已开发出可以同时进行常规红外吸收测试和红外激光拉曼测试的干涉仪。这种技术的组合现已被证明有着很强的表面分析能力。

7.6　非弹性中子散射(INS)

7.6.1　非弹性中子散射简介

非弹性中子散射(inelastic neutron scattering，INS)是一种十分强大的振动光谱形式，因为无论是红外及拉曼活性模式，还是红外及拉曼非活性的振动，都有可能出现在非弹性中子散射实验中。与本章中的其他方法一样，非弹性中子散射也可以广泛应用于各种样品，包括样品表面和吸附物种。我们不打算在这里全面讲述这种测试方法，而将集中于其在表面化学中的研究，同时指导感兴趣的读者阅读 Parker 的综述[53]，其中可以找到更加深入的参考文献。

由于需要中子供应源，因此特定的实验装置显然是必需的。可以用于产生中子流的方法有两种：散裂和裂变。第一种方法散裂，涉及使用极高能质子击碎核，而产生高能质子并不容易。在英国，这种高能质子通常需要使用质子加速器或者质子同步加速器来获得，例如使用 Rutherford Appleton 实验室的质子加速器或者质子同步加速器。第二种方法核裂变过程则需要一个核反应堆来实现。因此可以看出，获得中子流需要付出相当大的努力以及高昂的费用。大量的实验证明这些费用是合理的，当这些实验都能够进行，非弹性中子散射仅仅是其中的一种类型。中子流的定向性及可以很容易穿透大多数物质的性质在非弹性中子散射中有着重要的作用，而中子流在系统中的飞行时间可以直接用于检测中子到样品的能量传递。因此，与本书中介绍的其他方法相比，这种能量传递可能类似于拉曼光谱中的能量传递，而其采样模式最接近于透射红外光谱的模式。

7.6.2　非弹性中子散射光谱

非弹性中子散射光谱中并无选律存在。因此如前所述，无论是红外及拉曼活性的，还是红外和拉曼都非活性的振动模式，都可以出现在非弹性中子散射光谱中。然而，非弹性中子散射谱并不是红外光谱和拉曼光谱及新的谱带的复合谱，其根源在于中子散射截面的性质，即中子散射截面决定能带"强度"这一基本性质。其不取决于诸如动态偶极子或极化率等因素，而取决于更基本的"台球"动量传递方法。这种传递方法认为动量在两个质量相当的粒子间可以得到最有效的转移。因此，这一方法对于含氢的振动模式是最有效的。实际实验中发现，氢的非弹性截面比包括氘的其他元素至少大一个数量级，这使利用同位素取代来即时识别氢的振动模式成为可能。因此，典型的非弹性中子散射光谱是以氢原子运动产生的频带为主。具有这一性质的检测技术显然有着许多应用，可以为表面化学工作者利用。下文将介绍它的应用实例。

7.6.3　加氢脱硫反应催化剂的非弹性中子散射光谱

由于原油含有许多污染物，包括硫、氮和痕量金属等，因此在精炼过程中需要进行氢化，使它们变为挥发性氢化物以除去这些污染物。这一过程还可以用于减少原油中的不饱和馏分。在这些污染物中，硫或许是受到最严格限制的环境影响因素，诸如 SO_2 等物质的排放水平，这些物质可能会在含硫油燃烧时形成。

然而，目前已知的加氢脱硫催化剂，不大可能有效降低"原油"中的含硫量。考虑到所涉及的特定的经济因素，目前人们正在寻找潜在的新型催化剂。一种可能的新型催化剂是金属硫化物 Ru_2S。这种材料能够吸附氢，然后使氢活化用于加氢脱硫过程。该材料的活性与 RuH 的浓度直接相关。然而直到应用非弹性中子散射光谱前，这类金属氢化物还未能通过振动光谱法正式检测。Jobic 等人[54]最终确定了 RuH 对于暴露于氢的部分脱硫催化剂 Ru_2S 的作用(图 7-38)。

这些光谱还显示了归属于泛音和组合模式的谱带，这是非弹性中子散射光谱的典型特征。用于非弹性中子散射光谱仪的腔体是简单的不锈钢或铝"管"，由于这些金属对于中子流来说基本是"透明"的，因此可以使用大量的材料(可高达 100 g)。在这种条件下，我们可以相当肯定所得到的光谱是催化剂材料的真实光谱。与本书中介绍的

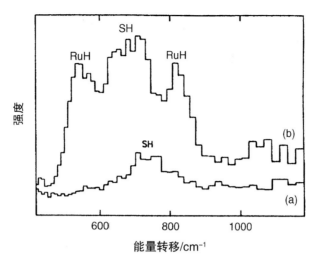

图 7-38　部分脱硫的 Ru_2S 催化剂暴露在氢气中的非弹性中子散射光谱，
540 cm^{-1} 及 821 cm^{-1} 处的能量转移值形成的 RuH 的特征峰(Jobic 等[54])

其他形式的表面振动光谱相比，非弹性中子散射光谱有以下 3 个值得注意的特征：

（1）非弹性中子散射光谱对氢的振动模式极其敏感，但随着原子序数的增加，其灵敏度显著降低。

（2）中子源的强度相对较弱，需要有相对大量的样品(通常为细颗粒的形式)才能获得最佳的测试结果。

（3）稳定可靠的中子源并不总是随时可用。

7.7　和频生成方法

读者可以理解，本书所述的许多方法不能应用于与液体或者具有明显过压的气体接触的表面。对于其他的方法，例如红外光谱，气体干扰需要使用复杂的归一化和扣除背景的方法来去除。20 世纪 80 年代中期，研究人员开始研究表面的非线性光学性质，并开发出了和频生成(sum frequency generation，SFG)这一新技术。这一技术在原则上可以用于研究某些基底吸附物系统，而不受表面上的介质的影响。该技术通过波混频诱导使表面上的两个光子相互作用，最终从表面反射时只出现单个光子。这个过程不会损失能量(以及频率)，这也是其被称为和频生成的原因。彻底理解这种方法所需的非线性光学的完整理论超出了本书的范围。读者可以阅读 Shen 的著作[55]以深入理解这一方法。

这一类三波混频过程基于两种介质之间的界面产生的固有偶极子，如固-液、固-气、液-液(两种互不相容的液体)界面，或者是有序材料中缺少反演对称性的晶胞产生的偶极子。因此，如果考虑诸如 Ag、Cu、Ni、Pt 等的金属的单晶表面基底，由于具有面心立方结构，使其具有反演对称性，以致穿透到晶体内部的光子不会发生非线性光学过程，然而晶体表面和接触介质之间的界面将可以"有效"生成和频。

设想最简单的和频生成过程，两个光子具有相同的能量 $E(\omega)$（频率为 ω），当发生三波过程（两个入射光子，一个出射光子）时，出射光子的能量为 $2E(\omega)$（频率为 2ω）。这个过程被称为二次谐波生成。

该过程的效率（强度）取决于多种因素，但是其中的 $E(\omega)$ 或 $2E(\omega)$ 对应于容许跃迁中的一些描述。例如，对于电子跃迁或振动跃迁，该过程被称为共振，使整个过程的效率和强度在频率为 2ω 处增加。因此，和频生成确保由辐射源产生一个入射光子，利用这种可能性，该辐射的能量可调，以跨越合适的跃迁。

因此，作为一种表面振动光谱，和频振动光谱可以通过以下两种光子实现：一种入射光子通常由红外光区可调谐的激光器生成，产生可被吸附在表面处的物种直接吸收的辐射；另一种是泵光子，其可以是可见光，也可以是红外光，用于提供所需的强度来观测弱的二阶效应。假设泵光子的频率为 ω_p，可调谐光子的频率为 ω_t，那么当 ω_t 等于激发表面振动所需要的频率时，和频光子的强度就会发生变化，其频率为 $\omega_p + \omega_t$。由于在红外光区的有用部分提供可调谐输出的激光系统比较困难，该方法目前的应用有限。但是，随着激光技术的进一步发展，其有可能得到更广泛的应用。

这里提供一个和频振动光谱在表面化学问题中的应用实例。Bain 及其合作者研究了表面活性剂分子在液体-空气界面处的吸附情况[56-57]（图7-39）。

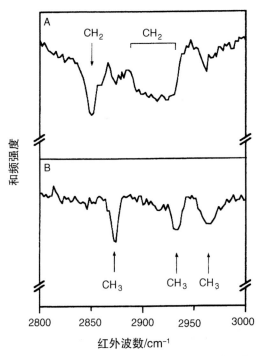

图7-39　与阴离子表面活性剂十二烷基硫酸钠(SDS)接触亲水表面以及同样条件下存在氘代十二烷醇的条件下的和频振动光谱(Bain[57])

　　图 7-39 为典型的和频振动光谱，随着可调谐激光的频率扫描，对应于表面活性剂物种的和频分量的强度剧烈变化。在这个例子中，观察到的共振可以根据模型来解释，其中在不存在氘代醇的情况下，表面活性剂定向排列，使亚甲基可以被观察到。在醇存在的情况下，覆盖层的结构发生显著变化，显示出尖锐的甲基共振峰。和频振动光谱的主要优点在于其选择性。具有反演对称性的晶胞的基底不能发生和频生成过程。此外，气体或液体介质意味着入射激光束经过的是各向同性介质。各向同性介质的性质表现与具有反演对称性的介质类似，故谱峰中不会有来自基底接触的液体或气体的贡献。因此，从这种体系中观察到的和频共振分量仅仅来自界面本身。在正确选择基底的情况下，和频振动光谱是表面振动光谱的压力不相干的最终形式。这一技术的主要缺点在于其是一种弱效应。为了观察到和频振动光谱，需要有足够强的光源（通常为脉冲激光源），以便在给定的时间间隔（通常为 10 ns 或更短）内提供足够的光子。然而这样就有可能由于强激光脉冲与表面的相互作用而损坏样品表面。和频振动光谱的最新进展与激光技术的进一步发展及基本物理的新应用有关：根据海森堡不确定性原理，$\Delta E \times \Delta t = h/4\pi$，因此，脉冲时间的减少会导致能量范围的增加。初看起来这似乎是一个缺点，但是对于非常短的脉冲，它可以被认为是一个宽谱带的辐射。宽谱带的和频振动光谱可以通过空间叠加小于 100 fs 的红外光束和 3 ps 的较长可见光脉冲来实现。然后，和频在 CCD 阵列上分散输出。实验中波数范围由红外脉冲的中心频率及线宽决定，在 100 fs 脉冲的情况下为 330 cm^{-1}[58]。因此，这一光谱范围足以覆盖整个 C—H 伸缩振动及羧基区域，可以在单次实验，即 3 ps 中收集。但是，实际上可能需要进行数千次实验叠加才能得到合适的信噪比[59]。

参考文献

[1] BANWELL C N, MCCASH E M. Fundamentals of molecular spectroscopy[M]. 4th ed. London：McGraw-Hill，1994：93-96.

[2] FERRARO J R, BASILO L J. Fourier transform infrared spectroscopy：Application to chemical systems，Volumes 1 and 2[M]. New York：Academic Press，1978 and 1979.

[3] GRIFFITHS P R, DE HARETH J A. Fourier transform infrared spectroscopy[M]. Chichester，UK：John Wiley & Sons Ltd，1986.

[4] EISCHENS R P, PLISKIN W A, FRANCIS S A. Infrared spectra of chemisorbed carbon monoxide[J]. The journal of chemical physics，1954，22(10)：1786-1787.

[5] EISCHENS R P, FRANCIS S A, PLISKIN W A. The effect of surface coverage on the spectra of chemisorbed CO[J]. The journal of physical chemistry，1956，60(2)：194-201.

[6] DE LA CRUZ C, SHEPPARD N. An infrared spectroscopic investigatio of the species chemisorbed from ethylene over a platinum/silica catalyst between 100

and 294 K; the observation of di-σ adsorbed PtCH₂CH₂Pt surface complexes[J]. Journal of the chemical society, chemical communications, 1987 (24): 1854-1855.

[7] DE LA CRUZ C. Infrared spectroscopic comparison of the chemisorbed species from ethene, propene, but-1-ene and cis-and trans-but-2-ene on Pt (111) and on a platinum/silica catalyst[J]. Journal of the chemical society, Faraday transactions, 1990, 86(15): 2757-2763.

[8] HO M T, WANG Y, BREWER R T, et al. In situ infrared spectroscopy of hafnium oxide growth on hydrogen-terminated silicon surfaces by atomic layer deposition[J]. Applied physics letters, 2005, 87(13): 133103.

[9] PÄIVÄSAARI J, NIINISTÖ J, MYLLYMÄKI P, et al. Atomic layer deposition of rare earth oxides[M]// Rare earth oxide thin films. Berlin, Heidelberg: Springer, 2007: 15-32.

[10] LIM B S, RAHTU A, GORDON R G. Atomic layer deposition of transition metals[J]. Nature materials, 2003, 2(11): 749-754.

[11] MOORE G E. Cramming more components onto integrated circuits[J]. Electronics, 1965, 38: 114-117.

[12] HARVEY T J, HENDERSON A, GAZI E, et al. Discrimination of prostate cancer cells by reflection mode FTIR photoacoustic spectroscopy[J]. Analyst, 2007, 132(4): 292-295.

[13] Gao K Y, Speck F, Emtsev K, et al. Interface of atomic layer deposited Al₂O₃ on H-terminated silicon [J]. Physica status solidi (a), 2006, 203 (9): 2194-2199.

[14] HOLMES P D, MCDOUGALL G S, WILCOCK I C, et al. Diffuse reflectance infrared spectroscopy of adsorbates on supported metal catalysts[J]. Catalysis today, 1991, 9(1-2): 15-22.

[15] (a)GREENLER R G. Infrared study of adsorbed molecules on metal surfaces by reflection techniques[J]. The Journal of Chemical Physics, 1966, 44(1): 310-315; (b) GREENLER R G. Design of a reflection-absorption experiment for studying the IR spectrum of molecules adsorbed on a metal surface[J]. Journal of vacuum science and technology, 1975, 12(6): 1410-1417.

[16] CHESTERS M A. Infrared spectroscopy of molecules on metal single-crystal surfaces[J]. Journal of electron spectroscopy and related phenomena, 1986, 38: 123-140.

[17] HOLLINS P. Coupling effects in the vibrational spectra of adsorbed layers with island structures[J]. Surface science, 1981, 107(1): 75-87.

[18] HOLLINS P, PRITCHARD J. Site adsorption in the incommensurate com-

pression structure of chemisorbed CO on Cu (111)[J]. Journal of the chemical society, chemical communications, 1982 (21): 1225-1226.

[19] CHESTERS M A, PARKER S F, RAVAL R. Cyclohexane adsorption on Cu (111) studied by infrared and electron energy loss spectroscopy[J]. Journal of electron spectroscopy and related phenomena, 1986, 39: 155-162.

[20] WILLIAMS G P. IR spectroscopy at surfaces with synchrotron radiation[J]. Surface science, 1996, 368(1-3): 1-8.

[21] PILLING M J, FONSECA A A, COUSINS M J, et al. Combined far infrared RAIRS and XPS studies of TiCl$_4$ adsorption and reaction on Mg films[J]. Surface science, 2005, 587(1-2): 78-87.

[22] HIRSCHMUGL C J, WILLIAMS G P, HOFFMANN F M, et al. Adsorbate-substrate resonant interactions observed for CO on Cu (100) in the far infrared [J]. Physical review letters, 1990, 65(4): 480.

[23] PILLING M J, LE VENT S, GARDNER P, et al. Anomalous inverse absorption features in the far-infrared RAIRS spectra of SnCl$_4$ on thin-film SnO$_2$ surfaces[J]. The journal of chemical physics, 2002, 117(14): 6780-6788.

[24] GARDNER P, LEVENT S, PILLING M J. A theoretical investigation of the far-infrared RAIRS experiment applied to a buried metal layer substrate[J]. Surface science, 2004, 559(2-3): 186-200.

[25] GREEN M J, BARNER B J, CORN R M. Real-time sampling electronics for double modulation experiments with Fourier transform infrared spectrometers [J]. Review of scientific instruments, 1991, 62(6): 1426-1430.

[26] HILARIO J, DRAPCHO D, CURBELO R, et al. Polarization modulation Fourier transform infrared spectroscopy with digital signal processing: Comparison of vibrational circular dichroism methods[J]. Applied spectroscopy, 2001, 55(11): 1435-1447.

[27] OZENSOY E, MEIER D C, GOODMAN D W. Polarization modulation infrared reflection absorption spectroscopy at elevated pressures: CO adsorption on Pd (111) at atmospheric pressures[J]. The journal of physical chemistry B, 2002, 106(36): 9367-9371.

[28] BRIAND E, SALMAIN M, COMPÈRE C, et al. Anti-rabbit immunoglobulin G detection in complex medium by PM-RAIRS and QCM: Influence of the antibody immobilisation method[J]. Biosensors and bioelectronics, 2007, 22 (12): 2884-2890.

[29] METHIVIER C, BECCARD B, PRADIER C M. In situ analysis of a mercaptoundecanoic acid layer on gold in liquid phase, by PM-IRAS. Evidence for chemical changes with the solvent[J]. Langmuir, 2003, 19(21): 8807-8812.

[30] CLARKR J H, HESTER R E. Advances in infrared and Raman spectroscopy, Volume 12[M]. London: Wiley, 1985: 1-63.

[31] BEDEN B, BEWICK A. The anodic layer on nickel in alkaline solution: an investigation using in situ IR spectroscopy[J]. Electrochimica acta, 1988, 33 (11): 1695-1698.

[32] JAMIN N, DUMAS P, MONCUIT J, et al. Highly resolved chemical imaging of living cells by using synchrotron infrared microspectrometry[J]. Proceedings of the national academy of sciences, 1998, 95(9): 4837-4840.

[33] YANG C Y, LEE J M, PAESLER M A, et al. EXAFS studies of thermostructural and photostructural changes of vapor-deposited amorphous As_2S_3 films [J]. Le journal de physique colloques, 1986, 47(C8): 387-390.

[34] FROITZHEIM H, IBACH H, LEHWALD S. Reduction of spurious background peaks in electron spectrometers[J]. Review of scientific instruments, 1975, 46(10): 1325-1328.

[35] IBACH H, HOPSTER H, SEXTON B. Analysis of surface reactions by spectroscopy of surface vibrations[J]. Applications of surface science, 1977, 1(1): 1-24.

[36] THIRY P. Vibrations measured at surfaces by high resolution electron energy loss spectroscopy: Updated review (1982-1985)[J]. Journal of electron spectroscopy and related phenomena, 1986, 39: 273-288.

[37] CHESTERS M A, MCDOUGALL G S, PEMBLE M E, et al. An electron energy loss spectroscopic study of ethylene chemisorbed on Pd (110) at 110 K[J]. Applications of surface science, 1985, 22: 369-383.

[38] IBACHH, MILLS D L. Electron energy loss spectroscopy and surface vibrations[M]. New York: Academic Press, 1982.

[39] SHEPPARD N. Vibrational electron energy loss spectroscopy (EELS) and the structures of the species from the chemisorption of ethylene or acetylene on metal single-crystal surfaces: A perspective[J]. Journal of electron spectroscopy and related phenomena, 1986, 38: 175-186.

[40] Norman D, Tuck R A, Skinner H B, et al. Surface extended X-ray absorption fine structure applied to the polycrystalline surfaces of real thermionic cathodes[J]. Le journal de physique colloques, 1986, 47(C8): 529-532.

[41] GROGAN M J, NAKAMOTO K. Infrared spectra and normal coordinate analysis of metal-olefin complexes. I. Zeise's salt potassium trichloro (ethylene) platinate (II) monohydrate[1][J]. Journal of the American chemical society, 1966, 88(23): 5454-5460.

[42] BISHOP D M. Group theory and chemistry [M]. Oxford: Clarendon

第 7 章 表面振动光谱 | 321

Press，1973.

[43] SMEKAL A. Zur quantentheorie der dispersion[J]. Naturwissenschaften, 1923, 11(43): 873-875.

[44] RAMAN C V, KRISHNAN K S. A new type of secondary radiation[J]. Nature, 1928, 121(3048): 501.

[45] ZAHN D R T. In situ Raman spectroscopy of semiconductor surfaces and interfaces[J]. Physica status solidi (a), 1995, 152(1): 179-189.

[46] FLEISCHMANN M, HENDRA P J, MCQUILLAN A J. Raman spectra of pyridine adsorbed at a silver electrode[J]. Chemical physics letters, 1974, 26 (2): 163-166.

[47] FLEISCHMANN M, HENDRA P J, MCQUILLAN A J, et al. Raman spectroscopy at electrode-electrolyte interfaces[J]. Journal of Raman spectroscopy, 1976, 4(3): 269-274.

[48] JEANMAIRE D L, VAN DUYNE R P. Surface Raman spectroelectrochemistry: Part I. Heterocyclic, aromatic, and aliphatic amines adsorbed on the anodized silver electrode[J]. Journal of electroanalytical chemistry and interfacial electrochemistry, 1977, 84(1): 1-20.

[49] ALBRECHT M G, CREIGHTON J A. Anomalously intense Raman spectra of pyridine at a silver electrode[J]. Journal of the American chemical society, 1977, 99(15): 5215-5217.

[50] HILL W, WEHLING B, FALLOURD V, et al. Application of surface-enhanced Raman scattering for chemical sensors[J]. Spectroscopy Europe, 1995, 7(5): 20-22.

[51] MULLEN K, CARRON K. Adsorption of chlorinated ethylenes at 1-octadecanethiol-modified silver surfaces[J]. Analytical chemistry, 1994, 66(4): 478-483.

[52] CARRON K, PEITERSEN L, LEWIS M. Octadecylthiol-modified surface-enhanced Raman spectroscopy substrates: A new method for the detection of aromatic compounds[J]. Environmental science & technology, 1992, 26(10): 1950-1954.

[53] PARKER S F. Spectroscopy Europe, 1994, 6: 14.

[54] JOBIC H, CLUGNET G, LACROIX M, et al. Identification of new hydrogen species adsorbed on ruthenium sulfide by neutron spectroscopy[J]. Journal of the American chemical society, 1993, 115(9): 3654-3657.

[55] SHEN Y R. The principles of non-linear optics[M]. New York: John Wiley & Sons Inc., 1984.

[56] DUFFY D C, DAVIES P B, BAIN C D. Surface vibrational spectroscopy of

organic counterions bound to a surfactant monolayer[J]. The journal of physical chemistry，1995，99(41)：15241-15246.

[57] BAIN C D. Characterisation of the solid-water interface using sum-frequency spectroscopy[J]. Biosensors and bioelectronics，1995，10(9-10)：917-922.

[58] HOMMEL E L，MA G，ALLE H C. Broadband vibrational sum frequency generation spectroscopy of a liquid surface[J]. Analytical sciences，2001，17(11)：1325-1329.

[59] ZHANG V L，ARNOLDS H，KING DA. Hot band excitation of CO/Ir{111} studied by broadband sum frequency generation[J]. Surface science，2005，587(1-2)：102-109.

思考题

1. 使用群论，表明乙烯吸附在平坦无特征的表面，乙烯分子的平面平行于表面平面，我们预测在 RAIRS 或偶极 EELS 谱中最多有 4 个可能的频带。

2. 对于在 Pt(111)上形成乙炔的实例，预测 RAIRS 或偶极 EELS 谱中可能的谱带的数量。

3. 考虑到在 RAIRS 实验中在 3000 cm^{-1} 处观察到的表面振动，计算以 meV 为单位表示的能量损失和以 eV 为单位表示的绝对能量，其中其可能出现在涉及使用能量为 5.0 eV 的电子束的 EELS 实验中。

4. 发现与问题 3 相同的谱带具有一些拉曼活性。计算在使用氩离子激光 488.0 nm 激发源的拉曼实验中该谱带将出现的波长和绝对能量。

5. 发现 HCl 分子吸附在 Pt(110)表面上，其中 H—Cl 键平行于表面平面并沿着原子行排列。使用碰撞散射的选择定则推导出 EELS 实验的所需取向，使(a)观察到 H—Cl 振动和(b)未观察到 H—Cl 振动。

6. 在 RAIRS 实验中，直径为 10 mm 的红外光束以 88°的入射角入射 Pt(111)单晶表面。确定实验中采样的表面面积。

7. 假设在该光谱区域中金属的折射率的实部和虚部分别为 3.0 和 30.0，计算在光谱的红外区域中的简单金属的体相介电函数的实部和虚部。

8. 借助于简单示意图，在表面实验中区分 a 偏振光和 p 偏振光，并且进一步区分 p 垂直分量和 p 平行分量。

9. 通过使用微观偶极子模型，显示如何产生所谓的表面选择定则，用于检测吸附在金属表面处的物质的振动。

10. 确定来自真空和假定的固体介质之间的边界的全反射的临界角，该固体介质对于 2000 cm^{-1} 的能量的红外光子具有折射率 $n=2.7$ 和 $k=0$，加上确定以 60°入射角辐射穿透到固体中的深度。

11. 计算通过 Nd：YAG 激光器 1064 nm 与 FCC 金属表面的相互作用产生的二次谐波产生(SHG)响应的能量和频率。

12. 证明可以从 Pt 和 Si 的(001)表面而不是从 GaAs 的(001)表面观察到 SHG 和 SFG 两者的事实。

13. SFG 实验旨在测量吸附的烃物质中的 C—H 振动。由于泵浦激光器在 532 nm 的波长下操作，并且在典型的 IR 光谱中，特定吸附物质的 C—H 振动位于 2800～3000 cm^{-1}，计算在 SFG 实验中应由检测器测量的波长范围。

第8章　基于干涉技术的表面结构确定

8.1　前言

本书前面相关章节介绍了多种表面化学组成分析技术。与表面化学组成同样重要的是表面原子相对彼此的排列方式，表面原子几何排列结构决定了新的分子在表面的吸附方式，从而影响表面反应活性。表面结构研究包括两方面内容，首先，需要了解表面原子排列的对称性，即对于具有长程有序结构的表面，我们要了解其表面重复单元(表面晶胞)的尺寸和形状。其次，我们要知道原子在表面的精确位置信息，即对于某个特定的表面原子位置，其周围临近原子的数量，以及与每个相邻原子的空间距离和方向矢量等(表面短程结构)。

并非所有固体表面都具有长程有序结构，它仅是单晶材料的表面特性。如果要研究单晶体材料的内部长程有序结构，我们可以利用一束 X 射线或中子束照射试样，以获得衍射谱图并进行分析。通过测量衍射束强度，并将其与各种晶体结构模型的强度计算结果进行比较，可获得原子空间排列的详细信息，即晶体内部短程结构信息。8.1.1 节介绍三维晶体衍射的基本理论，这些衍射技术除用于体相材料研究外，也适用于表面结构分析，获得与体相材料衍射类似的相关信息，即表面原子空间排列位置及其对称性等。8.1.2 节介绍衍射理论在表面分析中的应用。8.2 节介绍电子衍射在表面长程有序结构测试中的应用。在专用同步辐射源的发展带动下，X 射线衍射在表面分析中的应用，即表面 X 射线衍射技术(surface X-ray diffraction，SXRD)获得了极大发展，8.3.3 节介绍该部分内容。

材料可分为多种不同类型，如多晶和无定型材料、玻璃和凝胶等，其中玻璃和凝胶不具有长程有序结构，无法利用衍射技术进行分析。与此类似，在晶体表面也可能存在局部非连续有序结构的情况。此时就需要采用某种分析技术以获得材料表面或体内短程有序结构。许多现有的分析技术均得益于同步辐射源的发展，这一点对于 X 射线驻波技术(X-ray standing wave，XSW，8.3.4 节)和通过吸收光子在特定原子位点产生电子波的其他分析技术，如表面扩展 X 射线吸收精细结构技术(EXAFS 或 Surface extended X-ray absorption fine structure，SEXAFS，8.3.2 节)，尤为突出。其中，X 射线驻波技术是利用晶体体内衍射产生的 X 射线驻波场来确定局部吸收位置；表面扩展 X 射线吸收精细结构技术是利用原子芯能级产生的光电子波场和周围原子弹性散射产生的光电子波场的相干干涉进行分析。光电子衍射技术(8.4 节)同样是利用相干干涉现象，但不同于 EXAFS 测量总的光吸收截面，光电子衍射测定样品特定方向上发射的光电子，包括光电子的发射方向和光电子能量。

8.1.1　三维衍射基本理论

三维晶体衍射的基本概念大部分可以很容易延伸应用于表面衍射，因此在具体讨论表面衍射前，有必要回顾一下三维晶体衍射分析中涉及的重要概念。研究体相材料晶体结构用得最多的技术是 X 射线衍射。X 射线被固体中原子核外的电子所散射。由于 X 射线不带电荷，这种相互作用非常弱，因此 X 射线能够深入到材料内部，从而探测试样本体结构(虽然在8.3节中介绍 X 射线也可用于表面检测，即表面 X 射线衍射)。只有在晶体材料中才可以观察到衍射现象。晶体材料与玻璃或无定型材料的区别在于它具有长程有序结构。晶体结构可认为由晶格(lattice)和基元(basis)两方面组成。晶格是空间点在三维方向进行周期性重复的排列，从而构成晶体框架结构。实际上，这种空间单元的无限重复，只可能产生 14 种特定的三维晶格，称为 14 种布拉维格子(Bravais lattice)[1]。基元是每个晶格格点处的原子数量和排列。晶格与基元相结合则可以完整表述晶体结构：晶格 + 基元 = 晶体结构。晶胞(unit cell)是指包含某一特定结构所有特定信息的最简单的结构单元，晶胞在三维空间无限重复排列，即可获得宏观晶体结构。晶胞尺寸(晶胞参数)通常采用 a，b 和 c 进行表示(相应方向的矢量分别为 a，b 和 c)。晶胞角度(无须非得 90°)则采用 α，β 和 γ 表示。最简单的立方晶胞，如 NaCl，$a = b = c$，$\alpha = \beta = \gamma = 90°$。

确定晶体结构内的任一原子晶面需要 3 个坐标，可采用米勒指数(hkl)进行标定。晶面的米勒指数可通过将该晶面在 a，b，c 坐标轴上的截距除以 a，b 和 c 后取倒数，并以最小整数的形式进行表示而获得。图 8-1 给出了晶面米勒指数的计算示例。如果在坐标轴上的截距为负数，则在指数上方用横杆表示。例如，边长为 a 的立方晶体的 6 个晶面分别标识为(100)，(010)，(001)，($\overline{1}$00)，($0\overline{1}0$)和($00\overline{1}$)。一组晶面指数相当的晶面称为晶面簇，上述晶面簇即可表示为{100}。晶体结构中的方向

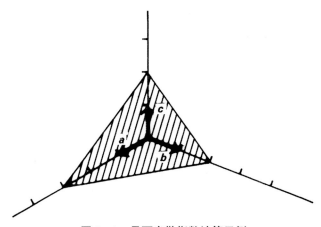

图 8-1　晶面米勒指数计算示例

注：该晶面在坐标轴上的截距分别是 $3a$，$2b$ 和 $2c$，分别除以 a，b 和 c 后取倒数为 1/3，1/2 和 1/2，化为最小整数比得 2，3，3，故该晶面的米勒指数为(233)。

同样可以采用米勒指数表示，为$[hkl]$。米勒指数的一个重要而有用的特性是晶体中$[hkl]$方向垂直于(hkl)晶面。

晶面米勒指数与晶面在坐标轴上的截距具有倒数关系，X 射线束的波长与其对应的波矢量 k 同样具有倒数关系，波矢量大小可以表示如下：

$$k = 2\pi/\lambda \qquad (式 8-1)$$

波矢量是一个重要的量值，它表征入射束和衍射束的动量大小[①]。当入射束受到某原子面的散射后，其波矢量的变化将决定衍射束的方向。因此，衍射谱图直接反映了波矢量(或波矢量传递)的变化。采用倒易空间，而非实空间处理衍射问题非常方便实用，倒易空间与实空间存在反比关系。当产生衍射现象时，我们可以建立一个倒格子，在倒格子中，格点与格点之间的距离和实空间中的晶面距离成反比，且直接反映了 k 值的大小(也被称为 k 空间)。当 X 射线被晶格中连续的原子面反射并发生相长干涉时，将产生衍射 X 射线束。当入射 X 射线以 θ 角入射到一组晶面间距为 d 的连续原子面上时，要产生相长干涉，必须满足布拉格定律，即 $n\lambda = 2d\sin\theta$。倒格子的格点间距离正比于动量，其优势在于可以很容易通过倒格子中的动量守恒定律来确定产生相长干涉的条件。这种几何构建方法称为厄瓦尔德球法。图 8-2 显示了二维立方晶格的厄瓦尔德球。图中点阵为倒格子，两相邻格点间的距离为 $2\pi/d$，其中 d 为实晶格中两格点的间距。三维晶体的倒格子是三维的，不过在二维空间构建厄瓦尔德球更为方便。图 8-2 中矢量 k_0 末端指向倒格子空间原点(000)，代表入射 X 射线波矢量。以 $|k_0|$ 为半径，k_0 以矢量的起点 P 为圆心画一个圆，构建厄瓦尔德球。其意义在于将矢量 k_0 的大小映射到倒格子中，根据动量守恒定律，在厄瓦尔德球以外的地方将不会产生衍射现象。如果任何倒格点与厄瓦尔德球相交，将满足弹性散射条件(即入射束动量发生变化，而能量不发生改变)。散射束的波矢量为 k'，由动量守恒得到

$$k_0 = k' + g \qquad (式 8-2)$$

其中，倒格子矢量 g 代表由散射造成的动量变化。对于弹性散射，$|k_0| = |k'|$，即入射束的方向发生变化，而其动量的大小不改变，动量的大小即厄瓦尔德球半径。

按惯例[②]，图 8-2 中衍射角用 2θ 表示，可以得到：

$$\sin\theta = \frac{|k_0|}{|g|/2} \qquad (式 8-3)$$

根据三维勾股定理，得

$$|g| = 2\pi\sqrt{h^2 + k^2 + l^2}/d \qquad (式 8-4)$$

由于 $|k_0| = 2\pi/\lambda$，可以得到

[①] 光子的波长与其动量的反比关系来自德布罗意方程，$\lambda = h/p$，其中 p 表示动量，h 为普朗克常数，$k = p/h$。

[②] 在二维空间处理衍射问题(8.1.2 节和 8.2.2 节)时，衍射角通常用 θ 而非 2θ，特别是当入射束沿表面法向方向入射(8.2.2 节)时。

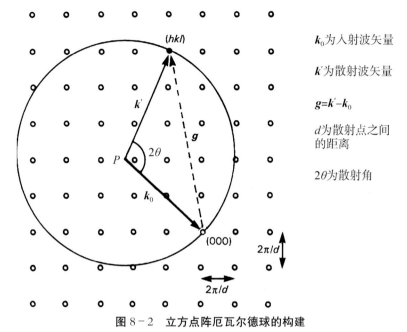

图 8-2 立方点阵厄瓦尔德球的构建

注：其中(*hkl*)表示厄瓦尔德球上点的米勒指数，引用自参考文献[3]，1994 年牛津大学出版社版权所有。

$$\sin\theta = \sqrt{h^2 + k^2 + l^2}\,\frac{\lambda}{2d} \qquad （式 8-5）$$

即我们熟悉的布拉格衍射公式：

$$n\lambda = 2d\sin\theta \qquad （式 8-6）$$

其中 $n = \sqrt{h^2 + k^2 + l^2}$，即衍射级数。

　　根据布拉格条件，满足 $h^2 + k^2 + l^2$ 的任何取值均可以产生衍射现象。然而，在许多晶体中情况并非如此，有时从某组晶面中产生的衍射束可能会被从另一组晶面中出射且具有同样振幅但相位相反的衍射束相消。这将导致在某些原本应该出现衍射束的 θ 值位置没有衍射束，即产生系统消光。系统消光现象在确定晶格的对称性方面非常有用。将布拉格方程中的晶面间距 d 和晶胞尺寸 a，b 和 c 进行关联，通过衍射角即可计算晶胞尺寸。

　　通过分析衍射束的位置可以获得晶体点阵尺寸及其对称性等信息，但并不能得到晶格中的原子排列，即晶体基元的信息。原子确切位置需要通过分析衍射束的强度，而不是衍射束位置而获得。晶格中的原子对 X 射线散射的强度取决于原子周围电荷的分布（即原子核外电子的数量），因此，每个原子 i 都有一个与之相应的散射因子 f_i，也称为原子形状因子[1,9]。晶体对 X 射线的散射整体上依赖于晶胞中的原子数量及其相互间的位置（原子 i 产生的散射可能会与另一原子 j 产生的散射间形成相消干涉或相长干涉）。结构因子 F_{hkl} 表示散射束的散射振幅，它可以通过对晶胞中每个原子的散射因子在考虑相位差的条件下进行求和得到：

$$F_{hkl} = \sum_j f_j \exp\left[i \cdot 2\pi(hu_j + kv_j + lw_j)\right] \qquad \text{(式 8-7)}$$

式 8-7 是对原子 j 的原子散射因子进行求和,指数项代表其相位差校正,u_j、v_j 和 w_j 是晶胞中 j 原子的分数坐标,用晶格参数 a,b 和 c 的分数进行表示。许多情况下该指数项非常复杂。因为波的强度是其振幅的平方,所以米勒指数为(hkl)的衍射斑点的强度 I_{hkl} 与结构因子有以下关系:

$$I_{hkl} \propto |F_{hkl}|^2 \qquad \text{(式 8-8)}$$

这意味着测量衍射束的强度只能得到结构因子 F_{hkl},却失去了相位信息,称为相位缺失问题。相位缺失问题使从衍射数据来确定原子位置更为复杂,但这一问题仍可以得到解决。目前已发展了多种从实验数据中获取准确的原子位置信息的方法。基本上,这些方法均依赖对原子位置做初始猜测设定,该位置设定要与由衍射束位置得到的晶格对称性相符。在初始猜测时要考虑光谱分析等其他实验数据和特定原子/离子的化学配位信息。基于猜测的原子结构便可以计算出衍射束的强度随入射角或样品在面内方向的方位角等随衍射条件变化而变化的关系。将该计算结果与大量的衍射实验数据进行比较,以此对初始设定的原子结构进行优化,进而再重新计算衍射强度,如此反复进行,直到计算和实验结果相差无几。近年来发展的一些方法均基于原子的散射能力 f_j 是一个依赖于入射 X 射线束能量的复杂量值。这些方法不属于本文讨论范围,有兴趣的读者可以参考文献[9]进行详细了解。这些方法在本章介绍的表面分析技术中得到越来越广泛的应用。

X 射线与固体的相互作用非常弱,因此,在计算衍射强度时,可以假设 X 射线在从固体样品出射时只经历了一次散射过程。X 射线衍射理论称为动力学理论,忽略了多次散射效应,这极大地简化了理论处理。但对于电子束,由于其与固体的相互作用非常强,故必须考虑多次散射效应的影响,8.2 节将介绍该部分内容。

8.1.2 二维表面衍射基本理论

X 射线衍射和中子衍射是测定体相材料原子结构最为常用的方法。X 射线被原子周围的电荷所散射,这种散射强度非常弱,因此,X 射线能穿透到试样很深的位置,探测试样材料的体相结构。中子相比 X 射线被固体散射更弱。X 射线和中子的这种特性决定了它们非常适合于材料体相测量,但不适合于表面检测。当然这并不是说它们完全不能用于表面检测(见 8.3 节)。作为荷电粒子,电子与物质的相互作用非常强。前面相关章节中已介绍低能电子(低于 500 eV)的平均自由程非常短,在几十埃的数量级。这样电子的波长数量级仅为一个埃,略微小于典型的原子间距,因此适用于衍射实验。此外,获得能量单一的电子束也较为容易,这使电子束成为表面衍射测量的主要手段。

低能电子衍射(low energy electron diffraction,LEED)和反射高能电子衍射(reflection high energy electron diffraction,RHEED)是最为常用的两种表面衍射技术。8.2 节将分别介绍这两种分析方法。然而在此之前我们需要了解表面衍射的相关理论处理。首先，如果用诸如低能电子这类表面敏感的探测源进行表面测量，可以假设只有表面最外层的有序原子参与衍射，即二维表面原格，而非体材料中看到的三维晶胞。这种空间维度的降低意味着在表面只存在 5 种原格，而不是三维空间中的 14 种布拉维格子，这些表面原格在二维尺度上无限重复，从而构建表面周期性平面网格[1,3]。在这网格中，每个格点均可以从原点通过下述矢量平移到达：

$$T = ma_s + nb_s \qquad\qquad (式 8 - 9)$$

其中，m 和 n 为整数，矢量 a_s 和 b_s 确定表面原格，下标 s 表示表面。图 8-3 列出了 5 种表面原格[3]。如在三维空间中一样，构建一个完整的表面结构需要将表面基元原子以一定的对称规则安置到原格上，这些对称规则意味着只存在 17 种二维空间群[1]。

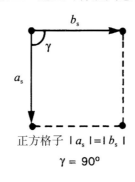

正方格子 $|a_s|=|b_s|$
$\gamma = 90^o$

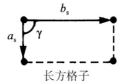

长方格子

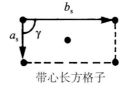

带心长方格子

$|a_s|\neq|b_s| \qquad \gamma = 90^o$

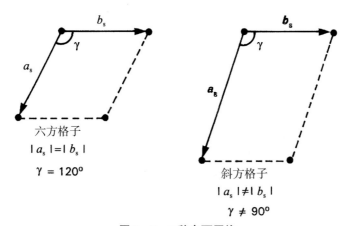

六方格子
$|a_s|=|b_s|$
$\gamma = 120^o$

斜方格子
$|a_s|\neq|b_s|$
$\gamma \neq 90^o$

图 8-3 5 种表面原格

注：引自文献[3]，牛津大学出版社 1994 年版权所有。

(1) 表面结构标识。 理想表面可以认为是晶体体相结构在表面的终止，如 Pt (100)，Ni(110)，NaCl(100)等。然而，通常情况下最外层的原子会进行重新排列以构成新的表面原格结构，而不仅仅是体相晶格的简单终止，这种现象称为表面重构。表面重构的产生主要是因为表面原子周围的邻近原子数量变少了，其最小能量结构不同于体相原子。需要采用一种新的标识方式来表示位于体相结构之上的重构表面的网格取向，这种新的标识方法也可以用来标识任何表面上的吸附层取向。如果表面原格的周期性和取向与体晶格一致，则标识为(1×1)，即没有表面重构。在这种情况下，(1×1)表面原子可发生弛豫，即最外层的表面原子层将扩展或压缩体相原子的层间距。这种现象不同于表面重构，而是称为表面弛豫。但在通常情况下，表面原格的平移矢量与体相晶格不同，因而有：

$$a_s = Ma, \quad b_s = Nb \qquad (式 8 - 10)$$

其中，a 和 b 是非重构理想表面的平移矢量，这种结构命名为$(M×N)$。此外，如果表面网格相对于体晶格以角度 ϕ 进行旋转，则以$(M×N)R\phi°$进行表示。如果表面原格可以采用一个居中原格(即表面点阵点在中心位置)，而不是原始网格进行标识，则标识为 $c(M×N)$。如果最外层包含有吸附层，而不仅仅是体相原子的表面重构，通常也需要进行标识。图 8-4 对此进行了相应标识。常用的标识方式为 Wood 氏标识法。Somorjai 在文献[4]中列出了常见已知清洁表面和吸附表面的表面结构。

(2) 二维空间厄瓦尔德球的构建。 8.1.1 节中介绍了倒易空间基本理论及三维空间衍射厄瓦尔德球的构建。如图 8-5 所示，这种厄瓦尔德球的构建方法在处理二维表面衍射时也是非常有用的。可以看出，图中显示的是倒易点阵棒，而不是如图 8-2 所示的三维衍射倒易点阵点。这是由于表面形成了完整的二维网格结构，因此，垂直于表面的周期性重复距离是无限的。如前所述，倒易点阵中相邻点之间的距离与相应晶面距离成反比。这意味着沿表面法向方向的倒易点阵点是无限密集的，从而形成图 8-5 中的倒易棒。沿厄瓦尔德球与倒易棒相交方向出射的电子束均满足衍射条件。采用与图 8-2 中三维空间类似的厄瓦尔德球构建方法表明其对应于布拉格条件(见 8.2.2 节)，尽管其表述与三维空间中有少许不同。每束衍射束将在 LEED 图中产生一个衍射斑点，该衍射斑点可以根据产生衍射的倒易点阵矢量进行标定。由于在一个方向上缺少周期性，因此倒易点阵棒只需要 h 和 k 两个米勒指数就可以标定。

在表面法向方向上缺少晶格周期性排列将使表面相比于体相满足衍射条件的程度减弱。这是因为对体相而言，衍射图像的观察依赖于衍射束在表面法向方向上的相长干涉，而当在该方向上不存在周期性结构时，将不再产生干涉现象。因此，只要相应倒易棒位于厄瓦尔德球上，在所有能量范围内，而不是某特定能量值，均可以产生衍射束。

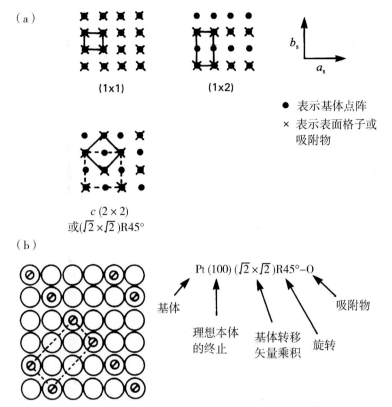

图 8-4　表面原格命名

注：(a)几种常见表面格子及其标识；(b)典型真实表面标识示例[暴露氧气中的 Pt(100)表面]。

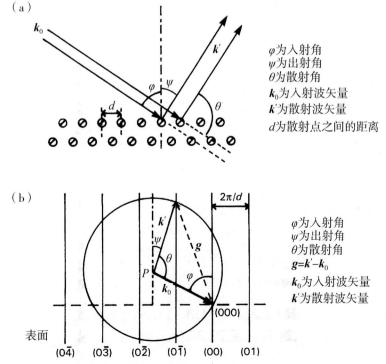

图 8-5　实空间中表面衍射过程示意(a)及倒易空间中的厄瓦尔德球构建(b)

8.2　电子衍射技术

8.2.1　概述

能量为 150 eV 的电子束的波长约为 1 Å，非常适用于衍射实验。此外，这一能量基本上位于通用自由程曲线的最低值，使这些电子束具有极高的表面敏感度。以晶体表面法向方向入射的低能电子的弹性背散射过程构成低能电子衍射（LEED）技术的物理基础。此外，还可以让高能电子束以一定的掠射角入射到晶面上，此时，由于入射电子的动量在表面法向方向上的分量非常小，电子束在表面的入射深度非常浅，这构成反射高能电子衍射（RHEED）技术的物理基础。

8.2.2　低能电子衍射

(1)简介。20 世纪 20 年代后期，Davisson 和 Germer 课题组及 Thomson 和 Reid 课题组几乎同时通过实验发现电子束能像 X 射线一样被晶体固体所衍射。Thomson 和 Reid 观察到电子束穿过一薄的金属箔片时产生衍射现象。Davisson 和 Germer 在单晶镍的电子背散射过程中观察到了电子衍射现象，并开展了首次 LEED 实验[16]。这些实验在当时证实了电子的波动性，且电子的波长与根据当时最新的波动力学理论预测的 h/mv 值相一致（普兰克常数除以电子动量）。虽然有了这些早期实验，但是直到 1960 年 Germer 及其同事们开发了现代 LEED 显示系统前[17]，电子衍射技术并没有得到进一步发展。随着 UHV 超高真空技术的发展，LEED 已成为广泛应用的常规表面结构分析技术之一。

(2)LEED 理论介绍。LEED 应用最广的是获得电子衍射照片，而不对每个衍射斑点的强度进行分析。在全球绝大多数表面科学实验室中，LEED 主要用于确定试样表面清洁度和表面结构规整性。LEED 对表面污染和表面粗糙度非常灵敏，一般认为在 LEED 花样中，衍射斑点明亮尖锐表明试样表面清洁且规整有序。但并非完全如此，有时某些表面的 LEED 花样虽然明亮尖锐，但采用扫描隧道显微术（scanning tannelling microscopy，STM）和原子力显微术（atomic force microscopy，AFM）（第 9 章）等成像技术进行观察，其表面就像月球表面一样粗糙。LEED 花样可以用于研究试样表面对称性或表面重构、表面层错或孤岛结构等表面缺陷。还可以利用 LEED 花样分析试样表面吸附分子是规整还是无序排列。若外层吸附层规整有序，则可以确定其表面原格尺寸；若吸附层在基体上是匹配性吸附，则可以确定其相对于基体的取向。

在 8.1.2 节已介绍，只要衍射棒位于厄瓦尔德球内，在所有能量位置均可产生相应的衍射束。改变入射电子束能量将改变厄瓦尔德球半径$|k_0|$，散射束的方向和数量将相应变化（图 8-5）。因此，当入射束能量增加时，LEED 花样将朝发生镜面反射的电子束的方向进行收缩。通常情况下，入射电子束垂直于样品表面，此时可获得对称的 LEED 花样，且当入射束能量增加时，LEED 花样朝(0,0)镜面反射束（即花样中心）进行汇聚，但由于荧光屏中心是电子枪位置，实际上是观察不到(0,0)斑点

的。入射束的能量 E 可以表示为

$$E = (h^2/2m)k^2 \qquad\text{(式 8 - 11)}$$

其中，$k = 2\pi/\lambda$。因此，入射束波矢量 $\boldsymbol{k}_0$ 随电子束能量增加而增加，厄瓦尔德球尺寸也相应增大，从而与更多衍射棒相交。这意味着电子束能量增加，LEED 荧光屏上将出现更多的 LEED 衍射斑点，而且点与点之间的距离将逐步减小，即衍射花样朝荧光屏中心收缩。

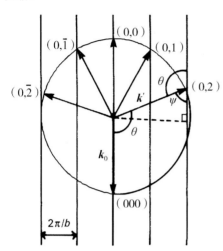

$\boldsymbol{k}_0$ 为入射波矢量
$\boldsymbol{k}'$ 为散射波矢量
θ 为散射角
ψ 相对于表面法向方向的出射角

图 8 - 6　以表面法向方向入射[即沿(0，0)方向，与图 8 - 5 相比，$\phi = 0°$]电子束的厄瓦尔德球

注：图中只显示米勒指数 $h = 0$ 的衍射束。

LEED 花样代表的是倒易空间，即 LEED 花样（反映倒易点阵）中相邻点的距离与实际表面原格中相应方向上对应点之间的距离成反比。图 8 - 6 是以法向入射[即沿(0，0)方向入射]电子束相应的厄瓦尔德球，与图 8 - 5 相比，此时 ϕ 的值为 0。值得注意的是，每个厄瓦尔德球仅表明在某个方位上满足衍射条件，而非针对所有从晶体任意方向出射的衍射束。这是因为只能绘出纸面方向上的倒易空间部分。在图 8 - 6 中，我们将米勒指数 h 定为常数 0，改变指数 k，对应于在实空间检测沿表面原格 b 方向上的原子阵列所产生的衍射束。米勒指数与入射波矢量 $(h，k)$ 等于 $(0，2)$ 的背散射束之间的衍射角为 θ。从厄瓦尔德球上可以看出，对于 $(0，2)$ 散射束，有

$$\sin\theta = \sin\theta' = \frac{2(2\pi/b)}{|\boldsymbol{k}_0|} \qquad\text{(式 8 - 12)}$$

由于 $|\boldsymbol{k}'| = |\boldsymbol{k}_0| = 2\pi/\lambda$，其中 λ 为电子束波长，故

$$\sin\theta = 2\lambda/b \qquad\text{(式 8 - 13)}$$

对于该反射或更为宽泛地说是方位角，有：

$$b\sin\theta = k\lambda \qquad\text{(式 8 - 14)}$$

其中，整数 k 为衍射级数。产生 $(0，2)$ 衍射束的原子阵列与矢量 $\boldsymbol{a}$ 平行，且原子列之间的距离为 $b/2$，因此可以得到下式：

$$\lambda = d_{02}\sin\theta \qquad\text{(式 8 - 15)}$$

利用垂直方向$[(0，0)，\cdots，(h，0)]$厄瓦尔德球可得到沿 a 轴排列的原子产生衍射的条件，为

$$a\sin\theta = h\lambda \qquad\qquad （式 8-16）$$

因此，我们确定了从两个垂直于表面的原子列观察到衍射束必须满足的条件。为了从二维表面观察到衍射现象，这两个条件必须同时满足。对于简单立方晶格（$a = b$），以上结果可简化为

$$a\sin\theta = (h^2 + k^2)^{1/2}\lambda \qquad\qquad （式 8-17）$$

其中，$(h^2 + k^2)^{1/2}$为衍射级数，有时也写为 n，即

$$a\sin\theta = n\lambda \qquad\qquad （式 8-18）$$

这与三维空间中的布拉格衍射条件相一致①。在上述简单立方格子中，对任意衍射点 $(h，k)$，将 $\sin\theta$ 对 λ 进行作图，可以很容易得到格子边长 a。另外，为了计算衍射角度，必须事先知道样品与荧光屏的距离，以及荧光屏的尺寸。通常，LEED 花样能反映样品表面对称性，因此可以很容易得到表面原格的尺寸。图 8-7 是部分二维平面点阵结构及其对应的 LEED 花样。如果存在表面重构，或者表面有吸附，LEED 花样中将会出现新的衍射斑点。图 8-8 是由于表面吸附或重构形成的表面覆盖层结构及其 LEED 花样。实际的表面覆盖层结构与衍射斑点密度之间存在倒易关系。值得注意的一点是表面原子排列对称性可以在最大限度上与 LEED 花样相符，但其实际的对称性也可能比 LEED 花样显示的要低。如图 8-8 为一个表面具有(1×2)和(2×1)相区覆盖层的预期 LEED 花样。因为 LEED 入射束斑尺寸大于单个的相区尺寸，所以 LEED 花样是每个相区 LEED 花样的叠加，得到的叠加 LEED 花样具有四重对称性，而每个单独相区并不存在这种对称性。

从以上分析来看，似乎存在一个有限距离，在这个距离范围之内 LEED 能够检测到诸如无序结构之类的特征。事实上，由于入射电子束存在能量色散和发散角，故电子束在表面的相干长度是有限的，为 50～100 Å，这与电子束能量相关。尺寸大于该相干长度的表面特征将检测不到。例如，很难利用 LEED 区分吸附物在表面形成的大岛和均匀覆盖层。表面台阶等结构则在 LEED 花样上具有明显特征。如图 8-9 所示，如果表面存在规整性的台阶阵列，就相当于在与台阶垂直方向上增加表面原格的重复单元。这将使 LEED 花样上相应方向上的衍射斑点间距减小。不规整台阶将导致在不规则方向上衍射斑点产生条纹(图 8-9)。通过改变电子束的能量很容易辨别 LEED 花样中的多面体表面。对于一个理想完整表面，随着电子束能量增加，LEED 花样朝$(0，0)$镜面束方向收缩。对于一个多面体表面，不同的表面对应于不同的$(0，0)$方向，这种现象随电子束能量增加更为明显。

---

① 注：在这种处理方法中，θ 为入射波矢量与背散射波矢量间的夹角；某些处理方法有时也采用 2θ，三维衍射处理中相应角度标注为 2θ。从图 8-5(a)可得到，两连续衍射束之间的路径差为 $d(\sin\theta + \sin\chi)$。通常在 LEED 中，$\theta = 0°$，因此，相长干涉的条件为 $n\lambda = d\sin\chi = d\sin\theta$，当 $\theta = 0°$时，θ 为 $180° - \chi$。

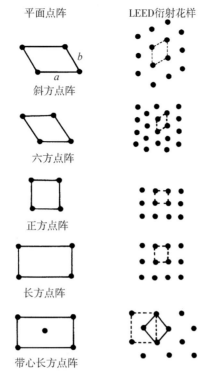

平面点阵　　　　LEED衍射花样

斜方点阵

六方点阵

正方点阵

长方点阵

带心长方点阵

图 8-7　5 种平面点阵类型及其对应的 LEED 花样

注：注意倒易关系。高对称点阵中将发生系统消光，如带心长方形点阵和简单长方形点阵谱图比较。

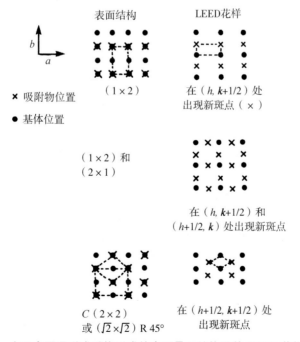

表面结构　　　　LEED花样

× 吸附物位置

● 基体位置

（1×2）

在（h, k+1/2）处
出现新斑点（×）

（1×2）和
（2×1）

在（h, k+1/2）和
（h+1/2, k）处出现新斑点

C（2×2）
或（√2×√2）R 45°

在（h+1/2, k+1/2）处
出现新斑点

图 8-8　由于表面吸附或重构形成的表面叠层结构及其 LEED 花样

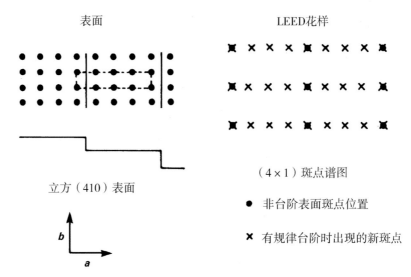

（4×1）斑点谱图

● 非台阶表面斑点位置

✕ 有规律台阶时出现的新斑点

图 8-9　表面台阶对 LEED 花样的影响

注：台阶尺寸小于 LEED 相干长度。示例中，表面重复单元在水平方向放大 4 倍，得到约（4×1）的 LEED 花样，但并不准确，实际重复单元的距离是从一个台阶边沿到另一台阶边沿，其值为（$\sqrt{17}$）。表面不规则台阶将导致 LEED 衍射斑点在该方向上出现条纹。

　　在三维晶体衍射中，利用衍射束位置可以确定晶体的晶胞尺寸及其对称性。与之类似，利用 LEED 花样中衍射斑点的位置可以确定表面原格的尺寸和对称性。在 X 射线衍射中，虽然相位因子的复杂性使分析非常复杂，但通常可以采用衍射束强度确定晶胞内原子的准确空间位置。因此，可以期望通过测量 LEED 花样中衍射束的强度来确定每个表面原格内的原子准确位置。当改变衍射条件时，可以测量特定 LEED 衍射斑点的强度随电子束能量[$I(V)$曲线]或方位角旋转[$I(\Psi)$曲线]的变化。然而，这些数据的理论解释非常困难。这是由于电子和原子之间存在非常强的相互作用，矛盾的是，这种相互作用使 LEED 具有表面敏感度的特性。由于原子对低能电子的弹性散射(非弹性散射也一样)截面非常大，因此衍射电子束在表面有可能经历多次弹性散射过程，而且还可维持一定的强度从表面出射。这种多次散射过程使对衍射束的强度进行分析变得复杂。相比而言，在 X 射线衍射过程中，X 射线与原子外层电荷的相互作用非常弱，因此，发生多次散射效应的概率可以忽略，每个光子在与一个原子发生一次碰撞后就发生了背散射。这种散射被视为运动学问题，这是对 X 射线衍射数据进行解释的理论基础(见 8.3.3 节)。然而，在 LEED 中，多次散射效应不能忽略，要得到某特定衍射斑点的强度，只能将某特定方向上多次不同散射过程的波进行叠加，且需要考虑这些波的相位和振幅的差异。这被视为是一个动力学理论，是分析处理 LEED 数据的本质要点。

　　LEED 动力学理论的许多发展归因于 Pendry[7-8, 18]的突出贡献。使多次散射强度的理论计算变得稍微容易的原因是，在 LEED 中虽然弹性散射截面较大，但相应的非弹性散射截面也较高。这意味着固体内处于该能量范围的电子平均自由程为几十埃，因此在非弹性散射破坏衍射束的相干性之前发生弹性散射的次数是有限的，对有限次数的多次散射电子束而言，理论计算和实验结果之间就有可能取得很好的一致性。这种分析处理方法的通常步骤是确定 LEED 中衍射束强度随电子束能量或方位角旋转等衍射参数变化的函数关系。单纯根据 LEED 运动学理论，衍射斑点的强度将不随样品方位角旋转而发生变化，这是因为这种方位角旋转没有改变入射角度 ϕ（图 8-5）。但事实上，衍射斑点强度随方位角变化的曲线在某些角度处显示出非常明显的强度最小值，而在这些方位角处，除了被测量的方向外，在某些方向上可发生非常强烈的多次散射过程。类似地，根据运动学理论，$I(V)$ 曲线将只在入射电子束的波长满足 8.1.1 节和 8.1.2 节中的布拉格衍射条件处出现明显的最大值。通常而言，在这些曲线中是可以观察到许多由于多次散射过程形成的二次峰。8.2.2 节将介绍一个该类型的例子。

Pendry 开发了一种迭代处理程序，该程序利用一组 $I(V)$ 实验曲线来确定表面原格中的原子几何排列。该程序首先需要根据 LEED 花样的对称性假设表面原子的排列，然后根据表面原子对称性计算一定数量衍射束的强度随电子束的能量的变化。这可通过解固体表面几个原子层的薛定谔方程波函数而得到。将计算得到的 $I(V)$ 曲线与实验结果相比较，然后对先前假设的原子位置进行修正，并获得一组新的计算曲线。重复进行上述过程直到获得满意结果。这种处理方式的一个重要缺陷就是处理特定结构所需的计算时间随结构大小而呈指数关系增加。例如，对于只有 3 个原子的简单结构(如 Cu 原子上的 CO)，需要 9 个空间坐标，如果每个坐标需要进行 10 次重复计算才能得到较好的数据，那么整个系统程序就需要运行 10^9 次。为了减少计算强度，Rous 和 Pendry[19] 开发了一种新的处理方法，称为 Tensor-LEED 处理方法。该处理方法事先假设一种与预期结构尽可能接近的表面原子结构，然后利用微扰理论将单个原子在较小程度上进行移动，直到得到满意结果。如上面的例子，假定 3 个原子相对独立存在，则每个原子需要 10^3 次试验，总系统只需要 3×1000 次试验。这意味着如果每个原子对 LEED 花样的影响能够被单独进行处理(对重原子，由于散射非常强，这是最容易的)，所需的计算处理时间随问题复杂性呈线性增加。Tensor-LEED方法最初仅限于结构模型在假定参考结构 0.1 Å 以内(因为要假设一级干扰理论是有效的，所以限制了干扰的尺寸)。Oed、Rous 和 Pendry 进一步发展了这种模型，称为 Tensor-LEED 二阶近似，这种二阶近似方法在垂直方向位移约 0.2 Å，及表面平行方向位移 0.4 Å 均是有效的[20]。

在 LEED 数据分析中，实验数据和理论分析之间的一致性通常不是很好，而且有时有多个计算结构与实验数据均吻合较好。这可能导致数据标定的随意和主观性。采用可靠因子(R 因子)是解决这个问题的一种尝试，它提供了一个定量地评判曲线拟合的吻合度的客观标准。R 因子有多种不同的计算方法，但是通常来讲，这些方法重点关注 LEED 数据中与结构细节相关的特征信息，比如峰的位置和形状。通常，LEED 数据拟合将产生一个与之相关的 R 因子，R 因子值越小，拟合越好。采用上述处理程序，可以获得准确度为 ± 0.01 Å 的原子位置信息，准确度非常接近体相衍射技术。

(3)**实验细节**。典型 LEED 实验装置如图 8-10 所示。电子枪产生一束能量可调的电子束入射到试样上,电子被试样背散射到围绕电子枪的一组栅格上。背散射电子包括弹性背散射电子和非弹性背散射电子两种类型,其中弹性背散射电子形成衍射电子束,并构成 LEED 花样;非弹性背散射电子约占 99%,但在实验中是不需要的。当背散射电子到达第一级栅格 G_1(该栅格接地)时,弹性背散射电子被加速击向加有约 5 kV 正电压的荧光屏 S,这使衍射电子束具有足够的能量在荧光屏上产生荧光,从而可以观察到明亮的 LEED 衍射斑点。G_2 和 G_3 栅格加有可调负电压,用来排斥电子束流中大部分带有负电荷的非弹性背散射电子,否则这些电子将在 LEED 荧光屏上产生明亮且发散的背景。调节栅格上的电压可以尽量降低 LEED 花样上的背景信息。

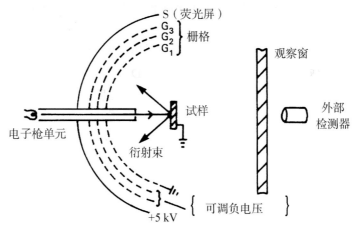

图 8-10 典型 RFA 型 LEED 光学系统示意

LEED 花样可以采用安装在腔室窗口上且正对 LEED 荧光屏的照相机或录像机进行记录。这种处理方式的缺点是花样的某些部分可能会被一些东西遮挡住,比如试样周遭的配置,或者是在同一超高真空腔体中安放的蒸发源或其他设备的检测器。这种方式称为"正视 LEED",目前仍被普遍应用,其荧光屏和栅格的放置方式起减速场分析器(RFA)的作用,也可用于俄歇电子能谱。采用后视 LEED 可以减轻 LEED 花样受遮挡的问题,后视 LEED 中通过荧光屏后窗口观察和记录 LEED 花样(图 8-11)。

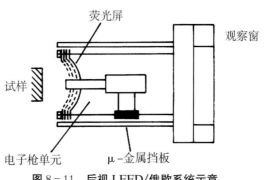

图 8-11 后视 LEED/俄歇系统示意
注:Omicron 转载许可。

在许多实验室里，上述 LEED 系统几乎都是用于测量荧光屏上衍射斑点的位置。然而，测量单个衍射斑点的强度和宽度同样也是重要的，尤其是当应用于表面相变的研究时。衍射斑点的强度可以采用传统方法进行测量，但精确分析衍射斑点的强度轮廓是很困难的。为此，人们开发了衍射斑点强度轮廓分析 LEED 系统，即 SPA-LEED 系统[21]。图 8-12 是 SPA-LEED 系统的示意图。电子束穿过一系列偏转板后撞击到晶体样品上，其中偏转板提供两个八极电场。采用通道倍增管检测衍射束。电子枪与通道倍增管之间的夹角是固定的，通过对静电偏转板上电势进行扫描可获得衍射斑点的强度轮廓。如图 8-12 所示，这将导致入射束的入射角度发生变化。对能量恒定的电子束，可通过倒格子描述弧线。在这种模式下，扫描单个衍射斑点时使用 0.1~50 nA 的低电流。由于不涉及机械运动，且偏转板电压采用计算机控制，可以快速准确地得到衍射斑点的强度轮廓图。扫描衍射斑点整体图像则可以采用 10 μA 的大电子枪束流，玻璃荧光屏上得到的衍射花样可从电子枪一侧观察(图 8-12)。在这种模式中，由于荧光屏与样品的距离更大了，相比 RFA 系统具有更高的空间分辨率。

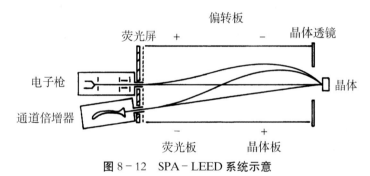

图 8-12　SPA-LEED 系统示意

注：图中显示加偏压和不加偏压时的电子束路径。Elsevier Science 及 Scheithauer 等转载许可[21]。

(4)LEED 的应用。LEED 是应用广泛的表面结构分析方法之一。下面将介绍几个文献中有关 LEED 的应用示例。其他典型应用示例可以参阅参考文献[22]~[24]。第一个例子是关于金属表面 Be (1120)重构[25]。图 8-13 是在温度为-160 ℃下，采用 3 种不同入射束能量时得到的 LEED 花样。图 8-13(a)中电子束能量为 94 eV，{1，n}衍射斑点非常明显。随着电子束能量增加[图 8-13(b)]，这些衍射斑点消失了，且强度在三级位置{2/3，n}和{4/3，n}分裂为成对斑点，表明存在(1×3)表面重构。若进一步增加电子束能量[图 8-13(c)]，则重新出现原有的整数级未分裂的衍射斑点。这些观察到的现象可以通过表面重构进行解释，在此表面重构中，表面每组第三列原子消失了。这种表面原子列的消失有两种可能方式(图 8-14)，一种为简单的原子列消失如图 8.14(b)所示，另一种为消失的原子列位于剩存两原子列的连接桥部位置之上[带心表面，如图 8-14(c)]。起初，人们采用简单的运动学分析理论对数据进行解释。对于一种简单台阶表面[图 8-14(b)]，根据运动学分析理论可以预测，当源自上台阶与下台阶的散射同相，将出现未分裂的整级数衍射斑点，而当两

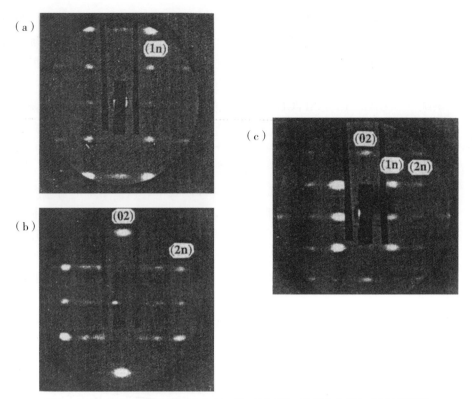

图 8-13　电子束能量分别为(a) 94 eV，(b) 123 eV 和(c) 171 eV 时得到的
Be($1\bar{1}20$)表面 LEED 花样

注：表面取向如图 8-14 所示，Elsevier Science 及 Hannon 转载许可[25]。

者反相时，衍射斑点将分裂，分裂状况和台阶平台宽度有关。根据这种模型可以预测，分裂衍射斑点的强度将发生与整数级衍射斑点的强度反相的振荡变化，这正如实验观察到的一样。根据这种模型，可以得到台阶高度值为 1.62 Å，这一数值相比体相材料中的晶面间距大 40%。对于带心表面结构[图 8-14(c)]，衍射斑点强度对电子束能量的依赖关系更为复杂，尤其是整数级衍射斑点不会消失。因此，运动学分析理论支持原子列消失模型[图 8-14(b)]。然而，由于这种处理方法忽略了多次散射效应的影响，其分析结果不能作为确证。总能量计算结果表明，事实上，带心表面结构相比表面原子列消失结构更为稳定，因此，需要采用更全面的动力学计算来处理这个问题。

下面是一个有关 GaAs(110)晶面上 Sb 覆盖层几何构型的例子[26]，其中包括对多次散射进行计算。在这里，多次散射的计算是用以辨别两种不同的可能表面结构模型。Sb 在 GaAs(110)晶面上形成一层简单的覆盖层，标注为 GaAs(110) - p(1×1) - Sb。图 8-15 为提出的两种可能的覆盖层的结构模型。实验中，电子束垂直表面入射，在 50~300 eV 能量范围内获得 LEED 的 $I(V)$ 曲线，能量间隔为 2 eV。图 8-16 为部分最强衍射束 $I(V)$ 曲线与多次散射计算所得数据最佳拟合结果的比较。计算是对包括图 8-15 中在内的多个原子几何排列模型实施的。对于图 8-15(a)中的模

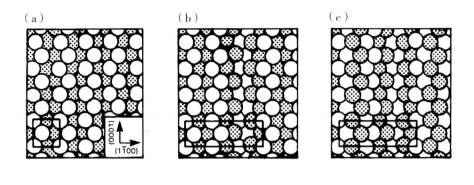

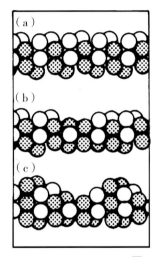

图 8-14　Be (1120)表面顶视和侧视

注：(a)Be(1120)体相终止面；(b)基于移除每 3 列表面原子中的一列所提出来的表面结构模型；(c)将表面原子每 3 列为一组移到剩余两个表面原子列的连接桥部位置的面心表面结构。其中，某些原子上划阴影线仅仅是为了进行区分。Elsevier Science 及 Hannon 转载许可[25]。

型可以得到非常满意的 R 值(约 0.2)，但对图 8-15(b)中的模型及一个无序模型，R 值不理想(大于 0.3)。因此，可以得出结论：图 8-15(a)为 Sb/GaAs (110)表面最可能的原子几何排列模型。

　　以上两个例子主要关注对象为有序表面结构或表面吸附物系统。然而，在许多情况下，表面吸附并非完全有序的，表面不同位点上可能还会有吸附原子的团簇结构，此时将不存在长程有序结构，这使 LEED 花样中出现强度的发散分布。发散 LEED (DLEED)的背景是各向异性而非各向同性的，其中包含了表面原子吸附团簇的局域结构信息。现代 LEED 设备已能测量如图 8-17 所示的发散背景，从而可以确定表面无序吸附的局域结构。洁净 W(100)表面存在 $c(2\times2)$ 对称性表面重构。当表面 O 吸附达到约 20%单分子层时，这种重构就出现了。随着 $c(2\times2)$ 超结构衍射斑点消失，如图 8-17 左上角所示，LEED 花样出现很强的强度发散，图 8-17 中间为其四分之一部分的三维示意图。当表面吸附团簇覆盖面积相对较大时，可能导致不同吸附

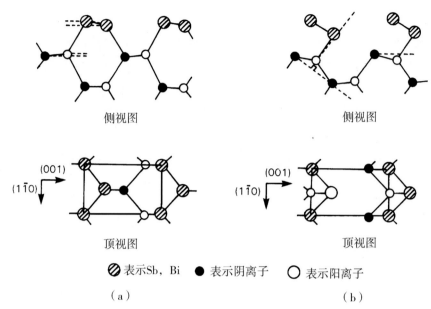

表示Sb，Bi　● 表示阴离子　○ 表示阳离子

（a）　　　　　　　　　　　　（b）

图 8-15　GaAs(110)-$p(1×1)$-Sb 系统的两种可能原子排列模型

注：美国物理学会及 Ford 等转载许可[26]。

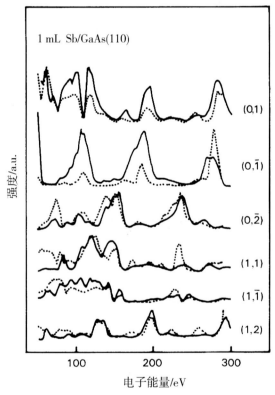

图 8-16　GaAs(110)-p(1×1)-Sb 系统中最强衍射束的 $I(V)$ 曲线（实线）
与从多次散射计算得到的最佳拟合数据的比较

注：仅图 8-15(a)中模型可得到好的拟合结果。美国物理学会及 Ford 等转载许可[26]。

团簇间产生相互影响，此时必须采用 Y 函数(一种与 Pendry R 因子相关的函数，详细信息请参考文献[6]和[27])对局域结构进行修正。图 8‑17 右上角为对 1/4 LEED 花样进行修正的结果，可以看出是一个非常无序的结构。图 8‑17 的正下方是计算得到的最适合 Y 函数，与实验结果吻合非常好，对应于 $R=0.05$。根据图 8‑17 左下角的原子模型，氧吸附在表面空位上，改变吸附高度和衬底的表面局域重构可得到以上结果。图 8‑17 也给出了 R 因子分布图，表明氧的吸附高度为 0.59 Å，钨原子产生对角线局域重构，幅度为 $0.15\times\sqrt{2}$ Å $=0.21$ Å。

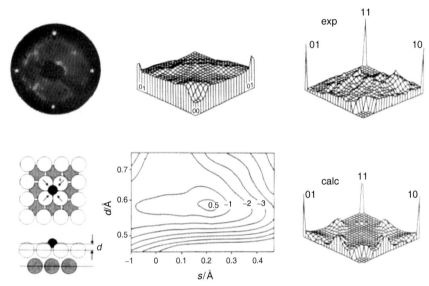

图 8‑17　W(100)表面氧无序吸附的局域结构修正

注：上面从左到右分别为 41 eV 下的发散花样、测量强度分布和四分之一个区域的 Y 函数，下面从左到右分别为局域吸附模型、R 因子分布图随氧原子吸附高度和基底原子在 x 方向和 y 方向上位移的函数关系，最适合的 Y 函数。Institute of Physics 转载许可[6]。

最后，值得一提的是，将 LEED 与 STM 测试技术相结合可以解决复杂表面结构问题，这是单纯采用成像或衍射技术所不能实现的。近年来，这种实验技术的结合已在多种表面重构和吸附系统中得到应用[28]，可以预期，它将是表面结构研究的重要发展领域之一。

8.2.3　反射高能电子衍射(RHEED)

(1)简介。反射高能电子衍射(RHEED)是另一种用于表面结构确定的电子衍射分析技术。在反射高能电子衍射中将高能电子束(能量为 5～100 keV，电子平均自由程为 20～100 Å)作为激发源，但电子束入射时是以小角掠射方式照射到样品表面。因为入射电子束的动量在表面法向方向的分量非常小(即使电子平均自由程相比 LEED 中的低能电子要长)，电子束穿透深度非常浅，所以 RHEED 也是表面敏感的。高能电子的散射角小，RHEED 只能探测样品表面 1～2 个原子层的信息。在过去近 40 年中，伴随着超高真空技术的发展，RHEED 与 LEED 一样得以发展。相比

LEED 技术，RHEED 具有一定的不足，导致其应用没有 LEED 那么广泛。但在某些特殊应用领域，RHEED 则具有独特的优势。在 RHEED 中，电子束以掠射方式入射，而 LEED 中电子束则主要是以表面法向垂直方向入射，这意味着 RHEED 相比 LEED 在原子尺度上对表面粗糙度更为敏感，这一特性在实际应用中已得到利用。

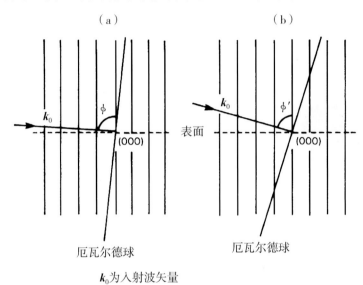

k_0 为入射波矢量

ϕ, ϕ' 为入射角

图 8-18　入射角 ϕ(a)和 ϕ'(b)略有不同时 RHEED 的厄瓦尔德球

注：由于厄瓦尔德球非常大，图中显示部分基本呈线性，且为了与偏离(0,0)的倒易棒相交，
必须减小相对于表面法向方向的入射角。

(2)**理论解释**。RHEED 和 LEED 的主要区别在于 RHEED 中入射电子束能量相对较高，对应于式 8-1 和式 8-11 中波长短、$|k_0|$ 大。此时，厄瓦尔德球(图 8-5)相比于倒易点阵矢量则非常大，意味着厄瓦尔德球几乎是沿(00)倒易棒的伸长方向与其相切(图 8-18)。在得到的 RHEED 衍射花样中，(00)倒易棒将形成长条形衍射条纹，而不是衍射斑点。其他与厄瓦尔德球相切的倒易点阵棒也同样在 RHEED 图中形成长条形衍射条纹，但由于厄瓦尔德球非常大，实验上能观察到的形成这种长条形衍射条纹的数量非常少。为了研究三维空间中倒易点阵棒的分布情况，需要改变入射角 ϕ 以使厄瓦尔德球与其他倒易点阵棒相交并满足其他衍射条件(图 8-18)。这种需要改变衍射几何位置的要求相比 LEED 而言是其不足之处，在 LEED 中可以同时检测多个倒易点阵棒，从而可以快速简便地得到表面原格尺寸和原子排列等信息。通常通过将样品绕表面某个轴线进行旋转来改变入射角 ϕ，这种方式的缺点在于其改变了入射电子束在表面法向方向上的分量，从而改变了实验的表面敏感度。此外，样品也可以简单地绕其表面法向方向进行旋转，此时如果入射电子束沿表面高对称方向入射，在单晶表面将得到非常清晰规整的衍射条纹图。

利用 RHEED 花样可以获知表面原格的尺寸大小。用 s 来表示谱图中的条纹间距，从图 8-19 可以得出衍射角 θ 如下：

$$\tan\theta = s/L \qquad\qquad (式 8-19)$$

其中，L 为样品与荧光屏之间的距离。由于在 RHEED 中 θ 值非常小，测量 s 值可能非常困难，因此，在 RHEED 中相机长度 L 尽可能大，从而增加荧光屏上的条纹间距。采用 8.2.2 节中的正方表面原格的衍射条件(式 8-17)，加之 θ 值非常小，可以近似认为 $\sin\theta \approx \tan\theta$，可得：

$$a = (h^2 + k^2)^{1/2}\lambda(L/s) \qquad\qquad (式 8-20)$$

从而可以得到 a 的大小。

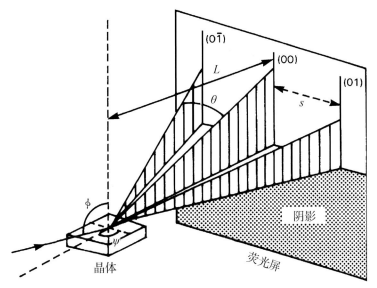

图 8-19　RHEED 实验装置示意

注：其中 ϕ 为入射角，接近于 $90°$，ψ 为方位角，θ 为衍射角。

参考文献[3]转载许可，牛津大学出版社 1994 年版权所有。

　　由于入射电子束存在一定的能量分布和圆锥形发散，RHEED 中电子束在表面的相干长度是有限的，这一点与 LEED 类似。但相比 LEED，RHEED 中的相干长度稍长，其典型值约为 2000 Å。实验中电子束采用掠射方式入射，这意味着 RHEED 在比相干长度更小的尺度上对于表面粗糙极为敏感，因此很难获得足够平整的表面以形成清晰的衍射条纹谱图。在某些情况下，高能电子束可能会穿过表面上的凸起，产生体相衍射，从而在 RHEED 花样中得到衍射斑点，而不是衍射条纹。

　　与 LEED 一样，可以通过分析衍射强度随衍射条件的变化获得表面原格中的原子排列信息。RHEED 中相关衍射条件的变量为入射角度 ϕ 或方位角 ψ(图 8-19)。样品绕表面某个轴线进行摆动从而改变入射角，可得到衍射强度的摆动曲线 $I(\phi)$；或者绕表面法向方向进行旋转，得到衍射强度的旋转曲线 $I(\psi)$。在 RHEED 中，高能电子的弹性散射截面要比 LEED 中小，这将导致在衍射过程中产生多次散射的概率降低。然而，RHEED 中的非弹性散射截面也比 LEED 中的小，这使电子的非弹性散射平均自由程变大。这意味着衍射束在由于非弹性散射失去相干性前在固体中能经历更长的路径。其结果是对衍射束强度进行准确描述必须包括多次散射效应，且如在 LEED 中一样，需要采用动力学理论进行处理。

(3)**实验细节**。RHEED 实验装置示意图如图 8 - 19 所示。聚焦较细的平行高能入射电子束(5～100 keV)以掠射角入射到试样表面($\phi = 90°$)。RHEED 花样收集方式与 LEED 类似，其中采用一个减速场分析器(RFA)，可排除掉能量损失超过几个电子伏特的电子。弹性衍射电子可以通过一个荧光屏和光电倍增器进行检测。此外，采用具有良好准直入口光缆的光纤和光电倍增器可对某些特定衍射束的强度进行监控。为了获得 RHEED 斑点强度沿不同方向的分布情况，可以采用扫描高能电子衍射(SHEED)附件以光栅扫描的方式获得衍射谱图。

(4)**RHEED 的应用**。RHEED 对表面粗糙非常敏感，因而广泛应用于薄的表面涂层、金属表面钝化和硬化处理工艺等研究领域。其中，最重要的一个应用就是用来监控半导体(如 GaAs)工业中通过分子束外延技术(molecular beam epitaxy，MBE)进行的表面薄膜逐层生长。MBE 沉积是在超高真空环境中，采用元素的束源炉连续交替沉积各组分的单原子层(如沉积 GaAs 时采用 Ga 和 As)。这种逐层沉积(Frank-Van der Merwe 或 FV)的能力对于表面工艺过程非常重要，但也难以控制。

RHEED 对于 FV 生长具有很好的监控效果。在逐层生长过程中，只需要对镜面衍射束的强度随时间的变化进行监控[29-30]。从图 8 - 20 可以看出，镜面衍射束的强度随时间变化呈现有规律的震荡。在 GaAs(001)生长中，由于 As 的吸附决定了 MBE 生长过程中的台阶生长速率，因此在 As 源连续情况下对 Ga 源束流进行控制非常重要。衍射束强度震荡周期与[001]方向上每层 GaAs 的生长速率非常吻合(一层 Ga 加一层 As)。反射束强度最大值对应于原子级平整表面，即开始沉积一层 GaAs 之前，或者说在沉积结束之时(图 8 - 20 中 $\theta \approx 0$ 和 $\theta \approx 1$)；强度最小值则对应于最无序表面，即 $\theta \approx 0.5$。从图 8 - 20 中可以看出，当沉积的层数越来越多时，衍射束震荡的强度随表面粗糙度的逐步增加而降低。采用 RHEED 技术监控 MBE 生长过程简单实用且准确。RHEED 尤其适合于 MBE 工艺过程，但由于用于产生沉积元素(如 Ga 和 As)分子束的束源炉通常位于基体正前方，因此 LEED 不能用来监控 MBE 膜的生长。而 RHEED 中入射电子束采取掠射方式入射，这种结构意味着其可以在 MBE 装置内使用而不干扰膜的生长。

除半导体生长工艺外，RHEED 还可用来获取表面相变过程中顶层单原子层的实时信息[31]，近来还被用于研究液体在固体基体表面的生长过程[32]。蒸汽冷凝过程对于表面润湿性变化和表面重构等许多表面现象具有直接影响。采用 RHEED 技术可以在远低于 Bi 的熔点温度之下跟踪液态 Bi 在石墨(002)表面的冷凝过程。图 8 - 21 为 Bi 在室温下沉积的实时 RHEED 花样。当表面覆盖 0.5 个单层的 Bi 时，石墨衍射斑点的强度变弱，并且出现一个强度发散的背景。当表面 Bi 的覆盖率更高时，衍射斑点的标定结果表明它们符合 Bi 的斜方六面体结构特征，而石墨衍射斑点强度连续降低表明 Bi 是以岛状形式进行生长。通过在不同基体温度上进行实验，发现 Bi 的冷

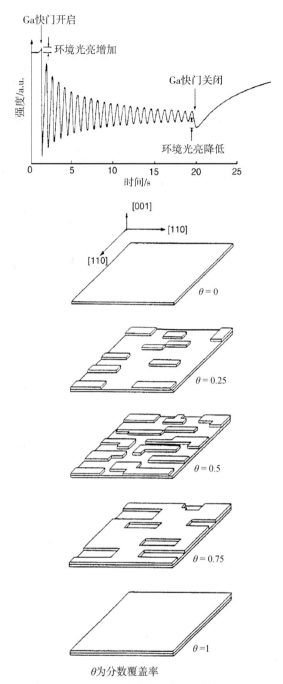

图 8 - 20 MBE 半导体生长过程中，GaAs(001) - (2×4)重构表面 RHEED 谱图中 镜面反射束的强度振荡

注：强度最大值对应于原子级光滑表面($\theta \approx 0$ 和 $\theta \approx 1$)，而最小值则对应于完全无规表面($\theta \approx 0.5$)。振荡周期正好与一个 Ga 加 As 单层生长速率相对应。生长开始和结束时的曲线转折是由于束源炉挡板的开和关引起环境内光的变化而造成的。Elsevier Science 及 Dobson 转载许可[30]。

凝遵循两种方式：在低温（低于 415 K）下，其遵循固体薄膜沉积，而在较高温（高于 415 K）下，则对应于液相冷凝。而不同生长方式下生长的 Bi 薄膜表面形貌则取决于液体过冷度。

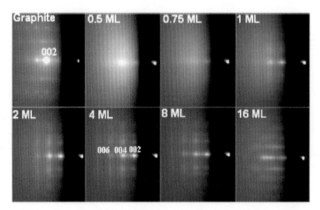

图 8-21　Bi 在室温下沉积过程中的实时 RHEED 花样

注：当表面沉积约 0.5 个单层的 Bi 时，开始出现 Bi 的衍射斑点，且石墨衍射斑点的强度衰减。Bi 的衍射斑点强度随沉积厚度增加而增强，直到约 8 个单层。在沉积厚度为 16 个单层时，出现拖尾的 RHEED 衍射条纹，表明表面有 Bi 的聚结并形成了非对称型晶粒。美国物理学会及 Zayed and Elasayed-Ali 转载许可[32]。

8.3　X 射线技术

8.3.1　简介

在 8.2 节中我们介绍了表面电子衍射，由于电子与材料之间存在较强的相互作用，电子衍射对表面非常敏感。虽然 DLEED（diffue low energy electron diffraction）技术能探测到某些无序结构，但电子衍射数据中包含的信息主要是关于晶体表面的长程有序结构。与电子相比，X 射线与材料的相互作用相对较弱，但可以采用运动学近似（单次散射）对衍射数据进行分析，这是其优势所在。本节将介绍采用 X 射线技术探测材料表面结构。X 射线技术在表面分析中的应用近年来得到了极大的发展，这源于同步辐射源的技术进展，新的同步辐射激发源能够提供强度更大的 X 射线束，且 X 射线能量能够在较宽范围内进行调节。尽管 X 射线与材料的相互作用较弱，导致表面原子对总散射过程贡献较少，但由于新型 X 射线源的亮度大，这些微弱相互作用信息仍可以很容易被检测到。8.3.3 节和 8.3.4 节将分别介绍表面 X 射线衍射和 X 射驻波技术（X-ray standing wave，XSW）。X 射线同步辐射源的可调节性促进了扩展 X 射线吸收精细结构术（extended X-ray absorption fine structure，EXAFS）及表面扩展 X 射线吸收精细结构术（surface equivalent X-ray absorption fine structure，SEXAFS）和近边 XAFS（near edge X-ray absorption fine structure，NEXAFS）等技术的发展，这些技术能够同时探测表面长程和短程结构（8.3.2 节）。

(1)**同步辐射源**。同步辐射源专指以相对论速度在磁场中曲线运动的荷电粒子所产生的辐射。目前，同步辐射源主要通过电子(或正电子)以固定能量在特定的储存环中循环运动而产生。产生的辐射以与电子运动轨道相切的方向发射出来，而且集中在瞬时速度方向附近角度为 $1/\gamma$ 的狭窄圆锥内。同步辐射源的特性主要取决于以下两个关键参数：

(1)电子运动的角频率 ω_0；

(2)电子能量与静止质量能量的比 γ，$\gamma = E_e/mc^2$。

γ^{-1} 的典型值约为 1 mrad。弯曲磁场使电子束在圆形轨道内运行而产生辐射，除此之外，位于储存环中直线部位的扭摆磁体或波荡磁体等插入件也能产生一定辐射。这些插入器件采用交变磁场使电子束沿振荡路径行进。在扭摆磁体中，不同扭摆体产生的辐射进行非相干叠加，而在波荡磁体中，电子使每个振荡产生的辐射进行相干叠加。同步辐射源的发射光谱范围非常宽，从远红外直到硬 X 射线区域。采用亮度可以对不同辐射源产生的 X 射线束质量进行比较，亮度定义为：

$$亮度 = \frac{每秒光子数}{角度^2 \times 源面积 \times 0.1\% 带宽} \qquad (式 8-21)$$

其中，对测量强度有影响的光子能量范围定义为固定能量带宽。

目前，在全世界范围内已有许多研究机构开展同步辐射相关研究，网页 http://www.esrf.eu/Users AndScience/Links/Synchrotrons 中列出了这些同步辐射机构。目前实际应用的为第三代同步辐射源，基于自由电子激光的新型下一代同步辐射源也正在建造当中。图 8-22 为典型同步辐射实验光束线的关键部件示意图。具体装置构造取决于需要开展的实际应用或技术，但任何光束线装置中都包括有图 8-22 中的主要部件，其中最关键部件为单色器。单色器的作用是选择一个特定波长的光，其带宽由单色器晶体所决定。通常单色器是可调节的，从而可以在一定范围内对入射到样品上的 X 射线能量进行调节。同步辐射源具有较宽的频率范围，其除了应用于 XAS、EXAFS 和 XSW 外，还可应用于光电子发射和 X 射线衍射等多种不同分析技术领域。图 8-23 为位于英国牛津郡的卢瑟福·阿普尔顿实验室钻石光源光束线规划图，该光源于 2007 年年初开始运行。该示意图列出了该钻石光源在其前五年运行中获得的光束线(详细信息请参考 http://www.diamond.ac.uk)，这也说明了同步辐射源在表面和界面研究中的重要性。

8.3.2　X 射线吸收光谱

(1)简介。材料介质对光子的吸收常采用吸收因子 α 进行描述，根据比尔定律，吸收因子定义为

$$I = I_0\exp(-\alpha l) \qquad (式 8-22)$$

即强度为 I_0(在 $l=0$ 处)的光子束经过长度为 l 的均匀介质后，其强度衰减为 I。吸收强度及吸收因子 α 与光子能量有关，除非光子能量正好能在介质内产生某种激化跃迁，否则光子束能穿过该材料介质。

当光子能量处于紫外/可见光范围内，其能量通常足以激发溶液中物质或固体原

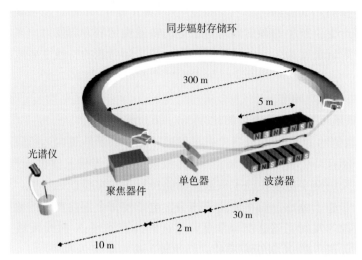

图 8-22　同步辐射源中典型 X 射线光束线示意

注：插入件中产生的辐射将经过单色器和聚焦器件等光学元件，从而将一束具有特定性质的辐射光源传递到试样上。图中显示的为典型距离。John Wiley & Sons，Ltd 转载许可[9]。

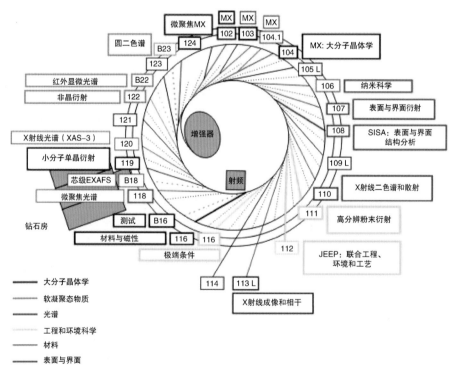

图 8-23　英国牛津郡卢瑟福·阿普尔顿实验室钻石光源运行前五年的光束线规划

子最外层价带电子。如溶液中过渡金属离子的 d-d 跃迁和电荷转移跃迁等，这种激发跃迁通常使溶液带有一定的颜色。在固体金属中，价带电子可以被激发跃迁到费米能级以上的空态。在半导体和绝缘体固体中，当紫外/可见光子能量足以将电子从已填充电子的价带激发并穿越禁带进入未填充电子的导带时将产生光子吸收。当 UV 光子能量更高时，这些电子能够被激发到真空能级之上的连续态，即产生电离(图8-24)。

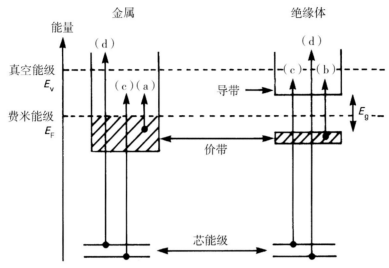

图 8-24　固体金属、绝缘体或半导体中的光吸收过程

注：E_g 为半导体的禁带宽度。(a)从金属填充轨道到空带轨道的低能量跃迁；(b)绝缘体或半导体价带到导带之间的跃迁，通常发生在紫外/可见吸收中；(c)从填充芯能级轨道到处于真空能级之下的空束缚态的高能量跃迁；(d)从芯能级向处于真空能级之上的连续态的跃迁，E_v 对应于电离。

比较而言，X 射线光子具有足够高的能量激发芯能级电子进入空的价带，或当能量更高时可使电子激发进入电离连续态(图 8-24)。原子(如 Xe)的 X 射线吸收光谱(XAS)通常由一系列芯能级激发阈值所组成(激发阈值接近芯能级的电离势)，对应于原子的 $n=1$，$n=2$，$n=3$ 等能级(即 K、L 和 M 吸收边)的激发。实际上，K 吸收边为单一吸收边，但其他高能级吸收边均包括一系列能量接近的吸收边。K 吸收边对应于 $n=1$，轨道角动量 $l=0$ 的电子激发，L 吸收边则对应于 $n=2(l=0，1)$ 和 2s、$2p_{1/2}$ 和 $2p_{3/2}$ 激发态。因此，L 吸收边由 L_1、L_2 和 L_3 3 个分离的吸收边组成。类似地，M 吸收边由 M_1、M_2、M_3、M_4 和 M_5 所组成，对应于 3s、$3p_{1/2}$、$3p_{3/2}$、$3d_{3/2}$ 和 $3d_{5/2}$ 激发态。初态 $\langle\psi_i|$ 与终态 $\langle\psi_f|$ 之间的光跃迁概率 P_{if} 可以采用下式进行表示：

$$P_{if} \propto |\langle\psi_i|\mu|\psi_f\rangle|^2 \qquad (式 8-23)$$

其中，μ 为偶极子算符。每一个光跃迁过程对于总的光吸收因子的贡献正比于其跃迁概率 P_{if}。对吸收因子与光子能量间函数关系 $\alpha(h\nu)$ 的研究能够提供有关跃迁过程中初态和终态的重要信息。吸收因子 α 的大小主要取决于初态芯能级波函数和终态波函数的重叠程度。当经过芯能级阈值(电离能)后，α 随初态波函数与光电子波函数重叠程度的下降而降低。然而，连续态吸收则一直维持至远高于吸收阈值。图 8-25 为具有单一吸收阈值的 XAS 光谱。

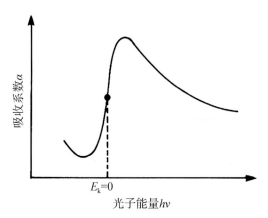

图 8-25　具有单一芯能级阈值的孤立原子的典型 X 射线吸收光谱

注：在 EXAFS 数据处理过程中（式 8-28），需要知道光电子动能为 0 时的光子能量 $h\nu$，通常选择吸收边中点。

图 8-25 仅为 X 射线吸收边的一种理想形式。通常而言，当体系中原子并非处于孤立状态时，在 X 射线吸收边上将出现两种精细结构的叠加。第一种为近边 X 射线吸收精细结构（NEXAFS）或 X 射线吸收近边结构，如图 8-26 所示，它能给出吸收边以上约 50 eV 的结构信息。这种近边结构由终态密度、跃迁概率和共振及体效应等所决定，因此 NEXAFS 数据分析异常复杂。

除近边结构外，分子和凝聚态介质的光学吸收系数具有精细结构，该精细结构从吸收阈值之上约 50 eV 扩展至几百电子伏，称为扩展 X 射线吸收精细结构，或 EXAFS（图 8-26）。这种精细结构是由激发态电子波函数间干涉效应引起的。吸收一个光子后，电子波函数从产生电子激发的原子核处传播开，并部分地被介质中的周围原子所背散射。出射波和背散射波之间的干涉作用在吸收边之上产生可观察的扩展振动（图 8-26）。由于这种结构是由吸收光子的原子核周围的原子而产生的，因此孤立原子观察不到这种效应。在分子和凝聚态介质中，可以根据 EXAFS 振幅和周期获得有关原子周围局域配位数和距离等信息。在超过吸收阈值约 50 eV 处，最终激发电子态可认为是一个近似自由电子波函数，即以发射原子为中心的近似球形波（类似于将一个石头扔进池塘后形成的涟漪），如图 8-27 所示。这种波的背散射和产生 EXAFS 的干涉效应可认为是利用与原子所处化学环境无关的原子质量进行的一种初次近似，这种近似可通过计算或实验方法进行确定。因此 EXAFS 数据的解释相比 NEXAFS 要容易得多。

（1）EXAFS。通过本章前面部分的介绍我们了解到，低能电子（50~500 eV）在固体中的平均自由程非常小，在某些情况下为几个原子间距大小。此外，出射球形电子波函数的振幅与半径成反比。这意味着只有激发原子的邻近原子产生的背散射过程才能形成 EXAFS，即最邻近原子在其中起最重要作用。在某些情况下，通过仔细分析可以获得次邻近原子配位信息，有时甚至也可以得到距离更远的原子层信息。因此，EXAFS 是探测局域原子配位信息和原子间距离的重要手段。这是相比于衍射技术而言的，衍射技术是同时收集系统中大量原子的信息，从而探测系统长程有序结构。而

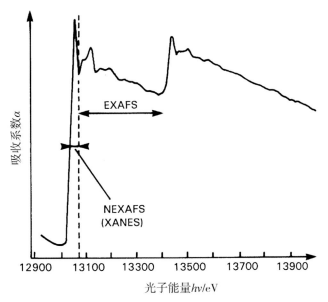

图 8 - 26 凝聚态介质的典型 X 射线吸收谱

注：样品为 $BaPb_{1-x}Bi_xO_3$，图中显示的为 Pb 的 L_{III} 吸收边及 NEXAFS 和 EXAFS 范围。13400 eV 以上的吸收是由 Bi 的 L_{III} 边吸收引起的，其能量接近于 Pb 吸收边。

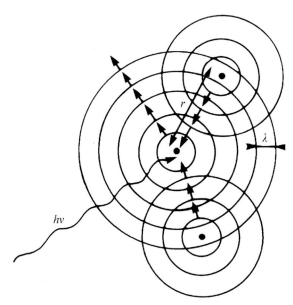

图 8 - 27 在 EXAFS 中，激发电子的波函数(波长为 λ)从吸收光子的原子处传播出去，
并被周围原子背散射(原子间距为 r)

在 EXAFS 中，若选择特定原子的某一吸收边，则可得到该原子物质周围的特定结构信息。在许多相关应用中，这些局域结构信息是非常重要的，如负载型催化剂或血红蛋白中金属原子的配位信息等。由于 EXAFS 振荡仅仅由发射原子的邻近原子产生，因此 EXAFS 研究并不限于具有长程有序结构的系统，也可以研究在中心原子周围具有确定原子配位信息的系统。这包括多晶和玻璃、凝胶和溶液等无定型材料，如无定形半导体、负载型催化剂和单晶试样难以生长的生物系统等。

我们已从定性的角度说明了 EXAFS 调幅是如何产生的。出射波函数和背散射波函数之间的干涉作用是相长散射还是相消散射取决于两个波函数之间的相位差，即由两者路程差所决定。假设背散射过程本身不产生相位差，且背散射仅从最近邻原子壳层产生，那么当背散射波的路径 $2r$（图 8-27）与波长整数倍相当时，将产生相长干涉，即

$$n\lambda = 2r \qquad (式 8-24)$$

其中，λ 为激发态电子的波长，n 为整数。若

$$n\lambda/2 = 2r \qquad (式 8-25)$$

则产生相消干涉。对其他取值将产生某些中间程度的干涉效应。干涉作用将影响终态波函数的振幅，从而改变跃迁概率 P_{if}（式 8-23）和吸收系数 α。通常，EXAFS 谱采用吸收系数 α 随光子能量而变化的形式进行绘图，即 $\alpha(h\nu)$。因此，有必要将光子能量与电子波长 λ 进行关联。波长 λ 与电子动能 E 的关系式为

$$E = p^2/2m \qquad (式 8-26)$$

其中，p 为动量，m 为电子质量。德布罗意方程为

$$p = h/\lambda \qquad (式 8-27)$$

其中，h 为普朗克常量。只有在电离阈值之上被激发的电子才具有动能，而在电离阈值处被激发时其动能 E 为零，因此

$$E = h\nu - h\nu_{E_0} \qquad (式 8-28)$$

其中，$h\nu_{E_0}$ 为电子动能为 0 时的光子能量。通常选择吸收边的高度一半处（图 8-25），然而，这种假设具有一定的限制条件，在实际应用中，E_0 为可调节参数。将式 8-26 至式 8-28 进行合并，可以得到以下结果：

$$\lambda = h \left[2m(h\nu - h\nu_{E_0})\right]^{-1/2} \qquad (式 8-29)$$

换言之，在吸收阈值以上时，激发态电子波长随光子能量 $h\nu$ 增加而下降。将其与式 8-24 进行联立，可以得到产生相长干涉的条件，为

$$(2r/h)\left[2m(h\nu - h\nu_{E_0})\right]^{1/2} = n \qquad (式 8-30)$$

其中，n 为整数。这意味着如果以 $\alpha(h\nu)$ 形式得到 EXAFS 谱，那么 EXAFS 的振荡周期随 $h\nu$ 的增加而增加（图 8-28 为一个示例）。如果吸收系数 α 不是关于能量 $h\nu$ 的函数，而是电子波矢量 k（$|k| = 2\pi/\lambda$）的函数，那么 EXAFS 的分析将变得相对容易一些。我们可以得到以下关系式：

$$k = (1/\hbar)\left[2m(h\nu - h\nu_{E_0})\right]^{1/2} \qquad (式 8-31)$$

或

$$k = 0.5123(h\nu - h\nu_{E_0})^{1/2} \qquad (式 8-32)$$

其中，k 的单位为 Å^{-1}，$h\nu$ 单位为 eV。采取一阶近似后，$\alpha(k)$ 谱中振荡周期保持恒定而不增加，如图 8 - 28[33] 所示。因此，干涉振荡的振幅大小将取决于最近邻原子的数量，振幅越大，表示具有较高的邻近原子配位数。此外，式 8 - 30 说明键长越短（r 越小），振荡的间距越大（图 8 - 29[34]）。

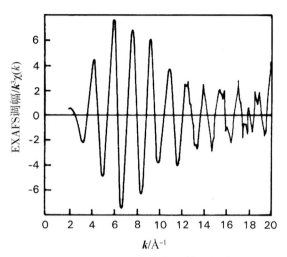

图 8 - 28　EXAFS 调幅与 k 的函数关系

注：呈现大致等间距的振荡。试样为曝光的 As_2S_3 薄膜。在 As 的 K - 边收集数据，主调幅由 S 的近邻原子背散射产生[33]。y 轴数据为 $k^3\chi(k)$，反映 EXAFS 调幅大小。

为了能够获得键长和配位数的准确数值，必须对吸收/散射过程的物理特性进行进一步仔细研究。EXAFS 振荡在数学上常表示为 EXAFS 调幅 χ，对应于吸收因子中的 EXAFS 调幅部分和非调幅部分的差值，并根据在较低 IP 时由于芯能级吸收而产生的背景进行归一化，即

$$\chi(h\nu) = (\alpha - \alpha^* - \alpha_0)/\alpha_0 \qquad (式 8-33)$$

其中，$\chi(h\nu)$ 为每个吸收原子对应于特定芯能级电离的 EXAFS 调幅，α^* 为背景吸收因子，表示电离势位于较低光子能量时的芯能级吸收产生的背景；α_0 为吸收因子的非调幅部分，即原子吸收因子（孤立原子没有 EXAFS）。假设可以采用平面波近似对散射过程进行处理，那么芯能级吸收的 EXAFS 调幅可以采用波矢量函数形式表示，即

$$\chi(k) = \sum_i A_i(k)\sin[2kr_i + \Phi_s^i + \Phi_d^i(k)] \qquad (式 8-34)$$

此时不再假设只有最近邻原子的壳层才产生背散射，r_i 为第 i 个近邻原子壳层的原子间距离，而且，虽然对 $\chi(k)$ 的最主要贡献仍是来自发射原子的最近邻原子，但式中通过对 i 值进行求和也包括了除发射原子最邻近原子壳层之外的其他壳层对 $\chi(k)$ 的贡献（$i = 1$，见图 8 - 30）。

式 8 - 34 有两个基本部分：正弦项决定振荡频率，而因子 A 则决定其振幅大小。

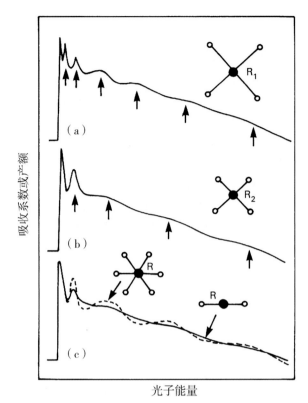

图 8-29　配位数和最近邻原子距离对 EXAFS 谱图的影响

注：键长越短，振荡空间间距越大［比较 R_1(a) 和 R_2(b)］，而配位数增加将使振荡幅度增大。比较(c)中两个配位数和 6 个配位数的谱图形状[34]。键长越短，EXAFS 振荡空间距离越大，而 EXAFS 的振幅随近邻原子数增加而增大。

出射波与背散射波之间的相位移差可表示为

$$\Delta\Phi = 2\pi \cdot 2r_i/\lambda = 2kr_i \qquad (\text{式 8-35})$$

其体现在正弦项中。基本 EXAFS 调幅对应于每一个 r_i 值的正弦函数。相位移可通过角度 Φ_s 和 Φ_d 进行调节。Φ_s 说明由于背散射过程而没有相位移的初始假设严格上来讲是不正确的，它是发射原子和背散射原子的芯能级电势引起的出射电子和背散射电子波函数相位移之和。出现第二个角度（其本身是关于矢量 k 的函数）说明 $\chi(k)$ 的振荡周期实际上不是完全恒定的。为解释可能由于热运动或结构无序引起的实际原子位置相对于理想位置的偏离，有必要对正弦函数 $\Phi_d^i(k)$ 进行进一步修正。在有热振动的情况下，虽然热运动可使振幅项发生变化，但相位移修正项 $\Phi_d^i(k)$ 为 0。

振幅 $A_i(k)$ 项由以下几个部分组成：

$$A_i(k) = (\pi m_0/h^2 k)(N_i^*/r_i^2)F_i(k)\exp(-2\sigma_i^2 k^2)\exp[-2r_i/\lambda(k)]$$

$$(\text{式 8-36})$$

其中，$F_i(k)$ 为描述 EXAFS 振荡振幅大小的原子背散射振幅，非常重要。其值取决于背散射物质的原子序数 Z，从而可根据其随 k 的变化来识别发射原子周围的物质。

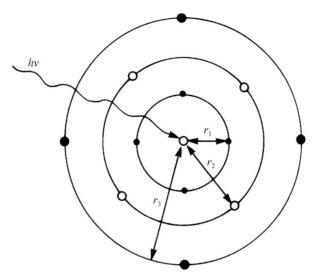

图 8 - 30　EXAFS(式 8 - 34)中近邻原子连续壳层(i = 1，2，3)的求和

注：最近邻原子对应于 i = 1，在 EXAFS 中起主导作用。

$A_i(\boldsymbol{k})$ 同样包括两个指数项。第一个指数项 $\exp(-2\sigma_i^2 k^2)$ 为 Debye-Waller 因子，是对背散射原子相应于发射原子的热位移进行振幅校准。σ_i 是相应于理想距离 r_i 的平均偏差。当与理想距离的偏离是由表面结构无序引起时，需要采取更复杂的校准处理。第二个指数项为衰减因子，其反映激发态的光电子在固体中的平均自由路径 λ 非常短，即电子波的强度在 $2r_i$ 路径内呈 $\exp[-2r_i/\lambda(\boldsymbol{k})]$ 指数衰减(这与比尔定律相一致)。N_i^* 为有效配位数，可用下式表示：

$$N_i^* = 3\sum_{}^{N_i^{j=1}}\cos^2\theta_j \qquad\qquad (式 8 - 37)$$

式中求和是对第 i 壳层内的所有 j 近邻原子。θ_j 是指光的电矢量与吸收原子与背散射原子连接矢量之间的夹角。在光的电矢量方向上电子发射最强。这意味着如果光的电矢量与发射原子和背散射原子间的轴线方向一致，那么背散射振幅将达最大值。这对于表面结构有序材料的研究非常有效，如单晶及其表面研究等。然而，在液体、凝胶和无定形样品等不具有长程有序结构的介质中，这种效应将被均化。在这种情况下，N_i^* 与真实配位数 N_i 相等。

检测 EXAFS 的基本方法就是进行光吸收测量。原则上，在已知试样厚度情况下，通过测量入射束和与之平行的出射束的强度就可以获得吸收系数(式 8 - 22)。X 射线吸收测量已经有一定的历史，早在 20 世纪 30 年代，人们就已经采用连续 X 射线源、分光谱仪和薄膜检测器进行 X 射线吸收的测量。然而，直到同步辐射源出现之前，X 射线吸收技术进展缓慢。利用充气离子腔室测量入射光和透射光强度是最常用的方法(图 8 - 31)。入射同步辐射源在经过样品之前先将离子腔室 1 中的气体进行电离(产生的离子数量用于表征入射束强度 I_0)。离子腔室 2 用于测量透射束强度 I。非常重要的一点是，I_0 和 I 必须同时测量，这样可以消除入射束强度突然变化的影响。即使采用同步辐射光源，收集 EXAFS 数据仍需要花一定时间，通常是对整个光谱范围进行几次分段扫描获得数据，而不是进行单次慢扫描，这样可以减少储存环中束流突然失步的影响。

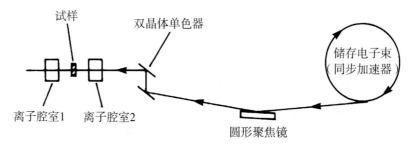

图 8-31　透射 EXAFS 实验装置示意

由于当光子能量固定时，吸收系数 α 受吸收阈值处于较低光子能量的所有吸收过程的影响，因此透射 EXAFS 实验中测量的是整个系统的吸收系数。这使测量稀薄原子的 EXAFS 谱线非常困难，这是由于其 EXAFS 调幅在系统吸收系数中只占很小比例。荧光检测是另一种很重要的方法。该方法检测初始 X 射线吸收过程产生的芯能级空位被上层占据能级上的电子所填充时产生的 X 射线荧光(图 8-32)。发射的 X 射线荧光光子的能量取决于($E_v - E_c$)，具有所研究元素的特征信息。因此，可以采用能量色散 X 射线荧光检测系统，并通过选择该物质的某一特征发射频率来测定所感兴趣物质的吸收系数。当该物质的吸收系数值 α_i 较小时，X 射线荧光与 α_i 成正比。利用荧光检测增强灵敏度，我们可以对浓度为每立方厘米 10^{19} 个或更低浓度的孤立掺杂原子进行检测。

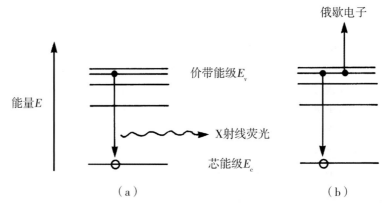

图 8-32　(a)XAS 吸收中产生的芯能级空位可被更高能级的电子填充，多余能量以 X 射线光子形式发射出去；(b)剩余能量也可以俄歇电子的形式发射出去

EXAFS 不依赖于样品内的长程有序结构，是材料科学研究的重要工具之一，且已在许多领域得到应用(见 Hasnain[35])。如可以用于确定铁蛋白和血红蛋白等生物

分子中金属离子的配位信息、玻璃和凝胶研究、负载型金属催化剂中金属团簇的尺寸确定、半导体和天然矿物中的杂质位点的研究和高温超导等复杂材料中的局域配位研究等。不过，本章的主要目的是讨论表面结构确定，简单地采用掠射入射方法即可提高 EXAFS 表面灵敏度，而无须像后面介绍的 SEXAFS 一样在 UHV 环境中进行测量。EXAFS 振荡可以利用荧光检测进行分选，或当入射角足够小时，在外部反射束中被分选出来（而非如传统的 EXAFS 一样利用透射束）。通过改变入射角，表面分析深度可以在从纳米到毫米的范围内变化，这种技术称为掠射角 XAFS。

(3) 表面 EXAFS(SEXAFS)。SEXAFS 为表面灵敏 EXAFS，可用于表面局域几何结构和表面化学吸附分子配位信息确定。SEXAFS 不仅仅具有表面敏感特性（如掠射角 XAFS），其还是一种表面特异性的分析方法，可以提供表面最外层平面内吸附位置详细信息。SEXAFS 的发展受益于同步辐射源的发展，Citrin[36] 对 SEXAFS 各发展阶段进行了详细的概括描述。

材料表面在固体中占比非常小，对厚度为 1 mm 的单晶，表面约占 10^{-6}。获取 SEXAFS 谱的最主要问题是需要对表面具有足够的敏感度。常用的透射方法由于来自晶体体相的信号占主导地位，并不适合于表面分析。人们开发了多种通过间接测量吸收系数，或增强 SEXAFS 表面敏感度的其他分析方法。所有的这些分析方法都需要采用超高真空仪器设备。其中有几种方法是基于吸收过程中产生的芯能级空位的退激发，包括荧光检测（如 EXAFS）、俄歇电子和总电子产额检测。在初始吸收过程中产生的芯能级空位可以通过光子发射（X 射线荧光）或者通过激发俄歇电子的方式而退激发[第 4 章及图 8-32(b)]。两种退激发方式的相对比例取决于物质的原子序数，其中轻元素的俄歇电子产额较高。俄歇电子的能量取决于能量差（$E_v - E_c$），从而俄歇电子发射具有元素的特征能量信息。俄歇电子的产额正比于芯能级空位的数量，相应地与该物质的吸收系数 $\alpha_i(h\nu)$ 成正比。

如前面章节及本章 8.3.2 节所述，固体中低能电子的平均自由程为几个原子间距。检测到的俄歇电子主要来自固体表面约 10 Å 厚度，因此具有极好的表面敏感度。俄歇电子检测采用与第 3 章和第 4 章中介绍的 XPS 类似的电子能量分析器。与之相关的为总电子产额检测技术，即检测所有从试样发射出来的电子。包括以俄歇电子发射，但在固体中由于非弹性散射而损失了一定能量的电子。总电子产额同样正比于吸收系数。但总电子产额检测相比于俄歇电子检测的不足是其信息不具有元素特征性，所有吸收过程都对二次电子发射的低能端形成影响。与俄歇电子检测一样，这种方法也具有较好的表面敏感度。然而，收集到的绝大部分电子能量非常低，其在固体中的平均自由程（约 50 Å）比俄歇电子长。此外，在电子能量较低时，平均自由程变化大，从而可以通过改变检测窗口的能量范围来改变表面检测敏感度。总电子产额检测的另一个优势是它只需要一块与皮安计相连的偏压金属板即可进行电子检测。

虽然俄歇电子检测和总电子检测均具有表面敏感特性，但两者都不是仅检测表面特征的，很难将表面信号从体相信号中剥离出来。只有当确保被研究的吸附物质仅仅存在于表面时，才能获得真正的表面特性。SEXAFS 实验的信号非常弱，需要较长的数据收集时间（通常几个小时）。如前面章节所述，这种表面敏感的分析技术需要超高真空环境条件，但即使压强在 $10^{-11} \sim 10^{-10}$ mbar 范围，仍难以在数据采集过程中完全避免表面污染。

离子产额检测是 SEXAFS 的另一种检测方法。图 8 - 32(b)表明，在发射俄歇电子后，发射原子处于带双重正电荷的不稳定状态。原子内或原子间激发过程均可产生这种不稳定状态，且在表面产生的这种正离子能自发地进行脱附，可采用飞行时间质谱仪对其进行检测。由于表面电荷重新中和具有较高概率，且离子逃逸出射深度较浅，只有在表面产生的离子才能逃逸进入检测器中而被检测，从而使离子检测技术具有表面敏感特性。然而，离子脱附过程的产额较低，离子产额检测技术不能用来研究浓度较低的表面物质，而且当原子序数较高时，荧光产额较大，因此离子产额检测只适合于轻元素分析。

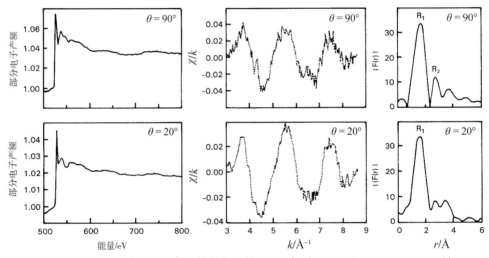

图 8 - 33　法向入射($\theta = 90°$)和掠射角入射($\theta = 20°$)时 Ni(111) - p(2×2)- O 系统氧 K 边 SEXAFS 数据

注：左边为原始数据与光子能量的函数关系，中间为 $\chi(k)$ 对 k 绘图，右边为数据的傅里叶变换。
Elsevier Science 及 Haase 转载许可[38]。

虽然原则上讲，SEXAFS 可用于无定形和多晶材料局域结构研究，但实际上这些材料表面具有大量无规则的电子散射体，开展这些实验研究需要较大的光通量。对于单晶材料，从式 8 - 36 和式 8 - 37 我们看到，若光的电矢量与发射原子和背散射原子间轴线方向一致，则该原子的背散射强度处于最大值。因此，通过旋转晶体样品，改变电矢量与表面间的角度，并观察 SEXAFS 的相应变化，我们可以获得表面吸附位点的几何分布情况。这种方法已经被广泛采用，如确定 Ni(110) - c(2×2) - S 表面硫元素的配位位点[37]，以及确定 Ni(111) - p(2×2) - O 表面上氧元素的配位位点等[35]。图 8 - 33 为 Haase 等[38]采用部分电子产额模式在氧的 K 边处接收获得的 Ni(111) - p(2×2) - O 系统 SEXAFS 数据及其傅里叶变换。实验中采用法向入射(θ

＝90°)和掠射入射($\theta = 20°$)两种入射模式。将 $\chi(k)$ 对 k 进行作图，显示为近似正弦曲线，其傅里叶变换呈现单峰模式，对应于最近邻原子 O－Ni 之间的距离约(1.85±1.03) Å。在法向入射数据中出现一个小峰(峰 R_2)，可暂且将其归属于次邻近原子 O－Ni 之间的距离，约为 3.1 Å。在确定 O-Ni 最近邻原子距离后，可以通过计算确定具有该近邻原子距离，和处于不同配位位置的两种偏振方向所对应的 SEXAFS 振幅大小。将两种偏振强度的比例与实验数据进行比较。当氧处于顶位或桥位配位位置时，数据吻合度较差，而当氧处于三重位置时，则具有很好的数据一致性。通过分析第一层之外的配位壳层，可获得在三重位点处是否具有表面重构的进一步信息。由于这种偏振依赖性，试样第二层中的 Ni 原子对法向入射 SEXAFS 没有贡献。然而，掠射入射 SEXAFS 数据受到第一层和第二层 Ni 原子间距离的影响，从而可以区分 fcc 和 hcp 三重配位位点。如图 8－34 所示，fcc 位点具有很好的数据一致性。

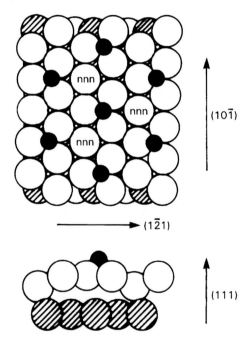

图 8－34　Ni(111)－$p(2×2)$－O 系统的顶视和侧视

注：由图 8－34 的 SEXAFS 数据表明氧原子(实心小圆球)处于三重配位 fcc 位置。次近邻原子标注为"nnn"。转载自 Haase 等[38]，Elsevier Science 1992 年版权所有。

与其他表面结构分析技术相结合，SEXAFS 将非常有用。比如，Cheng 及其同事们将 SEXAFS 与 XSW(8.3.4 节)技术相结合，用于方解石表面 Co^{2+} 离子的吸附和掺杂研究[39]。图 8－35 为在稀的水溶液中吸附后，Co 在方解石($10\bar{1}4$)面上掺杂的偏振依赖性 SEXAFS 结果。空心圆对应于扣除了背景后平面内和法向偏振测量的 k^2 称量的数据(粉末参考试样 $CoCO_3$ 数据也显示其中)。数据拟合给出了连续结合的 Co^{2+} 和周围 CO_3^{2-} 基团中最近邻 O 原子的第一层键合信息。在同一表面上进行 XSW 测量以确定 Co 的晶格位置(见 8.3.4 节)，综合测试结果可以得到如图 8－36 所示的 Co^{2+}

子的局域结构模型。与 8.2.2 节中介绍的将成像技术与 LEED 相结合类似，通过将两种结构分析方法相结合，并充分利用每种方法的特点，可以建立更详细的表面结构模型。

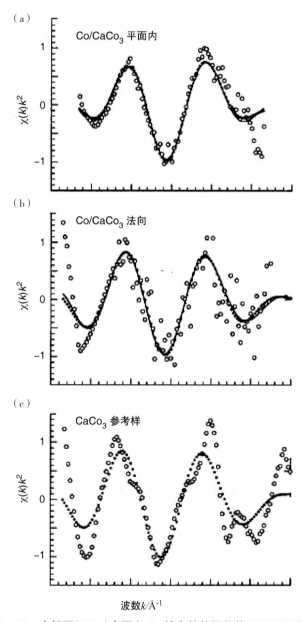

图 8-35　方解石(1014)表面上 Co 掺杂的偏振依赖 SEXAFS 结果

注：其中圆环为扣除背景后的原始数据，点画线为 Co-O 第一层部分，实线为其最佳拟合部分。(a)平面内偏振测量，(b)平面外偏振测量，(c)CoCO₃标准化合物。美国物理学会及 Cheng 等转载许可[39]。

(4)NEXAFS(XANES)表面结构确定。NEXAFS 可用于获得表面结构信息，但 NEXAFS 数据分析非常复杂。在 EXAFS 谱图部分，光电子波和背散射信号之间的相互作用相对较弱，单次散射过程占主导地位。但在 NEXAFS 区域，两者的相互作用要强很多，必须考虑出射光电子的多次散射。由于光电子波函数强烈依赖于吸附物周围电势，因此可以采用 NEXAFS 研究吸着物的氧化状态及其配位信息。吸收边的位置随吸附物上的电荷而变化（即吸收边位置有一定化学位移），对氧化状态的研究相对比较直接。对于表面上吸附的小分子，其芯能级阈值处的 NEXAFS 主要为吸附分子内震动，NEXAFS 在此类研究中非常有用。然而，对于金属衬底上的原子吸附物，长程多次散射起主要作用，因此谱图建模需要对多次散射进行计算。比如，在 $Ni(110) - c(2 \times 2) - S^{[40]}$ 体系研究中，为了与实验结果相吻合，计算时需将表面 S 原子周围的 5 层 Ni 原子（对应于 42 个原子）均考虑进去，表明在该原子团簇内存在明显的多次散射过程。而在对相同系统进行 SEXAFS 测量时，只需考虑一个壳层 Ni 原子（4 个原子）的贡献。

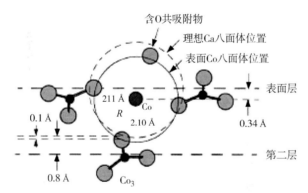

图 8-36　Co^{2+} 在方解石(1014)表面掺杂的局域结构模型侧视

注：美国物理学会及 Cheng 等转载许可[39]。

　　如同 SEXAFS，偏振依赖 NEXAFS 可同样用于确定表面上小分子的取向。CO 在 Ni(100)面上的吸附是一个很好的例子[41]。在该研究中，采用 C-KVV 俄歇电子检测，观察 C 的 K 边 NEXAFS。NEXAFS 中起主导作用的为 CO 分子间激发。当光子以 10° 角入射到(100)面上时，观察到两个峰（图 8-37 中的峰 A 和峰 B）。随入射角增加到 90°，峰 B 消失了。这两个峰分别对应 C 1s 能级轨道到 CO 分子轨道中 $2\pi^*$(A) 和 σ^*(B)的跃迁。其中峰 B 比峰 A 宽，这是因为 C 1s 能级电子被电离后，$2\pi^*$ 能级被拉到真空能级之下，因此峰 A 是一种束缚态共振。相比较而言，峰 B 主要为连续振动，且主要是由于电子被激发进入 σ^* 轨道并停留在真空能级之上，并从固体中逃逸出去。σ^* 波函数在 C 原子附近具有较大的振幅，但迅速降低至自由电子波函数振幅大小。采用偶极子选择规则，很容易说明只有当光的电矢量与 CO 键轴线垂直时才能产生 C 1s $(\sigma) \to 2\pi^*$ 跃迁，而当光的电矢量与 CO 键轴线平行时，则可以发生 C 1s $(\sigma) \to \sigma^*$ 跃迁。这意味着通过将不同 CO 取向体系计算得到的峰 A 和峰 B 的强度比和实验数据进行比较，来确定表面 CO 分子的取向。结果表明 CO 分子是与 Ni(100)平面相垂直的，这与光发射结果相一致。

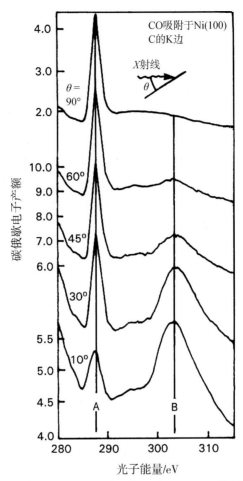

图 8-37　180 K 下 CO 在 Ni(110)上吸附 C 的 K 边 NEXAFS 数据随入射角的函数关系

注：美国物理学会及 Stöhr and Jaeger 转载许可[41]。

NEXAFS 近年来已经广泛应用于金属[42]和半导体[43-44]表面有机分子吸附研究。这是由于 NEXAFS 是一种用于确定分子取向，界面键合和电子结构的理想方法，而且在第三代同步辐射源中采用波荡器光束线后，NEXAFS 能量分辨率得以提高，已可用于对电子和化学态进行更精细的分析研究，揭示新的精细结构。能量分辨率的提高使对伴随有机大分子中电子激发而产生的振动进行研究成为可能，在光谱和电子能谱领域对这种电子激发振动的研究已经非常成熟，但由于结构有序度较差，在固体 NEXAFS 中研究相对较少。相关结果在 Scholl 及其同事们[45]的研究中得到了很好的阐述，他们报道了有机大分子(NCTDA)在 Ag(111)表面吸附的 NEXAFS 谱中具有丰富的精细结构。图 8-38 为 Ag(111)表面 NCDTA 多层膜的 C 的 K 边 NEXAFS 谱图。在图 8-38 中左侧扩展能量区间内，可以观察到 3 个明显的尖锐共振峰，π^* 共振对入射 X 射线束的偏振依赖性可用于确定分子取向。在图 8-38 中右侧扩展能量区间内，可以观察到多个完全分开的峰和峰肩等丰富精细结构。这些精细结构可以解释为电子跃迁至芯能级激发终态中的分子振荡激发态而产生的。结果表明 NEXAFS 可用于有机固体的精细结构检测。

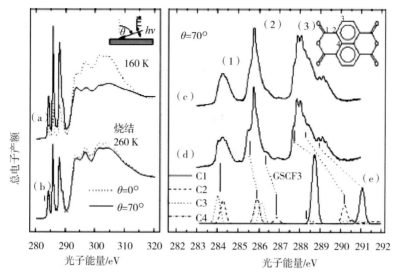

图 8 - 38　Ag(111)表面 NCDTA 多层膜的 C 的 K 边 NEXAFS 谱

注：左侧：160 K 下沉积(a)和 260K 下烧结(b)的 NTCDA 多层膜在 X 射线以掠射角入射($\theta = 70°$)和法向入射($\theta = 0°$)时的 C 的 K 边 NEXAFS 谱图。右侧：(c)至(d) C 的 K 边 NEXAFS 谱($\theta = 70°$)的 π^* 区域和(e)计算得到的 NEXAFS 共振谱。其中对 C1—C4 原子(插图)的电子跃迁进行了归属。美国物理学会及 Scholl 等转载许可[45]

8.3.3　表面 X 射线衍射(SXRD)

(1)简介。利用 X 射线进行表面结构分析在早期并不被研究者们看好，这是由于 X 射线与固体的相互作用较弱，这使 X 射线在固体中的穿透深度较深。然而，这种较弱的相互作用同时也意味着可以忽略多次散射效应，而采用运动学理论对 X 射线衍射进行分析。就这一点而言，采用 X 射线，而不是电子束，来探测表面结构将比 LEED 和 RHEED 更具优势，有关散射过程的理论解释将更为简单，而且可以更直观地获得表面原格内的原子排列结构。实际上，正是由于这种数据解释的直观性，以及同步辐射源的发展使即使是亚单原子层量级的材料也能够获得满意的信号，SXRD 已经成为表面结构分析的重要手段之一。此外，由于 X 射线具有穿透性，因此可以在非超高真空环境下进行表面检测，如被掩盖的固-固界面，固体与液体的界面及固体/高压气体界面等。这说明 SXRD 可应用于多学科研究领域，如原位金属有机化学气相沉积(metal organic chemical vapour deposition，MOCVD)生长工艺及电化学和晶体生长等，当然也包括典型的 UHV 表面科学研究。相关介绍读者可以参考附录中列出的参考文献等资料。

(2)理论解释。固体对 X 射线的折射指数仅稍小于 1，根据斯涅尔定律，当 X 射线以小掠射角入射时，将发生外部全反射(图 8 - 39)。比如，当 X 射线波长约为 1.5 Å 时，表面临界角根据材料不同为 $0.2°\sim0.6°$，在此角度之下将发生全反射。在此条件下，由于样品对 X 射线的吸收，以及采用临界角以下角度入射，故 X 射线在固体表面的穿透深度将是有限的，为 10～50 Å。这意味着散射主要来自表面倒易点阵矢量。8.2 节中有关 LEED 和 RHEED 的二维处理方法同样适用于此，只要厄瓦尔德球与表面倒易点阵棒相交，即能产生衍射束(图 8-5)。表面 X 射线衍射的另外一个优势就是可以忽略多次散射效应，从而可采用运动学理论而不是动力学理论对衍射过程进行处理。当然，二维 X 射线衍射实验仍存在相的问题，但是利用从传统 X 射线衍射技术发展而来的精修技术，采用方程(8-7)和方程(8-8)计算结构因子以与测量值相比较，可将原子位置准确估计在 ±(0.01～0.03) Å 内。

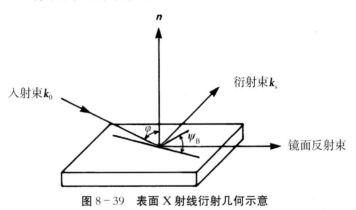

图 8-39　表面 X 射线衍射几何示意

注：波矢量为 k_0 的入射束以掠射角入射到样品表面，与表面法向方向 n 之间的极角 ϕ 约为 89.5°。衍射束以方位角 Ψ_B 从试样表面掠射出去，其出射角与入射角相近。

通常在 X 射线衍射实验中并非总是采用掠射角入射，此时 X 射线将穿透到晶体样品基体中。对于三维晶体，根据劳埃方程(对于具有 N_1，N_2，N_3 晶胞，点阵矢量为 a，b，c 的任意晶体)，在倒易点阵中，波矢量 q 的散射强度之和可以表示为

$$I(q) \propto |F(q)|^2 \frac{\sin^2\left(\frac{1}{2}N_1 q \cdot a\right)}{\sin^2\left(\frac{1}{2}q \cdot a\right)} \frac{\sin^2\left(\frac{1}{2}N_2 q \cdot b\right)}{\sin^2\left(\frac{1}{2}q \cdot b\right)} \frac{\sin^2\left(\frac{1}{2}N_3 q \cdot c\right)}{\sin^2\left(\frac{1}{2}q \cdot c\right)} \quad (式 8-38)$$

其中，$F(q)$ 为结构因子，其确定倒易点阵中可观察到衍射峰的位点。对于孤立二维单层膜表面散射，相当于式 8-38 中的 $N_3 = 1$，此时矢量 c 沿表面法向方向，而矢量 a 和矢量 b 则在表面二维平面内。在这种情况下，衍射强度与波矢量点乘 $q \cdot c$ 在倒易点阵表面法向方向上的分量无关，而且当在表面上(h 和 k 为整数)满足劳埃条件时，米勒指数 l 取任意值均可以观察到衍射强度。图 8-40(d) 为这种情况示意图，在与表面平行的两个方向上的散射均异常尖锐，但沿表面法向方向呈发散状态。如果二维单层膜具有与基体晶体同样的周期性，那么发散散射将如图 8-40(e) 所示叠加在基体散射之上，此时衍射斑点代表基体布拉格反射。而在真正表面上，表面原子散射和基体原子散射之间将发生干涉作用，此时衍射强度将如图 8-40(f) 所示沿 l 方向发生调制变化。布拉格反射产生的衍射束强度形成所谓的晶体截断棒(crystal truncation rads，CTRS)，这是由于它们是晶体点阵在表面的截断面而产生的散射[10,46]。

当满足平面内劳埃条件时，衍射强度与表面法向波矢量点乘的关系可表示为

$$I(q) \propto |F(q)|^2 N_1^2 N_2^2 \frac{1}{2\sin^2\left(\frac{1}{2}q \cdot c\right)} \qquad (式 8-39)$$

在 l 为整数处具有尖峰（布拉格反射），但布拉格反射强度包含有关表面结构及表面与表面下基体点阵的位置信息。从图 8-40 可知，SXRD 实验可获得丰富的结构信息。当表面对称结构与基体晶体不同时，倒易空间的倒易杆是离散的[图 8-40(d)]，可分别进行测量。当表面结构与基体晶体相当时，可通过详细测量和 CTRs 模拟进行表面结构检测[图 8-40(f)]。

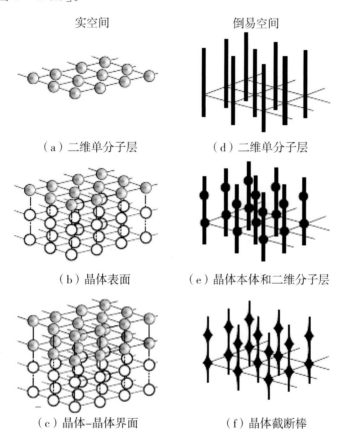

实空间　　　　　　　倒易空间

（a）二维单分子层　　　（d）二维单分子层

（b）晶体表面　　　　　（e）晶体本体和二维分子层

（c）晶体–晶体界面　　　（f）晶体截断棒

图 8-40　二维单层膜(a)、晶体表面(b)和晶体–晶体界面(c)的实空间结构；
(d)、(e)和(f)分别代表倒易空间中的相应 X 射线衍射

(3)**实验细节**。如前所述，X 射线具有穿透性，从而可以在非超高真空（液相和高压气体）环境下进行表面分析。当然也可以在 UHV 环境下利用 X 射线进行表面研究，此时，可将衍射仪等 X 射线衍射装置连接到 UHV 腔室上，从而在 UHV 环境下对试样进行操作。入射和散射 X 射线束可以通过腔室上的铍窗口到达 UHV 腔室。图 8-41 为法国 Grenoble ESRF 实验室 BM32 光束线 X 射线工作站照片，该设备是世界上其他几个同步辐射装置的典型代表（如 Ferrer 和 Comin[47]）。该光束线上的超

高真空表面实验室(surface under ultra-high vacuum,SUV)主要用于在 UHV 条件下开展表面、界面和薄膜研究。该装置由一个固定四圆衍射仪上的大 UHV 腔室组成。在衍射仪支撑下腔室可整体进行旋转,从而确定 X 射线相对于表面垂直方向的入射角。在 UHV 腔室中有一个测角仪,样品可以在两个垂直方向上进行倾斜和平移。通过连接了差分泵的直通管旋转测角仪可实现样品在衍射仪上的旋转。UHV 腔室具有一个大的铍窗口,可使 X 射线具有大的入射和出射角。腔室中配有几个蒸发源,可用于进行原位外延沉积实验,同时也配有 RHEED、AES(Anger electron spectroscopy)、残余气体分析(residual gas analysis,RGA)和离子溅射等设备。

图 8-41　Grenoble ESRF 实验室 BM32 光束线 X 射线工作站照片

注:X 射线束通过一个小的铍窗口(右侧)进入腔室,而从一个大的铍窗口出射。

BM32-CRG-IF,Grenoble,France 转载许可。

　　SXRD 实验程序已非常成熟。通常将衍射仪调整到使入射 X 射线束通过衍射仪轴线的旋转中心。然后通过找到两个或多个布拉格反射的角度位置对样品进行调整,以便利用专业衍射仪软件将衍射仪角度位置与样品倒易点阵进行关联。然后可以倒易点阵形式进行衍射实验,获得如图 8-40 所示结果。图 8-40 中棒型散射特性在表面平面倒易空间方向上进行展宽,这是仪器分辨率、结构本身的有限连续性和基底晶体的镶嵌度等共同作用的结果。将衍射仪设置到所需的 (h,k,l) 位置,然后将试样在方位角附近进行摆动,可解释这种有限展宽。摆动扫描可获得一个扣除背景的积分强度,该积分强度代表了 (h,k,l) 位置处的散射强度。经过各种仪器效应(详细信息参阅文献[48])校正后,可采用式 8-7、式 8-8 和式 8-39 的改进式对数据进行建模。

　　(4)SXRD 的应用。采用 SXRD 进行表面研究获得了极大的发展,这源于同步辐射源光束线的发展。具体应用领域包括半导体和金属表面重构[49]、氧化物[50]、表面相变、表面粗糙化、表面熔化和其他许多有关表面吸附和生长工艺研究[9,10,51]等。如前所述，硬 X 射线辐射的穿透特性使利用 SXRD 进行表面研究不仅仅局限于在UHV 环境下进行，许多在 UHV 环境中进行的实验也同样可以在固－固、固－液和固体－高压气体界面进行[52]。

　　为了对 SXRD 实验方法进行阐述，我们给出一个早期有关 Sb 在 Ge(111)面上吸附的研究例子[53]。实验过程中采用方位角扫描(将晶体沿表面法向方向进行旋转)确定 Sb 层面内结构以及其与 Ge(111)基底的分布关系，而采用杆扫描方式来确定面外位移。图 8－42 为由于有表面吸附物而绕分数指数峰(0.5、2、0.3)的方位角扫描结果。对数据进行结构因子分析可得到 Sb 在基底面内分布情况。结果表明 Sb 原子以曲

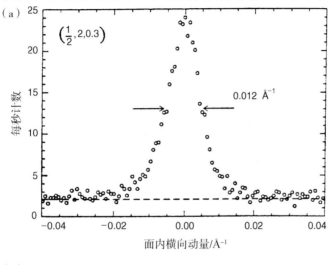

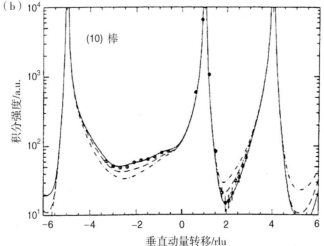

图 8－42　Ge(111)(2×1)－Sb 体系表面方位角扫描(a)和杆扫描(b)结果

注：可以确定图 8－43 中表面结构。图(b)中圆点为实验数据，点画线和实画线为 Sb 原子位于表面上高度不同模型的数据拟合结果。其中与图 8－43 中模型相对应的实曲线与实验数据吻合最好。Elsevier Science及 van Silhout 等转载许可[53]。

折链状形式分布在表面上(图 8-42),与最邻近原子的距离非常接近于基体中 Sb—Sb 键长。Sb 原子稍微偏离其与首层 Ge 原子面的方向,这说明朝向向下的 Sb—Ge 键有一定倾斜。采用杆扫描进行面外结构分析。图 8-42 为 (10) 倒易杆的杆扫描结果。针对 Sb 原子在 Ge 表面上高度的不同模型,可确定几种不同的杆扫描结果。图 8-43 为最适合结果,Sb 原子位于两种不同的高度位置,其中一半的原子位于另一半原子之上约 0.2 Å。这种搭扣链接方式一直持续至 Ge 基底。

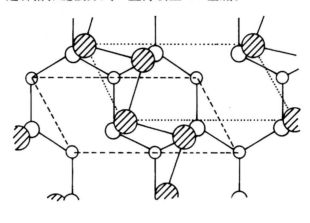

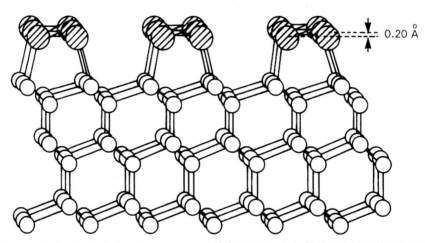

图 8-43 图 8-42 中 Ge(111)(2×1)-Sb 系统表面 XRD 数据最佳拟合模型的顶视和侧视

注:一半 Sb 原子稍微位于另一半原子之上,大的划阴影线的为 Sb 原子。Elsevier Science 及 van Silhout 等转载许可[53]。

由于原子对 X 射线的散射能力随原子序数 Z 的平方而变化,因此早期采用 SXRD 进行表面结构研究大多针对高原子序数材料。假设能够将表面散射与晶体本体散射区分开,如果表面吸附物的对称性与体相点阵终止面不一样,那么采用高强度同步辐射 X 射线束也可以在特定环境下对表面低原子序数吸附物进行研究。对 CO 在 Pt(111) 表面上的吸附研究是一个很好的示例,尽管相关研究是在液态环境(即荷电电化学界面[52,54])下进行的。通过浸泡电解液使 Pt(111) 表面覆盖 CO,可以在

Pt(111)表面形成一个有序的 CO 结构，晶胞结构为 $p(2×2)$。图 8 - 44 为 $p(2×2)$ 反射得到的摆动扫描结构，这种反射只能由吸附的 CO 单分子层散射得到。图中的插图为强度随其中一个 CO 单层散射棒的变化情况。图谱中未见任何明显的调幅变化，说明如图 8 - 40(d)所示吸附层主要为二维单分子层结构。SXRD 的运动学特性说明在结构确定中可以采用傅里叶技术。此时，可以采用测量的结构因子计算与表面晶胞内的电子分布情况相关的 Patterson 函数[10,48]。Patterson 函数具有直观性（图 8 - 44），可用于表面结构确定，结果表明晶胞由 3 个 CO 分子所组成，即每个 Pt 表面原子的覆盖率 $θ = 0.75$（图 8 - 44 为其结构模型）。由于 CO 分子相比于基体 Pt 原子的散射能力较弱，通过测量 Pt 原子表面的 CTRs，我们不能得到 CO 单分子层与基体的分布信息。此时，CTRs 只能提供 Pt 基体表面相关弛豫信息。此后，在类似条件下（即荷电电化学界面）进行，且 CO 相[$(\sqrt{19}×\sqrt{19})$R23.4° - (^{13}CO)相，$θ = 0.68$]覆盖较低的研究中，结果表明 CO 吸附能导致其之下的 Pt 表面发生显著形变，这种形变能够延伸到 Pt 表面几个原子层，采用 CTR 数据建模和测量分析能够分辨这种形变[55]。

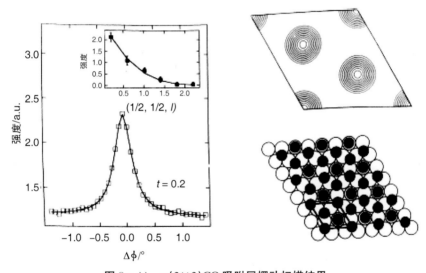

图 8 - 44　$p(2×2)$CO 吸附层摆动扫描结果

注：左图为(1/2,1/2,0.2)倒易点阵位置的摇摆扫描数据，由于 $p(2×2)$CO 吸附层而出现一个峰，其中插图是沿(1/2,1/2,l)倒易杆的积分强度。右图为通过测量的面内结构因子计算得到的 $p(2×2)$晶胞的 Patterson 函数。$p(2×2)$吸附层的结构模型表明空心圆为表面 Pt 原子，而实心圆为吸附的 CO 分子。Elsevier Science 及 Lucas 等转载许可[54]。

8.3.4　X 射线驻波(XSWs)

(1)简介。到目前为止，表面结构分析技术在广义上可以分为长程有序结构检测技术(LEED，SXRD)和短程有序结构检测技术(SEXAFS，NEXAFS)。后者的优势在于其同样还具有元素特征性。X 射线驻波(XSWs)是一种结合了 X 射线衍射特点的短程结构探测技术。当 X 射线束入射到表面时，连续入射束与衍射束之间的干涉作用将在表面上和表面下产生 X 射线驻波。这意味着与 X 射线光子关联的电场强度将在表面上发生周期性变化。图 8-45 为 X 射线驻波的示例。XSW 的周期 D 与相对于表面的入射角 θ 之间存在以下的布拉格关系：

$$D = \lambda/(2\sin\theta) \qquad\qquad (\text{式}\,8-40)$$

因此，可通过改变入射光源的能量，即波长 λ，或改变表面入射角来改变驻波的周期。处于驻波内的原子可吸收一定频率的 X 射线辐射，从而产生光发射和 X 射线荧光等。如 8.3.2 节中所述，伴随 X 射线吸收的荧光产额、总电子产额（Y_p）或俄歇电子发射强度与吸收概率直接相关。而在 XSW 吸收情况下，将与表面上正弦变化的电场强度直接相关。在特定实验条件下，可将荧光产额等与原子和表面间的距离进行关联。XSW 实验主要测量相关原子的 X 射线荧光或光电发射随驻波相位的变化。

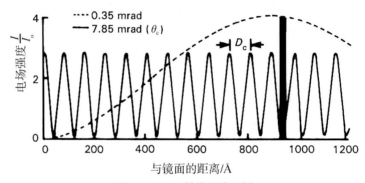

图 8-45　X 射线驻波示例

注：图中为 9.8 keV X 射线平面波在金镜表面产生镜面反射时的归一化电场强度变化。点画线和实线对应于入射角相对于金表面为 $0.02°$(0.35 mrad)和 $0.449°$(7.85 mrad，临界角)时的电场强度曲线。长方形阴影表示当金膜表面被覆盖一脂质多层膜时，Zn 原子位于表面以上 925 Å 处(图 8-48)。Nature Publishing Group 及 Wang 等转载许可[56]。

(2)**理论解释。**Batterman[57]最先提出了 XSW 的相关理论，该理论需要对 X 射线衍射进行多次散射动力学处理。无须重复详细计算过程，从图 8-45 可以看出，X 射线驻波场是由电场矢量为 E_0 的入射平面波与电场矢量为 E_H 的布拉格反射波的相干叠加所组成的。基体内和基体上归一化的驻波空间强度变化 $I^{SW}(r)$ 可表示如下：

$$I^{SW}(r) = \frac{|E_0 + E_H|^2}{|E_0|^2} = 1 + \frac{|E_H|^2}{|E_0|^2} + 2P\frac{|E_H|}{|E_0|}\cos(\phi - 2\pi H \cdot r)$$

$$(\text{式}\,8-41)$$

其中，ϕ 为复振幅比相位，$\dfrac{E_H}{E_0} = \dfrac{|E_H|}{|E_0|}\exp(\mathrm{i}\phi)$，$H$ 为倒易点阵矢量，P 为 X 射线束偏振（$P=1$ 时为 σ 偏振，$P=\cos2\theta_B$ 时为 π 偏振，θ_B 为布拉格角度）。根据动力学衍射理论[58]，可以计算得到相位 ϕ 及反射率 R($R = |E_H/E_0|^2$)与能量的关系。如前所述，X 射线驻波技术测量吸附物特征光谱信号的产额 Y_p。采用偶极子近似，Y_p 与原子中心处电场强度的平方成正比，从而与 $I^{SW}(r)$ 成正比。若吸附原子均处于同样的吸附位点上，则具有以下关系式：

$$Y_p = 1 + R + 2P \sqrt{R}\cos(\phi - 2\pi H \cdot r) \qquad (\text{式 } 8-42)$$

对于非相干吸附系统，原子处于不同吸附位点上，必须引入一个函数来描述平均点阵位点附近原子的分布位置，即采用归一化分布函数 $n(r)$ 对产额 Y_p 进行修正：

$$Y_p = \int Y_p(r)n(r)\mathrm{d}r = 1 + R + 2P \sqrt{R}\int n(r)\cos(\phi - 2\pi H \cdot r)\mathrm{d}r$$

$$(\text{式 } 8-43)$$

引入相干位置 $P_H = H \cdot r$ 和相干分数 f_H，式 8-43 可重写为

$$Y_p = 1 + R + 2P \sqrt{R}f_H\cos(\phi - 2\pi P_H) \qquad (\text{式 } 8-44)$$

由于 P_H 和 f_H 包括吸附系统的所有结构信息，绝大部分 XSW 实验均采用式 8-44 进行分析。相干位置 $0 \leqslant P_H \leqslant 1$ 给出了吸附物相对于与矢量 H 相关的衍射平面的位置，$0 \leqslant f_H \leqslant 1$ 则描述了吸附系统中的相干程度。可以看出，相干因子 f_H 为分布函数 $n(r)$ 与含有相干位置 P_H 的相因子乘积的第一个傅里叶分量。通过测量几种倒易点阵矢量 H 的 XSW 产额，可以确定吸附物的傅里叶表示形式。

(2)**实验细节**。XSW 实验中可以采用不同的光子能量范围和空间配置，实验装置与基于 X 射线衍射的 SXRD 类似（图 8-41），且几乎都采用布拉格几何设计进行 XSW 实验。实验中利用与特定衍射束相关的 XSW。在布拉格条件下，当 XSW 的相位改变时，通过测量 X 射线荧光或光电产额，可以确定与衍射束对应的倒易点阵矢量方向上的杂质或吸附原子的位置。采用这种几何设计时一般使用高度准直的硬 X 射线作为光源，以获得表面和基体信息，有时还可获得处于高压液体或气体中的表面信息。布拉格关系式（式 8-40）表明，通过降低 X 射线束的能量，从而增加了其波长，可以增大相对于表面的入射角。实际上，通过采用能量为 800 eV～5 keV 的软 X 射线，对于大部分金属和半导体表面，我们可以使入射束垂直于其点阵平面入射。这是垂直入射 X 射线驻波场吸收技术（NISXW）的基础，Woodruff 等首次将该技术应用于 Cl/Cu(111) 系统的研究[59-60]。这种方法相比硬 X 射线法具有一定的优势。随着入射角增加至 90°，布拉格反射宽度变窄，使该方法可应用于相对不完整的晶体表面研究，如具有不同取向小晶体镶嵌的晶体表面。实验中通常并不需要对软 X 射线进行精确的准直处理，这意味着可以直接使用 SEXAFS 测试中的同步辐射光束线，而不需要进行任何改进，且两种技术均需要 UHV 腔体和类似检测方法，如电子产额和荧光产额测量。

(3)**XSW 的应用**。XSW 主要用于半导体表面吸附层研究，这是由于半导体材料具有近乎完美的晶体结构，使 XSW 能用于任意布拉格反射[12]。NIXSW 的发展解决了晶体镶嵌的相关问题，使驻波技术的应用领域拓宽至更多材料系统[13]。如 8.3.2 节中所述，当与其他表面灵敏的检测技术结合时，XSW 测试将非常有用。如 SEXAFS 和 XSW 测试相结合，可用于研究方解石表面 Co^{2+} 离子掺杂的局域结构[39]。8.3.2 节中给出了该体系的 SEXAFS 结果。图 8-46 为同一系统的 XSW 结果。将 3 个非共线衍射矢量的 XSW 测量结果相结合，可以得到杂质原子的准确三维坐标位置信息。采用式 8-44 对数据进行拟合，其中拟合参数为 P_H 和 f_H，P_H 给出 $\Delta d_H / d_H$

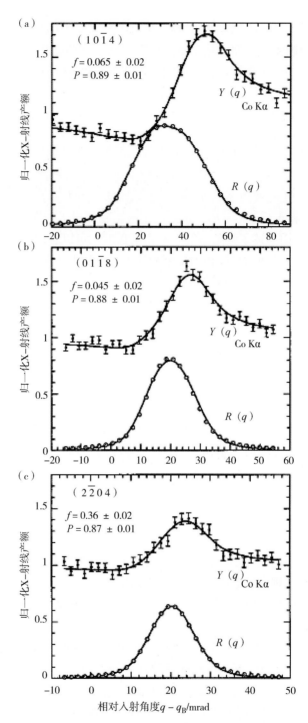

图 8-46　方解石表面 Co^{2+} 掺杂的 XSW 测量结果

注：点画线和实线分别为归一化 X 射反射率 R 和 Co $K\alpha$ 荧光产额 Y 的实验数据和理论拟合数据，其中(a)、(b)和(c)分别对应($10\bar{1}4$)、($01\bar{1}8$)和($2\bar{2}04$)布拉格反射。美国物理学会及 Cheng 等转载许可[39]。

位置，f_H 给出原子分布的静态和动态宽度，实线为拟合结果，表 8-1 中列出了相关参数。根据 XSW 测量的相干位置和方程 $h_H = P_H \times d_H$，可以计算得到在平面法向方向上 Co^{2+} 平均位置相对于 H 衍射平面的投影高度 h_H。相应地，Co^{2+} 在 $(10\bar{1}4)$、$(01\bar{1}8)$ 和 $(2\bar{2}04)$ 方向上的投影高度分别为 $h = (2.70 \pm 0.03)$ Å，$h = (1.68 \pm 0.04)$ Å 和 $h = (1.67 \pm 0.04)$ Å。为了确定 Co^{2+} 的点阵位置，将 h_H 值与理想 Ca^{2+} 相对应的 h_H 值进行比较，其中理想 Ca^{2+} 的 h_H 值在所有 3 个 h 值时均为 0 Å，这表示 Co^{2+} 已经偏离理想 Ca^{2+} 位点。相比于 Ca—O 最近邻距离为 2.35 Å，说明偏离的程度较小，Co^{2+} 离子仍处于理想的 CaO_6 八面体内。图 8-47 为根据 XSW 数据给出的 Co^{2+} 置换结构模型。XSW 和 SEXAFS 结果(图 8-35 和图 8-36)相结合，能够得到方解石表面杂质原子点阵位置和局域键合结构的详细信息，也说明了将表面灵敏的分析技术相结合的优势。

表 8-1　XSW 相干部分和方解石表面 Co 掺杂位置，以及从相干位置
并根据结构模型得到的 Co 的位置

H	d_H/Å	f_H	XSW 测得的 P_H	h_H/Å	模　　型	
					h_H/Å	$(h_H \pm 0.044)$/Å
$(10\bar{1}4)$	3.04	0.65 ± 0.02	0.89 ± 0.01	2.70 ± 0.03		
$(01\bar{1}8)$	1.91	0.45 ± 0.02	0.88 ± 0.01	1.68 ± 0.04	1.69	1.62
$(2\bar{2}04)$	1.93	0.36 ± 0.02	0.87 ± 0.02	1.67 ± 0.04	1.72	1.54

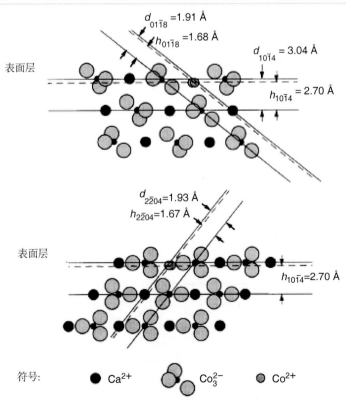

图 8-47　方解石 $(10\bar{1}4)$ 面侧视

注：根据 XSW 测量数据得到的 Co^{2+} 相对于 3 个点阵面的平均高度 h_H，及根据结构模型得到两个晶体学非相同的 Co^{2+} 的位置。美国物理学会及 Cheng 等转载许可[39]。

XSW 为可以对表面之上较大距离内的表面结构进行检测的极少数方法之一。所分析的表面之上的距离受限于 XSW 仍保持相干性的距离范围。图 8-45、图 8-48 和图 8-49 为脂质多层膜上的表面分析结果(图 8-48),其中花生酸锌双层膜中的金属原子距离金镜面表面之上约 1000 Å,但仍可以埃米级分辨率确定其位置。图 8-49 为 θ 角从 0 增加到 θ_c,Zn 的荧光产额和表面反射率变化。从图 8-45 可以看出,对于距离表面约 925 Å 的重原子层,XSW 的 12 个极值点将经过该双层结构中的重原子端部,从而可以观察到荧光强度的震荡变化。由于荧光产额正比于吸收系数 χ(如 SEXAFS 中一样)的调制部分,因而可利用这一信息计算重原子层相对于表面的位置,并计算一系列可能的重原子层构型的 χ^2,在一定的 θ 值范围内得到的最佳拟合结果即可视作对问题的解决。

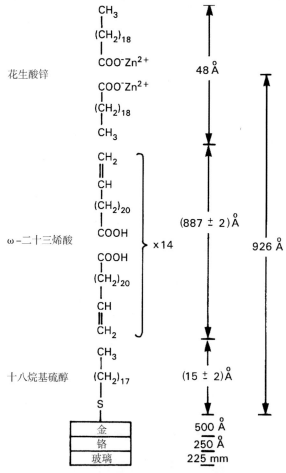

图 8-48　金表面沉积脂质多层 LB 膜的示意

注:Zn 原子位于表面 925 Å 处得到如图 8-49 所示的 XSW 数据。Wang 等[56]转载许可,Nature Publishing Group1991 年版权所有。

XSW 能够检测表面之上大距离范围内信息,表面无须具有长程有序结构(与 SXRD 不同),且信息具有元素特征(在某些情况下,还具有化学状态特征)的特点意味着 XSW 是研究分子吸附的理想方法，可采用 NIXSW 对金属表面分子吸附物进行研究。过去几年中，研究者们采用 XSW 对许多分子吸附系统进行了分析研究，如烷基硫醇[CH$_3$(CH$_2$)$_{n-1}$SH]，由于它能形成自组装单分子膜（SAMs）而广受关注[61]；氨基酸，如甘氨酸（NH$_2$CH$_2$COOH）在 Cu(100) 上的吸附[62]；内嵌原子富勒烯分子，其中一个或多个原子被镶嵌在碳框架中，从而改变沉积膜的物理特性[63]；平面有机分子，如封端基四噻吩[64]，其在分子电子学领域广受关注。随着同步辐射源，尤其是低能量范围同步辐射源的发展，以及检测技术的进步，XSW 在今后一定时间内仍将是重要的表面分析手段。

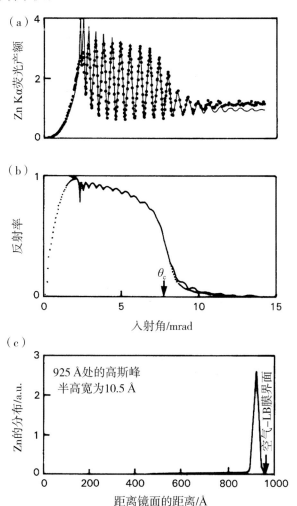

图 8-49　图 8-48 中脂质多层膜在入射光子能量为 9.8 keV，Zn Kα 荧光产额(a)和镜面反射率(b)的实验数据(点线)和理论数据(实线)与入射角的关系；(c)表面上 Zn 分布的计算结果

注：Wang 等[56]转载许可，Nature Publishing Group1991 年版权所有。

8.4　光电子衍射

8.4.1　简介

在 8.2 节中我们介绍了基于电子的 LEED 和 RHEED 技术可提供表面长程有序结构信息，以及利用 DLEED 还可获得部分表面短程结构信息。X 射线相关技术，如 EXAFS、SXRD 和 XSW 等同样可提供表面长程和短程有序结构信息。SXRD（8.3.3 节）与 LEED 类似，且数据解释更为直接。此外，X 射线辐射的穿透特性意味着它还可以研究表层下的结构信息。XSW 技术（见 8.3.4 节）可给出相对于基体体相晶格的表面特定元素吸附物位点信息，但不能给出确切的表面吸附物与基体作用键长等信息。8.3.2 节介绍了 SEXAFS 的基本原理，通过选择与某物质吸收边相对应的入射 X 射线波长，并分析在该吸收边处的 SEXAFS 振幅，我们可以获得该物质在表面的局域配位信息。在吸收边处，芯能级的电子被激发到空的价带或更高能级的电离连续态（图 8-24）。由于出射的激发态电子波函数与被周围原子背散射的电子波之间的相互干涉，在高于吸收边的吸收信号中 SEXAFS 振幅将增大。由于产生深层能级空位，在 SEXAFS 实际应用中可测量俄歇电子或荧光产额，其反映了吸收系数（8.3.2 节）。

在 X 射线光电子衍射（X-ray photoelectron diffraction，XPD）中也产生深层芯能级空位，X 射线光电子衍射技术近年来得到越来越广泛的应用。第 3 章中介绍了光电子能谱的基本原理。在光电子衍射（photoelectron diffraction，PD）中，通过直接测量芯能级空穴产生的光电子电流可以获得与吸附物相关的表面结构信息（类似于 SEXAFS）。此时，散射干涉将使光子发射强度随光电子发射方向和能量而发生变化。获得的结构信息是发射光电子的原子与周围近邻原子的相对位置信息，因此，可以确定发射原子与近邻原子间的距离及它们的空间相对位置。测量光发射强度随角度的变化，并以直接发射光电子场作为全息参考波，可以测量光电子的全息三维图。能量扫描光电子衍射与 EXAFS 相对应，此时光发射强度随光电子能量而变化，而 EXAFS 则为能量扫描光电子衍射的球面平均。

8.4.2　光电子衍射理论

如 8.3.2 节中所述，式 8-23 给出了从初态 $|\psi_i\rangle$ 到终态 $|\psi_f\rangle$ 的跃迁概率 P_{if}，其中 μ 为偶极子算符。通过 X 射线吸收产生光电子后，激发态光电子波函数从吸收原子处传播出去，波矢量为 k。部分光电子束未经历散射过程而离开固体，而其他光电子束会首先传播到相邻原子，并在矢量 k 方向发生弹性散射（图 8-50）。此外，还有部分光电子束被其他多个原子散射，或被背散射回发射光电子的原子处（后者将引发产生 EXAFS 振幅）。分析出射电子束和散射电子束之间的干涉作用可获得键长信息。

通过光电子衍射获得表面结构信息有两种不同方法，这些方法均是基于原子的电子散射截面与散射角和电子能量间的一定函数关系。

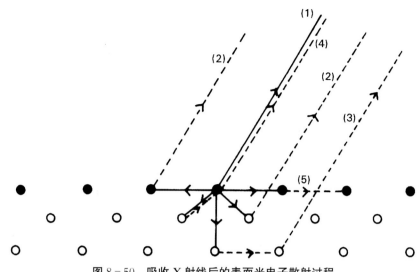

图 8 - 50　吸收 X 射线后的表面光电子散射过程

注：光电子波函数从吸收原子处传播出去（实心箭头）。直接散射电子束(1)从中心吸收位点自由传播出去，部分电子束首先传导至邻近原子，然后在 k 矢量方向发生弹性散射(2)，k 矢量方向电子束来自多个原子的散射(3)或背散射至激发原子的电子束(4)（引发 EXAFS），但大部分散射过程为表面正向方向(5)。

（1）当电子能量较高时，散射因子完全取决于 0°方向上的前向散射。具体实例就是，当一个双原子分子以某确定的取向吸附在表面上，其中接近表面的原子发射光电子。对于由该分子外侧的原子对光电子产生的 0°方向上的前向散射，直接发射的和前向散射的光电子波场在沿分子轴向方向的分量之间没有路程差，两者产生相长干涉。随着散射角度的增加，两者将产生路程差，并且随散射角度进一步增加，最终将产生相消干涉。因此，沿分子间轴向方向，光电子发射强度将有一个峰值角度，通过研究光电子强度角度分布中的前向散射峰（零级衍射峰），可以确定表面吸附分子的原子间位置和方向。这种方法需要发射原子相对于检测器而言位于散射原子下方，且该方法不能提供吸附物相对于基体的位置信息。这是传统 X 射线光电子衍射（XPD）的原理[14]。

（2）当光子能量较低时，散射截面在整个散射角度范围内大致相当，且在 180°背散射方向和前向散射方向具有峰值。在背散射过程中，所有散射过程与光电子波场的直接发射分量间均具有路径差，因此在任意特定方向检测到的光电子强度发射均随光电子能量改变而变化。背散射测量通常采用同步辐射源，在较低的光电子能量下进行（小于 500 eV），通过角度扫描或能量扫描数据可获得有关表面吸附物与基体的分布位置及键长等信息。能量扫描光电子衍射被称为 PhD[15]，在早期研究中也被称为角分辨光电子发射精细结构谱（angle-resolved photoemission fine structure，ARPEFS）[65]。

Liebsch 提出了光电子衍射的第一个理论模型[66]。根据该模型，当光电子衍射过程中产生的光电子能量大于 200 eV 时，需对光电子散射过程分析进行一些简化处理。这是由于高能电子的弹性散射截面相比低能电子要低（如同 LEED 和 RHEED），因此光电子束的多次散射过程也不尽相同。衍射束强度可以简单地根据出射波与一次散射波的相干性进行分析(图 8 - 50)。与 EXAFS 中类似,由于光电子波非弹性散射的平均自由程 λ 相对较短(见 8.3.2 节),散射过程通常发生在原子的最邻近原子层。在光电子衍射中,出射光电子信号受到散射束的干涉过程的调制,从而带有发射原子的局域位置结构信息。Liebsch 估计这种干涉调制约占 40%。

在散射束强度的最简表示式中假定只发生单次散射,且将散射原子处的电子波近似为平面波,并认为从初始 s 态进行发射(终态为纯的 p 波)。波矢量 k 的光电子波场强度为

$$I(\boldsymbol{k}) \propto \left| \cos\theta_k + \sum_j \frac{\cos\theta_r}{r_j} f_j(\theta_j, \boldsymbol{k}) W(\theta_j, \boldsymbol{k}) \exp\left[-\frac{L_j}{\lambda(\boldsymbol{k})}\right] \right.$$
$$\left. \times \exp[\mathrm{i}\boldsymbol{k}r_j(1-\cos\theta_j) + \phi(\theta_j, \boldsymbol{k})] \right|^2 \qquad (式 8 - 45)$$

其中,第一项为发射 p 波的直接发射分量,$\cos\theta_r$ 项是相对发射原子位置为 r_j 的散射原子的散射分量,加和项 j 是针对散射因子为 f_j 的所有原子的加和,散射因子依赖于散射角度 θ_j 和电子能量。W 为原子振动 Debye - Waller 因子,$\exp[-L_j/\lambda(\boldsymbol{k})]$ 项为在晶体中相对于直接发射分量具有附加长度 L_j 的散射分量的非弹性散射引起的强度衰减。每个散射分量的相位由散射相位位移 ϕ 和与路径差 $\boldsymbol{k}r_j(1-\cos\theta_j)$ 相关的相位差决定。对式 8 - 45 进行修正可解释散射原子处光电子波场的曲线波特性。采用与 LEED 中处理多次散射过程类似的方法对光电子衍射中的多次散射效应进行处理。通过这些改进,就可以采用实验和误差方法(与 LEED 中的 R 因子分析方法类似),通过光电子衍射测量结果确定表面结构信息[15]。

将式 8 - 45 进行拓展可以得到一组描述直接发射光电子分量与每一散射波之间干涉的项,及多个描述不同散射波之间干涉作用的交叉项。这些交叉项的平均值为零,振幅函数与光电子波矢量间的函数关系可以近似表述为

$$x(\boldsymbol{k}) \propto \sum_j \frac{\cos\theta_r}{r_j} f_j(\theta_j, \boldsymbol{k}) W(\theta_j, \boldsymbol{k}) \exp\left[-\frac{L_j}{\lambda(\boldsymbol{k})}\right] \cos[\boldsymbol{k}r_j(1-\cos\theta_j) + \phi(\theta_j, \boldsymbol{k})]$$

$$(式 8 - 46)$$

以上方程可与 EXAFS 中式 8 - 34、式 8 - 35 和式 8 - 36 相关联。其中,谐波余弦项取决于表面结构和实际空间中矢量 r_j 相对于检测器方向的取向,即散射角 θ_j,其中表面结构表现为光电子发射原子和散射原子之间的距离 r_j,而散射角 θ_j 体现在 $\boldsymbol{k}r_j(1-\cos\theta_j)$ 项中。这意味着在不同发射方向上得到的 PD 谱可以在实空间方向上探测到发射原子的结构环境信息。

8.4.3 实验步骤

光电子衍射实验光源与传统光发射实验中常用的典型光源一样。可以是一个能量固定的软 X 射线源,如 Mg Kα 或 AlKα 辐射(第 3 章),或者是 X 射线波长可调的同步辐射源。光电子衍射实验需要在超高真空环境中进行,通常采用半球型电子能量分析器(第 3 章介绍)收集光电子。典型的光电子衍射实验装置如图 8 - 51 所示[67]。为

收集从试样不同方向出射的衍射束，分析器必须能够围绕两个轴向进行旋转（图 8－52），从而改变相对于表面法向方向的角度 ϕ 和方位角 ψ。

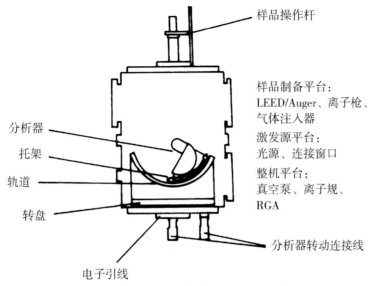

图 8－51　光电子衍射典型实验腔室示意

注：可旋转的半球型电子能量分析器安装在真空腔室内部托架上，其可在方位角和平面内转动。Margoninski[67] 转载许可，Taylor & Francis1986 年版权所有。

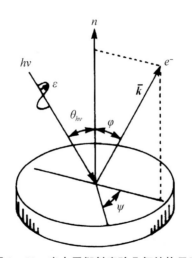

图 8－52　光电子衍射实验几何结构示意

注：ε 为入射辐射光源的极化矢量，θ_{hv} 为入射光辐射的极化角，k 为光电子波矢量，n 为表面法向方向。在实验中出射光电子相对于表面法向方向的极化角 ϕ 和方位角 Ψ 是可变的。Margoninski[67] 转载许可，Taylor & Francis1986 年版权所有。

测量的衍射电子束强度随衍射条件而变化。如衍射束强度随出射角度变化，即 $I(\phi)$，或随方位角变化，即 $I(\Psi)$（如 8.2.3 中介绍的 RHEED 一样），称为角分辨光电子衍射或 AP。光电子发射强度随方位角(ϕ)的变化谱图中的干涉最大值和最小值与表面对称性相对应。实际应用中，通过比较测量 XPD 的 $I(\phi)$ 和 $I(\Psi)$ 与不同几何结构的计算结果，可获得表面吸附物相对于基体的位置信息。采用同步辐射源可通过改变入射光源的能量从而改变其波长。此时，所有角度保持恒定，如同光电子结合能保持固定（即只考虑从同一芯能级出射的电子），而仅仅改变入射源的能量。因此，光电子的动能将发生变化。在能量扫描和角度扫描模式 PD 中，由于数据量有限，有可能导致结果的错误判定。类似于 SXRD，结构的判定同样需要设定一套正确的初始模型以进行结构精修。基于直接测量方法，研究者们开发了所谓的数据全息反演法，以获得光电子发射原子结构环境的实空间像[68]。本章不对该方法进行详细介绍，有兴趣的读者可以参考近期有关 PhD 的综述文献[15]。

8.4.4　XPD 和 PhD 的应用

CO 在 Ni(110)上的吸附研究[69]很好地阐述了 XPD 技术（即高能前向散射）的应用。实验过程中，样品围绕与[001]方向平行的轴线进行旋转，采用能量固定的 X 射线源（1253.6 eV）和半球型分析器在 $\theta = \pm 60°$ 的极角内收集光电子。极角 $\theta = 0°$ 时对应于表面法向方向。图 8-53 为增加 CO 吸附量而得到的 3 次 XPD 扫描数据，结果显示 CO 取向从垂直方向向倾斜方向变化。在 CO 吸附量较低时，CO 呈垂直方向取向，而当吸附量较高时，CO 在表面呈现倾斜分布，当倾斜角为 21°时表面为 p2mg 结构。这种简单的结构确定不但基于前向散射很强这一假设，也基于小的散射相位移，否则沿分子键方向将产生相消干涉。类似地，XPD 可用于确定双原子分子及更复杂结构分子吸附物在表面的取向，在激发源掠射入射时还可以用来获得基体-吸附物位置分布信息[15]。

Shirley 等首次成功地将 EXAFS 数据分析技术应用于 XPD，相关研究基于 Ni(001)-c(2×2)-S体系[70]。实验中采用 0°（NPD）和 45°两个极角，样品和分析器先后围绕入射束进行旋转，以改变光源相对于晶体的偏振矢量。这是利用光发射强度在光源电矢量方向具有最大值的特点，从而增强 Ni 原子的散射。因此，如果电矢量的偏振方向平行于表面法向，那么光发射电流将流经样品，产生较强的基底原子散射。如果矢量偏振方向平行于样品表面，那么样品最外层将产生较强的层间散射。这种效应类似于 8.3.2 节中介绍的 SEXAFS 的偏振依赖性。在本研究中测量 S 1s 的光电子发射，其动能可达约 500 eV（图 8-54）。光电子发射实验强度数据中扣除了代表光电子发射电流中原子贡献部分的背景函数，从而得到归一化的振荡分量 $\chi(k)$，然后进行傅里叶变换。傅里叶变换结果如图 8-54 所示。对于 Ni/S 表面，傅里叶变换数据中的前 3 个峰与 S 原子空位附近最邻近的 4 个 Ni 原子的散射相关。结果表明 Ni 和 S 原子间的距离为 2.23 Å，与 SEXAFS 数据非常吻合。该数据也可用于确定未知系统如 Cu(001)-p(2×2)-S 的空间位置。可以得到类似的四空位结构，其中 Cu 和 S 距离为 2.28 Å。由于此前研究中已经了解了 Ni(001)-c(2×2)-S 系统的结构，因此其也可以用于光电子全息技术[68]。实际上，该系统曾被用于检验从 XPD 数据建立表面原子结构重构的各种方法[71]。

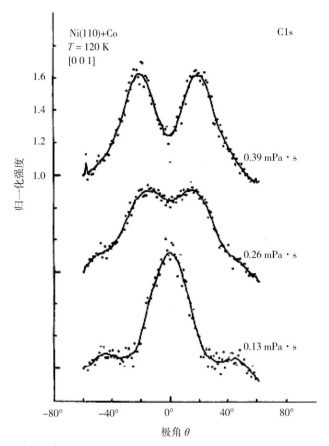

图 8 - 53　温度为 120 K，CO 在 Ni(110)上吸附，C 1s 归一化强度随极角的变化曲线

注：测量方位角平行于[001]方向。Elsevier Science 及 Wesner 转载许可[69]。

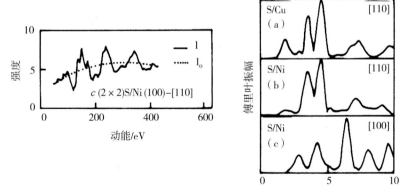

图 8 - 54　EXAFS 数据分析技术的应用—Ni(001) - c(2×2)- S 系统 S 的 K 边 XPD 数据

注：左图为光电子发射强度的振荡变化(I_0 近似为光电子发射电流中的原子电流部分)。右图为 Ni 系统和 Cu(001) - p(2×2)- S 系统中，光源相对于样品具有不同偏振时获得的数据的傅里叶变换。Barton 等[70] 转载许可，美国物理学会 1984 年版权所有。

　　低能(能量小于 500 eV)背散射方法(PhD)虽然需要采用同步辐射源,但其可获得表面吸附物−基体位置的定量信息,近年来已得到了广泛应用。采用这种方法进行表面结构确定的关键是在较宽的光电子发射角和能量范围内测量光电子发射强度。PhD 方法最先由 Shirley 及其同事们提出[72-74],Woodruff 课题组对该方法进行了进一步发展[75-76],PhD 方法已广泛应用于多相催化吸附系统研究。由于 PhD 方法能够提供分子中单个组成原子的局域结构信息,因此可以直接确定分子键键长,这一点已由 CO 在金属、氧化物和半导体表面的吸附研究所证实[15]。利用该方法对包括 SAM 和多种碳氢化合物(苯、乙炔和乙烯)等[15]在内的多个金属表面分子吸附物系统进行了研究,其中有关 SAM 系统的 XSW 分析结果也得到了 PhD 测试数据的支撑[77]。采用 C 1s 光电子发射数据研究碳化物 CO_3 在 Ag(110)上的吸附分析具有一定难度[78]。图 8−55 为其最适结构平面图,此结构的对称性非常低,因此,基底散射对 PhD 谱图的调制振幅影响非常弱。在接近法向入射发射方向和掠射发射方向收集谱图,并根据谱图模拟结果获得吸附分子的方位角及其相对于基底的位置信息。研究中还需要采用其他表面分析方法对表面结构进行最终确定。尤其是 STM 研究表明,该表面相所显示的 (1×2)周期是源自增加了的 Ag 原子列,而非 CO_3,且根据 PhD 谱图得到的键长数据,说明吸附分子位于最表面非重构层中的 Ag 原子之上。此结果在后续密度函数理论计算中得到了证实[79]。

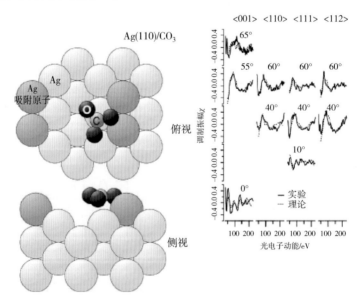

图 8−55　CO_3 在 Ag(110)上最优化局域结构的俯视和侧视

注:在不同偏振和方位角发射方向上得到的 C 1s 的 PhD 谱与最佳拟合结构的理论模拟的比较,Elsevier Science 及 Kittel 等[78]转载许可。

　　如 8.4.1 节中所述,光电子衍射是一种元素特征的分析方法,在表面研究中非常有用。此外,相同元素原子的光电子结合能会表现出不同的芯能级移动,这取决于原子所处的结构和电子环境,可以利用这一特点区分不同化学环境下的光电子发射,并提供局域结构信息。许多情况下，这种分辨能力非常重要。比如，有时需要区分同一吸附分子中处于不同环境下的某元素原子[80]，或者是吸附分子与基底含有相同元素的情况。随着同步辐射源的发展，能量分辨率将得以提高，可以预计相关研究在未来将得到进一步发展。

参考文献

［1］KITTEL C. Introduction to solid state physics［M］. New York：John Wiley & Sons Inc.，1996.

［2］MARGARITONDO G. Introduction to synchrotron radiation［M］. New York：Oxford University Press，1988.

［3］PRUTTON M. Introduction to surface physics［M］. Oxford：Oxford University Press，1994.

［4］SOMORJAI G A. Introduction to surface chemistry and catalysis［M］. New York：John Wiley & Sons Inc.，1994.

［5］ZANGWILL A. Physics at surfaces［M］. Cambridge：Cambridge University Press，1988.

［6］HEINZ K. LEED and DLEED as modern tools for quantitative surface structure determination［J］. Reports on progress in physics，1995，58(6)：637-704.

［7］PENDRY J B. Low energy electron diffraction［M］. New York：John Wiley & Sons Inc.，1974.

［8］BARR T，SALDIN D. LEED and the crystallography of surfaces，tutorials on selected topics in modern surface science［M］. Amsterdam：Elsevier Science，1993，Chapter 2.

［9］ALS-NIELSEN J，MCMORROW D. Elements of modern X-ray physics［M］. Chichester：John Wiley & Sons Ltd，2001.

［10］ROBINSON I K，TWEET D J. Surface X-ray diffraction［J］. Reports on progress in physics，1992，55(5)：599-651.

［11］WOODRUFF D P. Fine structure in ionisation cross sections and applications to surface science［J］. Reports on progress in physics，1986，49(6)：683-723.

［12］WOODRUFF D P. Surface structure determination using X-ray standing waves［J］. Reports on progress in physics，2005，68(4)：743-798.

［13］ZEGENHAGEN J. Surface structure determination with X-ray standing waves［J］. Surface science reports，1993，18(7-8)：202-271.

［14］WESTPHAL C. The study of the local atomic structure by means of X-ray photoelectron diffraction［J］. Surface science reports，2003，50(1-3)：1-106.

［15］WOODRUFF D P. Adsorbate structure determination using photoelectron dif-

fraction: Methods and applications[J]. Surface science reports, 2007, 62(1):
1-38.

[16] DAVISSON C, GERMER L H. Diffraction of electrons by a crystal of nickel
[J]. Physical review, 1927, 30(6): 705-740.

[17] SCHEIBNER E J, GERMER L H, HARTMAN C D. Apparatus for direct ob-
servation of low-energy electron diffraction patterns[J]. Review of scientific
instruments, 1960, 31(2): 112-114.

[18] PENDRY J B. Low energy electron diffraction[M]. New York: John Wiley &
Sons Inc., 1974.

[19] ROUS P J, PENDRY J B. The theory of tensor LEED[J]. Surface science,
1989, 219(3): 355-372.

[20] OED W, ROUS P J, PENDRY J B. The expansion of Tensor-LEED in Carte-
sian coordinates[J]. Surface science, 1992, 273(1-2): 261-270.

[21] SCHEITHAUER U, MEYER G, HENZLER M. A new LEED instrument for
quantitative spot profile analysis [J]. Surface science, 1986, 178 (1-3):
441-451.

[22] FALTA J, HENZLER M. Studies of crystalline defects during the early stages
of growth of Si on Si (100) at low temperatures by spot profile analysis of
LEED (SPA-LEED)[J]. Surface science, 1992, 269: 14-21.

[23] SIDOUMOU M, ANGOT T, SUZANNE J. Ethane adsorbed on MgO (100)
single crystal surfaces: A high resolution LEED study[J]. Surface science,
1992, 272(1-3): 347-351.

[24] ZSCHACK P, COHEN J B, CHUNG Y W. Structure of the TiO_2(100) 1×3
surface determined by glancing angle X-ray diffraction and low energy electron
diffraction[J]. Surface science, 1992, 262(3): 395-408.

[25] HANNON J B, PLUMMER E W, WENTZCOVITCH R M, et al. The ($1 \times$
3) missing-row surface structure of Be (1120)[J]. Surface science, 1992, 269:
7-13.

[26] FORD W K, GUO T, LESSOR D L, et al. Dynamical low-energy electron-
diffraction analysis of bismuth and antimony epitaxy on GaAs (110)[J]. Phys-
ical review B, 1990, 42(14): 8952-8965.

[27] HEINZ K, SALDIN D K, PENDRY J B. Diffuse LEED and surface crystal-
lography[J]. Physical review letters, 1985, 55(21): 2312-2315.

[28] HEINZ K, HAMMER L. Combined application of LEED and STM in surface
crystallography[J]. The journal of physical chemistry B, 2004, 108 (38):
14579-14584.

[29] NEAVE J H, JOYCE B A, DOBSON P J, et al. Dynamics of film growth of GaAs by MBE from RHEED observations[J]. Applied physics A, 1983, 31 (1): 1-8.

[30] DOBSON P J, NORTON N G, NEAVE J H, et al. Temporal intensity variationsin RHEED patterns during film growth of GaAs by MBE[J]. Vacuum, 1983, 33(10-12): 593-596.

[31] SHIGETA Y, FUKAYA Y. Structural phase transition and thermal vibration of surface atoms studied by reflection high-energy electron diffraction[J]. Applied surface science, 2004, 237(1-4): 21-28.

[32] ZAYED M K, ELSAYED-ALI H E. Condensation on (002) graphite of liquid bismuth far below its bulk melting point[J]. Physical review B, 2005, 72(20): 205426.

[33] YANG C Y, LEE J M, PAESLER M A, et al. EXAFS studies of thermostructural and photostructural changes of vapor-deposited arnorphous As_2S_3 films [J]. Lejournal de physique colloques, 1986, 47(C8): 387-390.

[34] DAY P. Emission and scattering techniques, proceedings of the NATO advanced studies institute, Volume 73[M]. Dordrecht, Netherlands: D. Reidel, 1981: 215.

[35] HASNAIN S S. X-ray absorption fine structure[M]. Chichester: Ellis Horwood, 1991.

[36] CITRIN P H. X-ray absorption spectroscopy applied to surface structure: SEXAFS and NEXAFS[J]. Surface science, 1994, 299: 199-218.

[37] WARBURTON D R, THORNTON G, NORMAN D, et al. Determination of sulphur coordination to the two-fold hollow site of Ni (110) using polarisation-dependent SEXAFS[J]. Surface science, 1987, 189: 495-503.

[38] HAASE J, HILLERT B, BECKER L, et al. A SEXAFS study of the p (2 × 2)-O/Ni (111) system[J]. Surface science, 1992, 262(1-2): 8-14.

[39] CHENG L, STURCHIO N C, BEDZYK M J. Local structure of Co^{2+} incorporated at the calcite surface: An X-ray standing wave and SEXAFS study[J]. Physical review B, 2000, 61(7): 4877-4883.

[40] NORMAN D, TUCK R A, SKINNER H B, et al. Surface exyended X-ray absorption fine structure applied to the polycrystalline surfaces of real thermionic cathodes[J]. Le journal de physique colloques, 1986, 47(C8): 529-532.

[41] STÖHR J, JAEGER R. Absorption-edge resonances, core-hole screening, and orientation of chemisorbed molecules: CO, NO, and N_2 on Ni (100)[J]. Physical review B, 1982, 26(8): 4111-4131.

［42］KIGUCHI M, ARITA R, YOSHIKAWA G, et al. Metal-induced gap states in epitaxial organic-insulator/metal interfaces［J］. Physical review B, 2005, 72 (7): 075446.

［43］WITKOWSKI N, HENNIES F, PIETZSCH A, et al. Polarization and angle-resolved NEXAFS of benzene adsorbed on oriented single-domain Si (001)-2× 1 surfaces［J］. Physical review B, 2003, 68(11): 115408.

［44］ZHENG F, MCCHESNEY J L, LIU X, et al. Orientation of fluorophenols on Si (111) by near edge X-ray absorption fine structure spectroscopy［J］. Physical review B, 2006, 73(20): 205315.

［45］SCHÖLL A, ZOU Y, KILIAN L, et al. Electron-vibron coupling in high-resolution X-ray absorption spectra of organic materials: NTCDA on Ag (111) ［J］. Physical review letters, 2004, 93(14): 146406.

［46］ROBINSON I K. Crystal truncation rods and surface roughness［J］. Physical review B, 1986, 33(6): 3830-3836.

［47］FERRER S, COMIN F. Surface diffraction beamline at ESRF［J］. Review of scientific instruments, 1995, 66(2): 1674-1676.

［48］FEIDENHANS R. Surface structure determination by X-ray diffraction［J］. Surface science reports, 1989, 10(3): 105-188.

［49］MOCHRIE S G J. X-ray scattering studies of metal and semiconductor surfaces ［J］. Current opinion in solid state and materials science, 1998, 3(5): 460-463.

［50］RENAUD G. Oxide surfaces and metal/oxide interfaces studied by grazing incidence X-ray scattering［J］. Surface science reports, 1998, 32(1-2): 5-90.

［51］FUOSS P H, BRENNAN S. Surface sensitive X-ray scattering［J］. Annual review of materials science, 1990, 20(1): 365-390.

［52］LUCAS C A, MARKOVIC N M. In-situ surface X-ray scattering and infra-red reflection adsorption spectroscopy of CO chemisorption at the electrochemical interface［M］// SUN S G, CHRISTENSEN P A, WIECKOWSKI A. In-Situ spectroscopic studies of adsorption at the electrode and electrocatalysis. Chapter 11. Amsterdam: Elsevier, 2007.

［53］VAN SILFHOUT R G, LOHMEIER M, ZAIMA S, et al. Structure determination of the Ge(111)-2×1-Sb surface using X-ray diffraction［J］. Surface science, 1992, 271(1-2): 32-44.

［54］LUCAS C A, MARKOVIĆ N M, ROSS P N. The adsorption and oxidation of carbon monoxide at the Pt (111)/electrolyte interface: atomic structure and surface relaxation［J］. Surface science, 1999, 425(1): L381-L386.

［55］WANG J X, ROBINSON I K, OCKO B M, et al. Adsorbate-geometry specific subsurface relaxation in the CO/Pt (111) system[J]. The journal of physical chemistry B，2005，109(1)：24-26.

[56] WANG J，BEDZYK M J，PENNER T L，et al. Structural studies of membranes and surface layers up to 1000 Å thick using X-ray standing waves[J]. Nature，1991，354(6352)：377-380.

[57] BATTERMAN B W. Effect of dynamical diffraction in X-ray fluorescence scattering[J]. Physical review，1964，133(3A)：759-764.

[58] BATTERMAN B W，COLE H. Dynamical diffraction of X rays by perfect crystals[J]. Reviews of modern physics，1964，36(3)：681-716.

[59] WOODRUFF D P，SEYMOUR D L，MCCONVILLE C F，et al. Simple X-ray standing-wave technique and its application to the investigation of the Cu(111) ($\sqrt{3}\sqrt{3}$) R30°-Cl structure [J]. Physical review letters，1987，58 (14)：1460-1462.

[60] WOODRUFF D P，SEYMOUR D L，MCCONVILLE C F，et al. A simple X-ray standing wave technique for surface structure determination-theory and an application[J]. Surface science，1988，195(1-2)：237-254.

[61] JACKSON G J，WOODRUFF D P，JONES R G，et al. Following local adsorption sites through a surface chemical reaction：CH_3SH on Cu (111)[J]. Physical review letters，2000，84(1)：119-122.

[62] KANG J H，TOOMES R L，POLCIK M，et al. Structural investigation of glycine on Cu (100) and comparison to glycine on Cu (110)[J]. The journal of chemical physics，2003，118(13)：6059-6071.

[63] WOOLLEY R A J，SCHULTE K H G，WANG L，et al. Does an encapsulated atom "feel" the effects of adsorption?：X-ray standing wave spectroscopy of $Ce@C_{82}$ on Ag (111)[J]. Nano letters，2004，4(2)：361-364.

[64] KILIAN L，WEIGAND W，UMBACH E，et al. Adsorption site determination of a large π-conjugated molecule by normal incidence X-ray standing waves：end-capped quaterthiophene on Ag (111)[J]. Physical review B，2002，66(7)：075412.

[65] KEVAN S D，ROSENBLATT D H，DENLEY D，et al. Normal photoelectron diffraction of the Se 3d level in Se overlayers on Ni(100)[J]. Physical review letters，1978，41(22)：1565-1568.

[66] (a)LIEBSCH A. Theory of angular resolved photoemission from adsorbates [J]. Physical review letters，1974，32(21)：1203-1206；(b) LIEBSCH A. Theory of photoemission from localized adsorbate levels[J]. Physical review B，

1976, 13(2): 544-555.

[67] MARGONINSKI Y. Photoelectron diffraction and surface science[J]. Contemporary physics, 1986, 27(3): 203-240.

[68] BARTON J J. Photoelectron holography[J]. Physical review letters, 1988, 61 (12): 1356-1359.

[69] WESNER D A, COENEN F P, BONZEL H P. Amplitude anisotropy of the bending vibration of Co adsorbed on Ni (110)[J]. Surface science, 1988, 199 (3): L419-L425.

[70] BARTON J J, BAHR C C, HUSSAIN Z, et al. Direct determination of surface structures from photoelectron diffraction[J]. Journal of vacuum science & technology A: Vacuum, surfaces, and films, 1984, 2(2): 847-851.

[71] THEVUTHASAN S, YNZUNZA R X, TOBER E D, et al. High-energy photoelectron holography for an adsorbate test system: $c(2 \times 2)$S on Ni(001)[J]. Physical review letters, 1993, 70(5): 595-598.

[72] ROBEY S W, BARTON J J, BAHR C C, et al. Angle-resolved-photoemission extended-fine-structure spectroscopy investigation of $c(2 \times 2)$S/Ni(011)[J]. Physical review B, 1987, 35(3): 1108-1121.

[73] TERMINELLO L J, LEUNG K T, HUSSAIN Z, et al. Surface geometry of (1×1)PHx/Ge(111) determined with angle-resolved photoemission extended fine structure[J]. Physical review B, 1990, 41(18): 12787-12796.

[74] WANG L Q, HUSSAIN Z, HUANG Z Q, et al. Surface structure of $\sqrt{3} \times \sqrt{3}$ R30° Cl/Ni(111) determined using low-temperature angle-resolved photoemission extended fine structure [J]. Physical review B, 1991, 44 (24): 13711-13719.

[75] DAVILA M E, ASENSIO M C, WOODRUFF D P, et al. Structure determination of Ni(111)c(4 × 2)-CO and its implications for the interpretation of vibrational spectroscopic data[J]. Surface science, 1994, 311(3): 337-348.

[76] KITTEL M, POLCIK M, TERBORG R, et al. The structure of oxygen on Cu (100) at low and high coverages[J]. Surface science, 2001, 470(3): 311-324.

[77] SHIMADA T, KONDOH H, NAKAI I, et al. Structural study of hexanethiolate on Au(111) in the "striped" phase[J]. Chemical physics letters, 2005, 406 (1-3): 232-236.

[78] KITTEL M, SAYAGO D I, HOEFT J T, et al. Quantitative determination of the local adsorption structure of carbonate on Ag(110)[J]. Surface science, 2002, 516(3): 237-246.

[79] ROBINSON J, WOODRUFF D P. The structure and bonding of carbonate on Ag(110): A density-functional theory study[J]. Surface science, 2004, 556(2-3): 193-202.

[80] WEISS K U, DIPPEL R, SCHINDLER K M, et al. Structure determination for coadsorbed molecular fragments using chemical shift photoelectron diffraction[J]. Physical review letters, 1993, 71(4): 581-584.

思考题

略。

第 9 章　扫描探针显微镜

9.1　简介

　　扫描隧道显微镜及其衍生的原子力显微镜（AFM，也称为扫描力显微镜）不仅在其专注的表面科学领域获得了重大发展，而且 AFM 所获得的高关注度使其应用于更加广泛的科学领域。从原理上看，这两种技术在许多情况下，只需要对样品进行简单制备，就可以实现对样品的高分辨成像。扫描探针显微镜（对上述两种技术以及由其发展而来的其他技术的统称）由于具有结构灵巧和操作简易等特点，许多制造厂商应运而生，推出了价格低廉、性能高效的仪器。在许多现代化的实验室里，实现单原子成像已经习以为常（图 9-1 的例子）。到目前为止，扫描探针显微镜（scanning probe microscope，SPM）已经产生了革命性的影响。从生物学变化过程研究到固体物理研究等各个研究领域都能看到 SPM 的身影。仪器广泛的应用潜力很快就给发明者带来无可争辩的荣誉，1986 年，STM 的发明者 Binnig 和 Rohrer 获得了诺贝尔奖，这一年距离他们的发明仅仅过去 5 年。

图 9-1　Si(111)表面 7×7 重构的原子分辨 STM 成像
注：经诺丁汉大学物理学系 P. H. Beton 博士许可转载

　　本章分为 3 个小节：首先介绍基于 SPM 技术的基本物理原理，其次分析相关实例和实验构思，最后再介绍 SPM 技术可以提供哪些类型的数据。由于该研究领域的文献大幅增长，因此这篇综述还谈不上对该领域的全面总结。我们将举一些典型的实例来说明探针显微镜的技术能力，希望给读者在深入了解特定研究领域时提供一个良好的开端。本综述尽可能介绍目前应用广泛的设备,包括扫描隧道显微镜、原子力显微镜,并简单介绍扫描近场光学显微镜。SPM 通常被认为是显微镜的一种,因此常被用来表征样品的表面形貌(如表面轮廓和表面结构)。这一章里我们将重点关注基于 SPM 技术的表面分析方法,尤其是近年兴起的具有在纳米尺度分辨分子组分及化学过程的定量测量方法。这些方法有效地拓展了 SPM 技术的应用范围,甚至已经超出了传统意义上的显微镜概念。

9.2　扫描隧道显微镜

扫描隧道显微镜(scanning tunneling microscope,STM)和原子力显微镜(atomic force microscope,AFM)是两种结构相似的仪器,都是通过一根尖锐的探针对样品表面进行来回扫描,从而在原子尺度上实现对样品表面结构的探测。这一过程就像工作中的唱片机,其触针根据唱片旋转时的表面起伏而上下移动,从而产生信号。在 AFM 中,情况与唱片机类似:通过测量探针和物质表面之间的相互作用力来揭示样品表面的拓扑形貌。在 STM 中,情况略有差别,其实际测量的是样品表面的电子密度。然而,当物体表面存在相对均匀的电子特性并且表面起伏维度在 10 Å 以上时,STM 的图像也能有效反映样品的表面拓扑形貌。当样品表面电学性质各项异性时,比如在高分辨的条件下,某些表面区域可以达到化学键成像,那么对 STM 图像的解释就更加复杂了。STM 的横向分辨率可以达到 0.1 Å,纵向分辨率可达到 0.01 Å。在实际测试中,当测量导电样品时,STM 会更容易获得原子级的分辨率,但是从原理上说,AFM 也可以获得相同的横向分辨率。在常规的商用 AFM 仪器上很难获得真正意义上的原子级分辨率的图像,但是在使用非接触技术的条件下,在某些特定的例子中横向分辨率已经得到了很大的提高。

9.2.1　STM 基本原理

STM 所用到的基本原理是量子力学中的量子隧穿效应。在表面与界面的相关现象中,隧穿过程扮演着重要的角色。举一个例子,在二次离子质谱仪中,入射离子由于电子隧穿作用,在注入固体样品前就会被中性化。类似地,出射的二次离子也会由于隧穿效应而被中性化。量子隧穿效应解释了电子波函数引起的势垒注入现象。一层绝缘材料(如金属电极表面的一层氧化物)或真空间隙(如 STM)都可能导致势垒的产生。对这一基本物理过程的理解可以从简单的一维隧穿效应来考虑,在许多量子力学和固体物理的书籍中都讨论了这一点,如 Atkins[1] 所写的著作。考虑一个简单的体系[图 9-2(a)],一个电子入射到一个高度为 V 的无限厚势垒中,那么它的薛定谔方程由两部分组成:

当 $x < 0$ 时,有

$$H = -(\hbar^2/2m)(d^2/dx^2) \tag{式 9-1}$$

在势垒内部,即 $x > 0$,有

$$H = -(\hbar^2/2m)(d^2/dx^2) + V \qquad (式9-2)$$

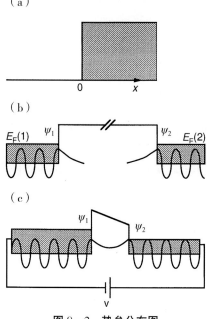

图9-2 势垒分布图

注：(a)无限厚势垒。当 $x > 0$ 时，势垒为 V；当 $x < 0$ 时，势垒为 0。(b)空间分离的两个势阱。(c)距离很小的两个势阱外加偏压

这些方程的解分别为：在势阱内，

$$\psi = Ae^{ikx} + Be^{-ikx}, k = (2mE/\hbar^2) \qquad (式9-3)$$

在势垒内，

$$\psi = Ce^{ik'x} + De^{-ik'x}, k = [2m(E - V)/\hbar^2]^{1/2} \qquad (式9-4)$$

势垒内部的波函数包括虚部和实部，其中虚部上升至无限大，而实部则随着势垒内部的距离呈指数式衰减。这是一个非常重要的结果，因为在经典力学中，电子在势垒中的穿透是被禁止的(对于 $E < V$)，而在量子力学中波函数不等于零，这意味着电子可以隧穿到势垒中。因此，在势垒中存在一定的概率可以发现电子。将这种情况扩展一下，我们来考虑两个势阱相互靠近的情况(换句话说，就是用一个有限厚度的势垒将它们隔开)，如果势垒比较窄，那么电子有可能可以从这一势阱透过，从而从一个势阱进入另一个势阱。我们再来考虑两个功函数为 Φ 的金属电极逐渐靠近的情况[图9-2(b)]，当距离很远时，两者费米能级波函数指数式衰减，其有效重叠部分可以忽略不计。当两者距离拉近达到某一距离 d[图9-2(c)]时，其波函数的重叠足以引起量子隧穿效应的发生，并且在施加外部电压差的情况下，可以获得电子隧穿电流。测量隧穿电流的大小可以反映出两个波函数重叠的情况，其关系为

$$I \propto e^{-2\kappa d} \qquad (式9-5)$$

其中，κ 表示局域功函数：

$$\kappa = (2m\varphi/\hbar^2)^{1/2} \qquad (式9-6)$$

但是，简单的一维模型并不足以完整描述 STM。尖端和表面的电子结构极其复杂并影响整个隧穿过程，这一情况只能通过三维模型进行处理。Tersoff 和 Hamann 给出了更为普适的处理方法，在他们的模型中，隧穿电流的完整普适表达式为

$$I = (2\pi e / \hbar)\, e^2 V \sum_{\mu,\nu} |M_{\mu,\nu}|^2 \delta(E_\nu - E_{\rm F})\delta(E_\mu - E_{\rm F}) \qquad (式 9-7)$$

其中，$E_{\rm F}$ 为费米能级，E_μ 为电子态 ψ_μ 没有发生隧穿时的能量，$M_{\mu,\nu}$ 为探针针尖的电子态 ψ_μ 和样品电子态 ψ_ν 之间的隧穿矩阵元，可表示为

$$M_{\mu,\nu} = (\hbar^2/2m)\int {\rm d}S\,(\psi_\mu^* \nabla \psi_\nu - \psi_\nu \nabla \psi_\mu^*) \qquad (式 9-8)$$

假设 STM 的针尖是球形的，则可推导出隧穿电流，表示如下：

$$I = 32\pi^3\, \hbar^{-1} e^2\, V\varphi_0^2 D_{\rm t}(E_{\rm F}) R_{\rm t}^2 \kappa^{-4} {\rm e}^{2\kappa R_{\rm t}} \sum |\psi_\nu(r_0)|^2 \delta(E_\nu - E_{\rm F}) \quad (式 9-9)$$

其中，φ_0 是功函数，$D_{\rm t}(E_{\rm F})$ 是针尖在单位体积里费米能级的态密度。

由此，隧穿电流与费米能级和 STM 针尖中心的局域态密度成比例关系。这就意味着，STM 可以直接提供表面量子力学电子态密度的图像，因此，式 9-9 为 STM 在原子尺度表面谱图中的应用提供了基础（下面讨论）。

式 9-9 说明隧道电流与 STM 针尖和样品表面之间的距离呈指数关系。这一指数关系取决于针尖和样品的间距，或者隧穿的间隙，这一结果为技术上获得惊人的分辨率提供了理论基础。粗略估计，隧穿距离每增加 1 Å，隧穿电流则降低一个数量级。对于一根足够尖锐的针尖而言，大部分电流将从针尖顶端流过（图 9-3），并且针尖的有效直径变得非常小（在原子尺寸数量级）[3]。

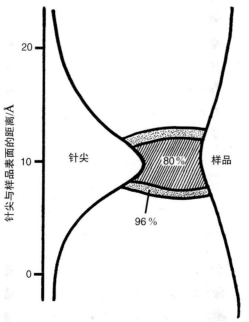

图 9-3　从针尖到起伏表面的隧道电流密度分布示意

注：参见 Binnig 和 Rohrer 的文章[3]。

　　理想情况下，我们要求针尖尖锐到其顶端只有一个原子。尽管这是一个非常严格的约束条件，但是制备可获得高图像分辨率的尖锐针尖的方法还是比较容易的。制作针尖最简单的方法可能就是机械加工法了：用一对锋利的线切割机以一定角度切割一条细线（例如，铂－铱或钨），就有非常高的概率获得尖锐探针。又或者，可以用化学试剂腐蚀法来腐蚀细线，被腐蚀的部分脱落后，剩下的部分即为尖锐的针尖。电化学的方法也可以被用来锐化针尖。除了这些方法之外，原位锐化针尖也是获得尖锐针尖的一条途径。具体实验方法很多。其中一种技术就是在针尖和衬底之间施加脉冲电压[4]，它们之间的电场将探针上的原子（如钨针尖上的钨原子）向针尖尖端排列[5]。通常这种方法可以获得更为尖锐的针尖尖端，所以哪怕是一根损坏的探针也可以通过这种方法再生。同时，在扫描被污染样品或分子样品时，该技术也可以作为去除吸附到针尖上的污染物的一种手段。还有一种新方法是将探针与样品表面发生轻轻碰撞，通常这种方法会导致针尖毁灭性的破坏（也就是常说的撞针）。但是也有报道称，STM针尖和硅表面轻微的碰撞，可以通过针尖去除硅表面的硅原子簇，从而在硅表面形成小坑洞。尽管有些方法对于成像无济于事，但类似情况也时有报道，如被金原子润湿的针尖。

　　虽然目前很容易制作可供高分辨成像使用的探针，但是针尖的结构仍然在STM成像中起着非常重要的作用。不同的针尖原子结构会导致不同的STM图像。式9－7是隧道电流的表达式，并且涉及针尖和样品的波函数。但在实际情况中，STM图像却是针尖和样品表面结构经过复杂的卷积过程之后得到的结果。随着所需分辨率的增加，针尖结构越来越多地决定了STM图像。从根本上讲，针尖的精确原子结构可以决定高分辨图像的性质。针尖尖端处的晶体结构、原子排布等决定了尖端处的电子态，这些电子态将与样品发生作用并最终导致STM图像的变化。图9－4就是一个例子。石墨最顶层有两个非等价碳原子A、B，其中在B原子正下方的第二个碳原子位于第三个平面上，而与A紧挨的第二个碳原子位于第二个平面。从这点来看，STM图像中的高低起伏反映的就是样品在费米能级处的局域态密度分布（local density of state，LDOS），而不是原子的位置，石墨就是一个重要的例子，其在A位点的LDOS要低于B位点。因此，我们观察不到蜂窝状的晶格结构而是观察到六方晶格的结构。对于如图9－4(b)所示的典型W_{10}[111]尖端，隧道电流等高线的最大值位于碳B上，最小值则位于碳原子六边形环的中心处。若针尖尖端的原子被去除[图9－4(c)]，则图像发生变化。此时电流最弱值位于B位点，电流最大值位于碳原子A。Tsukada等人对此这样解释：在第二种情况下，当3个等效的最顶端的钨原子所形成的合并电流贡献最大时，隧道电流达到最大值，这一情况只有在针尖中心位于样品A位点时才会发生。当针尖位于A位点上方时，最靠近表面的3个钨原子位于3个B碳原子上。当针尖对准B位点时，最上面的3个钨原子位于3个石墨六边形的中心上方，因此电流最小。

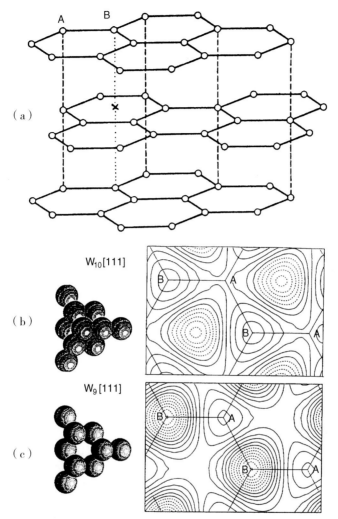

图 9-4　(a)石墨结构，显示出特征层状结构，两个非等效晶格位点标记为 A 和 B；(b)模拟用 $W_{10}[111]$ 针尖获得的石墨表面的图像；(c)从针尖的顶点移走一个原子后，模拟预测图像。

注：经 Tsukada 等人许可从 Elsevier Science 转载[7]。

　　石墨及晶界中的台阶和缺陷会改变电子密度，导致人们会观察到超结构。例如，当我们观察到大尺度的六方超结构时，往往会归结于莫尔效应，该效应是由于表面附近的两个基面的旋转取向发生偏移而产生的。这种现象使人们在理解"原子分辨率"图像上变得复杂起来。点的位置实际上可以与真实的原子分辨率图像中的点的预期位置对应，但却具有大得多的起伏幅度。一开始的时候，人们还不能充分理解这一现象，在技术发展早期，人们常常把这些图像归因于原子分辨的成像，但其实都是由上述效应引起的。

　　在较大的尺度上，针尖的几何形状会与表面的几何结构发生角色互换，如图 9-5 中所示的简单情况。一根单原子级尖锐的探针在扫描具有原子级起伏的表面区域时，可以精确地获得这个区域的表面形貌。但是，当针尖变钝，表面的特征尺度比针尖尖端还要小时，就变成了样品在扫描探针，最后得到探针针尖的图像。在这种情况下，表面的拓扑形貌就不确定了。同时，也可能发生双针尖效应，即在接近针尖顶部的地方出现两个微尖端。总之，可以明确的是，即使在原子分辨率下，STM 图像远远不是原子空间位置的简单成像。我们看到的是一个复杂的图像，由针尖电子结构和样品表面的卷积决定。然而，当图像获得正确的解释时，STM 本质上能够为我们提供表面处原子和分子的结构及其结合的数据。

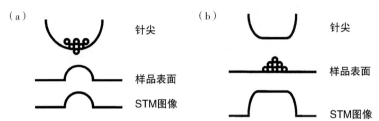

图 9-5　(a)尖锐的针尖扫样品表面，产生"准确"的 STM 表面形貌；
(b)钝化的针尖扫尖锐的样品表面，得到针尖的形貌(而不是样品的表面形貌)

9.2.2　仪器和基本操作参数

图 9-6 是 STM 的结构示意图，STM 有很多不同的设计方案，但是大多包括这些特征部分，关键的组成部件包括针尖，可以在 x 方向、y 方向、z 方向上进行精确微小移动的部件以及用来控制整个操作的计算机系统。STM 针尖的位置(包括横向和纵向)可以通过安装在针尖或者样品上的压电晶体来实现精准控制。在不同方向施加相应的电压，压电晶体就会在对应的方向上发生相应的位移。STM 的工作模式有 3种：恒流、恒压和隧道谱模式。我们将在另一部分中讨论隧道谱操作，在这里我们只关注前两种成像模式。在这两种工作模式下，针尖非常接近样品表面(大概只有几个埃)，然后在针尖和样品间施加电压，获得隧穿电流。当针尖开始扫描样品表面时，该电流被监测。在恒压模式下，针尖与表面之间的电压(偏置电压)保持在恒定值，图像为所测量的隧道电流随位置的变化图。两者之中，更常用的模式是恒流模式。在该模式下，在每个位置上测量瞬时隧穿电流，并通过计算机控制的反馈回路调整压电晶体的偏置电压，使隧道电流始终保持恒定的设定值。由此，STM 图像表示的就是随着坐标(x, y)变化而变化的 z 方向电压值分布图。偏置电压的调整会导致压电晶体上下移动，如果在一定电压下给定一个电压变化值，并且在压电晶体相应的位移量是已知的情况下，那么就可以绘制出针尖相对于表面坐标(x, y)的位移高度 z 的分布图。该图像的轮廓是由电子密度的变化所形成，但在尺寸极限大于 10 Å 的情况下，图像近似于样品的表面形貌。

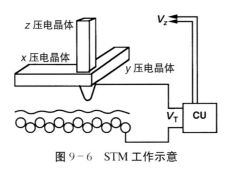

图 9 - 6　STM 工作示意

注：CU 是控制单元，V_T 是采样偏置电压，V_z 是施加到 z 上的电压以保持恒定的隧道电流。

隧道电流和隧道电压是非常关键的两个实验参数，而隧穿间隙所形成的电阻有时候也很有用。间隙电阻可以用来度量针尖和样品表面之间的间距。当针尖靠近表面时，间隙电阻相对较小；当针尖远离表面时，间隙电阻增加。针尖和表面之间的距离又由隧道电流的设定值决定：对于较大的隧穿电流设定值，间隙较小；对于低设定值，间距会很大。通常，隧穿电流在 10 pA～1 nA 的范围内。当大于 1 nA 时，发射尖端与表面的相互作用将极有可能强大到足以改变样品的表面形貌，当然这还要取决于样品的性质。对于弱结合的吸附物，尖端与表面的相互作用不需要很大，效果就会非常明显，从而造成的一系列问题，我们将在下面详细讨论。针尖引起的表面损伤可能相当严重，因此可以对实验中的隧道电流值预设一个上限值。一方面，在较高的隧道电流下，分辨率往往更好；而另一方面，图像分辨率与样品表面损伤的可能性之间需要平衡。虽然在对分子和生物体系进行成像时，可以采用几十皮安数量级的隧穿电流，但在进行金属表面的成像时，几纳安数量级的电流还是可接受的（甚至是有必要的，见 9.2.3 节）。

偏置电压的变化对记录图像的质量也有很大的影响。在非常高的偏置电压值下，可能会引起表面结构改变，这就使得对样品表面进行刻蚀成为可能。若尖端以受控的方式在样品表面上移动，同时保持高的偏置电压，则可以产生纳米级的表面结构。即使在低偏置电压下，隧道间隙中的电场梯度也很大：当针尖与样品表面间隔为 10^{-10} m，样品偏压为 0.1 V 时，$E = 10^9$ V·m^{-1}。

9.2.3　原子分辨率和隧道谱：表面晶体和电子结构

STM 是对样品表面各个原子的成像，更令人惊讶的是，它也是对样品表面电子结构的成像。这无疑激发了科学界的想象力。早期研究揭示了扫描探针技术的巨大潜力，并为其他材料的探索提供了动力。我们将一些利用 STM 对晶体表面进行高分辨成像的里程碑式的工作，作为本章对 STM 应用简介的一个开始。随着仪器的不断发展与进步，表面晶体和电子结构的研究仍然是 STM 成果丰富的应用领域。

一般来说，固体的结晶过程总是向着使其总能量最小化的方向进行，其结构通常由 X 射线衍射分析获得。当晶体被解理时，新形成的表面上的原子很少能够保持在其初始位置。对于金属而言，表面电荷密度的平滑使表面原子远离静电平衡并形成了新的不对称屏蔽分布，表面原子再通过松弛来重新建立平衡。金属键合是无方向性的，但半导体键合是高度方向性的。当半导体晶体被解理时，如图 9-7 所示的 Si(111)表面，表面上原子留下指向远离表面的悬挂键。大量的原子重构会形成新的化学键，而重构的表面可能非常复杂，其结构的确定可能是一项非常困难的任务。

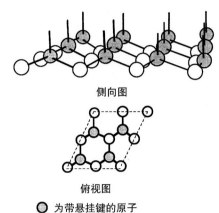

侧向图

俯视图

⬤ 为带悬挂键的原子

图 9-7 理想 Si(111)表面的侧视

某些技术是可以用来研究表面晶体结构的，如低能电子散射，即 LEED。然而，人们更希望能够直接观察表面上的原子排列，这一愿景在 STM 上获得成功：在 STM 上首次获得了晶体的表面结构。STM 能够提供表面拓扑形貌信息和原子尺度上的电子结构信息，这使 STM 在这一领域产生了实际而深远的影响。

（1）金表面研究。Binnig 等人首先在 Au(110)表面[9]获得了原子排列的 STM 图像，即在垂直于原子排列的方向获得了原子级的分辨率。从 STM 图中可以观察到在［110］方向上有连绵起伏几百埃的平行的山峦状图案，这是由许多不同的晶面所形成的，每个晶面都表现出特征重构。图 9-8 显示了 Au(110)表面区域的 STM 图像以及作者对数据的解释（如插图）。在随后的文章中，Binnig 等观察了 Au(100)表面的重构现象[10]。大尺度 STM 图像表明，清洁后的 1×5 重构 Au(100)表面具有单原子台阶级的平坦形貌（图 9-9）。然而，在 5 个周期的精细结构中，较高分辨率的图像显示出了不均匀性，文章作者可以根据其 STM 数据来推测其精细结构。

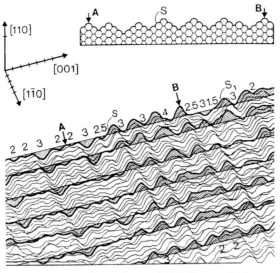

图 9-8　Au(110)表面无序结构的 STM 图像

注：引入直线（例如在 S 处）来辅助观察阶梯式结构上的单原子台阶；直线下方的缺失列和直线上方的剩余列都被增强。图像顶部的数字对应于体相原胞的晶格间距最大值。插图显示了 A 和 B 之间起伏形貌的模拟结构模型。经 Binnig 等人[9]许可转载于 Elsevier Science。

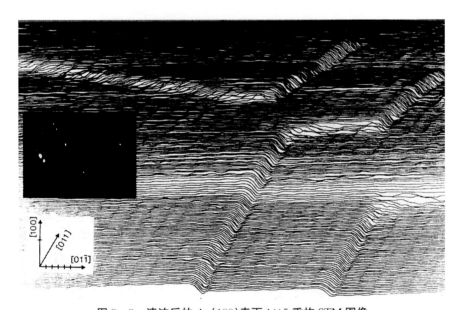

图 9-9　清洁后的 Au(100)表面 1×5 重构 STM 图像

注：图中显示出单原子台阶。经 Binnig 等人[10]许可转载于 Elsevier Science。

　　尽管这些文献都给出了原子排列的图像，但是原子排列中的单个原子像还是没有能够分辨出来。长期以来，人们一直认为，由于金属表面电子密度的本征平滑度的限制，单原子的分辨几乎是不可能的。这一想法同样适用于另一个密排面 Au(111)。在这一晶面上，STM 图像显示表面分布大量的单原子台阶，但是沿着台阶方向却观察不到单原子起伏。1987 年 Hallmark 等人取得了重大进展，证明了利用 STM 可以在 Au(111)表面上分辨出单个的金原子[11]。单原子的分辨不仅能够在超高真空中实现，也可以在大气环境下实现。从原理上可以认为，在大气环境下，金表面的氧化层扮演了阻隔层的角色。大多数金属暴露大气后都会被快速氧化，形成了氧化物钝化层。除了一些可预料的表面氧化给表面晶体结构带来的变化之外，在大气环境下大多数金属表面所形成的氧化层都非常厚，以至于电子无法隧穿出表面。

图 9-10 为空气中 Au(111)薄膜 25 Å × 25 Å 区域的图像，该样品是将金通过外延蒸发法沉积于 300 ℃ 的云母基底上制备而得。图中的原子间距为 2.8 ± 0.3 Å，与已知的金原子间距 2.88 Å 相一致。特别要注意的是，图 9-10 是隧穿电流图，而不是通常的 z 电压图。图像是在 2 nA 直流电流、+50 mV 偏压、间隙电阻为 10^7 Ω 的测试条件下获得。在这些条件下，隧穿间距相对较小。作者认为实验获得成功的原因就是使用了这样低的间隙电阻，而其他报道中所使用的阻值较大，约 10^9 Ω。报道进一步指出，当间隙电阻增加到 2×10^8 Ω 左右时，则观察不到原子的波纹像[11]。

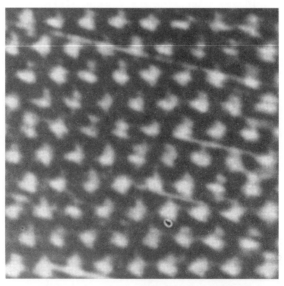

图 9-10 Au(111)表面的原子分辨图像

注：经 Hallmark 等人许可转载，版权 1987，美国物理研究所。

事实上，Binnig 和 Rohrer 在首次研究金表面的工作中遇到了相当大的困难。事后看来，从研究这个课题开始，金就给他们出了很大的难题。难点不仅在于表面电子密度非常平滑，而且金的迁移率很大，这就使粗糙表面逐渐趋向于平滑。Binnig 等人发现金原子被转移到 STM 针尖上，并且这些金原子的自平滑会使针尖钝化，导致分辨率降低。有时候，他们会观察到分辨率从高到低、无法预测的跳跃式变化，并将其归因于吸附原子迁移并固定在了针尖尖端上[12]。

金迁移率的影响可以通过 STM 对表面形貌进行延时成像来直接观察。将 STM 针尖轻轻触碰 Au(111)的表面形成一个压痕凹坑，创造出独特的"印记"。这个印记可以通过对针尖尖端施加短时脉冲来实现。30 ℃时，可以观察到原子台阶向凹坑区域移动并填充进去。图 9－11 所示为金表面的初始图像在针尖与样品表面碰撞后的 8 分钟里，以连续间隔拍摄的方式获得的 14 幅图像，图像显示有 3 个台阶沿着〈112〉的垂直方向移动。

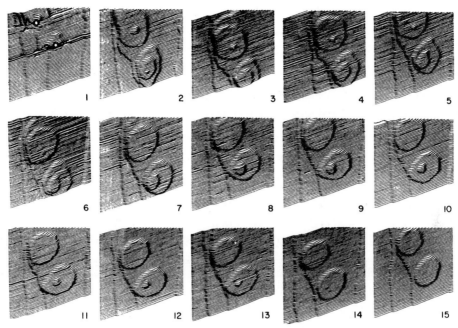

图 9－11　Au(111)400 Å×400 Å 面积区域在清洁和退火(1)，以及用 STM 针尖制造"印记"(2)后，每隔 8 分钟采集到的系列延时 STM 图像。在 2 小时内，金原子通过扩散填充了印记中较小的凹坑。

注：经自 Jaklevic 和 Elie 许可转载[13]，1988 年版权，美国物理学会。

金在空气中非常稳定，加之制备出的原子级平坦的表面区域面积也足够大，这使金成为研究分子样品的理想材料。人们也研究了许多方法[14]，例如，通过火焰退火金线来制备金球。Schneir 等人已经报道了通过氧－乙炔火焰熔化金线形成金球来获得 Au(111)面的方法[15]。制备出的面区域很大，可以使用光学显微镜来直接观察。STM 的结果也确认了这些面的确是原子级平整(或者说具有原子台阶的原子级平整)的 Au(111)表面，并且这些面的尺寸很大(通常延伸到数百纳米)。虽然这些面还不足以覆盖整个金球表面，但是这种方法不需要任何前处理过程，通过常规制备就可以获得 Au(111)表面。

(2)石墨表面研究。Baro 等[16]证实了 STM 在空气中可以获得高分辨图像，随后 Park 和 Quate[17]在此研究基础上，在大气条件下获得了原子分辨率的石墨表面图像。他们的研究对象是高定向热裂解石墨(highly oriented pyrolytic graphite，HOPG)，通过剥离的办法，可以很容易在 HOPG 块体上获得原子级平整的清洁表面。制备 HOPG 表面最常见的做法就是用胶带去除 HOPG 块体顶部的几层，这样新鲜制备出来的清洁表面可以在暴露大气的条件下稳定数天。

HOPG 最初是在做 STM 研究时常用的衬底，因为它成本相对较低，易于制备出适合于 STM 研究的表面。尽管 HOPG 被广泛地应用，且科学家观察到了许多石墨表面的特征，但这些特征或者与一些螺旋分子相似，或者来自假象，因此在一些应用上，其他类型的衬底也受到了关注，尤其是生物学上的应用（见 9.2.3 节）。

早期，Sonnenfeld 和 Hansma 的实验表明，在水中扫描样品可以获得原子分辨率图像[18]。此外，也可以在盐溶液的环境中进行 STM 成像。后者的实验使在生理缓冲溶液中进行高分辨率扫描得以实现，表明 STM 在生物系统研究中的潜力。为了便于在液相环境下进行研究，必须要用绝缘材料涂覆 STM 针尖的大部分区域，使电流通过液体进入样品表面针尖的面积尽可能小。这个实验比开始预期的难度要求要小，许多研究组在水环境下操作 STM 和 AFM 都获得了结果，比如，原位研究界面电化学过程。研究人员还报道了许多包覆针尖的方法，甚至有些方法非常简单（例如，用石蜡或指甲油进行针尖包覆）。

（3）Si(111)面 7×7 重构。在研究 Au(110)重构后不久，Binnig 等人解决了一个广泛关注而亟须解决的问题：Si(111)表面的 7×7 重构[19]。科学家为了研究这个表面结构而假设了一些模型，但都没有被大家认可。事实上，STM 图像完全不符合任何模型，但与其他模型比较，STM 的结果与一个特定的模型较为匹配，即顶戴原子模型。这是一个修正的顶戴原子模型，通过包括透射电子显微镜在内的其他表征技术的实验数据支持，这一模型最终被接受[20]。

STM 图像所展示的正是人们所预期的 Si 表面 7×7 菱形晶胞结构，该晶胞以最低的轮廓线为界限。这些最低位置对应于原子空位。在每个晶胞内观察到 12 个位置最高值，对应于 12 个顶戴原子的位置，每个顶戴原子各自与重构表面第二层中的 3 个硅原子键合。事实上，在重构时第二层原子来自最顶层的原子，在重构过程中，顶层（重构的表面在其第二层中只有 42 个原子）损失了 7 个原子。重构表面的晶胞通常分为两部分。其中一部分位于第二层的原子，表现为堆垛层错；而另一部则是没有缺陷的。沿着这两部分晶胞匹配的排列方向上看，会发现有 7 个原子丢失了。这些原子中的一部分占据了顶戴原子位置；又或者，顶戴原子来自晶体内部的其他位置。无论哪种情况，能量都是有增加的：先前在固体最上层中的 36 个硅原子被并入第二层。由此，即使吸附原子仍然具有悬挂键，表面上的悬挂键的数量也会显著减少，这就意味着这个过程伴随着能量增益。重构表面的结构示意图如图 9-12 所示。STM 可以对顶戴原子进行成像，这些原子在重构表面上仍然具有悬挂键。因此，科学家普遍认为 STM 的恒流形貌图主要来源于悬挂键的隧穿。Si(111)面 7×7 重构的 STM 图如图 9-13 所示。

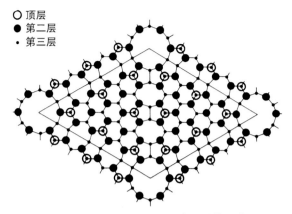

○ 顶层
● 第二层
· 第三层

图 9 - 12　Si(111) - 7×7 表面重构示意

注：经剑桥大学出版社授权，转载于 A. Zangwill 所著《表面物理》，剑桥大学出版社，1988 年。

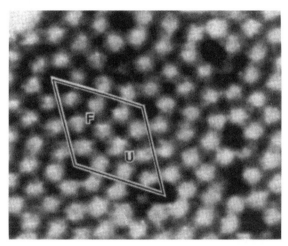

图 9 - 13　Si(111) 表面 7×7 重构的拓扑形貌

注：图中所示为一个晶胞，缺陷与非缺陷部分分别标记为 F 和 U。由美国物理研究会授权转载于 Hamers 等人的研究工作[21]。

(4) 扫描隧道谱。常规的表面灵敏的光谱技术，如 X 射线光电子能谱(第 3 章)、俄歇能谱(第 4 章)和振动光谱(第 7 章)，所得到的数据是整个表面的平均统计数据。然而，许多表面现象本质上是局部的(例如，与台阶和缺陷相关的表面现象)。STM 获得的图像由表面和针尖处的电子态来决定，因此 STM 原则上可以在原子尺度分辨率上反映出表面的电子结构。换句话说，对单个原子进行谱图测量，可以实现对局部表面现象的详细研究。

STM 成像依赖于偏压大小，它们的关系非常复杂，这种依赖关系正是 STM 隧道谱的实操基础。明白了这一点，我们来看看如图 9 - 14 所示的一个假设的一维模型。当针尖电位相对于样品为负时，电子从针尖的占据状态隧穿到样品的未占据状态[图 9 - 14(a)]。当针尖电位相对于样品为正(样品上负偏压)时，电子从样品的占据状态遂穿到针尖的未占据状态[图 9-14(b)]。因为最高能量的状态在真空中具有最长的衰减长度，所以大部分隧穿电流来自位于负偏压电极的费米能级附近的电子。

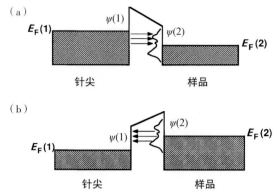

图 9-14　(a)针尖加负偏压，隧道电流从针尖流向样品；(b)与(a)情况相反

　　STM 有几种获得谱图的工作模式，其中最简单的就是与电压相关的 STM 成像，也就是在不同的偏置电压下获取传统的 STM 图像，并提供基本的定性信息。以 Si(111) 表面 7×7 重构为例，在样品接正偏压的情况下，STM 图像显示了每个原胞中具有相同高度的 12 个顶戴原子。但是，如我们在 9.3.1 节所述，该重构原胞可以对半分为两个非等效区域，其中一个区域与底部原子层发生堆垛层错。当样品接负偏压时，表面成像会导致原胞中有缺陷的那部分吸附原子比另一部分没有缺陷的原子显得高一些。此外，无论在原胞中的哪个区域，最接近角落空位的顶戴原子都显得比中心原子要高一些。

　　扫描隧道谱(scanning tunneling spectroscopy，STS)是通过在样品和针尖之间施加恒定的直流偏置电压，并叠加一个高频正弦调制电压来获得定量信息。测量到的隧道电流与施加上去的调制电压有相同的相位，在测量时始终保持恒定的平均隧道电流，从而同时测量得到 dI/dV 和样品的形貌。

　　还有一种采谱方式，那就是测量局域 I-V 曲线。I-V 曲线必须在原子分辨的基础上对确定的位置进行测量，测量时针尖和样品的距离保持不变，从而获得表面形貌和局域电子结构的关系。Hamers 等人首次采用这种方式进行测量，他们称该技术为电流成像隧道谱(current imaging tunneling spectroscopy，CITS)。其他衍生的技术可参考 Hamers[23] 关于 STM 的谱图工作模式的讨论和综述。采用 CITS 技术，Hamers 等人能够以 3 Å 横向分辨率的水平获得 Si(111) 表面 7×7 晶胞的电子结构[22-23]。当电压在 -0.65~-0.15 V 之间时，大部分电流来自 12 个顶戴原子的悬挂键电子态[图 9-15(a)]。在原胞中，来自缺陷那半边区域的顶戴原子(参见上面的电压相关成像示例)贡献的电流较大；而在每一半中，邻近角落空位上的顶戴原子贡献的电流较大。当偏压在 -1.0~-0.6 V 之间时，微分电流图[图 9-15(b)]显示了第二层原子上 6 个悬挂键的位置[Si(111)面 7×7 晶胞共有 18 个悬挂键]。由于堆垛层错的存在，这些悬挂键呈现出镜像对称性。

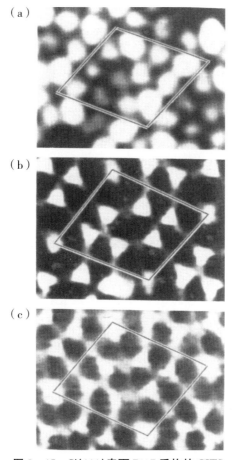

图 9 - 15　Si(111)表面 7×7 重构的 CITS

注：(a) - 0.35 V 时的原子态；(b) - 0.8 V 时的悬挂键态；(c) - 1.7 V 时的反键态。经美国物理研究会授权转载于 Hamers 等人的研究工作[21]。

当偏压在 - 2.0～1.6 V 之间时，微分电流图显示出第三种占据态的图像。数据表明图像存在更高电流密度的区域，这些区域对应于 Si - Si 的骨架结构；在角落的空位上还出现了亮点，说明其他骨架结构也显现出来了。这些图像体现了 STM 在表面电子结构测定方面的显著功能，也说明了该技术足以保证表面科学家用来确定表面结构。

金属氧化物在电子器件和催化体系中扮演重要角色。在金属氧化物半导体场效应晶体管（metal-oxide semiconductor field effect transistors，MOSFET）中，基于现代电子学，栅极氧化物层厚度的减小对于确保器件在其尺寸缩小时还能维持性能至关重要。介电层只要足够薄，就可以通过 STM 和 STS 来表征。比如，对于 Al(111)上的 NaCl 层与 Ag(001)上的 CoO 和 NiO 层来说，估计最大厚度为 3 个原子层[24]。Schintke 等人研究了 MgO 层在 Ag 上的生长[25]。他们在 10^{-6} mbar 毫巴的氧气分压下蒸发 Mg。在 0.3 个单层 MgO 分解之后，可以观察到大小为 10～15 nm 的二维岛状结构开始成核。沉积 2 个单层后，银表面完全被 MgO 覆盖，形成约 50 nm 宽的台阶和金字塔形岛状结构。在正偏压的条件下（未占据态），扫描隧道谱显示 1 个分子单层在 LDOS 为 1.7 eV 和 2.5 eV 处各存在一个结构。1.7 eV 来自 MgO 和 Ag 的界面态，2.5 eV 则是 MgO(001) 表面空态的起始位置。由此得出结论：在最开始的 3 个原子单层内即可形成 MgO 单晶电子结构。

碳纳米管由于其在纳米结构电子器件中的潜在应用而引起了巨大的兴趣，例如，许多研究人员已经报道了制作碳纳米管晶体管。由此，研究人员对测量碳纳米管的电子性质也很感兴趣。以手性单壁纳米管为对象进行 STS 测量，可以简单采用微分谱 dI/dV，或者采用归一化的微分谱 $(V/I)(dI/dV)$，这两种不同的方式来测量 LDOS。当隧道电流快速降到 0 时，我们在费米能级附近可以观察到与纳米管一维电子结构相关的奇异点，即所谓的 van Hove 奇异点[26-27]。很多问题都与对这个数据的解释有关[28]。例如，在这一条件下，针尖应该非常接近表面，并且可能对纳米管施加较大的负载，这将可能改变纳米管的电子结构。然而矛盾的是，测量得到的带隙与未扭曲的纳米管的带隙相似。

通过 STM 针尖发射出去的隧道电子可能引起非弹性过程，从而导致光子发射。Berndt 等人研究了吸附在重构的 Au(110) 表面上的 C_{60} 分子[29]。STM 图像能够在六边阵列中分辨出单个的分子，并且同步发现了光子的发射，从而观察到每个 C_{60} 分子显示为一个亮点。当针尖位于分子正上方时，发射似乎达到最大值。

尽管这些成功的研究令人印象深刻，但是这些研究始终围绕着表面电子结构来进行分析，而非化学结构，这些结果提供的是电子态的信息（通过测量局域态密度），而不是特定的化学键型和化学物质。这里我们再提一种技术，即非弹性电子隧道谱（scanning tunneling microscopy-inelastic electron tunneling spectroscopy, STM-IETS）[30-31]。利用这项技术仍然可以进行 I/V 测量，但根据其原理，当隧道电子的能量达到界面处分子某一振动模式的能量时，隧道电导会小幅又急剧地增加。这种增加是电子能量向振动能量转移的结果，由此产生非弹性隧穿通道，当隧穿电子的能量低于量子化的振动能量时，该通道被禁止。Stipe 等人能够在 8 K 时从单晶表面吸附的单乙炔分子获得 IET 谱[30-31]。很显然，低温下操作这一要求构成了对这项技术的限制。

STS 是一个强大的工具，对于一个合适的系统，它能够以非常高的分辨率来表征表面电子结构的信息。诚然，这项技术确实面临挑战。不仅数据的分析很复杂，而且还不能直接获得化学结构信息，同时它通常被认为是一种超高真空的技术。尽管它具有极高的价值，但不可能成为一种可以广泛应用的工具。

（5）表面分子的研究。在许多研究领域，科学家希望可以观察到分子与表面的相互作用，而其中许多情况却在表面科学研究的常规范围之外。对于关注点只在于分子材料本身的一些领域，STM 和 AFM 技术产生了巨大的影响。大量应用的结果表明，STM 和 AFM 能够在其他技术都无能为力的情况下提供样品的结构信息。这里我们再来详细分析两个例子。

(6)液晶。史密斯等人研究了液晶与石墨表面的相互作用[32]。他们研究了一种叫 mCB 的烷基氰基联苯分子，其中 m 是连接在联苯环的烷基尾部上的碳原子数。液晶分子 8CB 具有以下结构：

首先，因为有机分子液晶薄膜的导电性很差，所以似乎不能获得 STM 图像。但事实上，如果样品处于液态环境，那么低本征电导率就不会对测试造成影响。STM 针尖进入液体中，逐渐逼近样品表面，直到产生可供测量的隧穿电流。实际上，这有效地将探针限制在界面区域，这意味着被成像的分子是离基底表面最近的分子。对液晶分子成像，关键的限制因素就是样品温度非常接近于液相到固相的转变温度。在较高的温度下，液晶膜完全转变为液态形式，在 STM 图像中呈现为无序状态。在较低的温度下，液晶膜就不再浸润石墨表面。

在 100 pA 的隧道电流和 0.8 V 的偏置电压下，液晶/石墨界面的 STM 图像显示分子具有复杂的互锁排列行为(图 9 - 16)。图中的亮点对应的是二苯基头部基团的位置。图中还观察到了烷基链，即图像中不太明亮的区域，图像中的点阵对应于亚甲基的位置。每个分子的另一端有一个小亮点，对应于氰基基团。高分辨率图像表明，该亮点与其所连接的苯基存在一定距离，表明这个现象和氰基上的氮原子有关，因此氰基上的三键配位碳原子就具有相对较低的隧道电导。氰基基团向内指向彼此，相互交错并增加了堆积密度，这说明分子构建的二维晶格主要是由烷基尾部与石墨晶格对齐所形成的结构。通过减小间隙电阻，并驱动尖端更靠近表面，可以穿透薄膜并对下面的基底进行成像。由此，我们可以确定石墨晶格矢量的方向，而且发现每个分子的烷基链沿着特定的石墨晶格矢量排列，而氰基沿着不同的晶格矢量排列。在晶界处，常常可以观察到尾部基团旋转了 60°，这也与石墨对称性相匹配。

Hara 等人对 8CB 进行了 STM 测量，但他们使用二硫化钼取代石墨作为衬底[33-34]。MoS_2是导电的，并且可以通过解理 MoS_2单晶来制备干净的表面。与在石墨上形成的 8CB 双层结构相反，在 MoS_2上形成的是一个周期性的单行结构，每一排的蓝色二苯基和烷基首尾交替连接(图 9 - 17)。每个单行的宽度约为 21 Å，而在石墨上形成的双层结构的宽度约为 38 Å。在这种排布结构中，吸附的驱动力来自 8CB 分子和衬底之间的强相互作用。事实上，在液晶薄膜中观察到的周期性结构与 MoS_2衬底的晶格间距密切相关。因此，单行结构与向列相型液晶的锚定相的形成有关。

相反地，近晶相的 12CB 在 MoS_2上则形成双排结构，其中氰基彼此相对排列。当在液晶块体中发生各向同性到近晶转变时，该结构也与界面处的锚定相的形成有关。当形成 8CB 和 12CB 的混合物时，我们发现分子会组装成不均匀的双行结构，并发生了相分离，其中 8CB 和 12CB 的纳米区域并排形成。

图 9-16　(a)石墨衬底上的 8CB 分子 56 Å×56 Å STM 图像；(b)8CB 的晶格模型

注：图中显示烷基链的氢与石墨晶格的六方结构中心对齐。

（a）　　　　　　　（b）　　　　　　　（c）

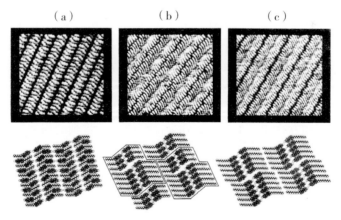

图 9-17　MoS$_2$ 上 mCB 分子锚定结构的 STM 图像和模拟图像

注：(a)各项同性的 8CB 单分子行(15 nm×15 nm)；(b)各项异性(混合)的双分子行(20 nm×20 nm)；(c)各项同性的 12CB 双分子行(20 nm×20 nm)。

(7)自组装分子层。烷基硫醇 $HS(CH_2)_nX$，其中 X 可以是各种有机官能团，包括甲基、羟基、羧酸和胺，可以自发地吸附到金表面上并形成有序的组合，其中烷基链与表面法线成约 30°角朝外指向[35]。早期的工作都是利用低能电子衍射来研究这些体系，结果表明这些体系的分子长程有序，在许多方面表现出与 Langmuir-Blodgett (LB)膜相同的结构特征，即排列有序，并且双亲分子形成二维结晶组装后，有效地吸附在固体表面[36]。然而，LB 膜的形成是通过 Langmuir 槽在气－液界面处压缩双亲分子膜，直至表面压力迫使双亲分子垂直直立于液体表面并以密堆积形式分布时形成的；紧接着才将 LB 膜转移到固体表面。相反地，单烷基硫醇在金表面发生自组装而形成紧密堆积有序结构。科学家把这类材料称为"自组装"单分子层，即 SAMs。与 LB 膜相比，SAMs 易于制备，功能性好(例如，通过改变尾端基团 X 的性质可以轻易地改变表面的极性)，无论在基础研究(比如各类现象，包括浸润、黏附和生物界面相互作用)还是在传感器和电子设备结构等应用研究，都引起了广泛关注[37]。

20 世纪 90 年代初期，人们对 SAMs，尤其是研究其结构方面，越来越感兴趣，而 STM 为研究这类薄膜结构的多样性提供了强有力的实验证据。早期研究中，烷基硫醇在金表面的初始吸附现象被证明是一个快速的过程，在这一过程中，氢脱离头部基团，产生了金硫醇盐的吸附络合物[38]:

$$Au + HS - R \longrightarrow AuSR + \frac{1}{2}H_2 \uparrow$$

通过二硫键的断裂，硫代二硫化物的吸附产生了等效产物 RSSR(S 为硫元素，R 为烷基，HS-R 为烷基硫醇，RS 为代号)。无法确定的是体系达到平衡(实际上是达到平衡结构所具备的性质)所需要的时间。例如，将镀了金的衬底浸泡在含有两种对照硫醇的溶液后，会形成混合的单层膜，其化学组成与溶液的组成不完全一致，由此表明 SAM 的组分不是简单地由快速吸附动力学来决定的。

如上所述，早期工作使用 LEED(low energy electron diffraction)来进行的研究表明，吸附物在金表面上以有序的六边形结构进行排列，形成$(\sqrt{3} \times \sqrt{3})$R30°结构(即表面网格的大小是 Au 网格的$\sqrt{3}$倍，并旋转了 30°)。然而，LEED 对结构精细且对电子敏感的有机单分子层的测量是很困难的。想要证明这个结果还需要更直接的证据。在一系列精密的研究中，Poirier 和他的合作者们通过细致的实验，应用 STM 来研究在真空中吸附硫醇所形成的单层膜，建立起我们现有的基本认识。

Delamarche 等人[39]以及 Poirier 和 Tarlov[40]在 1994 年发表了与复杂相行为有关的开创性工作。这两个研究组都对单个吸附分子进行了高分辨成像，结果表明这些分子的基本排布确实是六边形的，这与预测的$(\sqrt{3} \times \sqrt{3})$R30°结构相一致。然而，实验测量的高度与理论预测还存在很小的差异，看来事情没那么简单。Poirier 和 Tarlov 解出了一个表面单胞的结构是 $p(3 \times 2\sqrt{3})$，两个研究组也都解出了结构为 $c(4 \times 2)$超晶格。Delamarche 等人提出了一种模型：围绕分子轴顺时针和逆时针旋转，会导致末端 C—H 键与表面法线的夹角不同。吸附物在几何形状上的微妙变化导致了 0.6～

0.7 Å 的高度差，这个差异虽小，但可以检测，由此所产生的位置差异也反映在了 STM 的图像上。

图 9-18 显示了十二烷硫醇[HS(CH₂)₁₁CH₃ 或 C₁₂]SAM 的大面积 STM 图像。很明显，尽管表面呈现出大片的结晶区域，但在宏观尺度上它不是有序的，这与文献中常常报道的理想化的 SAM 截然不同。单分子层反而是一块块拼凑起来的畴，每个畴直径为 5~20 nm。在每个畴内，吸附物高度有序，甚至可以认为是二维晶体结构。但是，当畴内一行行的吸附物呈现出不同的方向性时，沿着畴边界的方向就会出现崩塌。图 9-18 中的黑色斑块实际上不是单分子层中的孔洞，而是凹陷。这些区域表面去除了 Au 原子后，表面比周围区域稍低。凹陷区有填充的吸附物。图 9-19 的高分辨率 STM 图像显示了两种紧密堆积排布稍有差异的两个区域，单个吸附分子的位置被清楚地分辨出来。同时，图像显示的是两种不同的超晶格结构，两者都具有相同尺寸的表面单胞，这两种超晶格原胞都在 STM 上标记出来。

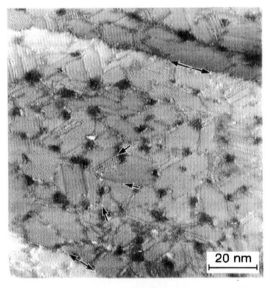

图 9-18 在 Au(111)上的十二烷硫醇自组装单分子层的 STM 图像

注：采用 Pt/Ir 探针，在 1.2 V 偏压下获得 3 pA 的隧道电流进行成像，从黑到白的灰度范围为 5 Å。经美国化学学会许可转载至 Delamarche 等人的工作[39]。

金上丁硫醇的单分子层研究[41-42]说明这类样品存在更大和更复杂的相空间。早期研究中发现 SAM 中的有序性取决于被吸附物质分子的长度：当长链(超过 10 个碳原子)吸附物以全反式构象存在且高度有序时，烷基链的移动就会增加，从而导致间扭式缺陷增多，此时吸附物的链长度减小到 10 以下。Poirier 和他的合作者们在使用 STM 研究丁硫醇的 SAM 时，最初只获得些相对无特征的图像。他们发现，长时间以后，结构开始清晰可见，一些条纹相也被观察到了，从而实现了吸附分子的高分辨成像。图中的这些结构(即 STM 中的清晰条纹)由成行的分子组成。高分辨图像显示这些分子是由与基底表面平行的吸附分子组成。最初的无特征形态可能是无序丁硫醇层

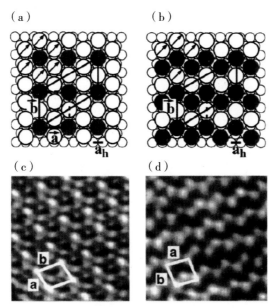

图 9−19　Au(111)上十二烷硫醇超晶格的 STM 图像(c，d)和模拟模型(a，b)

注：经美国化学学会许可转载至 Delamarche 等人的工作[39]。

中链移动的结果，由此推论吸附物的解吸附使条纹相随之形成。这些观察结果意味着链链相互作用是 SAM 得以稳定的重要因素。在与丁硫醇一样短的吸附物中，链链相互作用弱，之前被认为是常规的吸附物，相比于垂直方向会更倾向于水平方向排列，烷基链与金表面相互作用，但实际上却表现出相当强的 Lifshitz 色散力。

接下来的研究针对链长稍长的吸附物——己硫醇，研究获得的数据显示的却是相反的过程——水平排布的吸附物转变成了竖直排列的烷基链紧密堆积单分子层[43]。己硫醇比丁硫醇具有更多的链间稳定性。此外，Poirier 和 Pylant 的工作不是从完全形成单分子层开始，而是从一个清洁的金表面开始，分辨出了特征鱼骨型重构及其吸附硫醇分子的过程。在低覆盖度下，吸附作用使条纹形态的吸附物所形成的畴结构逐渐成核。随着覆盖度的增加，这些条纹畴的尺寸也在增长。当样品暴露在 600 L 的气氛时，超过一半的表面被条纹相畴覆盖，在表面的其他地方仍然可以见到"人"字形重构。表面开始形成金缺陷岛，这些岛状结构可能是硫醇诱发金表面发生重构时形成的。随着样品进一步暴露在气氛中，样品表面的覆盖率也在增加。但是，当气氛达到约 1000 L 时，新的相结构出现了，这些结构是由直立分子的小岛组成。随着覆盖率的增加，直立相畴占据的面积也在增加，在 2500 L 时出现了大面积的畴。这个过程伴随着金缺陷岛尺寸的增长，最终直立相结构占据了大部分的表面。

随之而来的大量工作是针对如何解释单分子层的组装过程。在此基础上，Poirier 对 6 个离散结构相进行了详细描述[44]。散射技术和其他方法在探索 SAM 形成和重构机制中非常重要，但 STM 无疑在对这些体系结构的基本认识上起到了至关重要的作用。

(8)STM 在生命科学领域的应用。扫描探针技术在生物领域具有巨大的应用前景，未来几年可能在这一领域还会有进一步发展。然而，研究者在实际研究中也遇到一些非常困难的问题，目前正在努力解决这些问题。

在第 9.2.3 节中，我们已经提到 STM 能够在液体环境中运行，该环境不仅可以是水环境，还可以是盐溶液的环境。这在生物学研究中非常重要。虽然电子显微技术在研究生物分子结构方面已经非常强大，但是必须要对样品进行前处理才能对生物分子进行成像。生物分子对环境变化非常敏感(例如，蛋白质对 pH 变化非常敏感，容易变性导致严重的结构变化)，而许多用于制备电子显微镜样品的方法(例如冷冻干燥)会造成生物分子结构发生改变。

在 Binnig 和 Rohrer 第一个获得了 DNA 的 STM 图像[45]之后，STM 在生物领域引起了相当大的兴趣。早期的研究工作希望 STM 能够为结构研究提供一种新的探索方式，而不是将其与现有的生物物理技术相提并论。事实上，科学家甚至希望 STM 能够用来进行 DNA 测序。在 1989 年，Lindsay 等人[46]获得了水中 DNA 的第一个图像。开启了在生理缓冲溶液中进行生物分子相互作用研究的大门。这一方法使我们在了解生物分子及其相互作用的道路上迈出了一大步。

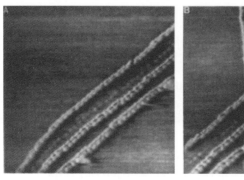

图 9-20　与螺旋分子有相似特征的石墨 STM 图像

注：经美国科学促进会许可转载自/于 Clemmer and Beebe 的研究工作[47]。

当研究者发现石墨表面的特征与 DNA(和其他螺旋分子)非常相似时，这一情况就必须要进行重新评估[47]。Clemmer 和 Beebe 的工作展示了新解理的 HOPG 图像，该图像与螺旋分子具有惊人的相似性(图 9-20)。Heckl 和 Binnig[48]在石墨晶界获得了与 DNA 相似的图像，与计算机生成的模型进行比较(图 9-21)，可以看到两者如此相似。除了生物分子与表面有相似性等问题之外，成像时针尖与样品的相互作用非常大，足以移动生物分子。这种针尖诱导运动的结果就是，样品分子被推到表面的扫描区域之外，Roberts 等人在粘蛋白的时候发现了这种现象[49]。只要将针尖简单地移动到一个新位置上，这样的问题还会重复出现，最终只能通过一些物理障碍(如台阶边缘)来阻挡分子的运动，才能对这些分子进行成像。科学家也开发了许多方法来克服这些困难。最先想到的办法，是将研究对象从石墨衬底转移到没有上述问题的衬底(如金和云母)上。更重要的是，很多研究组已经开始尝试开发 STM 的样品制备新方法。最成功的方法可以大致分为两类：通过沉积导电层来固定分子[50]，以及将分子耦合表面化学官能团来进行固定[51-55]。无论哪种方法，目的都是为了确保生物分子在成像过程中，不被针尖和样品相互作用力所移动，同时也是为了使表面覆盖更均匀。

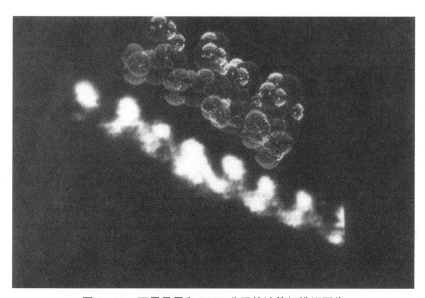

图 9-21　石墨晶界和 DNA 分子的计算机模拟图像

注：经 Elsevier Science 许可转载自/于 Heckl and Binnig 的研究工作[48]。

未涂覆的生物分子也可以进行 STM 成像，这就引发了一些非常有趣的问题。蛋白质在几纳米厚这个数量级，仍然可以形成隧穿电流。传统意义上电子直接从生物分子隧穿出去的理论已经不适用了，原因是隧穿的间隙太大（请注意，针尖与表面的间距每增加 1 Å，隧道电流就会减少一个数量级）。尽管科学家提出了一些竞争模型，但是这个话题还存在大量的争论。Lindsay[56] 提出的一个解释是，由 STM 针尖所形成的样品分子，改变了它们的电子结构，导致了在衬底的费米能级产生电子态。在这些条件下样品会发生共振隧穿，并且隧道电流会增强。尽管在超高真空下获得的这些数据的解释有明确的应用，但是由于这一过程将导致分子结构被破坏，数据的有用性也同时降低。又或者，可以认为生物分子表面的水形成了导电通道。Guckenberger 等人在研究二维蛋白质晶体时对这一假设给出了证据支持。他们发现，若 STM 腔内的相对湿度（RH）小于 33%，则难以采集到图像，这意味着在空气中进行 STM 成像的必要条件，是生物样品表面发生水合作用。值得注意的是，他们还报道了在实验中必须保持低隧道电流（假设在极大的间隙电阻的情况下通常为几皮安）。Yuan 等人[58] 提出了这一条件的合理性，即这一过程的成像机制本质上是一种电化学过程，其中离子通过覆盖蛋白质分子的水膜进行传输，水通过桥联方式将 STM 针尖和样品连接起来。Leggett 等人进一步验证了该模型，他们测量了 STM 腔室湿度逐渐降低时对图像对比度的影响。首先，他们通过共价作用将硫醇单分子层连接在金衬底上，从而固定蛋白质分子，并在相对湿度约为 33% 的大气环境下对蛋白质分子进行了成像。接着，他们将干燥剂放入 STM 腔室内，并在接下来的几个小时里记录下相对湿度逐渐下降至 5% 时的一系列图像。图像对比度逐渐变化，直到相对湿度为 5%，发生反差。在大气条件下测量的蛋白质结构比衬底高出约 6 nm，而腔室相对湿度至 5% 时的蛋白质结构却处于低位。与大气环境下的上升相比，当针尖穿过脱水蛋白质分子时，STM 测到的电导率急剧下降。这一观察结果强烈地支持了水在 STM 中作为导电途径的假设。然而，实验结果也提醒着我们，在 STM 中，所看非所信。图像对比度不一定简单地与表面形貌有对应关系，在没有足够的理论依据来对图像进行解释时，处理生物体系的 STM 数据都必须非常谨慎。

9.3 原子力显微镜

9.3.1 AFM 的基本原理

（1）表面上的力。我们注意到，在高隧道电流下，STM 针尖可以以破坏表面结构的方式与表面发生物理作用，而实际上，针尖和样品表面之间通常存在着一定的相互作用力。与分子间作用力相比，即使在相对较低的隧道电流下，针尖与表面的相互作用力也可能是相当大的。

基于对这些力的认识和理解，Binning 等人开发了原子力显微镜，其探针不再是垂直于样品表面，而是一根平行于样品表面的悬臂梁，悬臂梁的末端是一个对力敏感的尖锐针尖，用来与样品表面产生相互作用。当悬臂梁针尖与表面之间的相互作用力发生变化时，悬臂梁产生形变，测量这些形变量可以用来绘制样品表面的起伏图像。该过程如图 9-22 所示，原子力显微镜的设计理念就是通过测量一定范围的力（包括静电力和磁力）来监测针尖与表面的相互作用。例如，磁力显微镜的针尖有磁矩，因此能够与磁性样品产生的磁场响应；静电力显微镜探测表面电荷，即探测带电针尖和被测量样品之间的静电相互作用。扫描力显微镜（SFMs）通常测量 $10^{-9} \sim 10^{-6}$ N 范围内的力，甚至有报道可以测量到低至 3×10^{-13} N 的力[61]。

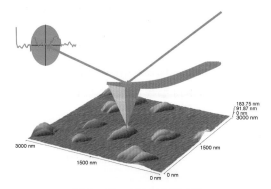

图 9-22　AFM 工作示意

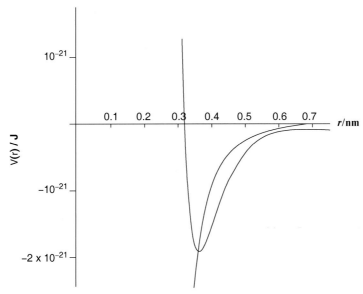

图 9-23 两个 Ar 原子的 Lennard-Jones 对势曲线

很显然，因为 AFM 是基于对力的测量，所以样品不需要导电。这是与 STM 最重要的区别，也是 AFM 引起广泛兴趣的原因。实际上，它在大气和液体条件下可以对绝缘样品进行高分辨显微成像(在许多情况下与电子显微镜的分辨率相当)。这说明 AFM 的新功能将使其获得广泛的应用。

通过测量原子和分子之间的作用力，可以获得很多有关结构和相互作用性质的信息。原子之间的力可以用 Lennard-Jones 势来描述(图 9-23)：

$$V(r) = 4E\left[\left(\frac{\sigma}{r}\right)^{12} - \left(\frac{\sigma}{r}\right)^{6}\right] \qquad (式 9-10)$$

在平衡间距 r_0 处，相互作用的能量到达最小值 E，此时 $r = \sigma$，$V(r) = 0$。当间距大于 r_0 时，势能主要由长程吸引力为主导，以 $1/r^6$ 的关系衰减；当间距较小时，相互作用逐渐由以 $1/r^{12}$ 关系的短程排斥力为主导。

对于大尺寸的物体，单原子的相互作用被更大的分子或原子之间的相互作用所取代，其数学表达略有不同[62]。当距离为 D 时，分子与平面的相互作用能量由下式给出：

$$W = -\pi C\rho/6D^3 \qquad (式 9-11)$$

其中，C 是常数的集合，ρ 是材料的密度。可以看出，相互作用能量随着距离呈立方根倒数关系，而不是六次幂倒数关系。如果对常规 AFM 探针针尖做一个合理的近似，即用半球来取代分子，则关系式为

$$W = -AR/6D \qquad (式 9-12)$$

其中，R 是球体的半径，A 是 Hamaker 常数，此时相互作用能量与间距呈倒数关系。实际上，与 Lennard-Jones 势能相比，相互作用能量随间距的变化并不明显，这对于促进相互作用力与距离关系方程的测量至关重要。如果相互作用能与距离呈

$1/r^6$ 变化,那么精确测量力与距离的函数将是一个更具挑战性的问题。

对于两个交叉的圆柱体来说,力为

$$W = -A\sqrt{R_1 R_2}/6D \qquad (式 9-13)$$

式 9-13 特别重要,因为研究人员基于这一原理就可以通过表面力装置(surface force appliance,SFA)对表面力进行精确测量,并且在测量相互作用力时允许交叉圆柱体相互作用。由于篇幅有限,我们在这就不详细描述 SFA 了,读者如果想了解更多表面力的详细内容,可以参考 Israelachvilli 所著的教材[62]。值得注意的是,虽然 SFA 与 AFM 概念相似(例如,两者都使用弹簧的概念来测量相互作用力),但也有一些重要的差别,其中最显著的差别莫过于 SFA 不能成像,而 AFM 可以成像。客观地说,在测量力方面,SFA 比 AFM 更精确,但是 SFA 在应用上要求样品表面必须形成原子级光滑,这就限制了实验仪器的研究范围。因此,虽然 SFA 是一个非常强大的定量工具,但是 AFM 的使用范围更广泛,其独有的功能(除成像)使其成为分子相互作用基础研究的重要工具。

(2)力-距离曲线测量。很多方法可以对力进行定量测量,最主要的方法是测量悬臂梁垂直于表面和平行于表面两个方向的形变量。力和距离的关系(即力曲线或力谱)是最基本的定量关系。图 9-24 显示了定量测量所涉及的内容。

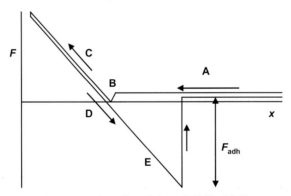

图 9-24   相互作用力与距离的关系曲线

一开始探针位于样品表面上方,针尖不接触样品。接着将悬臂梁逐渐降低靠近表面(A),当针尖非常接近表面时,力学不稳定性导致针尖与表面快速接触(B),此时针尖接触表面。当压电扫描器进一步下降时,针尖被推入表面(C),此时针尖与样品间的排斥力被探测到。在到达预设定最大力值的时候,停止下压并且退回探针(D)。若针尖黏附在表面上,则发生滞后现象,即退针路径与进针路径不能完全重合,因此针尖必须被提升至比进针时接触表面的点更远的位置才能离开表面(E)。在力曲线测量的这一阶段(E),力值为负,是吸引力,即探针有效拉动样品表面。最后,针尖快速离开样品表面回到非接触的位置。力-距离曲线中,最低点的力与非接触位置的力的差值对应的是黏附力 F_{adh},也称为拉拔力。

在研究者孜孜以求的努力下,功能化探针得以开发,并且可以通过 AFM 具有力曲线测量的功能，对特定分子的相互作用进行研究，从而开展两个非常重要的研究领域：化学力显微镜（9.3.3 节），以及生物识别和对未知现象的测量（9.3.4 节）。

（3）接触力学。无论是计算接触面积，还是探索相互作用力与其他参数之间的关系，都需要对针尖和表面之间的相互作用进行建模。以标准商用 AFM 探针为研究对象，其曲率半径通常有几十纳米，与分子尺度相比，针尖接触面积大，可以忽略量子力学效应，因此可以使用连续介质力学理论来处理针尖-样品相互作用的情况。这是一个非常有用的近似，但如果研究者使用了特殊的锐化针尖，那么在这种情况下，连续介质力学理论可能不再适用。当然，使用"常规"探针的情况下，这个近似是有保障的。

我们也注意到，AFM 的针尖也可以认为是半球形的，对于这种情况，最简单的接触力学模型就是 Hertz 模型，即负载力 F_N 和接触面积 A 之间的关系：

$$A = \pi \left(\frac{R}{K} F_N \right)^{2/3} \qquad (式 9-14)$$

在弹性接触的情况下，K 是弹性模量，R 是半球的半径。

尽管 Hertz 模型已被证明是有效的，特别是对于无机材料而言，但许多材料对探针存在明显的黏滞性，因此需要对 Hertz 模型加以修正来应对这一情况。有两种修正模型格外引人关注。在 Johnson-Kendall-Roberts（JKR）模型中，黏滞力以界面能 γ 的形式引入探针与样品的接触过程中，根据该模型，即使没有施加外力，黏滞力也可能引起半球形尖端的形变。针尖与样品接触面的半径 a 可以表示为

$$a = \left(\frac{R}{K} \right)^{1/3} \left[F_N + 6\pi\gamma R + \sqrt{12\pi\gamma R F_N + (6\pi\gamma R)^2} \right]^{1/3} \qquad (式 9-15)$$

当施加力为 0 时，有

$$a_0 = (12\pi R^2 \gamma_{SV} / K)^{1/3} \qquad (式 9-16)$$

在退针的整个过程里，针尖抬起离开表面。当针尖处于进针接触的位置时，探针仍然黏附在表面上，这就是所谓的迟滞，且不可逆。当针尖从表面抬起时，针尖和表面之间形成逐渐变细的瓶颈状。瓶颈保持稳定，直到其半径达到临界值，该值与零负载时接触面积的半径有关：

$$a = \frac{a_0}{4^{1/3}} = 0.63 a_0 \qquad (式 9-17)$$

当处于这个半径时，瓶颈变得不稳定，针尖与表面分开，此时的力为

$$F_S = -3\pi R \gamma_{SV} \qquad (式 9-18)$$

这就是力-距离实验中的黏滞力测量。因此，从式 9-18 可以看出，黏滞力与针尖和样品之间的接触面积，以及针尖-样品接触时的界面自由能成比例。

JKR 模型适用于黏滞相互作用相对较强并在短程范围内起作用的情况。对于较弱的远程相互作用，则使用 Deraguin-Muller-Toporov（DMT）模型。这里接触半径与负载力之间的关系由下式给出：

$$a = \left(\frac{R}{K} \right)^{1/3} (F_N + 4\pi\gamma R)^{1/3} \qquad (式 9-19)$$

对于给定的一组实验，要在仔细考虑各种因素的基础上来选择适当的模型，并且不应该是规定性的。可以说，对于定量而言，使用最适合的方式来进行数据建模是非常重要的。

（4）定量方法。最简单的操作模式是接触模式，AFM 在这种工作模式下，可以使探针的针尖与表面始终保持力学接触。悬臂梁可以看成胡克定律中的弹簧，因此我们可以将杠杆形变量 x 和针尖上的力用最简单的关系式进行假设：

$$F = -kx \qquad (式 9-20)$$

其中，比例常数为弹性系数，即力常数 k。

悬臂梁的力学性能对于掌握力显微镜的性能来说非常重要。悬臂梁的形变反映了针尖和表面之间的相互作用力，正是这一形变决定了显微镜的性能。理想情况下，悬臂梁的力常数必须尽可能小，那么在力一定的情况下就可以获得最大的形变。除此之外，还要求尽可能降低悬臂梁对环境热噪声的灵敏度，以及缩短响应时间。悬臂梁的这三个必要条件还得互相平衡。后两个条件表明悬臂梁应该采用硬质材料（氮化硅、硅或氧化硅）。解决这些看似相互矛盾的必要条件的方法，就是通过微加工来制作硬质材料如氮化硅等的悬臂梁。通常商业生产的悬臂梁长 $100\sim200~\mu m$，厚 $1~\mu m$ 左右，弹性常数通常在 $0.1\sim1~N\cdot m^{-1}$ 范围内，谐振频率在 $10\sim100~kHz$ 范围内（图 9-25）。

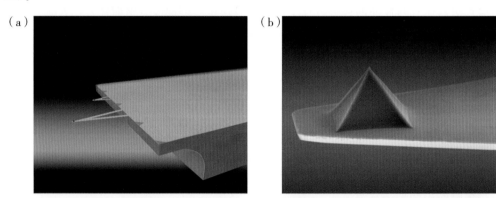

图 9-25　(a)用于接触模式的三角悬臂氮化硅 AFM 探针的三维示意；(b)(a)中所示的其中一个针尖尖端的 SEM 图

注：图片经 NanoWorld AG（http://nanoworld.com）授权转载。

针尖本身对数据的获取有至关重要的影响。显而易见，当使用更尖锐的探针时，可以提高分辨率。最便宜的用于接触模式的探针针尖的曲率半径约为 50 nm，现在有许多制造商可以生产用于接触模式和其他工作模式的具有更小曲率半径的一系列探针。已经制作出来的探针包括：碳纳米管功能化针尖，具有半径小、刚性好的特点；金刚石探针，可用于压痕测试；刚性探针，可用于轻敲的实验。我们需要牢记的重点是，在给定施加力的情况下，针尖压力会随着针尖曲率半径的平方而增加，因此锐化针尖在提高分辨率上很有潜力，但同时在成像过程中也增加了针尖损伤的可能性。

为了获取定量数据，悬臂梁的弹性系数必须进行校准。首先我们要对光电探测器的响应进行校准。校准方法是，当针尖接近硬样品(如云母)时，测量光电探测器的响应与 z 方向压电陶瓷管位移的关系函数。如果悬臂梁的硬度明显低于样品，那么样品的形变量可以忽略不计(所有的形变都归在悬壁梁上)，就可以假设悬臂梁的形变量 z 等于 z 方向压陶瓷管移动的距离，在悬臂梁移动量给定的情况下，就可以确定光电探测器的响应。为了将悬臂梁的形变量转换为力的大小，还要对垂直于样品表面方向的悬臂梁弹性系数 k_N 进行校准。垂直于表面的力可表示为

$$F_N = -k_N \Delta z \qquad (式 9-21)$$

确定 k_N 值异常复杂，方法多种多样，但没有一个是完美的。这里介绍一种计算 k_N 值的方法。对于矩形悬臂梁而言，垂直方向和水平方向的弹性系数分别为：$k_N = Ewd^3/4l^3$，$k_L = Gwd^3/3h^2l$，其中 w、d 和 l 分别是悬臂宽度、厚度和长度，h 是针尖高度，E 和 G 是制作悬臂梁的材料的杨氏模量和剪切模量[63]。但是，许多商用微悬臂梁是"V"形的，这里的力学分析要复杂得多。例如，一些研究组甚至动用了有限元分析[64-65]。此外，无论悬臂梁几何形状如何，都需要知道精确的尺寸以及相关的弹性模量，这样才能计算 k_N 的值。悬臂梁长度，宽度和厚度的测量(通常通过电子显微镜)受到实验误差的影响；对于块材而言，特定材料的力学常数是精确已知的。但是块材经过微加工处理后，这些值就不一定相同。微加工制作过程或者在悬臂梁背面沉积金(通常用于增强其反射率)的沉积工艺，都会导致悬臂梁的不均匀性，这就使悬臂梁的力学性能与制作其所用材料(如纯氮化硅)的本征力学性能存在显著偏差。不难看出，这些不确定性的综合影响很大。

　　研究人员采用三角形悬臂梁，是因为它们不会像矩形悬臂梁那样，发生类似屈曲的行为。很显然，由此换来的代价是力学行为更加复杂。最近，Sader 的工作表明，无须使用三角形悬臂梁也可以解决屈曲一类问题：合理设计矩形悬臂梁也可以确保它们具有适合的力学性能，同时数据的理论分析也更易于处理[66-67]。

　　因为用理论计算的方法来处理三角形悬臂梁弯曲的问题非常复杂，所以我们有理由去寻求实验方法来解决这个问题。然而，不确定性仍然很大。根据 Cleveland 及其合作者的研究成果，精确的解决方法之一，就是找到已知质量与悬臂的关系，以及对共振频率变化的测量[68]。其他测量方法包括通过热噪声的方法观察悬臂梁的振动，从而确定 k 值[69-70]；通过机械方式驱动悬臂梁使其发生共振，对共振频率进行测量[71]；通过连接第二根参考悬臂梁来对未知悬臂梁产生的形变量进行测量[72]。很显然，最后一种方法的精度取决于参考悬臂梁弹性系数的不确定度，但是这种方法确实保证了一系列标准化测量时的精度。该方法是由 Cumpson 等人[73]提出的，他们使用到了支撑镜像多晶硅盘的参考弹簧(microfabricated array of reference spring, MARS)微加工阵列，将其作为测量系统。对悬臂梁和测量系统的相互作用进行测量，可以快速地得到力常数值。这种方法唯一的缺点就是测量系统的器件制作工艺太复杂，这些工艺流程涉及特种设备和专业知识。如果测试器件商品化，那么将有更多的研究人员采纳这种巧妙的校准方法。

　　表面污染会对针尖－表面相互作用的性质产生相当大的影响。例如，表面上的水

膜由于毛细效应会产生很大的吸引力(空气中云母表面的吸引力高达 4×10^{-7} N)。因此,使用仪器时常常将探针和样品一起浸入液体中。这不仅消除了毛细效应吸引力的作用,还以另一种重要的方式来控制针尖-样品的相互作用。例如,在水溶液环境中进行操作,不仅可以降低色散作用的强度,而且,溶液中相反电荷离子的吸引作用以及相互作用能的介电降低都对积聚在针尖表面上的电荷产生屏蔽作用[56]。反过来,如果使用低介电常数的介质就会增加色散作用的强度。但是,在液相环境操作也存在问题,包括溶液离子在样品表面的吸附会导致样品材料从表面溶解,以及针尖与溶液的介电常数不同导致表面形成极化力[56]。

(5)工作模式。力显微镜的第一要素就是要有一套可以灵敏测量悬臂梁形变的方法。第一台 AFM 是通过有效地利用 STM 针尖上的电子隧穿来监测悬臂梁形变。商用仪器中使用得最广泛的方法,是测量激光束从悬臂梁背面反射到光电检测器上时产生的位移偏转。当然也有使用其他的方法,包括基于干涉现象的测量法和基于压电器件的电学检测法。通过反馈电路,将检测到的信号用于控制安装在悬臂梁或样品上的压电晶体的移动,这种方式与控制 STM 针尖运动的方式相同,是可以控制针尖和样品的距离,也可以在 xy 平面上进行扫描。

AFM 可以以恒力模式或恒高模式工作,这与 STM 可以在恒高或恒电模式下工作相同。在恒高模式下,当针尖扫描表面时,测量悬臂梁的形变;在恒力模式下,悬臂梁的高度可以进行连续有效地调整,以保持针尖和样品的相互作用力始终恒定(即保持悬臂梁的形变恒定)。因此,恒力模式使用更广泛,且提供的样品表面形貌图也最准确。

在接触模式下,针尖始终对样品施加力,这会损坏样品表面。因此从原理上说,非接触式可以解决这个问题,但实际应用起来却相当复杂。通过开发轻敲模式,人们获得了一种新的成像方法。轻敲模式是通过高振幅的谐振频率来驱动一根探针,使其发生共振,从而降低了样品表面的能量耗散速率。通常使用的探针是刚性的硅探针($k \approx 50$ N/m)。在振荡周期的谷底,探针和样品表面形成间歇性接触,即轻敲表面。轻敲模式可以为诸如聚合物之类的软材料提供具有高分辨率的表面形貌信息。然而,我们还是要对这种方法的无损性假设保持谨慎的态度,因为探针与样品仍然发生力学接触,这也会导致能量的耗散,所以对表面的破坏也是会发生的。对比轻敲时的振动振幅值与探针不接触样品时的自由振幅值可以用来区分轻敲的类型,其中轻敲振幅值的大小,即共振振幅设定值,可以通过调节 z 方向压电陶瓷管来保持恒定。如果两者比例为 1,那么接触时消耗的能量小,此时的实验条件为"轻度轻敲"。当两者比例约为 0.5 时,即"中度轻敲",此时的能量耗散率虽然增加,但是如果样品没有损坏,那么分辨率也会提高。进一步降低共振振幅设定值,可能进一步提高分辨率,也可能加重了样品降解的程度,这就取决于所研究材料的性质。分辨率与表面破坏总是需要我们仔细研究后,才能取得二者的平衡。

轻敲模式成像的一个重要附属结果就是可以获取相位图。在相位成像中,我们可以测量驱动振荡和悬臂梁响应之间的相位滞后。延迟的程度可以反映针尖与样品在相互作用中能量耗散的大小：若接触是弹性的，则消耗的能量小，相位滞后变小；若样品变得更粘并且能量耗散增加，则相位滞后增加。对于机械性能各项异性的材料而言，相位成像就可以为表征结构提供有利的工具。例如，图 9-26 显示了聚酯薄膜样品的轻敲模式图像和相应的相位图像。所测量的样品是双轴取向的聚合物膜，其表面已通过掺入硅酸盐添加剂而改性。轻敲模式的成像给出了高分辨率的表面拓扑形貌图，而相位图则提供了在形貌图中更多不明显的细节。这些观察到的细小特征被认为是一些纳米结晶的结构[74]。与硅酸盐添加剂一样，这些结晶区域比间隔的聚合物材料在力学上更硬，因此相位图显示为较亮的对比度，即较小的相位滞后。相比之下，无定形的聚合物体材料变现得更为黏稠，相位图呈现为较暗的对比度。

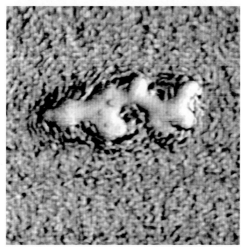

图 9-26　独立的双轴取向聚对苯二甲酸乙二醇酯薄膜材料的 Mylar D 相位图

注：1500 nm×1500 nm（左）和 750 nm×750 nm（右）。

(6)非接触模式和原子分辨率。最初人们希望 AFM 也可以获得和 STM 一样高空间分辨率的图像数据，而且在早期也确实取得了一些成果，比如接触模式的 HOPG 图像与已报道的 STM 图像很相似。然而，这些图像的真正来源很快就被笼罩在怀疑之中。针对在针尖与样品接触的顶点处的单个原子的一系列图像，问题随之而来：在接触模式下，通常会施加几纳牛的力，此时针尖的压力足以显著地破坏样品的表面（假设针尖材料足够坚固以承受施加力）。实际上，当接触面积通常较大，施加数十纳牛的压力时，其直径可以达几纳米（并且施加力越大，直径也越大）。

若发生多原子接触，则在这些"原子分辨率"图像中对比度形成的机制是什么？值得注意的是，原子缺陷显而易见，而早期的高分辨图像却观察不到它们。于是科学家开始猜测这些图像产生的真正原因。例如，在 HOPG 例子中，石墨薄片脱落并在针尖下方的样品表面上发生滑移，从而产生反映石墨表面周期性结构的干涉效应。在一段时间里，人们甚至怀疑 AFM 是否可以获得真正的原子分辨率。直到 1993 年，Ohnesorge 和 Binnig 使用非接触模式获得了原子分辨的无机晶体图像[75]，包括原子缺陷，这些质疑才消除。他们的工作中用到的最大吸引力只有 -4.5×10^{-11} N。

这些发现令人印象深刻，随后人们也做了很多工作来进一步开发非接触模式的成像功能。首先，显微镜的制动机制至关重要。其次要明确的是，由于悬臂梁的不稳定性以及探针与样品间形成强化学键后形成的电势，都会造成实验的复杂性，因此使用某种探针调制的方式才是发挥这项技术潜力的关键。第一种方法是采用振幅调制，这与轻敲模式相似并且驱动频率是固定的。当针尖接近表面时，测量共振振幅的变化，并将其用作反馈信号。这种模式与轻敲模式成像的主要区别在于，针尖在轻敲模式下非常接近表面，而且发生了更多的力学相互作用。然而，更广泛的方法是频率调制方法[76]，这种方法可以获得非常高的分辨率。该技术能够最有效地应用于界限清晰的表面（晶体和生长在界限清晰衬底上的高取向薄膜），并充分发挥其优势来获得非常高的空间分辨。频率调制的 AFM 获得了第一张 Si(111)的 7×7 重构 AFM 原子分辨率图像[77]，在十几年里，其应用稳步增长，近期的文献也对这项技术的应用进行了概述[78]。

非接触模式成像功能能够获得电子结构和表面键合情况的高灵敏度力学谱数据。通过控制探针的振荡，可使其足够接近表面来参与化学键形成的初始阶段，甚至可以短时地参与化学键形成的过程。化学键的形成会导致频率变化，从而可以作为位置的函数进行成像来反映特定表面状态分布的信息。还可以在超高真空条件下，通过控制条件来制备具有特定电子结构的针尖，使其能够与样品表面产生特异性的相互作用。例如，假设有一根带有悬挂键的 Si 探针，可以在其尖端顶点处修饰一个原子。当探针上的原子与 Si 晶体表面由于悬挂键存在而形成的吸附原子相互作用时，形成了共价键。成键轨道和反键轨道都形成了，并且成键轨道的能量比悬挂键的能量低，相差值为 ΔE，而反键轨道的能量就会相应地增加相等的量。因为两个电子进入结合状态，所以悬挂键电子的总能量将减小，并存在相应的相互作用力。

　　虽然非接触模式 AFM 的空间分辨率及其对化学状态的敏感性非常突出，但针尖与样品相互作用的物理学过程仍然非常复杂。因此，尽管它具有巨大的潜力，但与上述其他模式相比，其使用范围仍然不广。

9.3.2　化学力显微镜

　　对 AFM 针尖进行功能化修饰已经成为一种获得具有化学(或分子)特异性和纳米尺度空间分辨率探针的手段。研究人员开发了一系列不同的方法，包括将液滴附着到针尖上[79-81]以及在针尖上修饰各种分子来探测特定的相互作用[82-83]。对于分子材料之间的纳米尺度摩擦和黏附性的研究，最引人注目的方法是在针尖上吸附单层的功能化有机分子。Nakagawa 等首先证明了这一方法的可行性[84-85]。它们将单层烷基硅烷吸附到氮化硅悬臂梁上，并测量了修饰后的针尖与甲基末端以及 Si 表面具有不同烷基链长度的全氟化烷基硅烷之间的黏附力。他们发现，对于裸露的氮化硅尖端，黏附力几乎可以忽略不计，但修饰后的针尖其黏附力较大，并且随着吸附到硅衬底的分子烷基链长度的增加而增加。究其原因，可能是附着在针尖上的烷基链与衬底之间产生了非共价相互作用。Ito 等人证明可以通过吸附烯基三氯硅烷来实现更大面积的针尖修饰，并且可以转化为极性的官能团[86]。

　　Lieber 及其合作者报道了一种新方法化学力显微镜(chemical force microscope，CFM)。他们在氮化硅悬臂梁上蒸镀一层金，并将其浸入链烷醇的乙醇稀释液中，使针尖表面上形成了自组装单分子层[87-88]。虽然这种方法舍弃了 Nakagawa 等人对悬臂梁最小化修饰所带来的优势，但由于硅烷可以直接连接到氮化硅针尖，而烷基硫醇的吸附需要先沉积金层，因此在改善烷硫醇单分子层(SAM)性质方面确实相得益彰。基于对分子间作用力的一个简化考量，在乙醇中进行的用力－距测量来确定黏滞力的实验按照 COOH—COOH＞ CH₃—CH₃＞ CH₃—COOH 的顺序进行。换句话说，相似官能团之间的相互作用比非相似的官能团之间的相互作用更强，极性相互作用比色散相互作用强。Frisbie 等提出了使用不同官能团修饰的针尖来获得的图案化 SAM 的摩擦力显微镜图像[87](见 9.3.4 节)。在对羧酸和甲基末端组成的图案进行成像时，从羧酸修饰的针尖切换到甲基末端修饰的针尖，对比度发生反转。当使用羧酸修饰的针尖时，羧酸根末端区域比甲基末端区域的对比度更亮(较高的摩擦力)；当使用甲基修饰的针尖时，情况正好相反。这说明，相似基团配对时比非相似官能团配对时所产生的黏滞力要大。随后 Noy 等人尝试对这些数据进行定量分析[88]。

　　AFM 也可以对浸入液体中的样品进行测量，并获得高的空间分辨率，从而实现对液－固界面相互作用的研究。比如，Van der Vegte 和 Hadziioannou 测量了一系列针尖与样品形成官能团配对后的黏滞力[89]。在低 pH 下，由于官能团大多处于未解离的状态，因此酸根－酸根的相互作用力很大。随着 pH 的增加，羧酸根阴离子发生解离，并且由于基团间的排斥作用，黏滞力急剧下降。氨基的情况相反，氨基主要在低 pH 下带正电荷(形成排斥相互作用)，而在高 pH 下不带电荷。羟基之间的相互作用不受 pH 影响。Vezenov 等人测量了黏滞力与 pH 间的函数关系[90]。与 Van der Vegte 和 Hadziioannou 一样，他们发现酸性基团之间的相互作用力在低 pH 下很大，而氨基之间的相互作用力在高 pH 下较大。这两个研究组都使用"强力滴定"来确定羧酸末端 SAM 的 pK_a。Van der Vegte 和 Hadziioannou 获得的 pK_a 为 4.8，而 Vezenov 等人获得的值为 5.5。这两者都非常接近通常报道的含水有机酸的值。Vezenov 等人还记录了摩擦力与在不同 pH 下施加外力的函数关系。他们发现在 pH 小于 5.5 时，测量得到的摩擦系数值明显大于在较高 pH 下测量得到的摩擦系数值，这与它们对特定分子间相互作用的黏滞力数据的解释一致。

液体介质不仅仅只是对酸碱、电荷－电荷之间的相互作用产生影响。Sinniah 等人测量了水、乙醇和十六烷中一系列烷硫醇体系的黏滞力[91]，并观察到在不同液体中获得的黏滞力存在明显的差异，而且他们在乙醇下进行的实验数据与其他研究人员报告的数据不同[93]。Feldman 等人则对一系列聚合物表面进行了力的测量，结果表明液体介质对结果有很大的影响[92]。除此之外，液相环境下的影响因素还包括液体介质的介电常数以及静电双层结构的形成(在水中特别重要)。Clear 和 Nealey 研究了液体介质的影响[93]。对于甲基修饰的针尖和甲基末端单分子层之间的相互作用，他们测量了水中最大的黏滞力，黏滞力按照水＞1，3－丙二醇＞1，2－丙二醇＞乙醇、十六烷的顺序依次下降。相比之下，对于羧酸修饰的针尖和烯烃末端三氯硅烷(即极性)的氧化单分子层之间的相互作用，它们观察到水中的黏滞力最弱，而十六烷中的黏滞力最大。此外，在十六烷中，甲基－甲基相互作用弱于酸氧化的硅烷相互作用，而在水中，这种关系正好相反。然而，摩擦测试的数据差异不太明显。对于所有样品/液体组合，摩擦力和施加力的关系图看起来是线性的，但是在十六烷中测量的摩擦系数大于在水中时测量的摩擦系数，在十六烷中甲基/甲基与酸/氧化单分子层间的接触差异较小，极性或者极性接触会导致在所有液体介质中测量到最大的摩擦系数。

现在有越来越多的关于化学力显微镜的文献，篇幅有限，我们在这里就不进行全面的概述。有兴趣的读者参考了两篇更多详细分析的评论[94-95]。

9.3.3　摩擦力显微镜

普通商用 SFM 仪器都采用四象限光电检测器，在每个象限上可以测量从悬臂梁背面反射的光强度，由此可以直观地测量出样品表面平面上的侧向力。在常规恒力模式中，通过测量落在光电检测器顶部和底部的两个信号之间的差异，来监测垂直于样品表面的力。同时，也可以测量落在检测器的左半部和右半部的信号之间的差异，从而监测平行于样品表面的针尖上的力。该侧向力是对针尖和表面之间的摩擦相互作用的一个量度。必须要注意的是，侧向力通常是样品形貌测量以及摩擦力测量的一个部分[96]。可以通过比较向前和向后方向的侧向力图来获得形貌的信息[97]，也可以将向前和向后的图像相减来计算摩擦力，并且得到的图像就是表面摩擦力的空间分布图（图9-27）。这种方法被称为侧向力显微镜（lateral force microscope，LFM），也称为摩擦力显微镜（friction force microscope，FFM）。

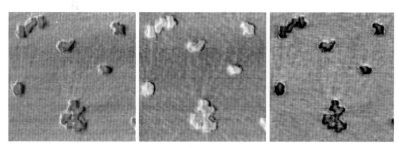

图9-27　Mylar D 的向前(左)和向后(中)FFM 图像以及减法图像(前进-反向)(右)

出乎意料的是，通过 FFM 测量表面摩擦力在对纳米尺度表面分析方面非常有用。事实上在许多方面，FFM 是迄今为止唯一可以对亚 100 nm 尺度的化学成分变化实现敏感测量而被广泛使用的工具。虽然采用近场光学显微镜的方法对局部拉曼信号进行测量可以获取纳米级的表面光谱数据，但事实证明，实践起来非常困难，并且开发这项技术的程度也很有限。相比之下，FFM 可以在任何商业 AFM 仪器上实现。

图9-28 展示了 FFM 对不同表面官能团分布进行成像的功能。图中所成像的是图案化的自组装单分子层，该单分子层由较窄羧酸端连顶戴原子所组成，这些原子被较宽的甲基端连顶戴原子分隔开。极性区的对比度明显比非极性区的对比度更亮，原因是针尖和样品之间界面处的分子间作用力存在差异。探针(此处使用商用氮化硅探针)的外表面由极性的二氧化硅薄层组成，因此在针尖和表面的羧酸官能化区域之间存在相对较强的吸引力，而甲基区域的相互作用就弱得多了。由此，当针尖滑过样品的这些区域时，针尖会更牢固地黏附到羧酸的区域上，导致这些地方形成较高的能量耗散速率，从而产生较大的摩擦力。

FFM 并不仅仅只用来进行定性分析。通过分析摩擦力和施加力之间的关系，可以对针尖与样品之间的摩擦相互作用强度进行定量分析。为了做到这一点，就必须要选择合适的接触力学模型。在针尖黏附力强的情况下，JKR 模型较为合适(见 9.3.1节)。根据 Tabor 的研究工作，两个滑动表面之间的摩擦力 F_F 应与接触面积成比例，即从 JKR 分析得出：

$$F_F \propto \pi \left(\frac{R}{K}\right)^{\frac{2}{3}} \left[F_N + 3\pi\gamma R + \sqrt{6\pi\gamma R F_N + (3\pi\gamma R)^2}\right]^{\frac{2}{3}} \quad (式9-22)$$

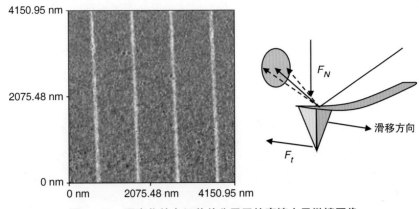

图 9 - 28 图案化的自组装单分子层的摩擦力显微镜图像

JKR 模型已经广泛应用于无机体系的 FFM 测量，但对于分子材料使用得较少。对于有机单分子层和聚合物，Amontons 定律使用较为广泛。根据 Amontons 定律，摩擦力与垂直于表面施加力 F_N 的成比例，比例常数是摩擦系数 μ：

$$F_F = \mu F_N \qquad\qquad (式 9 - 23)$$

由于与施加力呈函数关系，因此摩擦力的曲线应该进行直线拟合，其斜率为 μ，且曲线过原点。而事实上，在许多情况下，尽管获得的摩擦力 – 施加力的关系呈线性，但拟合的直线不会通过原点，这归因于针尖和样品之间黏滞力的影响。因此，Deraguin 首先提出了一个修正等式：

$$F_F = F_0 + \mu F_N \qquad\qquad (式 9 - 24)$$

这里的 F_0 是没有施加外力时的摩擦力值。

与 FFM 相关的接触力学有许多方面还一直令人费解。Amontons 定律通常被视为宏观定律。争议之处在于，在微观尺度上材料通常是粗糙的，它们由一系列的"山峰"或者"凹凸"组成。当两个宏观表面相对滑动时，这些微小的凹凸互相摩擦并变形，产生摩擦力。随着施加力的增加，凹凸变形，接触面积增大，摩擦力增大。显然，AFM 针尖在许多模型里是理想化的单一凸起。FFM 的数据应该遵守 Amontons 定律，在实际情况下更多只是采用单一凹凸的方法来进行建模，如赫兹模型或者 JKR 理论。

后来，这个研究领域有了新的进展。Gao 等人做了非常重要的贡献[98]，他们从纳米尺度到宏观尺度对摩擦力进行了系统的研究。他们研究了摩擦力与接触面积之间的关系。通常，我们认为摩擦力与接触面积成正比，但他们认为接触面积实际上不是基本物理量；接触面积实际上反映了界面处分子间相互作用的密度，但实际上是界面处的所有分子相互作用的总和决定了摩擦相互作用的强度。他们的研究证据表明，JKR 模型可能适用于滑动是由黏滞力控制的情况，而 Amontons 定律则适用于发生非黏滞滑动的情况。他们还报道了在初始黏滞滑动由于表面损坏之后，JKR 型行为向线性摩擦力 – 施加力关系行为的转变。作者所在实验室的数据支持了这一假设[99]。在全氟萘烷(介电常数非常小的介质，能产生强的针尖 – 样品黏滞性)中对聚合物

PET(对苯二甲酸乙二醇酯)进行测量,其行为表现与 JKR 模型预测的一致。相比之下,在乙醇(一种高介电常数的介质)中的测量,其行为表现就和 Amontons 定律或 Deraguin 的线性摩擦力-施加力关系一致。乙醇是被广泛使用的分子材料 FFM 实验介质,这也就解释了为什么大多数文献报道的是线性摩擦力-施加力行为。

摩擦系数是一个直观并含义明确的物理量,通过摩擦力-施加力曲线图的线性回归分析,可以直接获得摩擦系数的值。因此,对摩擦系数进行成像,是一种能够量化表面化学组成的简单而又有强大方法,这种方法有望成为纳米级的表面分析工具。图 9-29 显示了两个单分子层体系的摩擦力-施加力的数据,即金上形成的羟基和甲基端连的自组装单分子层,该实验使用了包裹有金膜并用羧酸根端连硫醇进行修饰的探针。谱图的纵坐标是与摩擦力大小成比例的光电探测器信号。由此可见,摩擦力-施加力谱图的梯度在每种情况下都是线性的,并且极性末端基团的顶戴原子(对于该原子而言摩擦系数较大)所对应的梯度明显更陡峭。

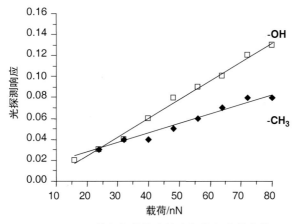

图 9-29 甲基和羟基的摩擦力与施加力的曲线

许多研究人员通过这些分析方法研究了各类体系,尤其是单分子层体系(通常在金自组装烷基链烷醇单分子层)。由于篇幅有限我们不能做全面地综述,读者可以在其他地方找到更详细的研究方法。这里我们简要介绍几个例子。

如前所述,摩擦系数随着自组装单分子层中末端基团(吸附物最上端的基团)的性质而变化[100-110],这就说明 FFM 的结果可以直接对表面成分进行对比。例如,在羟基吸附和甲基末端的吸附物形成的混合 SAMs 中,摩擦系数与表面成分呈线性变化。许多文献报道了关于使用 FFM 来探测分子组织[111-115]和机械性能[116-118]的研究。SAMs 在滑移相互作用时出现变形,其敏感性会随着被吸附物分子长度的变化而变化:短链吸附物会发生相对位移(就像液体一样),但是当相邻甲基基团间的多重色散作用开始变得明显时,间扭式缺陷的密度会随着链长的增加而逐渐降低。因此,摩擦系数会随着吸附物烷基链的长度增加而降低。摩擦力的测量还可以在液体环境下,包括含水介质中进行。一些研究人员利用 FFM 研究了 SAM 的酸碱特性[90,119]。

总之,在本节里我们将详细说明如何使用 FFM 进行纳米级表面分析。当在氧气存在的条件下用 UV 灯对样品进行辐照时，单烷基硫醇被氧化产生烷基磺酸盐：

$$Au - S(CH_2)_n X + 3/2O_2 + e^- \longrightarrow Au + X(CH_2)_n SO_3^-$$

虽然烷基硫醇盐可以牢固地吸附在金表面上，但是烷基磺酸盐氧化产物的吸附力较弱。如果羧酸端连的 SAM 被紫外光辐照，再浸入甲基端连的硫醇溶液中，那么任何氧化的吸附物都将被液相的硫醇置换，从而形成了表面自由能降低的 SAM。图 9−30(a) 显示了以曝光时间为函数的水的前进接触角的变化曲线。可以看出，约 2 min 后接触角从初始低值增加到极限值。随着表面能量的减小，SAM 的摩擦系数应该有相应的变化。图 9−30(b) 显示了摩擦系数的变化(与之前测到的羧酸端连单分子层的系数进行了归一化)与接触角的变化非常接近。显而易见，与宏观接触角测量或实际意义上的传统表面谱图技术相比，摩擦力测量能够获得几纳米的空间分辨率。

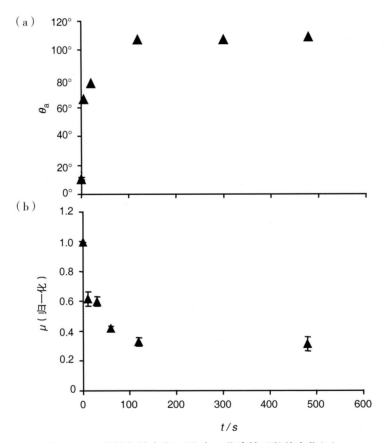

图 9−30　接触角的变化(a)和归一化摩擦系数的变化(b)

为了说明这一点，图 9−31(a) 展示了通过掩模法在 UV 光辐照下单分子层而形成的图案化样品。在光纤 UV 光辐照的区域内，吸附物被氧化成烷基磺酸盐，并且在样品浸入含甲基的吸附物的溶液中时被置换。我们可以在图像上画一条线，这条线上曝光区域与掩模区域的摩擦信号和相对应的摩擦系数之间的比例关系，可以由以下公式表示：

$$\frac{\mu_t}{\mu_{COOH}} = \frac{F_t}{F_{COOH}} \tag{式 9 - 25}$$

图 9 - 31(b)显示了曝光区域与掩模区域摩擦系数的相对值(即曝光区域的摩擦系数相对于未曝光区域摩擦系数进行归一化)。很明显，与图 9 - 30 所示数据相吻合。为了强调这一点，当使用两组摩擦数据对氧化反应的动力学进行分析时，分别获得了 $0.78\ s^{-1}$ 和 $0.69\ s^{-1}$ 的速率常数[120]。这些值不仅通过不同的方法得出，而且是在不同的显微镜上获得的两组数据。鉴于此，可以得出结论，FFM 是一种可以实现高空间分辨率，并且是定量表征样品表面成分数据的可靠分析手段。

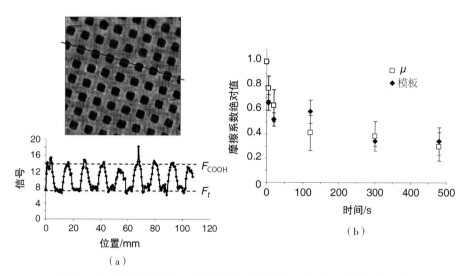

图 9 - 31　(a)直线区域的 FFM 图和信号分布；(b)归一化的摩擦系数

9.3.4　AFM 在生物科学中的应用

AFM 在生物学领域上的应用取得了巨大的成就。在实验条件最佳的情况下，使用 AFM 可以获得预期的空间分辨率。然而，在接触模式中，针尖施加在样品上的力在分子尺度上是非常大的。此外，当针尖滑过样品表面时，存在着明显的摩擦作用。测量过程中所涉及的力都大到足以替换样品表面的生物分子。科学家探索出了多种方法来解决这些问题，包括使用共价耦联的方式来固定生物分子，或者使样品结晶形成周期性阵列，依靠密集分子组装中的内聚力来抵消针尖对样品表面的破坏。虽然不是所有的生物分子都可以结晶，但是这种方法确实取得了一些显著的成效。Engel 和他的合作者在多年研究膜蛋白的基础上，获得了一些关于分子结构的惊人见解[121]。在细菌表层，或称为 S 层(构成细胞壁最外层的蛋白质)的研究中，在空间分辨率优于 1 nm 的条件下，他们研究了酶消化法对表层结构的影响[122]。S 层平铺在云母衬底上，形成了双层或多层结构。当在力较低(100 pN)的情况下对其进行成像时，最上层呈现三角形结构；当力较高（600 pN）时，在成像过程中，S 层的最顶层会被剥离掉，并显出六聚体的花状形态。在 S 层进行了酶消化作用后，就会以单分子层的形式出现。在另一项研究中[123]，对几种膜蛋白进行 AFM 成像的分辨率都优于 0.7 nm，更重要的是，在这些研究中，AFM 的原始数据就可以清楚地显示出单个蛋白质分子的亚结构细节。相比之下，哪怕是分辨率最佳的电子显微照片，通常给出的也只是大量分子的平均数据，而 AFM 数据能够观察到晶体缺陷或结构中的分子对分子的变异性。尽管如此，AFM 图像的计算分析仍然是有必要的，这就涉及图像的平均以及更复杂的分析。

Fotadis 等人研究了紫罗兰红细菌光合作用中的一个部位[124]，该部位由包含了反应中心（reactiue center，RC）在内的一些环状结构（光收集复合物，light-harvesting complex，LH1）组成，其中 RC 可以从 LH1 接收能量。研究人员将这个复合物的二维晶体沉积在云母上，并用接触模式对其成像，获得了明暗交替的条纹图像（图 9-32），对应于 RC-LH1 复合物的两个不同取向。在复合物的细胞质一侧，反应中心突出，对应于对比度明亮的部分，而在周质一侧，复合物中心对应于对比度暗的区域。在 LH1 复合物呈现不同形貌的区域，我们还观察到了少量的晶体缺陷，这在电子显微镜中是看不到的。在某些情况下，即使施加的力很小，也可能因为针尖穿过晶体时发生剥离作用，导致我们观察不到反应中心。实验发现，成像时所施加的力为 200～300 pN，可以获得最佳分辨率。图像还显示了在复合物的周质侧出现的"X"形结构。

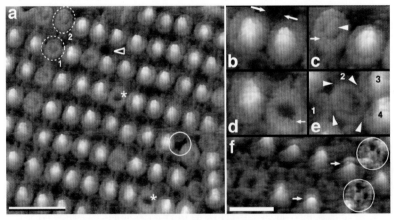

图 9-32　RC-LH1 复合物二维晶体的高分辨 AFM 图像

最近的研究表明，轻敲模式可以用来对吸附在固体表面上的蛋白质进行成像。与 Engel 及其合作者所获得的漂亮的蛋白质晶体图像相反，轻敲模式得到的数据通常不太好处理，但确实获得了单个分子的数据。Marchant 及其合作者就对 von Wille-brand 因子（VWF）进行了成像。VWF 是一种多聚体蛋白，在血液中可以迅速黏附到生物材料的表面[125]。蛋白质与表面的相互作用在调节血栓的形成中扮演着重要的角色，这是生物材料与血液接触时非常重要的现象，因为它可能会导致假肢器官失效。在他们的研究中，Marchant 及其合作者比较了 VWF 吸附到十八烷基三氯硅烷（octadecyl trichlorosilane，OTS)疏水单分子层(玻璃衬底)上和吸附到亲水云母上的区别。在 OTS 单分子层上，VWF 呈螺旋构象，而在云母上，VWF 则呈现出多肽链以更大尺度的端点接端点的方式延伸的构象。

纤连蛋白(fibronectin，FN)是另一种在人工生物材料开发中相当重要的蛋白质。FN 在细胞附着中起重要作用，它能够被细胞膜中的整合素受体(蛋白受体)所识别，从而调节细胞附着的机制。FN 是由二硫键连接的两条多肽链组成的二聚体蛋白质，其特定的分子段，包含三肽序列精氨酸－甘氨酸－天冬氨酸(RGD)，可以被整合素受体(蛋白受体)所识别。FN 会发生表面特异性的构象变化，当分子吸附在固体表面时，这些构象变化会导致细胞与这些分子键合的取向存在差异。对吸附蛋白质的构象表征是非常具有挑战性的。许多技术，如红外光谱，只能给出有限的信息。Lin 等人使用轻敲模式 AFM 对吸附在云母表面上的 FN 进行了成像[126]，并观察单个 FN 分子。FN 分子与肝素修饰的金纳米颗粒结合，而这些纳米颗粒在图像上显示为沿着FN 多肽链部分位置的明亮区域，即对应于颗粒与分子结合的位点位置。根据 AFM 图像数据可以知道，存在两个结合位点，Hep Ⅰ和 Hep Ⅱ，这也是早期用生物化学方法鉴定过的。基于图像观察的结果，我们认为这两个位点在结合亲和力上的差异会导致修饰过的纳米颗粒与 Hep Ⅰ结合的数量是与 Hep Ⅱ结合数量的两倍。

尽管文献报道令人振奋，但不可忽视的是，对于生物分子结构的研究，电子显微镜仍然是一个非常强大的技术。电子显微镜已经开发出一套强大的样品制备和分析方法，并且对于许多系统来说，AFM 的使用是否可以匹配仍然存疑，更不用说改进后的电子显微镜能够提供更高的分辨率。因此，选择适当的方法来解决手头的问题才是重中之重。AFM 的优势在于分析固定材料，例如 Engel 及其合作者成功地解决了二维晶体的问题，他们的工作对单分子进行了 AFM 成像，这就消除了电子显微镜对数据进行平均的要求，并且还分析了困难基底(例如聚合物)上的生物分子，而这对于电子显微镜来说是非常困难的。

与电子显微镜相比，AFM 的另一个特点是可以在生物环境中进行成像，并且是实时的。Drake 等人的工作就是一个早期研究的例子。他们使用 AFM 对生理缓冲液中的凝血酶诱导的纤维蛋白聚合进行实时成像[127]。尽管分辨率很差，但随着反应的进行，可以观察到单个分子形成链的过程。Haberle 等人则在细胞正常生长的条件下，使用 AFM 探测了猴肾细胞感染痘病毒的行为[128]。在细胞感染后，他们立即进行了观察，并发现了细胞膜的初始状态和短暂的软化状态。随后，一些突起物从细胞膜外生长，然后再次消失。最终，约 20 h 后，观察到了一种不同的现象，即子代病毒的胞吐作用。胞吐作用持续时间超过 7 min，AFM 图像记录下了整个过程，如图9－33 所示。在图 9－33 中，我们看到一个异常长的手指状结构，在其末端出现了一个突起物，约 3 min 后该突起物再次消失。综合以下几点：突起物的尺寸，现象持续的时间以及电镜数据的对比，可以确定这个过程就是病毒的胞吐作用。

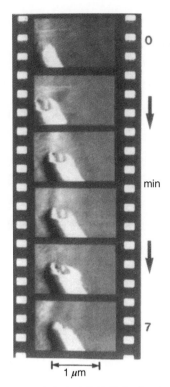

图 9 - 33　病毒胞吐作用的实时 AFM 图像

　　AFM 还可以对生物过程和相互作用所涉及的力进行定量分析。早期的工作具有里程碑式的意义，如 Lee 等人将生物素化白蛋白吸附到玻璃微球上，并测量了当微球靠近和远离链霉抗生物素蛋白修饰的云母表面时的力的变化[129]。生物素和链霉亲和素表现出非常强的分子识别相互作用。在类似的研究中，Florin 等用到了生物素化的琼脂糖珠和链霉抗生物素蛋白包裹的针尖[130]，测量了脱附力，并研究了相互作用力和熵之间的关系[131]。Lee 等人研究了互补链 DNA 之间的识别力，在这一研究中，DNA 则通过在 3′ 位点和 5′ 位点进行硫醇化，吸附在附着于 Si 探针和平面表面上的烷基硅烷单分子层上[132]。Boland 和 Ratner 通过将碱基连接到针尖和表面，实现了对单个碱基对相互作用的测量[133]。这一方法还被 Lioubashevski 等人用来开发碱基传感器[134]。将半胱氨酸修饰的肽核酸（peptide nucleic acids，PNAs）附着到金包裹的 AFM 针尖上，然后探测与 PNAs 或 RNA 杂化前后，针尖与烷硫醇单分子层的相互作用力。由于杂化核酸不能与探针相结合，因此杂化过程会降低脱附力。增加相互作用面积可以提高识别力的大小。Mazzola 等人用改性后胶乳微粒对 DNA 进行修饰，这就可以用作探测固定的寡核苷酸阵列的探针[135]。这些事例表明基于 AFM 高度敏感的识别测量技术具有潜在的应用。

　　通过力学谱测定生物分子相互作用的现象是非常复杂的。例如，蛋白质去折叠研究存在着重大的理论问题，而力学谱的应用虽然非常有用，但在技术上也非常具有挑战性。它的优势在于，能够解决在较简单系统中被忽略的问题。一个重要的实例就是与速率呈相关性的现象[136-137]。Evans 及其合作者的研究说明，对于去折叠过程，施加外力于蛋白质上，能有效地倾斜"能量图景"，从而降低了去折叠过程中的活化能。研究人员也发现，在去折叠过程的研究中，卸载外力的速率也是研究的重要一环。这些结论都有助于对一系列现象展开定量的研究[138-140]。

AFM 促进了人们对生物相互作用的理解，现在已经成为公认的生物物理的研究工具。

9.4　扫描近场光学显微镜

9.4.1　近场显微镜光纤

表面分析技术主要围绕如何获取有关表面组成和化学结构信息展开。"理想的"纳米级表面分析工具可以提供分辨率为几十纳米的谱学信息。扫描近场光学显微镜（scanning near-field opical microscope，SNOM），也称为近场扫描光学显微镜（near-field scanning opical microscope，NSOM），是 SPM 系列的一员，可以提供化学家最熟悉的真正意义上的光谱信息，尤其是它可以提供具有 20 nm 空间分辨率的拉曼光谱数据。

SNOM 是一种材料光学表征的工具，其设计理念是利用近场激发来突破所谓的衍射极限。常规光学方法的分辨率 r 由瑞利方程决定：

$$r = \frac{0.61\lambda}{n_r \sin \alpha} \qquad （式9-26）$$

其中，λ 是波长，$n_r \sin \alpha$ 是数值孔径。当光通过小孔径（或透镜）传播时，会发生衍射，形成艾里斑。瑞利方程定义了两个艾里斑可以分辨的最小间隔，通常近似为 $\lambda/2$。因此在可见光下，通常认为光学显微镜的最佳分辨率不超过 200 nm。然而，显微镜的分辨率还与表面传播的消逝波有关。消逝波（即近场波）不会被衍射，但它会快速衰减，因此在正常条件下，我们无法干扰近场波。没有衍射效应意味着在原理上近场有望提供无限制的分辨率。1928 年，Synge 首先开发了这种现象的可能性[141]。他提出了一种非常简洁的方法来实现近场成像：含有纳米孔径的屏幕放置于样品的上方，屏幕和样品保持近的距离，使样品可以与光学近场相互作用。在这种情况下他提出，光学的表征也可以获得比瑞利极限更好的分辨率（图 9-34）。

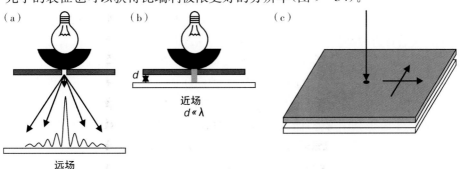

图 9-34　近场光学显微镜简单示意

　　这一概念实施的最大困难是，即使在洁净室中也不可能避免地在屏幕和样品之间存在少量的灰尘颗粒，如此样品便置于光学近场之外了。因此，Synge 的提案在架上搁置了近六十年，直到 SPM 技术的诞生，SNOM 才开始得以发展。通常，SNOM 采用光纤探针作为光源(商用仪器上也会用具有含孔中空针尖的悬臂梁探针和弯曲的光纤)，这就解决了 Synge 设备遇到的问题：小孔位于探头末端针尖的尖端处。这就意味着扫过样品表面的"屏幕"的有效面积确实非常小，并且在近场内可以随时保持样品不变。在最常见的 SNOM 技术(图 9-35)中，探针连接在一个振动的叉子(类似于音乐家所熟知的音叉，但小得多)上，这个叉子会被电信号激发振荡[142]。当探针与样品相互作用时，剪切力的作用使振动衰减(因此该方法通常称为剪切力调制)，该衰减可被检测并用作控制反馈系统的信号，这样为了保持叉子在某个预设频率或设定值上振荡，样品就会被升高或降低。利用剪切力进行成像通常会在样品上施加较大压力，在某些情况下可能会造成损坏，但是如果探针的针尖足够尖锐(通常是这种情况)，那就可以获得基于剪切力调制惊人的高分辨率的拓扑形貌图。

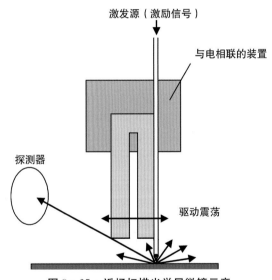

图 9-35　近场扫描光学显微镜示意

　　探针可以通过将光纤锐化成点来制备(通常使用化学蚀刻法[143-144])，或者通过在拉动光纤的同时用激光加热纤维，使光纤最终断裂产生尖锐的针尖[145-146])。影响探针质量的因素有很多，例如，拉动法制备探针通常比较尖锐，但蚀刻的探针具有较大的锥角，从而具有较高的透射率，以及在探针末端包裹金属涂层后具有较少的热耗散能。针尖可以用不透明材料进行包裹，通常使用铝，也有使用其他金属，例如金。材料的光学性质尤其重要：涂层必须足够厚，以防止电场通过探针发生横向穿透；但同时又不能太厚，否则难以在顶点形成小孔。小孔的制备方法比较多，最简单的是通过探针与表面碰撞形成孔洞，而可控性更好的方法，是使用聚焦离子束(focus ion beam，FIB)在金属涂层上钻孔。

　　收集信号的方式也有很多种。可以照射样品后通过光纤收集信号，或者更常见的方式是，激发光(从匹配的激光光源发出)通过光纤传输，光信号以透射模式(通过物镜置于探针正下方)或反射模式进行收集。例如，在反射模式下使用灵敏的光电检测器收集荧光，由于荧光向各个方向发射，而检测器的位置固定，因此检测器的灵敏度必须非常高。基于雪崩光电二极管的单光子计数系统就是一种相对便宜，又能够完成检测的切实可行的方案。

通过 SNOM 可以获得具有次衍射极限分辨率的荧光图像。毫无疑问，生物体系就成为这方面研究关注的焦点。例如，Dunn 等人测量光合膜中单个光收集复合物的荧光寿命[147]。能否在溶液环境下操作，对生物体系来说也很重要[148]。研究人员展示了液－液界面研究的可行性[149]，揭示了进行体外测量的可能性。对嵌入聚合物基质中的染料分子的表征也吸引了科学家的兴趣，例如胶乳颗粒[150]，通过 SNOM 探针的光可以选择性地辐照乳胶颗粒，并比较乳胶颗粒曝光前后的图像，从而研究单个胶乳颗粒的漂白现象。单分子荧光也可以使用 SNOM[151]进行测量。

振动光谱是表征表面结合特性的有力工具。虽然与中红外光激发相匹配的光纤材料不易获得，但是拉曼光谱法的应用却取得了显著的成效。例如，Batchelder 及其合作者将 SNOM 与商用拉曼光谱仪相结合，尽管散射截面较小，但仍能够在硅中进行亚微米级的应力测量[152-153]。如果采用表面增强技术(surface enhance raman spectroscopy，SERS)，就可以增加拉曼散射截面。Ziesel 等人将染料分子沉积在银基底上，采集到了约 300 个分子的近场 SERS 光谱，并且成像分辨率达到 100 nm。

尽管 SNOM 应用潜力巨大，但并没有在很大程度上很好地发挥纳米级表征工具的作用。在 SNOM 上得到的数据是令人印象深刻的(见 Dunn 的综述[157])，SNOM 的用户群体也在继续利用这一技术，他们开发了许多巧妙的方法，使 SNOM 在纳米结构光学性能的表征上发挥独特的作用。但是 SNOM 并没有产生如预期般广泛的影响，原因是多方面的。最普遍的一个看法是，SNOM 是一个难于操作的技术。这也许有些主观，但是考虑到其他技术的进步，包括诸如受激发射耗尽显微术(stimulated emission depletion microscopy，行业上都只简写为 STED)等新型光学方法的壮大发展，以及好的共聚焦显微镜也可以达到 200 nm 的分辨率，而 SNOM 的系统难以得到改善，也就不难理解为什么 SNOM 未能被广泛地使用了。

9.4.2　无孔 SNOM

除了基于光学孔径探针的方法之外，还可以通过使用金属针尖作为探针，来激发在无孔情况下的近场现象。近来对这些所谓的无孔 SNOM 技术的兴趣日益增长，寄希望于这项技术可以提供比有孔探针更好的分辨率。技术原理如下：当将纳米尺度的金属针尖保持在靠近表面的位置，并用偏振光进行照射时，针尖下方小范围内与激发光相关的电场会显著的增强[159]。场强增强的幅度可能非常大，在最佳条件下达几个数量级。这种现象被认为是"避雷针效应"。场增强与针尖的散射相关，并且主要由非传播(衰减的)场组成。无孔方法的优点是，与基于有孔探针的技术相比，分辨率增强了，此外，针尖比光纤探针更容易制造。图 9-36 从原理上分析了几种情况下分辨率改善程度的对比。

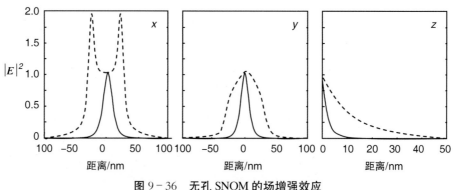

$|E|^2$

图 9-36　无孔 SNOM 的场增强效应

无孔 SNOM 在进行材料的谱图表征方面也很有吸引力。Novotny 及其合作者将无孔拉曼显微镜用于对单根碳纳米管的光谱表征[160]。此外，无孔 SNOM 还可以进行各种更复杂的光学测量。实验证明，银针尖所产生场增强的量级足以激发非线性光学过程。例如，已报道的双光子吸收实验[161]，以及从金属针尖激发出的二次谐波的测量[162]。荧光测量也可以在 SNOM 上进行。例如，通过将受体染料分子附着在针尖和受体的表面上，就可以进行一种局域化的扫描荧光共振能量转移（fluorescence resonant energy transfer，FRET）实验。这些功能令人兴奋，迄今无孔技术的最佳分辨率似乎已经优于有孔 SNOM 的分辨率了。例如，Novotny 及其合作者在碳纳米管的无孔拉曼研究中，获得了 20 nm 的分辨率（图 9-37）。但是我们必须注意的是，无孔 SNOM 技术比有孔技术在测量上更具有挑战性，因此，这项技术仍然有待开发。

9.5　其他扫描探针显微镜技术

由于篇幅有限，我们只能介绍以上 3 种使用最广泛的扫描探针显微镜技术。然而，还有很多其他的扫描探针技术。例如，一些用于测量表面静电相互作用的技术，包括扫描开尔文探针显微镜（以局部方式测量表面电位）和扫描电化学显微镜；还有与热有关的技术，包括扫描热显微镜（对探针差示扫描量热进行分析）和扫描光热显微镜（可以获得振动光谱数据）。篇幅的限制使我们不能对这些方法进行详细的描述，这也反映出对于扫描探针显微镜的基本概念，其可扩展性几乎没有限制，毫无疑问，许多技术还没有被发现。

9.6　基于探针显微镜方法的刻蚀技术

本书只讨论表面分析技术，在这里我们简单地提一下扫描探针仪器，因其可以对材料进行图案化处理。

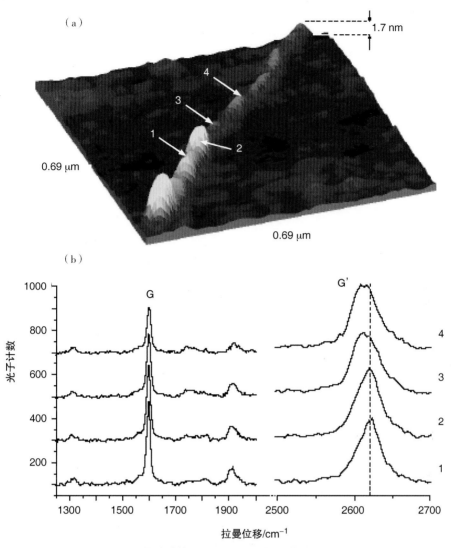

图 9-37 (a)单壁碳管三维形貌和(b)标记点的近场拉曼光谱

9.6.1 STM刻蚀技术

我们在9.2.1节中提到，STM针尖和样品表面之间的相互作用力会很大，大到足以导致样品表面结构发生变化。利用这些相互作用可以对表面进行可控地改性，使得在纳米尺度上对表面结构进行操纵成为可能。然而，除了这些力学的相互作用之外，还有许多更微妙的方式可以通过STM在纳米尺度上对样品进行修饰。

Lyo 和 Avouris 通过场诱导效应（通过对样品施加 + 3 V 的电压脉冲产生）在Si(111)-7×7 重构表面实现了原子操作[163]。他们研究了不同场强和不同针尖与样品的距离对诱导生成结构的影响。实验表明在较低阈值场强下会在表面上诱导生成一些小的隆起结构。当场强较高时，就可以将顶部原子层从样品的小区域内移除。当针尖和样品的距离比较小时，一些小的隆起会被诱导生成，并且在隆起周围形成沟状结构。这些小的隆起结构是可移动的，施加＋3 V 的初始脉冲时就会诱导形成这些隆起结构[图9-38(a)]；继续施加第二个＋3 V 脉冲，就会导致隆起结构被 STM 针尖提起。此时横向移动 STM 探针一小段距离并施加－3 V 的脉冲，就可以将这个隆起结构沉积在样品表面上[图9-38(b)]。对这个过程加以精细操控，就可以对单个原子进行操纵。图9-39(a)显示了 Si(111)-7×7 结构，对 STM 针尖施加＋1 V 脉冲，就可以移除图9-13(b)中的一个硅原子并形成空位。最后，原子被重新沉积在表面上的初始位置[图9-39(c)]。

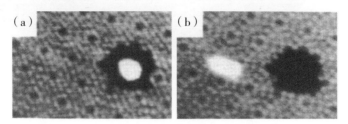

图9-38　STM 针尖诱导隆起生成和操纵单个隆起结构

　　Eigler 和 Schweizer 的工作是操纵物质最极致的例子，他们在超高真空下，利用不同的技术操纵 Ni(110)表面上的氙原子[164]。实验时整个 STM 冷却到 4 K，据其报道，在这个温度下，表面的污染率降低，显微镜的稳定性显著提高，甚至可以一次在一个原子上进行几天的实验。

　　操作过程涉及 STM 针尖挪动原子穿过镍基底的表面。首先针尖扫描样品表面，并直接定位在一个原子的上方。然后，通过增加隧道电流来降低针尖与样品的距离，将针尖降至原子上方。接着将原子拖至其所需的位置，再提起针尖，并对新位置上的原子进行成像。该过程如图9-40所示。图9-40(a)显示搭配了氙原子的镍(110)表面。在图9-40中，氙原子被重排并形成字母"IBM"。

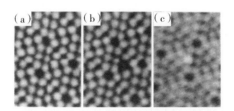

图9-39　STM 操纵单个原子的表面图像

　　Zeppenfeld 等人的工作表明，采用这种滑动的方式来实现原子操纵，并不限于哪怕结合得非常弱的氙原子，还可以应用于 Pt(111)表面上的 CO，甚至 Pt 原子[165]。在 Pt 表面上定位各个 CO 分子可以创造出好几种构型，包括字母"CO"构型，小六角岛状构型和分子拟人构型，其中分子拟人是由 28 个 CO 分子搭建，头到脚的距离为 45 Å(图9-41)。

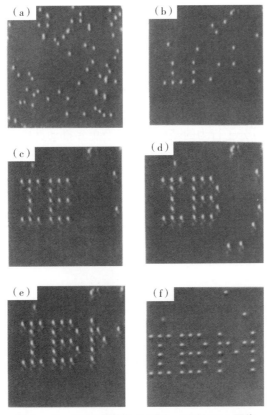

图 9 - 40　STM 操纵多个原子，形成 IBM 图像

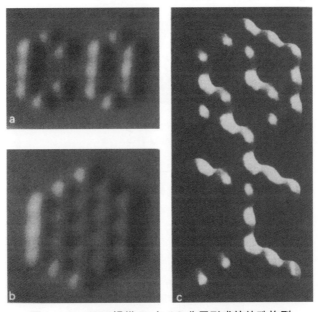

图 9 - 41　STM 操纵 Pt 上 CO 分子形成的特殊构型

9.6.2　AFM 刻蚀技术

　　上述结果很震撼，但要在几开尔文的温度下处理几天时间，因此不太可能会广泛应用。最近的研究工作表明，基于原子力显微镜的方法非常有希望，只在常用设备上就可以直接实现操纵的功能。科学家们在纳米尺度分子结构上的研究兴趣推动了这项技术的开发进步。除电子器件业外，纳米科学中存在许多使用分子自组装纳米结构才能解决的问题，包括对分子行为的基础研究以及更多推动其应用的研究，例如，开发用于生物分析的新型超灵敏系统。这些关注点都促进了各种扫描探针刻蚀技术的发展。使用最广的 3 种技术如图 9-42 所示。如果想详细了解这些技术方法，读者可以查阅 Kramer 等人的综述论文[166]。这里我们简单地描述一下它们的基本原理。

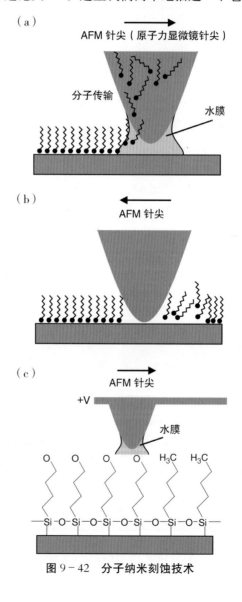

图 9-42　分子纳米刻蚀技术

第一种技术是沾笔纳米刻蚀技术，即 DPN（dip-pen nanolithography）技术［图 9-42(a)］。AFM 探针在吸附分子的溶液中进行"沾墨"之后，用附着了分子的探针在合适的衬底上进行扫描[167-168]。在大气条件下，针尖和表面之间形成液体桥，便于转移探针上的分子。采用 DPN 技术可以制做出许多不同类型的分子图案，并且在优化的条件（使用原子级平整的衬底）下可以获得非常高的空间分辨率（约 15 nm）。影响 DPN 分辨率的因素有很多，包括"墨水"在衬底表面上的润湿性能、环境湿度（影响墨水分子在转移时形成的液体桥的直径，降低湿度可以提高分辨率，但是若湿度太低，则刻蚀出来的线条不连续）、衬底的粗糙度和写入速率（增加速率可以降低线宽，但若速率太快，则刻蚀出来的线条不完整）。文献报道的"墨水"种类很多。一开始研究的关注点是将烷基硫醇沉积在金表面上。例如，DPN 技术可以通过几种方式来沉积生物分子以制作小型化阵列，其中一种方式是，通过引入对一些能够对生物分子产生组织结构影响的化学物质来对表面进行图案化。又如，Lee 等人通过 DPN 技术制备硫基十六烷基酸（16-mercapto hexadecanoic acid，MHA）点阵列样品，然后在样品浸入蛋白质溶液之前，使用高蛋白阻抗乙二醇（oligo ethylene glycol，OEG）端连硫醇来钝化阵列之间的区域[169]。蛋白质附着到 MHA 修饰过的区域，但不会附着在 OEG 修饰的区域，由此可以获得小至 100 nm 的蛋白质组装结构。此后，研究工作也陆续报道了更多的分子"墨水"，包括蛋白质[170]、寡核苷酸[171]、半导体聚合物前驱体[172]以及通过电化学可以转换成金属纳米线的金属盐[173]。

第二种技术为纳米剃刀或纳米移植技术［图 9-42(b)］。与第一种技术相反，这种技术主要是对附着物（通常是硫醇）进行选择性移除。在扫描样品时，AFM 探针施加吸引力，如果力足够高（对于金上烷基硫醇分子层，力大小约为 100 nN），就可以将附着物从表面上移除，留下空白的区域。表面的空白区域又可以继续填充二次附着物[174-175]。这项技术的主要限制在于表面修饰是通过机械力来完成的，这就要求移除附着物的过程易于操作，修饰的区域具有可选择性，AFM 系统施加的力是可控的，且能够保持小的接触面积。

DPN 技术和纳米移植技术都不是直接刻蚀的技术，而是在可能的情况下，选择性诱发化学反应的发生。纳米刻蚀技术中性能最佳的就是第三种技术：局域氧化光刻技术［图 9-42(c)］。在大气环境下，在 AFM 针尖和样品之间施加电位差，液体桥再次形成，这就形成了一个一维方向的电化学池。在这种工作模式下，可以获得非常好的空间分辨率，尤其是对于半导体表面而言，可以可控地制备出宽度很窄的氧化物纳米结构（小于 10 nm），且对仪器没有特殊要求。由于打断化学键的驱动力可能需要一个高的局域电场梯度，因此人们会认为这种方法存在对化学物质特异性的限制，但是仍然有文献报道了这些复杂的表面修饰过程。Sagiv 及其合作者使用局域氧化方法来选择性氧化附着在二氧化硅衬底上的甲基端连烷基硅氧烷单分子层的尾部基团[177]，所得到的含氧官能团活性显著增加，并且进一步衍生出硅氧烷分子。如果终端是双键，那么就可以在双键端进行添加，这也是一种在表面进行修饰的新方法。

9.6.3 近场光刻技术

有孔 SNOM 系统在初期发展后不久，科学家就意识到利用 SNOM 有源束斑非常小的特性，可以用它来进行光刻。但是，早期将结构写入光致抗蚀剂的工作并不顺利，原因可能是膜厚的问题(几十纳米)：与近场探针相关联的电场会在电场下方的介电介质里快速弥散，那么在这个位置的膜层里，激发区域的面积可能会延伸到远离原始激发区域的地方。

减小抗蚀剂层厚度可以解决上述问题。特别是通过利用金上烷基硫醇自组装单分子层，可以将光化学修饰局限于单原子层(附着物的硫原子)上，然后选择性对其进行光氧化，产生弱键合的磺酸盐，这些生成物可以从表面移除。这种方法我们称为扫描近场光刻(scanning near-field photolithography，SNP)，其分辨率可以和电子束光刻的分辨率相当[181-182]。目前，最好的结果是对烷硫醇单分子层进行成像，分辨率达到 9 nm，对应于约 $\lambda/30$ 的分辨率。更为重要的是，虽然 SNOM 作为表面分析工具有些难于操作，但在 SNOM 系统上进行光刻却相对容易，主要原因可能与信号的检测有关。

图 9-43　扫描近场光刻技术实例

实现 SNP 高分辨率的关键判据是，覆盖在固体表面的单分子层中，是否有基团可以发生特殊的光化学反应。诚然，很多体系都符合这一基本条件，如图 9-43 所示，包括附着在硅天然氧化物上的光活性硅氧烷单分子层，在铝天然氧化物上形成的酸单分子层，通过光图案化单分子层来刻蚀金属衬底所形成的结构[184]，通过纳米颗粒的氧化改性而形成的蛋白质和 DNA 纳米结构[185]。这项技术方法说明，大面积的化学转换受光化学行为的方式所影响。与高空间分辨率的仪器结合，光刻技术可以实现化学上的可选择性和多功能性。

9.6.4　并行处理设备（千足虫）

过去人们认为扫描探针刻蚀技术的缺点在于其本质上是串行处理的方式。相比之下，传统的光刻技术，如制造半导体芯片的工艺流程，都是并行处理的方式，即光刻操作同时进行。但是，Binnig 及其在 IBM 的合作者却非常不认同这样的说法[186]。他们认为，如果一台仪器上有大量的探针阵列可以同时工作，那么这样的大型并行设备在功能上就等同于并行制造的工艺过程了。他们把这样的设备命名为"千足虫"，该设备由 1000 根 AFM 探针组成，这些探针可以同时并行操作。在这台设备上，研究人员成功地制作出便携式信息存储器件，展示了这台设备在高密度、高速度写入数据方面的能力。这是一个里程碑式的结果，Binnig 及其合作者开发了一套可以大规模并行处理的 AFM 刻蚀工艺，是探针刻蚀技术发展的一个典范。我们希望在不久的将来能够看到这项技术在应用上取得进展。

9.7　总结

扫描探针显微镜对学科领域都产生了广泛而巨大的影响，特别是表面结构、分子吸附和界面相互作用等领域。早期研究者对扫描探针显微镜的认识往往是图像难以解释、样品制备困难等，相对比较肤浅。而如今取而代之的是，扫描探针显微镜的基本理论得到不断发展，实验操作也获得长足的进步。表面分析在纳米尺度定量方法上的不断发展将会应用在更广泛的材料上。随着 SPM 产生的巨大影响，所涉及的领域还在快速地向外传播；随着 SPM 家族的日趋成熟，我们可以预测这项技术将成为表面分析工具中可靠而关键的成员。

参考文献

[1] ATKINS P W. Molecular quantum mechanics[M]. Oxford：Oxford University Press，1983：41.
[2] TERSOFF J，HAMANN D R. Theory of the scanning tunneling microscope[J]. Physical review B，1985，31(2)：805-813.
[3] BINNIG G，ROHRER H. Scanning tunneling microscopy[J]. IBM journal of research and development，1986，30(4)：355-369.
[4] WINTTERLIN J，WIECHERS J，BRUNE H，et al. Atomic-resolution imaging of close-packed metal surfaces by scanning tunneling microscopy[J]. Physical review letters，1989，62(1)：59-62.

[5] CHEN C J. Microscopic view of scanning tunneling microscopy[J]. Journal of vacuum science & technology A: Vacuum, surfaces, and films, 1991, 9(1): 44-50.

[6] LANDMAN U, LUEDTKE W D. Atomistic processes of surface and interface formation[J]. Applied surface science, 1992, 60: 1-12.

[7] TSUKADA M, KOBAYASHI K, ISSHIKI N, et al. First-principles theory of scanning tunneling microscopy [J]. Surface science reports, 1991, 13 (8): 267-304.

[8] YANG X, BROMM C, GEYER U, et al. Several large-scale superperiodicities on highly oriented pyrolytic graphite observed by scanning tunneling microscopy [J]. Annalen der physik, 1992, 504(1): 3-10.

[9] BINNIG G, ROHRER H, GERBER C, et al. (111) facets as the origin of reconstructed Au (110) surfaces [J]. Surface science letters, 1983, 131 (1): L379-L384.

[10] BINNIG O K, ROHRER H, GERBER C, et al. Real-space observation of the reconstruction of Au (100)[J]. Surface science, 1984, 144(2-3): 321-335.

[11] HALLMARK V M, CHIANG S, RABOLT J F, et al. Observation of atomic corrugation on Au(111) by scanning tunneling microscopy[J]. Physical review letters, 1987, 59(25): 2879-2882.

[12] BINNIG G, ROHRER H. Scanning tunneling microscopy—from birth to adolescence[J]. Reviews of modern physics, 1987, 59(3): 615-625.

[13] JAKLEVIC R C, ELIE L. Scanning-tunneling-microscope observation of surface diffusion on an atomic scale: Au on Au(111)[J]. Physical review letters, 1988, 60(2): 120-123.

[14] CLEMMER C R, BEEBE T P. A review of graphite and gold surface studies for use as substrates in biological scanning tunneling microscopy studies[J]. Scanning microscopy, 1992, 6(2): 319-333.

[15] SCHNEIR J, SONNENFELD R, MARTI O, et al. Tunneling microscopy, lithography, and surface diffusion on an easily prepared, atomically flat gold surface[J]. Journal of applied physics, 1988, 63(3): 717-721.

[16] BARO A M, MIRANDA R, ALAMAN J, et al. Determination of surface topography of biological specimens at high resolution by scanning tunnelling microscopy[J]. Nature, 1985, 315(6016): 253-254.

[17] PARK S, QUATE C F. Tunneling microscopy of graphite in air[J]. Applied physics letters, 1986, 48(2): 112-114.

[18] SONNENFELD R, HANSMA P K. Atomic—resolution microscopy in water [J]. Science, 1986, 232(4747): 211-213.

［19］BINNIG G，ROHRER H，GERBER C，et al. 7 × 7 reconstruction on Si(111) resolved in real space[J]. Physical review letters，1983，50(2)：120-123.

［20］TAKAYANAGI K，TANISHIRO Y，TAKAHASHI M，et al. Structural analysis of Si(111)-7×7 by UHV-transmission electron diffraction and microscopy [J]. Journal of vacuum science & technology A：Vacuum，surfaces，and films，1985，3(3)：1502-1506.

［21］HAMERS R J，TROMP R M，DEMUTH J E. Surface electronic structure of Si(111)-(7×7) resolved in real space[J]. Physical review letters，1986，56 (18)：1972-1975.

［22］TROMP R M，HAMERS R J，DEMUTH J E. Atomic and electronic contributions to Si(111)-(7×7) scanning-tunneling-microscopy images[J]. Physical review B，1986，34(2)：1388-1391.

［23］HAMERS R J. Atomic-resolution surface spectroscopy with the scanning tunneling microscope[J]. Annual review of physical chemistry，1989，40(1)：531-559.

［24］HEBENSTREIT W，REDINGER J，HOROZOVA Z，et al. Atomic resolution by STM on ultra-thin films of alkali halides：experiment and local density calculations[J]. Surface science，1999，424(2-3)：L321-L328.

［25］SCHINTKE S，MESSERLI S，PIVETTA M，et al. Insulator at the ultrathin limit：MgO on Ag(001)[J]. Physical review letters，2001，87(27)：276801.

［26］WILDER J W G，VENEMA L C，RINZLER A G，et al. Electronic structure of atomically resolved carbon nanotubes[J]. Nature，1998，391(6662)：59-62.

［27］ODOM T W，HUANG J L，KIM P，et al. Atomic structure and electronic properties of single-walled carbon nanotubes[J]. Nature，1998，391(6662)：62-64.

［28］REDLICH P，CARROLL D L，AJAYAN P M. High spatial resolution imaging and spectroscopy in nanostructures[J]. Current opinion in solid state and materials science，1999，4(4)：325-336.

［29］BERNDT R，GAISCH R，GIMZEWSKI J K，et al. Photon emission at molecular resolution induced by a scanning tunneling microscope[J]. Science，1993，262(5138)：1425-1427.

［30］STIPE B C，REZAEI M A，HO W. Single-molecule vibrational spectroscopy and microscopy[J]. Science，1998，280(5370)：1732-1735.

［31］STIPE B C，REZAEI M A，HO W. Localization of inelastic tunneling and the determination of atomic-scale structure with chemical specificity[J]. Physical review letters，1999，82(8)：1724-1727.

［32］SMITH D P E，HÖRBER J K H，BINNIG G，et al. Structure，registry and imaging mechanism of alkylcyanobiphenyl molecules by tunnelling microscopy [J]. Nature, 1990, 344(6267): 641-644.

[33] HARA M, IWAKABE Y, TOCHIGI K, et al. Anchoring structure of smectic liquid-crystal layers on MoS₂ observed by scanning tunnelling microscopy[J]. Nature, 1990, 344(6263): 228-230.

[34] HARA M. Scanning probe microscopy of organic thin films: Phase transitions of liquid crystal monolayers[J]. Riken review, 2001, 37: 48-53.

[35] NUZZO R G, DUBOIS L H, ALLARA D L. Fundamental studies of microscopic wetting on organic surfaces. 1. Formation and structural characterization of a self-consistent series of polyfunctional organic monolayers[J]. Journal of the American chemical society, 1990, 112(2): 558-569.

[36] STRONG L, WHITESIDES G M. Structures of self-assembled monolayer films of organosulfur compounds adsorbed on gold single crystals: electron diffraction studies[J]. Langmuir, 1988, 4(3): 546-558.

[37] LOVE J C, ESTROFF L A, KRIEBEL J K, et al. Self-assembled monolayers of thiolates on metals as a form of nanotechnology[J]. Chemical reviews, 2005, 105(4): 1103-1170.

[38] BAIN C D, TROUGHTON E B, TAO Y T, et al. Formation of monolayer films by the spontaneous assembly of organic thiols from solution onto gold [J]. Journal of the American chemical society, 1989, 111(1): 321-335.

[39] DELAMARCHE E, MICHEL B, GERBER C, et al. Real-space observation of nanoscale molecular domains in self-assembled monolayers[J]. Langmuir, 1994, 10(9): 2869-2871.

[40] POIRIER G E, TARLOV M J. The c(4×2) superlattice of n-alkanethiol monolayers self-assembled on Au(111)[J]. Langmuir, 1994, 10(9): 2853-2856.

[41] POIRIER G E, TARLOV M J, RUSHMEIER H E. Two-dimensional liquid phase and the $p \times \sqrt{3}$ phase of alkanethiol self-assembled monolayers on Au (111)[J]. Langmuir, 1994, 10(10): 3383-3386.

[42] POIRIER G E, TARLOV M J. Molecular ordering and gold migration observed in butanethiol self-assembled monolayers using scanning tunneling microscopy[J]. The journal of physical chemistry, 1995, 99(27): 10966-10970.

[43] POIRIER G E, PYLANT E D. The self-assembly mechanism of alkanethiols on Au(111)[J]. Science, 1996, 272(5265): 1145-1148.

[44] POIRIER G E. Coverage-dependent phases and phase stability of decanethiol on Au(111)[J]. Langmuir, 1999, 15(4): 1167-1175.

[45] JANKA J, PANTOFLICEK J. Trends in physics[M]. Hague: European Physical Society, 1984: 38.

[46] LINDSAY S M, THUNDAT T, NAGAHARA L, et al. Images of the DNA double helix in water[J]. Science, 1989, 244(4908): 1063-1064.

[47] CLEMMER C R, BEEBE T P. Graphite: A mimic for DNA and other biomolecules in scanning tunneling microscope studies[J]. Science, 1991, 251(4994): 640-642.

[48] HECKL W M, BINNIG G. Domain walls on graphite mimic DNA[J]. Ultramicroscopy, 1992, 42: 1073-1078.

[49] ROBERTS C J, SEKOWSKI M, DAVIES M C, et al. Topographical investigations of human ovarian-carcinoma polymorphic epithelial mucin by scanning tunnelling microscopy[J]. Biochemical journal, 1992, 283(1): 181-185.

[50] AMREIN M, STASIAK A, GROSS H, et al. Scanning tunneling microscopy of recA-DNA complexes coated with a conducting film[J]. Science, 1988, 240 (4851): 514-516.

[51] HECKL W M, KALLURY K M R, THOMPSON M, et al. Characterization of a covalently bound phospholipid on a graphite substrate by X-ray photoelectron spectroscopy and scanning tunneling microscopy[J]. Langmuir, 1989, 5 (6): 1433-1435.

[52] BOTTOMLEY L A, HASELTINE J N, ALLISON D P, et al. Scanning tunneling microscopy of DNA: The chemical modification of gold surfaces for immobilization of DNA[J]. Journal of vacuum science & technology A: Vacuum, surfaces, and films, 1992, 10(4): 591-595.

[53] LYUBCHENKO Y L, LINDSAY S M, DEROSE J A, et al. A technique for stable adhesion of DNA to a modified graphite surface for imaging by scanning tunneling microscopy[J]. Journal of vacuum science & technology B: Microelectronics and nanometer structures processing, measurement, and phenomena, 1991, 9(2): 1288-1290.

[54] LUTTRULL D K, GRAHAM J, DEROSE J A, et al. Imaging porphyrin-based molecules on a gold substrate in ambient conditions[J]. Langmuir, 1992, 8(3): 765-768.

[55] LEGGETT G J, ROBERTS C J, WILLIAMS P M, et al. Approaches to the immobilization of proteins at surfaces for analysis by scanning tunneling microscopy[J]. Langmuir, 1993, 9(9): 2356-2362.

[56] BONNELLD A. Scanning tunnelling microscopy: Theory, techniques and applications[M]. New York: VCH, 1993: 335-408.

[57] GUCKENBERGER R, WIEGRÄBE W, HILLEBRAND A, et al. Scanning tunneling microscopy of a hydrated bacterial surface protein[J]. Ultramicroscopy, 1989, 31(3): 327-331.

［58］ YUAN J Y, SHAO Z, GAO C. Alternative method of imaging surface topolo-gies of nonconducting bulk specimens by scanning tunneling microscopy［J］. Physical review letters, 1991, 67(7): 863-866.

［59］ LEGGETT G J, DAVIES M C, JACKSON D E, et al. Studies of covalently immobilized protein molecules by scanning tunneling microscopy: The role of water in image contrast formation［J］. The journal of physical chemistry, 1993, 97(35): 8852-8854.

［60］ BINNIG G, QUATE C F, GERBER C. Atomic force microscope［J］. Physical review letters, 1986, 56(9): 930-933.

［61］ MARTIN Y, WILLIAMS C C, WICKRAMASINGHE H K. Atomic force mi-croscope-force mapping and profiling on a sub 100-Å scale［J］. Journal of ap-plied physics, 1987, 61(10): 4723-4729.

［62］ ISRAELACHVILI J N. Intermolecular and surface forces［M］. 2nd ed. Lon-don: Academic Press, 1992.

［63］ GNECCO E, BENNEWITZ R, GYALOG T, et al. Friction experiments on the nanometre scale［J］. Journal of physics: Condensed matter, 2001, 13(31): R619-R642.

［64］ NEUMEISTER J M, DUCKER W A. Lateral, normal, and longitudinal spring constants of atomic force microscopy cantilevers［J］. Review of scientif-ic instruments, 1994, 65(8): 2527-2531.

［65］ SADER J E. Parallel beam approximation for V-shaped atomic force micro-scope cantilevers ［J］. Review of scientific instruments, 1995, 66 (9): 4583-4587.

［66］ SADER J E. Susceptibility of atomic force microscope cantilevers to lateral forces［J］. Review of scientific instruments, 2003, 74(4): 2438-2443.

［67］ SADER J E, SADER R C. Susceptibility of atomic force microscope cantile-vers to lateral forces: Experimental verification［J］. Applied physics letters, 2003, 83(15): 3195-3197.

［68］ CLEVELAND J P, MANNE S, BOCEK D, et al. A nondestructive method for determining the spring constant of cantilevers for scanning force microscopy ［J］. Review of scientific instruments, 1993, 64(2): 403-405.

［69］ HUTTER J L, BECHHOEFER J. Calibration of atomic-force microscope tips ［J］. Review of scientific instruments, 1993, 64(7): 1868-1873.

［70］ BUTT H J, JASCHKE M. Calculation of thermal noise in atomic force micros-copy［J］. Nanotechnology, 1995, 6(1): 1-7.

［71］ HAZEL J L, TSUKRUK V V. Friction force microscopy measurements: nor-mal and torsional spring constants for V-shaped cantilevers［J］. Journal of tribology，1998，120(4)：814-819.

[72] TORTONESE M，KIRK M. Characterization of application-specific probes for SPMs[C]//Micromachining and Imaging. International Society for Optics and Photonics，1997，3009：53-60.

[73] CUMPSON P J，ZHDAN P，HEDLEY J. Calibration of AFM cantilever stiffness：a microfabricated array of reflective springs[J]. Ultramicroscopy，2004，100(3-4)：241-251.

[74] BEAKE B D，LEGGETT G J，SHIPWAY P H. Frictional，adhesive and mechanical properties of polyester films probed by scanning force microscopy[J]. Surface and interface analysis，1999，27(12)：1084-1091.

[75] OHNESORGE F，BINNIG G. True atomic resolution by atomic force microscopy through repulsive and attractive forces[J]. Science，1993，260(5113)：1451-1456.

[76] ALBRECHT T R，GRÜTTER P，HORNE D，et al. Frequency modulation detection using high-Q cantilevers for enhanced force microscope sensitivity [J]. Journal of applied physics，1991，69(2)：668-673.

[77] GIESSIBL F J. Atomic resolution of the silicon (111)-(7×7) surface by atomic force microscopy[J]. Science，1995，267(5194)：68-71.

[78] MORITA S，WIESENDANGER R，MEYER E. Noncontact atomic force microscopy[M]. Berlin：Springer-Verlag，2002.

[79] LEE G U，CHRISEY L A，COLTON R J. Direct measurement of the forces between complementary strands of DNA[J]. Science，1994，266(5186)：771-773.

[80] LEE G U，KIDWELL D A，COLTON R J. Sensing discrete streptavidin-biotin interactions with atomic force microscopy [J]. Langmuir，1994，10(2)：354-357.

[81] HU K，BARD A J. Use of atomic force microscopy for the study of surface acid-base properties of carboxylic acid-terminated self-assembled monolayers [J]. Langmuir，1997，13(19)：5114-5119.

[82] FLORIN E L，MOY V T，GAUB H E. Adhesion forces between individual ligand-receptor pairs[J]. Science，1994，264(5157)：415-417.

[83] SCHONHERR H，BEULEN M W J，BUGLER J，et al. Individual supramolecular host-guest interactions studied by dynamic single molecule force spectroscopy[J]. Journal of the American chemical society，2000，122(20)：4963-4967.

[84] NAKAGAWA T，OGAWA K，KURUMIZAWA T，et al. Discriminating molecular length of chemically adsorbed molecules using an atomic force micro-

scope having a tip covered with sensor molecules (an atomic force microscope having chemical sensing function)[J]. Japanese journal of applied physics, 1993, 32(2B): L294-L296.

[85] NAKAGAWA T, OGAWA K, KURUMIZAWA T. Atomic force microscope for chemical sensing[J]. Journal of vacuum science & technology B: Microelectronics and nanometer structures processing, measurement, and phenomena, 1994, 12(3): 2215-2218.

[86] ITO T, NAMBA M, BÜHLMANN P, et al. Modification of silicon nitride tips with trichlorosilane self-assembled monolayers (SAMs) for chemical force microscopy[J]. Langmuir, 1997, 13(16): 4323-4332.

[87] FRISBIE C D, ROZSNYAI L F, NOY A, et al. Functional group imaging by chemical force microscopy[J]. Science, 1994, 265(5181): 2071-2074.

[88] NOY A, FRISBIE C D, ROZSNYAI L F, et al. Chemical force microscopy: exploiting chemically-modified tips to quantify adhesion, friction, and functional group distributions in molecular assemblies[J]. Journal of the American chemical society, 1995, 117(30): 7943-7951.

[89] VAN DER VEGTE E W, HADZIIOANNOU G. Scanning force microscopy with chemical specificity: an extensive study of chemically specific tip-surface interactions and the chemical imaging of surface functional groups[J]. Langmuir, 1997, 13(16): 4357-4368.

[90] VEZENOV D V, NOY A, ROZSNYAI L F, et al. Force titrations and ionization state sensitive imaging of functional groups in aqueous solutions by chemical force microscopy[J]. Journal of the American chemical society, 1997, 119(8): 2006-2015.

[91] SINNIAH S K, STEEL A B, MILLER C J, et al. Solvent exclusion and chemical contrast in scanning force microscopy[J]. Journal of the American chemical society, 1996, 118(37): 8925-8931.

[92] FELDMAN K, TERVOORT T, SMITH P, et al. Toward a force spectroscopy of polymer surfaces[J]. Langmuir, 1998, 14(2): 372-378.

[93] CLEAR S C, NEALEY P F. Chemical force microscopy study of adhesion and friction between surfaces functionalized with self-assembled monolayers and immersed in solvents[J]. Journal of colloid and interface science, 1999, 213 (1): 238-250.

[94] VEZENOV D V, NOY A, ASHBY P. Chemical force microscopy: Probing chemical origin of interfacial forces and adhesion[J]. Journal of adhesion science and technology, 2005, 19(3-5): 313-364.

[95] VANCSO G J, HILLBORG H, SCHÖNHERR H. Chemical composition of

polymer surfaces imaged by atomic force microscopyand complementary approaches[M]//Polymer analysis polymer theory. Berlin: Springer-Verlag Berlin Heidelberg, 2005, 182: 55-129.

[96] GRAFSTROM S, NEITZERT M, HAGEN T, et al. The role of topography and friction for the image contrast in lateral force microscopy[J]. Nanotechnology, 1993, 4(3): 143-151.

[97] HAUGSTAD G, GLADFELTER W L, WEBERG E B, et al. Probing molecular relaxation on polymer surfaces with friction force microscopy[J]. Langmuir, 1995, 11(9): 3473-3482.

[98] GAO J, LUEDTKE W D, GOURDON D, et al. Frictional forces and Amontons' law: From the molecular to the macroscopic scale[J]. Journal of physical chemistry B, 2004, 108(11): 3410-3425.

[99] HURLEY C R, LEGGETT G J. Influence of the solvent environment on the contact mechanics of tip-sample interactions in friction force microscopy of poly (ethylene terephthalate) films[J]. Langmuir, 2006, 22(9): 4179-4183.

[100] FRISBIE C D, ROZSNYAI L F, NOY A, et al. Functional group imaging by chemical force microscopy[J]. Science, 1994, 265(5181): 2071-2074.

[101] AKARI S, HORN D, KELLER H, et al. Chemical imaging by scanning force microscopy[J]. Advanced materials, 1995, 7(6): 549-551.

[102] GREEN J B D, MCDERMOTT M T, PORTER M D, et al. Nanometer-scale mapping of chemically distinct domains at well-defined organic interfaces using frictional force microscopy[J]. The journal of physical chemistry, 1995, 99(27): 10960-10965.

[103] NOY A, FRISBIE C D, ROZSNYAI L F, et al. Chemical force microscopy: exploiting chemically-modified tips to quantify adhesion, friction, and functional group distributions in molecular assemblies[J]. Journal of the American chemical society, 1995, 117(30): 7943-7951.

[104] BEAKE B D, LEGGETT G J. Friction and adhesion of mixed self-assembled monolayers studied by chemical force microscopy [J]. Physical chemistry chemical physics, 1999, 1(14): 3345-3350.

[105] CLEAR S C, NEALEY P F. Chemical force microscopy study of adhesion and friction between surfaces functionalized with self-assembled monolayers and immersed in solvents[J]. Journal of colloid and interface science, 1999, 213(1): 238-250.

[106] ZHANG L, LI L, CHEN S, et al. Measurements of friction and adhesion for alkyl monolayers on Si(111) by scanning force microscopy[J]. Langmuir, 2002, 18(14): 5448-5456.

[107] LI L, CHEN S, JIANG S. Nanoscale frictional properties of mixed alkanethiol self-assembled monolayers on Au(111) by scanning force microscopy: Humidity effect[J]. Langmuir, 2003, 19(3): 666-671.

[108] BREWER N J, LEGGETT G J. Chemical force microscopy of mixed self-assembled monolayers of alkanethiols on gold: Evidence for phase separation [J]. Langmuir, 2004, 20(10): 4109-4115.

[109] KIM H I, HOUSTON J E. Separating mechanical and chemical contributions to molecular-level friction[J]. Journal of the American chemical society, 2000, 122(48): 12045-12046.

[110] CHONG K S L, SUN S, LEGGETT G J. Measurement of the kinetics of photo-oxidation of self-assembled monolayers using friction force microscopy[J]. Langmuir, 2005, 21(9): 3903-3909.

[111] BEAKE B D, LEGGETT G J. Variation of frictional forces in air with the compositions of heterogeneous organic surfaces[J]. Langmuir, 2000, 16(2): 735-739.

[112] CLEAR S C, NEALEY P F. The effect of chain density on the frictional behavior of surfaces modified with alkylsiloxanes and immersed in n-alcohols [J]. The journal of chemical physics, 2001, 114(6): 2802-2811.

[113] BREWER N J, FOSTER T T, LEGGETT G J, et al. Comparative investigations of the packing and ambient stability of self-assembled monolayers of alkanethiols on gold and silver by friction force microscopy[J]. The journal of physical chemistry B, 2004, 108(15): 4723-4728.

[114] YANG X, PERRY S S. Friction and molecular order of alkanethiol self-assembled monolayers on Au(111) at elevated temperatures measured by atomic force microscopy[J]. Langmuir, 2003, 19(15): 6135-6139.

[115] LI S, CAO P, COLORADO R, et al. Local packing environment strongly influences the frictional properties of mixed CH_3- and CF_3- terminated alkanethiol SAMs on Au(111)[J]. Langmuir, 2005, 21(3): 933-936.

[116] HAMMERSCHMIDT J A, MOASSER B, GLADFELTER W L, et al. Polymer viscoelastic properties measured by friction force microscopy[J]. Macromolecules, 1996, 29(27): 8996-8998.

[117] HAMMERSCHMIDT J A, GLADFELTER W L, HAUGSTAD G. Probing polymer viscoelastic relaxations with temperature-controlled friction force microscopy[J]. Macromolecules, 1999, 32(10): 3360-3367.

[118] DINELLI F, BUENVIAJE C, OVERNEY R M. Glass transitions of thin polymeric films: Speed and load dependence in lateral force microscopy[J]. The journal of chemical physics, 2000, 113(5): 2043-2048.

［119］ MARTI A, HÄHNER G, SPENCER N D. Sensitivity of frictional forces to pH on a nanometer scale: A lateral force microscopy study[J]. Langmuir, 1995, 11(12): 4632-4635.

［120］ CHONG K S L, SUN S, LEGGETT G J. Measurement of the kinetics of photo-oxidation of self-assembled monolayers using friction force microscopy[J]. Langmuir, 2005, 21(9): 3903-3909.

［121］ FOTIADIS D, SCHEURING S, MÜLLER S A, et al. Imaging and manipulation of biological structures with the AFM[J]. Micron, 2002, 33 (4): 385-397.

［122］ SCHEURING S, STAHLBERG H, CHAMI M, et al. Charting and unzipping the surface layer of Corynebacterium glutamicum with the atomic force microscope[J]. Molecular microbiology, 2002, 44(3): 675-684.

［123］ SCHEURING S, MÜLLER D J, STAHLBERG H, et al. Sampling the conformational space of membrane protein surfaces with the AFM[J]. European biophysics journal, 2002, 31(3): 172-178.

［124］ FOTIADIS D, QIAN P, PHILIPPSEN A, et al. Structural analysis of the reaction center light-harvesting complex I photosynthetic core complex of Rhodospirillum rubrum using atomic force microscopy[J]. Journal of biological chemistry, 2004, 279(3): 2063-2068.

［125］ RAGHAVACHARI M, TSAI H M, KOTTKE-MARCHANT K, et al. Surface dependent structures of von Willebrand factor observed by AFM under aqueous conditions[J]. Colloids and surfaces B: Biointerfaces, 2000, 19(4): 315-324.

［126］ LIN H, LAL R, CLEGG D O. Imaging and mapping heparin-binding sites on single fibronectin molecules with atomic force microscopy[J]. Biochemistry, 2000, 39(12): 3192-3196.

［127］ DRAKE B, PRATER C B, WEISENHORN A L, et al. Imaging crystals, polymers, and processes in water with the atomic force microscope[J]. Science, 1989, 243(4898): 1586-1589.

［128］ HÄBERLE W, HÖRBER J K H, OHNESORGE F, et al. In situ investigations of single living cells infected by viruses[J]. Ultramicroscopy, 1992, 42: 1161-1167.

［129］ LEE G U, KIDWELL D A, COLTON R J. Sensing discrete streptavidin-biotin interactions with atomic force microscopy[J]. Langmuir, 1994, 10(2): 354-357.

［130］ FLORIN E L, MOY V T, GAUB H E. Adhesion forces between individual ligand-receptor pairs[J]. Science, 1994, 264(5157): 415-417.

[131] MOY V T, FLORIN E L, GAUB H E. Intermolecular forces and energies between ligands and receptors[J]. Science, 1994, 266(5183): 257-259.

[132] LEE G U, CHRISEY L A, COLTON R J. Direct measurement of the forces between complementary strands of DNA[J]. Science, 1994, 266(5186): 771-773.

[133] BOLAND T, RATNER B D. Direct measurement of hydrogen bonding in DNA nucleotide bases by atomic force microscopy[J]. Proceedings of the national academy of sciences, 1995, 92(12): 5297-5301.

[134] LIOUBASHEVSKI O, PATOLSKY F, WILLNER I. Probing of DNA and single-base mismatches by chemical force microscopy using peptide nucleic acid-modified sensing tips and functionalized surfaces[J]. Langmuir, 2001, 17(17): 5134-5136.

[135] MAZZOLA L T, FRANK C W, FODOR S P A, et al. Discrimination of DNA hybridization using chemical force microscopy[J]. Biophysical journal, 1999, 76(6): 2922-2933.

[136] MERKEL R, NASSOY P, LEUNG A, et al. Energy landscapes of receptor-ligand bonds explored with dynamic force spectroscopy[J]. Nature, 1999, 397(6714): 50-53.

[137] EVANS E. Looking inside molecular bonds at biological interfaces with dynamic force spectroscopy[J]. Biophysical chemistry, 1999, 82(2-3): 83-97.

[138] EVANS E, RITCHIE K. Strength of a weak bond connecting flexible polymer chains[J]. Biophysical journal, 1999, 76(5): 2439-2447.

[139] EVANS E, LEUNG A, HAMMER D, et al. Chemically distinct transition states govern rapid dissociation of single L-selectin bonds under force[J]. Proceedings of the national academy of sciences, 2001, 98(7): 3784-3789.

[140] WILLIAMS P M, FOWLER S B, BEST R B, et al. Hidden complexity in the mechanical properties of titin[J]. Nature, 2003, 422(6930): 446-449.

[141] SYNGE E H. XXXVIII. A suggested method for extending microscopic resolution into the ultra-microscopic region[J]. The London, Edinburgh, and Dublin philosophical magazine and journal of science, 1928, 6(35): 356-362.

[142] BETZIG E, TRAUTMAN J K. Near-field optics: Microscopy, spectroscopy, and surface modification beyond the diffraction limit[J]. Science, 1992, 257 (5067): 189-195.

[143] Hoffmann P, Dutoit B, Salathé R P. Comparison of mechanically drawn and protection layer chemically etched optical fiber tips[J]. Ultramicroscopy, 1995, 61(1-4): 165-170.

[144] STÖCKLE R, FOKAS C, DECKERT V, et al. High-quality near-field opti-

cal probes by tube etching[J]. Applied physics letters, 1999, 75(2): 160-162.

[145] HAROOTUNIAN A, BETZIG E, ISAACSON M, et al. Super-resolution fluorescence near-field scanning optical microscopy[J]. Applied physics letters, 1986, 49(11): 674-676.

[146] HECHT B, SICK B, WILD U P, et al. Scanning near-field optical microscopy with aperture probes: Fundamentals and applications[J]. The journal of chemical physics, 2000, 112(18): 7761-7774.

[147] DUNN R C, HOLTOM G R, METS L, et al. Near-field fluorescence imaging and fluorescence lifetime measurement of light harvesting complexes in intact photosynthetic membranes[J]. The journal of physical chemistry, 1994, 98(12): 3094-3098.

[148] MOYER P J, KÄMMER SB. High-resolution imaging using near-field scanning optical microscopy and shear force feedback in water[J]. Applied physics letters, 1996, 68(24): 3380-3382.

[149] DE SERIO M, BADER A N, HEULE M, et al. A near-field optical method for probing liquid-liquid interfaces[J]. Chemical physics letters, 2003, 380(1-2): 47-53.

[150] RÜCKER M, VANOPPEN P, DE SCHRYVER F C, et al. Fluorescence mapping and photobleaching of dye-labeled latex particles dispersed in poly (vinyl alcohol) matrixes with a near-field optical microscope[J]. Macromolecules, 1995, 28(22): 7530-7535.

[151] BETZIG E, CHICHESTER R J. Single molecules observed by near-field scanning optical microscopy[J]. Science, 1993, 262(5138): 1422-1425.

[152] WEBSTER S, BATCHELDER D N, SMITH D A. Submicron resolution measurement of stress in silicon by near-field Raman spectroscopy[J]. Applied physics letters, 1998, 72(12): 1478-1480.

[153] WEBSTER S, SMITH D A, BATCHELDER D N. Raman microscopy using a scanning near-field optical probe[J]. Vibrational spectroscopy, 1998, 18(1): 51-59.

[154] SMITH D A, WEBSTER S, AYAD M, et al. Development of a scanning near-field optical probe for localised Raman spectroscopy[J]. Ultramicroscopy, 1995, 61(1-4): 247-252.

[155] ZEISEL D, DECKERT V, ZENOBI R, et al. Near-field surface-enhanced Raman spectroscopy of dye molecules adsorbed on silver island films[J]. Chemical physics letters, 1998, 283(5-6): 381-385.

[156] DECKERT V, ZEISEL D, ZENOBI R, et al. Near-field surface-enhanced Raman imaging of dye-labeled DNA with 100-nm resolution[J]. Analytical

chemistry，1998，70(13)：2646-2650.

[157] DUNN R C. Near-field scanning optical microscopy[J]. Chemical reviews，1999，99(10)：2891-2928.

[158] KLAR T A，JAKOBS S，DYBA M，et al. Fluorescence microscopy with diffraction resolution barrier broken by stimulated emission[J]. Proceedings of the national academy of sciences，2000，97(15)：8206-8210.

[159] NOVOTNY L，POHL D W，HECHT B. Light confinement in scanning near-field optical microscopy[J]. Ultramicroscopy，1995，61(1-4)：1-9.

[160] HARTSCHUH A，SÁNCHEZ E J，XIE X S，et al. High-resolution near-field Raman microscopy of single-walled carbon nanotubes[J]. Physical review letters，2003，90(9)：095503.

[161] SÁNCHEZ E J，NOVOTNY L，XIE X S. Near-field fluorescence microscopy based on two-photon excitation with metal tips[J]. Physical review letters，1999，82(20)：4014-4017.

[162] BOUHELIER A，BEVERSLUIS M，HARTSCHUH A，et al. Near-field second-harmonic generation induced by local field enhancement[J]. Physical review letters，2003，90(1)：013903.

[163] LYO I W，AVOURIS P. Field-induced nanometer to atomic-scale manipulation of silicon surfaces with the STM[J]. Science，1991，253(5016)：173-176.

[164] EIGLER D M，SCHWEIZER E K. Positioning single atoms with a scanning tunnelling microscope[J]. Nature，1990，344(6266)：524-526.

[165] ZEPPENFELD P，LUTZ C P，EIGLER D M. Manipulating atoms and molecules with a scanning tunneling microscope[J]. Ultramicroscopy，1992，42：128-133.

[166] KRÄMER S，FUIERER R R，GORMAN C B. Scanning probe lithography using self-assembled monolayers[J]. Chemical reviews，2003，103(11)：4367-4418.

[167] PINER R D，ZHU J，XU F，et al. "Dip-pen" nanolithography[J]. Science，1999，283(5402)：661-663.

[168] HONG S，ZHU J，MIRKIN C A. Multiple ink nanolithography：Toward a multiple-pen nano-plotter[J]. Science，1999，286(5439)：523-525.

[169] LEE K B，PARK S J，MIRKIN C A，et al. Protein nanoarrays generated by dip-pen nanolithography[J]. Science，2002，295(5560)：1702-1705.

[170] LEE K B，LIM J H，MIRKIN C A. Protein nanostructures formed via direct-write dip-pen nanolithography[J]. Journal of the American chemical society，2003，125(19)：5588-5589.

[171] DEMERS L M，GINGER D S，PARK S J，et al. Direct patterning of modi-

fied oligonucleotides on metals and insulators by dip-pen nanolithography[J]. Science，2002，296(5574)：1836-1838.

[172] MAYNOR B W，FILOCAMO S F，GRINSTAFF M W，et al. Direct-writing of polymer nanostructures：Poly（thiophene）nanowires on semiconducting and insulating surfaces[J]. Journal of the American chemical society，2002，124(4)：522-523.

[173] (a)LI Y，MAYNOR B W，LIU J. Electrochemical AFM "dip-pen" nanolithography[J]. Journal of the American chemical society，2001，123(9)：2105-2106；(b) MAYNOR B W，LI Y，LIU J. Au "ink" for AFM "dip-pen" nanolithography[J]. Langmuir，2001，17(9)：2575-2578.

[174] XU S，LIU G. Nanometer-scale fabrication by simultaneous nanoshaving and molecular self-assembly[J]. Langmuir，1997，13(2)：127-129.

[175] LIU G Y，AMRO N A. Positioning protein molecules on surfaces：A nano-engineering approach to supramolecular chemistry[J]. Proceedings of the national academy of sciences，2002，99(8)：5165-5170.

[176] CALLEJA M，GARCIÍA R. Nano-oxidation of silicon surfaces by noncontact atomic-force microscopy：Size dependence on voltage and pulse duration[J]. Applied physics letters，2000，76(23)：3427-3429.

[177] MAOZ R，FRYDMAN E，COHEN S R，et al. "Constructive nanolithography"：Inert monolayers as patternable templates for in-situ nanofabrication of metal-semiconductor-organic surface structures—A generic approach[J]. Advanced materials，2000，12(10)：725-731.

[178] HOEPPENER S，MAOZ R，COHEN S R，et al. Metal nanoparticles, nanowires，and contact electrodes self-assembled on patterned monolayer templates—A bottom-up chemical approach[J]. Advanced materials，2002，14(15)：1036-1041.

[179] LIU S，MAOZ R，SCHMID G，et al. Template guided self-assembly of [Au_{55}] clusters on nanolithographically defined monolayer patterns[J]. Nano letters，2002，2(10)：1055-1060.

[180] FRESCO Z M，FRÉCHET J M J. Selective surface activation of a functional monolayer for the fabrication of nanometer scale thiol patterns and directed self-assembly of gold nanoparticles[J]. Journal of the American chemical society，2005，127(23)：8302-8303.

[181] SUN S，LEGGETT G J. Matching the resolution of electron beam lithography by scanning near-field photolithography[J]. Nano letters，2004，4(8)：1381-1384.

[182] LEGGETT G J. Scanning near-field photolithography—Surface photochemis-

try with nanoscale spatial resolution[J]. Chemical society reviews，2006，35
(11)：1150-1161.

[183] SUN S，MONTAGUE M，CRITCHLEY K，et al. Fabrication of biological
nanostructures by scanning near-field photolithography of chloromethylphe-
nylsiloxane monolayers[J]. Nano letters，2006，6(1)：29-33.

[184] DUCKER R E，LEGGETT G J. A mild etch for the fabrication of three-di-
mensional nanostructures in gold[J]. Journal of the American chemical socie-
ty，2006，128(2)：392-393.

[185] SUN S，MENDES P，CRITCHLEY K，et al. Fabrication of gold micro-and
nanostructures by photolithographic exposure of thiol-stabilized gold nanop-
articles[J]. Nano letters，2006，6(3)：345-350.

[186] VETTIGER P，DESPONT M，DRECHSLER U，et al. The "Millipede"—
More than thousand tips for future AFM storage[J]. IBM journal of research
and development，2000，44(3)：323-340.

⸮思考题

1. STM 的隧道电流大小与针尖－样品的距离 d 呈指数关系，可由下式近似给出
（见 9.2.1 节）：

$$I \propto e^{-2\kappa d}$$

STM 有高空间分辨率就是这种指数关系的结果。测到的总的隧道电流是针尖和
样品之间所有隧道效应产生电流的总和。然而，针尖尖端和样品之间的隧道效应的概
率比针尖的其他区域和表面之间的隧道效应的概率更高，因此这部分的贡献在总测量
电流中占了更大的比例。

接下来，我们来探讨这个指数关系。以下几个式子为几种针尖形状的表达式：

(1) $y = 2 + x^2$；

(2) $y = 7 - (25 - x^2)^{1/2}$；

(3) $y = 2 + x^2/4$。

假设隧道电流等于针尖表面与样品在 dx 范围内产生的隧道元电流 δI。假设样品
表面的电流密度均匀，并任意指定一个值为 1。假设任意点 x 和针尖间的隧道元电流
和 e^y 呈比例关系，其中 y 是针尖和样品的距离。请给出上述每种探针对应的隧道元
电流表达式，并指出哪种探针的分辨率最高。

2. 问题 1 展示的是非常简单的 STM 针尖模型，实际的针尖几乎不可能具有如此
理想化的几何形状和原子级粗糙度。然而，AFM 的针尖通常都比较宽，其针尖曲面
可以近似为球形。AFM 针尖的曲率半径很大，这会导致在扫描微小结构时，其表观
尺寸（即图像所显示的尺寸）较其实际尺寸要大。为了量化 AFM 图像中微小结构的展
宽程度，许多研究者给出了不同的计算表达式，而这些处理方法都是基于对针尖与样
品相互作用时较为简单的几何分析。如下面这个例子，物体的圆形横截面半径小于针

尖的曲率半径 R_t，那么物体的实际半径 r 和 AFM 图像所显示的测量半径 R 可以由以下式子表示(图 9 - 37)：

$$r = R^2/(4R_t)$$

(1)当使用半径为 45 nm 和 100 nm 的针尖进行成像时，分别计算出 DNA 分子的测量半径(实际半径为 2 nm)，并且评价每根探针所形成的展宽比。

(2)当针尖半径为 45 nm 时，计算直径为 20 nm 和 5 nm 结构的测量半径，并评价每个结构的展宽比。

3. 从问题 2 可以清楚地看到，FM 和平板样品之间的接触面积在原子尺度上是巨大的。我们可以在平板材料上获得原子尺度分辨率的图像，这些图像上所显示的原子级点阵列与原子分辨的 STM 图像很相似。但即使针尖再锐利，对单个原子进行成像在理论上也是困难的。假设在 FM 针尖上施加 1 nN 的力，接触面的半径为 10 pm，请估算所施加的平均压强是多少。将该情况与氮化硅的屈服强度(550 MPa)相比较，获得单原子 AFM 图像的可能性是多少？

4. 弹性系数为 0.1 N·m^{-1} 的悬臂梁以恒定高度模式扫过表面，当它经过高度 100 nm 的凸点时，力如何变化？

5. 对于半径为 50 nm 的氮化硅 AFM 探针，假设采用 JKR 力学模型，其界面自由能(即 γ)为 40 mN·m^{-1}，请计算在没有外力作用时探针的接触面积、探针离开表面时的拉拔力以及离开表面时的接触面积。氮化硅的弹性模量为 64 GPa。

6. 通过化学力显微镜研究两个甲基端连自组装单层之间的分散相互作用的强度。测量到的拉拔力为 1.2 nN，界面自由能为 2.5 mN·m^{-1}。使用 JKR 模型确定针尖脱离表面时的半径和接触面积，并且计算每组分子对的作用力。假设尖端的模量为 64 GPa，则单个分子所占的面积为 0.25 nm^2。

7. 将两种物质 A 和 B 的液体负载膜转移到固体衬底上，假设转移过程发生没有改变膜的结构，在这些膜上进行的摩擦力显微镜实验，获得以下数据：

FFM 实验数据

施加力/nN	10	20	30	40
A 膜的摩擦力信号/(V·m^{-1})	0.95	1.51	2.02	2.49
B 膜的摩擦力信号/(V·m^{-1})	0.60	0.81	0.99	1.18

请计算 A 和 B 的摩擦系数。假设 A 和 B 的表面压力和面积的关系曲线如图 9 - 44 所示，请说明其摩擦系数不同的原因。

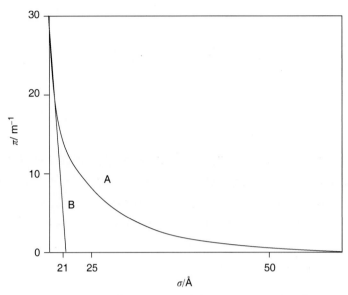

图 9-44 两种成膜分子 A、B 的表面压力和面积关系曲线

8. 对聚酯薄膜样品进行摩擦力显微镜实验，得到以下数据。请问：Amonton 定律和 Hertz 模型，哪一个更适合对这一曲线进行拟合？

施加力/nN	0	10	20	30	40	100
摩擦力/nN	0.00	0.33	0.52	0.68	0.83	1.52

9. 光学显微镜使用数值孔径为 1.5 的透镜。当使用绿光（波长 488 nm）照亮样品时，分辨率是多少？

第 10 章 多变量数据分析技术在表面分析中的应用

10.1 前言

多变量分析开发于 20 世纪 50 年代，其根源可追溯至 20 世纪 30 年代的行为科学研究。它现在被广泛地应用于分析化学，为一系列光谱技术提供鉴定与定量分析[1]。多变量分析常用于化学计量学领域，这是通过应用数学或统计学方法将化学系统测量与系统状态相关联的科学[2]。多变量分析涉及数据集中两个或多个变量同步进行统计运算。多变量分析的一个重要特征是不同变量之间的相关性（协方差）的统计研究，通过使用少量统计变量汇总数据，可以快速简化涉及大量因变量的复杂数据集的解释。

多变量分析已经在表面分析应用多年，特别是在二次离子质谱（secondary ion mass spectrometry，SIMS）、X 射线光电子能谱（X-ray photoelectron spectroscopy，XPS）以及拉曼光谱（Raman spectroscopy）等技术，因为从这些技术中获得的原始数据本质上是多变量的。例如，在 X 射线光电子能谱中，每次测试中记录多于一个变量（即结合能）上的强度，而在飞行时间二次离子质谱（ToF-SIMS）中，可以得到完整且详细的包含上百万条质量通道上检测的离子强度的质谱。自 1990 年以来，采用不同多变量方法进行表面化学分析的出版物数量如图 10-1 所示。数量的大幅增长反映了日益增加的现代仪器的能力和产量，及对快速、可靠的数据分析方法日益增长的需求。多变量分析与传统（手动）分析相比具有诸多优点，它提供了使用数据集中所有可用信息的客观和统计有效的方法。不需要手动识别和选择关键峰和特征峰，从而减少对正在研究系统的先验知识的需要，并将潜在的偏差最小化。通过关联多个变量间的数据，可以获得改善的信噪比。多变量分析也可快速和自动化。典型的分析在现代台式计算机上只需要几分钟，因此它具有在线实时过程分析的潜力。然而，对于许多科学家来说，术语和行业用语存在明显的歧义，对结果的置信度低，以及需要对基本和实践方面更为深入地理解。特别是，对于每个应用程序如何选择最合适多变量技术和数据预处理方法存在着普遍的混乱。这种情形需要解决，因为这些程序在数学上已经完全确定，并且对于很多分析情况确实非常有用。

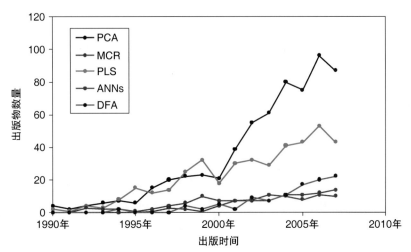

图 10-1　1990 年以来在表面化学分析中使用多变量方法发表论文的数量

注：包括 XPS，SIMS，AFM，Raman 或 SERS，源自 ISI 知识网络出版物数据库[3]。

　　本章从 10.2 节中的基本概念概述开始，涵盖数据的矩阵表示及其与多变量分析的关系。然后，我们将回顾多种流行的多变量分析方法背后的原理和理论，着重介绍每种方法的目标和特点，而不是详细的数学推导。这包括在 10.3 节中使用主成分分析（principal component analysis，PCA）和多变量曲线分辨（multivariate curve resolution，MCR）的因子分析方法进行识别；在 10.4 节中使用主成分回归（principal component regression，PCR）和偏最小二乘回归（partial least squares regression，PLS）的回归方法进行校准和定量；在 10.5 节中使用判别函数分析（discriminant function analysis，DFA）、层序聚类分析（hierarchical cluster analysis，HCA）和人工神经网络（artificial neural networks，ANNs）进行分类和聚类。在本章中，将展示说明文献中的最新实例，重点是在表面分析中的应用。

10.2　基本概念

　　当数据存储在计算机中进行处理时，通常将其存储为矩阵。矩阵是数字的矩形表，通常用粗体大写字母表示。矩阵代数是对储存在矩阵中数据的操作。因此，理解矩阵代数的知识是理解大多数多变量技术背后的理论所必需的。这里我们将讲解一个向量和矩阵运算的基本知识，包括加法、乘法、转置和矩阵求逆；向量之间共线性和正交性的思想；向量投影和矩阵的本征向量分解。不熟悉这些概念的读者可查阅文献[4-5]。

10.2.1　数据的矩阵和向量表示

　　图 10-2 给出了一个从常规实验中获得的数据矩阵示例，由 5 个变量测量的 3 个样本组成。统计学中，"样本"表示在系统上进行的任何单独测量，"变量"表示进行测

量的通道。例如，在二次离子质谱(SIMS)中，变量是指二次离子的质量或飞行时间；在 X 射线光电子能谱(XPS)中，变量是指检测到的光电子的结合能。

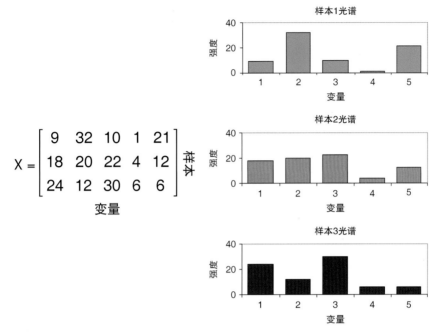

$$X = \begin{bmatrix} 9 & 32 & 10 & 1 & 21 \\ 18 & 20 & 22 & 4 & 12 \\ 24 & 12 & 30 & 6 & 6 \end{bmatrix}$$

图 10-2　从光谱实验中获得的示例数据矩阵

注：矩阵的每一行代表一个单独的测量，如右侧所示。

图 10-2 中的矩阵 X 具有 3 行和 5 列，被称为 3×5 数据矩阵，数据矩阵的每一行表示单个测量的实验结果，分别由右侧的光谱表示。我们可以看到，每个单独的测量都可以用一个向量来表示，该向量是一个单行或单列的矩阵。向量通常以粗体小写字母表示，也可以由空间中的方向表示。二维空间中的简单向量如图 10-3 所示。向量 a 可以由下列等式中的任何一个来表示：

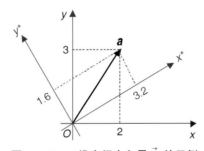

图 10-3　二维空间中向量 $\vec{a}$ 的示例

$$a = 2\hat{x} + 3\hat{y} \text{ 或 } a = 3.2\hat{x}^* + 1.6\hat{y}^* \qquad (\text{式 } 10-1)$$

式中，$\hat{x}$ 是在 x 轴方向上的单位长度向量，$\hat{y}$ 是 y 轴方向上的单位长度向量。在矩阵表示法中，式 10-1 变为

$$a = \begin{bmatrix} 2 & 3 \end{bmatrix} \begin{bmatrix} \hat{x} \\ \hat{y} \end{bmatrix} \text{ 或 } a = \begin{bmatrix} 3.2 & 1.6 \end{bmatrix} \begin{bmatrix} \hat{x}^* \\ \hat{y}^* \end{bmatrix} \qquad \text{(式 10 - 2)}$$

这里应用矩阵乘法的正常规则，并且 a 由表示投影大小的行向量乘以表示轴方向的列向量来表示。从式 10-2 可以看出，通过寻找相关的投影，向量 a 可以用任何一组轴来描写。$\hat{x}^*$ 和 $\hat{y}^*$ 也可以用 $\hat{x}$ 和 $\hat{y}$ 来表示：

$$\begin{bmatrix} \hat{x}^* \\ \hat{y}^* \end{bmatrix} = \begin{bmatrix} 0.87 & 0.5 \\ -0.5 & 0.87 \end{bmatrix} \begin{bmatrix} \hat{x} \\ \hat{y} \end{bmatrix} \qquad \text{(式 10 - 3)}$$

相同的想法可以应用于由矩阵行中存在的向量表示的各个测量。代替物理空间中的 x 方向和 y 方向，代表测量的向量存在于 K 维量空间(也称为"数据空间")中，其具有变量 1，变量 2，…，变量 K 的轴，其中 K 是每个测量记录的变量数。当进行多次测量时，数据可以记录在 $I \times K$ 数据矩阵中，其中 I 是测量样本的数量。

10.2.2 维度和秩

数据的维度在多变量分析中至关重要。这是由数据矩阵的秩 R 来表示。矩阵的秩是线性无关的行或者列的最大数目。所有行或列都是线性无关的矩阵称为"满秩"。数据集的秩表示完全描述数据所需的独立参数的数量。这类似于物理系统中的自由度或者化学系统中独立成分的数量。对于具有随机、不相关噪声的实验原始数据矩阵，数据的秩 R 等于样本的数量 I 和变量数 K 中的较小者。然而，在没有噪音的情况下，感兴趣主题的数据真实秩通常是很小的。例如，若所有光谱仅由 3 个独立变化的化学成分的线性混合物组成，则包含 100 个不同光谱的数据矩阵可能仅具有 3 个真实秩。因此，在多变量分析中，秩和维度的概念非常重要，因为我们试图以最简单和最有意义的方式描述一个庞大而复杂的数据集。

10.2.3 关于多变量分析

在传统的单变量分析中，每个变量被视为彼此独立，并分别进行分析。在数据空间上，单变量分析相当于独立处理每个 K 维度上的数据投影。通过向量和矩阵代数可容易地实现多变量分析涉及对一组或多组数据的所有维度的同时分析。多变量分析的一个重要特征是描述不同轴(或"基")上的数据，这在许多分析中是有利的。例如，从实验获得的变量通常是高度相关的，并且可以使用较少数量的旋转轴来更有效地描述数据，其描述来自每组相关变量的独立贡献。也可以反映关于所研究系统的有趣特征来选择轴。例如，在 10.3.4 节中介绍的多变量曲线分辨(MCR)中，所选的轴与纯化学成分的贡献相一致，这使每个测量可以被描述为这些组分的混合。最后，通过使用一组不同的轴，可以从数据中完全除去仅描述噪声变量的整个维度以实现噪声抑制。这是主成分分析(PCA)的主要元素，将在 10.3.3 节中讨论。

10.2.4 选择合适的多变量方法

在进行任何数据分析之前，关键是要有一个明确的目标和假设。图 10-4 显示了分析人员在面对数据集可能会问的典型问题。广义上，多变量分析方法分为以下三类：

(1)探索性分析和识别(见 10.3 节)。这涉及数据的筛查，并在没有样本先验知识的情况下辅助识别重要特征，包括主成分分析(PCA)、多元曲线分辨(MCR)和最大自相关因子(MAF)等因子分析技术。

(2)校准与定量(见 10.4 节)。这涉及分析在同一样本上进行的两组或多组独立测量间的关系，并可用于定量预测，包括主成分回归(PCR)和偏最小二乘回归(PLS)等多变量回归方法。

(3)分类和聚类(见 10.5 节)。这涉及使用预定组或通过无监督聚类进行数据分类，包括判别函数分析(DFA)、层序聚类分析(HCA)和人工神经网络(ANN)。

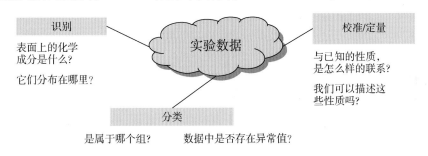

图 10 - 4　从表面分析获得的数据分析中涉及的典型问题

图 10 - 25 概述了本章节中综述的按其典型应用排序的多变量分析方法的目标示意图。大多数多变量分析方法(人工神经网络分析除外)为分析人员提供了总结数据中关系的统计结果。分析师的作用是利用这些结果来得出有关数据的有效结论。至关重要的是，多变量分析不被视为数据分析的"黑匣子"方法。了解每种多变量方法的假设和有效性以及系统的物理和化学性质的专业知识，对得到结果的有效物理解释至关重要。考虑到这一点，上述多变量方法的理论和应用将在下文中详细介绍。

10.3　因子分析用于鉴定

因子分析[1]是一个持续发展 70 多年的广泛领域，今天在光谱学[6]、遥感[7]、社会科学[8]和经济学[9]等领域有着广泛的应用。它是通过使用少量因子来描述数据的最小有意义的维度的技术，这些因子是反映数据集有用属性的数据空间中的方向。这相当于一个变换，使用于描述数据的新轴(因子)是原始变量的线性组合。

10.3.1　术语

由于其历史和范围，因子分析充斥着混淆的术语，根据技术和应用领域给予了不同名称类似或等同的术语。在此，我们尝试阐明术语以确保其清晰度和一致性，并强调不同多变量分析技术之间的关系。在本章中，仅涉及因子、载荷和得分等术语。表10-1描述这些术语的定义，以及文献中常用的各种术语之间的转换。这些定义是在与国际专家仔细商榷下制定的，正被纳入 ISO 18115 表面化学分析词汇表[参考文献 J. L. S. Lee，B. J. Tyler，M. S. I. S. Gilmore M. P. Seah，*Surf. Interface Anal.* 出版中(doi：10. 1002/sia. 2935)]。

表 10-1　关于本章中所采用文献中常用的不同多变量因子分析技术因子分析术语

本章中使用的术语	符号	定　　义	在 PCA 中常用术语	在 MCR 中常用术语
因子	–	数据空间中的轴表示有助于总结或计算原始数据集的基础维度	主成分	纯组分
载荷	$\boldsymbol{P}$	变量在因子上的投影，反映变量之间的协方差关系	载荷、特征向量	纯组分谱
得分	t	样本在因子上的投影，反映样本之间的关系	得分、投影	纯组分浓度

10.3.2　数学背景

包含 N 个因子的典型因子分析模型可以用矩阵表示法表示：

$$\boldsymbol{X} = \boldsymbol{TP}' + \boldsymbol{E} \Leftrightarrow \boldsymbol{X} = \sum_{n=1}^{N} t_n\, p'_n + \boldsymbol{E} \Leftrightarrow x_{ik} = \sum_{n=1}^{N} t_{in}\, p_{nk} + e_{ik} \quad （式 10-4）$$

式中，大写粗体字母表示矩阵，小写粗体字母表示矢量。小写斜字母表示标量。矩阵转置由一个撇号来表示。所有指数都是从 1 至大写字母 N，比如 $i = 1$，2，…，I。$\boldsymbol{X}$ 是"数据矩阵"，并且是在合适的数据预处理后包含针对 K 个变量的 I 个样本获得的实验数据的 $I \times K$ 矩阵。$\boldsymbol{P}$ 是"载荷矩阵"，具有 $K \times N$ 个维度，其行是变量和因子间的关联。$\boldsymbol{T}$ 被称为"得分矩阵"，是 $I \times N$ 矩阵，其行是样本在因子上的投影。$\boldsymbol{E}$ 是因子分析实验数据间的误差，被称为"残差矩阵"，该矩阵有 $I \times K$ 个维度，通常假设仅含噪声。

不同因子分析技术在因子提取的方法上有所不同。旋转和缩放模糊度意味着式10-4没有唯一解。在实验误差内满意地再现原始数据矩阵所需的最小因子数量是数据的真实秩。通常，因子分析模型不是最优的，模型中的因子数目 N 将大于真实秩。通过排除大于 N 的因子，从而从数据中减去残差矩阵，我们可以构建一个"再现数据矩阵"$\overline{\boldsymbol{X}}$：

$$\overline{X} = TP' \approx X \qquad (式 10-5)$$

采用这种方法，基于其使用最少数量的因子去重现数据中有趣特征的能力，可以衡量不同因子分析模型的成功。因子分析的详细解释见参考文献[1]。

10.3.3　主成分分析

主成分分析（principal component analysis，PCA）[10]是一种多变量分析技术，通过使用少量正交因子描述数据，将数据矩阵降低到最低维数。PCA 的目标是提取捕获多维数据集内最大变化量的因子或"主成分"。PCA 是流行且广泛使用的多变量分析方法之一，其应用范围从面貌识别[11]到行为科学[12]。通常，PCA 被用于在其他统计分析方法之前的数据缩减的第一步。

(1)**基本原理**。在数据平均居中后应用的 PCA 的二维图形表示如图 10-5 所示。图 10-5 显示了在两个变量 x_1 和 x_2 上测量的 28 个样本所得的数据。第一 PCA 因子描述数据集中数据点的最大方差或扩展方向。第二 PCA 因子是与第一 PCA 因子正交的（即垂直的）描述捕获最大剩余方差的方向。很显然，PCA 因子可理解为在数据空间内的旋转轴，最佳地描述数据变量。借助 PCA，我们将两个相关变量 x_1 和 x_2 转变为不相关的新基元。在此阶段，两个因子描述了数据集中所有的特征。然而，假设 x_1 随 x_2 线性变化可能是有用的，并且数据集中的散乱仅仅源自实验噪声。因此，丢弃 PCA 第二因子中的信息是有益的，所有相关的化学信息将通过将数据投影到 PCA 第一因子上来提供。这样做，我们实现了因子分析中所需的降维，而原始包含两个变量的数据集现在可以仅用一个因子来描述。PCA 这种将变量转换为最优基元并实现降维的能力，对于具有高度相关性的许多变量的大型数据集是非常重要的。

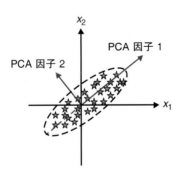

图 10-5　主成分分析(PCA)的二维图形表示

(2)**公式推导**。PCA 遵循因子分析方程（式 10-4）。PCA 的主要步骤如图 10-6 所示。使用矩阵 Z 的特征向量分解计算 PCA 因子，其中：

$$Z = X'X \qquad (式 10-6)$$

式中，X 是包含经过适当预处理的实验数据的数据矩阵。若 X 是平均居中的，则 Z 被称为协方差矩阵，通常表示为 Z_{cov}。若 X 是自动缩放的，则 Z 被称为相关矩阵，常被记为 Z_{corr}。Z 的本征分析给出：

$$Zq_r = \lambda_r q_r \qquad (式 10-7)$$

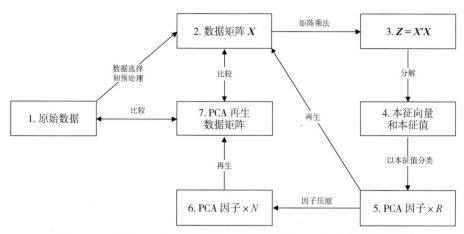

图 10 - 6 Malinowski[1]给出的对主成分分析(PCA)中典型步骤的示意

式中，q_r 是 Z 的第 r 个本征向量，λ_r 是其相关联的本征值。由于对称矩阵的本征值分解的属性，本征向量是正交的且只能是正值和零(即正交和归一化)。在这个阶段，获得的非零本征向量和本征值的总数等于数据矩阵的秩 R。因为 Z 包含数据集中数据方差的信息，所以本征向量是数据空间中描述数据方差最优的特殊方向。每个本征向量所占的方差总量由本征值给出。

PCA 因子由 Z 的本征向量组成，按其相关的本征值降序排列，使第一 PCA 因子描述最大方差的方向并具有最大的关联本征值。本征向量矩阵 Q 由下式给出：

$$Q = (q_1 \quad q_2 \quad \cdots \quad q_R) \qquad (式 10 - 8)$$

式中，$q_r(r = 1，2，\cdots，R)$ 是排序本征向量的列向量，使其 q_1 与最大本征值 λ_1 相关联。将 PCA 因子作为新轴重写数据，我们计算包含数据在所有因子方向上投影的得分矩阵 T_{full}。可以用矩阵记法表示为

$$T_{full} = XQ \qquad (式 10 - 9)$$

现在，我们可以通过将方程后乘以 Q^{-1}，即 Q 的逆矩阵来化简式 10 - 9，以获得数据矩阵 X 的表达式：

$$X = T_{full} Q^{-1} \qquad (式 10 - 10)$$

通过比较式 10 - 10 与式 10 - 4，若我们将载荷矩阵 P_{full} 转置设置为等于 Q^{-1}，则满足因子分析方程。然而，由于矩阵 Z 在 PCA 中是个对称性矩阵，Q 的列向量是正交的，并且 Q^{-1} 简单地等价于 Q'。因此，得到因子分析方程的 PCA 解：

$$P_{full} = Q \qquad (式 10 - 11)$$

$$X = T_{full} P'_{full} = \sum_{n=1}^{R} t_n p'_n \qquad (式 10 - 12)$$

在这个阶段，所有的 PCA 因子都被包含在因子分析模型中，而且得分矩阵 T_{full} 和载荷矩阵 P_{full} 完全再现了原始数据矩阵 X。通常地，为了降低数据的维度，最好丢弃更高的 PCA 因子。这被称为因子压缩。若我们假设由 N 个化学特征的数据的方差大于随机噪声产生的方差，则可以使用前 N 个 PCA 因子来解释所有化学信息。因

此，通过仅对前 N 个因子对式 10 - 12 求和，我们得到

$$\overline{X} = \sum_{n=1}^{N} t_n p'_n = TP' \qquad (式 10 - 13)$$

式中，得分矩阵 T 和载荷矩阵 P 仅包含前 N 个因子的 N 列向量。最后，$\overline{X}$ 是 PCA 再现数据矩阵，并包含数据矩阵 X 的滤噪模式，这个再现矩阵仅使用前 N 个 PCA 因子中描述的方差重构。$\overline{X}$ 与原始数据矩阵 X 的区别在于残差矩阵 E 中的量，即

$$X = \overline{X} + E = TP' + E \qquad (式 10 - 14)$$

这给出了因子分析方程的完整 PCA 解。

(3)**因子的数量**。如果我们假设由 N 个化学特征产生的数据的方差大于随机噪声产生的方差，则可以用前 N 个因子考虑所有化学信息。有很多种方法确定在 PCA 模型中应该保留的因子数量。将这些方法与分析人员的经验相结合，通常能够产生最好的结果。

图 10 - 7 显示了通过混合 3 种参考材料的谱图库产生的 8 个 SIMS 谱组成的模拟数据集。绘制与每个因子相关联的本征值。在没有噪声的情况下，只存在 3 个非零本征值的因子。这等于数据集的秩和独立成分的数量。因此，只需要 3 个因子来解释数据集的所有特征。将泊松噪声随机地加入模拟 SIMS 检测器的离子计数统计，需要保留的因子数量并不是很清楚。最为流行且能充分满足描述数据的因子数量的一种方法是在所谓碎石检测中检查本征值图[13]。这种所说的点图视觉上类似于堆积在悬崖上的碎石或者碎片。碎石检验法假设对于描述噪音变量的因子，本征值以稳定的方式减少。通常地，在本征值图上可以看到转折点，出现描述由于化学性质(峭壁)停止引起变化的因子和描述由于噪声(碎片)引起较小变化的因子。使用图 10 - 7 的碎石测验，我们提取了描述数据所需的 3 个因子。通常地，碎石检测与由 N 个特征向量获取的总方差百分比结合使用，由下式给出：

$$获取变量 = \frac{N 个因子的本征值的总和}{所有本征值的和} \times 100\% \qquad (式 10 - 15)$$

所获取的总方差在用于充分描述和再现数据受限因子数量上提供了很好的指导。这将取决于数据集噪声水平和次要特征的数量，比如污染、非线性以及其需要包含在 PCA 模型中的效应。最后，检验残差矩阵 E 和相关的不合适统计量(例如 Q 残差)可以有助于确定是否有任何有意义的结构已经从 PCA 模型中排除。

(4)**数据预处理**。由于所有多变量分析技术都试图描述数据的底层结构，因此它们对数据预处理和转换很敏感[14]。数据预处理可以通过在数据集中引入重要的方差来增强 PCA 的应用，但是由于它对数据方差的性质做出假设，可能会扭曲解释及量化，因此需要谨慎应用[15]。在进行多变量分析之前，通常会进行数据选择和分类以减少数据集的大小。下面描述在表面分析领域中常见的数据预处理的方法。

平均居中时，每个变量通过减去其在所有样本的平均值居中。在诸如 XPS 或 SIMS 谱数据情况下，这相当于从每个样本中减去数据集的平均谱。平均居中是 PCA 的常规操作，从而使第一个 PCA 因子通过数据中心而不是原点。这可以有效地描述

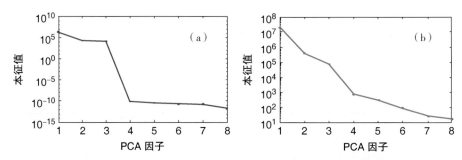

图 10 - 7   从使用 3 种参考物质的谱图库产生的 8 个合成 SIMS 谱获得的本征值

注：(a)添加泊松噪声前；(b)添加泊松噪声后。

样本间的差异，而非其零强度的变化，如图 10 - 8 所示。

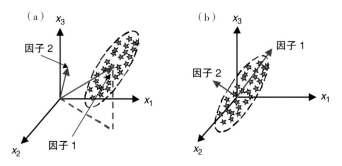

图 10 - 8   平均居中对 PCA 的影响

注：(a)没有平均居中，PCA 因子 1 从原点到数据的重心；(b)平均居中时，PCA 因子 1 从原点开始并在数据集中占据最高的方差。

在归一化过程中，数据按每个样本进行恒量缩放，这可以是特定变量的值，所选变量的总和或样本的所有变量之和。归一化保留了光谱数据的形状，并且通常用于 SIMS 中，假设化学方差只能通过离子强度的相对变化来描述。因此，归一化消除了由形貌、样品荷电、初级离子剂量变化和其他效应引起的总离子强度的总体变化。

在方差缩放中，每个变量除以数据集中的标准偏差。方差缩放后跟随平均居中时被称为"自动缩放"。方差缩放均衡了每个变量的重要性，对于来自不同技术的数据连接在一起并且变量具有不同单位和大小的多变量数据集非常重要。通常在 SIMS 中使用方差缩放来强调通常具有较低强度的高质量数、低碎片离子。然而，对于主要来自背景信号、噪声或较小污染物的变化的弱峰，方差缩放是有问题的，因此其通常仅用于选择强的特征峰。

最后，在泊松缩放[16]中，假设每个变量的统计不确定性由检测器的计数统计来确定，这种计数统计本质上是泊松分布。对于 SIMS 和 XPS 原始数据而言，这是一个很好的近似值，其中检测器在线性范围内运行，泊松缩放不能与其他数据缩放方法结合使用。需要注意的是，对于多检测器 XPS 系统，计数统计接近泊松比，但要低得多[17]。泊松缩放通过其估计的不确定性对数据进行加权，其中使用了由泊松统计引起的噪声方差等于平均计数强度的事实。因为多变量方法通常假定数据中存在统一的不确定性，所以在 SIMS[15-16,18] 和 XPS[19] 数据的多变量分析中泊松缩放已显示提供更大的噪声抑制。因此，泊松缩放更能突出变化超过预期的计数噪声的弱峰，具有较大方差的强峰仅使用泊松统计来解释。泊松缩放对图像数据集尤其重要，其具有每像素的低计数且主要受泊松噪声的影响。Keenan 和 Kotula[16] 给出泊松缩放的详细解释。

(5)通过 SIMS 进行蛋白质表征。PCA 已成功应用于各种材料的 SIMS 表征和定量，包括无机材料[20-21]、聚合物[22-23]、聚合物添加剂[24]、有机薄膜[25-27] 和蛋白质[28-32]。在从 Graham 等人获得的例子中[28]，获得 42 个样品的 SIMS 谱，其由吸附在聚 DTB 辛二酸酯上的 3 种不同蛋白质组分(100%纤维蛋白原、50%纤维蛋白原/50%白蛋白和 100%白蛋白)组成。由于所有蛋白质由排列不同但序列相同的氨基酸组成，因此不同蛋白质的 SIMS 谱图相似，主要差异在于氨基酸相关片段峰的相对强度。因此，PCA 在总结数据的主要差异和区分不同蛋白质方面是理想之选。在 PCA 分析之前，应用数据选择仅包括氨基酸相关的片段峰。这确保 PCA 能够有效捕获由于氨基酸组成的变化引起数据中的细微变化，而不是其他总体变化，例如样本之间的表面覆盖的变化。然后，将数据归一化为所选峰的总和，并在分析之前平均居中。图 10-9 给出获得的 PCA 结果。因子 1 描述数据集中总方差的 62%，成功区分出两种蛋白质。载荷图(左)显示了在纤维蛋白原中更丰富的氨基酸阳性峰和白蛋白中更丰富的氨基酸阴性峰。得分图(右)显示纯纤维蛋白原样本的阳性得分和纯白蛋白样本的阴性得分。具有 50/50 蛋白质组合物的样本具有接近零的得分，这表明两种蛋白质成功混合。

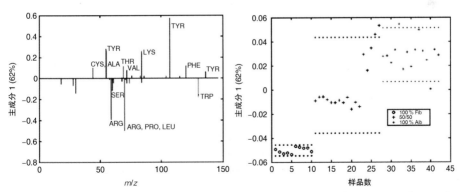

图 10-9　从蛋白质吸附到聚 DTB 辛二酸酯的 SIMS 数据中 PCA 因子 1 的载荷(左)和得分(右)

注：由 Graham 等人 Elsevier Science 许可转载[28]。

Xia 的研究表明，PCA 还可用于研究吸附蛋白膜的构象变化[29]。在具有和不具有海藻糖包被的情况下，获得了抗铁蛋白的 SIMS 谱，其在样品制备过程中保留了蛋

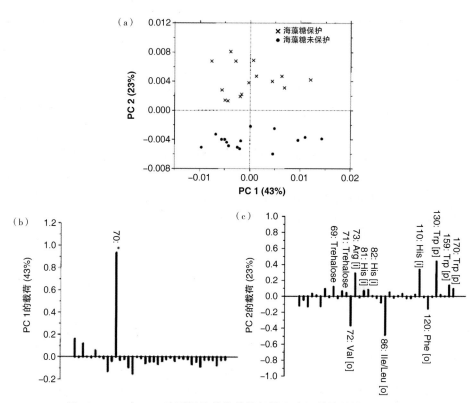

图 10 - 10　由 0.01% 质量比的海藻糖保护和未保护的抗铁蛋白吸附

并用静态 SIMS 表征的 PCA 结果[29]

注：(a)PCA 因子 1 的得分对 PCA 因子 2 的得分，因子 2 能够区分受保护与未受保护的样本；(b)PCA 因子 1 的载荷，在 $m = 70$ u 的一个强峰占主导，归因于样品的异质性；(c)PCA 因子 2 的载荷，显示由海藻糖保护蛋白构象组成的峰。由 Xia 等美国化学协会许可转载[29]。

白质的构象。如前所述，分析前选择氨基酸峰、归一化并平均居中。图 10 - 10(a) 给出 PCA 因子 1 的得分对 PCA 因子 2 的得分。PCA 因子 2 区分出是受保护和未受保护的样本。PCA 因子 1 数据中最大的方差来源于不考虑海藻糖保护而存在的样本的异质性。载荷检查表明，这种异质性的典型特征是在 $m = 70$ u 处的大变化，与其他峰不同，不能唯一地归因于单个氨基酸。第二个 PCA 因子，与第一个正交的最大方差的方向，能够区分受保护和不受保护的样本。因子 2 上的载荷显示受保护的样本分别含有分别用[p]和[i]标记的较高强度的极性和亲水性氨基酸片段，以及用[o]标记的较低强度的疏水性氨基酸片段。这与海藻糖保存蛋白质构象一致，因为已知亲水氨基酸优先位于蛋白质分子的外部，易与水性环境相互作用。结合 SIMS 的极端表面灵敏度，PCA 能够在超高真空中蛋白质分析的样品制备过程中鉴别蛋白质取向中的细微而重要的变化。

10.3.4　多元曲线分辨

多元曲线分辨(MCR)[33-35]属于通常被称为"自建模曲线分辨"[36]的一系列方法，其设计用于当少量或没有先验信息可用时从多组分混合物中回收纯组分。应用适当的约束条件，MCR 使用迭代最小二乘法来提取因子分析方程(式 10-4)的解。

(1)**基本原理**。MCR 的二维图形表示如图 10-11 所示。MCR 假设每个光谱可以被描述为来自各个化学成分的贡献的线性和(MCR 得分)，每个化学成分都与特定的光谱轮廓(MCR 载荷)相关联。对于诸如吸收光谱法的许多系统来说，这是适用的，其中，比尔定律规定吸光度与浓度成比例。然而，这只是 SIMS 和 XPS 中的第一级近似，除了化学成分之外，许多因子可能影响峰值的位置和强度，包括基质效应、形态、检测器的饱和度和分析过程中的样品降解。与 PCA 不同，MCR 因子不需要相互正交。MCR 的一个优点是在处理过程中应用约束条件。通过对使用优化的载荷和得分矩阵应用非负的约束，获得的 MCR 解决方案更直接地类似于 SIMS 或 XPS 谱和化学贡献，因为它们必须具有正值。例如，在图 10-11 中，所有数据点可以表示为 MCR 因子 1 和 MCR 因子 2 的正混合，因子本身是原始变量 x_1 和 x_2 的正组合。还可以应用其他约束，包括等式约束，其中使用系统的先验知识，可以在分辨未知组分之前将一个或多个载荷或得分矩阵的列固定到为已知的谱或贡献形状。然而，与 PCA 相比，MCR 需更大的计算强度，而且在分析之前需要更多输入。最重要的是，不同于 PCA 对每个数据集产生唯一解，MCR 结果不是唯一的，并且强烈依赖于初始估计、约束和收敛标准。分辨光谱的准确度取决于只有一个分量具有化学贡献的样本的存在，强分量的特征通常可以出现在能够分辨弱分量的谱分布中[33]。因此，MCR 技术需要细心地应用和解释以获得优化结果。

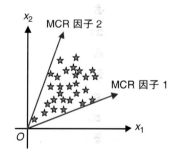

图 10-11　多元曲线分辨(MCR)二维图形表示

(2)**公式推导**。MCR 遵循因子分析方程(式 10-4)。MCR 主要步骤流程如图 10-12 所示。在第一阶段，需要解决的因子数 N，要么通过系统的先验知识，或通过 PCA 的应用和本征值图(碎石检测)的检查来独立确定。然后，要求表示每个组分的贡献大小的得分矩阵 T 或表示每个组分谱的载荷矩阵 P 的初始估计值作为交替最小二乘法(ALS)算法的输入。初始估计可以通过许多方式获得，例如通过使用"纯变量"检测算法，其发现仅具有单个组分贡献的变量，或通过 PCA 因子的方差最大化旋转[37]。这种方法通过正交旋转简化 PCA 因子，使每个因子仅含少量具有大载荷的变量。然后 MCR 使用迭代算法，通过误差矩阵 E 的最小化 ALS 来提取因子分析方程式(式 10 - 4)的解。为了提高算法的稳定性，PCA 作为第一步应用于数据，ALS 拟合是在噪声滤波 PCA 再生数据矩阵$\overline{X}$上完成的，而不是原始数据矩阵。假设载荷矩阵 P 的初始估计，可以通过以下方式获得分数矩阵 T 的最小二乘估计：

$$T = \overline{X}(P')^{+} \tag{式 10 - 16}$$

式中，$(P')^{+}$ 是矩阵 P' 的伪逆。然后，可以获得载荷矩阵 P 的新估计：

$$P' = T^{+}\overline{X} \tag{式 10 - 17}$$

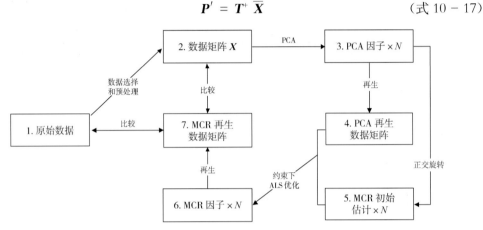

图 10 - 12　MCR 典型步骤流程

在拟合的每个阶段，将合适的约束应用于载荷和分数矩阵 P 和 T，例如非消极性。最后，重复式 10 - 14 和式 10 - 16，直到 T 和 P 能够在用户指定的误差内再现 X，即达到收敛。

(3)在 ToF-SIMS 深度分析中掩埋界面的分辨率。MCR 已成功应用于从 SIMS[15,18,35,38-40]、XPS[41-43]和拉曼光谱[35]获得的大量数据集中。在这里，我们将通过 Lloyd[40]来说明 ToF-SIMS 多层界面深度剖析的一个例子。在该例中，在 TaN 涂覆的硅晶片表面上生长薄铜膜，并以双束模式获得深度分布。数据组由在不同溅射时间记录的一系列完整的飞行时间谱组成。专家对数据的手动分析涉及对各离子物种的检查，如图 10 - 13(a)所示。困难在于数据的解释，例如，Si^{-} 信号可以由 SiO_x^{-}、SiN^{-} 或硅衬底产生，因此需要仔细检查和关联大量离子峰以获得可靠的每层组成信息。对质谱的单位质量分级并去除质量小于 20 u 的峰之后，将非负性约束的 MCR 应用于数据。然后将泊松缩放应用于数据以均衡每个数据点的噪声方差，并改进多变量分析。来自数据的 8 个因子 MCR 模型的得分如图 10 - 13(b)所示。3 个因子的 MCR 得分和载荷的例子如图 10 - 13(c)所示。MCR 通过将数据解析为各种因子，帮助分析深度分布，其中载荷类似于各化学相的光谱，得分类似于这些化学相对测量光谱的贡献。可以使用载荷来简单地解释因子，这些载荷给出了相关的因此属于相同相的深度分布中的峰的信息。这是从手动分析中单峰曲线的解释得到的显著改进，是 MCR 的主要优点。因为每个 MCR 因子都包含来自多个相关峰的信息，所以在贡献

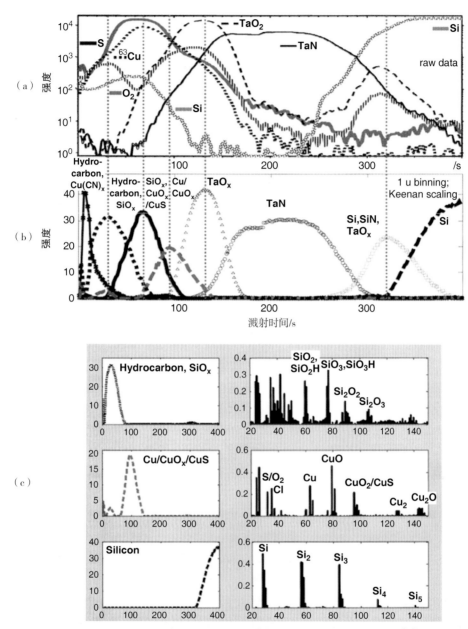

图 10-13　在 TaN 涂覆的硅晶片上的薄铜膜的 ToF-SIMS 深度剖析[40]

注：(a)手动分析的结果，显示了所选二次离子强度随溅射时间的变化；(b)MCR 分析结果显示，经过泊松缩放后，从数据中解析出的 8 个不同因子的得分；(c)3 个因子的 MCR 得分和载荷的例子。由 Lloyd[40]转载自 AVS，科学技术协会许可。

特征图上获得提高的信噪比。这里显示的 MCR 结果与专家手动分析获得的结果一致，但提供了不显著的附加信息，例如表面附近存在富 SiO_x 层。因此，MCR 可以在复杂的深度剖析中快速和无偏差地识别特征，而无须系统的任何先验知识。

10.3.5　多变量图像分析

随着仪器的发展，许多光谱或光谱仪器现在能够产生在每个像素处记录整个光谱的图像[44]。这为研究空间局部特征铺平了道路，但由于记录了大量信息，对数据分析和解释提出了一个严重问题。例如，在由 256×256 像素构成的典型的 ToF-SIMS 图像中，谱名义上被分配到单位质量高达 400 u，数据集将包含 400 张单独的图像或 2600 万个数据点，占用 200 兆字节的计算机内存。此外，由这些技术获得的光谱图像通常会因信噪比较低而受到影响，因为需要最小化采集时间以及由 SIMS 中的一次离子或 XPS 中的 X 射线引起的表面损伤[45-46]。结果，可用信号随着空间分辨率的增加而迅速恶化，并且由检测器的计数统计引起的噪声变得显著。传统的数据分析涉及手动选择和比较关键图像，这很慢且需要对表面上化合物的先验知识。因此，很容易忽略小但化学显著的特征。例如，仅覆盖样品表面上的小面积的任何局部污染物。因此，考虑到整个数据集的因子分析方法是探索从 XPS 和 SIMS 获得的复杂图像数据集的理想选择。

(1)PCA 和 MCR 图像分析。到目前为止，我们已经展示了 PCA 和 MCR 在谱图集分析中的应用。这可以很容易地扩展到多变量图像的分析。多变量图像数据集包含 $I \times J$ 个像素的空间光栅，其中每个像素包含由 K 个变量组成的完整光谱。在 PCA 或 MCR 之前，丢弃空间信息，并将每个像素视为单独的样本。尺寸为 $I \times J \times K$ 的图像数据立方体被"展开"成尺寸为 $IJ \times K$ 的二维数据矩阵，然后进行因子分析以获得如上所述的得分和载荷。完成分析后，得分矩阵 T 可以被"折叠"，使其具有 $I \times J \times N$ 的维度，因此可以显示为一系列 N 个图像，每个图像对应于模型中 N 个因子中的一个。

(2)不混溶的 PC/PVC 共混聚合物的 ToF-SIMS 图像。Lee 等人已经使用 PCA 研究了用于不混溶的 PC/PVC 聚合物共混物获得的 ToF-SIMS 图像[15]。图 10-14 显示了一个例子，每个像素平均只有 42 个计数，因此具有极低的信噪比。在分析之前应用泊松缩放和数据的平均居中，并且使用碎石检验清楚地确定了两个因子。如预期的那样，图像中最大的变化来自聚合物的相分离，第一个 PCA 因子成功地区分了两个相，显示出正的 PVC 峰($^{35}Cl^-$ 和 $^{37}Cl^-$)和负的 PC 峰(O^- + OH^-)。第二个 PCA 因子描述了第一个 PCA 因子未解释的剩余方差，揭示了在图像的最亮 PVC 区域与其他离子相比 $^{35}Cl^-$ 强度的相对损失。这是由于强烈的 $^{35}Cl^-$ 峰引起的检测器饱和。由于 PCA 使用因子的线性组合对数据进行建模，因此需要额外的因子来模拟离子强度的任何非线性变化。因此，PCA 能够检测检测器的饱和度，若单独分析离子图像，则可能容易丢失。

(3)多组分预处理的毛发纤维的 ToF-SIMS 图像。可以使用多组分配方预处理的毛发纤维的 ToF-SIMS 图像来证明复杂现实生活图像中未知化学成分的鉴定（J. L. S. Lee, I. S. Gilmore, I. W. Fletcher and M. P. Seah, *Surf. Interface Anal.* 待出版）。在 PCA 和 MCR 分析之前，将数据分组至单位质量分辨率，并且去除强烈的钠峰。使用泊松缩放，因为它给出了最清晰的本征值图，并且使用碎石检验清楚地确定

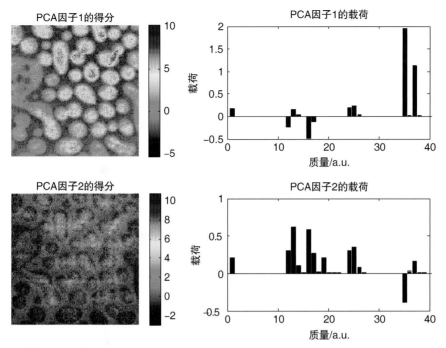

图 10 - 14　不混溶的 PC/PVC 聚合物的 ToF-SIMS 图像的 PCA 结果

了 4 个因子。使用此功能，PCA 成功地突出了得分图像的主要趋势和变化以及载荷中的重要峰，如图 10 - 15 所示。第一 PCA 因子描述了由头发样本和背景区域之间差异引起的整个图像的整体强度变化，PCA 因子 2 至 PCA 因子 4 描述了头发表面不同区域的化学变化。然而，使用 PCA 结果很难获取单个化学成分的特征和分布的直接信息。由不同的化学成分(标记为 A，B 和 C)产生的特征峰出现在多组的 PCA 载荷中，并且不可能使用 PCA 评分直接观察其在毛发表面上的分布。此外，在一个因子中反相关的峰在另一个因子中相关(例如，因子 2 和因子 4 中的峰 B 和峰 C)，使对得分图像的解释非常困难。出现这些问题是因为 PCA 因子被约束为正交的，并且可以最佳地捕获数据中的最大方差。因此，PCA 上的载荷是化学光谱的抽象组合，反映了图像不同区域上各种成分的最大相关性和反相关性。因此，虽然 PCA 成功地确定了数据的主要趋势和变化，但与每个组分的识别和分布有关的信息通常分散在几个因子上，直接的化学解释可能是困难的。具有非负性约束的 MCR 也适用于毛发纤维图像，分辨出由碎石检验识别的 4 个因子(图 10 - 16)。除了显示毛发纤维本身的一种组分(MCR 因子 4)之外，还鉴定了毛发表面上的 3 种化学成分(MCR 因子 1 至 MCR 因子 3)。由于 MCR 寻求描述各种化学成分的因子，因此比 PCA 更直观和更容易解释，其因子描述不同组分之间的相关性和反相关性。对于每个 MCR 因子，载荷类似于组分的完整 SIMS 谱，显示其特征峰(标记为 A、B 或 C)和碎裂模式，而得分直接显示物质在表面上的分布。因此，MCR 能够使用其完整的分辨光谱直接识别化学成分，而无须系统的任何现有知识。这意味着手动分析的显著改进，其中识别仅基于几个关键离子的手动相关性。MCR 的计算结果耗时不到 10 分钟，意味着节省大量的时间。

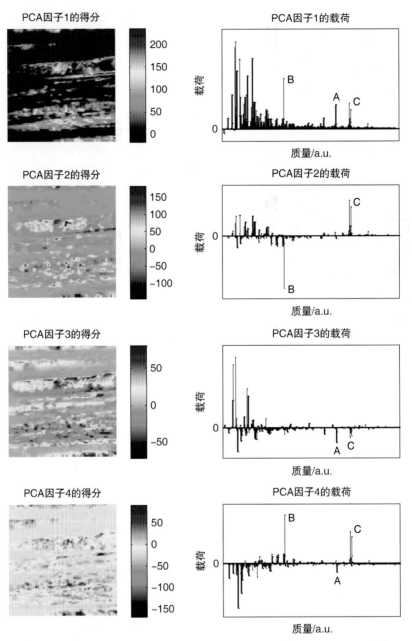

图 10-15　多组分预处理方法的头发纤维 SIMS 图像的 PCA 得分和载荷
（增加对 J. L. S. Lee 等的引用）显示泊松缩放后的前 4 个因子
注：原始数据由 Intertek MSG 的 Ian Fletcher 博士提供

（4）XPS 图像的定量分析。最近，因子分析也成功地应用于一系列 XPS 图像数据集[19,41-43,47]。与迄今为止讨论的 ToF-SIMS 实例类似，可以使用因子分析方法在 XPS 中使用 MCR[42]来分辨宽扫描能谱中化学相关能谱分量以及采用 PCA 在窄扫描中详细研究重叠峰[47]。然而，不同于 ToF-SIMS 的例子，Walton 等人近来将 PCA 作为一种降噪方法用在 XPS 图像的定量分析中[19,48]。由于大多数 XPS 仪器不能平行地采集能量谱和图像，因此通常通过获取一系列 XPS 图像来获得多变量 XPS 图像，每个 XPS 图像各自以能量通道范围内的能量递增。然而，受到每个能量通道所需的采集时间的限制，以这种方式获得的 XPS 图像经常遭受极低的信噪比。这导致获得定量化学状态图像的问题，其需要对每个像素处的能谱进行曲线拟合，并且因此受制于噪声。Walton[48] 已经表明，通过将 PCA 与原始数据进行适当的数据缩放并保留仅有的前几个重要因子，可以获得噪声降低的 PCA 再现数据矩阵。如图 10-17(a) 和 10-17(b) 所示，对于由硅上的二氧化硅岛组成的样品，显示单个像素上的 Si 2p 和 O 1s 光电子区域。经过 PCA 再现和曲线拟合，噪音大大降低。使用 PCA 再现数据，可以通过对每个像素应用曲线拟合来获得显示每种化学状态的原子浓度的定量 XPS 图像并给出量化图，如图 10-17(c) 所示。

(5) **最大自相关因子**(maximum autocorrelation factors，MAFs)。在上述因子分析方法(PCA 和 MCR)中，来自图像的每个像素被视为独立样本，并且在分析之前舍弃空间信息。然而，图像的空间信息在多变量分析中可能是非常有价值的。例如，识别小的局部污染在表面分析中是非常重要的。然而，如果污染物的面积覆盖率很小，那么这在数据中仅占有总方差的少部分。因此，本地化特征可能被整个图像中存在的噪声变化遮蔽，因此与局部特征相比噪声可以具有更大的总方差。

专门设计用于提取空间感兴趣方差的因子分析方法是最大自相关因子(MAF)。MAF 类似于 PCA，因为它涉及矩阵的本征向量分解。然而，在 MAF 中，该矩阵由关于相邻像素的空间相关性的信息组成，使 MAF 提取使整个图像上的变化最大化的因子，同时最小化相邻像素之间的变化。MAF 的详细描述和实例见 Larsen[7] 和 Tyler[49-50] 的文献。MAF 的公式推导，大体上与 PCA 在 10.3.3 节中的描述类似。使用矩阵 $\boldsymbol{B}$ 的本征向量分解计算 MAF 因子：

$$\boldsymbol{B} = \boldsymbol{A}^{-1}\,\boldsymbol{X}'\boldsymbol{X} \qquad (式\ 10-18)$$

其中，$\boldsymbol{X}$ 是数据矩阵，$\boldsymbol{A}$ 是由原始图像与其自身的水平或垂直位移一个像素的空间相关性的信息组成的矩阵。$\boldsymbol{A}$ 通过取原始和移动图像之间的差值的协方差矩阵来计算。$\boldsymbol{B}$ 的特征向量由相关联的特征值提取和排序，以形成特征向量矩阵 $\boldsymbol{Q}$(式 10-8)。通过将数据矩阵投影到 MAF 特征向量(式 10-9)上，得到 MAF 得分矩阵 $\boldsymbol{T}_{\text{full}}$，并以因子分析方程(式 10-10)的形式重写表达式。然而，由于 $\boldsymbol{B}$ 不对称，从 MAF 获得的特征向量 $\boldsymbol{Q}$ 不是正交的，$\boldsymbol{Q}^{-1}$ 不再等同于 $\boldsymbol{Q}'$，因此给出 MAF 载荷矩阵：

$$\boldsymbol{P}_{\text{full}} = (\boldsymbol{Q}^{-1})' \qquad (式\ 10-19)$$

最后，因子压缩可以通过仅保留前 N 个 MAF 因子来进行(式 10-12 和式 10-13)。之后，直接从 PCA 解释 MAF 得分和载荷，从而可以更好地从多元图像中的噪声中检测局部特征，除了第一 MAF 因子接着说明在相邻像素之间显示最大空间相关性的方差。

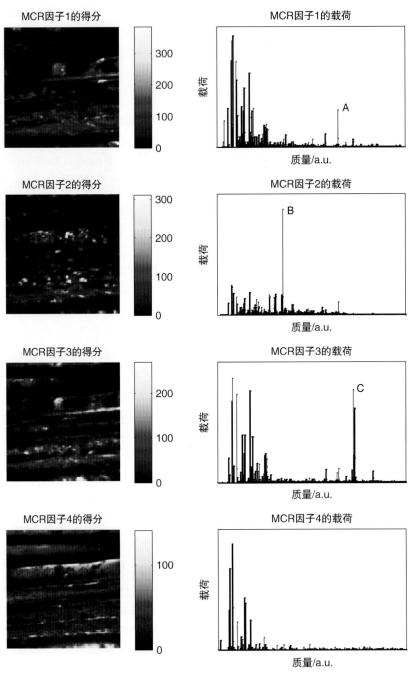

图 10-16　用多组分预处理从毛发纤维的 SIMS 图像中获得 MRC 得分和载荷
（添加引用 J. L. S. Lee et al.）显示经过泊松缩放后的前 4 个因子

注：原始数据由 Intertek MSG 的 Dr Ian Fletcher 提供。

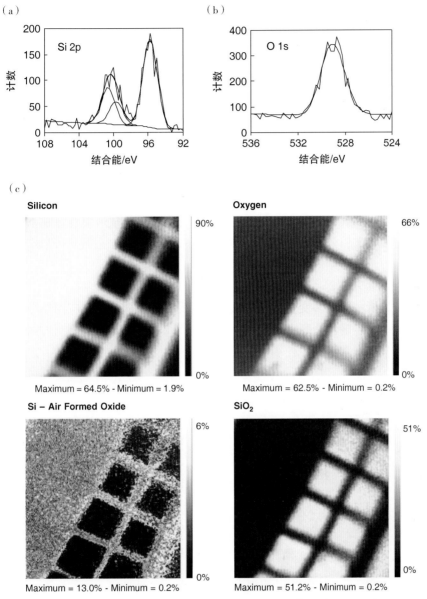

图 10 - 17　由在硅片上的 SiO₂ 岛组成的多变量 XPS 图像，对于 Si 2p 和 O 1s 峰分别采用 0. 4 eV 和 0. 25 eV 步长获得图像

注：(a)Si 2p 光电子区域的能谱，显示原始数据和 PCA 平滑，还显示了曲线拟合峰、包络和背景；(b)O 1s 光电子区域的能谱，显示原始数据和 PCA 再现；(c)硅、氧和硅的两种氧化态的量化 XPS 图像，显示每个像素的原子浓度百分比。转载自 Walton 和 Fairley，John Wiley & Sons，Ltd[48]。

10.4　定量回归方法

多变量回归[51-52]涉及对相同实体的两个或多个测量之间的关系的分析。虽然因子分析方法提供单个数据集的描述性模型，但多变量回归产生的模型可将多组变量与定量预测相关联。执行多变量回归有两个主要目标。第一个目标是通过研究其协方差来了解同一组样本上的两组变量之间的关系。这在从不同表面分析技术获得的结果或研究不同样品制备参数对样品的表面化学性质的影响等方面是有用的。多变量回归方法的第二个目标是计算可用于样本量化的预测模型。通过使用校准数据集，其中的两组变量被测量和已知，回归模型可以应用于未来样本，以便仅基于一组测量来预测响应，例如，仅使用其表面光谱来量化一组样本上的表面组成或覆盖。在下文中，我们将描述两种多变量回归方法：主成分回归(PCR)和偏最小二乘回归(PLS)。

10.4.1　术语

像因子分析一样，多变量回归方法可能会受到与不同技术和应用领域相关的术语混淆的困扰。为了确保清晰度和一致性，表10-2显示了本章中使用的术语的定义，以及本文与文献中常用的各种术语之间的转换。

表10-2　本章节采用的多变量回归分析术语与其他文献中相关术语的比较

本章节采用的术语	符号	定义	其他文献中采用的术语
预测变量	X	包含可用于预测响应变量的测量值或参数的变量	X，独立变量，观测变量
响应变量	Y	包含可由预测变量预测的测量值或参数的变量	Y，依赖性变量
因子	–	数据空间中的轴表示有助于在预测变量的同时预测变量的概述或计量的基础维度	潜变量，潜矢量，LV，组分
载荷	P	变量在因子方向上的投影，反映变量间的协方差关系	载荷
得分	T	样品在因子方向的投影，反映样品间的关系	得分

10.4.2　数学背景

多变量回归方法基于线性回归的扩展，该法使用在相同样本上测量的"预测"变量x_k的线性组合来寻求"响应"变量y：

$$y = b_1x_1 + b_2x_2 + \cdots + b_Kx_K + e = \boldsymbol{xb} + e \qquad (式10-20)$$

式中，$x=(x_1, x_2, \cdots, x_K)$ 是包含在样本上获得的 K 个预测变量的数据的行向量，$b=(b_1, b_2, \cdots, b_K)$ 是回归系数组成的列向量，e 表示回归模型未解释的 y 的余数。通常，在表面分析中，x 包含在单个样本上从 SIMS 或 XPS 获得的谱，并且 y 包含我们希望将谱相关联的独立测量性质的值。我们可以将式 10 - 20 推广到覆盖 I 个样本和 M 个不同响应变量的模型，给出下式：

$$Y = XB + E \qquad (式 10 - 21)$$

式 10 - 21 被称为回归方程式。X 是含有针对 K 个预测变量的 I 个样本获得的实验数据的 $I \times K$ 矩阵。Y 是包含通过不同的 M 个响应变量集合为每个 I 个样本获得的实验数据的 $I \times M$ 矩阵。X 和 Y 中的数据与 B 相关，B 是一个具有 $K \times M$ 维的回归系数矩阵。E 是包含回归模型和实验数据之间误差的"残差矩阵"，具有 $I \times M$ 维度。

多变量回归通过 X（预测变量）变量的线性组合来寻求响应数据 Y 与预测变量数据 X 之间的相关性。这等同于将 Y 与 X 数据到回归矩阵 B 上的投影相关。一旦在具有已知 X 和 Y 数据的一组样本上对回归矩阵 B 进行校准，就可以将其用于未来新样本的预测，仅提供其预测变量 X_{new} 被测量，则

$$Y_{new} = X_{new} B \qquad (式 10 - 22)$$

对于给定的 X 和 Y 集合，不同的回归技术在计算矩阵 B 的方式上有所不同。在最简单的情况下，使用多元线性回归（MLR）可以找到最小化残差 E 的式 10 - 21 的最小二乘解。这样给出：

$$B = X^+ Y = (X'X)^{-1} X'Y \qquad (式 10 - 23)$$

式中，X^+ 是矩阵 X 的伪逆矩阵。若可以发现 $X'X$ 的矩阵逆，即 X 不具有任何线性相关的行或列，则 MLR 解决方案产生明确定义的回归系数。然而，在表面分析中的许多多变量数据中，这不是真实的，包括变量数量大的 SIMS 和 XPS 谱，许多变量（离子质量或光电子能量）的强度是高度相关的。因此，MLR 产生了一种过度拟合数据中许多变量的解决方案，从而降低了模型的鲁棒性，并使其不适合用于校准和预测。幸运的是，变量之间的协方差的研究在多变量分析中是非常重要的，有几种方法可以规避 MLR 中的共线性问题。以下部分将描述主成分回归（PCR）和偏最小二乘回归（PLS）两种方法。

10.4.3　主成分回归

主成分回归（PCR）是基于使用主成分分析（PCA）来降低数据 X 的维数，并在回归方程的解中消除共线性问题（式 10 - 21）。PCA 在 10.3.3 节中有详细描述。PCA 使用表示为原始变量的线性组合的少量因子，而不是使用大量相关变量来描述数据 X。PCA 因子是相互正交的，因此彼此独立。结果，将数据投影到因子上的 PCA 得分 T（维度为 $I \times N$）也是正交的，并且不会受到 X 中共线性的问题的影响。因此，我们可以在线性回归中用 PCA 得分矩阵 T（包含 N 个不相关的得分）来替换 MLR 中的矩阵 X（包含 K 个相关变量）。这给出了以下 PCR 回归方程：

$$Y = TB^* + E \qquad (式 10 - 24)$$

$$B^* = T^+Y = (T'T)^{-1}T'Y \qquad (式10-25)$$

因为矩阵 $T'T$ 保证是可逆的，所以可以获得用于回归系数 B^*（维度为 $N \times M$）的明确定义的解。可以通过设置下式以式 10-21 的形式就原始预测变量 X 写回归方程：

$$B = PB^* \qquad (式10-26)$$

式中，P 是 PCA 载荷矩阵，具有 $K \times N$ 维。

PCR 使用其 PCA 得分的线性组合来估计每个样品上的响应变量的值。因此，回归结果强烈依赖于 PCA 模型中保留的因子数量。实际上，若包括所有因素，则 PCR 简单地等同于 MLR。10.4.5 节将讨论使用验证和交叉验证方法来确定最佳因子数量。PCR 的一个优点是通过丢弃描述数据 X 中的细微变化的高阶 PCA 因子来降低噪声。因此，PCR 结果比 MLR 更加鲁棒，并且可以对描述有意义的方差而不是实验噪声的数据 X 的方面进行回归建模。然而，可能描述 X 中最大差异的 PCA 因子可能不包含与 Y 相关的任何信息。最初几个 PCA 因子描述矩阵效应，或者与 Y 相关的 X 中的特征占总方差的一小部分，并且因此仅在回归中排除高阶的 PCA 因子，才会出现这种情况。为了避免这个问题，并且基于 X 和 Y 之间的协方差而不是只有 X 的方差来获得回归模型，可以使用偏最小二乘回归（PLS）。

10.4.4 偏最小二乘法

偏最小二乘回归（PLS）[1,51-52] 在 20 世纪 70 年代由 Herman Wold 开发，作为多元线性回归（MLR）的泛化，可以分析包含大量强相关变量的数据。Wold 等人[52] 编写了一本 PLS 回归的优秀教程。PLS 使用两个矩阵的同时分解来发现预测变量 X 中的因子，这些因子也捕获响应变量 Y 中的大量方差。对于单因子（$N=1$）示例，PLS 的示意图如图 10-18 所示。有许多 PLS 的公式在符号和标准化条件上是不同的。以下公式遵循 Wold 提出的建议[52]。PLS 涉及找到一组与数据 X 和 Y 相同的 PLS 得分矩阵 T，这是两组数据的良好描述符，因此可以发现残差 E 和 F 小的相关因子模型（见 10.3.2 节）。对于具有 N 个因子的 PLS 模型，可以写成：

$$X = TP' + E \qquad (式10-27)$$
$$Y = TC' + F \qquad (式10-28)$$

式中，T 是 X 和 Y 共同的 PLS 得分的 $I \times N$ 矩阵，P 是 x 载荷的 $K \times N$ 矩阵，C 是用于构造因子模型的 y 残差载荷的 $M \times N$ 矩阵。E 和 F 是 x 残差和 y 残差，它们给出了模型未解释的部分数据。得分矩阵 T 被计算为将数据 X 投影到尺寸为 $K \times N$ 的权重矩阵 W^* 上，权重矩阵 W^* 与 $X'YY'X$ 的本征向量直接相关，使得连续的 PLS 因子占 X 和 Y 中的最大协方差：

$$T = XW^* \qquad (式10-29)$$

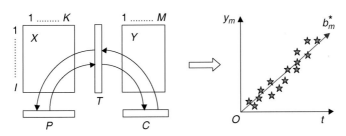

图 10-18 改编自 Malinowski 的单个因子 PLS 分析示意[1]

注：(左)因子分解用于获得反映其协方差的 X 和 Y 共同的得分 T；(右)然后通过回归系数 b_m^* 将回归方法应用于每个响应变量 y_m，其可以被变换以反映原始 X 变量并给出等式(10-21)的回归矩阵 B。

PLS 的解被限制使由矩阵 T 的列给出的每个因子的得分是正交的，并且与矩阵 W^* 的列是正交归一化的。与 PCA 不同，PLS 中的 x 载荷和 y 载荷矩阵 P 和 C 由于在分解中找到常用得分矩阵 T 的约束而不再正交。这样，我们可以将式 10-27 至式 10-29 重新排列成类似式 10-21 中的回归方程。以下给出了 PLS 的回归解：

$$Y = XW^*C' + F = XB + F \qquad (式 10-30)$$

$$B = W^*C' \qquad (式 10-31)$$

本质上，PLS 使用通过 X 和 Y 的同时分解获得的 PLS 得分 T 的线性组合来估计响应变量 Y 的值，并因此反映它们之间的最大协方差。PLS 从回归中删除冗余信息，例如描述 X 中与 Y 不相关的大量方差的因子。因此，与 PCR 相比，PLS 倾向于使用更少的因子产生更可行、更强大的解。由于 PLS 得分 T 是正交的，MLR 中的共线性问题也被消除。与 PCR 一样，回归结果强烈依赖于 PLS 模型中保留的因子数量，正确使用验证和交叉验证方法是非常重要的。这将在下面部分进行描述。

10.4.5 校准、验证与预测

从上述 PCR 或 PLS 获得的回归矩阵 B，允许我们评估在同一组样本上测量的预测变量和响应变量之间的关系。由于模型是通过计算来对提供的数据进行拟合，因此数据应得到校准。与用于校准和定量的所有统计模型一样，必须仔细验证 PCR 和 PLS 模型，以确保其可靠性[53-54]。特别地，需要仔细确定在模型中保留的适当因子的数量。与 PCA 类似，PCR 或 PLS 中的因子数量可以被认为是负责预测因子和响应数据集之间的线性关系的独立参数的数量。因为连续的 PCR 和 PLS 因子描述了数据中最重要的方差(或协方差)，所以增加模型中保留的因子数量增加了回归中的信息，这些信息相关性较差，对实验噪声更敏感，从而增加了过度拟合数据模型的风险。实际上，若包括所有因子，则 PCR 和 PLS 简单地等同于 MLR。图 10-19 显示了一个示例数据集的多个因子对 PLS 校准精度的影响。使用式 10-21 中的残差矩阵 E，计算每个模型的校准均方根误差(RMSEC)。很明显，随着因子数目的增加，RMSEC 值下降，模型拟合校准的数据越来越准确。然而，由于有太多的因子，模型将不再可靠。

为了防止过度拟合，并确定模型中适当数量的因子，应使用交叉验证。对于通常在表面分析中获得的小数据集，留一交叉验证是最流行的方法。其工作步骤如下：

(1)从校准数据中排除样本 i，并计算 n 个因子的回归模型。

(2)应用模型对样本 i 进行预测，并使用式 10-22 预测其响应。

(3)记录样本 i 的预测和测量响应值之间的差异。

(4)更换样本 i，对于不同的样本重复步骤(1)~(3)，直到使用所有样本。

(5)计算交叉验证的均方根误差(RMSECV)。

(6)对于不同数量的 n 个因子，重复步骤(1)~(5)。

示例数据集的交叉验证的均方根误差(RMSECV)如图 10-19 所示。对于少数因子，RMSECV 的值略高于 RMSEC，因为排除的样本对校准无贡献。随着因子数量的增加，这些模型相对校准数据逐渐地出现过度拟合，并且变得不适合于预测排除的样本，给出了大的 RMSECV 值。因此，图 10-19 表示应该使用具有两个因子的模型，给出最小的 RMSECV 值。在确定使用交叉验证的因子数量后，最终回归模型可以在完整数据集，或为了研究预测因子和响应变量之间的关系来计算。

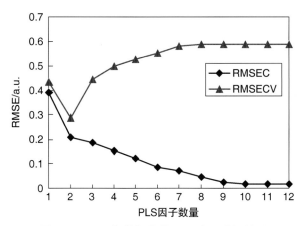

图 10-19　示例数据集的 PLS 交叉验证结果

注：显示校准的均方根误差(RMSEC)和交叉验证的均方根误差(RMSECV)。

虽然留一交叉验证适用于小数据集，但当数据集大时，它倾向于过度估计所需的因子数量。这是因为，对于具有许多样本的大数据集，排除的样本与保留在校准集中的样本非常相似的可能性很大，若排除的测试样本真正独立于校准集，则给出比预期更低的 RMSECV 值。大数据集的一种更合适的方法是留多交叉验证方法，使用多个随机抽取的数据子集进行交叉验证[54]。或者，为了节省计算时间，可以将数据分为单独的校准和验证集，以及使用验证的均方根误差(RMSEV)确定的因子数。在所有情况下，确保验证或交叉验证数据在统计学上与校准数据无关是非常重要的，例如，重复光谱应被视为一个，并且一起包括或一起排除。

最后，虽然交叉验证确保回归模型与数据自相一致，不会过度拟合噪声特征，但在模型可用于未来预测之前，使用单独获得的实验数据集的独立验证是必不可少的[55]。

当污染、样品制备或仪器设置的相对较小的差异可能导致数据的相对较大变化时，这在表面分析中很重要。因此，可从单个实验的数据获得自相一致的回归模型，这可能不能预测将来的样本和实验。因此，在将回归模型用于未知样本的预测之前，独立验证对于评估预测精度和估计 RMSEP（预测的均方根误差）绝对至关重要。

10.4.6　使用 PLS 关联 ToF-SIMS 谱与聚合物的浸润性

PLS 已成功应用于 ToF-SIMS 数据[23,26-27,30]。一个例子是 Urquhart 等最近的研究[23]，关于共聚物的 ToF-SIMS 谱与实验水接触角（water contact angles，WCA）之间的关系。使用 70：30 比例的 24 种不同的基于丙烯酸酯的单体成对混合以微图案阵列合成 576 个共聚物，并印刷到载玻片上。在聚合物上获得正离子和负离子 ToF-SIMS 谱，并且在未经 SIMS 分析的单独印刷的微阵列上用接触角测角仪测量 WCA 值。使用由单一单体构成的纯聚合物的谱产生的综合峰值列表，分别对正离子和负离子数据进行数据选择和合并。然后将每个样本的正离子和负离子数据单独归一化，并连接（组合），因此两组数据都包含在单个数据矩阵中。串联允许同时分析正、负离子的不同碎片物种，从而增加可用于回归的相关信息。使用连接的 SIMS 数据作为预测数据矩阵 X，将 WCA 值作为响应数据矩阵 Y，在两组数据的平均居中之后计算 PLS 模型。保留 6 个因子，如使用留一交叉验证确定。图 10-20（a）显示了相对于其测量值的预测 WCA 值，显示了模型对实验数据的良好拟合和低的校准误差。所得回归系数如图 10-20（b）所示。通过分析回归系数，Urquhart 等人显示：具有正回归系数的不含氧的合烃片段 $C_nH_m^+$ 与较高的 WCA 值相关，而具有负回归系数的线性氧合片段（$C_nH_mO^+$）和胺/酰胺片段（CN^-，CNO^- 和 CH_4N^+）与低 WCA 值相关。这与传统的理解是一致的，即非极性物质是疏水性的而极性物质是亲水性的，并且表明使用 ToF-SIMS 以高通量方式在大量材料的表面化学和产生的表面性质之间建立模型的潜力。

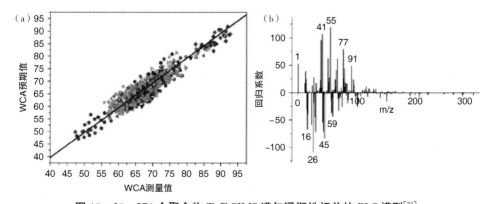

图 10-20　576 个聚合物 ToF-SIMS 谱与浸润性相关的 PLS 模型[23]

注：（a）预测的水接触角（WCA）与测量的 WCA 值的关系；（b）回归系数，极性亲水片段官能团与高 WCA 值相关，反之亦然。经 Urquhart 等人美国化学学会许可转载[23]。

10.5 分类方法

在许多分析情况下，需要将样本分成许多具有相似特征的可能的材料组之一。例如，特定表面是否具有良好或不良的细胞生长特性？进一步的要求可以是调查驱动关系的样本的特定方面，即良好的细胞生长性质是否与亲水基团的表面浓度相关。多变量方法为这种类型的分类和表面分析技术对光谱信息的解释提供了一条有力的途径。在本节中，我们考虑 3 种流行的分类方法：判别函数分析（DFA）、层次聚类分析（HCA）和人工神经网络（ANN）。

10.5.1 判别函数分析

在图 10 - 10 中，我们已经看到一个很好的例子，说明如何在 SIMS 分析中使用 PCA 分类海藻糖保护的和未保护的抗纤维蛋白原[29]。在这种情况下，第二个 PCA 因子实际上是区分两组样本的，占第一个因子描述的样本异质性所引起的大变化的大约一半的变化量。显然，出于分类的目的，期望前几个因子捕获组之间的最大变化，而不是数据集中可能由污染引起的其他变化。这是判别函数分析的目的。DFA 的目标是根据许多变量的测量来分离测量组[56]。通常，DFA 是在 PCA 之后进行的，因为这降低了数据的维度，并且消除了数据中的任何共线性，使数据矩阵达到满秩。从 DFA 提取的因子被称为"判别函数"，它们是 Fisher 比率 F[57]最大化的原始变量的线性组合[56]。对于两组数据，Fisher 比率的定义是

$$F = \frac{(m_1 - m_2)^2}{\sigma_1^2 + \sigma_2^2} \qquad (式 10 - 32)$$

其中，m_1 和 σ_1^2 分别是组 1 的平均值和方差，并且类似地对应于组 2。最大化 Fisher 比值可最大限度地减少每组中的变化，同时最大化不同组之间的差异。DFA 因子，或判别函数，使我们能够研究数据由于样本组之间的差异造成的特征。类似于 PCA，判别函数连续地捕获组之间最显著的变化。它们实际上是主成分的旋转，因此旋转因子描述了组之间的最大差异，而不是数据中最大的方差。通过使用已知组成员的先验信息的校准数据集构建 DFA 模型，该模型可用于将来对未知样本的分类。因此，DFA 是一种监督分类方法，如先前在 10.4.5 节中讨论的那样，需要对独立数据进行仔细的验证才能用于将来的预测。感兴趣的读者可参考 Manly[56]给出的 DFA 的详细介绍。

采用 SERS 和 DFA 进行细菌鉴别：DFA 已被有效地用于细菌分类，使用各种分析技术，包括热解质谱法[57]、表面增强拉曼光谱（SERS）[58-59]、衰减全反射傅里叶变换红外光谱（ATR-FTIR）[60]和 SIMS[61]。Jarvis 和 Goodacre[58]证明了使用 SERS 采用 DFA 来区分细菌与菌株水平。他们的研究提供了一个很好的仔细交叉验证的例子，这对有效可靠的分类方法至关重要。在他们的研究中，从尿路感染患者获得了 21 个细菌分离物。这包括克雷伯杆菌、柠檬酸杆菌、肠球菌和变形杆菌的物种和菌

株。为了提高 SERS 光谱的重复性，从 50 个重复谱中选出 36 个中值谱，并求和以提供平均光谱。这显著降低了 SERS 光谱中常见的高变异性。将光谱分为 1.015 cm^{-1} 宽度，并从光谱中减去线性基线，使最小光谱强度为零。光谱随后被平滑化并归一化为最大的单位强度。对于每个细菌分离物，分析了 5 个重复。使用 4 个作为校准集来开发 DFA 模型。重要的是，使用在不同日期获得的第 5 个复制样本对模型进行验证。这里值得强调的是，验证数据集独立于校准数据是非常关键的，例如在单独批次样本上的不同日期获取的数据，而不是重复同一批次样本的光谱，这提高了重复性，但没考虑到仪器参数如光谱仪的稳定性和样本之间的自然变化。由于不同细菌种类的光谱差异较大，因此对细菌菌株亚组分别进行了 DFA 分析。图 10-21 显示了前 3 个判别函数中肠球菌分离数据的分类以及来自验证数据集的数据的投影。很明显，SERS 与 DFA 的分析结合使用鲁棒模型能够对细菌进行应激水平分类，如每组的校准和验证数据的接近度所示。

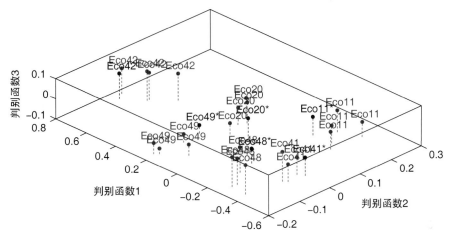

图 10-21　来自 6 个肠球菌感染患者的肠球菌分离株的 SERS 光谱的 DFA，标记为 Eco11、Eco20、Eco41、Eco42、Eco48 和 Eco49，从 Jarvis 和 Goodacre 的"图 8b"中重新绘制[58]

注：来自 4 个重复测量的校准集数据以红色显示，验证集的投影显示为蓝色。注意菌株应激水平分离和验证集的一致分组。经美国化学学会许可，转载自 Jarvis 和 Goodacre[58]。

10.5.2　层次聚类分析

聚类分析是指根据样本之间的相似性或差异将数据划分成不同的非预定义组的一系列无监督方法。与 DFA 不同，不需要有关组分的先验信息来执行聚类分析，并且所得到的模型可用于分类和预测。然而，聚类分析不提供关于不同组的样本相互关联的方式的直接信息，不同于可以直接研究判别函数的 DFA。聚类分析有很多方法，Manly[56] 对这些方法进行了详细的回顾。流行的方法之一是层次聚类分析（HCA），其使用度量来测量样本之间的距离。低于彼此之间的阈值距离的所有样本被归类为在同一组中。然后增加阈值，使组被聚集，直到所有数据属于单个组。这样产生一个树形图（树图）结构，如图 10-22 所示。可以指定阈值距离，以将数据分类为所需数量的组。通常，数据值之间的简单欧几里德距离用于聚集算法，但也可以使用其他距离度量。通常由 PCA 或 DFA 进行数据分析后执行 HCA，因为数据的维数将会显著降低。

采用 SERS 和 HCA 对细菌分类：为了继续上述细菌菌株分类的例子，Jarvis 和 Goodacre[58]将 HCA 应用于 DFA 空间中细菌样本的投影，如图 10 - 21 所示，使用欧几里德距离进行聚类算法[56]。得到的树形图如图 10 - 22 所示。这清楚地显示了细菌的应激水平分类和模型对验证数据的鲁棒性，该验证数据紧密地落在由校准数据形成的簇内。

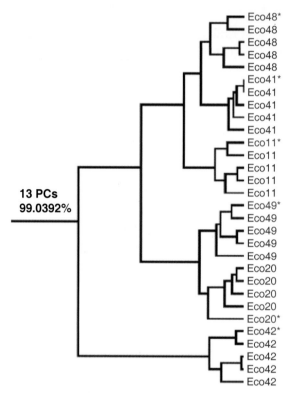

图 10 - 22　来自尿路感染患者的 6 个肠球菌分离株的 5 个重复 SERS 测量值的
HCA 树状图(图 10 - 21 所示判别函数空间)

注：经美国化学学会许可，转载自 Jarvis 和 Goodacre"图 8"局部[58]。

10.5.3　人工神经网络

人工神经网络(ANNs)广泛应用于数据分析和建模，包括模式识别、数据分类和回归。ANNs 与本章迄今讨论的基于因子的分析方法完全不同。他们是认知处理的生物器官大脑的数学形式主义。为了模式识别的目的，大脑处理复杂的信息非常强大。这种力量是由于大约 10^{11} 个被称为神经元的简单处理单元之间的连接。每个神经元通过被称为轴突的长丝的电脉冲连接到其他神经元。轴突末端与其他神经元的输入之间的连接称为突触，每个突触都具有在电信号通过之前必须超过的阈值电平。

ANNs 以类似的方式开发，以受益于此并行处理架构。每个网络包括被称为神经元或节点的简单处理单元的模式。图 10-23 显示了具有 3 个输入和 1 个输出的神经元的示意图。对每个输入应用乘法权重，相当于有机体中电信号的增强，并且神经元对这些值进行求和并加上一个偏置值。通过传递函数将输入转换为输出。为了分类的目的，这通常是一个"S"形函数，对于从正负无穷大的范围输入，给出 0 和 1 之间的稳定输出。添加偏置值意味着神经元像突触一样起作用，其阈值可以被改变。神经元被安排在许多不同的架构中。对于模式识别和分类，最流行的是多层前馈网络，也称为多层感知器[62]。神经元的输入层最终映射到输出层上的许多所谓的隐藏层。图 10-23(b) 显示了这样一个网络的例子。

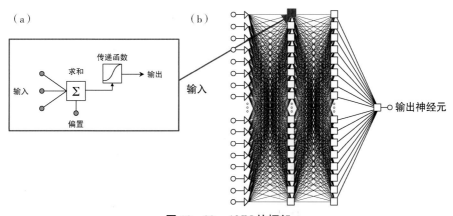

图 10-23　ANN 的框架

注：(a)具有"S"形传递函数的单个神经元和(b)布置为由输入层、中间层或"隐藏层"和单个输出神经元组成的多层前馈网络的神经元网络。

有许多使用 ANNs 的例子，特别是在生物领域，例如检测初榨橄榄油掺假[63]和橙汁掺假[64]、鉴定糖原中的氨基酸[65]、区分细菌亚种[66]、二元混合物的定量[67]、细菌鉴定[68]和通过静态 SIMS 进行吸附蛋白质的分类[31]。从图 10-1 可以看出，表面化学分析中公开使用的 ANNs 在 20 世纪 90 年代初与 PCA 的增长率大致相同，但是很快就达到了稳定的平台期，而 PCA 的使用加速了，现在差不多 10 倍于 ANNs。存在这样大的变化，主要是由于难以训练或校准一个稳健的并基于显著化学特征而不是背景信号或污染的网络。然而，ANNs 的巨大优势是它们能够在数据中使用非线性的能力。迄今为止，讨论的多变量方法都假设数据可以表示为因子的线性和，并且这些因子与数据中的化学贡献相关。对于许多技术，如光学方法和气相质谱，这是一个合理的假设。不幸的是，对于表面分析，会出现许多可能导致强非线性的"并发症"，例如污染覆盖层、基质效应和形貌效应。因此，ANNs 可能在这些应用中具有实用性。

人工神经网络对 SIMS 谱进行分类：Gilmore 等[69]开发了一种多层前馈网络，用于静态 SIMS 谱的模式识别和使用库数据进行分类[70]。所使用的网络，如图 10-23

(b)所示，由三层神经元组成，以提供所需的灵活性。静态 SIMS 谱分为单位质量间隔并限制在"指纹"区域（1～300 u），这将网络输入的数量减少到 300。每个谱被归一化以给出统一的最大强度。需要从网络输出一个单独的输出，该输出被训练为给出正确匹配的"1"输出，否则输出为"0"。必须定义每个层中应该有多少个神经元。如果网络太强大，则可能会以与 PLS 类似的方式将校准数据过度拟合，如图 10-19 所示。没有精确的规则来确定每个层中神经元的数量，但是简单的规则[71]指出，第一层中的神经元数量应该是输入数量的大约一半。因此，第一层被设置为具有 150 个神经元，并且第二层被选择为具有 50 个全部映射到一个最终输出神经元上。当网络从示例中学习时，确定输入权重和偏差，这被称为监督学习。示例将呈现给网络，然后网络尝试匹配输出中的答案。用于计算输入权重和偏差值的方法称为反向传播[62]，它是一种梯度下降算法。许多不同的最小化算法可用于存储器和速度的不同计算要求。对于神经网络，共轭梯度算法可提供可靠和快速的收敛。

人工神经网络被用于识别多种聚合物，包括从由 15 种具有 8 种不同分子量分布的不同聚合物组成的静态 SIMS 谱图库[70]中识别聚甲基丙烯酸甲酯（PMMA）、聚丁二烯（PBD）、聚乙二醇（PEG）、聚苯乙烯（PS）、聚碳酸酯（PC）和聚二甲基硅氧烷（PDMS）。图 10-24 显示了来自谱图库中训练识别 PBD 的输出。神经网络显示出具有最低正确值 0.9899 和最高不正确值 0.0109 的谱的极好分类能力。

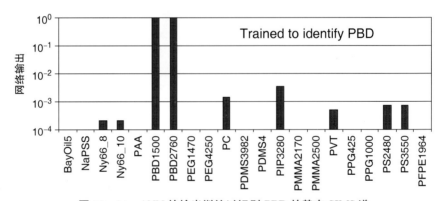

图 10-24　ANN 的输出训练以识别 PBD 的静态 SIMS 谱

注：用于各种聚合物和分子量分布的图谱[69]，注意图中的对数坐标刻度。

正如我们之前所讨论的，任何分类方法的关键测试是网络使用独立数据的能力。为了测试这个，Gilmore 等使用与库数据[70]中不同的仪器获得聚碳酸酯的 SIMS 谱，使用能量在 4～10 keV 之间的 Ar^+、Cs^+ 和 SF_5^+ 一次离子。众所周知，不同的一次离子在静态 SIMS 中的碎裂模式和谱强度方面产生显著的差异[72]。神经网络将该材料正确识别为 PC，平均输出为 0.9962。最大的误差识别是 PS 对于 10 keV SF_5^+ 一次离子的输出为 0.113，但值通常小于 0.002。尽管一次离子的种类和能量有所不同，但人工神经网络已经提供了一个高置信度的清晰准确的识别。

10.6　总结和结论

在本章中，我们回顾了用于表面分析中最流行的多变量分析技术。图 10-25 显示了不同多变量方法的目标和典型应用，按其典型的应用顺序排列。多变量方法对于从表面分析（包括光谱、图像和深度分布）获得的广泛数据的识别、量化和分类是非常强大的。多变量分析的速度、自动化和准确性，以及获取难以在没有系统预先知识的情况下提取信息的能力，使其对许多类型的数据的传统分析方法具有优势。目前的研究主要从多变量分析中的许多问题和挑战出发，从化学特征与噪声的最佳区分的数据缩放等基本原理到实际应用，如对具有大形貌的光纤图像的分析。与领先的行业和学术专家协商制定的术语和定义现已被纳入下一版 ISO 18115 表面化学分析词汇[73]。此外，最近被行业分析师高度重视的多变量分析的 ISO 指南目前正在积极发展。因此，有关多变量分析的明确建议和准则正在变得可行，使这些方法更加易用且分析结果更为可信。随着现代分析仪器功能的提高和通量的增加，以及新兴研究领域日益增长的分析要求，例如生物材料和创新设备的表面分析，多变量分析正在成为从数据中快速、无偏差提取最大信息的不可或缺的强大工具。

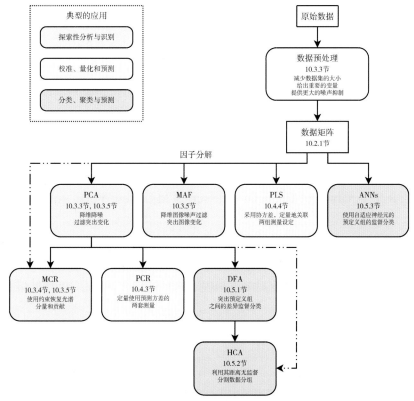

图 10-25　总结本章综述的多变量分析方法的目标示意图
注：按其典型的应用顺序排列

致谢

作者感谢 D. G Castner，M. S. Wagner，B. J. Tyler 和 S. J. Pachuta 对于多变量分析术语进行的宝贵讨论。这项工作是英国创新大学和技能局（DIUS）国家计量系统化学和生物项目的一部分。

参考文献

[1] MALINOWSKIE R. Factor analysis in chemistry[M]. 3rd ed. New York：John Wiley & Sons Inc. ，2002.

[2] WOLD S. Chemometrics：what do we mean with it，and what do we want from it？[J]. Chemometrics and intelligent laboratory systems，1995，30（1）：109-115.

[3] Philadelphia：Thomson Scientific. http：//www. isiknowledge. com，2008.

[4] BOAS M L. Mathematical methods in the physical sciences[M]. 3rd ed. New York：John Wiley & Sons Inc. ，2006.

[5] WISE B M，GALLAGHER N B，BRO R，et al. PLS toolbox version 3. 5 manual[M]. Wenatchee：Eigenvector Research Inc. ，2005.

[6] HARRINGTON P B，RAUCH P J，CAI C. Multivariate curve resolution of wavelet and Fourier compressed spectra[J]. Analytical chemistry，2001，73（14）：3247-3256.

[7] LARSEN R. Decomposition using maximum autocorrelation factors[J]. Journal of chemometrics：A journal of the chemometrics society，2002，16（8-10）：427-435.

[8] STEVENS J. Applied multivariate statistics for the social sciences[M]. Mahwah：Lawrence Erlbaum Associates Inc. ，2001.

[9] TSAYR S. Analysis of financial time series[M]. New York：John Wiley & Sons Inc. ，2001：335.

[10] JOLLIFEI T. Principal component analysis[M]. 2nd ed. New York：Springer-Verlag，2002.

[11] TURK M，PENTLAND A. Eigenfaces for recognition[J]. Journal of cognitive neuroscience，1991，3(1)：71-86.

[12] BEUZEN A，BELZUNG C. Link between emotional memory and anxiety states：A study by principal component analysis[J]. Physiology & behavior，1995，58(1)：111-118.

[13] CATTELL R B. The scree test for the number of factors[J]. Multivariate behavioral research，1966，1(2)：245-276.

[14] DEMING S N，PALASOTA J A，NOCERINO J M. The geometry of multiva-

riate object preprocessing[J]. Journal of chemometrics, 1993, 7(5): 393-425.

[15] LEE J L S, GILMORE I S, SEAH M P. Quantification and methodology issues in multivariate analysis of ToF-SIMS data for mixed organic systems[J]. Surface and interface analysis, 2008, 40(1): 1-14.

[16] KEENAN M R, KOTULA P G. Accounting for poisson noise in the multivariate analysis of ToF-SIMS spectrum images[J]. Surface and interface analysis, 2004, 36(3): 203-212.

[17] SEAH M P, CUMPSON P J. Signal-to-noise ratio assessment and measurement in spectroscopies with particular reference to Auger and X-ray photoelectron spectroscopies[J]. Journal of electron spectroscopy and related phenomena, 1993, 61(3-4): 291-308.

[18] WAGNER M S, GRAHAM D J, CASTNER D G. Simplifying the interpretation of ToF-SIMS spectra and images using careful application of multivariate analysis[J]. Applied surface science, 2006, 252(19): 6575-6581.

[19] WALTON J, FAIRLEY N. Noise reduction in X-ray photoelectron spectromicroscopy by a singular value decomposition sorting procedure[J]. Journal of electron spectroscopy and related phenomena, 2005, 148(1): 29-40.

[20] PACHUTA S J. Enhancing and automating TOF-SIMS data interpretation using principal component analysis[J]. Applied surface science, 2004, 231: 217-223.

[21] PACHOLSKI M L. Principal component analysis of TOF-SIMS spectra, images and depth profiles: an industrial perspective[J]. Applied surface science, 2004, 231: 235-239.

[22] EYNDE X V, BERTRAND P. ToF-SIMS quantification of polystyrene spectra based on principal component analysis (PCA)[J]. Surface and interface analysis, 1997, 25(11): 878-888.

[23] URQUHART A J, TAYLOR M, ANDERSON D G, et al. TOF-SIMS analysis of a 576 micropatterned copolymer array to reveal surface moieties that control wettability[J]. Analytical chemistry, 2008, 80(1): 135-142.

[24] MÉDARD N, POLEUNIS C, EYNDE X V, et al. Characterization of additives at polymer surfaces by ToF-SIMS[J]. Surface and interface analysis, 2002, 34(1): 565-569.

[25] BIESINGER M C, PAEPEGAEY P Y, MCINTYRE N S, et al. Principal component analysis of TOF-SIMS images of organic monolayers[J]. Analytical chemistry, 2002, 74(22): 5711-5716.

[26] YANG L, LUA Y Y, JIANG G, et al. Multivariate analysis of TOF-SIMS spectra of monolayers on scribed silicon[J]. Analytical chemistry, 2005, 77

（14）：4654-4661.

[27] WAGNER M S, GRAHAM D J, RATNER B D, et al. Maximizing information obtained from secondary ion mass spectra of organic thin films using multivariate analysis[J]. Surface science, 2004, 570(1-2)：78-97.

[28] GRAHAM D J, WAGNER M S, CASTNER D G. Information from complexity：Challenges of TOF-SIMS data interpretation[J]. Applied surface science, 2006, 252(19)：6860-6868.

[29] XIA N, MAY C J, MCARTHUR S L, et al. Time-of-flight secondary ion mass spectrometry analysis of conformational changes in adsorbed protein films[J]. Langmuir, 2002, 18(10)：4090-4097.

[30] FERRARI S, RATNER B D. ToF-SIMS quantification of albumin adsorbed on plasma-deposited fluoropolymers by partial least-squares regression[J]. Surface and interface analysis, 2000, 29(12)：837-844.

[31] SANNI O D, WAGNER M S, BRIGGS D, et al. Classification of adsorbed protein static ToF-SIMS spectra by principal component analysis and neural networks[J]. Surface and interface analysis, 2002, 33(9)：715-728.

[32] WAGNER M S, CASTNER D G. Characterization of adsorbed protein films by time-of-flight secondary ion mass spectrometry with principal component analysis[J]. Langmuir, 2001, 17(15)：4649-4660.

[33] DE JUAN A, TAULER R. Chemometrics applied to unravel multicomponent processes and mixtures：Revisiting latest trends in multivariate resolution[J]. Analytica chimica acta, 2003, 500(1-2)：195-210.

[34] DE JUAN A, TAULER R. Multivariate curve resolution (MCR) from 2000：progress in concepts and applications[J]. Critical reviews in analytical chemistry, 2006, 36(3-4)：163-176.

[35] GALLAGHER N B, SHAVER J M, MARTIN E B, et al. Curve resolution for multivariate images with applications to TOF-SIMS and Raman[J]. Chemometrics and intelligent laboratory systems, 2004, 73(1)：105-117.

[36] JIANG J H, LIANG Y, OZAKI Y. Principles and methodologies in self-modeling curve resolution[J]. Chemometrics and intelligent laboratory systems, 2004, 71(1)：1-12.

[37] KAISER H F. The varimax criterion for analytic rotation in factor analysis[J]. Psychometrika, 1958, 23(3)：187-200.

[38] SMENTKOWSKI V S, KEENAN M R, OHLHAUSEN J A, et al. Multivariate statistical analysis of concatenated time-of-flight secondary ion mass spectrometry spectral images. Complete description of the sample with one analysis[J]. Analytical chemistry, 2005, 77(5)：1530-1536.

［39］SMENTKOWSKI V S，OSTROWSKI S G，BRAUNSTEIN E，et al. Multivari-ate statistical analysis of three-spatial-dimension TOF-SIMS raw data sets［J］. Analytical chemistry，2007，79(20)：7719-7726.

［40］LLOYD K G. Application of multivariate statistical analysis methods for im-proved time-of-flight secondary ion mass spectrometry depth profiling of bur-ied interfaces and particulate［J］. Journal of vacuum science & technology A：Vacuum，surfaces，and films，2007，25(4)：878-885.

［41］PEEBLES D E，OHLHAUSEN J A，KOTULA P G，et al. Multivariate statis-tical analysis for X-ray photoelectron spectroscopy spectral imaging：Effect of image acquisition time［J］. Journal of vacuum science & technology A：Vacu-um，surfaces，and films，2004，22(4)：1579-1586.

［42］KEENAN M R，KOTULA P G. Recent developments in automated spectral image analysis［J］. Microscopy and microanalysis，2005，11(S02)：36-37.

［43］ARTYUSHKOVA K，FULGHUM J E. Identification of chemical components in XPS spectra and images using multivariate statistical analysis methods［J］. Journal of electron spectroscopy and related phenomena，2001，121(1-3)：33-55.

［44］GELADIP，GRAHN H. Multivariate image analysis［M］. Chichester，UK：John Wiley & Sons Ltd，1996.

［45］GILMORE I S，SEAH M P. Static SIMS：A study of damage using polymers ［J］. Surface and interface analysis，1996，24(11)：746-762.

［46］SEAH M P，SPENCER S J. Degradation of poly(vinyl chloride) and nitrocel-lulose in XPS［J］.Surface and interface analysis，2003，35(11)：906-913.

［47］ARTYUSHKOVA K，FULGHUM J E. Multivariate image analysis methods applied to XPS imaging data sets［J］.Surface and interface analysis，2002，33 (3)：185-195.

［48］WALTON J，FAIRLEY N. Quantitative surface chemical-state microscopy by X-ray photoelectron spectroscopy［J］. Surface and interface analysis，2004，36 (1)：89-91.

［49］TYLER B J. Multivariate statistical image processing for molecular specific imaging in organic and bio-systems［J］. Applied surface science，2006，252 (19)：6875-6882.

［50］TYLER B J，RAYAL G，CASTNER D G. Multivariate analysis strategies for processing ToF-SIMS images of biomaterials［J］. Biomaterials，2007，28(15)：2412-2423.

［51］GELADI P，KOWALSKI B R. Partial least-squares regression：A tutorial［J］. Analytica chimica acta，1986，185：1-17.

［52］WOLD S，SJÖSTRÖM M，ERIKSSON L. PLS-regression：A basic tool of che-
mometrics［J］. Chemometrics and intelligent laboratory systems，2001，58(2)：
109-130.

［53］MARTENS H A，DARDENNE P. Validation and verification of regression in
small data sets［J］. Chemometrics and intelligent laboratory systems，1998，44
(1-2)：99-121.

［54］SHAO J. Linear model selection by cross-validation［J］. Journal of the Ameri-
can statistical association，1993，88(422)：486-494.

［55］DAVIES T. Independence rules (or Rules for independence)［J］. Spectroscopy
Europe，2004，16(4)：27-28.

［56］MANLY B F J. Multivariate statistical methods：A primer［M］. London：
Chapman & Hall，1995.

［57］WINDIG W，HAVERKAMP J，KISTEMAKER P G. Interpretation of sets of
pyrolysis mass spectra by discriminant analysis and graphical rotation［J］. Ana-
lytical chemistry，1983，55(1)：81-88.

［58］JARVIS R M，GOODACRE R. Discrimination of bacteria using surface-en-
hanced Raman spectroscopy［J］. Analytical chemistry，2004，76(1)：40-47.

［59］JARVIS R M，BROOKER A，GOODACRE R. Surface-enhanced Raman scat-
tering for the rapid discrimination of bacteria［J］. Faraday discussions，2006，
132：281-292.

［60］WINDER C L，GOODACRE R. Comparison of diffuse-reflectance absorbance
and attenuated total reflectance FT-IR for the discrimination of bacteria［J］.
Analyst，2004，129(11)：1118-1122.

［61］FLETCHER J S，HENDERSON A，JARVIS R M，et al. Rapid discrimination
of the causal agents of urinary tract infection using ToF-SIMS with chemomet-
ric cluster analysis［J］. Applied surface science，2006，252(19)：6869-6874.

［62］BISHOPC M. Neural networks for pattern recognition［M］. Oxford：Oxford
University Press，1995.

［63］GOODACRE R，KELL D B，BIANCHI G. Rapid assessment of the adultera-
tion of virgin olive oils by other seed oils using pyrolysis mass spectrometry and
artificial neural networks［J］. Journal of the science of food and agriculture，
1993，63(3)：297-307.

［64］GOODACRE R，HAMMOND D，KELL D B. Quantitative analysis of the a-
dulteration of orange juice with sucrose using pyrolysis mass spectrometry and
chemometrics［J］. Journal of analytical and applied pyrolysis，1997，40：
135-158.

［65］GOODACRE R，EDMONDS A N，KELL D B. Quantitative analysis of the pyrolysis-mass spectra of complex mixtures using artificial neural networks：Application to amino acids in glycogen[J]. Journal of analytical and applied pyrolysis，1993，26(2)：93-114.

[66] GOODACRE R，HOWELL S A，NOBLE W C，et al. Sub-species discrimination, using pyrolysis mass spectrometry and self-organising neural networks, of Propionibacterium acnes isolated from normal human skin[J]. Zentralblatt fürbakteriologie，1996，284(4)：501-515.

[67] GANADU M L，LUBINU G，TILOCCA A，et al. Spectroscopic identification and quantitative analysis of binary mixtures using artificial neural networks [J]. Talanta，1997，44(10)：1901-1909.

[68] SCHMITT J，UDELHOVEN T，NAUMANN D，et al. Stacked spectral data processing and artificial neural networks applied to FT-IR and FT-Raman spectra in biomedical applications[C] // Infrared Spectroscopy：New Tool in Medicine. International Society for Optics and Photonics，1998，3257：236-244.

[69] GILMORE I S，SEAH M P. Static SIMS：Methods of identification and quantification using library data—An outline study[R]. NPL Report，CMMT (D)，2000，268.

[70] SCHWEDE B C，HELLER T，RADING D，et al. The Münster high mass resolution static SIMS library：ION-TOF[M]. Münster，Germany，1999.

[71] CIROVIC D A. Feed-forward artificial neural networks：Applications to spectroscopy[J]. TrAC trends in analytical chemistry，1997，16(3)：148-155.

[72] GILMORE I S，SEAH M P. Static SIMS：Towards unfragmented mass spectra—The G-SIMS procedure[J]. Applied surface science，2000，161(3-4)：465-480.

[73] SEAH M P. Summary of ISO/TC 201 Standard：VIII，ISO 18115：2001—Surface chemical analysis—Vocabulary[J]. Surface and interface analysis，2001，31(11)：1048-1049.

？思考题

1. 概述与传统分析相比，使用多变量分析的优点和缺点：
(1)研究方面；
(2)常规定量分析和质量控制方面。
2. 因子分析模型可简写为：

$$X = \sum_{n=1}^{N} t_n p'_n + E$$

解释上式中每个术语的意义和重要性。总结基于此模型的主成分分析(PCA)和多变量曲线分辨（MCR）之间的差异。

3. 推导如图 10-2 中所示的数据矩阵 $\boldsymbol{X}$ 的秩。计算矩阵 $\boldsymbol{Z} = \boldsymbol{X}'\boldsymbol{X}$，并计算 $\boldsymbol{Z}$ 本征向量和相关本征值。将本征值转换为 PCA 中捕获的百分比方差。

4. 对如图 10-2 中所示的数据矩阵 $\boldsymbol{X}$ 应用平均居中。计算协方差矩阵 $\boldsymbol{Z}_{cov}$，并计算 $\boldsymbol{Z}_{cov}$ 的本征向量和相关本征值。将本征值转为 PCA 中捕获的百分比方差，解释为什么这些结果与问题 3 不同。

5. 图 10-14 显示了应用于不相溶的聚碳酸酯/聚氯乙烯共混物的平均居中后的 ToF-SIMS 图像的 PCA 结果。说明如果将 MCR 应用于原始数据，对分数和加载使用非负约束解析两个因子，您将会期望看到的结果。讨论对这个数据集使用 PCA 或 MCR 的相对优点。

6. 解释说明多变量回归中验证和交叉验证之间的差异。制订一个实验计划，并概述您将采取的步骤，以生成一个偏最小二乘法（PLS）回归模型。将 7 个样品的表面化学与其细菌细胞生长特性相关，包括任何验证或交叉验证程序的细节。如果模型用于预测未来样本的细胞生长特性，那么您如何推导出预测误差以及怎样改善？

7. 图 10-21 显示了 3 个判别函数的 30 个细菌样品的得分，使用判别函数分析（DFA）显示不同细菌菌株之间的良好分离。为什么每个判别函数的得分绘制在相同的比例上很有用？这也适用于其他多变量方法吗？

8. 与基于因子分解的多变量方法相比，使用人工神经网络有何优缺点？

附录 1　应用表面科学真空技术

A1.1　前言：气体和蒸汽

一定的真空环境是绝大部分表面分析的前提条件，只有在真空中才能实现相关分析技术。表面分析需要高真空环境的原因是多方面的，其中最重要的是要确保表面分析所研究的各种物质粒子具有较长的平均自由程。高真空意味着在表面分析系统中，离子和电子等物质粒子的运动轨迹不被干扰。此外，在表面分析实验过程中要确保试样表面尽量不吸附气体分子，这需要更高真空以使表面吸附单分子层的时间足够长，以便从表面收集相关数据。在表面分析中往往要求在持续高电压下不产生辉光放电现象，这同样需要较高的真空条件。因此，了解真空技术及其物理意义对于理解表面分析及其应用非常重要。真空技术主要研究对象是气体和蒸汽，因此有必要对两者进行介绍。

气体是原子或分子的一种低密度聚集形态，而原子或分子可以采用简单的硬球模型进行描述。通常情况下，一般认为气体分子之间没有相互作用，除非在分子间发生相互碰撞时。图 A1－1 为小体积范围内气体的瞬时结构示意图。相比气体分子直径，分子间的距离通常较长，而且气体分子在空间中呈无序分布。在气体占据的空间中，气体分子随意分布和运动，室温下，气体分子的运动速率约为 10^2 m/s。值得注意的是，惰性气体与理想气体行为近似。

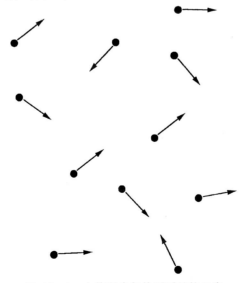

图 A1－1　小体积内气体瞬时结构示意

注：其中箭头表示气体粒子运动的随意性。如果将气体粒子尺寸及其间距进行相应缩放，图示体积对应压强约 20 个大气压下，边长 3 nm 的立方体。

以上模型假设气体是由一定数量的离散粒子所组成，这些粒子之间没有相互作用力，基于这种假设可引申出关于气体的一系列理论解释，称为气体分子运动理论。气体分子运动理论试图通过气体分子的微观行为来解释诸如气体压力和温度等气体宏观性质。其中最重要的一个关系式就是将气体压强 p 和气体密度 ρ 及气体分子质量 m 和均方速度 $\langle c^2 \rangle$ 进行关联，关系式如下：

$$p = \frac{1}{3}\rho\langle c^2 \rangle \qquad (\text{式 A1}-1)$$

或

$$p = \frac{1}{3}nm\langle c^2 \rangle \qquad (\text{式 A1}-1a)$$

其中，

$$\langle c^2 \rangle = 3\frac{kT}{m} \qquad (\text{式 A1}-2)$$

n 为粒子的数量密度（单位：m^{-3}），k 是波尔兹曼常数（单位：$J \cdot K^{-1}$），T 为绝对温度（单位：K）。

气体分子在容器内以不同的速率直线运动，并与容器壁进行碰撞，运动过程中气体分子相互间也发生弹性碰撞。气体分子之间每秒平均碰撞次数称为碰撞频率 z，而气体分子在两次碰撞之间的平均飞行路程称为平均自由程 λ。碰撞频率 z 和平均自由程 λ 均为气体粒子平均飞行速度 $\langle C \rangle$、粒子直径 $2r$ 和粒子数量密度的函数，近似表示如下：

$$z = \frac{\langle C \rangle}{\lambda} \qquad (\text{式 A1}-3)$$

其中，

$$\langle C \rangle = \sqrt{\frac{8kT}{pm}} \qquad (\text{式 A1}-4)$$

简单几何关系表明，如果气体分子间距小于分子直径 $2r$，将发生碰撞，此时有

$$\lambda = \frac{1}{\sqrt{2}n\pi(2r)^2} \qquad (\text{式 A1}-5)$$

其中，$\pi(2r)^2$ 称为分子碰撞截面，通常采用符号 σ 表示。从上式可以看出，气体分子平均自由程与分子数量密度，即气体压强 p 成反比。在一定温度下，对于任意气体，$p\lambda$ 为常数。

了解平均自由程的概念对于在分子水平理解真空系统非常重要，表面分析系统需要真空条件实际上就是要增加体系中气体分子的平均自由程。真空技术本身的主要目的就是减少给定体积内的原子或分子的数量密度。在介绍降低气体分子数量密度的方法前，有必要阐述几个有关真空技术和原理的基本术语和物理量。

真空技术中最常用的术语为压强，通常采用字母 p 表示。压强定义为"垂直作用于表面上的力与表面面积的商"。也可以更简单地认为压强是流体施加在单位表面积上的作用力，单位为单位面积上的力。在 SI 单位制中，压强单位为牛顿每平方米

$(N \cdot m^{-2})$或帕斯卡(Pa)。然而，在真空技术中，通常采用毫巴(mbar)作为压强计量单位。以前在真空技术中还通常将"乇"作为压强单位，但现在已不再推荐使用。1 乇是指在 0 ℃下，1 mm 汞柱的平衡压力。压强换算因子见表 A1 - 1。

表 A1 - 1 压强单位换算关系

mbar	Pa	Torr[a]	bar	atm[b]	at[c]	mmH$_2$O[e]
1013	101300	760.00	1.01	1.0	1.03	1.03×10^4
1000	100000	750.00	1.00	0.987	1.02	1.02×10^4
981	98100	735.75	0.981	0.968	1	10^4
900	90000	675.00	0.90	0.888	0.918	9177
800	80000	600.00	0.80	0.789	0.816	8157
700	70000	525.00	0.70	0.691	0.714	7137
600	60000	450.00	0.60	0.592	0.612	6118
500	50000	375.00	0.50	0.494	0.510	5098
400	40000	300.00	0.40	0.395	0.408	4078
300	30000	225.00	0.30	0.296	0.306	3059
200	20000	150.00	0.20	0.197	0.204	2039
100	10000	75.00	0.10	0.099	0.102	1019
90	9000	67.50	0.09	0.089	0.092	918
80	8000	60.00	0.08	0.079	0.082	816
70	7000	52.50	0.07	0.069	0.071	714
60	6000	45.00	0.06	0.059	0.061	612
50	5000	37.50	0.05	0.049	0.050	510
40	4000	30.00	0.04	0.040	0.041	408
30	3000	22.50	0.03	0.030	0.031	306
20	2000	15.00	0.02	0.020	0.020	204
10	1000	7.50	0.01	0.010	0.010	102
5	500	3.75	0.005	0.005	0.005	51
1	100	0.75	0.001	0.001	0.001	10
0.5	50	0.375	5×10^{-4}	5×10^{-4}	5×10^{-4}	5
0.1	10	0.075	1×10^{-4}	1×10^{-4}	1×10^{-4}	1
1×10^{-2}	1	7.5×10^{-3}	1×10^{-5}	1×10^{-5}	1×10^{-5}	0.1
1×10^{-n}	$1 \times 10^{-(n+2)}$	$7.5 \times 10^{-(n+1)}$	$1 \times 10^{-(n+3)}$	$1 \times 10^{-(n+3)}$	$1 \times 10^{-(n+3)}$	$1 \times 10^{-(n-1)}$
0	0	0	0	0	0	0

注：[a] 1 Torr = 1 mmHg；

[b] 1 atm(标准大气压) = 101325 Pa(标准参考压强)；

[c] 1 at 为 1 个工业大气压；

[e] 1 mmH$_2$O = 10^{-4} at = 9.8 mbar。

虽然压强是真空技术中最常用的术语，但其与表面科学研究相关性并不强。真空技术的主要目的只是降低给定体积 V 内气体颗粒的数量密度 n。而气体颗粒数量密度与气体压强 p 和热力学温度 T 通过气体动力学理论相关联，三者之间的关系式可以表示为

$$p = nkT \qquad \text{（式 A1 - 6）}$$

其中，k 为波尔兹曼常数。

可以看出，当温度恒定时，气体颗粒数量密度的降低将导致气体压强降低。然而，需要强调的是，当体积恒定时，降低气体温度也可以使压强降低。当体系内温度不完全一致时需要考虑温度的影响。

从式 A1 - 6 中也可以看出，在给定温度下，压强仅仅取决于气体分子数量密度，而与气体种类无关，即气体压强在给定温度和气体分子密度的情况下与气体种类无关。

与绝对温度类似，在真空技术中，压强一般指绝对压强。但在某些特殊情况下，需要采用相应符号对压强 p 进行特定表示：

（1）容器内的总压强 p_{tot} 是指容器内各种气体和蒸汽的分压之和。

（2）分压强 p_{part} 是指某一种气体或者蒸汽单独在容器内时所具有的压强。

（3）蒸汽压 p_d 是指系统内蒸汽所产生的压强，以有别于气体压强。

（4）饱和蒸汽所具有的压强称为饱和蒸汽压 p_s，材料的饱和蒸汽压仅与温度有关。

（5）真空容器内的极限压强 p_{ult} 是指在一定真空泵抽速下容器所能达到的最低压强。

此时，我们仍有必要解释清楚气体和蒸汽的区别，气体通常是指材料在工作温度下不可冷凝的气相状态，而蒸汽则是指材料在环境温度下可以冷凝的气相状态。在本章后续部分，只在必要的情况下才对两者加以区分。

体积 V 是真空技术中另一个常用术语，单位为升（L）或立方米（m³）。体积 V 是真空容器或整个真空系统的几何体积。体积也可指被真空泵抽取或被吸附材料吸附的气体体积，此时体积与气体压强相关。在特定温度和压力下，单位时间内通过某传输部件的气体体积定义为该部件的气体体积流速 q_v。必须明确的是，在一定的体积流速下，温度和压力不同时，气体颗粒传输数量是不同的。

由体积流速概念衍生出一个评价真空系统特性的重要参数，即真空泵或真空系统的抽速 S。真空泵的抽速（单位为 L/s 或 m³/s）是指真空泵入口光阑处的气体体积流速，表示为

$$S = dV/dt \qquad \text{（式 A1 - 7）}$$

在绝大多数高真空泵正常工作时，由于真空泵抽速 S 恒定，因此以上微分式也可以表示为：

$$S = \partial V/\partial t \qquad \text{（式 A1 - 7a）}$$

如前所述，体积流速并不能直接反映单位时间内通过某一器件的气体粒子数量，

这是因为其还与温度和压力有关。因此，确定一定量的气体通过某一器件单元的流速更有意义。气体的量可以采用质量 m 进行表示，单位为克(g)或者千克(kg)。在真空技术中，从以下公式中看出，气体的质量可直接通过气体的相关特性和其温度计算得到：

$$m = pV \frac{M}{RT} \qquad (式A1-8)$$

上式是对理想气体方程的重新排列，其中，m 为气体质量(单位：kg)，M 是摩尔质量(单位：kg/mol)，R 为摩尔气体常数($R = 8.314$ J·mol^{-1}·K^{-1})。

因此，通过某一器件的气体的量可以采用质量流速 q_m 表示：

$$q_m = m/\Delta t \qquad (式A1-9)$$

或者采用通量 q_{pv} 表示，为

$$q_{pv} = p(\Delta V/\Delta t) \qquad (式A1-10)$$

单位为 Pa·m^3·s^{-1}，或者 mbar·L·s^{-1}。

真空泵或真空系统的气体通量是指真空泵进气光阑处的气体通量，通常被用来表示真空泵或真空系统的性能，且 p 是指真空泵进气侧的压强。若压强 p 和 ΔV 保持恒定，则真空泵的通量可以简单表示为

$$q_{pv} = pS \qquad (式A1-11)$$

其中，S 为真空泵进气口处压强为 p 时的抽速。

真空泵的气体通量的概念对于理解真空系统的工作原理和真空系统设计非常重要。充分理解真空泵的气体通量和真空泵抽速非常重要，不能将两者进行混淆。

真空泵将气体从系统中排除的能力不仅取决于真空泵的通量，更重要的是由真空系统中的部件传输气体的能力所决定。气体通过软管、阀门或光阑等传输部件的通量可以表示为

$$q_{pv} = C(p_1 - p_2) \qquad (式A1-12)$$

其中，$(p_1 - p_2)$ 是指传输器件的进口和出口的压强差，比例常数 C 称为器件的气体传导率，由器件的几何特性决定。

真空技术中的器件气体传导率类似于电传导率，可以采用与欧姆定律相似的方式进行处理。若真空系统中有 A、B、C 3 个串联的器件，则其总传导率可表示为

$$\frac{1}{C_{tot}} = \frac{1}{C_A} + \frac{1}{C_B} + \frac{1}{C_C} \qquad (式A1-13)$$

若几个器件采用并联方式进行连接，则

$$C_{tot} = C_A + C_B + C_C \qquad (式A1-14)$$

A1.2　真空技术中不同压强范围及其特性

随着气体压强的变化，气体特性随之发生变化。通过这些变化可以确定实验所需的真空条件。在真空技术中习惯于将压强细分为不同的压强区间，在这些压强区间

内，气体表现出相似特性。这些真空压强区间通常分为：

(1)粗真空：$1\sim1000$ mbar。

(2)中真空：$10^{-3}\sim1$ mbar。

(3)高真空：$10^{-7}\sim10^{-3}$ mbar。

(4)超高真空：10^{-7} mbar 及更低。

这种真空划分方式有一定的随意性，区间之间的界限并不是清晰分开的。不同压强区间的显著差异就是其气体流动特性的不同。

在粗真空范围内，气体主要呈现黏流性特性。在这种情况下，气体颗粒之间的相互作用决定了其流动特性，即气体分子的黏滞性或分子间的摩擦起主导作用。若流体中出现涡流运动，则称之为湍流；若流动介质中不同层之间存在相对滑动，则称之为层流。黏流流体的特征之一就是其颗粒的平均自由程小于传导管直径，即$\lambda<d$。

在高真空和超高真空范围内，气体颗粒可以自由运动，相互间没有任何阻碍，这种状态称为分子流。在分子流状态下，气体颗粒的平均自由程大于传导管直径，即$\lambda>d$。

在中等真空范围存在从黏流态到分子流的转变，这种流体状态称为克努曾流。在这种流体状态下，气体颗粒平均自由程与传导管直径相当，即$\lambda\approx d$。

在不同的真空范围内，气体在分子层面表现出不同流动特性，理解这一点非常重要。在黏流态时，气体分子运动的方向与宏观上的气体流动方向是一致的。气体分子紧密地堆积在一起，它们之间相互碰撞的频率远高于其与容器壁碰撞的频率。而在分子流状态时，气体分子与容器壁的碰撞占主导地位。由于受到容器壁的弹性散射及气体分子从容器壁的脱附，高真空中的气体分子粒子运动方向存在随意性，从而无法从宏观层面对气体流动特性进行解释。由于气体分子粒子仅仅随机地到达光阑或开孔位置，因而在分子流状态下，真空系统的传输性能完全由系统几何特性所决定。充分了解高真空环境下气体分子的这种特性非常重要，这种情况经常被错误理解。

利用气体流动特性的不同可以很容易对粗真空、中等真空和高真空进行区分。然而，为了区分高真空和超高真空，需要引入另外一个参数，即单分子层时间τ。在高真空和超高真空内，容器壁的特性起着重要作用，因为当压强低于10^{-3} mbar 时，真空容器壁表面的气体分子数量将远多于气体空间本身，因此在真空中无任何气体分子的表面上形成一个单分子层或原子层所需的时间将是一个重要参数。在计算单分子层时间时，假设每个粒子在与表面撞击后即被固定结合到表面上。单分子层时间与单位时间内入射到表面单位面积上的粒子数量相关，即所谓的碰撞概率Z_A。在静态气体中，碰撞概率与气体颗粒的数量密度和平均速度相关，即

$$Z_A = \frac{n\langle c\rangle}{4} \qquad (\text{式 A1 - 15})$$

若表面上单位表面积所具有的自由区域的数量为a，则单分子层时间可以采用以下公式表示：

$$\tau = \frac{a}{Z_A} = \frac{4a}{n\langle c\rangle} \qquad (\text{式 A1 - 16})$$

如果假设单分子层被吸附在体积为 1 L 的球体容器内壁上，那么在不同压强下，被吸附的气体颗粒数量与空间中的自由气体颗粒数量的比例关系如下：

1 mbar　　　　　　10^{-2}

10^{-6} mbar　　　　10^{4}

10^{-11} mbar　　　　10^{9}

基于以上信息及单分子层的概念，对高真空和超高真空的界限进行划分是必要的。在高真空范围内，单分子层时间只需不到 1 s，而在超高真空范围则需要数分钟，甚至几小时。

为了在可行的时间内保持表面没有吸附气体分子，表面必须处于超高真空环境内。许多表面分析研究均需要这种超高真空条件，如表面吸附工艺研究等。

随压强变化而显著变化的并非仅仅只有气体流动特性和单分子层时间，热传导特性和气体的黏度等其他物理性能也同样与压强紧密相关。可以想象，真空范围不同时，抽气所用真空泵将采用不同的物理方法，用于测量真空压强的真空规也将采用不同原理和方法。

A1.3　真空获取

A1.3.1　真空泵类型

为了减少腔室内气体分子颗粒的数量密度和压强，必须将气体分子排除出去。真空泵的目的就是排除腔室内的气体分子。真空泵有多种不同类型和尺寸，工作机理也不尽相同，但基本上可将真空泵分为两种不同类型。第一种是采取一级或多级压缩方式将腔体内的气体分子颗粒排出到大气中，称为压缩泵或气体传输泵。第二种是将气体颗粒冷凝或化学结合到真空腔体壁上，称为冷阱泵。根据真空泵的工作方式还可以对这两大类真空泵进行进一步细分。压缩泵包括：

(1)周期性增加和减少真空腔体容积的真空泵。

(2)将气体从低压强侧传输到高压强侧的真空泵，其中泵体容积保持恒定。

(3)气体以高速粒子流方式进行扩散而实现抽气的真空泵。

冷阱泵包括：

(1)通过冷凝除去蒸汽或通过低温冷凝排除气体的真空泵。

(2)通过气体吸附或吸收方式将气体结合或掩埋到无气体的表面上的真空泵。

本书不再详细介绍所有各种不同类型的真空泵，更多详情请参阅《真空科学与技术基础知识》英文版[1]。但对于表面分析研究者来说，有必要了解表面科学中常见的真空泵及其工作模式，以下部分将简要介绍这些真空泵的工作原理。前面章节中已经介绍了真空技术在表面分析领域的相关特殊应用示例。

真空技术中最常见的真空泵为旋转泵。旋转泵属于机械压缩泵，利用周期性增加和降低腔体体积的方式进行抽真空。表面科学中的旋转机械泵也有几种不同设计，其中最常见的为旋转叶片泵(图 A1-2)，其包括一个圆柱形外壳或定子，在其中有一个开有槽口并离心旋转的固定转子。转子上有叶片,叶片通过离心力或弹簧力的作用使相互间分隔开来。叶片沿定子壁进行滑动,从而驱使从进气口进来的低压强气体往前运动,并通过出口或排气阀排向高压强区。在旋转叶片泵中往往加入真空泵油,不仅起润滑和冷却作用,而且可以作为密封介质充满泵体的偏僻死角和狭缝。旋转叶片真空泵包括有单级型(图A1-2)和双级型(图A1-3)两种类型。双级型旋转真空泵可以获得相对更低的真空压强,但价格更贵,且稳定性相对较差。

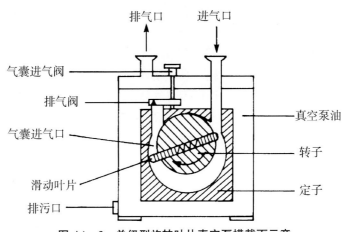

图 A1-2　单级型旋转叶片真空泵横截面示意

　　真空技术中常见的还有其他几种类型旋转泵,如旋转活塞泵、余摆线齿轮泵和具有高抽速和低极限压强的罗茨泵等。但这些真空泵在表面分析中使用相对较少,相关信息读者可以详细参考文献。

　　气囊是现代旋转泵的重要组成部件。在采用旋转泵抽除水蒸气时,水蒸气只能被压缩到其在泵体温度下的饱和蒸汽压。比如,当泵体温度为70 ℃时,水蒸气只能被真空泵压缩到312 mbar的压强。如果继续压缩,水蒸气将进行冷凝,而压强不再增加。此时压强尚不足以打开真空泵排气阀,水将以液体状态残留在泵体内,并与真空泵油进行乳化混合。由此造成真空泵润滑性能迅速下降,并影响真空泵的整体性能。为了避免水蒸气在泵体内进行冷凝,Gaede在1935年开发了气囊部件。气囊的工作原理如图A1-4所示。在真空泵开始进行压缩工作前,一定精确量的空气(即气囊)被引入到真空泵的压缩部位,泵体内的水蒸气将在达到冷凝点之前与气囊一起被压缩而排出真空泵。旋转叶片泵抽可冷凝气体,详细步骤见表A1-2。

　　旋转机械泵的主要用途是获得粗真空和中等真空,或者是作为高真空的前级真空泵,将高真空泵压缩排出的气体排除出去,以便获得高真空和超高真空。

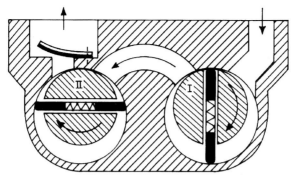

图 A1-3　双级滑片旋转泵横截面示意

注：Ⅰ为高真空级；Ⅱ为低真空级。

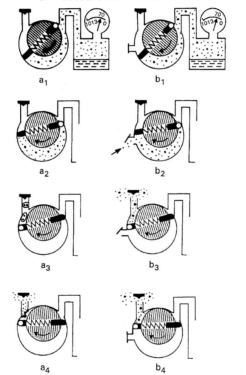

图 A1-4　旋转叶片泵抽可冷凝气体过程示意

注：左边为无气囊设计；右边为有气囊设计。

表 A1-2　旋转叶片泵抽可冷凝气体步骤详解

无气囊设计	有气囊设计
a_1）真空泵被连接到压强约为 70 mbar 的真空腔室上，真空泵必须将绝大部分水蒸气排除出去。真空泵上没有气囊	b_1）真空泵被连接到压强约为 70 mbar 的真空腔室上。真空泵必须将绝大部分水蒸气排除出去
a_2）真空泵腔室与真空室隔离开来，开始压缩	b_2）真空泵腔室与真空室隔离开来，气囊阀门开启，真空泵腔室内充满空气（气囊）
a_3）水蒸气开始冷凝并形成液滴，不能达到过压状态	b_3）真空泵排气阀被压开，水蒸气颗粒和气体被排除出去。由于辅助气囊空气的存在很容易得到如在开始抽真空时过压状态。水蒸气不会在泵体内冷凝
a_4）残余气体此时产生所需的过压并打开真空泵排气阀，但水蒸气已经冷凝并沉积在真空泵内	b_4）真空泵进一步排除空气和水蒸气

在表面分析仪器中用来获得高真空和超高真空的真空泵主要为涡轮分子泵。涡轮分子泵是一种压缩型真空泵，它将气体从低压强区传输到腔体容积保持恒定的高压强区。图 A1-5 为典型涡轮分子泵的横截面示意图。自 1913 年以来，分子泵的工作原理已经被人们所熟知，其抽气原理是基于气体分子颗粒在与高速运动的转子表面碰撞后将获得一个与气流方向相一致的动量。早期的分子泵采用碟片式旋转叶片，生产制造困难，且容易产生机械失效。近年来，分子泵中的转子主要采用涡轮叶片，制造工艺简单而且稳定可靠，这也是目前分子泵的主要形式(图 A1-5)。

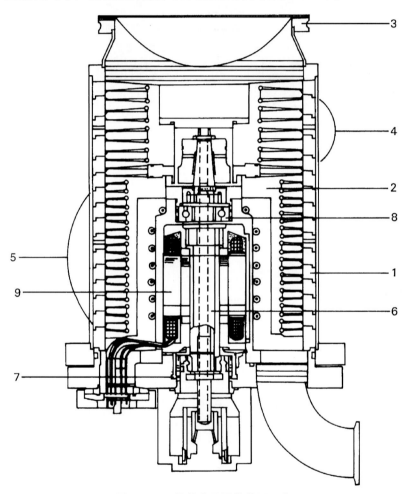

图 A1-5　涡轮分子泵横截面示意

注：1：层式叶片；2：转子本体；3：进气法兰；4：吸气叶片；5：压缩叶片；6：传动轴；7 和 8：球轴承；9：高频马达。

气体直接从涡轮分子泵的进气法兰口处进入真空泵，这种设计可以获得尽可能大的抽气通量。转子顶部的叶片半径较大，使其具有较大的环形入口面积。在高真空端捕获的气体被传输到低真空端并被压缩至前级压强，然后被前级真空泵抽走，其中压缩端的叶片半径相对要小一些，前级真空泵一般为旋转机械泵。

　　涡轮分子泵的抽气速度曲线如图 A1-6 所示。在工作压强范围内，分子泵的抽气速度基本保持恒定。但当进气压强大于 10^{-2} mbar 时，抽气速度将下降，此时气体发生分子流和层流黏滞流的转变。虽然在加上前级旋转机械泵后分子泵能够对真空腔室从大气状态直接抽真空，但当压强大于 10^{-2} mbar 时，由于气体分子的黏性，分子泵将过载运行，因此分子泵不能长时间在较高压强下工作。

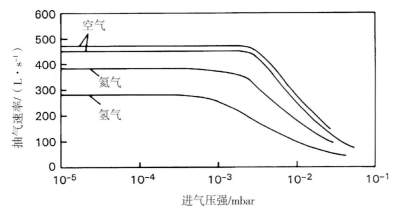

图 A1-6　450 L·s^{-1} 标称抽速涡轮分子泵对不同气体的抽气速度曲线

　　图 A1-6 同时表明真空泵的抽气速度与气体种类有较大的关系。分子泵由于对高质量碳氢化合物气体分子具有较高的抽气速度，因此可以直接连接到真空腔室上，而不需要任何冷板或冷阱装置。但当分子泵停止运行后，它们必须被充气到大气状态，否则分子泵和前级真空泵油将会被吸入到真空系统中。如果在分子泵停机过程中充气失败或者没有正确操作，油蒸汽也可能进入真空腔室中。为了防止发生这种事情发生，通常在真空泵和腔室间装有阀门，以实现对真空泵和真空腔体分别独立充气。

　　近年来开发了一些特殊用途的涡轮分子泵，其中最常用的为磁悬浮叶片分子泵，即所谓的 Maglev 泵，这种分子泵的优势在于其振动非常低，非常适合应用于成像分析，而且相比传统涡轮分子泵，其产生的油蒸汽量较少。

　　虽然近年来扩散泵已逐步被涡轮分子泵所替代，但扩散泵仍是表面科学中另一种用于获得高真空和超高真空的常见真空泵。扩散泵属于流体喷射真空泵，其抽气原理基于气体随高速粒子流进行扩散。在扩散泵中，气体分子被从腔室中排出到高速运动的泵工作液蒸汽中，工作液通常为油或水银，通过碰撞将气体传输到较高压强区域。真空泵工作液以蒸汽形式从喷嘴喷出后在冷却的泵外壁上进行冷凝。

　　根据所需的压强不同，流体喷射泵具有几种不同的形式，表面科学中最常见的为低蒸汽密度油扩散泵，其工作压强小于 10^{-3} mbar。图 A1-7 为其工作模式示意图。这种扩散泵主要由具有冷却外壁的泵体和三级或四级喷嘴所组成。低蒸汽密度真空泵油在加热器中通过电加热汽化成蒸汽。油蒸汽流经泵壁并从各喷嘴中以超音速喷出。形成的油蒸汽喷雾以伞形扩散开来，直到碰到泵壁并在泵壁上冷凝后以液体形式回流到加热器中。扩散泵在较宽的压强范围内均具有较高的抽气速度，且在低于 10^{-3} mbar的真空范围内抽气速度基本恒定(图 A1-8)。

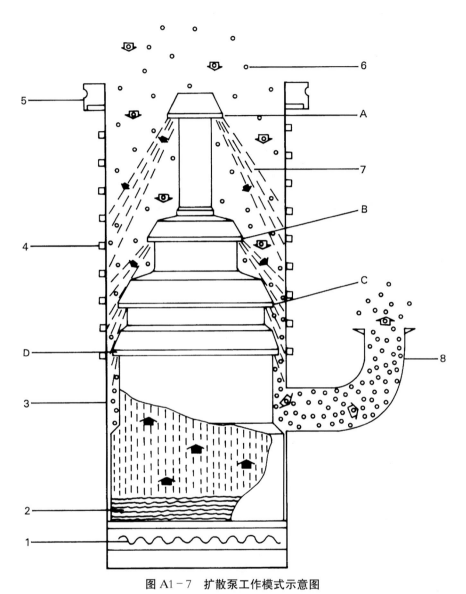

图 A1-7　扩散泵工作模式示意图

注：1：发热丝；2：加热器；3：泵体；4：冷却线圈；5：高真空连接法兰；6：气体颗粒；7：蒸汽喷雾；8：前级真空接口；A—D：喷嘴。

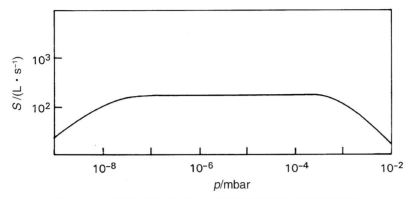

图 A1-8 标称抽速 150 L·s⁻¹ 的扩散泵(无冷阱)抽速曲线

扩散泵壁的冷却对于其正常工作至关重要,大型扩散泵一般采用水冷方式进行冷却,一些小型扩散泵也可以采用空气冷却方式。扩散泵上通常装有热保护开关或水流开关,以便在冷却故障时及时关闭扩散泵加热器。

由于在扩散泵中形成油蒸汽需要一定真空压强,通常采用旋转泵在加热器开始工作前提供 $10^{-2} \sim 10^{-1}$ mbar 的前级真空,因此必须对扩散泵进行适当保护,以免其在前级压强较高时进行工作。为此,在前级真空计处需装有一个真空保护装置,一旦前级真空压强高于 10^{-1} mbar,将及时关闭加热器。未安装这种保护装置将会对真空泵造成严重后果,因为如果前级真空较差,真空泵将过热并停止运行,油蒸汽有可能会反方向回流到真空系统中。如果这种情况持续超过数十分钟,真空泵油将发生裂解失效,只能将真空泵整体拆除并加入新的真空泵油。

为了获得尽可能低的极限真空,必须尽量减少真空泵油回流到真空腔室中。为此可采用液氮冷阱,使真空泵和真空腔室间挡板的温度维持在 -196 ℃。在此温度下,油蒸汽将在挡板上冷凝而被有效地排除在真空系统外,直到挡板温度升高。

吸附泵是表面科学应用中另一大类真空泵,虽然其应用面相比前面介绍的真空泵要少,但在表面科学领域仍具有一定应用。吸附泵泛指将气体分子颗粒吸附或掩埋到腔体表面的所有真空泵,其工作原理可以是基于与温度相关的范德华力吸附、化学吸附、吸收等,也可以是连续形成新的表面从而将气体颗粒进行掩埋。根据工作原理可将吸附泵进一步细分为两类,一类是通过与温度相关的吸附过程将气体吸附,另一类是使气体分子形成化合物而将其吸附和停留。

吸附泵将气体分子吸附到分子筛或其他吸附材料表面。选择吸附材料的原则是单位质量的材料应具有极高的表面积。对于固体材料,其表面积通常可达 10^3 m²·g⁻¹。典型吸附材料为 13X 沸石。在实际应用中,真空泵通过一个阀门与真空腔室连接,且只有将真空泵浸没在液氮中时才具有可应用的吸附抽气效果,阀门才能被打开。吸附泵通常用于在使用冷却泵或离子泵等高真空泵前对系统进行洁净处理。

吸附泵的抽气效率取决于被抽气体的类型,对氮气、二氧化碳、水蒸气和碳氢化合物蒸汽具有最佳的抽气速率,而轻的惰性气体基本上很难被抽走。对于一个充满大气的容器，其中惰性气体浓度仅为 10^{-6} 级，采用吸附泵可以轻松获得压强低于 10^{-2} mbar 的真空。吸附泵在抽气后，必须对其加热到室温，以便将被吸附的气体释放出来，使沸石再生使用。

升华泵为表面科学中常用的一类吸附泵。升华泵属于吸气泵，吸气材料被蒸发沉积到真空腔室内壁形成一层吸附膜。升华泵中采用的吸附材料主要是钛，金属钛通过电阻加热的方式从富钛合金丝中升华出来。气体分子颗粒与吸附膜发生碰撞后通过化学吸附被结合到吸附膜上，并与表面钛形成具有较低蒸汽压的稳定化合物。

钛升华泵不能连续工作，一般通过定时器控制其每隔几个小时间断工作几分钟，因此其一般作为其他真空泵的辅助泵。钛升华泵对活性气体具有高抽气效率，其周期性工作可以确保系统内没有活性气体，或快速排除系统内突然产生的活性气体。

溅射离子泵与升华泵类似，但可以连续使用。溅射离子泵抽气机理包括以下两个过程：

(1)离子碰撞到冷阴极放电系统的阴极表面，将钛阴极材料溅射出来并沉积到泵体表面形成如前所述的钛吸附膜。

(2)溅射过程中离子能量足以使其以离子注入方式被深埋到阴极表面而被吸附。这种吸附过程可以排除不同类型的气体离子，包括稀有气体。

离子泵阴极和阳极之间的潘宁气体放电形成离子。离子泵中有两个由钛材料制成的平行阴极，在平行阴极之间放置不锈钢材料制备的圆筒形阳极(图 A1－9)。阴极上施加相对阳极约几千伏的负电压。整个电极组件处于一个均匀强磁场中(磁通量密度约为 0.1 T)。阳极附近的电子被限制在磁场中，从而在阳极圆筒内形成一个高电子密度区域($n_e \approx 10^{13}$ cm^{-3})。电子将与系统中的气体颗粒发生碰撞并将其电离。由于

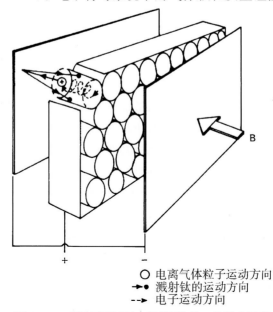

○ 电离气体粒子运动方向
●→ 溅射钛的运动方向
-→ 电子运动方向

图 A1－9　溅射离子泵(二极管型)的工作模式示意

质量较大，这些气体离子将不受磁场的影响而被加速撞击到阴极上。当压强为 10^{-3} mbar 或更低时，这种放电状态可以自行维持而不需要一个热阴极。放电电流正比于系统中气体颗粒的数量密度，这种离子溅射泵也可以用于测量系统中的气体压强。

溅射离子泵的抽气速率取决于压强和气体类型。对空气、N_2、CO_2 和 H_2O 而言，抽气速率基本相同，相比于这些气体，其他气体的抽气速率如表 A1-2 所示：

表 A1-2 其他气体的抽气速率

氢 气	150%～200%
甲烷	100%
其他较轻的碳氢化合物气体	80%～120%
氧气	80%
氩气	30%
氦气	28%

溅射离子泵必须在压强低于 10^{-2} mbar 的条件下工作，工作时只需要施加一个高电压。采用溅射离子泵抽取大量惰性气体将会产生问题，因为随着真空泵工作，被吸附掩埋的气体将在阴极溅射时被重新释放到系统中。必须对离子泵进行更精细设计以尽量减少这一问题。

当系统中采用溅射离子泵时，必须确保真空泵的偏置磁场不干扰系统其他部件的工作。这一问题在电子能谱类设备中尤为突出。同时离子也有可能从真空泵中逃逸出来，此时需要采用一定的屏蔽措施以免这些离子对实验产生干扰。

低温泵是另一种在 MBE 系统或离子注入系统中被广泛使用的吸附泵，在表面科学领域也有一定程度的应用。低温泵中的冷却表面温度低于 102 K，气体和蒸汽在表面冷凝或被结合到表面，这种冷却表面本身置于真空系统中。

油扩散泵中经常采用的液氮冷阱本身就是一种低温泵。若采用更低沸点的冷却介质，如液氦，其沸点为 4.2 K，则 O_2、N_2 和 H_2 等均可以被低温泵抽出。在采用低温泵时，为获得高真空和超高真空，冷却表面的温度必须低于 20 K。

气体分子以冷凝、低温捕获和低温吸附等不同机理被结合到冷却表面。为了让低温泵通过冷凝方式抽取气体，固体冷却介质的蒸汽压必须低于希望获得的工作压强。例如，若希望获得 10^{-9} mbar 的工作压强，则对空气、O_2 和 N_2 而言，冷却表面的温度必须低于 20 K；而对 Ne 和 He 等惰性气体，只能在液氦温度下才能达到。在高真空和超高真空环境下，氢气是残余气体的主要组成部分，对氢气进行冷凝需要 3.5 K 低温，因此难以抽出，采用低温泵抽除氢气时必须通过其他抽气方式。

低温捕获即是一种针对难冷凝气体的抽气方式。此时，在系统中引入一种易冷凝气体，形成气体混合物。典型气体为 Ar、CO_2、CH_4、NH_3 和其他较重的碳氢化合物气体。产生的冷凝混合物的蒸汽压相比纯的氢气要低几个数量级。这种抽气方式适合于任何混合气体，而不仅仅局限于氢气。

另一种应用于难冷凝气体的抽气方式为低温吸附。采用这种方式时，事先在系统中引入一种吸附材料，如活性炭，吸附材料被冷却后吸附气体。这种低温吸附方式的优势是无须在系统中连续引入其他气体。

原则上，低温泵可以在大气压下工作，但这将导致在抽气开始时就在泵体上形成一层厚的冷凝物，从而降低真空泵抽气能力。通常在实际应用中，当需要高真空和超高真空时，在开启低温泵前，系统压强必须低于 10^{-3} mbar。

虽然在具体应用中可以采用不同方式获得冷却表面，如液体池低温泵、连续流动低温泵和制冷低温泵等（见参考文献），但抽气原理都是一样的。

低温泵具有振动等问题，因此在成像分析系统上基本不采用低温泵。

A1.3.2　真空腔室抽气

设计一个真空抽气系统时需要考虑的首要问题是真空泵的规格尺寸。真空泵规格尺寸过大将造成浪费，规格过小则难以获得试验所需的真空条件。当选择真空泵系统尺寸时需要考虑以下两个方面问题：

（1）系统有效抽气速率大小，以确保在给定的时间内获得所需压强。

（2）系统抽气速率大小，以确保在实验过程中当有气体释放到真空系统中时，能尽快将这些气体抽走，系统压强不超过所需压强。

为此需要引入系统有效抽气速率 S_{eff}。系统有效抽气速率是指将真空组件作为一个整体进行考量时的系统抽气速度，包括真空泵与真空腔室之间的连接阀门、光阑孔板和冷阱等连接部件的通气量等。如果这些部件的通气量和真空泵的抽气速度（真空泵的标称抽气速率 S）已知，那么就可以确定真空系统的有效抽气速率。真空系统的有效抽气速率和标称抽气速率之间的关系可以表示为

$$\frac{1}{S_{eff}} = \frac{1}{S} + \frac{1}{C} \qquad (式 A1-17)$$

其中，C 为真空泵和真空腔室之间连接管道（孔板和接管等）的总通量，可以分解为不同部件的通量之和：

$$\frac{1}{C} = \frac{1}{C_1} + \frac{1}{C_2} + \cdots + \frac{1}{C_N} \qquad (式 A1-18)$$

简单管道在不同压强区间的通量可以计算得到（见参考文献），但几何结构相对复杂的部件，如冷阱、阀门和孔板等，其通量须通过实验方法进行确定。

A1.3.3　真空泵选择

真空泵的选择取决于在真空系统中所需开展的工作和预算。通常而言，选择真空泵首先需考虑系统中所开展的工作是干态工作还是湿态工作。干态工作意味着系统中不会产生大量蒸汽，而湿态情况下系统将产生一定量水蒸气，需要被抽出系统。

在表面科学中，我们仅仅关注干态工艺过程，本书也仅限于讨论与干态工艺相关的真空系统。在绝大部分表面科学应用中，需要在实验测量前获得所需的真空条件。由此真空系统本身和真空系统中的其他组件的放气至关重要。

当需要获得粗真空和中等真空的工作压强时，旋转叶片机械泵非常适合。旋转机械泵尤其适合于系统从大气状态下开始抽真空到压强低于 0.1 mbar，且可在这种相对较低的压强范围内连续工作。当系统需要中等真空环境时，通常需要高真空和超高真空泵，机械泵一般作为前级泵使用。此时，理想的是采用双级旋转叶片泵（极限压强为 10^{-3} mbar）。

要获得高真空和超高真空(UHV)，通常采用扩散泵、溅射离子泵、涡轮分子泵和低温泵等，这些真空泵都需配备前级真空泵。此外，通常还与升华泵结合使用。然而，仅仅对系统抽真空难以达到真正超高真空条件，这是由于在超高真空压强范围内，系统压强主要来源于从容器壁上脱附的气体分子。为了获得真正的超高真空，在对系统抽真空的同时，需要对真空腔室在 250～350 ℃下进行烘烤，以让气体分子从真空器壁上脱附下来并被抽走。UHV 腔室均采用不锈钢材料制备并配备金属密封件（见 A1.3.5 节）。当系统密封并经氦气检漏后，即可开始烘烤。烘烤可以持续几个小时甚至几天。在系统完全冷却前，必须对系统中可能吸收气体的所有部件进行脱气。这些部件包括系统中的热阴极或灯丝组件，如升华泵灯丝和离子枪及电子枪灯丝等。

A1.3.4 前级真空泵规格的确定

前级真空泵的规格尺寸主要取决于高真空泵排出的气体或蒸汽量的大小，高真空泵排出的气体必须被前级泵抽走，从而确保系统压强不超过高真空泵的最大允许前级压强。假设 Q 代表高真空泵排出的气体量，高真空泵的有效抽气速率为 S_{eff}，其进口处压强为 p_A，这些气体必须通过前级真空泵抽走，前级真空泵抽气速率为 S_V，前级压强为 p_V，则

$$Q = p_A S_{eff} = p_V S_V \qquad (\text{式 A1 - 19})$$

即前级真空泵的最低抽气速率可以通过下式计算得到：

$$S_V = \frac{p_A}{p_V} S_{eff} \qquad (\text{式 A1 - 20})$$

A1.3.5 法兰及其密封

金属真空部件中的可拆卸接头常通过法兰进行连接，并采用垫圈对连接处进行密封，当紧固法兰时，垫圈被压缩或变形从而达到密封目的。常用法兰被制成国际标准尺寸，有不同大小，外径最大可达 200 mm。

在粗、中、高压强条件下使用的法兰密封件通常采用 Viton 黑橡胶材料制备，可以在低至 10^{-8} mbar 的压强下使用，并可被烘烤至 200 ℃。对于真正的超高真空压强，法兰密封件则通常采用金属材料制备，且所有部件必须能在 350 ℃下进行烘烤。超高真空中通常采用所谓的刀刃法兰或 CF 法兰，并采用铜垫圈进行密封。图 A1 -

10 为该法兰及其垫圈的横截面示意图。在一些大型的或非圆形法兰连接件上，有时可采用软金属圈进行密封，典型软金属为金，有时也采用铟或铝。在两个平整的法兰金属面之间压缩软金属圈即可实现密封。在 UHV 系统中必须避免在密封面上出现划伤等缺陷，这些划痕和缺陷等将导致密封件漏气。

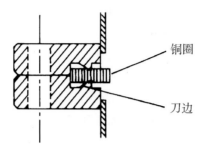

图 A1 - 10　CF 法兰(或刀口密封)横截面示意

A1.4　低压强测量

在现代真空技术中，压强测量范围为 $10^{13} \sim 10^{-3}$ mbar，达 16 个数量级。基于基础物理构建一个真空计对整个压强范围进行定量测量是不可能的。因此，研究者们开发了一系列具有特定压强测量范围的真空计，每种真空计的压强测量范围可达几个数量级。

真空计可分为两大类：一类是直接测量压强，即按照压强定义测量单位面积上所受的压力；另一类则是通过间接测量与压强相关的气体特性来测量压强大小，如热传导率、电离概率和电导率等。仅在直接或绝对压强测量时，压强读数只与温度有关，而与气体特性无关(对应式 A1 - 6)。在间接测量压强时，测量的气体某一特性都与气体摩尔质量及压强相关，此时压强读数将依赖于气体性质。对于这种类型真空计，通常将空气或氮气作为测试气体，对读数进行校准，而对于其他气体，则须采用校准因子。

在粗真空范围内可直接进行压强测量，且具有很好的准确率；而在更低的压强范围内则必须采用间接测量方法。这意味着受某些固有误差影响，真空测量准确性是有限的。这些误差在一定程度上直接影响真空测量，如果在中等真空和高真空范围内要求测量误差小于 50%，需要操作者极为细致。在测量超高真空时，测量误差将更加严重，要想在这种低压强情况下测量准确性在百分之几以内，需要专门的测量设备，且测量需极为细致。因此，需谨慎对待实验过程中的真空压强读数及其数据可靠性。

此外，当采用真空计测量读数描述真空腔室内压强时还需要考虑真空计的位置。比如，当系统处于层流压强范围内时，抽气过程将产生一定的压强梯度，此时，如果真空计安装在真空泵进气口附近，真空计测量的压强将比腔室内实际压强要低。同样，真空腔室管道也可产生一定的压强梯度，从而导致错误的真空读数。在高真空和超高真空范围内，情况将更为复杂，此时，真空腔室壁和真空计本身的放气也对真空测量读数精度产生重要影响。

A1.4.1　直接压强测量真空计

直接压强测量真空计是基于机械原理，测量气体颗粒由于热运动而施加到表面的力。通常是测量待测压强区与已知参考压强区之间固体或液体界面的位移而得到待测压强大小，参考压强通常为大气压。

绝大部分机械真空为隔膜式真空计，其中最为熟知的是气压计。气压计内有一个由铍铜制备的密封且已经抽真空的薄壁胶囊。胶囊被抽真空到参考压强，胶囊的外侧连接到真空腔室，当腔室内压强降低时，隔膜向外移动。这种隔膜运动通过一个杠杆系统传送给真空指针，从而在一定线性范围内指示压强大小。由于采用密封的参考压强，因此真空读数与大气压强无关。图 A1-11 为典型的隔膜式真空计示意图。这种真空计测量量程可以从大气压到几毫巴，测量精度约 ± 10 mbar。若要求在压强小于 50 mbar 且真空读数具有较高准确性，则真空计胶囊的参考真空最好低于 10^{-3} mbar。此时真空计测量范围为 1～100 mbar，测量精度可达 0.3 mbar。但这种真空计对于振动非常敏感。现代真空计中隔膜运动通常被传送给电传感器，可通过面板数字直接显示压强读数。

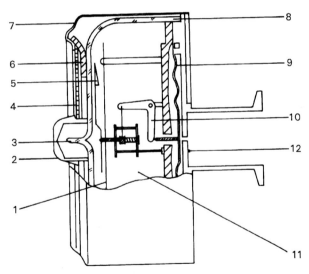

图 A1-11　隔膜式真空计横截面示意图

注：1：反射面板；2：保护帽；3：密封点；4：有机玻璃板；5：指针；6：标尺；7：金属盖；8：玻璃腔；9：隔膜；10：杠杆；11：参考真空；12：连接法兰

水银压力计是测量粗真空的一种最简单也是最有效的测量工具。水银真空计中"U"型管的一支被抽真空，且压强保持与室温下水银蒸汽压相等（10^{-3} mbar）。"U"型管另一支连接到真空腔室上。通过 U 型管中两边水银高度差可直接测量压强大小，单位为 mbar。这种水银真空计的尺寸是其主要不足，且容易破碎。

McLeod 于 1874 年发明了一种压缩型气压计，现在仍有重要应用。这种气压计测量压强是基于在被测压强下，真空腔室中一定量气体被压缩至水银柱后端，然后以与水银压强计类似的方式测量增加的压强。只要已知被压缩气体体积和真空计总容积，就可得到真空腔室的绝对压强（详细信息见参考文献）。在使用这种真空计时必须注意其压强读数是不连续的，且在每次压强测量时须将水银推进到真空计中。这种真空计能够准确测量系统的绝对压强，在粗真空和中等真空范围内测量误差在 ± 2% 以内，甚至能测量压强约为 10^{-5} mbar 的高真空。

然而，由于这种真空计在测量过程中涉及气体压缩，与其他压缩型真空计类似，压缩过程中产生的冷凝蒸汽将影响压强读数。如果水蒸气在真空计内冷凝，继续压缩气体将不能增加封闭体积内的压强，从而导致错误读数。

虽然在表面分析仪器中很少使用这种直接压强测量方式，但可以采用这种压强测量方式对其他真空计进行校准，或在较低真空范围需要较高测量准确性时可采用直接压强测量，如在导入真空腔室前对气体进行预混合时。

A1.4.2　间接压强测量真空计

间接压强测量真空计基本上都是测量气体电特性并转化为压强读数。这种真空计主要由与真空系统连接的真空规探头和远程控制单元所组成。

在真空及表面科学中常用的一类真空计为热导真空计或皮拉尼真空计。这类真空计利用与气体颗粒密度相关的平均自由程及与之相应的热导性能的变化来测量压强，广泛应用于测量 10^{-3}～1 mbar 的中等压强真空。

皮拉尼真空计的规探头部位有一个朝向真空腔室的传感灯丝。电流经过该传感灯丝时产生热量。热量可通过热辐射或热传导方式传递给周围气体分子。在粗真空范围内主要通过对流进行热传导，其热传导速率与压强基本无关。然而，当气体分子平均自由程降低到与灯丝直径相当时，热对流传导将强烈依赖于气体压强。这种传导方式持续到压强达到约 10^{-3} mbar，此后热传导主要通过辐射进行，热辐射传导速率同样与压强无关。

在实际应用中，采用间接方式测量压强有两种不同方法：一种为感应灯丝，电阻可变；另一种为感应灯丝，电阻保持恒定。在前一种方法中，真空规探头中的感应灯丝构成惠斯通电桥电路的一个支路。随着热传导速率的变化，感应灯丝的温度也随之发生变化：当系统压强增加时，热传导速率随之增加；灯丝温度降低，电阻相应降低，使电桥电路失去平衡。利用电桥电流可指示压强大小。在第二种测量方法中，感应灯丝同样也构成电桥电路的一部分，但通过调节灯丝电压，使灯丝电阻和温度保持恒定，电桥电路始终处于平衡状态。当压强变化时，必须调节施加在灯丝上的电压，以补偿热交换的变化。此时，灯丝电压作为压强的度量。

可变电阻皮拉尼真空计能测量的压强范围为 10^{-3}～10 mbar，而电阻恒定型皮拉尼真空计压强测量范围可达 10^{-3} - 10^3 mbar。皮拉尼真空计的真空测量精度在 ±10%。由于这种真空计的真空测量范围及其相对牢固可靠的特性，其在表面科学领域得到广泛应用，且主要用于旋转泵真空的监控，如常用于对高真空泵的前级真空进行测量，或对气体导入系统进行压强监控。皮拉尼真空计常采用氮气或空气进行校准，对其他小分子量气体压强的测量误差在系统误差范围内。但对于大分子量有机气体，其测量误差会增加，尤其在压强低于 10^{-2} mbar 时，测量误差将较大。皮拉尼真空计也常用于高真空泵前级真空的监控，如果前级真空中压强过高时将启动相应的安全保护措施。

高真空和超高真空测量中常使用离子真空计。离子真空计以气体分子数量密度表征压强大小。气体中一定量的原子或分子被电子碰撞而电离形成带正电荷的离子，这些正离子被系统中的电极收集，并测量离子电流大小。离子真空计根据电离电子的产生方式有两种类型。

在冷阴极真空计(潘宁或反磁控管真空计)的规探头中有两个未加热的电极，分别为阴极和阳极，在两个电极之间通过施加一个约 2 kV 的直流电压以获得自持式放电。这种放电通过一个垂直于电力线方向的强磁场得以维持，电子在磁场中具有较长的螺旋式运动路径，从而与气体颗粒具有较高的碰撞概率。放电产生的带正电荷的离子将朝阴极运动，通过监控产生的离子电流大小即可测量压强大小。由于气体分子的电离截面与气体种类有关，因此离子真空计的压强读数也与气体种类相关。离子真空计的压强测量上限为 10^{-2} mbar，这是因为当压强高于 10^{-2} mbar 时，在真空计规探头中将产生辉光放电，而产生的放电电流与压强的相关性较差。虽然离子真空计压强测量上限为 10^{-2} mbar，但其仍可以在高至大气压的压强下安全使用，这是离子真空计的一个重要特点，尤其在系统需要经常被充气到大气压，然后再被抽到高真空的情况下特别有用。潘宁离子真空计的压强测量极限可低至 10^{-8} mbar 数量级。但离子真空计也可能产生一定的杂散磁场，在对磁场非常敏感的应用领域，如低能电子谱中将带来一定的问题。

可以看出，离子真空计工作原理与溅射离子泵非常类似，因此其自身具有抽速约 10^{-2} L/s的抽真空效果。这使离子真空计真空读数极为不准，误差可达约 ±50%。尽管如此，潘宁真空计在表面科学中仍得到广泛应用。

热阴极离子真空计是表面科学中广泛使用的另一类真空计，也是目前唯一能测量超高真空的商用真空计。热阴极离子真空计将热的阴极或灯丝作为电离电子源。在真空计规探头中有 3 个电极，分别为阴极或灯丝、阳极和离子收集极，图 A1-12 为其示意图。当通过电流对灯丝进行加热时，灯丝将以热发射方式发射数量巨大的电子。发射的电子在阴极和阳极电场中被加速。阳极呈网格状，绝大部分发射的电子将穿过阳极网格。施加在阳极和阴极上的电势使电子具有足够的能量通过碰撞使系统中的气体颗粒电离。离子收集极相对阳极具有负电压，在离灯丝较远的阳极处被电离的气体颗粒将被吸引到离子收集极。形成的离子电流与系统中的气体颗粒数量密度成正比，从而可以表征压强大小。由于灯丝发射大量的电子，因此这种离子真空计不需要磁场，其真空计规探头可以直接置于真空系统中，而不会干扰真空系统中其他部件。但当系统对杂散电子或光线敏感时，则其不可以直接置于真空系统中。

除非采用特殊设计的离子规探头，热阴极离子真空计的压强测量上限一般为

10^{-2} mbar。当压强高于 10^{-2} mbar 时，在电极区域将产生辉光放电，真空计将不能使用。在此压强以上条件下使用也将导致真空计灯丝烧断。由于 X 射线和离子脱附效应的影响，热阴极离子真空计的最低测量压强为 10^{-12} mbar。

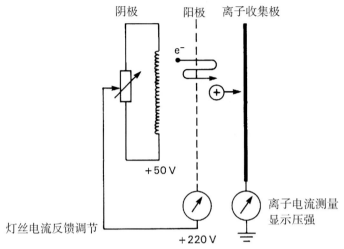

图 A1 - 12　热阴极离子真空计及其典型工作电压示意

　　X 射线效应是由于电子与阳极碰撞发射软 X 射线光子，而这些 X 射线光子将进一步与离子收集极发生碰撞而发射电子。离子收集极将无法区分这种电子电流与流经收集极的离子电流，从而导致压强读数偏高。发射的光子同样会与真空计规探头周围的真空腔壁发生碰撞而产生电子。如果系统电势容许这些电子运动到离子收集极，那将产生一定的电流，从而导致压强读数偏低。这些效应的影响程度取决于阳极和离子收集极电压及离子收集极的表面积。

　　当电子撞击到阳极上时，将使阳极表面的气体分子以正离子形式脱附。这些正离子将运动到离子收集极，从而产生偏高的错误压强读数，这就是所谓的离子脱附效应。离子脱附效应的影响程度通常与压强大小无关，但在一定程度上随发射电流增加而增加。当发射电流较低时，离子脱附效应随电流增大而成比例增大，但当电流进一步增加时，这种离子脱附过程对阳极起表面清洁作用，此时，电流增加将减弱离子脱附效应的影响。

　　图 A1 - 12 为离子规探头的示意图。阴极（或灯丝）通常由金属钨制成。电子在阳极网格中震荡运动，具有较长的飞行路径，从而增加离子产生的概率。

　　为确保离子电流与压强之间的线性关系，必须尽量降低 X 射线效应的影响。为此，Bayard 和 Alpert 设计了一种真空规探头，在这种真空规探头中热的钨灯丝阴极被置于圆筒形阳极网格之外，而离子收集极为一个位于电极轴线上，且具有最小表面积的细线圈。由于收集极表面积的极大减少，这种电极设计真空计相比于早期产品，X 射线效应可以降低 2～3 个数量级。这种离子真空计可以用于测量 10^{-10} mbar 的超高真空。

基于某些特殊应用，人们设计了一些其他类型离子真空计，如具有调制器的 Bayard-Alpert 真空计和引出极型真空计。有关这些真空计的详细介绍可参阅参考文献。

由于不同气体的电离截面不同，因此离子真空计的压强测量与被测气体种类相关。离子真空计同样通常采用空气或氮气进行校准，当需要准确测量其他气体压强时，需采用相对灵敏度因子。虽然校准因子在一定程度上还与真空计类型相关，表 A1-3 还是列出了不同气体的典型校准因子。如果容器中的主要气体不是空气或氮气，那么压强读数必须乘以相应的校准因子以得到更准确的压强读数。

表 A1-3　不同气体的离子规探头读数校准因子

主要气体成分	对应 N_2 校准因子	对应空气校准因子
He	6.9	6.04
Ne	4.35	3.73
Ar	0.83	0.713
Kr	0.59	0.504
Xe	0.33	0.326
Hg	0.303	0.27
H_2	2.4	1.83
CO	0.92	0.85
CO_2	0.69	0.59
CH_4	0.8	0.7
高质量碳氢化合物气体	0.1~0.4	0.1~0.4

热阴极离子真空计虽然也表现出一定抽气功能，但相比于冷阴极真空计其效果是非常小的。

A1.4.3　分压测量仪器

在各种真空工艺过程中，了解系统中气体或蒸汽混合物的组成及其分压也是非常重要的。不同气体具有不同的分子质量。分压测量装置其实是一种灵敏的质量分析器，这种质量分析器测量系统尺寸非常小，可以很容易装到真空系统中。当在高真空和超高真空范围内进行分压测量时，分压测量装置可以随真空系统一起进行烘烤。

典型的分压测量仪器(图 A1-13)通常由三部分组成：

(1)离子源，系统中的气体颗粒被离子源电离，进而可进行质量分析和检测。

(2)离子分离系统，以便对不同质量的离子进行分选。

(3)离子收集极，测量不同质量的离子电流。

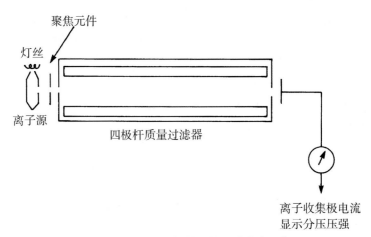

图 A1-13 分压测量用简易质谱计示意

分压测量真空计形式上通常就是一个装有一个热阴极离子源和一个法拉第杯检测器的小型四极杆质谱计，当需要更高灵敏度时，还会装有二次电子倍增器。质谱分析器的质量测量范围可达 100 u，但不超过 300 u，在整个测量范围内峰的分辨率可达 1 u。

分压测量质谱计以谱线形式输出测试结果，谱图直接反映离子电流测量结果，或者是质量分析器在要求的质量范围内的扫描结果。在进行谱图解读时，必须考虑不同气体种类具有不同的检测概率。这是由于不同气体电离概率不同，而且质量分析器的透过率和电子倍增器检测能力均随质量不同而变化。此外，高分子质量碳氢化合物的分子碎片在电离过程中发生分解，使同一气体种类在谱图上形成几个峰。

图 A1-14 为在获得一个洁净超高真空环境时经历的 4 个不同阶段的典型分压质谱图。根据图 A1-14，有以下结论：

(1)氧气峰的存在说明系统存在空气泄露。

(2)谱图中的高水蒸气含量说明系统需要进行烘烤。

(3)谱图中有高分子量的碳氢化合物存在，表明存在旋转泵或扩散泵的油蒸汽返流，必须加装一个前级真空冷阱。

(4)系统为一个洁净的高真空系统。

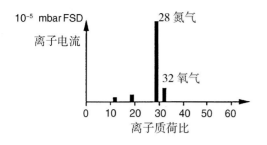

氧气峰说明系统存在泄露

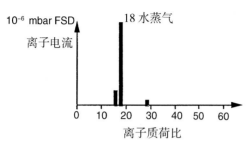

高水蒸气含量说明系统需要烘烤

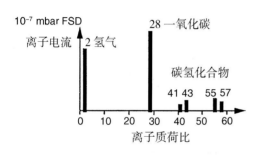

谱图中有高分子量的碳氢化合物存在，表明存在旋转泵或扩散泵油蒸汽返流，必须加装前级真空冷阱

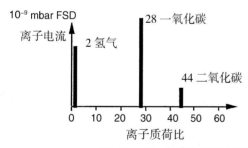

系统为洁净高真空系统

图 A1-14　超高真空 4 个不同阶段的典型质谱

致谢

非常感谢 J. Gordon 博士和 N. Aas 博士及其他同事给予的意见和建议。

参考文献

LAFFERTYJ M. Foundations of vacuum science and technology[M]. New York：John Wiley & Sons Ltd，1998.

附录 2 单位、基本物理常数和换算

A2.1 SI 基本单位

国际单位制 SI 是在各级和各个科技领域描述测量的国际商定基准[1]。SI 中有两类单位：基本单位和导出单位。SI 的 7 个基本单位及其基本量纲为定义国际体系的所有测量单位提供了参考。表 A2-1 列出了 7 个基本单位。

表 A2-1 SI 基本单位

基 本 量 纲	基 本 单 位	符　　号
长度	米	m
质量	千克	kg
时间	秒	s
电流	安	A
热力学温度	开	K
物质的量	摩尔	mol
发光强度	坎	cd

导出单位为基本单位的产物，用于测量导出的量纲，例如面积（m^2）和质量密度（kg/m^3）。更多信息请参阅 NPL 网站[2]。

A2.2 基本物理常数

基本物理常数，如光速、普朗克常数和电子质量构成了自然单位体系。常数是连接 SI 单位与理论之间以及科学领域之间的纽带[2]。基本物理常数的值取自于国际科技数据委员会（The Committee on Data for Science and Technology，CODATA）基础常数任务组[3] 所推荐的值，这些值是综合所有可用数据而产生的。最新的概述可在 CODATA 基本物理常数网页[4] 获得。选定的基本物理常数及其值在表 A2-2 中给出，取自常数[4] 的最新值（2006 年）。"数值"列中的括号内的数字表示最后两位数字中标准偏差不确定度的最佳估计值。在没有不确定性的情况下，通过定义来确定数值。

表 A2 - 2　基本物理常数

量　纲	符　号	数　　值	单　位
真空中光速	c	299792458	$m \cdot s^{-1}$
磁性常数(磁导率)	μ_0	$4\pi \times 10^{-7} = 12.566370614\cdots \times 10^{-7}$	$N \cdot A^{-2}$
介电常量 $\dfrac{1}{\mu_0 c^2}$	ε_0	$8.854187817\cdots \times 10^{-12}$	$F \cdot m^{-1}$
普朗克常数 (以电子伏特来表达)	h $\hbar$	$6.62606896(33) \times 10^{-34}$ $4.13566733(10) \times 10^{-15}$	$J \cdot s$ $eV \cdot s$
元电荷	e	$1.602176487(40) \times 10^{-19}$	C
电子质量 (以原子质量单位 u 来表达)	m_e	$9.10938215(45) \times 10^{-31}$ $5.4857990943(23) \times 10^{-4}$	kg u
质子质量 (以原子质量单位 u 来表达)	m_p	$1.00727646677(10)$ $1.672621637(83) \times 10^{-27}$	u kg
中子质量 (以原子质量单位 u 来表达)	m_n	$1.674927211(84) \times 10^{-27}$ $1.00866491597(43)$	u kg
阿伏伽德罗常数	N_A	$6.02214179(30) \times 10^{23}$	mol^{-1}
原子质量常数 $m_u = \frac{1}{12} m(^{12}C) = 1\ u$	m_u	$1.660538782(83) \times 10^{-27}$	kg
摩尔气体常数	R	$8.314472(15)$	$J \cdot mol^{-1} \cdot K^{-1}$
波尔兹曼常数 R/N_A	k	$1.3806504(24) \times 10^{-23}$	$J \cdot K^{-1}$
理想气体的摩尔体积	V_m	$22.710981(40) \times 10^{-3}$	$m^3 \cdot mol^{-1}$

A2.3　其他单位及 SI 转换

值得注意的是,质谱中存在一些特殊情况。所用的质量单位是基于物理常数"原子质量常数"(见上文)的"统一原子质量单位",原子质量常数定义为基态中碳 - 12 原子质量(以 kg 为单位)的 1/12。

"原子质量单位",缩写为"amu",是一种基于氧 - 16 原子质量的相对分子或原子质量的古老单位,现在已经不再使用[5-6]。

质谱仪测量质荷比 m/z,其中 m 是统一原子质量单位的质量,z 是以元电荷为单位测量的电荷数。通常情况下，不使用电荷标识。对于带有多重带电离子的质谱，例如电喷雾电离质谱，则应使用 m/z。

表 A2 - 3 给出了通用的其他单位（非 SI 单位），并将其转换为等效的 SI 单位。

表 A2 - 3　非 SI 单位

单位（非 SI）	符　　号	SI 数值和单位	备　　注
eV	eV	1.602 176 487(40)×10⁻¹⁹ J	
统一原子质量单位	u	$1\ u = 1.660\ 538\ 782\ (83) \times 10^{-27}\ kg$	参见上述内容，收录于 SI[6]
道尔顿	Da	$1\ Da = 1\ u = 1.660\ 538\ 782(83) \times 10^{-27}\ kg$	常用于生物化学和分子生物学[7]，收录于 SI[6]
巴	bar	1×10^5 Pa（精确值）	参见 NPL 网站[8]
毫巴	mbar	100 Pa（精确值）	参见 NPL 网站[8]
托	torr	101325/760 Pa	参见 NPL 网站[8]

在 1995 年出版的第 16 版的"Tables of Physical and Chemical Constants"在线版上可以找到常用的物理和化学常数资源[9]。

参考文献

[1] International bureau of weights and measures（BIPM）[S]. http：//www.bipm.org/en/SI.

[2] NPL website. The SI Base Units[S]. http：// www.npl.co.uk/server.php? show = nav.364.

[3] CODATA Task Group on fundamental constants[S]. http：// www.codata.org/about/ index.html.

[4] CODATA fundamental constants website[S]. http：// physics.nist.gov/cuu/ Constants/ index.html.

[5] Rapidcommunications in mass spectrometry. Guide for authors[Z]. http：// www3.interscience.wiley.com/journal/4849/home/ForAuthors.html.

[6] ISO 18115 - 1 "Surface chemical analysis-Vocabulary-Part 1：General terms and terms for the spectroscopies"[S]. Term 5.480.

[7] IUPAC Gold Book[Z]. http：// goldbook.iupac.org/D01514.html.

[8] NPL website. Pressure Units[S]. （http：//www.npl.co.uk/server.php? show = ConWebDoc.401）.

[9] KAYE，LABY. Tables of Physical and Chemical Constants[M]. 16th ed. http：//www.kayelaby.npl.co.uk.